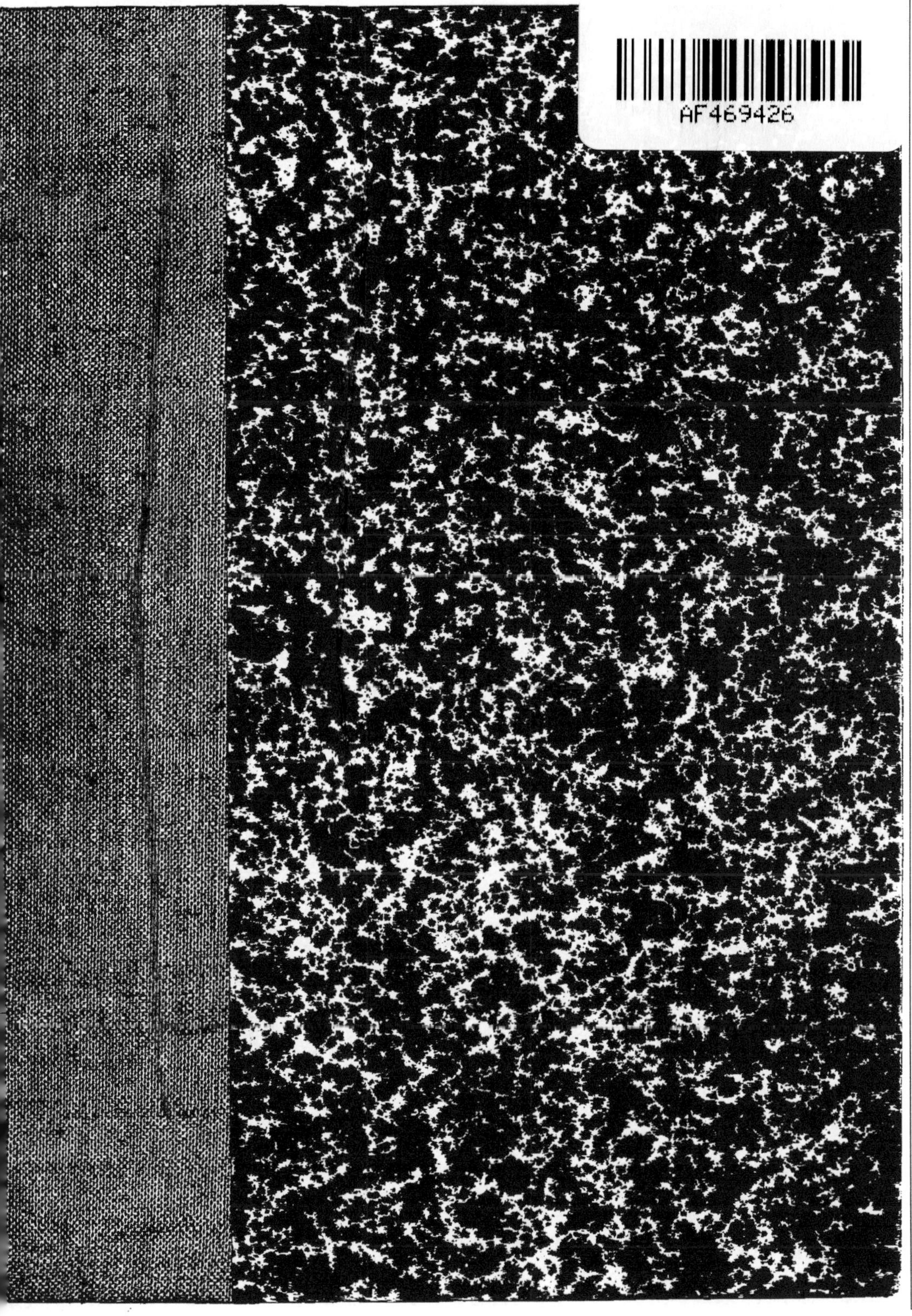

EDMOND PERRIER
DE L'INSTITUT
LA
Vie des Animaux
ILLUSTRÉE
X
Pigeons
PAR
J. SALMON
LIBRAIRIE J.-B. BAILLIÈRE ET FILS
19, Rue Hautefeuille, 19

LA

VIE DES ANIMAUX

ILLUSTRÉE

Les Oiseaux

1715-04. — CORBEIL, Imprimerie ÉD. CRÉTÉ.

LA

VIE DES ANIMAUX

ILLUSTRÉE

SOUS LA DIRECTION DE

EDMOND PERRIER

DIRECTEUR DU MUSÉUM D'HISTOIRE NATURELLE DE PARIS, MEMBRE DE L'ACADÉMIE DES SCIENCES

Les Oiseaux

PAR

JULIEN SALMON

CONSERVATEUR ADJOINT
DU MUSÉUM D'HISTOIRE NATURELLE DE LILLE

---

63 PLANCHES EN COULEURS ET NOMBREUSES PHOTOGRAVURES

D'après les Aquarelles et les Dessins originaux de

W. KUHNERT

PARIS

LIBRAIRIE J.-B. BAILLIÈRE ET FILS

19, RUE HAUTEFEUILLE, PRÈS DU BOULEVARD SAINT-GERMAIN

LA
VIE DES ANIMAUX
ILLUSTRÉE

Les Pigeons

Les Pigeons ou *Colombidés* établissent la transition entre les Passereaux et les Gallinacés, mais ils forment cependant, par leurs caractères, leurs mœurs et leur mode de reproduction, une famille très homogène.

Caractères. — Ils sont de taille moyenne ; leur corps est ramassé ; leur tête petite ; leur cou et leurs pattes sont courts.

Le bec, chez ces Oiseaux, est assez grêle ; il est mou à la base, corné à la pointe, celle-ci bombée et plus ou moins crochue. Les narines, en forme de fente longitudinale, sont percées dans une épaisse membrane et recouvertes d'une écaille renflée et nue. Les ailes sont de longueur médiocre, mais pointues.

La queue, ordinairement composée de douze rectrices, exceptionnellement de quatorze ou seize, est généralement courte, un peu arrondie. Les tarses, courts, scutellés, se terminent par quatre doigts articulés au même niveau, et dont trois dirigés en avant et unis à la base, le quatrième en arrière libre ; les ongles sont courts et presque droits. Cette disposition des pattes permet à l'Oiseau une marche assez facile sur le sol, mais peu rapide.

Le plumage serré, lisse, est formé de grandes plumes rigides, larges, arrondies, duveteuses à la base ; les couleurs tendres y prédominent, relevées parfois au cou et à la poitrine par de jolis reflets métalliques. Les deux sexes portent sensiblement la même livrée.

Au point de vue anatomique, les Pigeons ressemblent beaucoup aux Gallinacés ; ils n'en diffèrent que par quelques particularités, telles que la brièveté des cæcums, le plus grand développement du système pneumatique, mais ce qui les caractérise surtout, c'est l'existence d'un jabot pair qui, à l'époque de la reproduction, sécrète un liquide crémeux destiné à l'alimentation des jeunes.

Habitat. — Les Pigeons sont répandus dans toutes les contrées de la terre.

Ils vivent par couples ou en bandes nombreuses dans les forêts et les steppes, aussi bien que dans les régions montagneuses. La plupart des espèces sont migratrices, quelques-unes sont sédentaires.

Mœurs. — On admet généralement que les Pigeons sont des Oiseaux fort bien doués sous tous les rapports. Leurs mœurs sont douces et sociables.

Ils sont gais, vifs, prudents et même craintifs; leurs allures, assez gracieuses, sont intéressantes à observer.

Excellents voiliers, ils se meuvent aussi avec aisance sur le sol.

Les organes des sens, surtout la vue, sont, chez eux, bien développés; mais la faculté la plus curieuse qu'ils présentent est une forme spéciale de la mémoire dont il sera question plus loin à propos des Pigeons voyageurs.

Leur voix, variable selon les espèces, présente un caractère qui est propre à cet ordre d'Oiseaux, c'est le *roucoulement*.

Malgré la douceur de leurs mœurs, les mâles se livrent parfois quelques combats, et ils ont alors une façon spéciale de combattre, se servant peu de leur bec qui est trop faible, mais se lançant par contre de vigoureux coups d'aile qui finissent par renverser un des adversaires.

Leur nourriture est presque exclusivement végétale; les graines en forment la base. Au contraire des autres Oiseaux, ils boivent d'un seul trait, en plongeant leur bec dans l'eau et en aspirant celle-ci entre leurs mandibules.

Les Pigeons sont monogames et les unions paraissent durer toute la vie. Il y a une ou deux pontes par année : chaque couvée se compose de deux œufs d'un blanc pur que les parents couvent alternativement; de ces deux œufs, l'un donne généralement naissance à un mâle, l'autre à une femelle. Les petits naissent presque nus et ont besoin pendant longtemps des soins de leurs parents avant de pouvoir quitter le nid.

On a vu, à propos des caractères anatomiques, que le jabot des Pigeons sécrétait, à l'époque de la reproduction, une substance crémeuse qui servait à l'alimentation des jeunes. Mais au contraire de tous les autres Oiseaux, ce n'est pas le mâle ou la femelle qui vient apporter la nourriture dans le bec des petits; ce sont ces derniers qui introduisent le bec dans celui de leurs parents pour y recueillir la bouillie laiteuse, plus ou moins mélangée de graines à demi-digérées, qui leur est offerte.

Il résulte de cette particularité qu'un Pigeon est dans l'impossibilité de nourrir et d'élever un petit Oiseau d'une autre famille que la sienne.

Le nid est placé dans des endroits très variables, tantôt sur les branches d'un arbre, tantôt dans un buisson ou dans une crevasse de rocher. Il est négligemment construit et peu solide.

Classification. — Les Colombidés forment un groupe tellement homogène qu'il est inutile d'y établir des subdivisions. Nous verrons successivement les différents genres d'après l'ordre de leurs affinités qui les lient d'une part aux Passereaux, d'autre part aux Gallinacés.

LES COLOMBARS

Les Colombars et les genres voisins forment un terme de passage entre les Passereaux et les Pigeons proprement dits.

Caractères. — Ils ont un corps lourd, trapu. Leur bec épais, robuste, est renflé à l'extrémité en forme de pince solide; leurs ailes sont de longueur médiocre, pointues, sub-obtuses; leur queue médiocre, arrondie; leurs tarses courts, scutellés, en grande partie emplumés; leurs doigts larges et plats, réunis à la base par une membrane formant une sorte de plante de pied.

Leur plumage est orné de teintes métalliques très vives où domine le vert.

Le Colomgalle hérissé.

LE COLOMBAR D'ABYSSINIE (*Phalacrotreron abyssinica*). — ***Caractères.*** — Cet Oiseau mesure environ 0m,33 de long. Il a le dos vert-olive, le ventre jaune; la tête, le cou et la poitrine d'un vert cendré; les plumes des ailes noirâtres bordées de jaune; la queue noire à la base, d'un gris argenté dans sa seconde moitié; l'iris rouge, l'œil entouré d'un cercle dénudé bleuâtre; le bec bleuâtre à la base, rougeâtre à la pointe; la cire recouvrant les narines, d'un rouge sale; les pattes jaune orangé foncé.

Habitat. — Le Colombar habite l'Afrique centrale et méridionale.

Mœurs. — Son existence est essentiellement arboricole. Il se tient en sociétés de dix à vingt individus sur les branches des grands arbres, particulièrement sur les sycomores, dont l'épais feuillage l'abrite merveilleusement contre les fortes chaleurs de la journée.

Parfois, on le rencontre par paires, et même dans chaque bande les couples ne se séparent pas. Cette particularité, qui indique chez cet Oiseau un instinct très développé de sociabilité, le rapproche des Perroquets avec lesquels il a encore d'autres ressemblances. Ce n'est pas sans raison, d'ailleurs, que les Colombars sont parfois désignés sous le nom de *Pigeons-Perroquets*; leurs couleurs vives, les postures singulières qu'ils prennent en grimpant sur les branches des arbres ou en s'y reposant, leur vol rapide, bruyant, les font ressembler beaucoup à des Psittacidés, pour l'observateur non prévenu.

Les Colombars se nourrissent surtout de fruits et de baies.

Ils nichent dans les creux des arbres.

LES PTILONOPES. — Proches parents des Colombars, les Ptilonopes sont originaires de la Malaisie et de l'Océanie. Ils vivent sur les coteaux boisés, se nourrissent exclusivement de fruits, notamment de figues, de bananes.

LE COLOMGALLE HÉRISSÉ. — Près des Colombars et des Ptilonopes, se place une espèce très curieuse, le *Colomgalle hérissé* (*Alectrœnas pulcherrimus*). Son plumage est presque entièrement d'un beau bleu indigo, à l'exception des plumes du cou et de la poitrine qui sont blanches, étroites, rigides, et sont susceptibles de se hérisser en une sorte de crinière.

Cet Oiseau vit dans l'Afrique méridionale et occidentale et à Madagascar. Il se retire dans les bois pendant la nuit et le milieu du jour ; le reste du temps il parcourt les plaines en bandes nombreuses, à la recherche des baies et des graines qui forment le fond de sa nourriture.

LES CARPOPHAGES OU MUSCADIVORES. — Ils habitent l'Océanie. Leurs mœurs sont celles des Colombars.

LES COLOMBES OU PIGEONS PROPREMENT DITS

Caractères. — Les Oiseaux que l'on réunit dans le genre unique *Colombes* présentent les caractères suivants : bec faible, droit, presque égal en longueur à la tête, membraneux et recouvert d'une cire épaisse, molle, dans sa première moitié, corné à la pointe qui est renflée et arrondie ; narines étroites, oblongues, horizontales, percées dans la cire ; ailes allongées, pointues, sub-obtuses ; queue ample, ordinairement composée de douze pennes, arrondie ou tronquée à angle droit ; tarses courts, plus ou moins emplumés au-dessous de l'articulation.

On ne peut guère établir dans ce genre que les deux subdivisions reconnues par Degland et qui sont les suivantes :

1° Espèces à tarses plus courts que le doigt médian, assez emplumés au-dessous de l'articulation, et dont l'aile ne porte, en dessus, ni bande, ni taches transversales noires :.... *Grand Ramier* ;

2° Espèces à tarses aussi longs que le doigt médian, médiocrement couverts au-dessous de l'articulation, et dont l'aile est relevée, en dessus, par des bandes ou des taches transversales noires :.... *Petit Ramier*, *Bizet*.

LA COLOMBE RAMIER OU GRAND RAMIER (*Columba palumbus* L.). — Désignée encore sous les noms de *Palombe* ou de *Pigeon des Bois*, cette espèce est la plus forte du genre ; sa taille est de 0m,45. Degland la décrit de la façon suivante :

Caractères. — Le mâle adulte, en été, a la tête, le cou, le croupion et les couvertures supérieures de la queue d'un cendré bleuâtre ; le dos et les couvertures des ailes d'un cendré brun ; le derrière et les côtés du cou d'un vert doré, à reflets bleu et cuivre rosette; la partie inférieure du cou ornée de chaque côté d'un croissant d'un blanc de plomb ; le bas du cou en avant et la poitrine d'une couleur vineuse à reflets ; le ventre, les flancs et sous-caudales d'un gris bleuâtre ; les rémiges primaires brunes bordées de blanc, les secondaires d'un gris brun; la queue d'un cendré foncé en dessus, passant au noir vers l'extrémité, avec une large bande transversale d'un gris bleuâtre en dessous; le bec rouge de chair, avec le bout jaune orangé et les narines couvertes d'une sorte de poussière blanche; les pieds rouges, les ongles brun de corne, l'iris jaune pâle.

La femelle ressemble au mâle, mais le croissant blanc du cou est moins étendu En automne, les deux sexes ont des teintes moins pures.

Les jeunes ont une teinte terne et ne commencent à être marqués de blanc que vingt-cinq à trente jours après leur sortie du nid.

Habitat. — Le Pigeon ramier habite toute l'Europe, mais il s'y trouve irrégulièrement répandu. Il est très abondant en Suède et dans les forêts de l'Allemagne.

En France, il est sédentaire dans un grand nombre de localités, migrateur dans d'autres. Il va passer l'hiver dans le nord-ouest de l'Afrique. A l'époque de ses migrations, on le trouve presque partout.

Mœurs. — Le Ramier mérite bien son nom de Pigeon des Bois ; son existence est essentiellement arboricole. Mais il se fixe aussi volontiers dans le voisinage des habitations que dans les régions désertes ; on le voit fréquemment nicher dans les jardins des grandes villes. Il paraît avoir une certaine prédilection pour les forêts de conifères, probablement parce que les graines de ces arbres entrent dans son régime.

Bien qu'il passe la plus grande partie de son existence dans les cimes des grands arbres, il marche aisément sur le sol, le corps horizontal ou redressé, en inclinant sans cesse le cou en avant, mouvement qui est familier à tous ses congénères. Son vol est élégant et rapide ; quand il prend son essor, ses ailes frappent l'une contre l'autre en produisant un claquement, qui se transforme ensuite, pendant le vol, en une sorte de sifflement.

Son chant est un roucoulement sonore.

« Lorsqu'on observe le Ramier en pleine nature, disait Degland en 1867, c'est-à-dire dans les forêts ou dans les campagnes, et lorsqu'on étudie ses mœurs au sein de nos cités populeuses, il semble qu'il y ait en lui deux Oiseaux. Dans le premier cas, on voit qu'il est farouche, méfiant, qu'il fuit l'homme du plus loin et ne se laisse jamais surprendre; dans le second cas, il montre autant et plus de confiance que les races de Gallinacés et de Pigeons qui vivent dans nos demeures depuis des siècles. Ainsi les Ramiers qui habitent les Tuileries, le Luxembourg, loin d'être effarouchés par le nombreux public qui en fréquente les promenades, se rendent familiers au point de venir prendre dans la main, dans la bouche même, les aliments qu'on leur présente. Nous en avons vu jusqu'à cinq sur les épaules, les bras, les doigts d'un de leurs pourvoyeurs journaliers, et c'était chose excessivement curieuse de les voir se chasser à grands coups d'aile et de bec, pour la possession d'une mie de pain. Peu de nos Oiseaux les mieux domestiqués sont à ce point confiants. »

Dans les forêts, le Ramier passe la nuit et le milieu du jour caché dans le feuillage ; le matin et une partie de l'après-midi, il va à la recherche de sa nourriture composée de graines, de baies et de fruits ; il mange surtout des graines de céréales et de graminées : pois, fèves, haricots, blé, navette, glands, faînes ; il paraît aussi très friand des petites fraises des bois.

Au printemps et en été, on le rencontre par couples. Le mâle, avant l'accouplement, se montre très excité. « Il ne peut rester en place, dit Brehm, il vole, s'élève dans l'air obliquement, frappe violemment les pointes des ailes, qu'on entend battre de très loin, descend en planant, et continue ce jeu pendant longtemps. Sa femelle le suit quelquefois ; mais, d'ordinaire, elle reste perchée, et l'attend tranquillement. Il revient généralement auprès d'elle après avoir exécuté ses évolutions aériennes. Jamais je n'ai vu deux mâles se battre pour posséder une femelle. »

Le Ramier établit son nid dans les grands arbres, sur les branches qui ont une direction oblique par rapport au sol, et à une faible distance du tronc. C'est au mâle qu'est dévolu le rôle le plus actif ; c'est lui qui, durant des heures entières, va ramasser sur le sol ou sur les arbres voisins, des bûchettes, des brindilles, des racines, que la femelle assemble à son gré. La construction achevée présente l'aspect d'une plate-forme presque à claire-voie, dont les matériaux sont grossièrement enchevêtrés, et qui paraît exposée à s'effondrer au moindre vent.

Mais il n'en est rien, comme l'a fort bien montré O. des Murs, par la remarque suivante : « A la négligence apparente, dit cet auteur, avec laquelle semble construit le nid du Ramier et celui de toutes les espèces forestières de Pigeons, nous croyons que l'on a toujours été dans l'erreur, quant à l'appréciation qu'on en a faite, et au jugement qu'on en a porté. Ce nid, qui paraît effectivement plutôt une ébauche qu'une œuvre achevée, est tellement léger que, du pied des arbres où il pose, on voit le jour au travers, et qu'on peut non seulement compter en quelque sorte les bûchettes qui le composent, mais même apercevoir la femelle quand elle s'y trouve. Nous voyons, au contraire, dans ce fait, non un indice de négligence de ces Oiseaux, mais une preuve de leur instinct. Sauvage et inquiet comme est le Pigeon ramier, il a besoin de voir ce qui se passe auprès et autour de lui, même et surtout quand il couve. De là, ce tissu lâche et à claire-voie qu'offre le nid, et qui permet à l'Oiseau de plonger, pour sa propre sécurité, jusqu'au bas de l'arbre dont il occupe le faîte. »

Brehm, de son côté, affirme n'avoir jamais vu un seul de ces nids qui eût été renversé par le vent.

Parfois le couple s'empare du nid abandonné d'un autre Oiseau, ou même d'un Écureuil et l'approprie à ses besoins.

Il y a, en général, deux couvées par an, la première dès la fin de mars, la seconde à la fin de juin. Le nombre des œufs n'est jamais de plus de deux par couvée, et quelquefois même d'un seul. Ces œufs sont oblongs, presque également obtus aux deux bouts, et d'un blanc pur ou d'un blanc légèrement teinté de bleuâtre.

Les parents semblent témoigner peu d'attachement envers leur progéniture, fait assez singulier si l'on songe à la tendresse qu'ils se prodiguent à l'époque de l'accouplement, et que les poètes ont souvent célébrée. Si, en effet, on chasse la femelle de son nid, elle abandonne ses œufs ou ses petits.

Ces derniers naissent presque nus comme tous les autres Pigeons. Ils ont longtemps besoin des soins de leurs parents qui les nourrissent d'abord de la substance crémeuse sécrétée par leur jabot, puis de graines ramollies, et les réchauffent alternativement jusqu'à ce que leurs plumes aient commencé à pousser. Les repas sont, chez ces Oiseaux, réglés avec une précision mathématique : le premier a lieu vers neuf heures, le second vers quatre ou cinq heures. Jamais les petits n'ont à manger en dehors de ces heures régulières.

A l'automne, les Ramiers qui se disposent à émigrer se réunissent en bandes nombreuses ; ils se répandent alors dans les champs et les prairies, où ils vont glaner les grains de blé, de chanvre, de millet, laissés par les moissonneurs.

L'époque des brouillards arrivée, ils se dirigent vers le sud, en bandes compactes. Ils voyagent de préférence de grand matin et par la brume, évitant ainsi la rencontre des grands Oiseaux de proie qui guettent leur passage.

Chasse. — La chasse au Ramier se pratique en grand dans certaines localités, notamment dans les Pyrénées-Orientales, à ses passages annuels du printemps et de l'automne, en même temps que celle du Colombin dont il sera question plus loin. Le Ramier étant considéré comme nuisible aux récoltes, sa chasse est d'ailleurs permise en tous temps.

Captivité. — Malgré son naturel assez farouche, le Ramier s'apprivoise facilement et peut être conservé dans une grande volière. Sa reproduction offre cependant d'assez sérieuses difficultés.

LA COLOMBE COLOMBIN (*Columba œnas* L.). — ***Caractères.*** — Le Colombin est d'une taille inférieure à celle du Grand Ramier ; il ne mesure que $0^{m},35$ de long. Son plumage en est aussi très différent. Le mâle, au printemps, a la tête, le cou et le dessus du corps d'un cendré bleuâtre, plus clair sur le croupion et les sus-caudales ; les reflets métalliques des côtés du cou sont d'un vert violet ; la poitrine est d'un rouge vineux ; le reste de la face inférieure et les sous-caudales d'un cendré bleuâtre ; les ailes, de même couleur que le dos, sont marquées de deux taches irrégulières noires ; les grandes rémiges sont noirâtres, lisérées de gris ; la queue, d'un cendré bleuâtre dans ses deux tiers antérieurs, est noire dans le reste de son étendue, avec la rectrice latérale de chaque côté marquée de blanc en dehors ; le bec rouge avec la pointe jaune ; l'iris rouge brun ; les pieds rouges.

En automne, les teintes de l'un et l'autre sexe sont plus sombres, et les reflets métalliques du cou tirent sur le verdâtre.

Habitat. — Le Colombin est répandu dans toute l'Europe jusqu'en Sibérie. En France, il s'établit surtout dans les grandes forêts du centre et du nord.

Il émigre dans le nord de l'Afrique, à l'automne, en compagnie souvent du Grand Ramier.

Mœurs. — Par ses allures et par ses mœurs, il diffère peu du Ramier. Ses mouvements paraissent cependant un peu plus vifs, sa démarche plus dégagée ; il s'agite et roucoule presque toute la journée. Sa nourriture se compose de graines de céréales, de légumineuses, de chènevis, de glands, de semences de pin et d'autres conifères.

D'un naturel très farouche, il fuit le voisinage de l'homme, et habite de préférence les grands bois touffus.

Un couple de Colombins est, d'après Brehm, un vrai type d'amour conjugal. Le mâle ne quitte pas sa femelle ; il reste près d'elle, la distrait par ses roucoulements et l'accompagne si elle est chassée de dessus ses œufs. De plus, les deux parents déploient, pour défendre leur couvée, un courage remarquable que l'on chercherait en vain chez les couples du Grand Ramier.

Le Colombin niche dans les cavités des vieux troncs d'arbres, ou dans l'angle de bifurcation des grosses branches.

Les œufs au nombre de deux, rarement de trois, sont semblables à ceux du Ramier, mais un peu plus petits.

Il y a deux et même trois couvées par année.

Le Colombin a beaucoup d'ennemis à redouter, notamment les Oiseaux de proie et les petits Carnassiers. Brehm, cependant, cite un exemple peut-être unique où l'on trouva sur un même arbre un nid de Colombin et au-dessous, dans un trou de l'arbre, un nid de Martes.

Chasse. — Les Colombins émigrent à des époques très régulières. Aussi sont-ils l'objet de chasses très importantes à leur passage dans le midi de la France, notamment dans les Pyrénées, où ils sont désignés à tort sous le nom de *Bisets*. Le premier passage a lieu au mois de mars, et dure une vingtaine de jours. Le passage d'automne commence dans les derniers jours de septembre et se prolonge souvent jusqu'en novembre.

C'est par troupes de dix à quarante et même cent individus que voyagent ces Oiseaux, en compagnie souvent de bandes semblables de Ramiers.

Les chasseurs des Pyrénées emploient différents modes de chasse en usage depuis fort longtemps, et tous plus ou moins meurtriers.

Le plus simple consiste à placer à terre ou sur des arbres assez élevés, dans un endroit de passage connu, quelques Colombins en bois sculpté et peint, destinés à attirer l'attention des Oiseaux de passage. Ceux-ci, croyant voir une de leurs bandes au repos, viennent planer au-dessus des arbres ou se posent à terre. L'alarme est aussitôt donnée par une sentinelle qui fait lever la troupe en temps opportun, pendant que les chasseurs, cachés dans une hutte disposée à cet effet, peuvent tirer à volonté. Cette chasse, quelque simple qu'elle paraisse. exige cependant assez de sang-froid et une certaine expérience. Le plumage des Colombins, comme celui de tous les Pigeons, d'ailleurs, est fort serré, de sorte que le plomb qui frappe la poitrine de l'Oiseau n'a pas la force de pénétrer dans les chairs ; les Colombins alors s'éparpillent, s'élèvent à une grande hauteur et sont bientôt hors d'atteinte. Aussi les vieux chasseurs recommandent-ils de ne tirer que quand la bande est au-dessus de la tête du tireur ou l'a un peu dépassé.

Dans certaines localités, on emploie pour chasser les Colombins d'immenses filets méthodiquement disposés dans des endroits convenablement choisis. On donne à ces emplacements les noms de *palomières* ou de *pantières*, selon que l'on y prend surtout des Ramiers ou des Colombins.

On choisit entre deux chaînes de montagnes une gorge large à son ouverture et qui aille en se rétrécissant : à son extrémité doit se trouver une surface plane et unie d'environ cent pas carrés, qu'on appelle *fonte* dans le pays.

L'embouchure étroite est entièrement fermée par des filets dont le nombre varie suivant la largeur de la gorge. Ces filets, qui ont chacun huit ou neuf mètres de largeur, sur dix-huit de hauteur, sont hissés, par le moyen de poulies, à des arbres qui n'ont pas moins de 25 à 35 mètres d'élévation. Ils sont masqués, sur le devant, par une seconde rangée d'arbres élagués dans le bas, pour donner passage aux Oiseaux.

Environ 30 mètres en avant des filets est une *trèpe*, qui consiste en trois troncs d'arbres plantés en triangle, à six pas les uns des autres, rapprochés et liés ensemble par le haut avec une chaîne de fer. Sur leurs cimes réunies, on construit une cabane qui est occupée par un des chasseurs.

Des deux côtés de la gorge, le long de la crête des montagnes, sont également disposées, d'espace en espace, des cabanes sur des arbres ou sur des éminences naturelles. Chacune de ces cabanes recèle un chasseur.

Lorsqu'une volée de Colombins ou de Ramiers, engagée dans la gorge, veut franchir la crête, le chasseur le plus à portée lui lance un *matou*, espèce de palette blanchie et emplumée, qui imite grossièrement un Oiseau de proie. Les Oiseaux effrayés rétrogradent et fondent souvent jusqu'à terre. Ils sont ainsi maintenus successivement, d'un chasseur à l'autre, dans la direction des filets. Au moment où ils dépassent la trèpe, le chasseur posté dessus leur décoche, à son tour, toujours en queue, jamais par devant, un Oiseau empaillé ou un matou. Les Colombins épouvantés se jettent les uns sur les autres : on lâche une détente, et Oiseaux et filets, tout est précipité pêle-mêle à terre.

Captivité. — Le Colombin s'apprivoise encore plus aisément que le Ramier, et se reproduit en captivité, fait qui s'observe rarement chez le Ramier.

LA COLOMBE BISET OU PIGEON DE ROCHE (*Columba livia* L.). — Cette espèce est la plus intéressante du genre Colombe ; on la considère comme la souche de toutes les races actuelles de Pigeons domestiques.

Caractères. — Sa taille est de $0^{m},32$. Son plumage est d'un gris ardoisé, avec des reflets chatoyants verts et vert violet sur les côtés et le bas du cou ; le croupion d'un blanc pur ; les ailes barrées transversalement de noir et marquées d'une grande tache de même couleur sur les pennes les plus rapprochées du corps ; les rémiges et les rectrices terminées de noir ; la rectrice la plus externe blanche sur ses barbes externes dans presque toute son étendue ; le bec brun, la cire qui recouvre les narines d'un blanc farineux ; l'iris et les pieds rouges.

La femelle a la même livrée que le mâle, mais les teintes en sont moins vives ; elle est aussi de plus petite taille.

Les jeunes, à la sortie du nid, ont aussi des teintes ternes, mais ils se distinguent aisément des Colombins par leur croupion blanc et la large bande noire de l'aile.

Variétés. — On a décrit comme espèces distinctes du Biset (*C. Livia*) de simples variétés géographiques, parmi lesquelles le *C. amaliæ*, le *C. affinis*, le *C. intermedia*. Cette dernière seule, ou *Biset sauvage de l'Inde* (*C. intermedia* de Strickeland), pourrait être considérée jusqu'à un certain point comme une race distincte du Biset d'Europe. Elle diffère de celui-ci par la couleur du croupion qui est bleue au lieu d'être blanche. Mais ce caractère tiré de la couleur du croupion n'a qu'une faible valeur, il est très variable et disparaît même complètement sous l'influence de la domestication seule.

Il n'y a donc, en réalité, qu'une seule *espèce* de Biset sauvage.

Habitat. — Le Biset habitait autrefois une grande partie de l'Europe et de l'Asie ; les côtes rocheuses de la Suède, de la Norvège, de l'Angleterre, de l'Écosse, et toutes les îles et côtes du bassin méditerranéen ; certaines régions de la Russie, les bords du Volga, le Caucase.

En France, il nichait sur les bords de la Meuse, sur quelques rochers des bords du Rhône, et dans un grand nombre d'autres localités, Pyrénées, Bretagne, Normandie.

Aujourd'hui, les individus qui vivent encore à l'état sauvage et se sont conservés purs de tout mélange, tendent à devenir de plus en plus rares dans les régions où ils ont subsisté, et à se croiser avec les races communes des pigeonniers actuels.

Mœurs. — Le Biset s'établit de préférence sur les rochers et les falaises escarpées des bords de la mer, rarement dans l'intérieur des terres. De là lui est venu son nom de *Pigeon de Roche*. Aux Indes, il niche dans les grottes et les cavernes, près des rivières, en compagnie des Martinets, et on le désigne sous le nom de *Pigeon de Montagne*.

C'est un Oiseau très farouche, dont la circonspection est plus grande encore que celle de tous ses congénères. Son vol est plus beau et plus léger que celui du Ramier, et aussi rapide que celui du Colombin. Il monte très haut dans les airs, et y décrit de vastes cercles ; lorsqu'il redescend, il plane un moment avant de prendre pied, afin d'amortir sa chute.

Son genre de vie diffère peu de celui du Colombin. Comme ce dernier, il est d'une régularité parfaite dans ses habitudes.

Les individus d'une même bande passent la nuit en commun dans des rochers inaccessibles. Dès le lever du soleil, ils sortent de leur abri et se mettent en quête de nourriture, après quelques évolutions préliminaires. C'est alors que les mâles se montrent dans toute leur beauté. Ils enflent leur jabot, hérissent les plumes brillantes de leur cou, étalent leur queue, laissent pendre les ailes et roucoulent avec animation, en abaissant et relevant le cou alternativement et en décrivant chaque fois un demi-cercle.

Paisibles et sociables, ces Oiseaux n'ont de querelles sérieuses qu'à l'époque des amours, mais sans qu'il s'ensuive jamais de dangereuses batailles. Cependant ils montrent dans la recherche de leur nourriture une certaine jalousi- qui se manifeste de la façon suivante : quand l'un d'eux a trouvé une abondante pitance, il la couvre de ses ailes, comme s'il voulait empêcher ses voisins de profiter de sa bonne fortune.

Les Bisets se nourrissent, comme leurs congénères de la même famille, de graines de céréales et de légumineuses, blé, colza, lentilles, lin, fèves sauvages ; en même temps ils avalent aussi des petits cailloux. Gerbe a trouvé dans l'estomac de l'un d'eux une grande quantité de petits Mollusques.

Les nichées ont lieu deux fois par an. Dès le commencement du printemps, les mâles roucoulent avec ardeur, et recherchent chacun une compagne. « Une fois le couple uni, dit Naumann, il ne se sépare plus ; les deux époux restent ensemble, même hors de la période des amours. Les exceptions sont rares. Le mâle cherche un endroit pour construire son nid : l'a-t-il trouvé, il y demeure, et crie, la tête penchée vers le sol, jusqu'à ce que la femelle arrive. Celle-ci accourt, la queue étalée et relevée, l'agace et fouille avec son bec les plumes de sa tête. Puis tous deux se caressent et l'accouplement a lieu. Lorsqu'il est accompli, ils s'élèvent dans les airs en se jouant, en battant bruyamment des ailes, puis ils se reposent et s'occupent silencieusement à lisser leur plumage. Ce manège se répète plusieurs jours de suite ; enfin, le mâle poussant sa femelle devant lui, jusqu'à l'endroit où doit être construit le nid, va chercher des matériaux, les apporte dans son bec et les remet à sa compagne, qui se charge de les coordonner. »

Le nid, placé dans un endroit inaccessible, caverne, anfractuosité de rochers, a une forme aplatie, avec une légère excavation au centre pour recevoir les œufs. Il est grossièrement construit à l'aide de branches sèches, de brindilles d'herbes, de chaumes desséchés.

Les œufs, au nombre de deux, sont d'un blanc pur ou très légèrement lavés d'une faible teinte azurée. Ils sont couvés alternativement par le mâle et la femelle : par le mâle durant le milieu du jour, par la femelle le reste du temps.

La durée de l'incubation est de seize à dix-huit jours. Les petits éclosent successivement à un jour ou deux d'intervalle ; ils sont d'abord nourris par la substance crémeuse sécrétée par le jabot de leurs parents, puis avec des graines ramollies, à moitié digérées ; enfin ils reçoivent la même nourriture que les adultes. Leur complet développement demande environ un mois, mais ils restent un peu plus longtemps encore en compagnie de leurs parents.

Comme les autres Pigeons, ils ont pour ennemis naturels et redoutables, les Oiseaux de proie et les petits Carnassiers.

Captivité. — Le Pigeon Biset présente une remarquable aptitude à la domestication, mais cette aptitude, qui, si l'on considère les mœurs un peu farouches de cet Oiseau à l'état sauvage, semble au premier abord paradoxale, présente un caractère particulier : le Biset domestique conserve toujours, malgré les soins dont on peut l'entourer, une certaine indépendance, et il est loin de faire preuve de la même soumission, du même esclavage passif qui caractérisent les races actuelles de nos colombiers modernes.

Si l'on vient à le déranger pendant ses couvées, il abandonne le colombier ; certains auteurs ont même voulu trouver dans ce fait l'origine du nom de *fuyard* qu'on lui donnait autrefois, nom qui a cependant une tout autre origine.

La domestication du Biset remonte à la plus haute antiquité. En France, avant 1789, c'était le Biset qui formait le fond de la population des colombiers ou *fuies*; de là, selon Cornevin, l'appellation de *fuyard* ou mieux de *fuard* donnée dans l'ancienne langue française au Pigeon des fermes. Le type domestique est peu différent de l'espèce sauvage; il en a conservé la livrée générale et le genre de vie; mais sa taille est un peu plus forte, et son plumage s'est pigmenté de noir ou de brun. Il subsiste encore sous cette forme et dans une demi-liberté dans certaines localités, notamment en Hollande.

Des variétés nombreuses, que les éleveurs ont obtenues par la sélection artificielle et des croisements savamment combinés, sont issues les races domestiques actuelles qui méritent de faire l'objet d'un chapitre spécial.

LES RACES DE PIGEONS DOMESTIQUES

L'étude des différentes races de Pigeons domestiques présente un très grand intérêt. Elle forme un des chapitres les plus importants de la biologie, car elle montre les variations considérables que peut subir une espèce sous l'influence de la domestication et d'une sélection artificielle sagement raisonnée.

Historique. — Les premiers documents qui font mention du *Pigeon domestique* remontent à l'époque de la quatrième dynastie égyptienne.

Puis nous apprenons par Pline, qu'au temps des Romains, les Pigeons étaient élevés avec beaucoup de soins, soit pour la table, soit pour le plaisir des amateurs; on tenait compte de leur généalogie : certaines espèces très appréciées valaient, dit-on, jusqu'à 370 francs la paire.

Dans l'Inde, en 1600, un historien de la cour d'Akber-Khan nous apprend qu'il existait alors dix-sept races distinctes, dont huit étaient estimées surtout pour leur beauté.

A la même époque, les Hollandais étaient déjà très passionnés pour l'élevage des Pigeons, ainsi que nous l'apprend Aldrovande, et la plupart des races actuelles étaient créées, mais non perfectionnées comme elles l'ont été depuis.

De nos jours, des sociétés colombophiles se sont fondées dans le monde entier; tandis que certaines d'entre elles s'occupent plus particulièrement de l'amélioration des races d'alimentation ou de fantaisie, les autres cherchent à perfectionner les races de messagers.

Origine des races domestiques. — Les belles recherches de Darwin ont démontré que toutes les races connues de Pigeons domestiques descendaient du Biset et aussi de ses variétés décrites plus haut, mais qui n'en sont nullement distinctes spécifiquement. Les principales raisons émises par le célèbre naturaliste pour justifier cette théorie sont les suivantes :

Toutes les races de Pigeons domestiques, même celles qui paraissent offrir les plus grandes dissemblances, diffèrent moins entre elles et du Bizet sauvage que de toute autre espèce de la famille des Colombidés. Elles ont toutes la même conformation, les mêmes habitudes, la même voix, la tendance à un même système de coloration, et ne se distinguent souvent du Bizet que par des caractères d'ordre purement tératologique dont on ne trouve pas d'exemple chez les autres Colombidés : C'est en vain que l'on chercherait dans tout l'ordre des Pigeons un bec comme celui du Tumbler, un jabot comme celui du Boulant, une queue en éventail comme chez le Pigeon-Paon.

De plus, toutes ces races se croisent aisément entre elles et avec le Bizet et donnent des métis indéfiniment féconds, avec une tendance à reproduire souvent le type primitif du Bizet. Cette particularité de retour atavique vers l'ancêtre primitif est très nette en ce qui touche à la coloration : Les éleveurs savent que quand apparaît, à la suite d'un croisement, un sujet plus ou moins bleu, les ailes sont presque infailliblement marquées des deux bandes noires caractéristiques du Bizet.

Si, d'ailleurs, on admet pour les races de Pigeons domestiques l'existence de plusieurs souches distinctes, on est par cela même obligé de supposer que ces souches ont été assez nombreuses, et qu'il y en a eu au moins sept ou huit bien caractérisées. Or, il est douteux que ces espèces primitives, qui devaient avoir les mêmes habitudes que le Bizet, c'est-à-dire vivre sur les rochers, dans des endroits inaccessibles, fussent entièrement disparues avant la période historique. On n'a jamais constaté non plus un retour à l'état sauvage des espèces domestiques ; tandis que le Bizet de colombier a repris sa liberté dans certaines localités avec des caractères à peine modifiés.

Aussi, nous conclurons avec l'illustre auteur de l'*Origine des espèces* : « Il est tout à fait improbable que l'homme soit autrefois arrivé à faire reproduire librement, à l'état domestique, sept ou huit espèces supposées de Pigeons, qui seraient totalement inconnues à l'état sauvage, et qui ne redeviennent nulle part marronnes ; ces espèces, bien que très semblables au Bizet sous presque tous les rapports, présentant, sous d'autres, des caractères très anormaux lorsqu'on les compare aux autres Colombidés ; la réapparition occasionnelle de la couleur bleue et des diverses marques dans toutes les races, autant quand elles restent pures que quand on les croise ; la fécondité complète de tous les métis ; toutes ces raisons, prises ensemble, nous permettent de conclure, avec beaucoup de certitude, à la descendance de toutes nos races domestiques de Pigeons de la *Columba livia* et de ses sous-espèces géographiques. »

Nous allons voir d'ailleurs que la plupart des races domestiques, particulièrement les races de fantaisie, ne sont en réalité que des Bizets dont certains caractères d'ordre presque tératologique ont été soigneusement cultivés et entretenus pendant des milliers de siècles à travers les générations de ces Oiseaux, par la sélection artificielle.

Mode de formation des principales races. — De quelle façon ont donc pu être créées les variétés nombreuses qu'on exhibe dans les expositions à la curiosité du public et à l'appréciation des amateurs enthousiastes ?

Le Bizet, maintenu dans une demi-captivité, se reproduit indéfiniment de par les lois de l'hérédité, avec des caractères identiques, mais cet Oiseau est susceptible de variations très nombreuses, si l'on vient à le priver entièrement de sa liberté, à le changer de climat ou à modifier son alimentation.

Sous l'influence de ces conditions nouvelles, et d'autres encore peu connues, il a pu apparaître spontanément, parmi certains sujets d'une même couvée, quelques anomalies plus ou moins sérieuses qui auront attiré l'attention des éleveurs. Dès lors, par une sélection consciente ou inconsciente, ces anomalies se seront reproduites et fixées en donnant naissance chacune à une variété particulière.

De nos jours, c'est encore sur ce principe que se basent les éleveurs pour conserver et perfectionner les races qu'ils élèvent en vue des concours. Ils choisissent, dans une couvée, les sujets qui présentent au maximum les caractères, j'allais dire les monstruosités, qui sont propres à la race cherchée, ils les font accoupler de nouveau avec des sujets semblables, et ainsi de suite, en sacrifiant ou éloignant tous ceux qui ne sont pas purs. Plus tard, des croisements entre ces races anormales ont produit des races avec caractères intermédiaires.

C'est à cette sélection artificielle, patiemment suivie, et à d'autres conditions secondaires d'élevage, que l'on doit la production et la conservation de la plupart des races dites *de fantaisie*.

Classification. — Il est difficile d'établir pour les Pigeons domestiques une classification rationnelle, non seulement parce que le nombre des races et des sous-races augmente chaque jour, mais aussi parce que certaines d'entre elles, issues de croisements compliqués, ne trouveraient place dans aucun groupe.

D'autre part on ne connaît pas non plus la généalogie de chaque race pure, ou plus exactement les différents termes par lesquels chaque série se relie au Bizet considéré comme le type primitif.

Nous suivrons donc forcément un ordre artificiel, en nous basant sur les particularités morphologiques *principales* qui caractérisent chaque type.

Ce système aura l'avantage de rappeler l'origine des diverses races, qui, pour la plupart, sont dues à des anomalies devenues héréditaires par une sélection longtemps continuée ; il se trouvera aussi en parfait accord avec le synopsis de Cornevin reproduit à la fin du chapitre, et qui est d'une réelle utilité pour la détermination rapide des races et des sous-races.

Nous étudierons donc successivement :

1° Les races peu différentes, par leurs caractères morphologiques, du Bizet sauvage :

Bizet de colombier et ses sous-races, Mondains ;

2° Les races caractérisées principalement par une particularité tirée de la forme générale du corps et de la structure du bec :

Romains, Messagers, Carriers, Polonais, Tumblers ;

3° Les races caractérisées principalement par une disposition spéciale de certaines plumes du tronc et de la tête :

Culbutants à épi, *Cravatés*, *Coquillés*, *Jacobins*, *Tambours;*

4° Les races caractérisées principalement par des dispositions spéciales des plumes de la queue :

Swifts, *Pigeons-Poules*, *Pigeons de Modène*, *Pigeons-Paons;*

5° Les races caractérisées principalement par un œsophage très dilatable :

Boulants, *Maillés de Caux*.

Les cinq groupes établis ci-dessus peuvent être considérés comme autant de branches émanées d'une même souche, le Bizet sauvage, et s'étant différenciées chacune dans un sens différent, tout en présentant, de-ci de-là, quelques anastomoses entre leurs ramifications, d'où sont nées plusieurs races dont la généalogie est impossible à débrouiller.

REMARQUES. — Parmi les caractères morphologiques secondaires utilisés dans cette classification, il en est qu'on retrouve dans les races les plus éloignées les unes des autres et qui doivent être considérés comme des anomalies inconstantes d'une faible valeur caractéristique.

Ce sont notamment :

La *présence de plumes aux tarses et aux doigts*. On trouve accidentellement ce caractère, non seulement sur des races domestiques, mais aussi sur le Bizet sauvage.

La *frisure des plumes*. Elle est due à un recroquevillement des plumes, se manifestant par des ornements variés : cravates, coquilles, huppes.

Le *soyeux des plumes*. C'est l'aboutissant d'une modification des plumes dont le premier terme est la frisure. Elle est caractérisée par la disparition du rachis ou sa division.

Ier GROUPE. — RACES PEU DISTINCTES DU BIZET SAUVAGE.

Ce groupe comprend, d'une part, les races qu'il est impossible de différencier du Bizet, autrement que par la coloration ou des particularités spéciales physiologiques, et, d'autre part, une race sans caractères bien tranchés, qui montre une tendance de retour au type primitif.

LE BIZET DE COLOMBIER. — Il a été décrit et étudié plus haut; nous n'y reviendrons pas.

On peut lui rattacher, à titre de sous-races, les variétés suivantes que nous diviserons, comme l'a très judicieusement fait Cornevin, en :

1° Sous-races différenciées par la coloration : Montagnarde, Lune, Satinette, Heurtée, Maillée;

2° Sous-races différenciées par des particularités physiologiques : Volante à tête lisse, Tournante à tête lisse, Culbutante à tête lisse, Pigeons Rieurs.

La première division comprend des Pigeons qui ne se distinguent du Bizet que par la coloration seule.

La seconde comprend des Pigeons, qui, avec un plumage variable, présentent dans le vol des particularités spéciales ; ces particularités se retrouvent aussi dans d'autres races très éloignées du Bizet.

Sous-race Montagnarde. — Les Pigeons montagnards ont la tête, le cou, la gorge noirs, rouges, chamois ou bleus, et le reste du corps blanc.

Sous-race Lune. — Elle est caractérisée par un plumage blanc satiné, lisse, avec un plastron d'un brun rouge et deux barres de même couleur sur les ailes. Les pattes sont courtes et abondamment emplumées.

Sous-race Satinette. — Les Pigeons de cette sous-race ont, comme leur nom l'indique, un plumage d'un gris-perle satinette. Leurs pattes sont aussi fortement emplumées.

Il en existe plusieurs variétés.

Sous-race des Heurtés. — Il existait des Heurtés nettement caractérisés dès 1676.

Ces Pigeons sont remarquables par l'opposition tranchée qui existe entre la coloration du front et de la queue d'une part, et celle du reste du corps d'autre part.

Les uns ont le front et la queue noirs, bruns, bleus ou jaunes avec le corps blanc ; d'autres ont au contraire le front et la queue blancs, et le reste du corps noir, brun, rouge, bleu, fauve ou maillé.

Sous-race Maillée. — Ces Pigeons sont ainsi appelés à cause de leur type de coloration ; les plumes des couvertures des ailes portent, à l'extrémité, une tache triangulaire de couleur variable, mais qui tranche sur le reste du plumage.

Les variétés de Pigeons maillés sont nombreuses. Toutes sont très prolifiques et d'un bon rendement pour l'élevage.

Sous-race des Volants ou Monte-au-ciel. — Désignés aussi sous le nom de *Pigeons-Hirondelles*, ces Oiseaux doivent leur nom à l'habitude qu'ils ont de s'élever dans les airs à une grande hauteur et d'y planer longtemps.

A part la coloration, qui est variable et donne lieu à de nombreuses variétés, c'est le seul caractère qui les distingue des Bizets.

Cette sous-race est connue depuis fort longtemps, car Belon, cité par Darwin, a vu en Paphlagonie, en 1555, ce qu'il décrit comme une chose nouvelle, des Pigeons qui s'élevaient à une telle hauteur qu'on les perdait de vue, et revenaient ensuite au colombier sans s'être séparés.

Sous-race des Tournants ou Claqueurs. — Les Tournants se font remarquer par les allures singulières des mâles à l'époque des amours. Ils s'élèvent à quelques mètres au-dessus de leurs femelles, décrivent en volant cinq ou six cercles, alternativement à droite et à gauche, en faisant claquer bruyamment leurs ailes au point de détériorer l'extrémité des grandes rémiges.

Sous-race des Culbutants a tête lisse. — On donne le nom de *Culbutants* à des Pigeons qui présentent la singulière particularité d'exécuter, soit en volant, soit en marchant, de véritables pirouettes en arrière.

Le nombre et la rapidité des culbutes sont variables selon les sujets ; ordinairement, on assiste à trois ou quatre culbutes successives, quelquefois davantage et jusqu'à quarante par minute.

Il existe des Pigeons culbutants chez plusieurs races distinctes. Ceux dont il est question ici, les Culbutants à tête lisse, ont le port et les caractères morphologiques du Bizet.

On peut expliquer ces culbutes soit par une propriété physiologique commune à diverses races, ce qui n'éclaircit en rien le problème, soit par une anomalie encore inconnue dans la structure du système nerveux, anomalie devenue héréditaire par la sélection et localisée dans le cervelet, le bulbe ou la moelle, ou peut-être même dans les canaux semi-circulaires de l'oreille interne.

Dans cette hypothèse, il y aurait peut-être lieu un jour de faire des Culbutants un groupe tératologique particulier.

SOUS-RACE DES RIEURS. — Aux sous-races basées sur des particularités physiologiques, il convient d'ajouter ici les Pigeons Rieurs, qui ne diffèrent en rien du Bizet, mais qui se font remarquer par une voix très singulière, profonde, mélancolique, très différente à la fois et du roucoulement normal et de celui du Pigeon-Tambour. Ils sont originaires de l'Arabie ; ils étaient déjà connus de Moore en 1735.

LES PIGEONS MONDAINS. — Cette race n'a, pour ainsi dire, que des caractères négatifs, car on donne communément le nom de *Mondains* à des Pigeons qui ne se rapportent à aucune race bien définie, et qui proviennent de croisements divers avec retour à un type voisin du Bizet.

Le tour des yeux est toujours rouge. Le port et l'allure sont les mêmes que chez le Bizet.

Cependant certains amateurs assignent aux Mondains des caractères très précis, mais de peu d'importance.

On distingue les *gros*, les *moyens* et les *petits Mondains*; les premiers sont d'une taille presque égale à celle des Montauban. Les seconds forment une excellente race de produit, s'éloignant peu du colombier, et donnant jusqu'à six et huit couvées par année.

IIe GROUPE. — RACES CARACTÉRISÉES PRINCIPALEMENT PAR UNE PARTICULARITÉ TIRÉE DE LA FORME GÉNÉRALE DU CORPS ET DE LA STRUCTURE DU BEC.

A ce groupe appartiennent trois types très différents en apparence : les *Romains* ou *Runts*, remarquables surtout par leur taille énorme ; les *Messagers* et les *Carriers*, dont le bec fort et allongé est muni à sa base de caroncules charnues très développées, ainsi que la peau dénudée entourant l'œil ; les *Barbes* ou *Polonais*, à bec court, muni également de morilles très développées.

Mais on trouve de nombreux termes de passage des uns aux autres.

LES PIGEONS ROMAINS. — Les origines de cette race sont assez obscures. Il existait en Italie, au temps de Pline, des Pigeons remarquables par leur forte taille, et dont les représentants actuels sont les gros *Pigeons de Campanie*. On admet généralement qu'ils sont les ancêtres des Pigeons romains, mais il faut alors avouer, dans cette hypothèse, que l'élevage les a profondément modifiés. D'après P. Breschet, la race actuelle et ses variétés ont été créées à Paris, et cet auteur trouverait plus rationnelle l'appellation de *Pigeons parisiens* que celle de *Pigeons romains*.

Les caractères généraux de cette race sont les suivants : taille supérieure a celle de tous les autres Pigeons et voisine de 0m,50; corps lourd, massif, porté horizontalement; tête large et forte; bec gros, légèrement arqué; iris perlé; filet rouge autour des yeux; morilles blanches, unies; ailes à longues rémiges et portées bas; queue longue.

Les Pigeons romains volent lourdement et gauchement, malgré leur grande envergure qui peut dépasser un mètre.

Ils sont recherchés pour leur poids élevé qui permet d'obtenir rapidement de gros Pigeonneaux; mais leur élevage est rempli de difficultés.

Peu prolifiques, ils ajoutent à cet inconvénient celui de casser parfois leurs œufs, par suite de leur lourdeur et de leur gaucherie; ils ne sont pas non plus assez vifs pour se soustraire aux attaques des Oiseaux de proie, des Chats et des petits Carnassiers.

Il en existe plusieurs variétés qui sont : les Bleus, les Fauves, les Chamois, les Rouges, les Noirs, les Gris-piqués et les Minimes, dont la description nous entraînerait trop loin.

L'origine de ces variétés mérite cependant d'être contée, car elle montre comment les éleveurs savent perfectionner une race dans un but déterminé, à l'aide de croisements bien combinés. J'emprunte les lignes qui suivent à un article de M. P. Breschet, lu au Congrès ornithologique de 1900 :

« Avant 1840, d'après les anciens auteurs que j'ai connus, nous possédions, de date immémoriale, les Romains bleus et les Romains fauves, les deux seules variétés existant jusque-là. Les cinq autres ont été constituées de 1840 à 1855, à Paris tout spécialement. Comme ceux d'aujourd'hui, les amateurs de l'époque se réunissaient au marché aux Oiseaux. Je regrette de ne pas connaître, pour leur rendre hommage, les noms de ceux qui, les premiers, eurent l'heureuse idée d'enrichir notre pays des cinq variétés nouvelles. Voici du moins ce qui m'a été dit et ce que j'ai vu :

« Vers 1840, Paris possédait une belle collection de Bagadais de forte taille; il y avait les blancs, les bleus et les noirs unicolores, les chamois, les noirs et les rouges papillotés de blanc : dans ces trois dernières variétés, le chamois, le noir et le rouge dominaient comme fond. On avait aussi le Cavalier blanc, d'une bonne taille également, un peu haut de jambes, avec une belle tête, le bec blanc et fort, le tour des yeux rouge, l'iris couleur de vesce grise, le corps tenu horizontalement et se rapprochant comme ensemble du Romain. Puis un autre Pigeon, gros et trapu, venant de Bordeaux, appelé *Pigeon turc*, aux couleurs mal définies, principalement noires ou bleues, avec une tête forte, la morille très développée, le tour de l'œil *mûré* (couleur du fruit appelé *mûre*); l'iris tantôt perlé, d'autres fois jaune.

« C'est avec ces trois sortes de Pigeons que l'on est parvenu à créer les Romains chamois, les rouges, les noirs, les gris-piqués et les minimes.

« On a marié des Romains bleus, les uns avec les Bagadais noirs, les autres avec le Turc, pour obtenir les Romains noirs; les Romains fauves l'ont été d'un côté avec les Bagadais chamois et rouges, pour avoir les Romains de ces couleurs, et d'un autre côté avec le Cavalier blanc; puis les produits de ce dernier mariage ont été alliés aux Bagadais noirs, ce qui a donné le Gris-piqué.

« Dans les premiers rapprochements de ces quatre races, on obtint des résultats surprenants comme force et rusticité; ce qui, du reste, arrive presque toujours dans les croisements.

« Comme il est souvent difficile de former des séries nombreuses de diverses races, les premiers éleveurs s'étaient distribué la besogne et s'étaient, suivant leurs moyens, réservé des parts plus ou moins fortes. Ils avaient soin, d'ailleurs, de conserver des exemplaires purs des types qui servaient à leurs croisements. On comparait les produits, et chaque dimanche, au marché aux Oiseaux, on constatait les progrès, on notait les insuccès. Les premiers pas n'étaient pas les plus difficiles : on avait obtenu de fortes et grossières charpentes ; il s'agissait maintenant, pour ainsi dire, de les raboter, de les polir pour les mettre en harmonie avec les types primitifs des Romains.

« Chez les produits de l'alliance avec le Bagadais, il fallait diminuer la longueur et la courbure du bec et de la tête, rétrécir le rebord qui entoure les yeux, grossir le cou en le raccourcissant un peu et en lui ôtant de son aspect cou de cygne, abaisser la taille, rendre le corps plus horizontal, allonger le col, redresser les talons, rendre le plumage plus abondant, moins collant, élargir les rémiges et les rectrices.

« Chez les produits demi-sang de Turc, il fallait modifier beaucoup la tête, allonger le bec, diminuer les oreilles trop développées en forme de bourrelet, rougir le tour de l'œil (que ce Pigeon porte mûré), faire disparaître l'œil de coq dont il est assez souvent doté ; enfin allonger le vol.

« Le Cavalier laissait en héritage aux Gris-piqués l'œil de vesce, assez difficile à rejeter.

« En harmonisant les formes, en donnant la couleur aux yeux, il fallait encore embellir les nuances et supprimer les plumes disparates. »

C'est ainsi, par une sélection rigoureuse et longtemps poursuivie, que l'on est arrivé à créer les races et sous-races de Pigeons romains avec tous les caractères qu'en exigent les grands connaisseurs.

Sous-race de Montauban. — On considère généralement les Pigeons Montauban comme une sous-race des Romains, et issus du croisement de ces derniers avec les Nonnains. — Leur taille atteint presque celle des Romains ; mais leur bec est plus mince, leur corps plus incliné, leurs ailes et leur queue plus développées. — Ils ont l'avantage d'être assez prolifiques.

LES PIGEONS MESSAGERS. — Le terme de *Pigeons messagers* s'applique à une race ayant des caractères bien définis, et aussi aux nombreuses variétés de Pigeons dits *voyageurs* qui sont souvent très différents des vrais Messagers.

Cette confusion vient de ce que les premiers Pigeons employés pour transmettre des correspondances appartenaient à la race des Messagers de Perse. De plus, nos *Voyageurs* actuels possèdent assez bien de sang de la race dite *Messagers*.

L'un d'eux, le *Pigeon voyageur de Beyrouth*, appartient probablement à la race connue depuis la plus haute antiquité sous le nom de *Messager de Bassorah.* Il établit une transition très marquée entre le Bizet primitif et les autres Messagers, ceux-ci se reliant insensiblement aux *Carriers.*

Cornevin donne de la race du Messager la diagnose suivante :

« Bec de longueur variable, dont la mandibule supérieure supporte des caroncules quelquefois lisses, quelquefois chagrinées, toujours bien séparées sur la ligne médiane; œil cerclé d'un ruban blanc, d'épaisseur diverse. Ailes longues, s'étendant jusqu'aux trois quarts de la queue.

« Faculté de revenir au colombier après avoir été transporté à de grandes distances. Tête ronde, grosse, large entre les deux yeux qui ont quelque chose de hardi; cou bref et relativement gros. Corps ramassé; membres courts. Plumage épais, serré et de colorations multiples, encore que le bleu, le noir, le rouge et le chocolat soient les dominantes. »

On distingue trois sous-races de Messagers : 1° les Messagers à bec ordinaire ou *Anversois*; 2° les Messagers à bec court ou *Liégeois*; 3° les Messagers à fanon ou *de Beyrouth.* — De ces sous-races est né le Pigeon voyageur actuel dont il sera question plus loin.

LES PIGEONS CARRIERS. — De formes élancées, élégantes, les Carriers attirent de suite l'attention par la longueur de leur bec et le développement réellement monstrueux des caroncules nasales ou *morilles* ainsi que de la membrane chagrinée qui entoure les yeux. Le bec a 0m,04 de longueur; les caroncules charnues qui en enveloppent la base forment une sorte de chou-fleur de 0m,10 de circonférence ; l'œil est entouré d'un ruban de peau chagrinée, verruqueuse, d'environ 0m,03 de diamètre.

Tel est le résultat d'une sélection patiente et longue, qui a transformé peu à peu ces Oiseaux élégants en véritables curiosités foraines !

Les Pigeons carriers sont maintenus en captivité dans les volières d'amateurs, malgré leur caractère sauvage et peu sociable; peu prolifiques, ils ne sont considérés que comme une race d'agrément.

Le *Pigeon cavalier* provient sans doute du croisement entre un Carrier et un Pigeon grosse-gorge.

Sous-race du Bagadais. — Les Bagadais ne diffèrent des Carriers que par un développement moindre des caroncules nasales, un bec légèrement arqué, des formes moins élégantes. Il en existe des variétés de diverses couleurs.

Du croisement entre le Bagadais et le Romain est né le *Pigeon turc.*

Sous-race du Dragon. — Cette sous-race paraît résulter de croisements effectués entre des Pigeons volants et des Carriers.

LES PIGEONS VOYAGEURS. — ***Historique.*** — On a vu plus haut que des Pigeons de différentes races, particulièrement ceux du groupe des Messagers, se faisaient remarquer par la facilité avec laquelle ils revenaient au colombier, après en avoir été transportés à une grande distance.

Cette particularité fut utilisée dès l'antiquité. La Perse paraît avoir été le berceau des premières races élevées en vue du transport des dépêches.

On trouve aussi des preuves de l'existence des Pigeons voyageurs en Égypte et en Grèce; les noms des vainqueurs aux jeux olympiques étaient expédiés dans toutes les directions à l'aide de Pigeons.

Les Romains employèrent plus tard couramment ce moyen de communication, notamment au siège de Modène (43 avant J.-C.).

Au temps des Croisades, les Pigeons voyageurs jouèrent aussi un grand rôle. Nous les retrouvons ensuite, à une époque plus rapprochée de nous, lors des investissements des villes de Leyde et de Harlem en Hollande, de 1572 à 1574.

Mais les races employées à cette époque étaient certainement très différentes de la nôtre. Il faut arriver au XIXe siècle pour constater un effort sérieux de la part des éleveurs, en vue de perfectionner l'instinct particulier du Pigeon messager. C'est à la Belgique qu'appartient l'honneur d'avoir tenté les premiers essais.

En 1815, Rothschild de Londres apprit le premier, grâce à la poste par Pigeons, le désastre de Waterloo et en profita pour faire une heureuse spéculation.

Enfin, en 1870, ces Oiseaux ont laissé dans l'histoire de France un souvenir inoubliable, lors du siège de Paris. Investie de tous côtés, la capitale n'eut pendant longtemps aucun autre moyen de communication avec la province. Des ballons emportaient les Pigeons parisiens hors de la ville, et les fidèles messagers revenaient au colombier porteurs d'importantes dépêches.

Origine des races actuelles. — Les premiers Pigeons employés au transport de messages appartenaient à des races très variées. C'est par une sélection et des croisements longuement étudiés que les colombophiles sont arrivés à créer la race actuelle, en essayant de fixer sur un même type les qualités essentielles suivantes, développées au plus haut degré : la faculté de retour au colombier, la rapidité du vol, l'endurance à la fatigue, et sans tenir compte du plumage ou d'autres particularités secondaires [*].

Le Dr Deneuve a esquissé, dans un rapport au Congrès ornithologique de 1900, l'origine probable du Pigeon voyageur actuel, ainsi que le type vers lequel tendent tous les efforts des éleveurs.

« Les premières expériences, dit cet auteur, avaient mis en concurrence des *Cravatés*, des *Volants*, des *Camus*, des *Becs anglais*, des *Petits Boulants*, etc. A notre avis, les principaux éléments dont on a tiré le Pigeon messager contemporain ont été puisés dans ces variétés, auxquelles il est bon d'ajouter le *Smerle*, le *Cumulet*, le *Bizet* enfin.

« Le volatile que Buffon assimilait au Turc est certainement le même que notre confrère Chapuis désignait sous le vocable de *Camus*. Cet Oiseau a beaucoup d'attachement à son colombier ; mais son vol est lourd et épais. Le Volant, au contraire, a tous les défauts opposés ; les produits de ces races nous fourniraient un voyageur passable, sur les descendants duquel nous trouverions les morilles du Camus et les yeux blancs du planeur de l'azur.

« Les principaux centres colombophiles étaient en Belgique, dès les débuts : Liége, Verviers, Gand, Anvers et Bruxelles. Chaque grenier avait un élevage particulier, d'où naquirent certaines races très remarquables.

(*) Pl. XXVIII. — Pigeons domestiques vulgaires, du groupe des pigeons dits *voyageurs* (Photographie W. M. Spooner et Co).

« L'*Anversois* était haut sur pattes, avec un bec long et une envergure remarquable. Son voisin, le *Liégeois*, était de taille plutôt petite, l'œil très peu entouré de chair, parfois jaboté, bas sur pattes.

« A Verviers, on possédait une collection de sujets se rapprochant des Liégeois, tandis qu'à Gand, et dans le Brabant, on ne s'écartait guère de l'Anversois.

« D'où, pour nous résumer, on peut conclure que deux races bien distinctes se trouvaient en présence : l'*Anversoise* et la *Liégeoise*. Par suite des croisements multiples qui ont été opérés à chaque saison à l'aide de ces races d'élite, il nous serait bien difficile, à l'heure actuelle, de vous présenter, dans toute leur pureté, des sujets de chacune de ces deux variétés. Cependant, pour rendre hommage à la vérité, je dois ajouter que quelques rares colombiculteurs d'Anvers et de Liége en ont conservé à l'état primitif, à titre de curiosité.

« Les qualités spéciales à chacune de ces deux races sont les suivantes :

« L'Anversoise peut voyager avec succès dès qu'elle a atteint plusieurs mois, et ses étapages peuvent être poussés à des distances relativement éloignées ; tandis que la Liégeoise réclame davantage de patience et d'application de la part de celui qui l'élève; elle doit être ménagée jusqu'à l'âge de deux ans, époque à laquelle elle a atteint, à peu près, son développement complet.

« Alors, nous nous trouvons en présence d'une race voyageuse exquise, d'une endurance à toute épreuve, laquelle, dans les voyages aux extrémités du monde, brillera toujours au premier rang.

« Pour revenir à notre élevage national, ce n'est guère que depuis la fatale campagne de 1870 que le Pigeon messager est entré dans nos mœurs, aux jours si tristes dont le souvenir ne peut s'effacer de notre mémoire. Emportés par nos ballons au delà des lignes ennemies, lâchés au milieu d'un ciel noir, chargé de brumes glaciales, les Pigeons partirent des différentes villes de province et, grâce à eux, Paris, entouré par un cercle de fer et de feu, put communiquer avec le reste de la France.

« Avant cette époque, bien peu de personnes s'occupaient de colombiculture, et c'est au moyen des deux races sur lesquelles je viens d'appeler votre attention que nous avons formé à Paris, puis en province, nos patriotiques colombiers. Aujourd'hui, par suite des croisements répétés, les types spéciaux se sont confondus et ne forment plus dans notre pays qu'une seule espèce dite *Pigeon messager*. Toutefois, en Belgique, deux variétés très distinctes peuvent se retrouver, le mélange des races n'étant pas aussi complet que chez nous.

« En terminant, qu'il me soit permis d'indiquer quel serait le type idéal du Pigeon de guerre, celui que nous cherchons et souhaitons à nos successeurs : ce serait un juste milieu entre les deux types accusés, c'est-à-dire un Pigeon de hauteur moyenne, bien planté, avec la poitrine épaisse, le sternum profond, les os du bassin rapprochés, les ailes ramassées, le petit vol large, la tête régulière en forme de poire ou de toupie, l'œil vif, entouré d'une membrane blanche ou grisâtre. C'est notre standard à nous, colombophiles, et celui sur lequel nous basons à la fois nos espérances patriotiques et nos recherches patientes. »

La faculté du retour au gîte chez le Pigeon voyageur. — La merveilleuse faculté qui permet au Pigeon de retrouver son pigeonnier est restée longtemps inexplicable. Des hypothèses plus ou moins ingénieuses furent successivement proposées, puis réfutées, mais de nos jours le problème s'est cependant singulièrement éclairci.

Et d'abord, pourquoi le Pigeon mis en liberté à une certaine distance de son pigeonnier tend-il à y revenir aussitôt?

A cette question, la réponse est aisée. Si le Pigeon a des petits, l'amour maternel, très développé chez cet Oiseau, suffit à lui faire accomplir un effort inouï pour retrouver sa couvée. En dehors de cette circonstance exceptionnellement favorable, on est obligé de faire appel à d'autres considérations, parmi lesquelles *les habitudes*. Comme toutes les espèces domestiques, et même, pourrait-on dire, comme tous les animaux sédentaires, le Pigeon est adapté à un genre de vie, à un régime, à des habitudes, auxquels toute dérogation lui est désagréable. Il est très attaché à son gîte ; il y trouve une nourriture spéciale et toute préparée qu'il lui serait impossible de se procurer dans la campagne. Transplanté loin de son pigeonnier, même s'il n'a pas de petits, il cherchera donc à y rentrer le plus tôt possible, sous l'influence de cet instinct commun à tous les êtres vivants : l'instinct de la conservation.

Voilà pourquoi le Pigeon rentre au gîte. Voyons maintenant comment il retrouve sa route, comment il parvient à s'orienter à des centaines de kilomètres de distance de son pigeonnier. Est-il guidé dans ce retour par un instinct ou un sens particulier?

Les hypothèses les plus variées ont été émises pour expliquer ce qu'on appelle le *sens du retour* chez le Pigeon voyageur.

On fit d'abord appel à une acuité spéciale de la vue qui permettait à l'Oiseau, en s'élevant à une grande hauteur, de distinguer son domicile de très loin. Puis on crut à un développement particulier de l'odorat, etc.

Mais toutes ces hypothèses ne valent même pas la peine d'être discutées.

L'une d'elles, cependant, due à Viguier, est curieuse à rappeler en raison de son originalité :

« Un point de l'espace, a dit cet auteur, peut être déterminé par l'intersection du méridien magnétique (ligne isogone) avec le parallèle magnétique (ligne isocline), ou avec une ligne comprenant tous les points où l'intensité magnétique est la même (ligne isodyname). Doué d'un sens magnétique approprié, un animal pourrait avoir une perception inconsciente de la direction dans laquelle les différences de l'intensité magnétique s'accusent le plus (méridien magnétique) et de celle où l'intensité de l'action magnétique reste la même (ligne isodyname); il posséderait ainsi les éléments d'une direction générale pour revenir au point de départ dont son sixième sens lui a fait percevoir les conditions magnétiques.

« L'organe qui recueillerait les influences magnétiques serait les canaux semicirculaires de l'oreille interne. »

Cette conception de la faculté de retour n'est pas éloignée de la vérité, mais elle peut être ramenée à une interprétation beaucoup plus simple, basée sur ce que nous apprennent les lois élémentaires de la physiologie, sans qu'il soit nécessaire de faire intervenir l'existence d'un sens spécial.

Le commandant Reynaud a déjà mis en relief, depuis longtemps, cette remarque que les animaux susceptibles de retrouver facilement leur gîte à distance revenaient en suivant exactement en sens inverse le chemin qu'ils avaient parcouru pour s'en éloigner. C'est la loi du *contre-pied*.

Dans ce cas, les sens ordinaires, la vue, l'odorat, etc., mis en œuvre par la mémoire visuelle, olfactive, etc., suffisent à l'animal pour lui faire reconnaître sa route.

Il faut cependant pour cela certaines aptitudes ou mieux une certaine éducation dont on trouve un exemple même chez l'homme. C'est ainsi que les habitants des steppes, des déserts, ou des forêts de l'Afrique centrale parcourent sans s'égarer des distances énormes, tandis qu'il est des gens qui ne peuvent visiter un appartement sans s'y perdre aussitôt.

Chez le Pigeon, la question de distance n'a aussi qu'une importance secondaire, car il est de règle que la faculté de retour au gîte chez les animaux soit en raison inverse de leur rapidité de locomotion.

La loi du contre-pied ne peut cependant, à elle seule, expliquer comment un Pigeon, emporté dans un panier à plusieurs centaines de kilomètres de son colombier, y revient non pas en suivant le trajet inverse de l'aller, mais bien en ligne droite, par le chemin le plus court. Il faut alors, pour expliquer ce phénomène, avoir recours à une nouvelle faculté qui vient en aide à la première et qui fait partie de ce qu'on appelle la *mémoire du mouvement*.

Il existe en effet, chez l'homme et chez tous les animaux, un organe chargé de recueillir les sensations de translation, lesquelles sont ensuite communiquées au système nerveux central. Grâce à cette perception des mouvements, l'animal peut, par un réflexe conscient ou inconscient, selon le cas, maintenir son équilibre dans l'espace, par le souvenir du mouvement précédemment accompli et l'appréciation de celui qu'il doit opérer pour le corriger.

Il peut aussi rester relié, par une faculté spéciale de la mémoire, à son point de départ, et, une fois rendu à la liberté, s'orienter immédiatement vers ce point de départ, sans la moindre hésitation.

Mais il s'en faut de beaucoup que cette faculté soit également développée chez tous les Pigeons voyageurs, puisque, sur une centaine appartenant à un colombier, on n'en compte guère plus de cinq ou six qui soient des sujets d'élite, ce que les amateurs appellent des « têtes de pigeonniers ».

Il semble donc que, par un entraînement progressif, le Pigeon acquière la faculté d'enregistrer automatiquement dans sa mémoire toutes les phases de ses déplacements, sans que la vue ait à intervenir, et qu'il remplace, dans l'usage du contre-pied, le déroulement inverse des actes de l'aller par des abréviations d'abord légères, le remplacement d'un arc par sa corde, par exemple, puis de plus en plus grandes, jusqu'à ce qu'il arrive au retour rectiligne.

On voit de suite, par ce qui précède, comment on peut, par des sélections et une éducation convenables, exalter, chez les Pigeons naturellement prédisposés à cet exercice, la faculté d'orientation, et arriver ainsi à des résultats en apparence merveilleux.

Le dressage du Pigeon voyageur. — Les Pigeons dressés au transport des dépêches sont l'objet d'une éducation spéciale et d'un entraînement progressif; mais tous les individus d'une même couvée, dont les parents ont été soigneusement sélectionnés, sont loin d'avoir les mêmes aptitudes, et, quels que soient l'art et l'expérience du colombophile, c'est du hasard que dépend surtout la valeur de ses principaux sujets.

Les premiers exercices que l'on fait exécuter aux futurs messagers consistent dans ce qu'on appelle l'*adduction*. On accouple les jeunes mâles et femelles avec des sujets déjà dressés, et on les habitue à rentrer ensemble au pigeonnier, les jeunes suivant leurs aînés. Puis on les soumet à des épreuves d'entraînement en les lâchant à des distances de plus en plus grandes de leur colombier. Cette éducation demande à être suivie pendant trois ans; à ce moment, les sujets qui ont montré leurs réelles aptitudes sont propres à effectuer des parcours de plusieurs centaines de kilomètres.

La *vitesse du vol* dépend, indépendamment des variations individuelles, d'un grand nombre de facteurs. Il faut tenir compte de la force et de la direction du vent, de la température et d'autres conditions atmosphériques. Dans des conditions favorables, cette vitesse peut atteindre 1 800 mètres à la minute.

Il existe à cet effet des tables de moyennes, dressées d'après de nombreuses observations, et qui permettent aux colombophiles de juger approximativement du temps que mettent leurs messagers pour accomplir un parcours connu.

De l'utilisation du Pigeon voyageur. — Depuis la guerre de 1870, l'élevage du Pigeon voyageur a pris en France un grand essor, et les progrès réalisés à ce jour permettent de prévoir encore de plus belles espérances. De puissantes sociétés colombophiles se sont formées, et on estime à 100 000 le nombre des Pigeons qui pourraient être mobilisés en temps de guerre.

Limité autrefois au service des places fortes, l'emploi des Pigeons voyageurs s'est étendu aujourd'hui au service des armées en campagne, grâce aux persévérantes expériences du commandant Reynaud. On a créé, en effet, des colombiers mobiles dont le fonctionnement est le suivant :

Une voiture analogue aux voitures d'ambulance est aménagée de façon à servir de colombier. Chaque couple de Pigeons y possède sa cage spéciale où il mène la même existence que dans un colombier ordinaire; il peut s'y promener, y manger et couver tout à son aise. La voiture est attachée au quartier général et le suit dans ses déplacements. A-t-on besoin de renseignements sur certaines positions de l'ennemi, ou désire-t-on une réponse rapide à un message expédié à quelque corps de troupes voisin, on envoie un éclaireur qui emmène avec lui un Pigeon enfermé dans une boîte étroite attachée à la selle et dont la forme intérieure épouse exactement celle de l'Oiseau, en ne laissant dépasser que la tête. Dès que l'éclaireur le juge utile, il consigne les résultats de sa mission sur un bout de papier qu'il roule et place dans un étui fixé à la patte du Pigeon; puis il ouvre la boîte, et le Pigeon revient à la voiture-colombier d'où il était parti avec une vitesse moyenne de 80 kilomètres à l'heure, ce que ne pourrait faire aucun cavalier.

Les essais effectués jusqu'à présent ont montré que des Pigeons arrivés dans une localité à midi pouvaient être utilisés le lendemain matin ; emportés à 40 kilomètres de leur voiture et remis en liberté, ils la rejoignaient aussitôt sans difficultés.

On voit par là quels immenses services est appelée à rendre la colombophilie militaire.

Les expériences de lâchers en mer ont fourni des résultats encore plus surprenants. Ici, non seulement les Pigeons emmenés très loin des côtes, dans des directions quelconques, regagnent sans peine leur colombier, mais des Pigeons installés à bord d'un vaisseau comme ils le sont dans les voitures-colombiers, et lâchés de la terre, parviennent à retrouver leur habitation flottante.

On ne peut, dans ce dernier cas, opérer sur des distances aussi considérables que sur terre, mais il est certain que l'on peut s'attendre encore à de nouveaux progrès, tels qu'un système de communication entre deux bâtiments évoluant en pleine mer et plus ou moins éloignés l'un de l'autre.

Les appareils destinés à contenir les dépêches envoyées par Pigeons sont assez variés. Le plus simple consiste en un fuseau de plume d'oie qui s'attache à une plume de la queue et dans lequel on glisse un fin parchemin roulé sur lui-même et portant le texte de la dépêche.

On utilise plus fréquemment des étuis porte-dépêches ; ce sont des étuis métalliques à fermeture hermétique, du poids de quelques grammes seulement et que l'on attache à la patte de l'Oiseau. La simple pression sur un ressort suffit à ouvrir ou à fermer l'étui porte-dépêches.

LES PIGEONS BARBES OU POLONAIS. — D'après Fulton, cette race est originaire du nord de l'Afrique. Elle était cependant connue en Angleterre, paraît-il, en 1687. Le nom de *Polonais* ne rappelle donc nullement son lieu d'origine. Les Pigeons barbes ont une taille inférieure à la moyenne, des formes trapues. Leur bec, blanc ou rosé, est extrêmement court, large, convexe ; leur tête large et aplatie. Un large ruban oculaire, charnu, mamelonné, rouge, entoure l'œil ; des morilles roses, lisses, extrêmement développées, entourent la base du bec.

La brièveté du bec et le prodigieux développement des caroncules charnues de la base du bec, résultat d'une méticuleuse sélection, empêchent ces Pigeons de pouvoir nourrir leurs petits ; aussi doit-on les faire élever par des Pigeonnes d'une autre race.

LES PIGEONS TUMBLERS OU CULBUTANTS COURTE-FACE. — Cette race est probablement le dernier terme d'une série dont l'origine se trouve dans les Culbutants de la Perse. Elle a dû être importée en Angleterre après l'an 1600.

« En 1765, dit Darwin, dans un ouvrage dédié à Mayor, les Courtes-faces Amande (Almond-Tumblers) sont complètement décrits; mais l'auteur, un éleveur de Pigeons de fantaisie, dit expressément, dans sa préface, qu'après beaucoup de dépenses et de soins ils étaient arrivés à un tel point de perfection et si différents de ce qu'ils étaient vingt ou trente ans auparavant, qu'un ancien éleveur les aurait condamnés pour la seule raison qu'ils n'étaient pas conformes au type, que de son temps on regardait comme le bon. Il semblerait qu'il y ait eu à cette époque un changement un peu subit dans les caractères du Culbutant courte-face, et on peut croire qu'il a dû apparaître alors un Oiseau nain et un peu monstrueux et qui serait l'ancêtre des différentes sous-races Courtes-Faces actuelles. Cette supposition me paraît justifiée par le fait que les Culbutants courtes-faces naissent avec un bec court, mais, comme chez les adultes, proportionné à la grandeur de leur corps, différant, par là, beaucoup des autres races qui n'acquièrent que lentement, pendant le cours de leur croissance, leurs caractères spéciaux. »

Les Tumblers sont de très petite taille; ils ont un port extrêmement redressé, la poitrine saillante, la queue étroite, portée au-dessus des ailes; celles-ci longues et traînantes, les tarses courts et nus, d'un rouge vif; la tête arrondie avec le front élevé ou même proéminent; le bec d'une brièveté extrême, assez semblable à celui du Chardonneret; l'œil entouré d'un étroit filet noir.

Les amateurs ne considèrent comme de bonne race que ceux dont le bec n'excède pas $0^{m},016$; chez quelques-uns, il se réduit à $0^{m},013$.

Ce curieux produit de l'élevage artificiel a perdu la plupart des caractères de l'ancienne race dont il dérive, notamment la faculté de culbuter. L'appellation de *Culbutants* ou *Tumblers* est donc mauvaise, la particularité la plus saillante de ces Oiseaux étant le développement anormal et presque monstrueux de la tête, et que les éleveurs exagèrent à plaisir, à l'aide de manœuvres manuelles diverses exercées sur les jeunes peu après leur naissance.

Il est évident que de semblables Oiseaux sont encore plus incapables d'alimenter leurs jeunes que les Polonais décrits plus haut.

Parmi les nombreuses variétés de Tumblers, toutes très appréciées en Angleterre, se trouve l'*Almond tricolore*. Son plumage est uniformément papilloté blanc, jaune, rouge et noir, mais l'Oiseau subit plusieurs mues avant d'arriver à posséder ses nuances caractéristiques.

Des Tumblers dérivent les deux sous-races suivantes :

Sous-race Courte-Face a tête chauve (*Bald heads*). — Ces Pigeons n'ont pas, comme leur nom semble l'indiquer, la tête chauve, mais blanche, ainsi que les cuisses, la queue et les rémiges primaires, tandis que le reste du plumage est coloré.

Ils proviennent du croisement d'un Tumbler avec un Culbutant à tête blanche. Ils ont conservé de ce dernier non seulement la tête blanche, mais aussi la faculté de culbuter. Ils aiment à voler en tournoyant durant des heures entières et en exécutant de temps en temps leurs curieuses pirouettes. Aussi se plaisent-ils peu en volière.

Sous-race Courte-Face barbue (*Beards*). — Cette sous-race est ainsi appelée parce que les Oiseaux qui la composent ont une petite tache blanche en forme de bavette sous la base du bec.

Les Beards ont la taille et les habitudes des Bald heads; ils proviennent du croisement de ces derniers avec d'autres Tumblers.

IIIe GROUPE. — RACES CARACTÉRISÉES PRINCIPALEMENT PAR UNE DISPOSITION PARTICULIÈRE DE CERTAINES PLUMES DU TRONC ET DE LA TÊTE.

La forme du corps et du bec varie dans chaque race de ce groupe, mais dans des limites assez restreintes.

Quelques-unes se rapprochent beaucoup du Bizet; les autres s'en éloignent d'autant plus que la fantaisie des amateurs a cherché l'exagération d'un plus grand nombre de particularités conventionnelles.

Ce groupe montre donc, mieux qu'aucun autre, la prodigieuse quantité de variétés que peut fournir une seule espèce sous l'influence de la sélection artificielle.

Le caractère dominant de chaque race sert à la désigner; c'est ainsi que nous verrons successivement : les Pigeons cravatés, les Pigeons capucins, les Pigeons à épi ou Culbutants à épi, les Pigeons à toupet ou Tambours, les Pigeons à crinière, les Pigeons frisés.

LES PIGEONS CRAVATÉS. — Ils sont, en général, de petite taille; la particularité qui les caractérise est la présence, sur la poitrine, d'une sorte de *fraise* formée de plumes recroquevillées et frisées.

Ils possèdent, jusqu'à un certain point, la faculté d'enfler leur œsophage, mais à un degré beaucoup moindre que les Boulants.

Sociables, familiers, sédentaires, ils sont d'un élevage facile et d'une grande fécondité.

Se basant sur des caractères d'une importance presque insignifiante, les amateurs ont multiplié considérablement le nombre des variétés de concours. Citons les plus connues, réparties, d'après Cornevin, en trois groupes :

Le premier formé des sous-races à tarses nus : les Tunisiens, les Chinois, les Anglais, les Dominos, les Heurtés ;

Le second formé des sous-races à tarses emplumés : les Brunettes, les Satinettes, les Blondinettes, les Turbitéens, les Vizors ;

Enfin, le troisième comprenant les sous-races naines.

LES CRAVATÉS TUNISIENS. — Ils sont de très petite taille. Leur poitrine est proéminente, leur tête arrondie, rejetée en arrière, avec les yeux saillants, le bec court et crochu; leurs tarses sont courts et rouges, leurs ailes longues. Leur plumage est bleu, noir ou blanc, la fraise limitée au jabot.

LES CRAVATÉS CHINOIS. — Ils ne diffèrent des Tunisiens que par un plus grand développement de la cravate, celle-ci formant en avant une touffe exubérante, et se prolongeant sur les côtés du cou et en arrière en une sorte de collerette.

LES CRAVATÉS ANGLAIS ET LES CRAVATÉS FRANÇAIS. — Ils sont peu différents les uns des autres ; ils se font remarquer par leur taille plus forte et un plumage plus agréable.

Les uns sont à tête lisse, d'autres huppés, etc.

LES CRAVATÉS DOMINOS. — Assez semblables aux Cravatés à épi, ils s'en distinguent par des formes plus arrondies et une coloration différente.

Ils sont originaires de l'Asie Mineure.

Les Cravatés heurtés. — Ils rappellent par leur type de coloration les Heurtés voisins du Bizet. Mais leurs formes sont celles de la race des Cravatés, dont ils présentent tous les caractères généraux. Ils sont le produit de croisements divers.

Le deuxième groupe des Cravatés comprend des races d'origine orientale. Ce sont des Pigeons d'une taille supérieure à celle des Cravatés européens; leurs formes sont aussi plus trapues; leurs tarses et leurs doigts emplumés.

Les Brunettes. — Le fond du plumage des ailes et de la queue est gris et les plumes bordées de gris mélangé de brun.

Les Satinettes. — Les plumes du manteau sont d'un fauve foncé, les couvertures caudales bleu violet et les grandes caudales également bleu violet, marquées à l'extrémité d'une tache blanche lisérée de noir.

Les Bluettes. — Les ailes sont d'un beau bleu clair et barrées de blanc.

Les Silverettes. — Les ailes sont d'un gris argentin, barrées de blanc et à vol blanc.

Les Blondinettes. -- Issues du croisement entre le Cravaté tunisien et les sous-races précédentes, les Blondinettes ont des caractères mixtes; les variétés de coloration sont très nombreuses, mais habituellement les ailes plus foncées que le reste du plumage, et les plumes de la queue portent à l'extrémité une tache blanche caractéristique.

Les Turbitéens. — Ils proviennent de divers croisements de Cravatés.

Leur caractère essentiel est la présence sur le front et sur chaque joue d'une petite tache ovale de la même nuance que celle des ailes, avec le reste du corps d'un blanc pur.

Les Vizors. — Ils dérivent du croisement de diverses sous-races du groupe avec le Domino; on a essayé d'obtenir, par ce moyen, des Pigeons qui, avec les caractères des Cravatés du deuxième groupe et leur plumage, en diffèrent par la couleur de la tête qui doit être identique à celle du manteau et de la queue.

On voit, par les exemples qui précèdent, que si l'on élève toutes ces variétés au rang de sous-races, la liste peut en devenir illimitée, car on ne prévoit pas où s'arrêtera la fantaisie des amateurs.

Les Damascènes. — Il faut encore citer cependant une sous-race naine de Cravatés, remarquable par ses allures élégantes et sa gentillesse : celle des *Pigeons Damascènes*. La tête est ronde et forte, le bec très court et noir, l'œil saillant, entouré d'un filet bleu qui contraste avec l'iris perlé ou blanc sablé de rouge. Le plumage est d'un gris pâle, barré de noir sur les ailes; les plumes de la queue sont ornées à l'extrémité d'un croissant noir.

Cette sous-race est originaire de la Palestine.

LES PIGEONS CAPUCINS, NONNAINS OU JACOBINS. — La particularité caractéristique de cette race consiste en une sorte de capuchon, formé de plumes relevées, fines et molles, qui entoure la tête, descend sur les côtés du cou, et s'étale en cravate sur le jabot. Ce capuchon n'est qu'une exagération de la cravate qui caractérise le Pigeon cravaté chinois.

Les Jacobins sont de taille moyenne ou petite; leur corps est élancé, leur ailes et leur queue longues; leur bec court, surmonté de morilles blanches l'œil entouré d'un mince filet rouge. Les variations du plumage caractérisen un certain nombre de sous-races; on distingue :

Les Jacobins anglais à robe foncée, avec les extrémités blanches;

Les Jacobins français, de petite taille, et chez lesquels la tête, la queue et les rémiges sont blanches; le reste du corps brun, rouge, chamois, jaune ou panaché;

Les Jacobins allemands ou à visière, qui présentent sur le front une petite touffe de plumes redressées;

Les Jacobins espagnols au plumage papilloté blanc et noir, rouge et blanc, avec la tête, le vol et la queue blancs; les pattes fortement emplumées;

Les Jacobins a queue de Paon, qui proviennent sans doute d'un croisement avec le Pigeon-Paon.

Les Jacobins étaient connus avant l'an 1600, mais les caractères qu'ils possédaient à cette époque étaient beaucoup moins marqués qu'aujourd'hui.

Ces Pigeons ont un vol laborieux; ils sont très familiers et s'élèvent sans difficultés.

LES PIGEONS COQUILLÉS. — Ils se reconnaissent de suite à une rangée de plumes redressées s'étendant en arrière de la tête, d'un œil à l'autre.

Leurs formes et leurs couleurs varient beaucoup. Aussi ne peut-on considérer cette race comme bien homogène.

Il existait déjà des Pigeons coquillés en 1600.

Cornevin les divise en sous-races à tarses emplumés et sous-races à tarses non emplumés, bien que la présence de plumes aux tarses soit un caractère de peu de valeur, puisqu'il est inconstant.

Au premier groupe appartiennent les *Nonnains capés*, les *Coquillés hollandais, barbus, tête de mort, brésiliens*.

Au second groupe appartiennent les *Pigeons carmes*, les *Coquillés russes*, les *Coquillés saxons*, les *Sapajous*, les *Étourneaux coquillés*, les *Moines à bavette*.

LES CULBUTANTS A ÉPI. — Le caractère distinctif commun aux Pigeons de ce groupe consiste dans la présence d'un petit bouquet de plumes en arrière de la tête. Mais une particularité beaucoup plus intéressante et qui pourrait acquérir une grande importance s'il était prouvé qu'elle est liée à une anomalie anatomique héréditaire, se manifeste dans les allures de ces Oiseaux. La plupart, en effet, présentent dans leur vol de singulières habitudes qui ont été décrites à propos de certaines sous-races du Bizet; on trouve parmi eux des Volants, des Tournants, des Culbutants.

Les Volants a épi. — De même que leurs proches parents, les Volants à tête lisse, étudiés plus haut, ces Pigeons ont l'habitude de s'élever et de planer dans les airs, à une hauteur prodigieuse. Leur plumage présente de nombreuses variétés.

Les Tournants a épi ou Ringslagers. — Ils ont les formes générales du Bizet et les allures des Tournants à tête lisse. Leur plumage, assez variable, a pour caractères constants la présence d'une bavette blanche en croissant et d'un épi en arrière de la tête, ce qui justifie la place qu'ils occupent ici dans la classification.

LES PIGEONS BOUVREUILS. — De formes moyennes, ils se font remarquer par leur épi extrêmement pointu.

LES PIGEONS DE LAHORE. — Ils sont d'une taille relativement forte; leurs formes sont trapues, leurs allures lourdes. Leur bec, relativement large, est surmonté de caroncules charnues, l'œil entouré d'un filet rouge; les tarses courts et nus. Leur plumage est assez caractéristique : il est noir en dessus, à l'exception de la queue, et blanc en dessous.

LES PIGEONS DE LOWTAN OU CULBUTANTS INDIENS. — Ce sont des Culbutants terriens.

« Légèrement secoués, dit Darwin, et posés à terre, ces Oiseaux commencent une série de culbutes qu'ils continuent jusqu'à ce qu'on les relève pour les calmer, ce qui se fait en leur soufflant contre le museau, comme lorsqu'on veut réveiller un sujet hypnotisé. Si on ne les relève pas, on prétend qu'ils continuent à se rouler par terre, jusqu'à ce qu'ils en meurent. Ces particularités sont parfaitement établies, et le cas est d'autant plus digne d'attention que cette habitude est héréditaire depuis l'an 1600, la race étant nettement décrite dans le *Ayeen akbery*.

LES PIGEONS MOOKEE OU PRÊTRES TREMBLEURS. — Cette sous-race, originaire également de l'Inde, se fait remarquer, non plus par la faculté d'exécuter des culbutes, mais par un tremblement convulsif du cou.

Les Mookee sont d'une taille inférieure à celle du Bizet. Ils ont la tête très petite, aplatie, le bec court, l'œil sans filet, l'épi très pointu, le cou grêle et rejeté en arrière, les ailes et la queue longues, les tarses nus et rouges.

LES PIGEONS TAMBOUR OU A TOUPET. — Ces pigeons constituent une race nettement caractérisée. Ils présentent, à la base du bec, une touffe de plumes allongées, frisées et redressées en toupet; leurs ailes sont longues; leurs pattes sont emplumées.

Leur voix ne ressemble à celle d'aucun Pigeon; c'est un roucoulement plusieurs fois répété se continuant pendant plusieurs minutes et que l'on a comparé au son du tambour. Ils émettent aussi d'autres sons que l'on peut rendre par les deux syllabes *glou-glou*.

Ils étaient connus au temps de Moore, en 1735.

On en connaît deux sous-races différentes.

SOUS-RACE DU TAMBOUR DE BOUKHARIE. — Elle se fait remarquer par le grand développement du toupet qui s'étale en une large huppe retombant de tous côtés et couvrant les yeux et le bec; la tête porte aussi, en arrière, une coquille très fournie.

Ces Pigeons sont originaires de l'Asie; on en connaît plusieurs variétés ne se distinguant que par les couleurs de leur plumage.

Leur élevage demande beaucoup de soins, car le grand développement des plumes de leurs pattes les gêne beaucoup et leur toupet leur supprime presque la faculté de la vue. Ils doivent être maintenus à l'abri de l'humidité et dans un colombier d'une extrême propreté.

Sous-race du Tambour de Dresde. — Chez cette sous-race, le toupet est redressé, il n'atteint pas le même prodigieux développement que dans la sous-race précédente.

Les variétés basées sur le plumage sont aussi très nombreuses, mais quelques-unes d'entre elles sont dépourvues de la voix spéciale décrite plus haut.

Les Tambours d'Altenbourg. — On peut rattacher aussi aux Pigeons tambours une race désignée sous le nom de *Race à favoris* ou *Tambours d'Altenbourg*. Ces Pigeons, dont la faculté de tambouriner est portée au plus haut degré, se font remarquer par une petite touffe de plumes de chaque côté de la tête, et une sorte de palmature entre les doigts médian et interne. Leurs formes et leur taille se rapprochent de celles des Culbutants.

LES PIGEONS A CRINIÈRE OU NÈGRES. — D'une taille et de formes semblables au Bizet, avec les pattes abondamment emplumées, ces Pigeons sont caractérisés par une collerette de plumes redressées, recroquevillées, qui, partant en arrière du cou sur la ligne médiane, retombent en double crinière sur les côtés.

La race ancienne avait la tête et le devant du cou noirs, le reste du corps blanc, d'où le nom de *Nègre*, qui lui avait été donné; mais il existe aujourd'hui des variétés plus communes, qui, au lieu d'avoir la tête noire, l'ont bleue, chamois ou rouge.

LES PIGEONS FRISÉS MILANAIS. — Ils se reconnaissent à la disposition frisée des plumes du dos, des ailes et du plastron. La frisure des plumes est, comme la présence de plumes aux tarses, une particularité inconstante et peu caractéristique.

Les amateurs ont cependant créé une race de Pigeons frisés, d'après un ensemble de caractères tirés en outre du port, de l'allure et d'autres particularités analogues. Mais le nombre des variétés de cette race peut être considérable. Il en est à tarses nus, d'autres à tarses emplumés, les uns sont à coquille, les autres à tête lisse; toutes les variétés de plumage peuvent s'y rencontrer.

IVe GROUPE. — RACES CARACTÉRISÉES PRINCIPALEMENT PAR UNE DISPOSITION SPÉCIALE DES PLUMES DE LA QUEUE.

Ce groupe, assez hétérogène, renferme des Pigeons dont le caractère dominant réside dans une disposition particulière des plumes de la queue. Mais, en même temps que cette particularité, les éleveurs ont cherché à en développer d'autres pour mieux faire ressortir les contrastes. Il serait difficile, aujourd'hui, à un observateur non prévenu, de reconnaître, parmi ces formes anormales et de pure fantaisie, la moindre parenté avec le Bizet primitif.

On répartit les Oiseaux de ce groupe en trois sections : la première formée des races chez lesquelles la queue a pris un développement considérable en longueur : tels sont les Pigeons swifts;

La seconde renfermant les races à queue courte : les Pigeons-Poules, les Pigeons de Modène;

La troisième renfermant des races dont la queue est plus ou moins épanouie en éventail : les Pigeons-Paons.

LES PIGEONS SWIFTS OU RAPIDES. — Ils sont caractérisés par une opposition très accusée entre la grande longueur des ailes et de la queue, et la brièveté des autres parties du corps.

Leur bec, court, est orné de morilles assez bien développées; leurs tarses sont courts et nus.

Il résulte des caractères précédents que ces Pigeons ont un corps élancé; aussi les avait-on appelés *Pigeons-Hirondelles,* nom d'autant plus mal choisi que les Swifts, malgré leur grande envergure, ont un vol très lent.

Il conviendrait mieux de les appeler, à l'exemple de certains auteurs, *Pigeons du Caire,* parce qu'ils nous sont fréquemment envoyés de l'Égypte, bien que leur véritable patrie d'origine soit l'Inde.

LES PIGEONS-POULES. — Ces Pigeons ont perdu, par la sélection et des croisements multiples, toute ressemblance extérieure avec la race primitive. Ils ont des formes trapues, ramassées. Leur cou est fortement arqué et rejeté en arrière; leur bec moyen, recouvert de morilles blanches; leurs tarses courts et nus; leurs ailes et leur queue courtes; l'Oiseau peut relever celle-ci verticalement, comme le font certains Passereaux.

Il faut joindre à ces caractères une particularité curieuse qui rapproche les Pigeons-Poules des Pigeons-Paons : c'est le tremblement convulsif du cou, observable seulement chez quelques variétés.

Par suite de cette particularité, l'Oiseau prend une position très recherchée des amateurs: il rejette le cou en arrière et se « rengorge » en redressant la queue.

Il existe plusieurs sous-races de Pigeons-Poules. L'une d'elles, le Pigeon-Poule romain, dont la taille est énorme, provient sans doute d'un croisement du Pigeon romain avec le Pigeon-Poule ordinaire.

LES PIGEONS DE MODÈNE. — Ces Pigeons ressemblent beaucoup aux Pigeons-Poules, mais leur cou n'est pas animé de mouvements convulsifs; leur queue est plus courte, à peine relevée; un filet rouge entoure l'œil.

Ils sont originaires de l'Italie, où on les apprécie en raison de leur grande fécondité.

On en distingue deux sous-races : les *Gazzi* et les *Schietti.*

Les Gazzi ont la tête, les ailes et la queue diversement colorées, et le reste du corps blanc. Les Schietti ont un plumage dans lequel entrent toutes les combinaisons possibles de nuances.

LES PIGEONS-PAONS. — Ils attirent l'attention par leurs formes singulières et l'étalement en éventail des plumes de la queue.

Leur taille est au-dessous de la moyenne; leur tête petite, avec un bec grêle et court, l'œil sans filet; leur cou grêle, fortement arqué, de façon à amener la tête au contact de l'éventail de la queue; leur poitrine proéminente; leurs ailes longues, traînantes, leurs tarses courts. Le nombre des plumes de la queue est variable, on peut en compter jusqu'à quarante-deux, mais les amateurs attachent moins d'importance au nombre des plumes qu'à la manière plus ou moins parfaite dont elles sont disposées en éventail.

Ces curieux Pigeons sont d'un caractère très familier; ils sont assez féconds et très attachés à leur colombier. D'ailleurs, leur vol est très laborieux.

Ils existaient dans l'Inde avant l'an 1600 et ne sont apparus en Europe qu'un peu plus tard. En 1677, Willughby en décrit un dont la queue portait vingt-six rectrices; en 1735, Moore en décrit un autre qui en avait trente-six; et en 1824 Boitard et Corbié constatent déjà qu'on pouvait en trouver qui en avaient jusqu'à quarante-deux.

Parmi les multiples sous-races de Pigeons-Paons aujourd'hui répandues dans les régions du globe, il en est une qui se rapproche assez bien du type ancien, c'est le *Pigeon-Paon de Java.*

Quant aux variétés basées sur la coloration du plumage, la liste en est considérable et n'a que peu d'intérêt.

Ve GROUPE. — RACES CARACTÉRISÉES PRINCIPALEMENT PAR UNE PARTICULARITÉ DE STRUCTURE DE L'ŒSOPHAGE QUI LE REND CONSIDÉRABLEMENT DILATABLE.

LES PIGEONS BOULANTS. — La race du Pigeon boulant ou Grosse-gorge est la plus distincte de toutes les races domestiques.

Elle est décrite comme il suit, par Cornevin : œsophage très grand, très dilatable, que l'Oiseau gonfle quand *il boule.* Corps et membres allongés; généralement des vertèbres surnuméraires; port redressé. Bec plutôt long que de dimensions moyennes; œil sans filet, avec iris généralement rouge; cou long, dos étroit et un peu ensellé, poitrine étroite; ailes longues, relevées, plaquées, et dont les pointes ne se croisent pas; queue étroite arrivant à peu près à ras de terre; jambes très longues; tarses également allongés, emplumés ou nus, ainsi que les doigts suivant les groupes.

Ces Oiseaux ont un aspect très curieux : les mâles surtout, car ils peuvent se gonfler plus que les femelles, et leur tête disparaît entièrement derrière la boule énorme que forme leur œsophage distendu. On peut artificiellement les gonfler, lorsque, selon l'expression des amateurs, ils ne veulent pas *jouer*, en leur soufflant dans le bec avec un tube. Ils prennent alors un aspect assez comique, et se pavanent fièrement, le corps redressé, en cherchant à rester gonflés le plus longtemps possible.

Bien que cette race fût connue en l'an 1600, et que, depuis cette époque, les éleveurs n'aient pu qu'exagérer les particularités qui la caractérisent, on retrouve assez facilement, avec un peu d'attention, la voie par laquelle elle est dérivée du Bizet.

La propriété que possèdent les Boulants de pouvoir gonfler leur œsophage n'est que l'exagération de la propriété qu'ont tous les Pigeons de se rengorger ; elle a été bien étudiée par Lesbre et Cornevin, à qui nous empruntons les lignes suivantes :

Le Pigeon-Paon et le Pigeon Boulant anglais.

« L'animal fait grosse gorge à volonté, par un mécanisme produisant une déglutition d'air, comme dans le tic du Cheval ; aussi est-ce avec raison qu'on qualifie parfois les Pigeons boulants de *tiqueurs*. Toutefois, l'air avalé par le Cheval tiqueur arrive d'ordinaire dans l'estomac et l'intestin, tandis que chez le Pigeon cet air ne dépasse pas le jabot, l'orifice de communication avec le proventricule étant tenu exactement fermé. Il est probable que les plis muqueux rayonnant autour de cet orifice contribuent à son exacte fermeture. La plupart des auteurs d'ouvrages d'aviculture, ou même d'histoire naturelle, font jouer au jabot le principal rôle dans la formation de la boule; c'est tout à fait à tort, ainsi que Lesbre et moi nous en sommes assurés par la dissection : c'est à l'œsophage que revient la part de beaucoup la plus grande.

« Une insufflation comparative de l'œsophage et du jabot chez le Bizet et le Boulant fait prendre à l'œsophage du premier la forme d'un fuseau, et à son jabot celle d'une poche transversale dilatée. Celui du second frappe par sa disposition en sac ellipsoïdal très développé; son jabot n'est guère plus dilaté que celui du Bizet. Voici quelques chiffres comparatifs, qui démontrent de la façon la plus certaine que c'est l'œsophage qui s'est modifié chez le Pigeon boulant, que c'est lui qui se dilate tout particulièrement quand l'Oiseau *boule*. Le rôle du jabot dans cet acte est, sinon nul, du moins très effacé relativement à celui de l'œsophage.

	Bizet.	Boulant.
Largeur transversale maxima de l'œsophage	$0^{m},03$	$0^{m},09$
— — du jabot................	$0^{m},077$	$0^{m},085$

« Nous avons constaté, en employant la méthode du déplacement d'eau, que la capacité de l'œsophage et du jabot du Bizet était de 114 centimètres cubes, tandis que celle du Boulant était de 597 centimètres cubes, soit plus de cinq fois plus considérable.

« L'étude histologique comparative de l'œsophage et du jabot dans le Bizet et dans le Boulant n'a révélé aucune différence essentielle; seulement la paroi de ces organes est, à égalité de tension, plus mince chez celui-ci que chez celui-là; il est clair qu'elle doit s'amincir en proportion de la dilatation éprouvée, ainsi qu'un ballon de caoutchouc qu'on insuffle.

« ... Le Pigeon commence à se rengorger vers l'âge de trois mois, mais ce n'est que quand il est apte à la reproduction qu'il peut dilater complètement son œsophage.

« La présence de la boule force l'animal à porter la tête en arrière, à se tenir droit, campé sur ses pattes dans une attitude spéciale. Il n'est pas très solide, car un coup de vent le renverse; son vol est laborieux.

« Malgré tout cela, il est très recherché des amateurs qui le prisent d'autant plus qu'il boule davantage. Et, comme tout est solidaire dans l'organisme, cette exagération entraîne celle de l'allongement du corps et de l'attitude redressée, de sorte qu'on a pu dire avec raison que ce sont les exagérations organiques du Boulant qui en font la valeur. »

Les descriptions de Boulants faites par les auteurs anciens confirment d'une façon éclatante cette dernière proposition, basée sur des considérations morphogéniques.

Le Pigeon boulant n'a pas toujours été, comme nous l'apprend Paul Vacquez, le long pigeon, à la tête longue, au cou long, aux ailes étroites et longues,

· Pl. XXIX. — Pigeons domestiques vulgaires (Photographie W. M. Spooner et C°) (texte page 38).

à queue longue attachée à un long corps, placé sur de hautes et longues jambes, que les spécialistes exposent dans les expositions d'aviculture sous le nom de *Boulant français, anglais, allemand* ou *gantois*; mais il fut pendant plus de deux siècles un Pigeon de taille moyenne ayant les formes ordinaires, quoique plus élancées, d'un Pigeon commun, un peu plus haut sur pattes, et possédant l'étrange faculté de développer, de gonfler démesurément son œsophage.

Ce n'est qu'à partir de 1825 que le Boulant primitif prit, peu à peu, sous l'influence d'un élevage et d'une sélection appropriés, les caractères qu'on lui connaît aujourd'hui, en se partageant d'autre part en plusieurs sous-races peu distinctes l'une de l'autre, et qui sont les suivantes :

Les Pigeons boulants français ou d'Amiens. — Cette sous-race détient le record de la taille. M. R. Fontaine (de Lille) en a obtenu un spécimen qui atteignait $0^m,50$ de longueur, les pattes avaient $0^m,20$. Les Boulants français ont un bec grêle, assez long, un corps long, une poitrine étroite, des jambes très allongées; leur jabot renflé a une forme hémisphérique; ils portent les ailes croisées en forme d'X sur la queue; leurs pattes sont nues. — Les variétés de plumage sont nombreuses.

Les Pigeons boulants lillois. — De plus petite taille que les précédents ; leurs formes sont sveltes et élégantes, leur gorge est ovoïde et non sphérique; leurs tarses sont également nus, mais le doigt médian seul est garni de petites plumes.

Ils présentent aussi de nombreuses variétés de coloration.

Les Pigeons boulants anglais ou Powters. — Leur taille est à peu près celle des Boulants français ; ils s'en distinguent surtout par leurs ailes qui reposent sur la queue sans se croiser, et par leurs pattes très emplumées.

Les Pigeons boulants de Poméranie. — Assez voisins des Powters, ils s'en distinguent par leurs ailes croisées à l'extrémité, leurs pattes courtes, très emplumées, la forme de leur gorge.

Les Pigeons boulants allemands. — Ils sont d'une taille moyenne; leur gorge est ovoïde, leurs pattes emplumées. Leur plumage est uniformément jaune, brun ou gris perlé avec barres alaires blanches.

Les Pigeons boulants hollandais ou néerlandais. — Ils sont de petite taille; leurs pattes sont courtes ; leurs formes ramassées. L'une des variétés les plus estimées est le *Boulant gantois dominicain*.

Les Pigeons boulants Brunner. — De petite taille, de formes sveltes, et offrant un plumage varié, ils nous conduisent aux formes naines suivantes.

Les Pigeons boulants Pigmy (*Powter Pigmy*). — C'est la forme naine du Boulant anglais.

Les Pigeons boulants d'Amsterdam. — Cette sous-race naine se fait remarquer par ses formes trapues, ses jambes courtes, ses tarses nus, et la dilatation considérable de l'œsophage plus prononcée que chez aucun autre Boulant.

Toutes ces sous-races et variétés de Boulants dérivent d'une souche commune, le Boulant grosse-gorge des anciens. Celle-ci s'est divisée en trois branches principales : les Boulants anglais, les Boulants français et les Boulants de

Poméranie, d'où sont nées toutes les sous-races et variétés connues, à la suite des croisements et de la sélection artificielle.

Les Pigeons boulants, malgré la grande taille qu'ils peuvent acquérir (quelques-uns pèsent jusqu'à 600 grammes), ne sont guère considérés que comme une race de fantaisie.

Leur élevage présente d'ailleurs beaucoup de difficultés; ils sont peu productifs, et demandent à être tenus dans un état de très grande propreté.

Par suite de la conformation spéciale de leur gorge, ils ne peuvent nourrir leurs petits; la cause en est, non pas dans un défaut de sécrétion de leur jabot, comme on le croyait autrefois, mais bien dans la difficulté qu'ils éprouvent dans l'acte de la régurgitation. Cette difficulté de la régurgitation s'explique par la distension de la tunique musculaire de l'œsophage.

Les Pigeons maillés de Caux. — Aux Pigeons boulants se rattache la race des Pigeons maillés, appelés aussi *Mondains de Caux*. Ces Pigeons ont les formes générales des Mondains; leur plumage est maillé et de diverses façons; leur œsophage est très dilatable, mais à un degré moindre que celui des Boulants.

Ils paraissent dériver d'un croisement entre une espèce très ancienne de Grosse-Gorge, le Grosse-gorge ardoisé à vol blanc, et le Mondain.

On en connaît plusieurs variétés désignées sous les noms de *Maillés feu*, *Maillés noyer*, *Maillés jacinthe*. Ces désignations se rapportent à la teinte du plastron et des côtés du cou, le fond du plumage étant gris bleuté.

Les Maillés de Caux sont des Pigeons d'une taille assez volumineuse, presque égale à celle des Montauban; ils sont très prolifiques et, pour ces deux raisons, sont très estimés des éleveurs.

LES PIGEONS DOMESTIQUES VULGAIRES (*).

En dehors des races précédentes qui sont déterminées chacune par un ensemble de caractères relativement fixes, il existe des Pigeons ne pouvant se rattacher à aucune race déterminée.

Ce sont les Pigeons de ferme ou races comestibles, élevés sans grand souci de leur généalogie, le but principal des éleveurs étant d'obtenir le plus grand nombre de gros Pigeonneaux. On a vu quelles étaient, parmi les races pures, celles qui donnaient à ce point de vue les meilleurs résultats; les unes, de grande taille et assez prolifiques, s'éloignant peu du colombier, conviennent la plupart du temps à toutes les exploitations agricoles; les autres, telles que les Pigeons voyageurs (non sélectés, ni entraînés en vue du transport des dépêches), d'une taille moyenne, susceptibles d'aller chercher au loin leur nourriture à travers la campagne, sur les places des villes, dans les rues, et de retrouver facilement leur gîte, conviennent mieux dans certains cas particuliers.

(*) Pl. XXIX. — Pigeons domestiques vulgaires (planche page 36).

SYNOPSIS DES RACES DE PIGEONS (D'APRÈS CORNEVIN, légèrement modifié).

SECTION I. — **Races à œsophage non modifié.**

SOUS-SECTION I. — *Races à queue de développement moyen et portée horizontalement.*

Catégorie	Caractères	Races	Groupe
1re Catégorie. Bec de dimensions moyennes.	Pas de filet oculaire, format moyen..........	**Bizet** (Sous-races : Montagnard, Lune, Satinette, Heurté, Maillé, Volant à tête lisse, Tournant à tête lisse, Culbutant à tête lisse).	Ier GROUPE.
	Un filet oculaire rouge. Format variable, caractères peu distinctifs....	**Mondain** (Sous-races : Gros, Moyen, Petit).	
	Un filet oculaire rouge. Le plus grand format de l'espèce	**Romain** (Sous-race : Montauban).	IIe GROUPE.
2e Catégorie. Bec surmonté de caroncules tr. développées.	Bec variable...........	**Messager** (Sous-races : Anversois, Liégeois, Beyrouth, Pigeon voyageur, type actuel).	IIe GROUPE.
	Bec long..............	**Carrier** (Sous-races : Bagadais, Dragon).	IIe GROUPE.
	Bec court.............	**Polonais** ou **Barbe**.	IIe GROUPE.
3e Catégorie. — Brièveté du bec et de la face, portée au maximum.........		**Tumbler**.	IIe GROUPE.
Bec de dimensions variables. Dispositions spéciales de certaines plumes du tronc et de la tête.	Une cravate...........	**Cravaté** (Sous-race à tarses nus : Tunisienne, Chinoise, Anglaise, Française, Domino, Heurtée. Sous-races à tarses emplumés : Brunette, Satinette, Bluette, Silverette, Blondinette, Turbitéenne, Vizor. Sous-race naine : Damascène).	IIIe GROUPE.
	Un capuchon	**Jacobin** ou **Nonnain**.	IIIe GROUPE.
	Une coquille	**Coquillé** (1° Sous-races à tarses nus : Hollandaise, Barbue, Brésilienne, Nonnain capé. 2° Sous-races à tarses emplumés : Carme, Russe, Saxonne, Sapajou, Étourneau coquillé, Moine à bavette).	IIIe GROUPE.
	Un épi.................	**Spicifer** (Sous-races : Ringslager, Bouvreuil, Lahore, Mookee, Lowtan).	IIIe GROUPE.
	Un toupet.............	**Tambour** (Sous-races : Tambour de Boukharie, T. de Dresde, T. d'Altenbourg).	
	Une crinière...........	**Nègre**.	
	Frisure des plumes....	**Milanais frisé**.	

SOUS-SECTION II. — *Races à queue de longueur au-dessus de la moyenne.*

Caractères	Races	Groupe
Bec, tête et pattes courts; ailes et corps allongés...........................	**Swifts**.	IVe GROUPE.

SOUS-SECTION III. — *Races à queue brève, relevée, non étalée.*

Caractères	Races	Groupe
Pas de filet oculaire ; cou agité de mouvements convulsifs....................	**Pigeon-Poule**.	IVe GROUPE.
Un filet oculaire; pas de mouvements convulsifs.........................	**Pigeon de Modène** (Sous-races : Gazzi, Schietti).	IVe GROUPE.

SOUS-SECTION IV. — *Races à queue très fournie, se relevant et s'étalant.*

Caractères	Races	Groupe
Corps arrondi; taille au-dessous de la moyenne..........................	**Pigeon-Paon** (Sous-races à tarses nus : Écossaise, Anglaise, Allemande, Inverse, Guyanaise. Sous-races à tarses emplumés : Indienne, Indienne huppée des Philippines).	IVe GROUPE.

SECTION II. — **Races à œsophage modifié.**

Caractères	Races	Groupe
Port droit; jambes longues.............	**Boulant** ou **Grosse-Gorge** (Sous-races : Écossaise, Néerlandaise, Lilloise, Allemande, Hongroise. Sous-race naine : Amsterdam.)	Ve GROUPE.
Port droit. Plumage maillé.............	**Maillés de Caux**.	

LA VIE AU COLOMBIER.

Les Pigeons domestiques, quelle que soit la race à laquelle ils appartiennent, ont une existence bien différente de leur ancêtre primitif, le Bizet sauvage.

Les uns, élevés pour le seul agrément des amateurs, sont tenus dans une complète captivité; les autres, élevés en vue de la production de la chair, sont généralement laissés en demi-liberté.

Les premiers réclament des soins spéciaux; la liberté leur serait funeste, car ils seraient incapables de trouver par eux-mêmes leur nourriture; de plus ils pourraient se croiser avec des races communes; ils doivent être maintenus dans des volières spacieuses, convenablement aménagées.

Dans chaque volière, on dispose une ou plusieurs cages analogues à celles qui seront décrites plus loin, et qui leur serviront à nicher; on y place également des perchoirs, des mangeoires, et de l'eau où ils puissent se baigner. Le sol est recouvert d'une couche de sable fin dans lequel ces Oiseaux aiment à se rouler, à la façon des Gallinacés. Les parois de la volière, les cages, les perchoirs sont passés à la chaux. La propreté la plus scrupuleuse est de rigueur, car sans cette précaution les parasites ne tarderaient pas à envahir le colombier. Il n'est pas sans importance non plus de protéger la volière contre les incursions des Rats, des Souris et des Chats, autant que contre les intempéries des saisons.

Pour les races vulgaires, et laissées en demi-liberté, le pigeonnier le plus pratique consiste, pour chaque couple, en une caisse en planches bien assemblées, dont la paroi supérieure inclinée forme toit, et dont la paroi antérieure est munie de deux portes à coulisseaux. Devant chaque ouverture se trouve une planchette horizontale sur laquelle l'Oiseau peut se poser avant d'entrer dans la cage.

Ces pigeonniers sont adossés à un mur élevé, orienté vers le sud-est; ils doivent être distants l'un de l'autre de 4 à 5 mètres, et placés à 3 mètres au moins du sol.

L'installation d'un colombier pour Pigeons voyageurs est un peu différente. Ici un même local est commun à plusieurs couples, qui doivent pouvoir nicher sans se gêner les uns les autres.

Une mansarde élevée convient parfaitement. L'éleveur peut y entrer à volonté pour soigner ses pensionnaires, ou constater leur rentrée au gîte.

Dans ce dernier but, on a inventé de nombreux systèmes de trappes ou cliquettes, qui fonctionnent automatiquement. Le Pigeon traverse d'abord une rangée de cliquettes qui s'écartent devant lui quand il entre, et qui se referment aussitôt, l'emprisonnant en quelque sorte dans l'antichambre de sa demeure; en même temps, un signal avertisseur prévient le colombophile qui vient constater la rentrée de son élève et lui donner les soins dont il peut avoir besoin.

L'alimentation des Pigeons voyageurs est des plus simple : la petite féverole, la vesce, le blé en forment la base. Accessoirement, on y joint un peu de maïs, du chènevis, du millet, et à l'époque de la mue, ou lorsqu'ils rentrent de voyage, un peu de graine de lin et de verdure.

Malgré tous les soins dont on peut les entourer, les Pigeons sont sujets à différentes affections : la diphtérie, les attaques épileptiformes, l'arthrite de l'aile, la conjonctivite, la morve, la gale, les vers intestinaux, la vermine. Bien que toutes ces maladies soient connues des éleveurs, et forment un chapitre important de la zootechnie, il est préférable de les éviter par des mesures prophylactiques; une extrême propreté du colombier et une alimentation choisie sont des précautions d'une grande importance.

LES ECTOPISTES

Caractères. — Les Ectopistes sont caractérisés par un bec médiocre, à bords mandibulaires légèrement flexueux; des narines linéaires percées dans une membrane renflée; des ailes longues, pointues, subaiguës; une queue longue, flabelliforme, à pennes très étagées; des tarses courts, robustes, un peu emplumés au-dessous de l'articulation ; l'ongle du doigt médian large et médiocrement recourbé.

L'ECTOPISTE MIGRATEUR (*Ectopistes migratorius*) — ***Caractères.*** — La taille de cet Oiseau est d'environ $0^m,40$. Son plumage est en dessus d'un bleu ardoisé, avec des reflets bleus et violets à la base du cou; en dessous d'un roux vineux, avec la région anale et les sous-caudales blanches; les grandes rémiges sont noirâtres, bordées de blanchâtre; les scapulaires, semblables au dos, portent des petites taches irrégulières noires brillantes; les rectrices médianes sont d'un noir ardoisé, les latérales cendrées, passant au blanc vers la pointe et marquées chacune d'une grande tache noire sur les barbes internes; le bec est noir, l'iris orangé, avec les paupières nues et rouges; les pieds rouges.

La femelle est d'une taille un peu inférieure à celle du mâle; son plumage est plus terne, le dos tire sur le cendré.

Habitat. — L'Ectopiste migrateur se rencontre dans tous les États de l'Amérique du Nord. Il s'égare accidentellement en Europe, notamment en Angleterre, en Norvège, en Russie. On le désigne fréquemment sous les noms de *Tourterelle du Canada*, *Pigeon de passage*, *Pigeon voyageur*, *Pigeon sauvage d'Amérique*.

Mœurs. — C'est le plus sociable de tous les Pigeons; il vivait autrefois en bandes innombrables de plusieurs millions d'individus. Les récits que nous ont rapportés Audubon et Wilson, à ce sujet, sont réellement fabuleux.

A certaines époques de l'année, les Ectopistes émigrent, non pour changer de climat, mais pour se diriger vers les régions qui leur offrent le plus de nourriture. Jadis, pendant plusieurs jours, on assistait au défilé de leurs bandes immenses, longues de plus de deux milles, larges d'un quart de mille. Le ciel en était obscurci et le bruit qu'elles produisaient en volant rappelait le grondement lointain du tonnerre.

Audubon a compté le passage successif de cent soixante-trois bandes semblables en l'espace de vingt minutes!

Tant que la région traversée ne promet pas une ample moisson de graines et de baies, les bandes continuent leur route en volant à une très grande hauteur et avec une grande régularité, sans même paraître affectées par les coups de fusil; mais l'apparition d'un Oiseau de proie provoque la plus vive panique dont Audubon nous a laissé le curieux tableau.

« Je renonce à vous décrire, dit cet auteur, l'admirable spectacle qu'offraient leurs évolutions aériennes lorsque, par hasard, un Faucon venait à fondre sur l'arrière-garde de l'une de leurs troupes : tous à la fois, comme un torrent, et avec un bruit de tonnerre, ils se précipitaient en masses compactes, se pressant l'un sur l'autre vers le centre; et ces masses solides dardaient en avant en lignes brisées ou gracieusement onduleuses, descendaient et rasaient la terre avec une inconcevable rapidité, montaient perpendiculairement de manière à former une immense colonne; puis, à perte de vue, tournoyaient, en tordant leurs lignes sans fin qui représentaient la marche sinueuse d'un gigantesque Serpent.

« Il est extrêmement intéressant de voir chaque troupe répéter de point en point les mêmes évolutions qu'une première troupe a déjà tracées dans les airs. Ainsi, qu'un Faucon vienne à donner quelque part sur l'une d'elles : les angles, les courbes et les ondulations que décriront ces Oiseaux dans leurs efforts pour échapper aux serres redoutables du ravisseur seront reproduits sans dévier par ceux de la troupe suivante. Et si, témoin d'une de ces grandes scènes de tumulte et de trouble, frappé de la rapidité et de l'élégance de leurs mouvements, un amateur est curieux de les voir se reproduire encore, ses désirs seront bientôt satisfaits : qu'il reste seulement en place jusqu'à ce qu'une autre troupe arrive.

«... Aussitôt que s'annonce quelque part une abondance convenable, les Pigeons se préparent à descendre, et volent d'abord en larges cercles, en passant en revue la contrée au-dessous d'eux. C'est pendant ces évolutions que leurs masses profondes offrent des aspects d'une admirable beauté, et déploient, selon qu'ils changent de direction, tantôt un tapis du plus riche azur, tantôt une couche brillante d'un pourpre foncé. Alors, ils passent plus bas par-dessus les bois, et par instants se perdent dans le feuillage, pour reparaître le moment d'après, et s'élever de nouveau au-dessus de la cime des arbres. Enfin les voilà posés; mais aussitôt, comme saisis d'une terreur panique, ils reprennent leur vol avec un battement d'ailes semblable au roulement lointain du tonnerre; et ils parcourent en tous sens la forêt, comme pour s'assurer qu'il n'y a nulle part du danger. La faim cependant les ramène bientôt sur la terre, où on les voit retournant très adroitement les feuilles sèches qui cachent les graines et les fruits tombés des arbres. Sans cesse, les derniers rangs s'enlèvent et passent par-dessus le gros du corps, pour aller se reposer en avant, et ainsi de suite, d'un mouvement si rapide et si continu que toute la troupe semble être en même temps sur ses ailes. La quantité de terrain qu'ils balayent est immense, et la place rendue si nette que le glaneur qui voudrait venir après eux perdrait complètement sa peine. »

Malheureusement, c'est en vain que l'on chercherait aujourd'hui, dans toute l'Amérique, le théâtre de ces spectacles grandioses.

L'Ectopiste des États-Unis a eu le même sort que le Bizet de l'Europe.

Sous l'influence des chasses acharnées qu'on lui a faites, ses bandes immenses se sont éclaircies, décimées. Les petites troupes que l'on rencontre encore de nos jours ne donnent plus aucune idée des prodigieuses légions du temps d'Audubon. Dans un grand nombre de localités, on ne rencontre même que quelques couples isolés, et il est à craindre que cette espèce ne disparaisse bientôt de la faune du Nouveau Monde.

Les Ectopistes nichent sur les plus hautes futaies, au milieu des forêts. Leur nid, formé de brindilles sèches entre-croisées, est placé à la bifurcation des branches. Un même arbre en porte un grand nombre. La ponte est de deux œufs semblables à ceux du Bizet.

Chasse. — La chair des Ectopistes est assez délicate; aussi fait-on à ces Oiseaux une chasse acharnée dès qu'ils se montrent dans un pays. Mais leurs apparitions sont très irrégulières, et dépendent de l'abondance plus ou moins grande des graines et des fruits.

On les tuait par milliers lorsque, dans leurs migrations, leurs légions immenses s'abattaient sur les arbres d'une forêt pour y passer la nuit. On les prenait aussi par centaines dans des filets posés sur leur passage.

Le résultat de semblables carnages a été la disparition presque complète de ce précieux gibier.

Captivité. — Placés dans une volière convenable, les Ectopistes supportent la captivité pendant plusieurs années.

LES TOURTERELLES

Caractères. — Les Tourterelles ont des formes plus élancées, plus sveltes, que les Pigeons des genres précédents. Leur bec est droit, grêle, peu renflé à l'extrémité; leurs lorums dénudés, leurs narines oblongues, étroites, horizontales, surmontées d'une écaille légèrement convexe, formée par la cire; leurs ailes allongées, subaiguës; leur queue médiocre, arrondie; leurs tarses longs et nus.

LA TOURTERELLE DES BOIS (*Turtur auritus*). — La Tourterelle des bois, ou Tourterelle commune de l'Europe, mérite une description complète, car on la confond fréquemment avec les Tourterelles communes des Oiseleurs, qui sont d'origine asiatique.

Caractères. — Sa taille est d'environ 0m,29. Le mâle adulte a la tête et le dessus du cou d'un cendré bleuâtre, les plumes du dos, du croupion et les sus-caudales d'un brun roux, marquées de brun et de cendré en leur milieu; le devant du cou et la poitrine d'une teinte vineuse; le reste des parties inférieures blanc; un demi-collier noir, coupé obliquement de raies blanches, orne les faces latérales du cou; les couvertures alaires sont noires, et bordées de roux de rouille; les rémiges brunes, bordées de gris roussâtre; les rectrices médianes d'un brun roussâtre, les latérales noirâtres et terminées de blanc, la plus externe de chaque côté bordée de blanc en dehors ; les paupières nues et rouges, l'iris rouge jaunâtre, le bec brun bleuâtre, les pieds rouges.

La femelle est de plus petite taille que le mâle ; ses teintes sont moins vives, son collier moins étendu.

Les jeunes ont des teintes sombres, et, avant la première mue, leur collier est à peine indiqué.

La Tourterelle des bois.

Habitat. — La Tourterelle des bois est très répandue dans toute l'Europe, mais particulièrement dans les régions méridionales. Elle est abondante également en Afrique et dans le nord-ouest de l'Asie.

Mœurs. — Sans être un Oiseau essentiellement migrateur, la Tourterelle commune de l'Europe vient se reproduire de préférence dans les régions tempérées. Elle s'établit alors dans les bois, au voisinage des champs cultivés, là où elle est sûre de toujours trouver en abondance les graines qui forment le fond de sa nourriture. Son arrivée a lieu par couples, vers le commencement d'avril ; son départ s'effectue, par petites familles, à la fin de l'été.

En dépit de son naturel sauvage et méfiant en liberté, les poètes, frappés de la grâce de ses mouvements, de la douceur de son roucoulement, des marques de tendresse que le mâle témoigne à sa femelle, ont voulu voir dans la Tourterelle le symbole de l'amour conjugal. On ne peut, en effet, s'empêcher d'admirer les mœurs douces et sociables de ce charmant Oiseau, autant que la grâce de ses allures. La Tourterelle a un vol aisé, rapide, silencieux ; à terre, elle marche avec élégance ; poursuivie par un Oiseau de proie, elle se glisse adroitement au milieu des branches, pour lui échapper.

Son genre de vie ne diffère pas de celui des autres Pigeons sauvages.

Elle se nourrit de petites graines, de blé, de pois, de semences de pins.

Son nid est grossièrement construit à claire-voie, dans les branches d'un arbre, à une faible hauteur, parfois même au milieu d'un buisson épais. On y trouve généralement deux œufs d'un blanc pur, que les parents couvent alternativement.

Captivité. — Les Tourterelles communes, prises jeunes, s'apprivoisent facile-

ment, et deviennent d'une remarquable familiarité. On peut les maintenir en volière ou en cage. Elles donnent avec les autres espèces des métis dont quelques-uns sont féconds.

LA STREPTOPÉLIE RIEUSE OU TOURTERELLE A COLLIER (*) (*Turtur risorius*). — ***Caractères.*** — Le plumage de la Tourterelle à collier est d'une teinte isabelle presque uniforme; les parties inférieures et la tête sont plus claires; les ailes noirâtres; le collier noir s'étend en un croissant continu sur la nuque et les côtés du cou; l'iris et les pattes sont rouges, le bec brun.

Habitat. — La Tourterelle à collier, ou Pigeon rieur, est originaire de l'Asie; on la trouve aussi dans le nord-est de l'Afrique et l'Arabie.

Mœurs. — La particularité qui la distingue le mieux de la Tourterelle commune est son cri. Celui-ci comprend, outre un roucoulement sonore, quelques notes qui imitent assez bien le rire d'une personne, et que l'on peut traduire par *hi-hi-hi-hi.* C'est d'ailleurs ce qui lui a valu son nom.

On rencontre la Streptopélie rieuse dans les forêts des steppes. Elle vit en bandes assez nombreuses, qui, lorsque la nourriture fait défaut, entreprennent de grandes migrations analogues à celles de l'Ectopiste migrateur d'Amérique.

Captivité. — La Tourterelle à collier supporte la captivité plus facilement encore que la Tourterelle commune; aussi la voit-on fréquemment en volière ou en cage. Ses allures sont gracieuses, sa douce familiarité agréable.

D'après E. Oustalet, c'est de la Tourterelle à collier propre à l'Inde et à la Chine (*Turtur douraca* Hogs.) que dérivent les *Tourterelles blondes* des oiseleurs. Cette espèce, dont la domestication remonte à la plus haute antiquité, fut importée en Europe, il y a environ trois siècles, par les Hollandais.

Les Tourterelles blondes domestiques n'ont donc rien de commun avec les Tourterelles communes de l'Europe; le croisement de ces deux espèces ne donne d'ailleurs que des métis inféconds.

Sous l'influence de la domestication, la Tourterelle à collier primitive a subi quelques modifications, notamment une sorte de décoloration du bec, qui de noirâtre est devenu rosé, des pattes et des yeux qui de rouges sont devenus également rosés; le plumage est aussi fréquemment frappé d'albinisme.

LA CHALCOPÉLIE AFRICAINE OU PIGEON-NAIN (*Chalcopelia afra*). — Cette Tourterelle, dont quelques auteurs ont fait le type du genre spécial *Chalcopelia*, se fait remarquer autant par ses allures élégantes que par la couleur métallique de ses ailes.

Caractères. — Sa taille n'est que de $0^{m},20$. Elle a la tête d'un gris cendré, le dos et la queue brun marron avec le croupion noir; la poitrine rougeâtre, le reste de la face inférieure du corps blanc; les ailes noires, avec les rémiges secondaires offrant des reflets métalliques; l'iris et les pattes rouges; le bec noir.

(*) Pl. XXX. — Tourterelles à collier (Photographie W. M. Spooner et C°).

Habitat. — La Chalcopélie africaine, comme l'indique son nom, a pour patrie l'Afrique ; elle est surtout commune au sud du 14° degré de latitude.

Mœurs. — Elle se tient dans les épais buissons, à proximité de quelque cours d'eau, dans les régions où pousse une riche végétation.

Vivant par couples ou par petites familles, elle y trouve toujours une abondante nourriture. Aussi est-elle sédentaire partout où elle s'établit.

Ses allures sont extrêmement élégantes. Son cri a un timbre mélodieux, très particulier; il se compose d'une seule note que l'Oiseau répète un grand nombre de fois successivement et de plus en plus vite.

La Chalcopélie niche dans les buissons touffus, à peu de distance du sol, ou dans quelque trou d'un arbre vermoulu.

LES MÉLOPÉLIES

Les Mélopélies et genres voisins forment un groupe de Pigeons dont certains auteurs ont fait la sous-famille des *Zenaïdinæ*. Par leur existence essentiellement terrestre, que révèlent leurs caractères morphologiques, les Oiseaux de cette sous-famille, ainsi que leurs proches parents, les Phaps et les Gouras, établissent une transition des Pigeons aux Gallinacés.

Leurs formes sont élégantes, leurs tarses élevés, leurs ailes de longueur moyenne, leur queue allongée, de forme variable.

LA MÉLOPÉLIE LEUCOPTÈRE. — Répandue irrégulièrement dans la plus grande partie de l'Amérique, cette espèce se fait remarquer par la singularité de son chant mélodieux et varié.

Aussi est-elle très appréciée dans ce pays comme Oiseau de volière.

LES COLOMBI-MOINEAUX

Désignés en Amérique sous le nom de *Pigeons de terre* (*Ground doves*), les Colombi-Moineaux ont des formes trapues, une tête petite, un cou court, des ailes de longueur moyenne, une queue courte et arrondie, des tarses complètement nus, un bec court et faible.

LE COLOMBI-MOINEAU PASSERINE (*Chamæpelia passerina*). — ***Caractères.*** — La taille de cette charmante espèce n'est que de $0^m,18$. Dans son plumage domine le brun grisâtre; la tête et la nuque sont d'un gris bleuâtre, la gorge blanchâtre, les couvertures des ailes tachetées de brun à reflets métalliques, les rémiges brunes sur les barbes externes, rouge brun sur les barbes internes, les rectrices noires, les externes bordées de blanc en dehors, l'iris orange, le bec et les pattes rouges.

Habitat. — Le Colombi-Moineau passerine habite le sud des États-Unis, la Floride, les Antilles.

Mœurs. — Il vit dans les pâturages et les plaines herbeuses; il s'établit volontiers près des villages où croissent des orangers.

On le rencontre fréquemment perché sur les haies qui bordent les routes et faisant entendre son roucoulement sonore et plaintif.

Il vole peu, et ne parcourt jamais un grand espace d'une seule traite; par contre, il court sur le sol avec autant de rapidité qu'une Poule.

D'un naturel très sociable, il forme des bandes de dix à quinze individus qui restent unies même pendant la période des amours.

Le nid du Colombi-Moineau passerine est habituellement situé sur une branche horizontale d'oranger, à une faible distance du sol; exceptionnellement il est placé dans quelque buisson ou même sur le sol. Il est composé de menues branches, de feuilles sèches, de mousse d'Espagne.

La femelle pond deux œufs d'un blanc éclatant; elle fait deux couvées par année, l'une en avril, l'autre en juin; quelquefois une troisième, quand la saison est favorable.

Les deux parents prennent une part égale à l'incubation et à l'éducation des jeunes.

Chasse. — Cette espèce semble appelée à disparaître devant la chasse qu'on lui fait pour se procurer sa chair délicate autant que son beau plumage.

Captivité. — Le Colombi-Moineau passerine s'acclimate facilement dans nos pays, et s'y reproduit même en captivité. On le nourrit de millet, d'alpiste, de navette, et de temps à autre on lui donne quelques larves de Fourmis ou des Vers de farine.

LES GÉOPÉLIES

Les Géopélies sont originaires des îles de la Sonde. Elles se reconnaissent, à première vue, à leur taille petite, élancée, à leur queue longue étagée, et à leur plumage élégamment rayé.

LA GÉOPÉLIE STRIÉE (*Geopelia striata*). — Appelée aussi *Pigeon-épervier*, cette espèce a un plumage d'une teinte fauve rayée de noir.

Ses mœurs n'offrent pas de particularité spéciale.

Elle s'élève très bien en captivité, comme les Colombi-Moineaux.

LES COLOMBI-PERDRIX

Ces Pigeons doivent leur nom à la forme générale de leur corps, qui les fait ressembler assez bien aux Perdrix de nos champs.

Caractères. — Ils ont un bec relativement fort et bombé à l'extrémité, des tarses longs, épais, des doigts courts armés d'ongles solides, fortement recourbés, des ailes courtes, arrondies, sub-obtuses, une queue large, arrondie, la base du bec et les lorums formant une ligne continue, dénudée, papilleuse.

LA COLOMBI-PERDRIX CYANOCÉPHALE (*Starnœnas cyanocephala*). — **Caractères.** — Cet Oiseau mesure environ 0m,30. Il a le sommet de la tête d'un bleu ardoisé, la face, la nuque et la gorge noires, une ligne naso-oculaire blanche, les rémiges et les rectrices externes brunes ; le reste du corps d'un rouge brun-chocolat, passant au rouge vineux à la poitrine ; le bec rouge à la base, bleuâtre à la pointe ; les pattes rouges.

Habitat. — La Colombi-Perdrix habite l'île de Cuba et l'Amérique centrale, où son aire de dispersion s'étend au sud jusqu'au Brésil, au nord jusque dans la Floride.

Malheureusement, les chasses acharnées qu'on lui a faites ont amené sa disparition dans un grand nombre de localités où elle était autrefois abondante.

Mœurs. — Elle se plaît dans les grandes forêts dont le sol est rocailleux. Ses allures sont lentes et graves ; elle marche le cou tendu, la queue légèrement relevée, tout en cherchant parmi les feuilles sèches les graines, les baies dont elle fait sa nourriture ; elle mange aussi, paraît-il, de petits Colimaçons. En s'envolant, elle produit un bruit semblable à celui que fait la Perdrix d'Europe, et cette particularité s'ajoute encore à la ressemblance extérieure de ces deux Oiseaux.

Elle se perche sur les branches des arbres pour se reposer, ou y passer la nuit.

Son nid, placé le plus souvent sur un Tillandsia, est négligemment construit ; la femelle y dépose deux œufs blancs.

LES PHAPS

Caractères. — Les Phaps ont des formes ramassées, massives ; leurs tarses sont courts, leurs doigts longs, leurs ailes longues, aiguës ; leur queue courte. Leur plumage à reflets métalliques leur a valu le nom de *Pigeons bronzés*.

LE PHAPS LUMACHELLE. — **Caractères.** — Cette espèce est la plus anciennement connue. Sa taille est d'environ 0m,35. Elle a la tête et le dos bruns avec le front, une bande sous l'œil et la gorge, d'un blanc jaunâtre ; la partie inférieure du corps d'un rouge vineux tirant sur le gris au ventre ; les ailes semées de taches allongées d'un bronze cuivré et vertes, à reflets métalliques ; la queue brune en son milieu et d'un gris foncé sur les bords ; l'iris d'un brun rougeâtre ; le bec noir, les pattes rouges.

Habitat. — Le Phaps lumachelle se rencontre dans tout le continent australien, mais, dans certaines localités, il n'est que de passage.

Mœurs. — Il fréquente les grandes plaines incultes, couvertes de buissons et de bruyères, à proximité d'un cours d'eau ou d'un étang.

Sa nourriture se compose essentiellement de graines de toute espèce.

Il niche sur les arbres, à peu de distance du sol. Son nid est, comme celui des autres Pigeons, construit assez légèrement ; on y trouve deux œufs d'un blanc pur, que les parents couvent alternativement.

La reproduction a lieu en août et en février ; les jeunes une fois sortis du nid, se réunissent en bandes nombreuses qui parcourent la campagne en quête de nourriture. C'est le moment que choisissent les chasseurs pour leur faire une guerre acharnée, car leur chair est très délicate.

Captivité. — En captivité, les Phaps s'apprivoisent comme les autres Pigeons exotiques et se reproduisent même en volière.

On les désigne vulgairement sous le nom de *Colombes vertes d'Australie.*

LE LONGUP LOPHOTE (*Ocyphaps lophotes*). — Cet élégant Oiseau se fait remarquer par une longue huppe effilée qu'il porte derrière la tête. Sa taille est de $0^{m},33$.

Il a la tête, le devant du cou, la poitrine, le ventre gris cendré; le dos brun olivâtre clair, les couvertures des ailes d'un vert bronzé brillant et lisérées de blanc pur, les rémiges et les rectrices d'un brun verdâtre et terminées de blanc; le bec noir, les pieds rouges.

Il habite l'Australie; on le rencontre en troupes assez nombreuses dans les terrains inondés, sur les bords des rivières.

Il vit très bien en captivité.

C'est dans le groupe des Phapidés qu'il faut ranger l'espèce que les oiseleurs désignent sous le nom de *Colombe poignardée* (*Phlogœnas cruentata*).

Cet Oiseau doit ce nom à une large tache rouge de sang qu'il porte sur le jabot et qui tranche sur les teintes foncées métalliques du reste du plumage.

LES GÉOPHAPS. — Plus recherchés encore que les Phaps, pour la délicatesse de leur chair, les Géophaps de l'Australie se reconnaissent à leur bec plus court, à leurs ailes courtes et arrondies, contrastant avec leurs tarses élevés.

On leur donne aussi le nom de *Colombi-Cailles.*

Leur existence est beaucoup plus terrestre que celle des Phaps. Ils construisent fréquemment leur nid sur le sol.

LES LEUCOSARCIES. — Ils habitent aussi l'Australie. De plus grande taille que les Phaps, leur chair n'en est pas moins très estimée.

Ils s'accommodent très bien de la captivité et on les voit fréquemment dans les jardins zoologiques de l'Europe.

LES NICOBARS

Les Pigeons de Nicobar, ou simplement les *Nicobars*, rappellent, par leurs caractères et leur genre de vie, les Gallinacés.

Caractères. — Ils ont des formes trapues; un bec fort, dont la *cire* forme à la base une petite éminence arrondie; des pattes fortes et élevées; des ailes longues; une queue courte, arrondie; un plumage lâche, abondant.

LE NICOBAR A CAMAIL (*Calœnas nicobarica*). — ***Caractères.*** — Cet Oiseau se reconnaît à première vue, aux plumes allongées, séparées, qui revêtent la région du cou et des épaules d'une sorte de camail. Sa taille est d'environ $0^{m},38$.

Son plumage est presque entièrement d'un vert foncé varié de vert clair, à éclat métallique, avec quelques plumes dorées dans la région du cou ; la queue est blanche ; le bec noir ; l'iris et les pattes d'un rouge foncé.

Habitat. — Les Pigeons de Nicobar habitent, comme leur nom l'indique, les îles Nicobar, mais ils sont très répandus dans la Nouvelle-Guinée, les Philippines et les îles avoisinantes.

Le Goura couronné.

Mœurs. — La conformation de cet Oiseau permet de songer, au premier abord, qu'il doit mener une existence assez différente de celle des autres Pigeons. Il est, en effet, adapté à vivre sur le sol plus que sur les arbres. Malgré ses grandes ailes, son vol est lourd, laborieux. Par contre, il marche sans fatigue sur le sol, et, s'il faut en croire les récits de certains voyageurs, il peut parcourir en peu de temps une centaine de kilomètres. Il nage aussi assez facilement, ce qui expliquerait l'étendue considérable de son aire de dispersion.

Il se nourrit surtout de graines et niche à terre, comme la Perdrix.

LES GOURAS

Les Gouras, dont certains auteurs font une famille spéciale, sont des Pigeons de très grande taille, caractérisés principalement par la présence, sur la tête, d'une énorme huppe de plumes soyeuses, disposées en éventail, et que l'Oiseau peut relever ou abaisser à volonté. Ce somptueux ornement, joint aux formes lourdes et massives de ces Oiseaux, à leur queue longue et arrondie, à leurs tarses hauts et forts, leur donne un aspect très singulier.

LE GOURA COURONNÉ (*Goura coronata*). — ***Caractères.*** — Le Goura couronné est de la taille d'une Poule ordinaire ; il mesure $0^m,75$ de long.

Son plumage est d'un beau bleu-ardoise avec les épaules d'un roux châtain; les ailes sont rayées transversalement d'une bande blanche; la queue présente près de l'extrémité une bande semblable d'un gris cendré; les plumes de la huppe, allongées, décomposées, sont de la même couleur que le corps; l'iris est rouge-vermillon; les pattes couleur de chair.

Habitat. — Les Gouras sont originaires de la Nouvelle-Guinée et de l'Australie.

Mœurs. — Leurs mœurs sont essentiellement terrestres. Ils errent dans les forêts, par petites troupes, ramassant les graines et les fruits tombés des arbres et dont ils font leur nourriture.

Ils volent peu, mais ils se perchent sur les basses branches des arbres pour passer la nuit, ou lorsqu'ils sont effrayés.

Captivité. — Les Gouras ornent aujourd'hui les parcs de la plupart des jardins zoologiques.

Ils se reproduisent aisément en captivité; la femelle ne pond qu'un seul œuf.

Bien que leur chair soit très délicate, l'élevage de ces Oiseaux n'a pas encore pris une bien grande extension.

LES DIDUNCULIDÉS

Cette famille ne comprend que deux genres, dont l'un est complètement éteint depuis plus de deux siècles.

Caractères. — Les Didunculidés ont d'étroites affinités d'une part avec les Pigeons, d'autre part avec les Gallinacés. Ils s'éloignent cependant des uns et des autres, par la forme de leur bec. Celui-ci est robuste, deux fois aussi haut que large, très comprimé, à mandibule supérieure très recourbée et se terminant par un crochet, à mandibule inférieure coupée carrément à la pointe et portant sur ses bords deux profondes échancrures.

Le Diduncule strigirostre.

LE DIDUNCULE STRIGIROSTRE (*Didunculus strigirostris*). — ***Caractères.*** — Le Diduncule strigirostre a des formes massives, une tête grande, un cou relativement long, des tarses forts et nus, des doigts armés d'ongles longs, recourbés, aigus; des ailes concaves, arrondies, obtuses; une queue de longueur moyenne, arrondie.

Sa taille est d'environ $0^{m},30$.

Il a la tête, le cou, la poitrine, le ventre d'un noir vert brillant, le reste du corps d'un brun châtain foncé, les lorums, les paupières et le bec d'un jaune orangé; l'iris et les pattes rouges.

Le Dronte.

Habitat. — Il a pour patrie les îles Samoa, où les indigènes le désignent sous le nom de *Manumea*, mais il ne tardera pas à être complètement exterminé comme son proche parent le Dronte.

Mœurs. — Le Diduncule strigirostre se plaît dans les régions montagneuses boisées. Il vit en petites troupes errant dans les forêts pendant la plus grande partie de la journée, ne se perchant sur les arbres que pour dormir ou à l'approche de quelque danger.

Son vol est lourd et très bruyant.

Sa nourriture se compose de substances végétales, principalement de bulbes et de racines. Il niche à terre, parmi les buissons, à la façon des Gallinacés.

LE DRONTE (*Didus ineptus*). — Le Dronte ou *Dodo* était un grand Oiseau de la taille du Cygne, aux formes lourdes et massives. Son bec était semblable à celui du Diduncule strigirostre, ses tarses courts et forts; ses doigts, armés d'ongles solides, étaient très aptes à gratter la terre, tandis que ses courtes ailes étaient impropres au vol.

Son plumage était lâche, formé de plumes décomposées.

Il habitait les îles Mascareignes; il y était même autrefois très abondant. Découvert en 1598 par des marins hollandais, son extermination fut extrêmement rapide et en 1679, on ne trouvait déjà plus un seul individu vivant.

Assez mal doué dans *la lutte pour l'existence*, il est disparu de la faune actuelle, comme tant d'autres espèces.

Les Gallinacés

Les Oiseaux de l'ordre des Gallinacés présentent des caractères généraux nettement tranchés.

Caractères. — On les reconnaît à première vue, à leurs formes ramassées, à leurs pattes fortes, bien adaptées à la marche et à la course ; à leurs ailes courtes et arrondies, peu propres au vol. Leur tête est petite; elle présente fréquemment des places nues et calleuses, ornées chez les mâles de crêtes et de lobules cutanés érectiles.

Le bec des Gallinacés est généralement court et puissant ; il est convexe en dessus, recourbé à la pointe ; la mandibule supérieure recouvrant l'inférieure. Les narines sont percées à la base du bec, dans un espace resté membraneux, et elles sont recouvertes d'une écaille cartilagineuse.

Les ailes sont courtes et arrondies, bombées en forme de bouclier ; les muscles du vol sont peu développés. La queue, de forme variable, comprend de douze à quatorze rectrices ou davantage.

Les tarses, courts ou de longueur moyenne, sont toujours forts et épais, et très emplumés. Les doigts, au nombre de quatre, sont disposés trois en avant et un en arrière ; les antérieurs sont libres ou unis plus ou moins à la base par une membrane, calleux en dessous ; ils sont armés d'ongles recourbés, propres à gratter la terre ; le doigt postérieur est inséré un peu plus haut que les autres, il manque quelquefois ; au-dessus de lui existe un *ergot* aigu, dirigé en dedans, et surtout développé chez les mâles.

Le plumage est rude et serré ; les plumes qui le composent sont larges, à tige épaisse ; les mâles présentent souvent une belle parure à éclats métalliques ; chez quelques espèces, les plumes du croupion et les sus-caudales prennent un grand développement et forment des ornements variés.

La structure des organes internes, particulièrement du tube digestif, est celle des Oiseaux essentiellement granivores.

Habitat. — Les Gallinacés sont répandus dans toutes les contrées du globe, mais chaque partie du monde a des espèces qui lui appartiennent en propre. On lui rencontre dans les plaines comme dans les forêts, dans les prairies couvertes de hautes herbes aussi bien que dans les plaines arides et sablonneuses, sur les rivages de la mer ou parmi les rochers des hautes montagnes.

Mœurs. — Ils vivent généralement en petites sociétés. Mauvais voiliers, mais bons coureurs, leurs mœurs sont essentiellement terrestres ; ils recherchent sur le sol leur nourriture composée de graines, de baies, de bourgeons, de vers, d'Insectes ; aussi leur genre de vie est-il assez uniforme, chez les différentes espèces.

Leurs facultés intellectuelles sont peu développées ; ils ne savent pas distinguer, comme tant d'autres Oiseaux, un ennemi dangereux d'un passant inoffensif ; ils fuient devant la Crécerelle comme devant un grand Oiseau de proie.

Leurs mœurs, calmes et paisibles, ne sont troublées qu'à l'époque des amours par la jalousie des mâles. On ne peut pas dire qu'ils sont polygames, dans l'acception ordinaire de ce terme : il y a, en réalité, union libre, un Coq vit avec plusieurs Poules, mais la fidélité conjugale est souvent enfreinte de part et d'autre ; il en résulte entre les Coqs des combats extrêmement violents et acharnés.

Les Gallinacés construisent leur nid sur le sol, dans quelque dépression abritée par de hautes herbes. Ce nid est grossièrement construit à l'aide de quelques brindilles et de plumes. Le nombre des œufs est relativement considérable ; la femelle seule les couve et s'occupe de l'éducation des jeunes. Ceux-ci naissent couverts d'un duvet qui fait bientôt place à un plumage différent de celui des adultes, et peu après leur éclosion, ils sortent du nid pour chercher eux-mêmes leur nourriture. Il n'y a pas d'exemple d'affection maternelle plus profonde que celle de la Poule pour ses Poussins ; cette affection contraste singulièrement avec la parfaite indifférence du Coq.

Les Gallinacés sont exposés, par leur mode de nidification et leurs faibles moyens de défense, à devenir la proie d'un grand nombre d'animaux : Carnassiers, Rapaces, etc., mais leur facile multiplication les préserve d'une destruction totale.

Classification. — L'ordre des Gallinacés présente de nombreuses affinités avec les ordres voisins. Certaines familles le relient aux Pigeons, d'autres aux Échassiers ; les Mégapodidés paraissent même le relier à la fois aux uns et aux autres.

Nous étudierons successivement les familles suivantes : les *Ptéroclidés*, les *Tétraonidés*, les *Turnicidés*, les *Phasianidés*, les *Méléagridés*, les *Numididés*, les *Mégapodidés*, les *Cracidés*.

LES PTÉROCLIDÉS

Les Ptéroclidés, qui, pour certains auteurs, établissent le passage des Gallinacés aux Outardes, ont, d'autre part, de nombreux caractères communs avec les Pigeons.

Caractères. — La forme trapue de leur corps contraste avec la longueur des ailes et de la queue. Ils ont la tête petite, élégante ; le bec court, plus large que haut à la base, à mandibules arrondies ; les narines surmontées d'une membrane entièrement emplumée ; les ailes longues, aiguës, la première rémige la plus longue de toutes ; la queue conique, prolongée par les deux rectrices médianes sous forme de deux brins filiformes ; les tarses courts, emplumés ; les doigts également courts, nus ou emplumés ; le doigt postérieur, quand il existe, est rudimentaire et inséré plus haut que les autres.

La couleur du plumage est en parfaite harmonie avec le milieu où vivent ces Oiseaux, c'est-à-dire avec la teinte particulière du sol des déserts et des plaines sablonneuses.

Habitat. — Les Ptéroclidés habitent l'Afrique et l'Asie.

Mœurs. — Par leurs allures, leurs mœurs, leur genre de vie, les Ptéroclidés tiennent à la fois des Pigeons et des Tétras. Aux qualités de coureurs communes à tous les Gallinacés, ils joignent celle de bons voiliers. Cette dernière particularité les rapproche des Pigeons, dont ils ont aussi les mœurs monogames, et la façon d'élever leurs petits.

Ils présentent une adaptation parfaite à l'existence spéciale qu'ils mènent dans le désert. Grâce à leur vol puissant, ils peuvent parcourir sans difficulté une immense étendue de terrain dans ces régions peu fertiles où la nourriture est rare ; de plus, ils échappent aisément à la vue de leurs ennemis, car la couleur de leur plumage se confond avec celle du sable.

Cette famille comprend les deux genres *Ganga* et *Syrrhapte*.

LES GANGAS

Caractères. — Les Gangas ont un bec médiocre, des ailes longues, étroites, pointues, la première rémige étant la plus longue, les autres étant de dimensions graduellement décroissantes ; une queue médiocre, conique, les deux rectrices médianes prolongées parfois en brins filiformes ; des tarses courts, emplumés seulement en avant ; des doigts nus, les antérieurs réunis jusqu'à la première articulation par une membrane, le pouce rudimentaire ; des ongles robustes, recourbés.

LE GANGA CATA (*Pterocles alchata*). — ***Caractères.*** — Le Ganga cata mesure environ $0^{m},27$ de long. Le mâle adulte a le front et les joues d'un roux jaunâtre ; le tour des yeux, la gorge, et une ligne allant de l'œil à l'occiput, noirs ; le dessus de la tête, le dos, les scapulaires, variés d'olivâtre, de jaunâtre, de roussâtre, de noir, sous forme de bandes transversales plus ou moins distinctes ; les sus-caudales rayées transversalement de noir et de jaunâtre ; le cou d'un roux cendré ; la poitrine ornée d'un large ceinturon d'un roux orange, bordé en dessus et en dessous d'une étroite bande noire ; l'abdomen, les jambes et les sous-caudales blancs avec quelques barres transversales brunes et jaunes ; les couvertures supérieures des ailes d'un cendré olivâtre, marquées de marron rouge, et terminées par une bordure jaune et brune ; les rémiges primaires à tige noire, brunes en dedans, cendrées en dehors ; la queue d'un cendré bleuâtre, les pennes externes terminées et bordées extérieurement de blanc ; les médianes noires et prolongées en deux brins filiformes; les autres terminées de blanc et rayées de jaune; le bec brun de corne ; les pieds cendrés, l'iris brun.

La femelle présente, dans son plumage, les mêmes couleurs que le mâle, mais différemment réparties.

Les jeunes ont aussi une livrée spéciale très élégante.

Habitat. — Le Ganga cata habite les déserts de l'Afrique, de l'Asie, le midi de l'Europe, l'Espagne, la Sicile; il est sédentaire en Provence, dans la plaine de la Crau.

Mœurs. — Il ne se plaît, de même que les autres espèces, que dans les immenses déserts, ou les steppes couverts de quelques rares buissons rabougris. Sa marche, son vol, le différencient fort peu des Pigeons. Son nom arabe Khata ou Khadda est une onomatopée de son cri. Méfiant et craintif, il se laisse difficilement approcher. D'ailleurs, il lui est bien facile de se dissimuler à la vue du chasseur le plus expérimenté; il lui suffit pour cela de se blottir sur le sol, dans une immobilité complète : la teinte de son plumage se confond admirablement avec celle des terrains qu'il fréquente. Chaque espèce de Ganga présente aussi ce même moyen merveilleux de défense par homochromie : le plumage gris rougeâtre du Ganga des sables s'accorde avec la couleur des plaines argileuses ; celui du Ganga brûlé avec la couleur dorée des sables du désert ; celui du Ganga rayé avec les différentes nuances du sol des steppes.

Le Ganga cata est un Oiseau très sociable; il vit en bandes nombreuses, très unies ; parfois cependant, sans cause apparente, de violentes querelles, heureusement de peu de durée, amènent un trouble momentané dans la paisible société.

Le genre de vie de ces bandes nomades est des plus monotones. Avant le lever du soleil, les Gangas sont en mouvement, ils parcourent les touffes d'herbes, les buissons, en quête de leur nourriture, graines, jeunes pousses d'herbes, baies, etc.

Dans les pays cultivés, ils viennent piller les champs de blé, de maïs, les rizières mises à sec après la moisson. Vers neuf heures ils prennent leur vol par bandes de plusieurs centaines et vont s'abreuver au ruisseau voisin, puis ils retournent se reposer et digérer, en se vautrant dans le sable, sous les chauds rayons du soleil. L'après-midi, ils font un nouveau repas, vont boire de nouveau et se rendent ensemble à l'endroit où ils doivent passer la nuit.

Les Gangas sont monogames; à l'époque de la reproduction, c'est-à-dire au printemps, pour ceux qui vivent dans le sud de l'Europe, à l'entrée de la saison des pluies pour les espèces des climats tropicaux, les couples se séparent. Une légère dépression du sol, au pied de quelque buisson, ou parmi de hautes herbes, suffit pour l'installation du nid qui est des plus primitif. Les œufs, au nombre de trois ou quatre, ont une forme assez semblable à ceux des Pigeons ; ils sont également obtus aux deux bouts; leur couleur est d'un fauve clair avec des taches irrégulières, des traits déliés d'une nuance plus foncée.

Chasse. — Les Gangas étant extrêmement méfiants, leur chasse demande, pour réussir, de grandes précautions. Le meilleur moyen consiste à rechercher l'endroit où ils viennent s'abreuver dans la journée; on y établit à portée de fusil une hutte bien dissimulée, et on se place à l'affût, un moment avant l'heure à laquelle les Oiseaux viennent se désaltérer, ce qui a lieu, comme on a vu, presque à heure fixe.

LE GANGA DES SABLES (*Pterocles arenarius*). — ***Caractères***. — Le Ganga des sables, ou Ganga unibande, est la plus grande espèce du genre. Sa taille est de $0^m,30$. Il fait partie de quelques espèces dont les rectrices médianes ne se prolongent point en brins filiformes. Son plumage est presque entièrement d'un gris rougeâtre tacheté de jaune et de cendré; la gorge porte une tache triangulaire noire, la poitrine un large ceinturon de même couleur allant d'une aile à l'autre; l'abdomen, les flancs, les cuisses sont d'un noir profond, ainsi que le dessous des pennes caudales; le bec est noirâtre, l'iris brun, la partie nue des tarses gris bleu foncé.

Habitat. — Il habite les plaines arides et sablonneuses de l'Asie et de l'Afrique, le midi de l'Europe, Espagne, Grèce, les déserts sablonneux avoisinant la mer Caspienne, le Caucase.

Mœurs. — Ses mœurs sont exactement les mêmes que celles du Ganga cata.

Le *Ganga brûlé* (*Pterocles exustus*) et le *Ganga rayé* (*P. Lichtensteinii*). — Ces deux espèces ont aussi un plumage en parfaite harmonie avec les déserts où ils vivent. On les rencontre dans les mêmes contrées que le Ganga cata, mais ils ne quittent pas les régions tropicales de l'ancien continent. Leurs mœurs n'offrent aucune particularité spéciale.

LES SYRRHAPTES

Caractères. — Les Syrrhaptes diffèrent des Gangas par leur bec grêle, beaucoup plus court que la tête; leurs tarses sont courts et complètement emplumés, ainsi que la face supérieure des doigts; le pouce est tout à fait atrophié. Chez les mâles, la première rémige et les deux rectrices médianes se transforment en deux brins filiformes.

LE SYRRHAPTE PARADOXAL (*Syrrhaptes paradoxus*). — Cet Oiseau doit son nom de *paradoxal* à la forme curieuse qu'affecte la première grande plume de l'aile et les deux rectrices médianes; ces plumes sont amincies, acuminées et ressemblent plus à des soies qu'à des plumes.

Caractères. — La taille du Syrrhapte est de $0^m,23$ à $0^m,24$ sans compter les rectrices médianes qui dépassent la queue de $0^m,10$. Son plumage est, en dessus, d'un jaune grisâtre, tacheté transversalement de noir; en dessous d'un gris cendré avec un plastron formé de raies transversales noires et blanches sur la poitrine; la tête est d'un gris roussâtre avec une ligne orangée partant de chaque œil et s'étendant sur les côtés du cou; la première rémige noire, les autres d'un gris roussâtre avec rachis noir; les rectrices d'un gris foncé avec la pointe blanche; le bec et l'iris brun.

La femelle ne porte pas de plastron.

Habitat. — Le Syrrhapte paradoxal habite les hauts plateaux de l'Asie centrale, la Russie sur les bords de la mer Caspienne. Il se reproduit dans l'Europe septentrionale, Norvège, Suède, Jutland.

Accidentellement il s'est égaré jusqu'en Allemagne, en France, en Angleterre.

Le Syrrhapte ou Poule des déserts.

Mœurs. — De même que les Gangas, le Syrrhapte paradoxal est aussi un habitant des vastes plaines et des déserts sablonneux; on le désigne en Orient sous le nom de *Poule des déserts.*

Ses mœurs étaient peu connues jusqu'en 1863, époque où, par suite de certaines perturbations atmosphériques, quelques troupes nombreuses de ces Oiseaux vinrent s'abattre en Allemagne, dans la Champagne, et en Angleterre.

Les ornithologistes européens purent alors relever quelques observations intéressantes touchant leur genre de vie et leur reproduction.

Les allures du Syrrhapte paradoxal ressemblent assez bien à celles de la Tourterelle, mais sa marche est plus précipitée, en raison de la brièveté de ses tarses; il court presque aussi vite que la Perdrix grise.

Au moment de prendre son essor, il pousse un cri aigu, puis il s'élève comme un trait, presque perpendiculairement, à une dizaine de mètres de hauteur et redescend un peu plus loin avec la même rapidité.

Il parcourt de cette façon et en bandes immenses les plaines arides des steppes, ramassant partout où il se pose les petites graines dont il se nourrit.

« Une de leurs habitudes, dit Degland, rappelle beaucoup ce que nous connaissons des Gangas et des Perdrix. Selon M. Altum, lorsqu'une bande prend terre, tous les individus qui la composent se tapissent, restent un moment immobiles, serrés les uns contre les autres, et ne se mettent en mouvement qu'après s'être assurés que rien ne les menace. Si, pendant qu'ils sont occupés à chercher leur nourriture, les cris poussés par l'un d'eux signalent un danger, tous se rapprochent de nouveau et se blottissent. »

Le Syrrhapte paradoxal construit son nid sur le sol; il se creuse un trou dans le sable, au pied de quelque buisson, et le garnit de quelques brins d'herbes sèches. Sa ponte est de quatre œufs exactement semblables à ceux du Ganga cata.

La chair des Syrrhaptes a un goût très délicat; elle rappelle, par sa saveur, celle de la Gélinotte.

Captivité. — Cet Oiseau supporte assez facilement la captivité, et on peut le voir aujourd'hui dans un grand nombre de jardins zoologiques.

LES TÉTRAONIDÉS

Caractères. — Les Tétraonidés ont des formes ramassées, un cou court; une tête petite et emplumée, ne présentant autour de l'œil qu'une faible portion dénudée, sans caroncules charnues; le bec est court, gros, épais; l'arête de la mandibule supérieure dessine une courbe régulière, infléchie à la pointe; la queue est courte, les couvertures supérieures et inférieures de la queue recouvrent ou dépassent même les rectrices; les tarses sont courts, épais, plus ou moins emplumés; le doigt postérieur rudimentaire; l'ergot manque presque constamment. Les mâles se distinguent peu des femelles.

Mœurs. — Les Tétraonidés vivent par petites familles, les uns dans les bois, dans les champs, d'autres dans les montagnes, d'autres dans les plaines basses et humides.

La plupart sont sédentaires; leur nourriture se compose de grains, de baies, de fruits, de bourgeons, d'herbes, d'Insectes.

Les uns sont polygames, d'autres monogames. Ils nichent à terre et pondent un grand nombre d'œufs.

La famille des Tétraonidés se divise en deux sous-familles: celles des *Tétraoniens* et des *Perdiciens*.

LES TÉTRAONIENS

Caractères. — Les Tétraoniens comprennent des espèces chez lesquelles les plumes du front s'avancent très avant sur la mandibule supérieure, en recouvrant les narines, et dont l'œil est surmonté d'un espace nu.

Ces Oiseaux ont toujours leurs pieds plus ou moins emplumés, quelquefois même jusqu'aux doigts.

LES LAGOPÈDES

Caractères. — Les Lagopèdes ont un bec court garni de plumes, jusqu'au milieu de la mandibule supérieure; des narines basales oblongues, entièrement cachées par les plumes du front; l'œil surmonté d'un petit espace charnu; des ailes relativement courtes, arrondies, sub-obtuses; une queue courte, arrondie composée de quatorze rectrices; des tarses courts, recouverts de plumes ainsi que les doigts; des ongles larges, obtus, creusés en dessous.

Le plumage des Lagopèdes subit de profondes variations, suivant l'âge et les saisons. A l'exception du Lagopède d'Ecosse, dont la livrée se modifie peu, les autres espèces ont deux livrées bien différentes, l'une d'été, l'autre d'hiver. On a même décrit une troisième livrée intermédiaire aux deux autres, et que l'Oiseau prendrait vers le mois d'août. Ces changements de plumage s'effectuent par suite de mues successives; la robe d'hiver, étant presque entièrement blanche, devient, au printemps et en été, diversement colorée.

Habitat. — Les Lagopèdes habitent les régions froides des deux continents.

LE LAGOPÈDE BLANC (*Lagopus albus*). — ***Caractères.*** — En hiver, le plumage de cette espèce est d'un blanc éclatant, à l'exception des rectrices qui sont d'un noir profond ainsi que le rachis des six rémiges externes. A l'époque des amours, il se colore de roux, de jaune et de noir. Le mâle a la tête, le cou et la poitrine d'un rouge marron ponctué et strié de noir, sur lequel tranche une bande sourcilière d'un rouge vif; l'abdomen est blanc, les sous-caudales d'un roux de rouille, les ailes et le dos blancs, à l'exception de la tige des rémiges; l'iris est brun, le bec noir.

La taille du Lagopède blanc est d'environ $0^{m},40$.

Habitat. — Il habite les régions boréales de l'Europe et de l'Amérique, la Laponie, la Suède et la Norvège, le Groënland.

Mœurs. — Il vit sur les plateaux humides, dans les vastes tundras, près des forêts de bouleaux, c'est-à-dire au-dessus de la zone des conifères. Dans ces régions il est très commun; on le rencontre en bandes assez nombreuses, mais chaque couple conserve une certaine indépendance, surtout à l'époque de la reproduction.

Le Lagopède blanc est vif, alerte; son vol est léger et facile, il court avec assez de rapidité sur le tapis de mousse qui recouvre les tundras; mais la neige est son milieu favori : il s'y creuse de longs couloirs pour trouver la nourriture qu'elle recouvre; il s'y enfouit presque complètement pour y chercher un refuge contre le mauvais temps ou contre les Oiseaux de proie.

Sa nourriture se compose surtout de substances végétales; en hiver, il mange des bourgeons, des baies desséchées; en été, des feuilles, des graines, des baies, des fleurs, des Insectes.

A l'époque des amours, le mâle fait entendre matin et soir, quelquefois pen-

dant la nuit, des appels bruyants semblables à des éclats de rire; sa femelle lui répond par des cris plus faibles qui rappellent le caquetage de la Poule.

Le nid du Lagopède blanc consiste en une simple excavation de $0^{m},20$ de diamètre, creusée dans le sol, au milieu d'une touffe de bruyères, d'un buisson de saules ou de genévriers, et tapissée d'herbes sèches, de plumes. Il est toujours placé sur quelque versant exposé au soleil. Malgré le peu de soins qui préside à sa construction, il est cependant bien dissimulé, et très difficile à découvrir.

La ponte est de dix à quinze œufs d'un blanc jaunâtre ou rougeâtre, couverts de points et de taches irréguliers de même nuance mais plus foncés.

Il n'y a qu'une seule couvée par an, qui est terminée à la fin de mai ou au commencement de juin.

La femelle seule s'occupe de l'incubation et montre les qualités d'une mère très dévouée. Dès que les jeunes sont éclos, toute la famille se dirige vers les marécages où pullulent alors des larves d'Insectes, aliment de choix des petits Lagopèdes. Leurs allures sont à ce moment fort intéressantes à observer.

Le Lagopède blanc.

« Le mâle, dit Brehm, semble prendre une grande part à l'éducation des petits; il marche le premier, l'air grave et fier, la tête levée; il regarde sans cesse de tous côtés, et son cri, *gabaouh*, annonce l'imminence du danger. Il conduit sa famille vers les lieux les plus riches en aliments. Ses petits sont couverts d'un duvet qui ressemble, à s'y méprendre, à un vêtement fait de lichens des Rennes. Ils sont vifs et alertes ; ils courent prestement sur la vase. Dès les premiers jours de leur existence, ils apprennent à se servir de leurs petites ailes. C'est ainsi qu'ils échappent à la plupart des périls qui les menacent. Leur plumage se confond avec la teinte du sol, de manière à tromper même l'œil le plus perçant, et dans les lieux où ils se tiennent, ils sont à l'abri des atteintes du Renard. Ils croissent rapidement ; bientôt leurs ailes brunes, moirées de noir, deviennent

---

Pl. XXXI. — Le Tétras urogalle ou grand Coq de bruyère (texte, p. 63).

blanches; ils muent encore une ou plusieurs fois au commencement de septembre, et ont alors à peu près la taille de leurs parents. Ils passent l'hiver avec eux; mais, au printemps, l'amour exerce aussi sur eux son empire, ils s'en vont chacun de son côté, à la recherche d'une compagne. »

Chasse. — La chair des Lagopèdes est un mets succulent; dans les pays septentrionaux, Norvège, Suède, on fait à ces Oiseaux une chasse acharnée. L'époque la plus favorable est l'automne, lorsque toutes les familles de Lagopèdes se réunissent dans les forêts de bouleaux. L'hiver, par la neige, cette chasse est plus pénible et demande à être faite par des hommes aguerris aux rigueurs du climat boréal, mais on peut aussi se contenter de tendre des filets entre les buissons de bouleaux, lorsque l'on a reconnu à l'avance le lieu de rassemblement d'une troupe de Lagopèdes.

LE LAGOPÈDE D'ÉCOSSE (*Lagopus scoticus*). — Le Lagopède d'Écosse a, presque en toute saison, un plumage semblable à celui du Lagopède blanc en été.

Habitat. — Son aire de dispersion est très limitée; on ne le rencontre que dans les marécages des pays montagneux des îles Britanniques : en Écosse, dans le nord de l'Angleterre, dans le sud du pays de Galles, dans les marais de l'Irlande.

Mœurs. — Son genre de vie est le même que celui de son congénère des régions boréales. Il niche sur le sol dans les touffes de bruyères, se nourrit de bourgeons, de baies, de graines.

Sa chair est très estimée.

LE LAGOPÈDE MUET (*Lagopus mutus*). — **Caractères.** — En hiver, le plumage de ce Lagopède est entièrement blanc, à l'exception des rectrices et de la ligne naso-oculaire qui restent noirs. Mais, du printemps à l'automne, il passe, d'un mois à l'autre, par des colorations extrêmement variées, où se mélangent le gris brun, le jaunâtre et le noir. En toute saison cependant, le mâle a le ventre, les couvertures inférieures de la queue, les couvertures supérieures des ailes, les rémiges et les pattes blanches; les rectrices et la tige des rectrices noires, ainsi qu'une bande qui couvre les lorums et s'étend en arrière des yeux.

Habitat. — Désignée aussi sous les noms de *Lagopède des Alpes*, *Lagopède Ptarmigan*, cette espèce habite les hautes montagnes du centre et du nord de l'Europe : Alpes, Pyrénées, la Scandinavie, la Laponie.

Mœurs. — L'été, le Lagopède des Alpes se tient dans les régions élevées, sur la limite des neiges éternelles; l'hiver, il descend à regret vers des régions d'altitude moyenne; il s'établit alors de préférence dans les endroits rocailleux, dénudés.

Il se nourrit de baies, de bourgeons, de feuilles, de graines.

Vers la fin de mai, il entre en amour; les couples d'une même bande s'isolent et cherchent un emplacement pour construire leur nid. Celui-ci est placé à l'abri d'un rocher, sous un buisson, dans une touffe de bruyères; il consiste en une légère excavation tapissée de feuilles sèches, de racines, de brins d'herbe. La femelle pond huit à dix œufs dont la couleur varie du roux jaunâtre au blanc jaunâtre, avec des points et des taches brunes.

Durant l'incubation, le mâle veille sur sa femelle; quand il est inquiété, il fait entendre des cris rauques et sonores qui rappellent le croassement de la Grenouille rousse ou muette. L'attachement que la femelle témoigne pour ses petits est réellement remarquable; en cas de danger, elle couvre sa progéniture de ses ailes et se laisse tuer plutôt que de s'enfuir.

Chasse. — Bien que la chair de ce Lagopède soit moins estimée que celle de ses congénères, les peuples du Nord ne la dédaignent pas et font à cet Oiseau une chasse active lorsqu'il s'aventure près des régions habitées.

LES TÉTRAS

Les Tétras, vulgairement appelés *Coqs de bruyère*, sont de gros Oiseaux, aux formes lourdes et massives.

Caractères. — Ils ont un bec épais, à mandibule supérieure fortement infléchie en crochet à l'extrémité, des narines basales couvertes par les plumes du front qui s'avancent jusqu'au milieu du bec; des ailes courtes, arrondies, subobtuses; une queue médiocre, de forme variable, composée de dix-huit rectrices; des tarses emplumés jusqu'aux doigts, ceux-ci nus et pectinés sur les bords; des ongles évasés, obtus, creusés en dessous. Les yeux sont entourés d'une large zone nue, papilleuse.

Le mâle et la femelle ont un plumage très différent.

Habitat. — Les Tétras habitent les grandes forêts des régions montagneuses des deux continents.

Mœurs. — Ils passent la plus grande partie de leur existence sur le sol, ne se perchant sur les arbres que pour y passer la nuit ou pour chercher un refuge contre un ennemi.

Leur vol est lourd, bruyant, mais rapide. A terre, ils courent légèrement.

Les mâles se font remarquer par leur ardeur belliqueuse à l'époque de la reproduction. Après l'accouplement, les femelles s'isolent et s'occupent seules de l'éducation des jeunes.

La nourriture des Tétras se compose de baies, de fruits, de bourgeons, de graines, de Vers, d'Insectes.

LE TÉTRAS UROGALLE OU GRAND COQ DE BRUYÈRE (*Tetrao urogallus*) (*). — ***Caractères.*** — Cet Oiseau est un des plus grands de nos contrées; sa taille varie cependant dans d'assez larges limites, elle oscille entre $0^{m},70$ et un mètre.

Le mâle adulte a la tête, le cou, le dos, le croupion et les sus-caudales d'un noir cendré bleuâtre, rayé en zigzags de gris cendré; la gorge noire; la poitrine d'un vert à reflets métalliques bleus et violets; l'abdomen noir bleuâtre tacheté de blanc; les ailes brunes parsemées de petites taches roussâtres en zigzags; la queue noire, marquée de taches blanches en croissant quand elle est étalée;

(*) Pl. XXXI. — Le Tétras urogalle ou grand Coq de bruyère (Planche, p. 61).

les jambes et les tarses couverts de plumes brunes, décomposées, filamenteuses l'œil brun, entouré d'un cercle d'un rouge vif; le bec brun de corne.

La femelle a aussi une taille variable, mais elle est en moyenne d'un tiers plus petite que le mâle. Son plumage est d'un jaune roux plus clair en dessous qu'en dessus, et rayé transversalement de noir, de cendré, de blanc. Les jeunes ressemblent d'abord à la femelle, puis ils acquièrent le plumage des adultes après deux ou trois mues successives.

Habitat. — Le Tétras urogalle, ou *Tetras Auerhan,* était autrefois très abondant dans toutes les forêts des régions montagneuses du centre et du nord de l'Europe. Mais son aire de dispersion tend à se restreindre de plus en plus; et dans les pays où ce bel Oiseau subsiste, il se retire dans les régions les plus éloignées possible des demeures de l'homme. En France, on ne le rencontre plus que dans les Vosges, le Jura, les Pyrénées.

Mœurs. — Le Tétras urogalle habite les forêts composées d'arbres vieux et élevés, riches en sources et en cours d'eaux, bordées de bruyères, de fourrés d'arbustes. Il se plaît davantage dans les forêts de conifères que dans celles d'autres essences. C'est un Oiseau habituellement sédentaire : les rigueurs d'un hiver exceptionnel, le manque de nourriture, sont les seules causes devant lesquelles il se décide à abandonner le domaine qu'il a choisi.

Il passe la plus grande partie de son existence à errer dans les clairières couvertes de bruyères, de myrtilles, de framboisiers.

Sa nourriture se compose en été des fruits de divers arbustes, de baies, de graines, d'Insectes, d'herbes, de boutons de fleurs alpestres; l'hiver il mange surtout des feuilles, des bourgeons de pins et de sapins, des baies de genévriers.

« Le Coq de bruyère, dit Brehm, est lourd et craintif. Il marche rapidement, moins cependant que la Perdrix, l'Outarde, le Pluvier. Il porte le corps presque horizontal et seulement un peu penché en arrière, le cou légèrement incliné en avant. Lorsqu'il est perché, sa posture varie. Il a le corps tantôt horizontal, tantôt redressé, le cou allongé en avant, ou relevé. Il ne se perche pas seulement sur les basses branches, on le voit aussi près de la cime, quand l'arbre est assez fort pour le porter. Il court à terre pour chercher sa nourriture. Son vol est lourd et bruyant; il bat des ailes avec précipitation, et file presque en ligne droite. Ni le mâle, ni la femelle ne volent loin; ils se posent bientôt sur un arbre. Lorsque l'Oiseau se lève de terre pour aller se percher, ses ailes produisent un grand bruit qui s'entend de loin. Le Coq et la Poule sont très craintifs. Leur vue, leur ouïe sont très perçantes, mais leur odorat est bien peu développé. »

Le Tétras urogalle entre en amour en avril. Les mâles sont alors excités au plus haut point. Jaloux et querelleurs, ils se livrent des combats acharnés qui se terminent souvent par la mort de l'un d'eux. Les vieux Coqs, surtout, ne peuvent souffrir dans leur voisinage la présence des jeunes. Dans ces moments d'excitation, ils perdent toute prudence, et s'attaquent même à des passants inoffensifs.

Leur chant retentissant, très singulier, est impossible à décrire; certains auteurs le comparent au bruit que l'on fait en aiguisant un long couteau de table sur une meule. En même temps, ils prennent les postures les plus bizarres.

« Le Coq, dit Brehm, étend la tête, mais non pas invariablement vers le devant, comme on l'a prétendu; il la porte en avant, hérisse les plumes du cou et de la tête, pousse des sons rauques, qui se précipitent de plus en plus, jusqu'à un dernier cri. Il *rémoud* ensuite, c'est-à-dire qu'il fait entendre des bruits sifflants semblables à ceux d'une meule à aiguiser, et réunis en plusieurs phrases; la dernière note est traînante. D'ordinaire, en commençant son chant, plus rarement au milieu d'une phrase, il lève la queue, dans une position intermédiaire entre la verticale et l'horizontale, et l'étale en même temps; il écarte légèrement les ailes et les laisse pendre. Il trottine un peu sur sa branche lorsqu'il fait entendre son premier chant; quand il rémoud, il hérisse presque toutes ses plumes et se retourne. » Mais on ne constate pas toujours dans ces démonstrations amoureuses, la même régularité. Les femelles répondent par des cris très doux que l'on peut traduire par *back, back*.

Femelle du grand Coq de bruyère et ses petits.

Après la période d'accouplement, mâles et femelles se séparent; celles-ci s'occupent aussitôt de la construction de leur nid ; chacune d'elles choisit un emplacement convenable, dans une touffe de bruyère, un buisson, le bord d'un ravin, elle y creuse une légère dépression et la tapisse de quelques menues branches sèches.

Les œufs sont au nombre de huit à douze ; leur couleur est jaunâtre ou roussâtre, parsemée d'une quantité de petits points et de quelques taches d'un brun roux.

Les jeunes sont en état de courir peu après leur sortie de l'œuf. Leur mère les guide dans la recherche de leur nourriture, et se montre pour eux d'une prévoyance extrême. Lorsqu'un ennemi survient, elle essaie d'attirer son attention sur elle-même, pendant que les petits se précipitent dans les broussailles pour s'y cacher.

Les vieux Coqs de bruyère échappent à bien des dangers grâce à leur prudence et à leurs habitudes arboricoles, mais les jeunes sont souvent dévorés par les Oiseaux de proie ou les petits Carnassiers ; les œufs sont aussi souvent détruits à cause de leur situation dans un nid peu protégé, que les Carnivores de toute espèce, et même l'homme, peuvent atteindre sans peine.

Chasse. — Le Coq de bruyère est extrêmement méfiant; au moindre bruit, il prend son vol et disparaît dans le feuillage. Aussi sa chasse exige-t-elle d'infinies précautions. Le moment le plus propice est avant le lever du jour, lorsque l'Oiseau, à l'époque des amours, se trouve sous l'influence d'une violente excitation qui lui fait prendre les postures les plus singulières ; il est alors tellement préoccupé, qu'il se laisse approcher plus facilement à portée de fusil, mais même dans ces conditions favorables, le chasseur est obligé de faire appel à tout son sang-froid s'il ne veut pas voir sa proie lui échapper.

Captivité. — L'élevage du Tétras urogalle en captivité nécessite une installation toute spéciale. Il faut le placer dans un vaste enclos, où se trouvent des pins, des sapins, une pièce d'eau ; en somme, il faut réaliser dans un espace restreint, les conditions les plus favorables que cet Oiseau trouve naturellement dans les grandes forêts.

Le plus souvent, on se contente d'élever les jeunes. Pour cela, on fait couver les œufs de Tétras par une Poule ou une Dinde, et on fournit aux jeunes une abondante nourriture composée surtout de larves, de Fourmis et de Vers. Néanmoins, malgré tous les soins dont on peut les entourer, les insuccès sont fréquents.

LE TÉTRAS LYRE (*Tetrao tetrix*). — Certains auteurs font de cette espèce le type d'un genre spécial, le genre *Lyrurus*. Le seul caractère sur lequel est basée cette distinction est la disposition des plumes de la queue.

Caractères. — Les quatre rectrices externes, chez le mâle du Tétras lyre, sont très allongées, relevées et recourbées en dehors, donnant à la queue la forme d'une lyre.

La taille de cet Oiseau est assez variable ; elle oscille entre 0^{m},54 et 0^{m},65 chez les mâles, et entre 0^{m},40 et 0^{m},46 chez les femelles.

Les mâles ont la tête, le cou, le croupion et les sus-caudales d'un bleu métallique à reflets violets ; le dos et les ailes bruns, celles-ci coupées obliquement d'une grande barre blanche ; les sous-caudales d'un blanc pur ; tout le reste du plumage d'un noir brillant ; l'œil brun, entouré d'une membrane d'un rouge vif ; le bec noir, les doigts bruns.

Les femelles ont un plumage varié de jaune roux et de brun roux avec des bandes transversales et des taches noires.

Habitat. — Le Tétras lyre est désigné, selon les contrées, sous les noms de *Petit Coq de bruyère, Coq de bruyère à queue fourchue, Coq des bouleaux, Tétras à queue fourchue, Tétras de Birkhan.*

Son habitat n'est pas uniquement limité aux régions montagneuses. S'il est assez répandu en Suède, en Norvège, en Suisse, en Écosse, on le trouve également dans les plaines du nord de l'Allemagne, et même dans les steppes de Russie.

En France, on le rencontre dans les mêmes régions que le Tétras urogalle, mais son aire de dispersion est beaucoup plus étendue.

Mœurs. — Le Tétras lyre recherche les sols tourbeux, d'altitude moyenne, couverts de taillis et de bruyères. Bien

Le Tétras lyre ou petit Coq de bruyère.

que sédentaire, dans la plupart des localités, il descend l'hiver dans des régions moins arides, pour se procurer une nourriture abondante.

Plus agile que le Tétras urogalle, il court avec rapidité; son vol est bruyant, mais assez léger.

Il vit par troupes durant l'automne et l'hiver.

Sa nourriture se compose de bourgeons, de feuilles assez tendres, de bois, de grains et d'Insectes. En été il mange des myrtilles, des framboises; en automne, des baies de sureau; il est très friand de petits Escargots, de Vers, de Fourmis, de Mouches.

A l'époque des amours, son excitation se traduit par des chants et des danses, mais il est rare que, dans ses transports, il en arrive à oublier tout ce qui l'entoure, au même degré que le grand Coq de bruyère.

Généralement, les mâles se rassemblent le matin au nombre de vingt, trente, et parfois davantage, dans quelque point élevé, dont ils ont fait leur lieu de rendez-vous. Ils font alors entendre leur cri singulier, sorte de sifflement à timbre creux suivi d'une phase de roulement presque impossible à décrire. Ils se provoquent, se battent avec fureur; de même que les Coqs domestiques, ils se précipitent l'un sur l'autre, la tête penchée à terre; ils s'élancent en l'air, cherchant à se porter des coups d'ongles; ils retombent, tournent l'un autour de l'autre en grondant, prennent un nouvel élan et s'efforcent de se saisir mutuellement, s'arrachant chaque fois quelques plumes.

Enfin, le vainqueur se promène triomphalement, bat des ailes, étale la queue en éventail et s'approche des femelles qui attendaient paisiblement l'issue de la bataille. A chaque Coq sont dévolues deux ou trois Poules, quelquefois quatre ou six.

Vers le milieu de mai, la femelle se prépare à couver; elle recherche, à cet effet, un endroit bien caché dans les hautes herbes, y creuse une légère dépression, la tapisse de quelques brins d'herbes, et pond de huit à douze œufs. Ceux-ci sont gris jaunâtre, ou d'un jaune rougeâtre, parsemés de points et de quelques taches d'un brun roux.

L'existence des jeunes Coqs des bouleaux ne diffère pas de celle des jeunes Coqs de bruyère.

Chasse. — La chair du Tétras lyre est très estimée, surtout dans la première moitié de l'automne. Néanmoins, dans les pays où la chasse n'est pas réglementée, on tue ou capture ce gibier en toute saison.

Brehm raconte comment cette chasse se pratiquait de son temps en Suède: « Le chasseur cherche les lieux découverts, les marais où le Lyrure de bouleau a l'habitude de se rendre; il s'y tient à l'affût dans une hutte de feuillage, à partir d'une heure du matin, et attend patiemment qu'un de ces Oiseaux se montre à portée du fusil. Le bruit de la détonation les effraie; mais le chasseur demeure tranquille dans sa hutte, et bientôt un mâle recommence à se faire entendre; un autre lui répond; une femelle lance son cri, les roulements des mâles deviennent plus forts et, au bout d'une heure environ, l'un d'eux redescend à terre et commence à siffler, ce qui indique à ses compagnons que tout danger est passé. Bientôt la place est couverte de nouveau. Un second mâle est tué, et le même manège recommence. Dans les cas heureux, un chasseur peut, de la sorte, en tirer trois ou quatre dans une matinée. »

D'autres fois, on attire ces Oiseaux en imitant leur cri, ou bien on met à profit, comme en Lithuanie, l'immense jalousie des mâles, en plaçant près d'un piège, un Coq de bruyère empaillé.

Dans le Tyrol et les Alpes bavaroises, on chasse avec ardeur les Tétras lyre; les jeunes gens se font un honneur d'en porter les plumes à leur chapeau.

Captivité. — On peut habituer les Tétras lyre adultes à la captivité en les plaçant dans un vaste parc, convenablement disposé. On peut même les faire reproduire, à la condition de les entourer de soins tout spéciaux, ou faire couver leurs œufs par une Poule domestique. Mais cet élevage exige, de l'aviculteur qui l'entreprend, des soins minutieux, longtemps continués

LE LYRURE INTERMÉDIAIRE. — Pour certains ornithologistes, le Lyrure intermédiaire est une espèce distincte. Pour d'autres, c'est un hybride du Tétras urogalle et du Tétras lyre.

On a d'ailleurs décrit aussi des hybrides de Tétras lyre et de Lagopède blanc.

LES GÉLINOTTES

Les Gélinottes ont été rangées, par quelques auteurs, dans le même genre que les Tétras. Elles n'en diffèrent d'ailleurs que par leur bec presque droit, leurs tarses emplumés seulement dans les deux tiers supérieurs.

Les plumes du sommet de la tête sont allongées en forme de huppe.

LA GÉLINOTTE DES BOIS (*Bonasa sylvestris*). — ***Caractères.*** — La Gélinotte des bois a un plumage agréablement varié de gris roux, de noir et de blanc; la gorge est marquée chez les mâles par une large tache noire, encadrée de blanc; la queue est d'une teinte cendrée, variée de zigzags noirs et d'une large bande transversale noire près de l'extrémité; l'œil est brun avec une étroite ligne sourcillère rouge; le bec et les pieds bruns.

La Gélinotte des bois.

La taille de cet Oiseau est d'environ 0m,40; la femelle est un peu plus petite que le mâle.

Habitat. — La Gélinotte des bois, vulgairement désignée sous le nom de *Poule des coudriers*, habite les régions montagneuses du centre de l'Europe et du nord de l'Asie. Elle est assez répandue dans tout le massif alpin, dans les Vosges, les Ardennes, le Jura.

Mœurs. — Elle se plaît dans les forêts sombres et touffues, formées de chênes, de bouleaux, de noyers, ou dans les taillis de coudriers, de hêtres; elle est rare dans les forêts de conifères.

D'un naturel très craintif, elle se précipite, au moindre danger, dans les fourrés les plus épais.

Elle est à la fois sédentaire et errante ; on la rencontre en effet plus particulièrement dans certains sites, selon les saisons.

Ainsi, d'après Leyen, aux mois de mai, juin, juillet, elle se tient de préférence sur la lisière des forêts ; en août, elle rentre dans l'intérieur des bois, s'approche des clairières où mûrissent les baies de divers arbustes; en septembre, elle visite les massifs de bruyères et les taillis; en octobre, elle rentre dans l'épaisseur des forêts. Ses voyages sont en rapport avec le genre de nourriture qui lui convient le mieux; pendant l'été, elle vit surtout de Vers, d'Insectes, de petits Limaçons, qu'elle recueille en grattant la terre ; le reste de l'année, elle mange des bourgeons, des baies de sorbier, de sureau, de myrtille, des framboises, des mûres et des petites graines.

Contrairement à ses proches parents les Tétras, la Gélinotte est monogame ; le Coq prend part aussi à l'éducation des jeunes.

Aussitôt après l'accouplement, la femelle cherche, sous un buisson, derrière un bloc de rocher, dans une touffe de fougères, une place convenable pour établir son nid. Celui-ci est toujours très bien caché et on ne peut pas le découvrir facilement. Lorsqu'un danger menace la couvée, la mère recouvre le nid de feuilles sèches et se glisse silencieusement à travers les broussailles, de sorte que l'œil le mieux exercé ne pourrait le découvrir. Plus tard, lorsque les jeunes sont éclos, leur plumage se confond si bien avec la teinte du sol des forêts jonché de feuilles sèches, qu'il est impossible de les en distinguer.

Chasse. — La chair de la Gélinotte est très estimée; certains connaisseurs la préfèrent même à celles du Faisan et de la Caille.

On chasse cet Oiseau de deux façons différentes : au Chien d'arrêt, ou à l'appeau. Dans ce dernier cas, il faut avoir reconnu, au préalable, un lieu de rendez-vous où mâles et femelles se livrent à leurs ébats. Le chasseur une fois embusqué, imite, à l'aide d'un sifflet, le cri du mâle. Aussitôt une femelle y répond et s'approche, le chasseur n'a que le temps de tirer. S'il manque son but, la Gélinotte se précipite dans un fourré, dans la mousse, ou se perche sur quelque branche élevée d'où on ne peut plus la tirer. Cette chasse demande donc une certaine habileté.

Captivité. — Les Gélinottes supportent assez bien la captivité, mais leur caractère timide et farouche ne permet pas de les apprivoiser dans une cage étroite.

LES CUPIDONS

Les Gélinottes sont représentées dans l'Amérique du Nord par quelques espèces dont on a fait le genre Cupidon. Ces espèces se font remarquer par le développement considérable de deux touffes de plumes situées de chaque côté du cou et correspondant à deux énormes sacs aériens respiratoires. Ces sacs sont surtout apparents chez les mâles, à l'époque des amours.

LE CUPIDON DES PRAIRIES (*Cupidonia americana*). — Le Cupidon des prairies, ou *Gélinotte des prairies,* a un plumage agréablement varié de brun, de noir, de rougeâtre et de blanc, en parfaite harmonie avec la teinte du milieu où il vit.

Mœurs. — On le rencontre dans les régions médiocrement accidentées, où les collines boisées, au sol couvert de taillis et de buissons, alternent avec des prairies et des champs cultivés.

En dépit de la chasse acharnée dont il a été l'objet, il est encore relativement abondant, et dans certaines contrées où on le laisse en paix, il s'approche volontiers des habitations, pénètre même l'hiver dans les fermes pour y chercher quelque nourriture.

Tandis que certains observateurs en font un Gallinacé polygame, d'autres assurent qu'il est monogame.

L'époque des amours commence dans les premiers jours de mars. C'est alors qu'on peut voir le mâle perché sur quelque motte de terre, les plumes du cou hérissées, la queue étalée, les ailes pendantes, et faisant entendre son cri d'appel. Parfois surgit un rival, et une lutte ardente s'engage aussitôt.

Le nid du Cupidon des prairies est une légère construction faite de brins d'herbes, de feuilles et autres matériaux peu choisis; il est généralement bien dissimulé dans quelque buisson, au pied d'un arbre, ou sous un rocher.

La femelle déploie dans l'élevage de ses petits la même sollicitude que notre Gélinotte d'Europe.

LES PERDICIENS

Les Perdiciens se distinguent des Tétraoniens par leurs tarses et leurs doigts nus; leurs narines découvertes. Ils ont généralement le tour des yeux emplumé.

LES TÉTRAGALLES

Les Tétragalles établissent la transition entre les Tétraoniens et les Perdiciens. Ils ont des formes ramassées, trapues ; leurs tarses sont nus et munis, chez les mâles, d'un éperon mousse; leur bec robuste, régulièrement arqué; leurs narines, basales et latérales, sont percées en demi-cercle, et surmontées d'une caroncule renflée; leurs ailes sont moyennement longues, subaigües; leur queue ample, arrondie, composée de dix-huit à vingt-deux rectrices.

On en a décrit deux espèces: le Tétragalle caspien et le Tétragalle de l'Himalaya, qui pour certains auteurs n'ont été établies que sur des sujets d'âge différent, mais de la même espèce. Telle est l'opinion de O. des Murs, qui donne la description suivante, de l'espèce unique d'après lui.

LE TÉTRAGALLE DU CAUCASE (*Tetraogallus caucasicus*). — **Caractères.** — Le mâle adulte mesure environ $0^{m},60$. Son plumage est, en dessus, d'un gris cendré à la tête et au cou, vermiculé de noir et de roux; les sourcils et les lorums blanchâtres; les couvertures des ailes d'un marron clair dans la moitié d(leurs plumes; les rémiges brun cendré, blanches à la base; les rectrices zébrées de roux et de noirâtre; en dessous, hausse-col blanc encadré de gris foncé; poitrine blanche émaillée de noir intense; abdomen et flancs flamméchés de noir brun et vermiculés de roussâtre.

Le bec est noir; l'espace nu autour des yeux et les narines sont d'un rouge orangé; les tarses et les pieds d'un gris jaunâtre; les ongles noirs.

Habitat. — Cet Oiseau habite les sommets escarpés des plus hautes montagnes de l'Europe et de l'Asie, telles que le Caucase, l'Himalaya, le Cachemire.

Mœurs. — En raison de cet habitat peu accessible à l'homme, ses mœurs ont été longtemps inconnues. L'hiver cependant, lors des premières chutes de neige, les Tétragalles abandonnent les pics élevés pour descendre par troupes dans les endroits non boisés de la zone des forêts.

Ils sont peu farouches et se laissent facilement approcher par le chasseur. « Quand on les effraye, dit Mountaineer, ils volent de côté et d'autre, avançant et reculant. Jamais ils ne se rendent dans les forêts ou les taillis; ils évitent même les endroits buissonneux, les hautes herbes; il est presque inutile d'ajouter qu'ils ne perchent jamais. Quand il fait beau et chaud, ils restent tout le jour sur des rochers, sans se mouvoir, sauf le matin et le soir. Mais fait-il froid, tombe-t-il de la pluie ou du brouillard, ils sont vifs et actifs; ils courent alors de tous côtés, et mangent pendant tout le jour. En mangeant, ils gravissent lentement la montagne, picotant de temps à autre quelque jeune pousse d'herbe; par moments, ils s'arrêtent et déterrent quelque racine bulbeuse dont ils sont très friands.

« Ont-ils atteint le sommet, ils y demeurent quelque temps, puis ils s'envolent, prennent terre, et recommencent à monter. Leur marche est peu gracieuse; ils lèvent la queue, et de loin on croirait voir des Oies cendrées. Ils recherchent surtout les pâturages où des troupeaux de moutons se sont reposés, probablement parce que l'herbe y est plus verte, plus fraîche qu'ailleurs. Ils passent la nuit sur des rochers surplombant des précipices. » Leur voix est une sorte de sifflement.

Ils se nourrissent des feuilles de diverses plantes, de racines bulbeuses, de bourgeons, mais les herbes forment le fond de leurs repas.

Si, dans les régions élevées qu'ils habitent, les Tétragalles sont peu chassés par l'homme, ils n'en sont pas moins exposés aux attaques des grands Oiseaux de proie, notamment des Aigles.

LES PERDRIX

Les Perdrix ont une physionomie et des allures particulières qui les distinguent nettement des autres Perdiciens.

Caractères. — Les caractères de ce genre sont les suivants: le bec, relativement fort, a une longueur égale à la moitié de la tête; il est comprimé, aussi haut que large à la base, les deux mandibules régulièrement infléchies dans leur partie antérieure; les narines, basales, obliques, à bords sinueux, sont recouvertes d'une écaille renflée et nue; les ailes sont médiocres, arrondies, sub-obtuses, les troisième et quatrième rémiges étant les plus longues; la queue, courte et arrondie, est complètement recouverte par les sus-caudales; les tarses sont épais, de longueur médiocre, pourvus chez les mâles d'un tubercule calleux homologue de l'éperon.

Derrière les yeux, existe un espace dénudé.

A ces caractères s'ajoutent la disposition et la couleur du plumage. Celui-ci est abondant, serré, d'une teinte gris rougeâtre sur le dos, avec une bande en forme de collier encadrant la gorge; les plumes des flancs sont larges, écailleuses, coupées transversalement par plusieurs bandes de teintes différentes.

Habitat. — Les différentes espèces du genre Perdrix sont propres à l'Ancien Continent.

Mœurs. — Ce sont des Oiseaux sédentaires, de mœurs douces et paisibles. Ils vivent en petites sociétés et sont monogames. La marche et la course sont leurs moyens habituels de locomotion; leur vol est caractéristique, il est brusque, bruyant, peu élevé, et s'effectue suivant une ligne parallèle au sol.

Leur nourriture se compose d'herbes, de graines, de baies, d'Insectes.

La quantité prodigieuse de ces Oiseaux que l'on voit sur tous les marchés, en temps de chasse, indique suffisamment combien leur chair est estimée.

LA PERDRIX GRECQUE (*Perdix græca*). — ***Caractères.*** — La Perdrix grecque, ou *Bartavelle*, a les parties supérieures du corps d'un cendré bleuâtre à la tête et au croupion, d'un cendré à reflets rougeâtres sur le dos; les joues, la gorge, le devant du cou d'un blanc pur, ces parties étant encadrées par une large bande noire qui commence au front, passe sur les yeux, descend sur les côtés du cou, et se ferme en boucle en avant de la poitrine; les rémiges brunes, bordées de jaune d'ocre; la queue cendrée en dessus, rousse en dessous; la poitrine d'un gris ardoisé passant au jaune roux sur l'abdomen; les flancs alternativement rayés de roux, de jaunâtre et de noir; l'iris brun grisâtre; le bec, le tour des yeux et les pieds rouges.

La taille du mâle est de $0^{m},32$ à $0^{m},35$. La femelle est un peu plus petite, le blanc du cou est moins étendu, les bandes transversales des flancs sont moins larges.

On rencontre des variétés accidentelles où le blanc domine dans tout le plumage.

Habitat. — La Bartavelle habite la Grèce, l'Italie, la Sicile, la Turquie, la Syrie, la Perse, le nord de l'Afrique; en France, elle est propre à quelques régions montagneuses du Jura, des Alpes, des Pyrénées.

Mœurs. — Elle paraît se plaire dans les lieux élevés, arides, rocailleux. Cependant elle descend dans les plaines à l'époque des amours et par les froids rigoureux de l'hiver. Les sociétés plus ou moins nombreuses qu'elle forme durant la plus grande partie de l'année, se séparent par couples au printemps, mais se réunissent bientôt à l'automne, après la reproduction.

La Perdrix grecque est vive, prudente, courageuse. Elle court avec une rapidité surprenante, aussi bien sur un sol uni que parmi les herbes et les rocailles. Son vol est léger, rapide, mais elle franchit rarement d'une seule traite u grand espace. Sa vue est extrêmement perçante, ses facultés bien développées.

De tous les Gallinacés des montagnes, elle est le plus prudent, le plu vigilant; elle fait attention à tout ce qui se passe autour d'elle; ell sait distinguer le chasseur du berger inoffensif, et sait échap per aux modes de poursuite les plus variés; en un mot elle témoigne en tout d'une prudence extrême. Son cr est retentissant, sa voix ressemble au glousse ment de la Poule.

La Perdrix grecque ou Bartavelle.

La Bartavelle a un régime assez varié; dans les hautes montagnes, elle mange des bourgeons de rhododendrons, et d'autres plantes alpines, des baies, des feuilles, des Araignées, des Insectes, des Vers; dans la plaine, elle dévore les jeunes pousses des céréales et diverses graines; l'hiver, elle mange surtout des baies de genévrier et quelquefois même des aiguilles de sapin.

L'époque de la reproduction est variable selon les contrées; d'après Lindermeyer, la Perdrix grecque pond en Grèce, au milieu de février; dans les Alpes elle ne pond qu'en mai, juin et même en juillet.

L'emplacement du nid une fois choisi, le mâle se précipite avec courage contre tout intrus qui ose en approcher. Dans les pays montagneux, ce nid est situé dans une légère dépression du sol, sous quelque roc couvert de broussailles; dans la plaine, il est dissimulé au milieu des champs de légumes, de colza; il se compose de quelques brins de paille, d'herbes et de feuilles sèches dont la femelle tapisse l'excavation.

Chaque couvée est de douze à seize ou dix-huit œufs, d'un blanc jaunâtre ou roux, semés de points et de taches fauves ou brunâtres. La durée de l'incubation est de dix-huit jours. Le père et la mère s'occupent en commun de l'éducation des jeunes. Ceux-ci, d'ailleurs, savent échapper habilement, par instinct, à bien des dangers. « Vient-on à surprendre une famille, dit Tschudi, tous ses membres se séparent, courent de côté et d'autre, sans presque se servir de leurs ailes, et en poussant des cris d'angoisse : *pitschii, pitschii.* Au bout d'un instant, ils ont disparu dans les pierres et dans les buissons, sans qu'on puisse les découvrir. Mais si le chasseur a de la patience, si avec un appeau il sait imiter la femelle, bientôt toute la compagnie se réunit. »

Captivité. — Malgré son naturel craintif et sauvage, la Bartavelle est susceptible d'être apprivoisée. Il serait à désirer qu'on pût l'élever en domesticité, car sa chair est très délicate. Les Grecs, les Indiens, les Persans nous ont devancé depuis longtemps dans cette voie. Tournefort, cité par Gerbe, raconte, dans son *Histoire du Levant*, qu'autrefois dans l'île de Scio, on élevait des compagnies de Bartavelles que l'on conduisait pâturer dans la campagne, comme, chez nous, on conduit les Dindons. Il dit même avoir vu près de Grasse, en Provence, un homme conduire un troupeau de ces mêmes Oiseaux, lesquels étaient tellement familiers qu'on pouvait les prendre à la main et les caresser alternativement.

Sonnini a également vu dans une maison, à Aboukir, deux Bartavelles, très familières, qu'on nourrissait en domesticité. Le Dr Lortet a publié aussi, à la Société d'acclimatation, le récit suivant : « Il y a quinze à dix-huit ans, j'herborisais entre Brignolles et Le Luc, dans les bois de Plassans. Dans une éclaircie de bois, je vis, sur une hauteur, une vieille femme qui soignait et élevait des Perdrix rouges bartavelles en liberté. Ces Perdrix, dont plusieurs compagnies étaient établies autour d'elle, venaient, à son appel, manger sur son tablier et dans ses mains. Je me suis informé plus tard de la femme aux Perdrix. Malheureusement les chasseurs ont découvert ses élèves et les ont détruites jusqu'à la dernière, d'autant plus facilement qu'elles étaient très privées. »

LA PERDRIX ROUGE (*Perdix rubra*). — ***Caractères.*** — La Perdrix rouge diffère de la Bartavelle par son plumage où domine le rouge vif, et par la forme du collier noir qui orne la tête et le cou.

Elle est, comme l'a dit Toussenel, un des plus jolis Oiseaux de France : « Un élégant bandeau noir, qui part de l'origine du bec, passe au-dessus de l'œil, encadre les joues et la gorge, et dessine sur le devant du cou un riche collier de jais dont les grains retombent sur le plastron comme une pluie de perles noires ; les joues et la gorge sont blanches ; le manteau, le dessus de la tête et les couvertures des ailes sont teintes d'une nuance roux cendré uniforme, sans zébrures ; le dessous du corps est coloré d'un jaune brun orangé d'un ton très riche ; les plumes qui bordent les flancs et les parties latérales au-dessous du collier portent des mailles d'un beau rouge de brique bordé d'une fine rayure brune ; les plumes des flancs, d'un cendré bleu, sont particulièrement remarquables par des bandes blanches bordées seulement à leur partie extérieure d'une étroite bande noire, et sont en outre terminées par un large croissant rouge. Le bec, les jambes et les pieds sont d'une belle couleur roux rose ; la membrane de l'iris est noire, brillante ; l'œil surmonté d'un léger sourcil écarlate, comme le bord des paupières. »

La taille est de $0^{m},30$ environ ; la femelle est un peu plus petite, mais il y a sous ce rapport des variétés nombreuses. Le plumage présente aussi fréquemment des colorations anormales depuis le roussâtre jusqu'au blanc pur.

Habitat. — La Perdrix rouge est assez répandue dans tout le sud-ouest de l'Europe et le nord de l'Afrique : on la rencontre en Italie, en Espagne, en

Autriche, en Suisse et même en Angleterre. En France elle est commune dans la Provence, mais on la trouve aussi dans la Bretagne, le Jura et quelques localités du centre. C. Degland l'a signalée aux environs de Saint-Pol, où elle se reproduit.

Mœurs. — Cette espèce a à peu près les mêmes mœurs que la Bartavelle, mais tous les observateurs ne sont pas unanimement d'accord sur quelques particularités de son genre de vie.

Ainsi, tandis que, pour certains, la Perdrix rouge se perche volontiers et que pour d'autres elle se réfugie seulement sur les basses branches des arbres en cas de danger, quelques chasseurs, ayant observé cet Oiseau pendant de nombreuses années, ne l'ont jamais vu se placer sur une branche, mais bien se blottir dans quelque anfractuosité du sol, voire même dans un terrier de Lapin.

La Perdrix rouge, dit Degland, aime les lieux accidentés, les coteaux couverts de bruyères, de chênes nains, de vignes. Rarement on la rencontre sur les montagnes élevées, et rarement aussi elle fréquente les bois de haute futaie. Elle est tellement sociable, qu'à l'époque de la reproduction, dans les pays où elle abonde, les mâles dépariés par accident, ou qui n'ont pu trouver de femelles, se rassemblent et vivent en société.

Dans nos pays, elle niche dans les champs de blé, de luzerne, dans les hautes herbes des buissons. Ses œufs sont d'un fauve clair avec des points et des taches d'un brun pâle.

Chasse. — La Perdrix rouge est activement chassée dans tous les pays qu'elle habite. C'est, en effet, un gibier très estimé. Brehm raconte en ces termes un des procédés employés en Espagne : « En automne, mais surtout dans la saison des amours, on se sert avantageusement d'un appelant. Cette chasse est très singulière et une des plus attrayantes que je connaisse.

Le chasseur se munit d'un Oiseau, le *reclamo*, qui lui sert d'appelant; il le tient dans une petite cage, et, arrivé sur le lieu où il pense trouver des Perdrix rouges, il élève avec des pierres un mur d'environ un mètre de haut, derrière lequel il se cache. Dix ou quinze pas plus loin, sur une petite éminence, il dispose sa cage, enlève l'étoffe qui l'enveloppait, et la recouvre de quelques branches. Si l'appelant est bon, il se met aussitôt à crier plusieurs fois *tack tack*, puis il fait entendre son véritable cri d'appel *tackterack*. Au bout de quelques minutes, une Perdrix rouge apparaît. Au commencement de la saison des amours, on emploie des mâles comme appelants; à leurs cris arrivent des mâles et des femelles, souvent des couples. Les Perdrix cherchent leur compagne, lui répondent, se découvrent et deviennent faciles à tirer. Cette chasse dure environ une quinzaine de jours. Lorsque les femelles ont pondu et qu'elles couvent, le chasseur prend une femelle comme appelant, et procède de la même façon. Il n'arrive alors à l'appel que des mâles infidèles, des célibataires; ils viennent les ailes pendantes, les plumes de la nuque et de la tête hérissées; ils se mettent à danser en l'honneur de la femelle qu'ils entendent, sans la voir, et à ce moment, ils tombent frappés mortellement. Après ce premier mâle tué, le chasseur attend, et s'il s'en trouve un second dans un rayon d'un quart de lieue, il peut être sûr de le voir apparaître; parfois deux, trois mâles arrivent en même temps, se battent violemment, et sont frappés du même coup. Si aucune Perdrix ne répond plus à l'appelant, le chasseur quitte son affût, s'approche doucement de la cage, l'enveloppe, ramasse son gibier et va chercher une autre place. »

Un autre procédé, plus original encore, consiste à poursuivre à la course une compagnie de Perdrix jusqu'à ce que les Oiseaux, épuisés, se tapissent contre terre, se *rasent*, et se laissent prendre à la main.

Ces procédés de chasse sont très anciens et seraient aujourd'hui impraticables partout où existe une législation protectrice du gibier.

On chasse aujourd'hui la Perdrix rouge de la même façon que la Perdrix grise dont il sera question plus loin.

Captivité. — Les Perdrix rouges s'apprivoisent et se reproduisent en captivité, mais leur élevage est moins facile que celui des Perdrix grises.

LA PERDRIX DE ROCHE OU GAMBRA (*Perdix petrosa*). — La Perdrix de roche est de plus petite taille que la Perdrix rouge. Elle s'en distingue essentiellement par un collier marron foncé parsemé de petites taches arrondies, blanches; la teinte cendré bleuâtre domine dans son plumage.

Habitat. — Elle habite le midi de l'Europe, Espagne, Sicile, Sardaigne, Corse, le nord de l'Afrique, accidentellement en France, le long du rivage méditerranéen.

Mœurs. — Ses mœurs ne diffèrent pas de celles de la Perdrix rouge et de la Bartavelle, mais elle paraît fréquenter les pays de plaines de préférence aux régions montagneuses escarpées.

On a essayé à différentes reprises d'élever en France la Perdrix de roche; les résultats furent encourageants, mais cette espèce supporte difficilement les rigueurs de nos hivers, et ne se montre supérieure à aucun point de vue aux Perdrix de notre pays. Son élevage doit donc se restreindre à nos colonies africaines.

La Perdrix rochassière. — Le croisement de la Gambra et de la Perdrix rouge a donné lieu à un hybride, la *Perdrix rochassière*, décrite autrefois comme une espèce particulière.

La Perdrix chukar (*Perdix Chukar*). — Très voisine des précédentes par ses caractères et ses mœurs, la Perdrix chukar habite les régions montagneuses de la Grèce, de l'île de Crète, la Perse, l'Himalaya.

LES STARNES

Caractères. — Le genre Starne diffère du genre Perdrix par de nombreux caractères. Le bec est au plus égal, en longueur, à la moitié de la tête; il est courbé faiblement dès la base; les ailes sont médiocres, arrondies, sub-obtuses, les grandes rémiges secondaires beaucoup plus courtes que les grandes rémiges primaires; la queue courte, arrondie; les tarses dépourvus de callosité cornée, le pouce très court, les plumes des flancs allongées mais étroites. Les autres caractères sont les mêmes que dans le genre Perdrix.

LA STARNE OU PERDRIX GRISE (*Starna cinerea*). — ***Caractères.*** — Tout le monde connaît la Pedrrix grise de nos pays ou Perdrix commune. Son plumage présente de fréquentes variations locales et individuelles.

En général, le mâle adulte a le sommet de la tête d'un brun roussâtre nuancé de cendré et varié de taches jaunâtres; le dos, le croupion et les ailes d'un cendré varié de zigzags noirâtres et marrons, les rémiges étant brunes, les scapulaires et les couvertures des ailes offrant en plus des raies blanches longitudinales; les rectrices latérales rousses, les médianes variées de cendré, de noir, de roux; la face, la gorge d'un roux clair; le cou, la poitrine, l'abdomen d'un cendré parsemé de taches et de zigzags noirâtres; les flancs marqués de grandes taches d'un roux rouge; une large bande en fer à cheval d'un marron foncé, et encadrée de blanc pur, occupe le milieu de l'abdomen; le bec est brun olivâtre, l'iris brun roussâtre, les pieds gris.

La femelle est plus petite que le mâle, le milieu de l'abdomen offre rarement une bande régulière en fer à cheval, le dessus du corps est plus brun et diversement tacheté.

Habitat. — La Starne habite presque toute l'Europe, le nord de l'Afrique et l'Asie occidentale. Très commune en France, dans le nord et le centre, elle est presque inconnue dans le midi.

Mœurs. — Elle vit dans les plaines où quelques buissons isolés, quelques bosquets peuvent lui offrir un abri momentané; elle s'établit volontiers dans les endroits humides, près des marécages.

C'est un des Oiseaux les plus sédentaires que l'on connaisse, à part quelques exceptions pour les pays où le climat ne lui permet pas d'hiverner; une autre cause assez rare d'émigration de la Perdrix est sa multiplication excessive dans certaines localités; les diverses compagnies s'assemblent à l'automne en bandes immenses et émigrent si on ne parvient pas à les diviser.

La Starne grise ne le cède en rien à ses congénères pour les qualités de prudence et de discernement qu'on se plaît à leur reconnaître. Comme eux aussi, elle est sociable, paisible; l'attachement que le mâle et la femelle ont l'un pour l'autre, la sollicitude dont ils entourent leur progéniture, et la défendent courageusement contre tout ennemi, toutes ces qualités ont été célébrées depuis les temps les plus reculés, par les poètes et les naturalistes.

« La Starne grise, dit Brehm, est un Oiseau aimé et estimé de chacun. Ses mœurs sont charmantes, et elle a plus d'une bonne qualité. Par ses allures, elle ressemble aux Perdrix rouges. Est-elle tranquille, elle marche le cou rentré entre les épaules, le dos bombé; se hâte-t-elle, elle court le corps droit, le cou allongé. Elle sait se cacher à merveille; elle profite de chaque retraite, et, en cas de danger, se rase à terre, espérant se sauver par la conformité de couleur qui existe entre son plumage et la teinte du sol.

« Son vol n'est pas précisément lourd; néanmoins, il demande à l'Oiseau de grands efforts, qui le fatiguent bientôt. En se levant, la Starne grise bat précipitamment des ailes; lorsqu'elle a atteint une certaine hauteur, elle glisse dans l'air, sans remuer les ailes, puis prend une nouvelle impulsion par quelques nouveaux battements.

« Elle n'aime à voler ni haut ni loin, surtout quand il fait un vent contre lequel elle ne peut lutter, et qui l'entraîne. »

Elle ne perche que très rarement, dans les cas exceptionnels où, fuyant devant un danger, elle vient se réfugier sur quelque branche d'arbre. En pareil cas, on l'a vue aussi traverser un cours d'eau à la nage.

Dès le mois de février, les compagnies de Perdrix se dispersent, et les couples se forment. Matin et soir, on entend retentir le cri d'appel des mâles, souvent des combats acharnés ont lieu entre eux pour la possession des femelles, car, quoi qu'on en ait dit, il est douteux que les unions, chez ces Oiseaux, soient indissolubles.

Le nid de la Perdrix grise consiste en une simple dépression du sol, tapissée de quelques herbes sèches et de feuilles; il est situé au milieu d'un champ de blé, de trèfle, de colza, parfois dans un buisson, ou les hautes herbes d'une prairie.

La Starne
ou Perdrix grise.

La femelle commence à pondre à la fin d'avril ou au commencement de mai. Les œufs, au nombre de douze à dix-huit, ont une teinte caractéristique : ils sont d'un gris jaunâtre ou verdâtre uniforme, fait unique dans le groupe des Perdrix dont les œufs sont toujours plus ou moins tachetés. La durée de l'incubation est de trois semaines. Durant ce temps, le mâle veille avec vigilance sur sa femelle et sa couvée. Les jeunes quittent le nid et se meuvent avec agilité, dès le premier jour de leur naissance. Leurs parents les nourrissent d'abord uniquement d'Insectes et les conduisent à travers les champs, veillant sur eux avec sollicitude, et les défendant au besoin contre leurs ennemis. Ils ont recours, pour échapper à un danger, aux mêmes ruses que la plupart des autres Perdrix, et que Naumann a décrites d'une façon à la fois exacte et charmante.

« Il est touchant, dit cet auteur, d'observer la sollicitude des parents pour leurs petits. Le père court çà et là, regardant de tous côtés d'où peut poindre quelque péril ; un petit cri d'avertissement de la mère rassemble les jeunes autour d'elle, leur ordonne de se cacher dans quelque retraite, leur en indique, dans les moissons, les arbres, les buissons, dans un sillon, dans une ornière et, une fois qu'elle les croit tous en sûreté, elle met tout en œuvre avec son compagnon, pour déjouer et écarter le danger. Les deux parents se présentent à l'ennemi avec courage; conscients de leur faiblesse, ils ne l'attaquent pas; mais ils cherchent à attirer sur eux son attention, à l'éloigner de leurs petits; lorsqu'ils croient y être parvenus, la mère s'envole la première, va rejoindre les petits qui sont restés dans leur cachette, et les conduit un peu plus loin. Quand le père voit tous les siens en sûreté, il s'enfuit à son tour. Tout est-il redevenu tranquille, il fait entendre sa voix, à laquelle la mère répond, et aussitôt il rejoint sa famille. Aucun Carnassier ne peut échapper à la vigilance du mâle et de la femelle, vigilance qui s'exerce aussi bien la nuit que le jour. L'on a aussi souvent occasion d'admirer l'obéissance absolue, le charmant attachement des petits pour leurs parents. »

Plus tard, lorsque les Perdreaux ont grandi, la même harmonie continue à régner dans la famille. Jusqu'à la moisson, ces Oiseaux errent dans les champs de céréales ; après la moisson, ils s'abattent dans les champs de luzerne, de choux, de pommes de terre. Leur emploi du temps est ainsi réglé, d'après Brehm : le matin, les Starnes quittent leur demeure, se rendent dans les endroits secs des champs, et y prennent leur premier repas ; de là, elles vont dans les prés, d'où la rosée a maintenant disparu ; vers midi, elles se retirent dans les buissons, prennent un bain dans la poussière; dans l'après-midi, elles retournent dans les champs, et reviennent le soir à leur ancienne demeure. Cette vie continue jusqu'en hiver, saison souvent funeste pour elles, quoique ce ne soit pas du froid qu'elles aient à souffrir. Tant qu'elles peuvent déterrer les graines ou les jeunes pousses, tout va bien; mais quand la neige est revêtue d'une couche de glace, elles périssent misérablement ou deviennent la proie des Carnassiers. A ce moment, elles perdent beaucoup de leur timidité, et s'approchent des jardins, des cours des fermes, en quête de quelque nourriture.

La Starne grise ne supplée que par sa grande fécondité, à toutes les causes de destruction auxquelles elle est exposée. Jeunes et adultes sont fréquemment la proie des Carnassiers, des Éperviers, des Milans, des Corbeaux, des Geais. Par les hivers rigoureux, lorsque le sol est couvert d'une épaisse couche de neige, les Starnes meurent vite de faim. L'homme lui-même ne les ménage pas, car elles constituent l'un des gibiers les plus estimés de nos pays.

Élevage. — Il n'est donc pas étonnant que l'on se soit préoccupé d'empêcher leur extermination. Aux règlements actuels sur la chasse se joignent, dans ce but, les efforts persévérants de quelques éleveurs. Jusqu'ici les résultats obtenus permettent déjà de restituer à la chasse toutes les couvées mises à nu pendant l'été par la faux des moissonneurs : c'est déjà un grand progrès. Les œufs, recueillis avec soin, sont placés dans une couveuse artificielle, ou confiés à une Poule domestique. L'incubation ne présente aucune difficulté. Les jeunes une fois éclos, on les fait adopter, progressivement, par quelques mâles adultes et on remet toutes les familles en liberté.

Captivité. — La Starne grise, conservée en complète captivité, devient vite familière. On cite quelques cas où certains éleveurs sont arrivés à élever des couvées entières de ces Oiseaux, qu'ils conduisaient dans les prés et les champs comme on conduit les Dindons. Mais tous les essais pratiqués dans ce but sont loin d'avoir obtenu le même succès.

Chasse. — La Perdrix grise est un des gibiers les plus abondants de notre pays. On la chasse le plus souvent au Chien d'arrêt. Le moment le plus favorable est trois ou quatre heures après le lever du soleil, lorsque la rosée est séchée, la brume disparue. La condition essentielle pour faire une chasse fructueuse est d'avoir un bon Chien; quant aux autres, elles ne dépendent que de la prudence et de l'adresse du chasseur auquel Voulquin, dans *la Chasse moderne*, donne les conseils suivants : « ... Poussez votre Chien devant vous, contre le vent; suivez-le, ne faites aucun bruit, ne le perdez pas de vue, car les Perdrix partent souvent dès que le Chien est en arrêt. Si vous en avez le droit, entrez hardiment dans tous les champs rasés qui peuvent se présenter : champs de betteraves, de sarrasin, de blé, d'avoine, de seigle ; dirigez la quête de votre Chien vers les chaumes, les guérets.

« Si votre Chien quête trop en avant de vous, ne lui dites rien, mais ralentissez le pas, pour l'obliger à ne pas trop s'avancer; dirigez-vous soit à droite, soit à gauche ; revenez même quelques pas en arrière, ce léger retard ne sera pas perdu : vous explorerez ainsi posément, sans hâte, tout le cercle qui vous environne.

« Souvenez-vous que les Perdrix sont excellentes marcheuses, qu'elles se rasent sous tous les abris qu'elles peuvent trouver sur leur route, qu'après quelques instants de repos elles se remettent en marche, dissimulées, presque invisibles, et ne se décident souvent *à prendre l'air* que quand elles s'y jugent absolument forcées.

« Si, enfin, une compagnie de *vraies Perdrix* part à l'arrêt de votre Chien, épaulez rapidement, choisissez-en une, tirez; si elle fait panache, essayez d'en choisir une deuxième aussi rapidement et tirez votre second coup. Ne tirez jamais dans le tas, c'est le meilleur moyen de ne rien abattre. Les Perdrix levées de cette manière ne se remisent jamais bien loin, et, à moins que l'espace où vous avez droit de chasser ne soit d'une médiocre étendue, vous pouvez renouveler, en suivant toujours les mêmes errements, quatre ou cinq fois la même chasse fructueuse.

« De midi à trois heures de l'après-midi, les Perdrix, en vrais sybarites, se reposent, font la sieste ; pourtant, si elles ont été sérieusement poursuivies par plusieurs chasseurs dans la matinée, elles peuvent se trouver fatiguées, surmenées ; si elles se décident à s'élever, leur vol est plus lourd, moins rapide, se ressent des courses forcées du matin.

« Vers la fin de la journée, les Perdrix qui ont pu échapper sont beaucoup plus farouches; elles ont l'expérience si chèrement acquise. Elles se tassent dans les labours élevés, au bord des guérets, et même au milieu des premières éclaircies, au bord des bois. Leur départ, alors, a lieu bien près de vous ; mais il est possible que votre Chien ne vous avertisse pas.

« A mesure que la saison s'avance, l'aile de la Perdrix grise prend de la force :

son vol est plus rapide, plus soutenu, dure plus longtemps; la Perdrix est plus méfiante, ayant échappé à une foule de dangers, en ayant vu de toutes les couleurs. Les compagnies se font alors garder par des sentinelles avancées qui, pendant que le gros de la troupe prend ses ébats ou est à la recherche de sa nourriture, surveillent les environs, et, au moindre soupçon d'un danger, donnent le signal d'alarme par un léger piétement.

« Ajoutons que le temps qu'il peut faire, lorsque l'on veut chasser la Perdrix grise, doit être pris en considération. Si la température est orageuse, le vent violent, elles cherchent à se protéger d'une bourrasque prochaine dans les bas-fonds, à l'abri d'une légère colline. Si la pluie tombe avec assez de force, vous les trouverez près des bois, des buissons. S'il fait beau et sec, c'est en plein champ qu'on les trouvera sûrement. »

LES FRANCOLINS

Caractères. — Les Francolins ont des rapports très étroits avec les Perdrix. Ils ne s'en distinguent que par leur bec plus fort et plus long, leur queue plus allongée, leurs tarses hauts, robustes, armés d'un ou deux éperons.

Quelques espèces se font remarquer par des espaces dénudés autour des yeux et à la gorge.

LE FRANCOLIN VULGAIRE (*Francolinus vulgaris*). — ***Caractères.*** — Le Francolin vulgaire est un bel Oiseau, mesurant environ $0^{m},30$. Le mâle adulte a le dessus de la tête, la gorge et la poitrine d'un noir foncé, l'occiput tacheté de blanc et de noir, le reste de la queue et le ventre noirs, les flancs tachetés de blanc; les ailes brunes, avec des raies et des taches rousses; une large bande sourcilière blanche couvre les joues et la région des oreilles; un large collier marron orne le cou en avant; le bec et l'iris sont bruns, les pattes rougeâtres.

La femelle présente un plumage peu différent, mais de nuances plus claires et où domine le brun jaune clair.

Habitat. — Le Francolin vulgaire habite la Sicile, les îles de l'Archipel, la Turquie d'Europe, une grande partie de l'Asie, l'Afrique septentrionale.

Il habitait aussi la Corse où on le connaissait sous le nom de *Faisan des marais*, mais il y a été complètement exterminé par suite de la chasse acharnée qu'on lui a faite.

Mœurs. — Cet Oiseau fréquente les plaines humides, au voisinage des cours d'eau. Il vit en petites sociétés ou par couples selon les régions. Sa nourriture se compose de graines diverses et de rhizomes qu'il déterre habilement à l'aide de son bec robuste.

A l'époque des amours, les mâles font entendre matin et soir leur chant sonore que les auteurs se sont évertués à vouloir traduire dans différentes langues sans y parvenir. La description qu'en donne Malherbe n'est pas la moins curieuse de toutes. « Le chant *tre tre tre*, dit-il, que le mâle fait entendre au point du jour, et le soir, dans le temps des amours, est assez sonore, et un vieil adage, vulgaire en Sicile, prétend que cet Oiseau indique lui-même, par son cri *tre*, sa valeur de *tre* ou trois taris (monnaie sicilienne, équivalant à un franc vingt-cinq centimes). »

Le Francolin niche à terre, au pied des bouleaux et dans les buissons; la femelle creuse, à cet effet, un petit trou à fleur de terre et le tapisse d'herbes, de feuilles sèches. La ponte est de dix à quatorze œufs d'un gris jaunâtre uniforme, comme ceux de la Perdrix grise.

Le Francolin est un gibier exquis. On ne doit donc pas s'étonner qu'il ait été exterminé en Corse et en Sicile par les chasseurs.

Dans les Indes, il n'est guère plus protégé; aussi est-il devenu plus rare qu'autrefois.

LE PTERNISTE A COU ROUX (*Pternistes rubricollis*). — Cette espèce africaine se fait remarquer par la vive coloration que présentent chez elle les parties dénudées de la face et du cou.

Elle a les mêmes mœurs que les autres Francolins. Très craintive, elle se faufile dans les buissons et s'y cache avec une remarquable agilité.

On la chasse activement, car sa chair est assez délicate.

LES COLINS

Caractères. — Les Colins ont le bec court, épais, très arqué, à mandibule inférieure pourvue de deux ou trois échancrures; les ailes moyennes, obtuses; la queue courte, arrondie; les tarses moyens, scutellés.

LE COLIN DE LA VIRGINIE (*Ortyx virginianus*). — ***Caractères.*** — Le Colin de la Virginie mesure environ $0^m,25$ de long.

Le mâle a toutes les plumes de la face supérieure du corps d'un brun rougeâtre, tachetées, ponctuées et rayées de noir, bordées de jaune; celles des parties inférieures d'un jaune blanchâtre, rayées longitudinalement de brun roux, moirées de noir; la tête est ornée, de chaque côté, d'une bande blanche partant du bec et se dirigeant vers la nuque; la gorge, également blanche, est encadrée d'une ligne noire; les côtés du cou sont tachetés de noir, de blanc et de brun; les couvertures supérieures des ailes d'un brun rouge, les rémiges primaires brunes bordées de bleuâtre, les secondaires rayées de jaune sale; la queue d'un gris bleu, à l'exception des rectrices médianes qui sont d'un gris jaunâtre et tachetées de noir; le bec et l'iris sont bruns, les pattes d'un gris bleu.

La femelle se reconnaît à ses teintes plus claires; les côtés de la tête et du cou, la gorge sont jaunes.

Habitat. — Le Colin de Virginie habite l'Amérique du Nord, depuis le Canada jusqu'au Mexique. Il est sédentaire presque partout, et voyageur dans les États de l'extrême nord.

Mœurs. — Connu dans les États du nord et du centre sous le nom de *Caille* (*Quail*), et ailleurs sous celui de *Perdrix de Virginie* ou de *Bob-white*, cet

Oiseau représente le gibier le plus répandu et le mieux connu de l'Amérique d Nord.

Il se tient dans les champs et les pâtures qui alternent avec des petits boi entourés de buissons, dans les terres basses et humides, sur le bord de prairies.

Par ses allures et ses mœurs, il ressemble beaucoup à la Starne grise. I court et vole rapidement. Son cri est formé de deux notes répétées plusieur fois, et souvent précédées d'une sorte de prélude; on peut le rendre par le syllabes *bobweit*, d'où lui est venu son nom américain de Bob-white.

On ne rencontre jamais le Colin de Virginie en sociétés nombreuses. Chaqu couvée se fixe dans un canton et ne s'en écarte pas avant le printemps suivant époque à laquelle les couples se forment et s'isolent pour fonder chacun un famille.

La saison des amours a lieu en avril, et la nidification en mai, un peu plus tô ou un peu plus tard selon les régions.

Le nid est très adroitement dissimulé dans les hautes herbes ou sous les rameaux d'un épais buisson. Il consiste en une excavation assez profonde, tapissée et parfois recouverte d'herbes sèches, avec l'ouverture placée latéralement.

Les Colins sont très prolifiques; le nombre des œufs varie de douze à vingt et quelquefois davantage.

La femelle paraît s'occuper seule des soins de l'incubation. Le mâle, durant ce temps, reste auprès du nid, et va chercher dans les environs la nourriture de sa compagne. Cependant, quelques observateurs ont été témoins d'un fait des plus curieux : une femelle ayant été tuée pendant l'époque de l'incubation, le mâle prit sa place et se mit à couver avec ardeur. Ce fait remarquable a été rapporté par des auteurs dignes de foi.

Le Colin de Virginie se nourrit d'Insectes et de substances végétales, notamment de graines et de baies diverses.

Chasse. — Le Colin de Virginie est activement chassé en Amérique.

Mais sa chasse est moins facile que celle de la Perdrix grise, car cet Oiseau ne se laisse pas *arrêter* par les Chiens, il se sauve dans les buissons ou s'envole; s'il est à proximité d'un bosquet, il se perche sur les branches des arbres, s'y *rase*, selon l'expression des chasseurs, et échappe aux regards.

Néanmoins, en imitant son cri, on l'attire aisément dans les collets et pièges de toutes sortes que l'on tend sur son passage.

Captivité. — Le Colin de Virginie vit très bien en captivité, et s'acclimate facilement en Europe. Dans les jardins zoologiques, il se reproduit quand on le place dans de bonnes conditions.

Les premiers essais d'acclimatation en France datent de 1816; ils sont dus à l'initiative de Florent-Prévost.

Depuis cette époque, de nouvelles tentatives d'élevage ont été faites et ont donné d'excellents résultats. Comme il y a deux ou trois pontes par année, on peut obtenir facilement d'un seul couple quarante à cinquante œufs.

L'incubation dure de vingt et un à vingt-trois jours.

On élève les jeunes avec une pâtée faite d'œufs durs, de mie de pain, de viande cuite, de persil, salade, millet, etc.; on y ajoute quelques Vers de farine et des œufs de Fourmis.

Plus tard, lorsqu'ils ont commencé à quitter leur duvet pour prendre leur premier plumage, on leur donne la nourriture des adultes : blé, riz, chènevis, Insectes, etc.

Mais si l'élevage des Colins en captivité est relativement facile, les tentatives que l'on a faites pour lâcher ces Oiseaux dans la campagne et aider au repeuplement des chasses, n'ont eu jusqu'ici que de médiocres résultats, sans qu'on aît pu trouver la cause de cet échec.

LE COLIN DE CALIFORNIE (*Callipepla californica*). — ***Caractères.*** — Cette espèce se fait remarquer par une aigrette élégante formée de six plumes noires, redressées, qui orne le sommet de sa tête. Le mâle a le front jaune, une bande sourcilière blanche, le dessus de la tête brun, la nuque bleuâtre, le dos brun olivâtre, les ailes brunes, chaque rémige secondaire bordée de jaune; la gorge noire encadrée de blanc, la poitrine bleuâtre passant inférieurement au jaune, puis au rouge brun, sur le ventre, chaque plume étant lisérée de brun.

Habitat. — Le Colin de Californie habite le long des côtes orientales de l'Amérique du Nord.

Mœurs. — Il fréquente les collines broussailleuses, les rives des cours d'eau bordés de buissons, les champs cultivés.

Ses mœurs diffèrent peu de celles du Colin de Virginie. Le nid est cependant, chez cette espèce, moins bien abrité et placé en des endroits variés. On en a trouvé un sur la branche d'un vieil arbre, et on se demande comment, dans ce cas, la femelle put conduire jusqu'à terre sa couvée fraîchement éclose.

Acclimatation. — Le Colin de Californie se prête mieux encore que tous les autres Colins à l'élevage et à la domestication.

LE COLIN DE GAMBEL (*Callipepla Gambeli*). — Le Colin de Gambel, vulgairement désigné sous le nom de *Caille à casque*, ressemble beaucoup par son plumage au Colin de Californie.

Habitat.* — *Mœurs. — Il habite cette région pittoresque et sauvage de la Californie qu'on a appelée « le grand désert américain » et où se déploient les contrastes les plus merveilleux; les montagnes abruptes et arides y alternent avec des vallées vertes et fertiles, d'immenses forêts de pins et de cèdres font place un peu plus loin à des chênes, à des peupliers, à des noyers.

Coues a le premier, dans un article du journal l'*Ibis*, fait connaître les mœurs de cet Oiseau :

« Les Cailles à casque, dit-il, habitent toutes les localités, les grandes forêts de conifères exceptées; elles préfèrent cependant les buissons épais, et surtout les fourrés de saules, qui bordent les cours d'eau. Ici, on les rencontre dans les buissons, aussi bien sur les flancs ravinés des montagnes que dans la plaine aride; je les ai vues partout et je ne puis trop dire quelle localité elles y préfèrent.

« Comme ses congénères, la Caille à casque se nourrit surtout de graines et de fruits, mais sans dédaigner les Insectes. Elle mange des graines et des baie de toute espèce, des raisins, des Sauterelles, des Coléoptères, des Mouches; o trouve de tout dans son jabot... Au printemps, elle se montre friande de bour geons de saule, et sa chair en prend une saveur amère. »

Le Colin de Gambel niche dans les buissons et les hautes herbes; son ni consiste en une simpl dépression de forme ovale il est toujours bien dissimulé derrière un épais rideau d'herbes sèches.

Le Rouloul à crête.

La saison des amours a lieu depuis le mois de mai jusqu'en août; il y a deux ou trois couvées par an. Les jeunes restent longtemps en compagnie de leurs parents. Le genre de vie de ces petites familles est le même que celui des autres Colins.

Chasse. — La Caille à casque, dit Coues, est plus difficile à chasser que le Colin de Virginie. Elle ne se lève pas brusquement, elle ne vole pas plus vite que celui-ci; mais une fois qu'une compagnie s'est levée, et qu'on en a tué un ou deux individus, il devient presque impossible de faire feu de nouveau, elle ne se laisse plus arrêter. Lorsque les Cailles à casque ont été effrayées et qu'elles se sont rabattues, elles se rasent sans se lever de nouveau, ou bien elles courent aussi vite et aussi loin que possible, et on ne les trouve qu'à une grande distance de l'endroit où elles ont pris terre. Par ces allures, elles fatiguent non seulement le chasseur, mais encore les Chiens; les meilleurs, dans ces cas, ne sont pas d'une grande utilité. Souvent, il est vrai, on arrive à pouvoir tirer une Caille à casque à la course; mais quel chasseur digne de ce nom voudrait ainsi remplir sa carnassière? Le vol de cet Oiseau est rapide, mais toujours en ligne droite, de sorte qu'un bon tireur peut le tuer facilement. »

Acclimatation. — Les essais d'acclimatation et d'élevage en captivité du Colin de Gambel ont donné des résultats analogues à ceux que l'on avait obtenus avec les espèces précédentes.

D'autres Colins originaires de l'Amérique centrale et méridionale ont aussi été importés en Europe et acclimatés sans grande difficulté.

Parmi eux, citons le *Colin Masséna*, qui se fait remarquer par son plumage presque entièrement noir, tacheté de blanc.

Les Roulouls. — On range habituellement près des Francolins le genre Roulouls représenté dans l'Inde par trois ou quatre espèces dont les mœurs sont les mêmes que celles des Perdrix, mais qui, par l'éclat de leur plumage et la présence d'une huppe sur la tête, rappellent les Faisans.

LES CAILLES

Caractères. — Le genre Caille a pour caractères : un bec court, élevé à la base, comprimé à la pointe, à mandibule supérieure recourbée ; des narines basales, latérales, étroites, percées sous une écaille membraneuse ; des ailes courtes, subobtuses; une queue courte, arrondie, les sus-caudales recouvrant et dépassant notablement les rectrices; des tarses minces, lisses, médiocrement allongés, des doigts légèrement unis à la base par une membrane, le pouce court et élevé ; des ongles courts, médiocrement arqués.

Habitat. — Les Cailles sont représentées par une quinzaine d'espèces répandues dans toutes les parties du monde.

Mœurs. — Leurs mœurs et leurs allures les distinguent nettement de tous les autres Perdiciens.

Ce sont d'abord des Oiseaux migrateurs, s'établissant et se reproduisant partout où ils trouvent une nourriture abondante. Aussi leur nombre est-il très variable d'une année à l'autre, dans une même localité.

D'un naturel peu sociable, les Cailles ne se réunissent en bandes qu'à l'époque des migrations. Les jeunes se dispersent et vivent solitaires dès qu'ils peuvent se passer des soins de leurs parents.

Malgré leur peu de fidélité conjugale, les mâles se montrent très ardents à l'époque des amours, ils se battent fréquemment entre eux, et oublient à ce moment tous les dangers qui les menacent.

Leur nourriture consiste en jeunes pousses d'herbes, en graines et en Insectes.

Les mâles se distinguent généralement des femelles par quelque attribut spécial.

Une particularité commune à toutes les espèces est une tendance naturelle à l'engraissement, particularité qui leur est commune avec les Ortolans et fait de ces Oiseaux un gibier très délicat.

LA CAILLE COMMUNE *(Coturnix communis)*. — ***Caractères.*** — La Caille commune est la seule espèce européenne. Sa taille est d'environ 0m,16 à 0m,17.

Ses caractères sont les suivants, d'après Degland : « Dessus de la tête noir, varié de roussâtre, avec trois bandes longitudinales d'un blanc roussâtre, dont une sur la ligne médiane, les deux autres au-dessus de chaque œil ; dessus du

cou et du corps, sus-caudales, d'un brun cendré, avec des taches noires, d
raies transversales roussâtres et des traits d'un blanc roux jaunâtre sur les tig
des plumes; gorge d'un roux brun, entourée de deux bandes noires, séparé
l'une de l'autre par du blanc jaunâtre; dessous du corps d'un roux clair, un pe
plus foncé au bas du cou et à la poitrine, avec des raies longitudinales blanch
sur la tige des plumes, et des taches brunes et rousses sur les flancs; joues br
nâtres, parsemées de petites taches roussâtres; ailes d'un brun grisâtre, avec de
taches, des raies transversales et des zigzags sur les couvertures et les rémiges
queue brunâtre, avec des raies transversales et un trait longitudinal d'un blan
jaunâtre sur sa penne externe; bec noir; pieds couleur de chair; iris brun no
sette. »

La femelle a des teintes plus foncées en dessus, la gorge blanchâtre, et la poi trine d'un roussâtre tacheté de brun.

Habitat. — La Caille commune se rencontre non seulement en Europe, mai aussi en Asie, en Afrique; dans la Nouvelle-Zélande et l'extrémité australe d l'Amérique. Elle est très répandue dans toute la France où elle arrive en avr et en mai, pour repartir en septembre.

Mœurs. — Elle s'établit de préférence dans les plaines cultivées, les prairies les vignobles; jamais on ne la voit dans les régions élevées, ni dans les bois elle semble fuir de même le voisinage de l'eau.

Ses allures sont très différentes de celles des Perdrix. Elle marche rapidement, mais sans grâce, la tête rentrée, la queue pendante. Par contre, elle cour avec une agilité remarquable, surtout lorsqu'elle est poursuivie, et qu'elle cherche un refuge dans quelque broussaille. Son vol est brusque, saccadé, peu élevé, et de peu de durée; pendant ses migrations seulement elle s'élève asse haut dans les airs, et encore s'abat-elle souvent sur le sol pour franchir, en courant, un certain espace. Elle arrive ainsi à faire près de cinquante lieues en une nuit.

En temps ordinaire elle semble très paresseuse à se mouvoir, et ne prend son vol que quand elle est vivement pressée.

La Caille est un Oiseau peu sociable; elle vit presque solitaire; non seulement les mâles se livrent entre eux des combats acharnés, mais ils maltraitent encore leurs femelles. Envers les autres Oiseaux, elle se montre d'une parfaite indifférence.

Son cri sonore et retentissant est bien connu; pendant la belle saison, on l'entend le soir dans presque tous les champs cultivés, et il contribue pour une large part à l'animation des vastes plaines de la campagne.

« Tant que le soleil est au-dessus de l'horizon, dit Brehm, la Caille reste silencieuse et cachée dans les champs, au milieu des chaumes et des herbes; vers midi, elle prend un bain de sable, se chauffe au soleil, ou s'endort; vers le soir, elle devient vive et active. C'est alors qu'on entend son cri, qu'on la voit courir et voler, chercher sa nourriture et se joindre à une compagne, ou livrer bataille à un rival.

« Elle se nourrit de graines de toute espèce, de feuilles, de bourgeons et d'Insectes. Elle semble même préférer ceux-ci; mais elle paraît ne prospérer u'à la condition de se nourrir pendant plusieurs mois de grains de blé. Elle besoin d'avaler de petites pierres pour faciliter sa digestion, et il lui faut de eau fraîche pour étancher sa soif; mais la rosée amassée sur les feuilles lui uffit. »

La Caille niche dans les champs de blé, de luzerne, de colza, quelquefois ans les prés. Elle ne commence à travailler à son nid qu'au commencement e l'été. A cet effet, elle creuse, dans le sol, une légère épression qu'elle tapisse d'herbes sèches. La ponte. st de huit à quinze œufs légèrement pyriormes, d'un brun jaunâtre, avec des taches oncées disposées d'une façon très variée

La femelle couve pendant dix-huit à ingt jours, et avec une ardeur telle, qu'en cas de danger elle se laisse parfois uer sur son nid plutôt que de l'abandonner. Le mâle, durant ce temps, erre, insouciant, dans la campagne environnante, en quête de nouvelles amours.

La Caille commune.

En général, il n'y a qu'une seule couvée par année; une deuxième cependant peut avoir lieu quand la première a été détruite.

Les jeunes Cailles, une fois nées, se montrent vives et alertes; elles croissent rapidement, et au bout de cinq à six semaines elles sont déjà aptes à entreprendre leur grande migration vers le Midi.

Ces migrations des Cailles s'effectuent d'abord isolément; les départs ne se font pas régulièrement pour tous les individus d'un même canton. Mais, peu à peu, le hasard rassemble les groupes épars, à mesure qu'ils avancent, et en arrivant dans les pays méridionaux où elles vont hiverner, les Cailles forment de véritables légions.

Celles qui viennent du nord de l'Europe se rassemblent dans l'Archipel grec, l'Italie, et en général sur toutes les côtes méditerranéennes, attendant un vent favorable pour gagner l'Afrique. Toutes les voyageuses, malheureusement, n'atteignent pas leur séjour hivernal. Beaucoup tombent dans la mer et se noient.

La grande émigration a lieu en septembre et octobre, mais elle se continue souvent plus tard, jusqu'au commencement de l'hiver.

Chasse. — La Caille est un gibier très estimé; aussi la chasse-t-on un peu partout. Mais cette chasse prend les proportions d'un véritable carnage dans les régions méditerranéennes, où ces Oiseaux se rassemblent en grand nombre à l'époque des migrations.

Brehm raconte que jadis dans l'île de Capri, située à l'entrée du golfe de Naples, l'évêque de l'île percevait une dîme sur les Cailles que l'on y capturait, et bénéficiait ainsi d'une somme de 40000 à 50000 francs. A Rome, on mit en vente, en un seul jour, 17000 Cailles.

En Égypte, on en prend des quantités considérables non seulement à leur arrivée en automne, mais aussi à leur départ en mars.

On ne se contente pas de les tirer au fusil; on les prend à l'aide de filets, de lacets, de gluaux.

Il est à craindre que ces massacres n'amènent rapidement une diminution importante de ce précieux gibier.

Captivité. — La Caille vit très bien en captivité et peut même s'y reproduire. Dans certaines localités, on a la coutume barbare de profiter du caractère jaloux et querelleur des mâles pour les faire battre entre eux, à la façon des Coqs domestiques. C'est en Chine et aux Philippines que ce sport singulier a pris naissance.

Il se pratiquait aussi du temps des Romains, et il s'est perpétué depuis dans plusieurs villes d'Italie. Les règles du combat ne varient que par quelques détails dans les différents pays.

On place deux Cailles vis-à-vis l'une de l'autre, sur une longue table, et, entre elles, on jette quelques grains de millet; les deux adversaires se lancent d'abord des regards menaçants, puis fondent l'un sur l'autre avec rage, se donnent de vigoureux coups de bec, jusqu'à ce que l'un d'eux reste maître du champ de bataille. Ces combats sont parfois le sujet de paris importants.

Élevage. — L'élevage des Cailles ne présente aucune difficulté. Les précautions à observer sont très simples; elles ont été fort bien résumées par Rémy Saint-Loup, à qui nous empruntons les lignes suivantes :

« Placées dans une volière, d'une surface un peu supérieure à un mètre carré, un couple de Cailles s'accoutume aisément à la captivité. Le sol doit être bêché par endroits, sablé en d'autres places, et planté de petits bouquets de buis qui forment des abris.

« Une moitié de la volière sera couverte, l'autre moitié simplement grillagée et l'exposition sera choisie de manière à permettre l'accès des premiers rayons du soleil.

« Le blé, le sarrasin, le millet sont une bonne nourriture; le chènevis ne doit être donné qu'en très faible proportion, tandis que la verdure, mouron ou salade, ne peut nuire.

« La Caille dépose ses œufs dans une excavation du sol qu'elle creuse elle-même, mais sans lui donner grande profondeur. Instinctivement, elle choisira la place qui lui paraîtra le mieux abritée des regards, et c'est pour cette raison qu'il est utile de disposer de petits buissons dans la volière.

« Une première ponte donne ordinairement de cinq à huit œufs; elle a lieu en avril. Si on prend soin d'enlever ces œufs, il se produit, à une ou deux semaines d'intervalle, une deuxième ponte plus abondante. Quelquefois, il arrive que la Caille pond une troisième fois, de sorte que dans l'année on peut récolter de trente à quarante œufs. Pour l'incubation, on utilise des Poules de petites races que l'on choisit douces de caractère, et que l'on place sur les œufs dans une boîte d'élevage, c'est-à-dire dans une caisse à deux compartiments séparés par une grille dont les barreaux sont assez écartés pour laisser seulement passage à des poussins. Comme pour la plupart des petits Gallinacés, on donne aux poussins de Caille des œufs de Fourmis, les premiers jours, puis le régime devient le même que pour les jeunes Faisans. Dès qu'il est possible, on donne à la couvée libre accès dans un jardin clos de murs, où elle se trouvera mieux que dans n'importe quelle volière. Naturellement, il faut surveiller la croissance des ailes, et couper quelques plumes d'un côté, si l'on n'a pas l'intention de faire une étude spéciale sur le départ définitif des jeunes Cailles. »

LES CAILLES NAINES. — On a créé le genre *Excalefactoria* pour quelques petites espèces de Cailles remarquables par leurs ailes plus courtes et plus arrondies et leur plumage assez différent dans les deux sexes.

La *Caille naine de Chine* (*Excalefactoria chinensis*) habite les provinces méridionales de la Chine, la Birmanie, le Bengale, les Philippines.

LES TURNICIDÉS

Les Turnicidés tiennent à la fois, par leurs caractères, des Perdrix et des Outardes.

Caractères. — Ils se font remarquer par leur bec grêle, presque droit ; leurs narines oblongues, se prolongeant jusqu'au milieu du bec ; leur queue très courte, entièrement cachée par les sus et sous-caudales ; leurs tarses grêles, terminés par quatre doigts dont trois dirigés en avant, ou trois doigts seulement, le pouce faisant complètement défaut.

Cette famille repose presque uniquement sur le genre Turnix, dont une seule espèce se rencontre en Europe.

LES TURNIX

Caractères. — Aux caractères propres à la famille, il convient d'ajouter, pour le genre Turnix, la forme des ailes qui sont suraiguës, les trois premières rémiges étant les plus longues, la hauteur médiocre des tarses qui égalent à peine le doigt médian, enfin la disposition des doigts au nombre de trois seulement et armés d'ongles minces, pointus, légèrement recourbés.

LE TURNIX D'AFRIQUE (*Turnix sylvaticus*). — **Caractères.** — Cette espèce mesure environ $0^{m},16$ de long. Elle a la tête d'un brun foncé, parcourue de trois raies jaunes longitudinales ; le dos irrégulièrement traversé de raies en zigzags, noires et brun roux ; les plumes des ailes jaunâtres, marquées d'une tache noire sur les barbes internes, d'un jaune roux sur les bords externes ; la gorge blanche ; le jabot brun roux, chaque plume y étant bordée d'un liséré clair ; les flancs d'un brun roux, variés de taches foncées ; le ventre d'un blanc pur ; les rémiges bordées en dehors d'un liséré clair ; l'œil jaune, le bec jaunâtre, les pieds d'un gris rosé.

Habitat. — Le Turnix d'Afrique, ou *Turnix sauvage, Turnix de Gibralta* habite le nord de l'Afrique, l'Espagne, la Sicile.

Mœurs. — Il vit solitaire dans les plaines sablonneuses couvertes de brou sailles. D'un naturel très craintif, il s'enfuit en courant au moindre bruit, et cache dans les hautes herbes. Ce n'est que lorsqu'il est vivement poursui qu'il prend son vol, et encore ne s'élève-t-il qu'à une faible hauteur pour retom ber aussitôt et se blottir dans quelque fourré.

Sa nourriture se compose d'Insectes, surtout de Fourmis, et de graines d légumineuses.

Il niche dans les buissons, les touffes d'herbes; son nid consiste en une simpl dépression creusée dans le sable et tapissée de quelques brins d'herbes.

La femelle pond de six à dix œufs assez semblables comme forme à ceux d la Caille, et parsemés de points, de taches irrégulières brunes ou violettes su un fond jaunâtre.

LE TURNIX BATAILLEUR (*Turnix pugnax*). — Cette espèce, légèremen différente de la précédente par son plumage, est surtout abondante à Java.

Mœurs. — Elle se tient dans les régions sèches, cou vertes de broussailles. Ses mœurs et son genre de vie ne la distinguent en rien de son congénère africain.

A l'époque des amours, les Turnix se font remarquer par leur humeur belliqueuse. Aussi, avec un sujet captif, peut-on attirer facilement ces Oiseaux dans des pièges disposés à cet effet.

Captivité. — Les Javanais tiennent souvent en cage les Turnix batailleurs. Il les nourrissent d'Insectes divers, de Sauterelles, de riz et les font combattre entre eux comme les Chinois font combattre les Cailles.

Attagis.

LES PÉDIONOMES. — La famille des Turnicidés est représentée en Australie par quelques genres tels que les Pédionomes, dont le principal caractère distinctif est la présence de quatre doigts au lieu de trois que possèdent les Turnix.

Les Thinocoridés. — Au groupe des Turnicidés, on peut joindre une famille très curieuse composée des trois genres Thinocore, Attagis et Chionis.

Par leurs formes générales, leurs allures, leur plumage, ces Oiseaux se rapprochent des Francolins et des Perdrix. Par d'autres caractères, ils se rapprochent des Phasianidés. La particularité la plus intéressante qu'ils présentent est la structure de leurs narines. Celles-ci sont recouvertes, ainsi que la base du bec, par une sorte de membrane cornée qui les protège, lorsque l'Oiseau cherche sa nourriture en ouvrant les œufs de Cormorans et de Manchots, dont il se nourrit.

Les Thinocoridés habitent l'extrémité méridionale de l'Amérique et les îles antarctiques de l'hémisphère austral.

L'Attagis vit plus particulièrement au Chili et aux îles Malouines. On en connaît deux ou trois espèces dont le plumage coloré en roux, varié de brun et de jaune, est mou et soyeux comme celui des Gélinottes. Leurs mœurs sont peu connues, mais, sous ce rapport, on considère ces Oiseaux comme représentant, dans l'Amérique du Sud, les Gangas de l'ancien continent.

LES PHASIANIDÉS OU GALLINACÉS VRAIS

Caractères. — Cette famille est la plus caractéristique de tout l'ordre des Gallinacés. Elle comprend des Oiseaux de taille moyenne, aux formes ramassées, bien adaptés à la marche et à la course, mais mauvais voiliers.

La tête des Phasianidés présente constamment des parties dénudées, notamment les joues et le tour des yeux; elle est surmontée d'une crête charnue ou d'une touffe de plumes aux couleurs éclatantes.

Le bec est généralement fort, un peu courbé et déprimé à la pointe.

Les ailes courtes et arrondies. La queue, généralement longue, présente, surtout chez les mâles, de longues couvertures disposées sous forme d'ornements variés. Les pieds sont forts; les trois doigts antérieurs, armés de griffes puissantes, sont parfaitement disposés pour gratter la terre; le doigt postérieur est faible. Enfin, un dernier caractère important est la présence, chez les mâles, d'un ergot puissant placé assez haut sur les tarses.

Habitat. — Les Phasianidés sont répandus sur toute la surface du globe.

Mœurs. — Leurs mœurs sont celles des Gallinacés en général. On verra, à propos de chaque genre et de chaque espèce, les particularités qui leur sont propres.

Classification. — Les Phasianidés formant le groupe le plus homogène et le mieux caractérisé de l'ordre, nous étudierons successivement les différents genres sans chercher à établir de divisions secondaires.

LES LOPHOPHORES

Caractères. — Le genre Lophophore a pour caractères : un bec de la longueur de la tête, robuste, à mandibule supérieure légèrement voûtée, assez large à la base, recourbée à l'extrémité; des narines rapprochées, en forme de crois-

---

Pl. XXXII. — Le Lophophore resplendissant (Texte, p. 94).

sants; des ailes moyennes, sur-obtuses, les quatrième et cinquième rémiges plus longues; une queue courte, ample, arrondie sur les côtés; des tar robustes, emplumés jusqu'au-dessous de l'articulation et munis, chez les mâl d'un éperon fort et acéré.

Le tour des yeux est nu; une huppe formée de plumes filiformes à la base, terminées en palettes à l'extrémité, orne la tête.

LE LOPHOPHORE RESPLENDISSANT (*) (*Lophophorus impeyanus*). — ***Cara tères.*** — Cet Oiseau est l'un des plus beaux Gallinacés que l'on connaiss Sa taille est d'environ 0m,70. Le mâle a les plumes du sommet de la tête, d joues et de l'occiput, d'un vert doré métallique; la partie postérieure et l côtés du cou d'un rouge rubis; la nuque et les plumes du manteau d'ur teinte cuivrée à reflets pourprés et violets; le bas du dos d'un blanc pu la queue d'un roux vif; les rémiges primaires noires, les secondaires ve doré; la gorge, la poitrine, l'abdomen d'un noir à reflets dorés; l'iris brun, tour des yeux rouge vif; le bec couleur de corne; les pattes gris verdâtre.

La femelle, de plus petite taille que le mâle, porte une livrée moins som tueuse. Elle a la gorge blanche et le reste du corps d'un brun jaune clai tacheté, rayé et moiré de brun foncé.

Habitat. — Le Lophophore resplendissant se rencontre sur les premiers con treforts des monts Himalayens, à une altitude de 2 000 à 3 000 mètres au-dessu du niveau de la mer. Il est connu dans ce pays sous le nom de *Monaul.* So nom spécifique lui vient de ce qu'il fut introduit pour la première fois e Europe par lady Impey.

Mœurs. — Ses mœurs nous sont connues par la relation qu'en a faite Moun taineer en 1864. Depuis cette époque, les différents auteurs n'ont fait qu reproduire ses récits ou les confirmer.

« Depuis les premières cimes qui s'élèvent au-dessus de la plaine, jusqu'à l limite des forêts, partout on rencontre le *Monaul.* Dans la montagne, c'est ur des Oiseaux les plus abondants.

« Lors de l'arrivée des premiers Européens dans les montagnes des environs de Mussuri, il y était très commun, et maintenant on l'y observe encore quelquefois. Pendant l'été, on le voit rarement, les lianes à la végétation luxuriante empêchant le regard de plonger dans la profondeur de la forêt; mais on peut l'apercevoir alors au voisinage des champs de neige, surtout le matin et le soir. Cependant, personne ne peut, à ce moment, conclure du nombre d'individus qu'il voit au nombre de ceux qui habitent la contrée. Mais les froids arrivent, les lianes, les plantes qui recouvrent le sol se dessèchent, et alors la forêt paraît remplie de ces Oiseaux. Ils se réunissent en grandes bandes et, en plusieurs endroits, on peut, dans un seul jour de chasse, en faire lever plus de cent. En été, presque tous les mâles et quelques femelles montent vers les hauteurs; en automne, jeunes et vieux se rassemblent sur les points où le sol est couvert d'une épaisse couche de feuilles sèches; ils y cherchent des larves et des

(*) Pl. XXXII. — Le Lophophore resplendissant (Planche, p. 93).

Insectes, et, à mesure que la saison avance, ils descendent vers la plaine. Dans les hivers rigoureux, quand la neige est épaisse, ils viennent sur les versants méridionaux des montagnes, sur les points où l'on voit la première neige fondre. Ils arrivent aussi sur les collines, là où la neige ne persiste pas. Les femelles et les jeunes demeurent souvent au voisinage des villages, et on les voit alors en grand nombre dans les champs. Par contre, tous les vieux mâles restent dans les forêts, quelque intense que devienne le froid, quelque épais que soit le tapis neigeux qui recouvre la terre. Au printemps, tous remontent vers la montagne.

« Les bandes qui, en automne et en hiver, s'étaient réunies dans un certain district de la forêt, se répandent maintenant sur une telle surface, que chaque Oiseau paraît isolé. On peut souvent franchir un mille et plus, sans en apercevoir un seul; puis, tout à coup, l'on arrive à une localité de quelque cent pas de diamètre où une vingtaine de ces Oiseaux se lèvent l'un après l'autre. Ailleurs, ils sont espacés dans toute la contrée ; on en trouve un ici, un autre là, deux un peu plus loin, et ainsi de suite. Les femelles forment des compagnies plus unies que les mâles; elles descendent plus bas; elles quittent l'abri de la forêt pour se rendre dans des endroits où donnent les rayons du soleil, et s'avancent près des habitations humaines. Les deux sexes se séparent souvent. Dans les vallées, sur les flancs humides des montagnes, on trouve par douzaines des femelles et des jeunes, sans un seul mâle adulte ; tandis que dans l'intérieur des forêts et sur les hauteurs on ne rencontre que ceux-ci. En été, les Lophophores se dispersent bien plus encore, et ils ne forment pas de couples proprement dits, car on en voit souvent plusieurs ensemble. Se sont-ils accouplés ou non, cela reste douteux ; il est possible que les couples se fondent au moment où la femelle commence à couver. Toujours est-il que le mâle ne semble nullement s'inquiéter ni de sa compagne, ni de sa progéniture.

« Du mois d'avril jusqu'à l'entrée de l'hiver, le Monaul est craintif et prudent; mais, sous l'influence du froid, de la neige qui lui rend plus pénible la recherche de sa nourriture, sa crainte, sa prudence disparaissent, au moins en partie. Dès le mois d'octobre, cet Oiseau se montre plus souvent dans les endroits dégarnis de buissons, il ne cherche plus autant à se dérober aux regards. Au printemps, quand il est effrayé, il s'envole souvent fort loin, et si on le fait lever une seconde fois, il ne se laisse plus approcher. En hiver, on le tue souvent à la course ; ou bien, s'il est perché sur un arbre, on peut assez facilement arriver au pied de cet arbre et le tuer.

« Quand on le chasse en forêt, il s'envole silencieusement, sans courir auparavant; dans les prairies et dans les clairières, il court avant de s'envoler, surtout s'il n'est pas poursuivi de très près. Quand il se lève alors, c'est bruyamment, et en lançant un sifflement perçant, qu'il répète un grand nombre de fois jusqu'à lassitude, et qu'il fait suivre souvent de son cri plaintif ordinaire. Lorsqu'on a fait lever un ou deux Monauls, tous les autres deviennent attentifs à leurs cris ; s'ils appartiennent à la même bande, ils se lèvent aussi tous à la fois ; s'ils sont séparés, ils s'envolent successivement. Aux cris du premier, un second prend sa volée; le cri de celui-ci détermine un troisième à partir, et ainsi de suite. En hiver, ils se montrent plus indépendants les uns des autre ils sont, comme toujours, parfaitement sur leurs gardes; mais, avant de s'e voler, ils attendent généralement d'avoir été effrayés eux-mêmes. Des poursuit réitérées les rendent timides et craintifs, leur font abandonner une contré surtout au printemps, où ils trouvent partout une nourriture abondante, tand qu'en hiver ils sont confinés, pour les conditions d'existence, dans des localit plus circonscrites.

« La femelle semble moins timide que le mâle. Le vol de celui-ci est très sing lier; quand il a à franchir un long espace, il glisse dans l'air, sans battre de ailes, mais en agitant ses rémiges d'un mouvement tremblotant. C'est à c moment surtout qu'il apparaît dans toute sa splendeur.

« Le cri du Monaul est un sifflement plaintif; on l'entend retentir dans la foré à toute heure du jour, mais surtout le soir et le matin, avant le lever du solei Dans la saison froide, ces Oiseaux, maintenant réunis, font surtout entendr leur voix un peu avant de se percher sur des arbres ou sur des rochers pour passer la nuit.

« Le Monaul se nourrit de racines, de feuilles, de jeunes pousses, d'herbes, d toute espèce de baies, de noix, de graines, d'Insectes; en automne, il chass ceux-ci dans les feuilles sèches; en hiver, il va souvent paître dans les champ de blé et d'orge. Son bec est parfaitement conformé pour qu'il puisse fouir l sol. Dans les forêts élevées, on voit souvent des Monauls en très grand nombr cherchant ainsi leur nourriture dans les clairières et dans les endroits découverts.

« La saison des amours commence avec le printemps. La femelle construit so nid sur un buisson, dans une touffe d'herbes; elle y pond cinq œufs, d'u blanc sale, semés de points et de taches d'un brun rougeâtre Les jeunes éclosen à la fin de mai. »

Chasse. — La chasse de cet Oiseau ne présente aucune difficulté, surtout e automne, lorsque les arbres sont dégarnis de feuilles, et que la vue peut s'étendr au loin dans la forêt. On le tire de préférence lorsqu'il s'est perché sur quelque branche pour s'y reposer.

Sa chair est différemment appréciée par les gourmets. Les uns la trouvent succulente, d'autres la trouvent détestable.

Acclimatation. — La beauté du plumage des Lophophores, et la haute valeur de leur dépouille justifient bien les efforts tentés par les aviculteurs pour acclimater ces superbes Oiseaux en Europe.

Disons de suite que les résultats obtenus jusqu'aujourd'hui permettent d'espérer la réalisation de cette délicate entreprise.

C'est à lady Impey que l'on doit l'importation en Europe des premiers Lophophores vivants.

Puis on en vit dans les jardins zoologiques de Londres, d'Anvers, de Paris. Mais les premiers essais de reproduction et d'élevage ne furent pas très heureux.

Cependant M. Pomme, en 1866, réussit à mener à bien quelques couvées, grâce à des soins tout spéciaux qu'il a décrits dans le *Bulletin de la Société d'Acclimatation de Paris.* Il avait placé un couple de Lophophores dans une immense volière de 250 mètres de superficie et plantée de quelques jeunes épicéas; au centre de la volière s'élevait une cabane destinée à servir d'abri à ces Oiseaux contre la pluie et les ardeurs du soleil.

M. Pomme nourrissait ses captifs d'un mélange, par parties égales, de froment, de sarrasin et de petit millet rond; il y ajoutait des choux, de la salade, des Vers de terre, et une pâte composée d'œufs durs hachés et de pain émietté.

La femelle pondit seize œufs dont cinq seulement purent éclore; parmi ceux-ci trois périrent accidentellement, les deux survivants parvinrent à l'état adulte, et furent les deux premiers Lophophores qui aient vu le jour en France.

Depuis cette mémorable expérience, de nombreux amateurs sont parvenus à faire reproduire des Lophophores en France. Les procédés d'incubation et d'élevage sont sensiblement les mêmes que ceux qu'on emploie pour les Faisans, mais ils diffèrent par une foule de détails secondaires selon les convictions ou l'expérience de chaque éleveur. « Les uns veulent de grands espaces, les autres des parquets de petites dimensions; les uns assurent que les œufs de Fourmis sont nécessaires, les autres qu'il ne faut pas en donner.

« Certains recommandent de ne pas laisser couver la femelle Lophophore, certains qu'il vaut mieux lui laisser le soin de l'incubation et de l'éducation des jeunes, de sorte qu'en fin de compte, dit Rémy Saint-Loup, il est très difficile de concilier tous ces avis.

« Pourtant, nous pensons qu'il faut un terrain sec, des espaces gazonnés et des espaces couverts d'une couche épaisse de feuilles mortes, qui formeront un excellent terreau.

« Dans ces feuilles mortes, on apportera, autant que possible, des larves de divers Insectes, des Vers de terre, des graines de plusieurs plantes, des plantes même, des fraisiers par exemple. Pour les jeunes, il se trouvera dans ce terreau la meilleure des nourritures et celle qu'ils rechercheront le plus volontiers, parce que leur instinct d'Oiseaux piocheurs aura ainsi satisfaction. »

L'élevage des Lophophores est pratiqué avec moins de difficulté dans les environs de leur pays d'origine, notamment à Calcutta d'où proviennent la plupart des dépouilles apportées en Europe.

Usages. — On se fera une idée de la quantité considérable de Lophophores utilisés chaque année dans le commerce, en considérant qu'à Londres, dans une seule vente, il fut adjugé 4035 dépouilles de ces Oiseaux.

Toutes les plumes sont utilisées; arrachées une à une, elles sont collées sur des bandes de toile et constituent un des articles les plus somptueux du commerce de la mode; les plumes rouges du cou et les plumes vertes de la naissance des ailes sont particulièrement appréciées.

LE LOPHOPHORE DE LHUYS (*Lophophorus Lhuysii*). — Cette espèce, d'une taille supérieure à celle du Lophophore resplendissant, ne porte qu'une huppe très réduite; les plumes de la queue présentent des reflets bleus métalliques comme les couvertures des ailes.

Habitat. — Il est originaire de la Chine. On le trouve dans les régions l plus élevées du Moupin, les frontières occidentales du Setchuan et aussi dans Yunnan.

Mœurs. — Il vit par petites troupes dans les prairies découvertes au-dess de la région des forêts, et vient se percher sur les arbres pour dormir. Il s nourrit surtout de substances végétales, et notamment de certaines racines qu' déterre adroitement à l'aide de son bec puissant.

Les Chinois lui font une chasse tellement active, que, d'après David et Ous talet, l'espèce est menacée de disparaître.

LE LOPHOPHORE DE SCLATER (*Lophophorus Sclateri*). — La troisième e dernière espèce connue est le Lophophore de Sclater, chez lequel la huppe es remplacée par des petites plumes courtes, relevées sur le sommet de la tête.

Il habite l'Indo-Chine.

LES TRAGOPANS

Caractères. — Les Tragopans ont un corps épais; le bec court et faible; de tarses courts, forts, munis d'un ergot; des ailes moyennes, une queue courte e large. Les mâles portent de chaque côté de la tête des appendices charnus érectiles, en forme de cornes, d'où le nom de *Faisans cornus* donné à ces Oiseaux. Ils portent aussi de chaque côté de la gorge des lobes charnus ou bavettes.

Habitat. — Les Tragopans sont propres au sud de la Chine et à l'Himalaya. Il en existe plusieurs espèces.

LE TRAGOPAN A TÊTE NOIRE (*Ceriornis melanocephala*). — ***Caractères.*** — Le Tragopan à tête noire, ou *Jewar*, mesure de $0^m,70$ à $0^m,80$ de longueur. Il a les plumes du sommet de la tête noires, à pointe rouge; la nuque, le devant du cou et le pli de l'aile d'un rouge écarlate; les plumes du manteau brun foncé, parcourues de raies noires très fines et de taches en forme de gouttelettes blanches encadrées de noir; la poitrine et le ventre noirs variés de rouge sombre, pointillés de blanc; les rectrices et les rémiges rayées de brun.

Habitat. — Le Tragopan à tête noire habite l'ouest de l'Himalaya.

Mœurs. — Les mœurs des Tragopans sont très semblables à celles des Lophophores.

Ces Oiseaux se nourrissent de graines, de feuilles, de bourgeons, de baies, d'Insectes.

L'été, ils habitent les sombres et épaisses forêts situées au-dessous de la limite des neiges; l'hiver, ils descendent dans les forêts de chênes, de noyers, où abondent les taillis et les fourrés impénétrables. Ils vivent par petites troupes de trois à dix ou douze individus. Vient-on à effrayer une de ces compagnies, tous les individus qui la composent s'enfuient en poussant des cris perçants, les uns se glissent sous les buissons, d'autres cherchent leur salut sur les branches des arbres; leur vol est très rapide et accompagné d'un bruissement particulier.

Le genre de vie du Tragopan à tête noire nous est connu par la relation qu'en a laissée Mountaineer :

« Au printemps, dit-il, quand la neige commence à fondre, les Jewars quittent leurs quartiers d'hiver; ils se séparent et se répandent dans les endroits les plus retirés, les plus tranquilles des forêts, dans la zone des bouleaux et des rhododendrons blancs, montant jusqu'à la limite supérieure de la forêt. En avril, ils s'accouplent; c'est à ce moment qu'on rencontre le plus de mâles, probablement parce qu'ils sont en quête d'une compagne. Ils crient beaucoup, et tout le jour.

« Perchés sur une branche ou sur quelque tronc d'arbre renversé, ils semblent avoir moins souci d'être vus. Leur cri d'amour ressemble à celui qu'ils poussent quand on les effraye; il est plus perçant, et ne se compose que d'une syllabe, *wae*, lancée avec force, comme le bêlement d'une Chèvre égarée : on l'entend à plus d'un mille de distance. »

La reproduction terminée, le Tragopan à tête noire descend, peu à peu, par petites familles, dans les régions où il doit hiverner.

Captivité. — Les Tragopans supportent fort bien la captivité et deviennent même très familiers. On peut en voir aujourd'hui dans presque tous les Jardins zoologiques d'Europe.

LE TRAGOPAN DE TEMMINCK (*Ceriornis Temminckii*). — Cette espèce, dont le plumage est assez semblable à celui du Tragopan à tête noire, habite le sud-ouest de la Chine.

D'après Oustalet, c'est un Oiseau assez rare. « Il vit isolé sur les montagnes boisées et ne sort guère des taillis, où il fait sa nourriture de graines, de fruits et de feuilles. Son cri, très sonore, peut être rendu par les syllabes *oua* deux fois répétées : c'est de là que lui vient son nom chinois de *Oua-Oua-Ky*. C'est un gibier très estimé qui ne peut être capturé qu'au piège ou au collet. Pris vivant, ce magnifique Oiseau peut être gardé quelque temps en cage, mais il est d'une complexion délicate. »

Parmi les autres espèces connues, et dont on ne sait que peu de chose touchant les détails de leurs mœurs, citons le *Tragopan satyre*, qui se rencontre dans l'est de l'Himalaya, et le *Tragopan de Cabot*, du sud-est de la Chine.

LES COQS

Caractères. — Le genre Coq (*Gallus*) a pour caractères : un bec moins long que la tête, robuste, voûté, à pointe recourbée; des ailes courtes, concaves, très arrondies; une queue moyenne, généralement verticale et recouverte par les sus-caudales allongées et gracieusement recourbées en faucille; des tarses de la longueur du doigt médian, scutellés, armés d'éperons arqués et aigus; des doigts unis à leur base par une courte membrane; un plumage abondant, orné souvent de couleurs vives. La face, le tour des yeux sont généralement nus; le sommet de la tête porte une crête charnue; des appendices de même nature pendent sous le bec.

Le dimorphisme sexuel est très accentué. Les œufs des différentes espèc sont uniformément blancs.

Ce genre est, de toute la famille des Gallinacés, le plus riche en races variétés.

Cependant, il n'en existe que quatre espèces vivant à l'état sauvage et do une seule paraît être la souche des innombrables variétés qui peuplent nc basses-cours.

Les Indes et la Malaisie sont leur berceau d'origine. Chacune d'elles a un aire de dispersion qui lui est propre, mais toutes ont les mêmes mœurs, le mêm genre de vie.

Ces quatre espèces sauvages sont : le Coq de Bankiva, le Coq de Stanley, Coq de Java, le Coq de Sonnerat.

LE COQ DE BANKIVA (*Gallus Bankiva*, *G. ferrugineus*). — ***Caractères.*** — Le Coq de Bankiva est un bel Oiseau dont la taille est d'environ 0m,60.

Nous en reproduisons l'excellente description classique tirée de Brehm « Il a la tête, le cou, les longues plumes pendantes de cette dernière région d'u jaune doré brillant ; les plumes du dos d'un brun pourpre, d'un rouge brillan au milieu, bordées de brun jaune ; les longues couvertures supérieures et pen dantes de la queue de la même couleur que les plumes du cou ; les couverture moyennes des ailes d'un brun châtain vif ; les grandes à reflets vert noir ; le plumes de la poitrine noires, à reflets vert doré ; les rémiges primaires d'un gri noir foncé, bordées d'un liséré plus clair ; les rémiges secondaires rouges sur le barbes externes ; les internes noires ; les plumes de la queue noires, les médiane brillantes, les autres ternes ; l'œil rouge-orange ; la crête rouge ; le bec brunâtre les pattes d'un noir ardoisé. »

La Poule est de plus petite taille ; sa queue est dirigée plus horizontalement et chez elle, la crête et les appendices rostraux ne sont qu'indiqués.

Elle a les plumes longues du cou noires, bordées de blanc jaunâtre ; celles du manteau tachetées de brun noir ; celles du ventre isabelles ; les rémiges et le rectrices d'un brun noir.

Le Coq de Bankiva présente des variétés locales très nombreuses.

Habitat. — Son aire de dispersion est plus étendue que celle des autres espèces ; elle comprend l'Inde septentrionale jusqu'à Sinde, du côté de l'ouest, l'Himalaya jusqu'à une altitude de 4 000 pieds anglais, Burmah, la péninsule malaise, l'Indo-Chine, les Philippines et les îles de la Sonde jusqu'à Timor.

LE COQ DE STANLEY (*Gallus Stanleyi*, *G. lineatus*). — Le Coq de Stanley diffère peu du précédent par son plumage ; sa crête est jaune bordée de rouge.

Il se fait remarquer par sa voix très singulière. On ne le rencontre qu'à Ceylan.

LE COQ DE JAVA (*Gallus furcatus*). — ***Caractères.*** — Le Coq de Java, ou *Coq tacheté*, surpasse les espèces précédentes par l'éclat de son plumage.

Il a les plumes de la collerette longues, mais non pointues, d'un vert foncé à éclat métallique et entourées d'un liséré étroit d'un noir de satin; les plumes longues et étroites de l'épaule et des couvertures supérieures des ailes d'un vert noir brillant, bordées d'une bande large d'un jaune doré foncé, très vif; les plumes du croupion très longues, d'un vert noir brillant au milieu, et bordées de jaune clair; les grandes couvertures et toutes les plumes de la face inférieure du corps d'un noir foncé, très brillant; les rémiges primaires d'un noir brun, les secondaires brunes, bordées en dehors de jaune fauve; les plumes de la queue d'un vert métallique, à reflets superbes; l'œil jaune clair; les parties nues des joues rouges, bordées en dehors et en bas de jaune doré; la crête bleue à sa base, violette à sa pointe; la mandibule supérieure noire, l'inférieure jaune; les pattes d'un gris bleuâtre clair.

La Poule est plus petite. Ses joues sont complètement emplumées. Elle a la tête et le cou d'un gris brun, les plumes du manteau vert doré, bordées de gris brun, avec la tige rayée de jaune d'or; les grandes couvertures et les rémiges secondaires sont d'un gris foncé brillant, moirées de jaune; les rémiges primaires sont brunâtres, les rectrices brunes à reflets verdâtres et bordées de noir; la gorge blanche; la poitrine et le ventre couleur isabelle.

LE COQ DE SONNERAT (*Gallus Sonnerati*). — ***Caractères.*** — Le Coq de Sonnerat ou *Coq sauvage de l'Inde*, ou *Katukoli*, comme l'appellent les Indiens, diffère surtout des autres espèces par la forme de sa collerette.

Les plumes en sont longues, étroites, arrondies à l'extrémité; leur tige s'élargit en formant un disque corné, puis s'amincit pour s'élargir de nouveau en forme de spatule. Les barbes de ces plumes sont d'un gris foncé; la tige elle-même est d'un blanc brillant à sa base, d'un jaune roux vif à l'extrémité, de sorte que l'aspect de ces plumes est celui de lamelles cartilagineuses rayées de couleurs vives.

Les plumes du dos sont longues, étroites, d'un brun noir et rayées longitudinalement de blanc; les petites couvertures des ailes sont dépourvues de barbes, et leur tige est aplatie en palette; les plumes du croupion sont grises, à tige et à liséré plus clairs; les couvertures supérieures de la queue d'un vert foncé brillant; la face inférieure du corps d'un gris noir; les flancs jaunes tirant sur le brun rouge vers les bords et au milieu; l'œil est jaune brun clair, la crête rouge ainsi que les barbillons, les pattes et le bec jaunes.

La Poule a une livrée moins variée et moins brillante.

Habitat. — Le Coq de Sonnerat est originaire de l'Inde.

Certains auteurs décrivent, en outre des quatre espèces dont il vient d'être question, trois Coqs désignés sous les noms de *Gallus Temmincki*, *G. æneus*, *G. giganteus*. On admet aujourd'hui que ce sont de simples variétés des précédents.

Mœurs. — Mais, si les ornithologistes sont bien fixés sur les descriptions des Coqs sauvages, ils savent peu de chose sur leur genre de vie. Ces Oiseaux habitent en effet des régions peu accessibles, et n'ont guère pu être observés jusqu'ici que dans l'Inde.

Le Coq de Bankiva se tient principalement dans les hautes montagnes et ne descend jamais au-dessous de 1 000 mètres d'altitude. Le Coq de Stanley est commun aussi dans les régions montagneuses. Le Coq de Java habite les fourrés les plus impénétrables des hautes forêts. On le rencontre parfois sur le bord des chemins, recherchant quelque nourriture dans les excréments des bestiaux, mais au moindre bruit, il disparaît dans quelque taillis impénétrable.

Les Coqs sauvages se nourrissent de graines, de bourgeons, d'Insectes, notamment de Termites. C'est surtout le matin qu'ils se mettent en mouvement et font retentir les airs de leurs cris sonores.

Ils sont querelleurs et batailleurs au même degré que les Coqs domestiques. Leurs mœurs sont polygames.

Chaque Poule dépose ses œufs dans quelque dépression du sol où elle a amassé des herbes et des feuilles sèches. Elle fait preuve de toutes les qualités d'une excellente mère, tandis que le Coq ne paraît témoigner aucune affection à sa progéniture.

Chasse. — La chasse des Coqs sauvages se pratique fort peu, en raison des difficultés qu'elle présente. D'ailleurs, la chair de ces Oiseaux est relativement coriace, bien que d'un goût excellent, selon Jerdon.

Captivité. — Le Coq de Bankiva présente de remarquables aptitudes à la domestication. Il n'en est pas de même des autres espèces, et même quand on fait couver leurs œufs par des Poules domestiques, les jeunes, une fois développés, ne manquent pas de s'échapper à la première occasion.

Acclimatation. — De l'Asie, leur berceau d'origine, les Coqs ont été transportés par l'homme dans toutes les contrées du globe. Ils se sont acclimatés partout, mais de préférence dans les régions chaudes et tempérées. Leur domestication et la création de races spécialement élevées en vue de l'alimentation de l'homme, remontent à une haute antiquité.

Historique. — D'après les documents les plus anciens, les Coqs ont été introduits en Chine sous une dynastie régnant 1400 ans avant Jésus-Christ.

Ces Oiseaux ne sont ni mentionnés dans l'Ancien Testament, ni figurés sur les monuments égyptiens. On n'en a pas trouvé de traces dans les habitations lacustres de la Suisse. Théognis et Aristophane en font mention en 400 à 500 avant Jésus-Christ. D'après Darwin, il en est figuré sur quelques cylindres babyloniens (VIe ou VIIe siècle av. J.-C.), et sur la tombe des Harpies en Lycie (600 ans av. J.-C.). « Nous pouvons donc fixer à peu près, dit l'illustre naturaliste, vers le VIe siècle avant Jésus-Christ, l'époque de l'arrivée en Europe de l'espèce galline. Au commencement de notre ère, elle devait déjà avoir voyagé plus à l'ouest, car Jules César l'a trouvée en Bretagne. »

L'étymologie du mot *Coq* est assez embrouillée. Il est probable que ce nom vient de *Coq*, nom celtique de cet Oiseau.

Mais, d'après Rey, les Gaulois n'auraient jamais eu le Coq pour emblème : « le prétendu *Coq gaulois* est fils de la Révolution ; c'est en 1789, avec la garde nationale, qu'il a pris naissance ».

Quant au Coq des girouettes, son origine n'est pas bien certaine. « Il était, dit Rey, depuis un temps immémorial en usage dans toute la chrétienté. C'est un symbole de vigilance qu'exercent les ministres du culte, et une indication qu'ils doivent adresser leurs prières au Ciel dès le lever du soleil. »

LES COQS ET LES POULES DOMESTIQUES

Origine. — On admet, depuis les mémorables travaux de Darwin, que le Coq de Bankiva est la souche de toutes les races de Coqs et de Poules domestiques. Les preuves de cette unité d'origine des races gallines sont moins faciles à établir que celles de l'unité spécifique des races de Pigeons. Néanmoins, on peut invoquer à l'appui de cette hypothèse les faits suivants :

Le Coq de Bankiva est l'espèce sauvage la plus voisine, par ses caractères, de certaines races domestiques telles que les Combattants. De part et d'autre, on constate la même conformation, le même cri, le même plumage.

Le Coq de Bankiva est une espèce abondamment répandue, d'un apprivoisement facile, et présentant des variétés locales nombreuses.

Elle est la seule des quatre espèces sauvages qui, croisées entre elles ou avec les races domestiques, ait donné des métis féconds.

Enfin, on constate fréquemment chez des races domestiques nettement caractérisées, telles que les races Cochinchinoise, Dorking, Bantam, Soyeuse, un retour au type primitif, c'est-à-dire des individus qui présentent accidentellement des caractères et un plumage semblables à ceux du Coq de Bankiva.

Étant donnée l'innombrable quantité de races domestiques distinctes qui peuplent aujourd'hui la surface du globe, il y a lieu de s'étonner, cependant, qu'une seule espèce ait pu produire autant de variétés différentes.

Mais la formation des premières races domestiquées date d'une époque très reculée, et Darwin a montré comment le nombre des variétés avait pu depuis cette époque s'accroître insensiblement, dans des proportions considérables.

« On sait, dit cet auteur, qu'au commencement de l'ère chrétienne, les Romains avaient déjà six ou sept races, et Columelle recommande comme les meilleures, « les sortes qui ont cinq doigts et les oreilles blanches ». On connaissait en Europe, au XVe siècle, plusieurs races qui ont été décrites; et à peu près à la même époque, en Chine, il y en avait sept portant des noms distincts.

« Actuellement, dans une des îles Philippines, les naturels, quoique à demi barbares, distinguent par des noms différents non moins de neuf sous-races de volaille. Azara, qui écrivait à la fin du siècle dernier, raconte que, dans l'intérieur de l'Amérique du Sud, où on se serait le moins attendu à trouver des soins de cette nature, on élevait une race à peau et os noirs, parce qu'elle était productive, et sa chair bonne pour les malades. Or tous ceux qui se sont occupés de l'élevage de la volaille, savent combien il est impossible de maintenir les races distinctes, sans prendre les plus grandes précautions pour séparer les sexes. Peut-on donc admettre que, autrefois et dans les pays peu civilisés, ceux qui ont pris la peine de conserver distinctes des races qui avaient pour eux une certaine valeur, n'aient pas parfois détruit les Oiseaux inférieurs, et conservé les meilleurs ? Il n'en faut pas davantage.

« Nous ne prétendons pas qu'autrefois, personne ait songé à créer une race nouvelle, ou à modifier une race existante d'après un type de perfection idéal, mais ceux qui s'occupaient de la volaille devaient chercher à obtenir et à élever les meilleurs Oiseaux possible; cette marche, dont le résultat était la conservation des Oiseaux les plus parfaits, devait à la longue modifier la race aussi sûrement, quoique beaucoup moins rapidement que ne le fait de nos jours la sélection méthodique. Il suffit d'une personne sur cent ou même mille, se livrant à un élevage attentif de cette nature, pour que ses produits deviennent supérieurs aux autres, et tendent à former une nouvelle famille, dont les différences spéciales, augmentant lentement et graduellement, comme nous l'avons vu précédemment, finissent par acquérir l'importance de caractères d'une sous-race ou même d'une race. Les races négligées peuvent s'altérer, tout en conservant partiellement leurs caractères, mais revenant ensuite à la mode, elles peuvent être ramenées à un degré de perfection très supérieur à celui de leur type précédent; c'est ce qui est arrivé tout récemment aux races huppées.

« Une race entièrement négligée disparaît toutefois et s'éteint, comme cela a été le cas pour une sous-race huppée. Lorsque, dans le cours des siècles passés, il est né un Oiseau offrant quelque point anomal de conformation, tel qu'une huppe d'Alouette sur la tête, il est probable qu'il aura dû être conservé, en vertu de cette passion pour la nouveauté qui a, par exemple, conduit quelques personnes à produire et à élever en Angleterre des races sans croupion, ou des Oiseaux frisés dans l'Inde.

« De pareilles anomalies sont ensuite conservées avec le plus grand soin, comme indice de la pureté et de la bonté de la race; c'est d'après ce principe que, il y a dix-huit siècles, les Romains estimaient le plus, chez leurs volailles, un cinquième doigt et les lobes auriculaires blancs.

« Ainsi, l'apparition incidente de caractères anomaux, même très légers au premier abord; les effets de l'usage ou du défaut d'usage, peut-être ceux de l'influence directe du climat et de la nourriture; la corrélation de croissance; le retour occasionnel vers d'anciens caractères depuis longtemps perdus; les croisements des races, quand il s'en est déjà formé un certain nombre; mais, par-dessus tout, une sélection inconsciente poursuivie pendant une longue série de générations, sont autant de circonstances qui, à mon avis, lèvent toutes les difficultés qui semblent s'opposer à l'admission de l'opinion, que toutes les races descendent d'une souche primitive unique. »

On a vu plus haut pour quelles raisons le Coq de Bankiva est considéré comme cette souche primitive unique.

Classification. — « Une classification naturelle des races gallines, a dit Darwin, n'est pas possible, car elles diffèrent les unes des autres à des degrés divers, et n'offrent pas de caractères subordonnées les uns aux autres, qui permettent de les classer par groupes sous d'autres groupes. Elles semblent toutes avoir divergé d'un type unique par des voies différentes et indépendantes. »

Et, en effet, tous les ornithologistes qui ont essayé de rattacher les innombrables variétés à un certain nombre de types morphologiques ne sont arrivés qu'à établir des classifications forcément artificielles.

L'une des meilleures cependant est celle que nous empruntons à Cornevin. Elle a l'avantage, par sa disposition, de faciliter la détermination rapide de chaque race, et de présenter une série de formes qui s'éloignent graduellement de plus en plus du type primitif.

Une première grande division est basée sur la présence ou l'absence de coccyx, ce qui établit la distinction des races *Uropygidées* et des races *Anuropygidées.*

Puis dans chacune de ces divisions, la présence de cinq ou quatre doigts donne lieu à la formation des groupes *Pentadactyles* et *Tétradactyles.*

Enfin, comme autres caractères secondaires utilisés dans la dichotomisation, on remarque les particularités tirées des crêtes, des huppes, de la vestiture des tarses, etc.

Nous retrouverons aussi, dans les caractères des races domestiques de Coqs, quelques particularités accidentelles étudiées à propos des Pigeons, ce sont la *frisure* et le *soyeux* des plumes.

SYNOPSIS DES RACES GALLINES (D'après Cornevin).

Article I. — **Races Uropygidées.**

Groupe I. — **Races U. Tétradactyles.**

Section I. — *Races à crête.*

Sous-section I. — *Races à tarses nus.*

1° Non cravatées.

Catégorie I. — *Races à crête simple et dentée.*

- Cou emplumé.
  - Port très redressé ; corps longiligne, bec puissant .... **Combattant.**
  - Stature moyenne ou un peu au-dessous. — Port ordinaire ou s'en rapprochant.
    - Crête droite dans les deux sexes. — Oreillons rouges.
      - Tarses gris .... **Commune.**
      - — rosés .... **Scotch-Grey.**
    - Crête renversée chez la Poule.
      - Oreillons blancs.
        - Plumage varié .... **Brœckel et de la Frise.**
        - — blanc .... **Ramelslohe.**
      - Oreillons rouges .... **Gournay.**
      - Oreillons blancs.
        - Joues blanches .... **Espagnole.**
        - Joues rouges.
          - Tarses noirs .... **Minorque.**
          - — gris noir longs. **Andalous.**
          - — gris et minces .. **Bressane.**
          - — jaunes .... **Leghorn.**
  - Forte stature. — Port ordinaire.
    - Crête droite dans les deux sexes. — Oreillons rouges assez développés ; tarses jaunes ; queue courte .... **Plymouth-Rock.**
    - Crête renversée chez la femelle.
      - Oreillons blancs et rouges de développement moyen ; tarses gris bleuâtre .... **Elberfeld.**
      - Petits oreillons blancs et rouges ; tarses gris blanc rosé .... **Coucou de Rennes.**
      - Oreillons blancs ; tarses ardoisés .... **Barbezieux.**
  - Tronc de dimensions moyennes, mais tarses rudimentaires. — Port ordinaire. Crête couchée chez la femelle. Tarses gris. **Courtes-pattes.**
  - Formes naines ....
    - Port redressé. Tarses proportionnés à la taille et verdâtres .... **Naine de combat.**
    - Port ordinaire.
      - Tarses très courts et jaunes .... **Nangasaki.**
      - — proportionnés au corps et rosés ... **Scotch-Grey. Bantam.**
      - Plumage soyeux .... **Soyeuse.**
- Cou nu .... **A cou nu ou de Transylvanie.**

CATÉGORIE II. — *Races à crête sans indentations.*

Stature moyenne.	Port redressé.	Tarses jaunes. Queue petite et inclinée	**Malaise.**
		— gris plombé; margeolles et oreillons lie de vin.	**De Bruges ou Combattant du Nord.**
	Port tendant à l'horizontale.	Oreillons rouges, tarses jaunes, queue très longue...	**De Yokohama.**
		Queue longue au maximum, couleurs très vives et variées	**Phœnix.**
Stature au-dessous de la moyenne; queue traînante			**De Sumatra.**

CATÉGORIE III. — *Races à crête fraisée.*

Plumage ordinaire	Stature moyenne.	Crête plaquée horizontale.	Oreillons blancs. Tarses gris	**De Hambourg.**
			— rouges. — jaunes	**De Dominique.**
			Oreillons rouges. Petites plumes raides autour de l'œil	**Orpington.**
		Crête projetée sur les yeux		**Red-Cap.**
	Forte stature.	Crête plaquée horizontale.	Oreillons blancs. Tarses gris	**Du Mans.**
			— rouges. — jaunes	**Wyandotte.**
	Stature ordin. par le corps, rudimentaire par les tarses.	Crête horizontale, oreillons blancs, tarses gris		**Campine courtes-pattes.**
	Formes naines.	Oreillons rouges, queue sans faucilles		**Sebright.**
		— blancs, queue avec faucilles		**Bantam.**
Plumage frisé.	Stature ordinaire			**Frisée du Chili.**
	Forme naine			**Petite frisée.**

2° Cravatées.

CATÉGORIE I. — *Races à crête simple et dentée.*

Cravate confondue avec barbe et favoris	**A tête de hibou ou Cosaque.**
Cravate, barbe et favoris	**De Mantes.**

CATÉGORIE II. — *Races à crête fraisée.*

Cravate, barbe et favoris	**Barbue d'Anvers.**

SOUS-SECTION II. — *Races à tarses emplumés.*

Non cravatées.

CATÉGORIE I. — *Races à crête simple et dentée.*

Grande stature.	Tarses jaunes, doigts emplumés, queue rudimentaire	**Cochinchinoise.**
	— noirs ou gris foncé, peu emplumés	**Langshan.**
	— jaunes, doigts nus	**Sherwoods.**
	— couleur chair, peu emplumés, queue courte	**Coucou de Malines.**
Formes naines.	Tous les caractères de la grande Cochinchinoise avec plumage toujours fauve	**Naine de Pékin.**
	Tarses blanc rosé, fortes manchettes, queue bien développée..	**Bantam pattu.**

CATÉGORIE II. — *Race à crête lobée.*

Grande stature. — Queue assez relevée avec deux faucilles formant fourche...	**Brahma-Pootra.**

SECTION II. — *Races à huppe ou à épi.*

SOUS-SECTION I. — *Races à tarses nus.*

CATÉGORIE I. — *Races n'ayant qu'une huppe.*

Stature moyenne.	Plumage à disposition normale	Pas de cravate; margeolles bien développées...	**De Hollande.**
		Cravate; margeolles rudimentaires	**De Padoue.**
Forme naine.	Tous les caractères de la Hollandaise de format ordinaire et plumage très blanc		**Hollandaise naine.**
	Tous les caractères de la Padoue de forme ordinaire		**Padoue naine.**

Catégorie II. — *Races ayant simultanément une huppe ou un épi et une crête.*

Forte stature.	Pas de cravate.	Crête à 2 cornes avec petite huppe ou épi, margeolles très développées	**De la Flèche.**
		Crête lobée quelquefois en gobelet, margeolles ordinaires.	**De Caumont.**
	Cravate		**Crèvecœur.**
Stature un peu au-dessous de la moyenne			**Faisane.**

Sous-section II. — *Races à tarses emplumés.*

Stature moyenne.	Petit épi; une cavité dans une crête extrêmement rudimentaire...	**De Bréda.**
	Huppe étirée en arrière; crête à 2 cornes	**Ptarmigan.**

Groupe II. — **R. U. Pentadactyles.**

Section I. — *Races à crête.*

Catégorie I. — *Races à crête simple.*

Stature moyenne.	Tarses nus, pas de cravate	**Flamande.**
	— emplumés, cravate	**De Faverolles.**
Forte stature.	— Tarses nus, pas de cravate	**De Dorking.**

Catégorie II. — *Race à crête fraisée.*

Forte stature. — Mêmes caractères que la Dorking à crête simple............ **Dorking fraisé.**

Section II. — *Races à huppe ou à épi.*

Stature ordinaire.	Peau blanche.	Tarses nus, crête lobée, quelquefois en gobelet, accompagnant la huppe, plumage bicolore	**De Houdan.**
		Tarses emplumés, forte huppe, crête bicorne	**Sultane.**
Stature au-dessous de la moyenne sans atteindre au nanisme. Peau noire, huppe avec crête fraisée, oreillons et margeolles violacés, plumage très doux.			**Nègre**

Article II. — **R. Anuropygidées.**

Groupe I. — **R. Au. Tétradactyles.**

Catégorie I. — *Races à crête.*

Stature ordinaire. Pas de faucilles, ni de vertèbres coccygiennes.............. **Sans croupion.**
Stature naine. Mêmes caractères que ci-dessus, avec nanisme.................. **Sabot.**

Groupe II. — **R. An. Pentadactyles.**

Catégorie II. — *Race à huppe.*

Stature au-dessous de l'ordinaire Pas de faucilles; huppe; barbe; tarses emplumés.................. **Huppée sans queue.**

Ier GROUPE — TYPE RACE COMMUNE

RACES UROPYGIDÉES TÉTRADACTYLES. — TARSES NUS. CRÊTE SIMPLE ET DENTÉE

RACE DES COMBATTANTS. — Les Combattants ont pour caractères: une attitude fière, redressée, un bec fort et crochu; un cou long et fort, peu arqué; une poitrine large; un dos court; des cuisses fortement musclées; des jambes longues, fortes, couvertes de fines écailles et armées d'un ergot puissant; des doigts longs, étendus, le doigt postérieur bien appliqué sur le sol; une crête simple et droite; des yeux grands à pupille noire; la queue serrée, étroite, bien relevée; les oreillons et les barbillons courts; le plumage serré et lisse.

Cette race est très voisine du Coq de Bankiva, mais la plupart de ses caractères ont été exagérés par l'élevage et la sélection artificielle au détriment de la belle harmonie de ses formes. Le Combattant anglais actuel paraît être, aux yeux des profanes, plutôt un type monstrueux qu'une race perfectionnée.

Son importation en Europe date d'une époque assez reculée, car César y fait allusion dans ses *Commentaires*.

Les Combattants sont, comme leur nom l'indique, d'un caractère très batailleur, qui se manifeste chez les jeunes dès l'âge de cinq à six semaines. Ces ardeurs belliqueuses ne sont pas l'apanage des Coqs ; elles existent aussi, mais à un plus faible degré, chez les Poules.

C'est surtout à la race des Combattants que s'appliquent ces lignes de Buffon :

« Les hommes, qui tirent parti de tout pour leur amusement, ont bien su mettre en œuvre cette antipathie invincible que la nature a établie entre un Coq et un Coq ; ils ont cultivé cette haine innée avec tant d'art, que les combats de deux Oiseaux de basse-cour sont devenus des spectacles dignes d'intéresser les peuples polis, et en même temps de développer ou entretenir dans les âmes cette précieuse férocité, qui est, dit-on, le germe de l'héroïsme. On a vu, on voit encore tous les jours, dans plus d'une contrée, des hommes de tous états accourir en foule à ces grotesques tournois, se diviser en deux partis, chacun de ces partis s'échauffer pour son combattant, joindre la fureur des gageures les plus outrées à l'intérêt d'un si beau spectacle, et le dernier coup de bec de l'Oiseau vainqueur renverser la fortune de plusieurs familles. C'était autrefois la folie des Rhodiens, des Tangriens, de ceux de Pergame ; c'est aujourd'hui celle des Chinois, des habitants des Philippines, de Java, de l'isthme de l'Amérique et de quelques autres nations des deux continents. »

Les combats de Coqs, très en honneur en Angleterre, en Belgique et dans le nord de la France, sont souvent l'objet de paris importants. Ils sont, pour les amateurs, dans ces contrées, ce que les courses de Taureaux sont pour les Espagnols.

Certains dimanches, on voit les *coqueleux* — c'est ainsi que s'appellent les fervents de ce genre de sport — se réunir dans une salle spécialement aménagée à cet effet, et *mettre au parc*, tel est le terme consacré, leurs élèves favoris. Ceux-ci ont subi, préalablement, une véritable toilette de guerre. On leur a amputé la crête, les oreillons et les margeolles, pour qu'ils offrent moins de prise au bec de leur adversaire, et on a muni leurs ergots de longs éperons en acier. L'amputation de la crête et des autres appendices cutanés de la tête se pratique de bonne heure, lorsque les jeunes Coqs n'ont encore que six à sept mois. L'éperon d'acier s'adapte à l'aide d'une courroie, un moment avant le combat.

Les deux champions désignés sont placés l'un en face de l'autre dans une arène recouverte de sable fin. Autour de l'arène des bancs sont disposés en amphithéâtre, pour les curieux et les parieurs.

A un signal donné, la bataille commence. Les deux Coqs se précipitent l'un

vers l'autre, les plumes hérissées, les yeux brillants, et entrent en lutte. Ils se servent davantage de leurs pattes formidablement armées, que de leur bec; ils s'en portent des coups violents, en s'élançant l'un sur l'autre et se soulevant au-dessus du sol. Il est rare que l'un d'eux abandonne le champ de bataille; le plus souvent, le vaincu, s'il n'est tué net, reste terrassé et agonisant jusqu'à ce qu'on l'ait remplacé par un nouveau combattant.

Indépendamment de son aptitude à ce genre original d'exercice, la race des Combattants anglais a, entre autres qualités, celle de fournir aux gourmets une chair fine et délicate. De plus, elle est d'une grande fécondité. De sorte que les efforts des éleveurs tendent aujourd'hui vers deux buts bien différents. Tandis que quelques-uns élèvent ces volatiles en vue d'exalter soit leurs qualités de lutteurs, soit leurs caractères de fantaisie, d'autres essaient de produire abondamment et d'améliorer une volaille justement appréciée.

Aussi les sous-races de Combattants sont-elles nombreuses et variées. Sous le rapport de la coloration du plumage, les Combattants anglais se répartissent dans les sous-races suivantes :

Noire, Blanche, Coucou, Pailletée ou Papillotée, Pile, Pile blanc, Dorée à ailes de Canard, Argentée à ailes de Canard, Rouge à plastron noir, Rouge à plastron brun.

Les variétés dites *à ailes de Canard* présentent sur les ailes des localisations pigmentaires rappelant celles que l'on voit chez les Canards.

RACE COMMUNE. — Cette race, qui rappelle par ses formes, ses allures, son plumage, le Coq de Bankiva, ne présente pas de caractères bien fixes, car elle n'a pas été l'objet d'une sélection rigoureuse. Néanmoins, malgré les variétés locales sous lesquelles on peut la rencontrer, elle est aisément reconnaissable. Son corps est bien proportionné, ses formes élégantes; son plumage a les nuances brillantes et les reflets verts et dorés du Coq de Bankiva. La tête porte une crête simple, verticale, d'un développement moyen, bien dentée; les margeolles sont bien développées et pendantes; les oreillons blancs ou rouges; la queue est ornée de faucilles longues et gracieusement recourbées; les tarses gris.

Le plumage de la Poule est d'un fauve plus ou moins cendré.

On rencontre cette race dans la plupart des fermes. Son élevage réclame peu de soins, sa chair est excellente et sa fécondité remarquable : la Poule donne en moyenne 150 œufs par année, elle se montre bonne couveuse et bonne mère.

Les sous-races principales sont les suivantes :

1° La sous-race de Caussade ou de Gascogne, reconnaissable à son plumage noir.

2° La sous-race du Gâtinais, qui a un plumage gris.

3° La sous-race des Ardennes, qui diffère peu de la race type.

La *Poule créole de la Plata* n'est que la race commune de l'Europe, introduite depuis plusieurs siècles dans l'Amérique du Sud, où elle vit à l'état de demi-liberté. Sous l'influence de ce nouveau genre de vie, du climat et de la

---

Pl. XXXIII. — Coq et Poules. — Race Andalouse (texte, page 111).

nourriture, elle a pris des caractères particuliers. Sa taille s'est amoindrie, s… plumage est devenu roussâtre ou jaunâtre. Par leurs allures, et leur genre … vie, les Poules créoles de la Plata se rapprochent beaucoup des espèces sauvag… Vives, alertes, volant facilement et se perchant volontiers sur les arbres, ell… forment des petites bandes de quatre à cinq individus d'un naturel ass… sauvage.

La *Poule de Jérusalem* n'est aussi qu'une sous-race asiatique de la ra… commune.

Coqs. — Race commune.

RACE COUCOU D'ÉCOSSE (*Scotch Grey*). — Les races dites *Coucous* doivent leur nom à ce que leur plumage ressemble à la face ventrale du Coucou, c'est-à-dire qu'il est rayé de brun noir ou de brun roux sur un fond gris clair.

D'après leur origine géographique on distingue : les *Coucous de Rennes,* ou *de France,* les *Coucous Malines,* les *Coucous d'Écosse.*

Les deux premières sous-races sont de très forte taille et d'un type voisin du Plymouth-Rock.

RACE DE BRAEKEL, OU CAMPINE A CRÊTE SIMPLE. — Très estimée en Belgique et dans le nord de la France, cette race se distingue de la race commune par sa taille qui est plus petite, et son plumage dit *crayonné*, doré ou argenté.

La Poule est une excellente pondeuse.

LA RACE DE RAMELSLOHE et celle de **GOURNAY** se rangent à côté de la précédente.

LA RACE ESPAGNOLE. — Les Coqs et Poules de race espagnole ont un aspect très caractéristique. Ils sont de haute taille, leur port est fier, redressé ; leur plumage presque uniformément noir ; le grand développement de leur crête, droite, profondément dentée, leurs longs barbillons rouges, leur face nue, verruqueuse, d'une pâleur livide, donnent à ces Oiseaux un aspect très singulier.

Cette race n'est encore considérée que comme une race de fantaisie. La Poule est bonne pondeuse, mais sa chair est peu appréciée. Pendant l'hiver, par les froids rigoureux, la belle crête des Coqs est sujette à se geler.

Outre la race noire typique, il existe une sous-race blanche.

RACE DE MINORQUE. — Les Coqs et Poules de Minorque, très répandus en Angleterre, se distinguent de la race espagnole par la couleur des joues qui est rouge au lieu d'être blanche.

On la dit originaire des îles Baléares, mais en réalité, elle provient d'une race améliorée de la péninsule Ibérique, connue sous le nom de *Castillane* ou *Andalouse noire*.

C'est une race rustique, peu sujette aux maladies, s'engraissant facilement ; la Poule est une excellente pondeuse, mais n'a que peu de qualités pour couver.

LA RACE ANDALOUSE (*). — Elle se rattache très intimement à la race de Minorque, dont la distingue seulement son plumage maillé d'un gris ardoisé.

LA RACE D'ANCÔNE. — Elle ne diffère aussi de la Minorque que par son plumage coucou.

Les races Espagnole, de Minorque, Andalouse, d'Ancône, bien que formant un groupe assez homogène, ne proviennent pas toutes, comme leur nom pourrait l'indiquer, de l'Espagne. Une seule d'entre elles, la Minorque, provient de ce pays. Les autres sont des races sélectionnées, moins connues en Espagne que partout ailleurs.

LA RACE BRESSANE. — Cette race est très ancienne. Son nom rappelle celui de la province où elle a été l'objet d'un élevage tout particulier.

Elle provient, d'après certains auteurs, d'un croisement entre le Coq espagnol et la Poule commune.

Ses caractères sont les suivants : la crête est grande, très dentelée, droite

---

(*) Pl. XXXIII. — Coq et Poules. — Race Andalouse (Planche, page 109).

chez le Coq, tombante chez la Poule; les oreillons sont blancs ou sablés c rouge; les tarses gris et fins; la poitrine large, le squelette léger.

C'est une race très estimée tant pour la délicatesse de sa chair et ses aptitude à l'engraissement que pour la ponte et l'incubation.

On en distingue deux variétés principales, celle de *Bourg* dont le plumag est caillouté, et celle de *Louhans* dont le plumage est entièrement noir à reflet métalliques verts et violets.

RACE DE LEGHORN. — Les allures du Coq de Leghorn ont l'élégance et l fierté de celles du Coq commun. Ses caractères en sont aussi peu différents: têt fine, surmontée d'une belle crête simple, droite, dentée; bec et pattes jaunes oreillons de grandeur moyenne et couleur blanc-crème; barbillons allongés; do court, plastron large; queue bien garnie, fortement relevée. La Poule porte l crête renversée, sa queue est moins fournie.

Les origines de cette race sont à rechercher dans le croisement de l'Andalous et d'une race également méditerranéenne, celle de Livourne. Mais elle a sur tout été sélectionnée et élevée aux environs de New-York, de sorte que certain auteurs en font une race américaine. Sa création ne remonte pas au delà de 1835.

Les Poules de Leghorn sont surtout recherchées comme pondeuses, car leur chair est peu appréciée.

Une bonne pondeuse produit annuellement environ 180 œufs du poids de 56 grammes.

Les différentes sous-races sont caractérisées par leur plumage; ce sont: la *Rouge*, la *Blanche*, la *Noire*, la *Brune* ou *Dorée*, la *Coucou* et la *Pile*.

La première est la plus connue ; chez le Coq, la tête et le camail sont rouge orangé; les lancettes ainsi que les petites et moyennes couvertures des ailes d'un rouge foncé ; le plastron, l'abdomen et les rectrices noires ; les grandes couvertures de l'aile et les faucilles noires à reflets verts ou violacés; les rémiges primaires noires, sauf les barbes externes bordées d'un liséré bai brun; les rémiges secondaires et les couvertures de la queue noires bordées d'un liséré brun.

La Poule a le plastron marron clair avec la tige des plumes blanche, le camail jaune doré, rayé de noir, la queue noire et le reste du plumage couleur perdrix.

RACE DE PLYMOUTH-ROCK. — Cette race est caractérisée par une forte taille, une crête simple et droite dans les deux sexes; des tarses jaunes, une queue courte, un plumage coucou uniforme. Les joues et les oreillons sont rouges, les margeolles bien développées.

Créée en Amérique, elle provient du croisement de la Cochinchinoise et de la Dominique.

Bonne pondeuse et bonne couveuse, d'un caractère peu querelleur, elle est très estimée pour ces diverses qualités. Les œufs sont gros et d'un beau blanc.

RACE D'ELBERFELD. — C'est une race de forte taille, très estimée en Allemagne.

Ses caractères tiennent à la fois de la race commune et de la race de Padoue. On en décrit trois sous-races principales : 1° la *Dorée*; 2° l'*Argentée*; 3° la *Noire*.

La première a le camail d'un fauve doré ; les couvertures des ailes d'un rouge-acajou traversées par une double bande noire brillante; les couvertures et la queue noires marquées de teintes chamois, les faucilles et les rectrices noires à reflets verts, les pattes gris bleuté; les oreillons blancs et rouges.

Dans la sous-race argentée la couleur blanc d'argent remplace la teinte fauve doré.

La troisième sous-race est presque entièrement noire.

RACE DE BARBÉZIEUX. — Aux races de haute stature, telles que la Plymouth-Rock et l'Elberfeld, il convient d'ajouter la race de Barbézieux, dont les affinités avec la race dite espagnole ne sont pas douteuses. Le port est fier, le plumage dominant est le noir.

Élevée principalement dans l'ouest de la France, cette race est appréciée à la fois pour sa chair et ses qualités de pondeuse.

RACE COURTES-PATTES. — La seule particularité ethnique de cette race est la brièveté des tarses, qui ne mesurent que 3 ou 4 centimètres. Cornevin la considère comme une forme monstrueuse de la race commune. Un fait qui justifie cette hypothèse, est la difficulté qu'éprouvent les éleveurs à conserver ce caractère anormal dans des couvées successives; les sujets qui ne sont pas le produit de sélections très sévères, tendent à reprendre des tarses élevés.

Douces, sédentaires, les Poules courtes-pattes sont d'excellentes couveuses.

RACE A COU NU, OU DE TRANSYLVANIE. — Cette race, assez abondante en Transylvanie, ne présente comme caractère distinctif qu'une dénudation complète de la partie supérieure du cou, laissant à nu la peau qui est d'un rouge écarlate. Par ses autres caractères, elle ne se distingue pas de la race commune.

Les échantillons qui figurent dans les jardins zoologiques d'Europe et dans les expositions avicoles sont de simples objets de curiosité.

C'est probablement du croisement du Coq à cou nu de Transylvanie et d'un Combattant qu'est née la race dite *à cou nu de Madagascar*, dont l'apparition dans la liste des innombrables variétés de fantaisie est de date récente.

Races naines du 1er groupe.

RACE DE NANGASAKI. — Outre sa forme naine, la race de Nangasaki est encore remarquable par la brièveté de ses tarses, sa crête simple relativement énorme, son attitude redressée, la tête venant presque au contact de la queue fortement relevée; la poitrine proéminente, les ailes pendantes.

Les joues sont nues et rouges ainsi que les oreillons, les margeolles très développées, le bec et les pattes rouges.

Originaire du Japon, cette race fut introduite en Europe vers 1854. On connaît trois variétés basées sur les caractères du plumage ; ce sont : la *Blanche*, la *Blanche à queue noire* et la *Soyeuse.*

Les Poules de Nangasaki sont d'un caractère très doux ; on les utilise pour l'incubation des œufs de Faisans et de Perdreaux.

La *race naine de Combat*, la *race naine d'Écosse*, la *race naine Soyeuse*, sont des variétés tératologiques de races normales vues précédemment : Combattant, Coucou d'Écosse, race commune.

Elles n'ont d'intérêt que pour les amateurs de curiosités, mais elles montrent en même temps comment une patiente sélection et un élevage particulier permettent de fixer des anomalies originairement accidentelles.

IIe GROUPE. — TYPE MALAIS

RACES UROPYGIDÉES TÉTRADACTYLES. — CRÊTE SANS INDENTATIONS

RACE MALAISE. — Les Coqs Malais rappellent par leurs formes et leur allures les Combattants anglais, ou mieux encore la race sauvage primitive. Leur port est très redressé, leurs formes élancées ; ils ont un cou très long, une poitrine large, des épaules saillantes, des jambes fortes et nerveuses pourvues d'ergots puissants ; une queue petite, habituellement pendante, relevée seulement quand l'Oiseau est excité ; un plumage serré surtout dans la région du cou.

Leur tête, en apparence fine et allongée, est relativement large ; elle est surmontée d'une crête mamelonnée ; le bec est fort et crochu ; les joues et les oreillons sont rouges, les pattes jaunes.

Cette race est très répandue dans l'archipel Malais, les Philippines, les îles de la Sonde, Madagascar et les îles de la mer des Indes.

Son caractère très querelleur la fait rechercher par les amateurs de combats de Coqs.

Elle donne, avec différentes autres races domestiques, des métis remarquables par le grand développement de leurs muscles pectoraux, mais qui en se croisant entre eux retournent rapidement au type Malais pur.

Les principales sous-races sont : la *Blanche*, la *Noire*, la *Rousse*, la *Pile* et la *Noire-rouge*.

La sous-race noire ou *Indienne* est considérée par quelques auteurs, mais à tort, comme une race distincte.

RACE DE BRUGES OU COMBATTANT DU NORD. — Cette race paraît être le résultat d'un croisement entre le Combattant anglais et le Malais.

Ses caractères sont les suivants, d'après Cornevin : crête simple, rudimentaire, de couleur lie de vin foncée, ainsi que les margeolles et les oreillons. Queue presque horizontale.

Par sa taille, son port, sa crête, son corps large en avant et étroit en arrière, elle tient de la Malaise ; par sa physionomie, son plumage, ses instincts batailleurs, elle rappelle le Combattant anglais. Ses tarses sont plombé foncé.

Bien que d'un élevage facile, elle n'est pas très recherchée comme race de produit ; sa chair est médiocre, son aptitudè à l'incubation est faible.

On l'utilise en Belgique, pour le combat, après lui avoir fait subir les mêmes mutilations qu'aux Combattants anglais.

Ses variétés de coloration sont nombreuses.

RACE DE YOKOHAMA. — Cette superbe race, originaire du Japon et de la Corée, n'est élevée en Europe que pour son plumage décoratif. Ses caractères la rapprochent beaucoup de la Malaise ; mais elle s'en distingue par le développement considérable des plumes de la queue disposées en panache et son attitude presque horizontale.

Son élevage est très délicat ; le froid lui est funeste, et son caractère batailleur ne permet pas de la laisser en compagnie des autres Oiseaux de basse-cour.

On en connaît deux sous-races : la *Ferrugineuse* et la *Blanche.*

RACE PHÉNIX. — Originaire aussi du Japon, et importée en France en 1882, la race Phénix est très proche parente de celle de Yokohama, mais elle se fait remarquer par un développement plus considérable encore des plumes de la queue et la richesse de son plumage. C'est aussi une race de pure fantaisie et d'un élevage très délicat.

Les deux variétés principales sont l'*Argentée* et la *Dorée.*

RACE DE SUMATRA. — On peut la considérer comme une forme demi-naine de la race de Yokohama. Son plumage est entièrement noir.

Elle provient non pas de Sumatra, mais de l'Amérique, où elle a été créée et sélectionnée.

IIIe GROUPE. — TYPE HAMBOURG

RACES UROPYGIDÉES TÉTRADACTYLES A TARSES NUS. — CRÊTE FRAISÉE

RACE DE HAMBOURG (*). — L'origine de la race de Hambourg est assez embrouillée. Les Anglais, les Hollandais, les Français revendiquent chacun l'honneur de l'avoir sélectionnée et fixée. Quoi qu'il en soit, elle est très répandue dans tous les pays du nord de l'Europe.

Son caractère essentiel est dans la forme de sa crête ; celle-ci est une masse charnue en forme de plateau élargi en avant, pointu en arrière, hérissé de petits monticules réguliers, et surplombant le bec dans les deux tiers de sa longueur. Le corps est bien proportionné, la tête petite, le bec court et fin ; les joues et les margeolles rouges ; les oreillons ronds, plats et blancs ; le dos incliné ; les ailes moyennes, la queue grande et bien portée ; les tarses courts et minces.

Il en existe cinq sous-races principales qui sont :

La *Pailletée argentée*, la *Pailletée dorée*, la *Noire*, la *Crayonnée argentée*, la *Crayonnée dorée.*

Les deux dernières forment pour certains auteurs la *Race de Campine.*

(*) Pl. XXXIV. — Coq et Poules de Hambourg. — Variété pailletée argentée (Planche, page 116).

Les sous-races pailletées sont caractérisées par la présence d'une tache noire à l'extrémité de chaque plume ; cette tache est lancéolée sur les longues plumes du camail, arrondie dans les autres régions.

Dans la variété argentée que représente notre planche, les plumes du camail sont blanches, flammées de noir; la poitrine, l'abdomen, les cuisses présentent les disques noirs caractéristiques sur fond grisâtre ; les ailes portent deux barres noires transversales; les plumes de la queue sont longues, élégamment recourbées et sont marquées chacune, à l'extrémité, d'un disque noir.

Les sous-races crayonnées sont caractérisées par la présence sur chaque plume de barres noires transversales.

La race de Hambourg est très appréciée pour sa beauté, son élégance, et pour son aptitude à la ponte.

Les Campines, notamment, sont connues en Angleterre sous le nom de *Poules pondant tous les jours*. Cette appellation est peut-être exagérée, mais on peut estimer à 230 œufs environ, de 50 grammes chacun, la production annuelle d'une seule Poule.

La qualité de la chair est différemment appréciée par les amateurs.

La *Campine à courtes-pattes* n'est qu'une variété tératologique analogue à la Courtes-Pattes décrite plus haut.

RACE DE DOMINIQUE. — Cette race, originaire d'Amérique, se place ici près des Hambourgs à cause de sa crête fraisée, horizontale, et de son plumage coucou, mais elle est le résultat du croisement entre la Leghorn et la Dorking fraisée.

C'est une race rustique, féconde, d'un élevage facile.

RACE D'ORPINGTON. — La création de cette race est de date toute récente. Elle a été obtenue pour la première fois en Angleterre, en 1885. Sa généalogie est assez compliquée ; on ne cite pas moins de dix races ayant concouru à sa formation, parmi lesquelles la Langshan, la Plymouth-Rock, la Minorque.

RACE DU MANS. — Par ses caractères, la race du Mans tient des Hambourgs et des La Flèche ; son origine est inconnue.

Elle est remarquable par son aptitude à l'engraissement, et la renommée des Chapons et des Poulardes du Mans est restée célèbre : les premiers atteignent le poids de 5 kilogrammes, sous l'influence d'un gavage particulier.

RACE WYANDOTTE. — La Wyandotte a des formes trapues ; ses barbillons sont de longueur moyenne, ses oreillons rouges, sa queue courte et fournie, sa crête fraisée, large en avant, pointue et recourbée en arrière, son bec et ses pattes jaunes.

Issue d'un croisement compliqué où figurent la Hambourg et la Brahma, elle a hérité de la première une grande aptitude à la ponte et de la seconde une remarquable précocité.

Pl. XXXIV. — Coq et Poules de Hambourg. — Variété pailletée argentée (texte, page 115).

Sa chair est peu appréciée en France, mais très recherchée en Amérique, son pays d'origine.

On distingue les variétés *Blanche, Noire, Argentée, Dorée* et *Coucou.*

Dans la variété Argentée, les amateurs recherchent avec un soin tout spécial la régularité des taches noires de la poitrine.

Races naines du IIIe groupe.

RACE SEBRIGHT. — On ne connaît pas les croisements qui ont donné naissance à cette race, dont le créateur est sir J. Sebright.

Sa conformation la rapproche de la Hambourg ; sa crête est fraisée ; ses joues, oreillons et margeolles rouges; ses tarses gris ; ses ailes pendantes, sa queue simple et très relevée ; son plumage maillé.

Les trois sous-races sont la *Dorée*, l'*Argentée*, la *Citronnée*, mais dans toutes les trois se retrouve la disposition maillée du plumage.

RACE BANTAM A PATTES NUES. — Les amateurs donnent le nom de *Bantam* à la plupart des races naines. Ce nom n'indique pas, par conséquent, leur origine, en particulier celle de la Bantam à pattes nues. Celle-ci a le port et la conformation des Hambourgs ; les variétés de plumage sont : la *Noire* ou *Javanaise*, la *Blanche*, la *Perdrix*, la *Dorée*, l'*Argentée* et la *Soyeuse.*

RACE FRISÉE DU CHILI. — Cette race est connue depuis très longtemps, Aldrovande l'a signalée vers la fin du XVIe siècle. Elle se fait remarquer par la disposition frisée de ses plumes, notamment sur la poitrine.

Ses caractères sont ceux de la race commune, à l'exception de la crête qui est fraisée.

Il existe aussi une race frisée exactement semblable à la précédente, mais de plus petite taille encore : on l'appelle la *Petite frisée.*

IVe GROUPE. — TYPE DE MANTES

RACES UROPYGIDÉES TÉTRADACTYLES CRAVATÉES. — TARSES NUS

RACE DE MANTES. — Cette race, dont les caractères tiennent à la fois de la Houdan et de la race commune, a été l'objet d'une sélection et d'un élevage particuliers dans les cantons de Mantes, Houdan et Bonnières, du département de Seine-et-Oise.

Elle fut créée en 1875 par Voitellier qui en donne la description suivante :

« Le cou et les pattes sont de longueur moyenne, le dos long, les reins larges, les épaules moyennement écartées, mais très saillantes, et la poitrine très carénée. Si elle diffère par sa forme et ses proportions de la race de Houdan, elle lui ressemble par son plumage caillouté noir et blanc. Elle n'en a pas la huppe, et sa crête est simple, de dimensions moyennes, peu proéminente sur le bec, peu profondément dentée, portée droite chez le Coq et pliée sur elle-même vers son milieu chez la Poule. Les barbillons sont très réduits. La gorge est un pe moins fournie que chez la Houdan et les favoris le sont au contraire davantag. La queue est de moyenne longueur et ne forme pas chez le Coq un immens panache donnant beaucoup de prise au vent; les plumes de la queue et celles q recouvrent l'abdomen sont cependant relativement molles et s'ébouriffent fac lement. Les tarses sont marbrés noir et blanc rosé, ainsi que les doigts qui so au nombre de quatre seulement. »

La race de Mantes est d'un engraissement facile, sa chair est délicate.

La Poule est bonne pondeuse et les Poussins précoces.

RACE BARBUE OU COSAQUE. — Connue aussi sous le nom de *Race à tête d Hibou*, elle doit son nom au grand développement des petites plumes frisées d la tête qui lui forment une sorte de barbe à favoris, et à la disposition de la crêt qui présente deux cornes non ramifiées.

Autrefois très répandue en Hollande, elle ne se rencontre plus que sur le bords de la mer Noire.

RACE BARBUE D'ANVERS. — Forme naine analogue à celle des Bantams elle est caractérisée, outre sa petite taille et sa crête fraisée, par une cravate d petites plumes frisées avec barbe et favoris.

Répandue en Belgique, où elle est connue aussi sous le nom de *Race naine Anversoise.*

Ve GROUPE. — TYPE COCHINCHINOIS

RACES UROPYGIDÉES TÉTRADACTYLES A TARSES EMPLUMÉS

Les Coqs et les Poules de ce groupe paraissent, au premier abord, tellement éloignés du type primitif, le Coq de Bankiva, que l'on serait tenté de rechercher leur origine dans une souche distincte. Mais « si l'on réfléchit, dit Cornevin, d'une part, que la brièveté de leur queue et de leurs ailes, ainsi que la massivité de leur corps sont des caractères acquis, qui ne se trouvent point sur des Oiseaux sauvages, où ils seraient une cause d'infériorité; que, d'autre part, on a vu quelquefois, sur des volailles communes et en dehors de tout croisement, apparaître spontanément des plumes aux tarses ou aux doigts (ce qui n'est qu'une manifestation de l'identité histologique des plumes et des écailles), les hésitations disparaîtront et on les rattachera au Coq de Bankiva ». Hâtons-nous aussi d'ajouter que ces races d'origine asiatique ont été considérablement modifiées par la sélection depuis leur introduction en Europe.

RACE DE SHANG-HAI. — Plus connue sous le nom de *Race Cochinchinoise*, ou *Cochin*, elle provient, non pas de la Cochinchine, mais du Tonkin septentrional et du sud de la Chine. Elle fut importée en Angleterre en 1843 et en France en 1846, par l'amiral Cécile.

Les Cochins sont de très haute stature; leurs formes sont lourdes et massives. Ils ont une tête relativement petite, un cou gros et court, un dos court et large, des épaules saillantes; des ailes et une queue très courtes; des tarses forts, de longueur moyenne, emplumés ainsi que les doigts. La crête est simple, peu développée; les joues, les oreillons et les margeolles sont rouges, le bec et les pattes jaunes; le plumage abondant affecte une forme duveteuse, touffue, sur les cuisses.

Les cinq sous-races principales sont : la *Chamois*, la *Blanche*, la *Noire*, la *Coucou* et la *Perdrix*. La variété *Fauve* est une modification du plumage chamois; la variété *Ardoisée* provient du croisement des sous-races Blanche et Noire.

Les Poules cochinchinoises offrent une part égale de qualités et de défauts. Elles n'atteignent leur développement complet qu'à un âge assez avancé, et la durée de leur fécondité ne dépasse guère trois ans. Leur aptitude à la production des œufs est moyenne; ces œufs sont relativement petits, de couleur jaune foncé; la ponte persiste pendant une partie de l'hiver.

« Le défaut général des Poules de cette race, dit G. Marois, c'est qu'elles sont des couveuses infatigables, et que, à cause de leur poids, parfois elles écrasent leurs œufs; mais elles sont d'excellentes mères et conductrices de poussins qu'elles défendent au besoin; les jeunes ont, comme les père et mère, un naturel calme et tranquille.

Comme nourriture, cette volaille n'est pas difficile : du blé, du maïs, du sarrasin, une pâtée lui suffisent; elle digère facilement.

Comme volaille de table, jusqu'à l'âge de cinq à six mois, le Poulet est assez agréable au goût; mais après cet âge, la chair, filandreuse, n'est pas de très bonne qualité; aussi n'a-t-elle aucune renommée chez nos gourmets; d'ailleurs, on n'aime pas les volailles à pattes jaunes.

« Cette race n'est pas bien précoce; le squelette est grossier, la peau dure; les jeunes Poulets ne se développent que lentement.

« La Poule Cochinchinoise, quand elle couve, s'abstient presque de toute nourriture; pendant le travail de l'éclosion, il faut la lever avec précaution pour la faire manger. Tout en gloussant, elle répond, au moment de l'incubation, aux mouvements et aux cris des petits dans l'œuf. La coquille de l'œuf de cette race est formée d'un calcaire épais et dur. Malgré l'humidité dégagée par la mère, celle-ci est obligée d'aider son Poussin à sortir de la coquille en brisant cette enveloppe; parfois même, l'éleveur lui-même est obligé d'aider à l'éclosion.

« La Poule est d'un naturel très doux; elle ne s'éloigne jamais de son parquet; elle ne gratte pas, elle ne dévaste pas les jardins ou prairies; elle ne cherche pas querelle à ses compagnes. Le Coq lui-même n'est pas batailleur; il manque même de hardiesse; malgré sa taille et son apparence majestueuse, avec un Coq d'une autre race, il se montre plutôt craintif et poltron. »

L'une des qualités les plus importantes de la race Cochinchinoise est de permettre d'augmenter, par des croisements bien combinés, le format moyen de produits d'une même basse-cour.

RACE DE LANGSHAN. — La race de Langshan est originaire de la Chine. Elle fut importée en Angleterre par le major Croad et c'est à A. Geoffroy Saint-Hilaire et à de Foucault que l'on doit sa propagation en France.

C'est la race la plus volumineuse de toutes ; le poids du Coq atteint 5 ki grammes; celui de la Poule 3kg,500.

Ses caractères, ses allures et ses qualités la rapprochent tellement de Cochinchinoise que pour différencier ces deux races l'une de l'autre, nc reproduisons ci-dessous un tableau comparatif intéressant, extrait de *Zootechnie* de Cornevin :

Race Cochinchinoise.	Race Langshan.
Bec jaune.	Bec couleur corne ou blanc.
Tarses jaunes.	Tarses gris plombé.
Tarses et doigts très emplumés.	Tarses et doigts peu emplumés.
Peau jaune.	Peau blanche.
Ailes peu développées.	Ailes normalement développées.
Chair médiocre.	Chair ordinaire.
Très grande propension à couver.	Propension ordinaire à couver.
Voix rauque.	Voix assez pénétrante.
Bréchet ordinaire.	Bréchet très développé.
Queue rudimentaire.	Queue moins rudimentaire.

Le plumage de la race type est uniformément noir, à reflets métallique Mais la fantaisie des éleveurs a déjà essayé de mettre à la mode d'autr variétés, parmi lesquelles la *Bleue*, la *Blanche* et la *Soyeuse*.

RACE SHERWOODS. — Peu connue en France, cette race est le résultat c croisements entre des Grands Combattants blancs, des Cochinchinois et d Brahmas. Elle a été créée par le seul fait du hasard, dans une ferme de la Vi ginie dont elle porte le nom.

RACE COUCOU DE MALINES. — L'origine de cette race est inconnue, mais s parenté avec les volailles indo-chinoises de grande taille n'est pas douteus Elle est répandue en Belgique depuis une époque assez reculée.

Elle a des formes lourdes et massives, une crête simple, dentée, une queu courte, des tarses forts, couleur de chair, garnis de petites plumes sur le côt externe; le port et l'allure des Langshans. Son plumage est coucou ou ardois uniforme.

Excellente pondeuse, bonne mère, caractère pacifique, chair délicate, telle sont ses principales qualités.

RACE DE BRAHMA-POOTRA. — Il n'existe aucune relation d'origine entre la race de Brahma-Pootra et le fleuve du même nom. Apportée aux États-Unis en 1853, par un navire qui arrivait des Indes, puis introduite en Europe, elle se répandit assez rapidement.

Sa parenté avec la Cochinchinoise est indéniable; elle ne s'en distingue que par sa crête lobée, sa queue un peu plus longue et relevée, son plumage moins soyeux et d'une coloration différente.

Ses qualités et ses défauts sont ceux de la Cochinchinoise. « Primitivement, dit Cornevin, les Brahmas étaient de plumage gris et le dessous de leur tronc se rapprochait de la nuance du Cochinchinois Perdrix; mais les éleveurs, utilisant les indications que l'on possède aujourd'hui sur la formation des races composées, ont créé deux nuances dans la race Brahma-Pootra, l'Herminée et l'Inverse. Elles ne sont transmissibles que par une élimination très attentive des sujets ne rentrant pas dans le type, et la consanguinité n'aide guère à

Poules de Brahma-Pootra.

fixer ces nuances; aussi ne les considérerons-nous que comme formant des variétés.

La variété *herminée* est constituée par des individus ayant le plumage blanc, sauf pour les plumes du camail rayées longitudinalement de noir au milieu, les rémiges primaires qui sont noires, les rémiges secondaires qui ont les barbes externes blanches et les internes noires, les lancettes tachetées de noir comme au camail. Les rectrices et les faucilles sont noires, sauf les deux faucill furcoïdes qui ont une bordure blanche. Le dessous du corps a l'apparen blanche, mais en soulevant les plumes, on voit qu'elles sont grises à la bas

La variété Inverse, ou gris foncé, se distingue de la précédente par la préd minance du noir dans le plumage au lieu du blanc et surtout parce que plastron, les pectoraux, le ventre, les cuisses et les jambes sont noirs ou noi à petites taches blanches, tandis que ces régions sont blanches chez première.

Formes naines du Ve groupe.

RACE NAINE DE PÉKIN. — Connue aussi sous le nom de Bantam nain cette race n'est que la reproduction au tiers de la Cochinchinoise fauve.

Elle fut directement importée de Chine en Angleterre vers 1860.

RACE BANTAM PATTUE. — Elle dérive de la Bantam du groupe précédent mais ses pattes sont considérablement emplumées.

VIe GROUPE. — RACES HUPPÉES-TYPE PADOUE

1° Races huppées sans crête.

Les races huppées sont caractérisées par le développement considérable d'une huppe de plumes touffues, au détriment de la crête, qui est rudimentaire ou nulle. Le développement de la huppe s'accompagne d'une déformation corrélative du crâne qui devient d'autant plus bombé que la huppe qu'il supporte est plus fournie.

Deux races très voisines l'une de l'autre représentent ce groupe et sont assurément les plus ornementales des races d'amateurs.

RACE DE PADOUE. — On ne connaît pas l'origine exacte de la race de Padoue, et l'étymologie de son nom n'est pas moins obscure.

Certains auteurs lui reconnaissent de nombreuses affinités avec la Hambourg.

La race de Padoue a la tête de grosseur moyenne, mais entièrement cachée par l'énorme huppe qui la recouvre; le corps ramassé, les ailes longues, la queue longue et bien portée, les jambes fines, les doigts longs; pas de margeolles, mais une cravate ou barbe enveloppant les mandibules et les joues; les tarses et les doigts sont d'un gris ardoisé.

Bien que la race de Padoue ait de réelles qualités pour la ponte, une chair délicate et un caractère familier, on ne peut guère la considérer que comme une race de fantaisie.

Le grand développement de sa huppe demande des soins tout spéciaux si l'on veut éviter la production d'ophtalmies qui amènent la perte de l'un ou des deux yeux.

Les sous-races, basées sur les nuances du plumage, sont nombreuses; on cite : l'Argentée, la Dorée, la Chamois, la Coucou, l'Herminée, la Noire, l'Ardoisée, la Blanche.

RACE HOLLANDAISE. — Elle ne se distingue de la race de Padoue que par la présence de margeolles très développées, sans barbe ni cravate. Elle en a d'ailleurs toutes les qualités.

Les sous-races sont les suivantes : Noire à huppe blanche, Bleue à huppe blanche, Bleue à huppe bleue, Blanche à huppe noire, Blanche à huppe blanche, Coucou.

Les races de Padoue et Hollandaise présentent toutes deux des formes naines correspondantes.

2° Races possédant à la fois une huppe ou un épi, et une crête.

RACE DE LA FLÈCHE. — Cette race tire son nom de la localité où elle a été sélectionnée et fixée. Dans sa généalogie se retrouvent la Padoue, la Crèvecœur, la Barbézieux.

Elle a pour caractères : une crête représentée par deux petites cornes sur les côtés de la tête, réunies à la base par un troisième lobe médian, plus petit, s'avançant jusque sur le bec; un épi de petites plumes redressées sur le sommet de la tête; des oreillons blancs très développés, des joues rouges et nues, des margeolles très longues; une tête et un bec relativement forts; une queue moyenne recourbée en un élégant panache; des tarses épais, d'un gris foncé. C'est une race de forte taille, atteignant, chez le Coq, le poids de 6 kilogrammes. Son plumage est entièrement noir, à reflets verts et violets.

Les Poules de La Flèche sont de bonnes pondeuses et de médiocres couveuses. La qualité qui les fait rechercher est leur tendance à l'engraissement sous l'influence d'un régime convenable. Depuis très longtemps les éleveurs de la Sarthe ont orienté leurs efforts de perfectionnement d'après cette précieuse qualité; ils sont arrivés ainsi à obtenir une race dont la chair est extrêmement fine, blanche et savoureuse, mais dont l'élevage demande quelques précautions.

On n'a cherché à créer, dans la race de La Flèche, qu'une seule variété : celle qui est dépourvue d'épi.

RACE DE CRÈVECŒUR. — La race de Crèvecœur, dont le nom rappelle celui d'une petite localité du Calvados, est abondamment répandue dans toute la Normandie et en Angleterre.

Elle a pour caractères essentiels : une huppe très développée coexistant avec une crête bicorne à la base du bec.

C'est une race d'assez forte taille et bien proportionnée. Elle a la tête assez forte, les joues recouvertes de favoris, les oreillons rouges, en partie cachés par les plumes, le bec droit, généralement noir; les margeolles de longueur moyenne, un corps massif, une queue bien développée, des tarses forts et noirs.

Son plumage est entièrement noir, à reflets verts, mais on trouve une sous-race ardoisée et une autre blanche passant au roussâtre avec l'âge et sous l'influence du soleil.

La Poule de Crèvecœur donne de gros œufs ; elle est assez bonne pondeuse mais mauvaise couveuse.

Elle aime à parcourir les prairies, les vergers. Néanmoins elle engraisse facilement et sa chair est très appréciée.

RACE DE CAUMONT OU DE PAVILLY. — Certains auteurs considèrent cette race comme une simple variété de la Crèvecœur dont elle a les qualités et les défauts.

C'est aussi à simple titre de variété qu'il faut citer les sous-races de Merlerault et de Caux, celle-ci étant le produit non encore fixé d'un croisement entre la race de La Flèche et la Crèvecœur.

RACE FAISANE. — Elle paraît résulter du croisement des trois races : Crèvecœur, Hambourg et Bréda. Elle a le plumage de la Hambourg, la crête et la barbe de la Crèvecœur.

RACES A TARSES EMPLUMÉS

RACE DE BRÉDA. — La race de Bréda est, pour les uns, originaire de la Belgique et de la Hollande, pour d'autres de l'Amérique.

On la nomme aussi *race à bec de Corneille* en raison de la forme de cet organe. Sa crête, rudimentaire, est représentée par une petite capsule cornée située à la base du bec. Sa huppe est formée d'une petite touffe de plumes rigides, sur le sommet de la tête. Ses tarses, emplumés dans les deux sexes, sont bleuâtres.

La seule qualité remarquable de cette race est son aptitude à l'engraissement.

RACE DE GUELDRE. — Considérée par certains auteurs comme une variété de la Bréda, et par d'autres comme une race distincte, elle se fait remarquer par son plumage coucou.

RACE PTARMIGAN. — De formes élancées, la race Ptarmigan a des caractères analogues à ceux de la Bréda, c'est une race de fantaisie.

VIIe GROUPE. — TYPE FAVEROLLES ET HOUDAN

RACES UROPYGIDÉES PENTADACTYLES

RACE DE DORKING. — La race de Dorking a été créée en Angleterre vers la fin du XVIIIe siècle. Son nom rappelle celui d'un bourg du comté de Surrey. Elle a été particulièrement sélectionnée en vue de la production de la chair, comme l'indiquent son corps volumineux, sa poitrine large, à plastron proéminent, son dos large. Sa crête est simple, dentée, droite chez le Coq, renversée chez la Poule ; ses joues et ses oreillons rouges, ses margeolles bien développées ; ses tarses nus et courts, à écailles lisses, de couleur blanc rosé, sa queue très garnie, à larges faucilles recourbées.

Les sous-races les plus communes sont la Grise et l'Argentée; à côté d'elles se rangent la Dorée, la Blanche, la Coucou et la Frisée.

RACE DORKING A TÊTE FRAISÉE. — Le caractère seul de la crête permet de fonder une race distincte pour la Dorking à tête fraisée, qui par tous ses autres caractères ne diffère pas de la Dorking à crête simple.

RACE FLAMANDE. — Répandue dans toute la Belgique et le nord de la France, la race flamande a beaucoup d'affinités avec la Dorking et la race commune.

RACE DE FAVEROLLES. — La création de la race de Faverolles remonte à une quarantaine d'années. Son nom est celui d'une petite localité du département d'Eure-et-Loir, voisine de Houdan.

Elle a été obtenue par des croisements multiples entre la Houdan, la Cochinchinoise, la Brahma herminée et la Dorking.

De son ancêtre la Houdan, elle a hérité la cravate et les cinq doigts; de la Cochinchinoise, l'allure lourde et le plumage fauve; de la Brahma herminée, le plumage clair et les tarses garnis de manchettes; de la Dorking, le plastron couleur saumon.

Cette volaille est d'une rusticité remarquable, bonne pondeuse et bonne couveuse. Son développement est très rapide; elle permet d'avoir des poulets qui, engraissés à quatre mois, arrivent à peser de 2 à 3 kilogrammes.

RACE DE HOUDAN. — La renommée de cette race ne date que d'une trentaine d'années. Sa généalogie n'a jamais été nettement établie; on sait seulement que les premiers sujets de race pure furent obtenus par un habile aviculteur de Saint-Côme, petit hameau de Seine-et-Oise, voisin de Houdan. L'élevage prit rapidement une grande extension dans toute la contrée, et cette précieuse volaille se répandit un peu partout. Elle fut l'objet d'intéressants rapports au Congrès ornithologique de 1900, par MM. G. Marois et J. Philippe; nous empruntons à ce dernier auteur le passage suivant :

« ... C'est une volaille vive, alerte, toujours en mouvement, très élégante de plumage, de formes et d'allures.

« Les signes distinctifs de la race pure sont un plumage caillouté blanc et noir par moitié, irrégulièrement marqué, sans trace de jaune ni de gris, sans liséré d'aucune sorte ; une huppe très fournie, ronde comme une boule chez la Poule, et, chez le Coq, composée de plumes fines rejetées en arrière; une cravate épaisse et saillante; des oreillons blancs et courts, parfois sablés de rouge et cachés par les favoris; des barbillons de dimensions moyennes et plutôt longs chez le Coq, très courts chez la Poule : la crête du Coq présente deux lobes affectant la forme vague de deux feuilles de chêne irrégulièrement dentées; ils sont séparés par un lobe beaucoup plus court, droit, et dont la partie antérieure

Pl. XXXV. — La Poule domestique et ses poussins (texte, p. 128).

s'avance légèrement sur le bec; la Poule n'offre qu'une crête rudimentaire forme de petit papillon.

« Dans les deux sexes, les pattes sont fortes, courtes, roses, avec des tach légèrement grises ou marbrées, sans plumes; elles portent cinq doigts, tro antérieurs et deux postérieurs bien distincts, bien détachés.

« Chez le Coq, le port de la tête est fier; l'œil est vif et l'ensemble de physionomie a un air légèrement agressif; la Poule, au contraire, a les app rences d'une bonne bête, bien débonnaire, mais il ne faudrait pas trop s'y fie

« La Houdan, malgré sa grosseur et la huppe qui lui cache presque les yeu est une volaille très active; elle aime à vagabonder; aussi lui faut-il de grand espaces où elle se charge de trouver, du reste, une partie de sa nourriture. est difficile, sinon impossible, de la maintenir en parquet, et l'on calcule qu'u minimum de 10 mètres carrés par tête lui est nécessaire si l'on ne peut lu donner son entière liberté; dans ce cas elle exige des rations plus abondante qu'aucune autre espèce de Poule, même de taille supérieure; elle est vorace mais tout ce qu'on lui donne lui profite; avec elle, rien de perdu et l'o retrouve, payée avec usure en œufs et en viande, la valeur des aliments qu'ell a consommés.

« Cette race n'est pas couveuse, il est excessivement rare qu'elle demande à entrer en incubation; dans notre région, pour suppléer à cette fonction naturelle qui manque à notre Poule, nous avons recours aux couveuses et aux éleveuses artificielles. Grâce à ces appareils, portés dès à présent, comme chacun sait, à un point proche de la perfection, il nous est possible de faire éclore en tout temps, en toute saison et en aussi grand nombre que nous le désirons, les poussins dont nous avons besoin pour alimenter en volailles les marchés qui absorbent toute notre production.

« Pondeuse de premier ordre, la Houdan donne par an de 125 à 180 œufs du poids moyen de 65 grammes; elle ne suspend guère sa ponte qu'à la mue et pendant les très mauvais temps.

« Les Poulettes nées en février produisent leurs premiers œufs en août; celles écloses en avril commencent à pondre en octobre, et, bien soignées, continuent une bonne partie de l'hiver.

« Les poussins sont d'une rusticité exceptionnelle; ils naissent revêtus d'un duvet blanc et noir; leur développement est très rapide, et ils prennent leurs premières plumes sans se ressentir presque de cette espèce de crise qui, à ce moment, chez les autres races, emporte tant de petits Poulets.

« Comme précocité, la Poule qui nous occupe ne le cède à aucune autre; à trois mois, si elle a été bien préparée, c'est-à-dire si elle n'a souffert ni de la faim, ni du froid, on peut la mettre à l'engraissement; elle pèse alors de 1200 à 1300 grammes; trois semaines de gavage à la farine d'orge, malaxée avec du lait caillé, la porteront au poids de 1760 à 1800 grammes.

« On se sert, en général, pour forcer l'engraissement, de machines appelées *gaveuses*, qui simplifient le travail et le rendent beaucoup plus rapide et plus régulier.

« Dans notre région de Houdan, la race qui en a pris le nom prospère à souhait sur un sol calcaire, dans un climat sec et tempéré : c'est proprement son terrain d'élection; elle ne peut se maintenir sur aucun autre; les terrains argileux, humides, lui sont néfastes ; elle y contracte le plus facilement du monde diverses maladies, le coryza entre autres, et surtout des abcès aux pattes ; mais il va sans dire, et l'expérience en a été faite cent fois, que partout où on peut l'établir dans les conditions requises, ses qualités se conservent égales à celles qu'elle possède en son lieu d'origine.

« C'est sur les territoires de Houdan, de Dreux et de Nogent-le-Roi que se pratique principalement l'élevage de la race dont nous nous entretenons; les soins qu'on lui donne ne diffèrent pas sensiblement de ceux que réclament les autres races exploitées avec intelligence et méthode.

« ... Dans les fermes où l'on s'occupe spécialement du commerce des œufs, c'est à la Houdan pure que l'on donne la préférence; mais maintenant, partout où l'on exploite le Poulet gras, c'est à la Faverolles qu'on s'adresse. »

RACE SULTANE. — Cette race, originaire de la Turquie, se rapproche beaucoup de la variété Padoue blanche.

Ses formes et son plumage sont très décoratifs; c'est une race de luxe d'un caractère très familier.

RACE NÈGRE. — Parmi les races de fantaisie les plus remarquables par leur originalité, la race nègre tient une des premières places.

Elle est de petite taille; son plumage, entièrement blanc, est formé de longues plumes soyeuses ; elle a la crête, les joues, les barbillons d'un violet noirâtre, les oreillons bleuâtres; la peau et les os noirs. La forme de sa crête est très curieuse; celle-ci est aplatie, fraisée, aussi large que longue, et forme une sorte de couronne au-dessus de la base du bec ; une petite huppe dirigée en arrière lui fait suite.

La race nègre a un autre intérêt que ses curieuses particularités : la douceur de son caractère et son aptitude à l'incubation la font rechercher pour l'élevage des faisandeaux et des poussins de races naines.

VIIIe GROUPE. — RACES SANS CROUPION

RACE DE WALLIKIKI (*Rumpless des Anglais*). — Cette race a pour caractères essentiels : l'absence complète des vertèbres coccygiennes, et par conséquent l'absence de la région du croupion et de la queue.

La tête, assez forte, porte une crête lisse, sans dentelures, et un épi.

Le corps est ramassé, trapu; les tarses fins, d'un gris brun, munis d'éperons très développés.

Les joues sont rouges et nues, les oreillons blancs.

Le plumage offre plusieurs variétés : Blanche, Noire, Dorée, Argentée, Coucou, Pile, Ferrugineuse, Ardoisée.

L'origine de cette race est très discutée. Elle était connue d'Aldrovande qui la décrivit en 1645 sous le nom de *Coq de Perse*. Plusieurs auteurs lui ayant attribué une origine ceylanaise, M. Layard fit remarquer que les races sa queue existaient bien à Ceylan à l'état domestique, mais non à l'état sauvag et que *Wallikiki* ou mieux *Wallikikilli*, qui signifie *Coq des bois*, ne se ra porte pas à la volaille que nous désignons sous ce nom en Europe, laquelle e désignée à Ceylan sous le nom de *Choki-Kukullo* ou Poule de Cochinchine.

D'autre part, une race sans queue ni croupion est connue depuis très lon temps dans le nord de l'Europe et ne paraît pas avoir été importée d'Asie.

Il semble donc que l'on puisse considérer les races sans croupion comme de cas tératologiques héréditairement fixés par la sélection, et pouvant apparaîtr dans des races diverses : c'était l'avis de Darwin, c'est aussi celui d Tegetmeier.

La Wallikiki dont il est ici question a des allures vives, des mœurs vaga bondes. Elle prospère très bien dans les fermes isolées, voisines des grande forêts. Mais une entrave à sa reproduction est la difficulté qu'éprouve le Coq cocher sa Poule ; il ne peut se maintenir en équilibre sur elle en raison d l'absence de croupion, et la fécondation est souvent le fait du hasard.

RACE SABOT. — On désigne sous ce nom une forme réduite et plu ramassée de la Wallikiki.

RACE DE GHOONDOOK ou RACE HUPPÉE SANS QUEUE. — Elle provien du croisement de la race Sultane avec la Wallikiki.

Comme la Sultane, elle est pentadactyle.

Ses allures, ses mœurs, sont celles de la Wallikiki.

L'ÉLEVAGE DES RACES DOMESTIQUES (*)

Outre l'élevage qui se pratique dans les fermes peu importantes où l'on voit une vingtaine de Poules et quelques Coqs vivre dans une demi-liberté, ramassant leur nourriture dans les environs immédiats de la ferme, et se rassemblant le soir sous quelque hangar pour y passer la nuit, il existe un genre d'élevage plus minutieux employé par les aviculteurs qui désirent tirer tout le parti possible de leurs volailles. Dans ce dernier cas, chaque race est isolée sur une certaine étendue de terrain ou *parquet*, entourée de clôtures fixes ou démontables. Dans chaque parquet est un abri constitué par une cabane en bois ou en maçonnerie, garnie de perchoirs à l'intérieur, bien aérée, mais bien protégée aussi contre les incursions des Chats, des Fouines, et autres rôdeurs nocturnes.

Au lieu de laisser les volailles picorer dans le fumier ou la cour, des détritus de toute nature, on leur donne une nourriture composée de grains, de fruits, d'Insectes, de tubercules, etc.

De l'incubation naturelle. — « L'incubation est naturelle, dit Rémy Saint-Loup, l'aviculteur bien connu à qui nous empruntons les lignes qui suivent, quand la Poule, livrée à elle-même, fait son nid, prend son temps pour pondre

(*) Pl. XXXV. — La Poule domestique et ses poussins (Planche, p. 125).

les œufs qu'elle doit couver, reste libre pendant la durée de l'incubation d'aller à la recherche de sa nourriture et de revenir au nid quand bon lui semble. « Quand bon lui semble » est exact; l'instinct de l'animal supplée à toutes les études que nous sommes obligés de faire pour imiter l'ordre de la nature, et grâce auxquelles nous parvenons quelquefois à une réussite approchée.

« La Poule en liberté pond ses œufs dans un endroit retiré, sous un buisson où elle peut se dissimuler ; cette précaution est dictée par la crainte du danger : la Poule obéit, comme la plupart des animaux, à l'instinct qui les pousse à cacher leur progéniture. On a observé ce fait et on en a conclu que l'obscurité était nécessaire au succès de l'incubation. La conclusion n'est pas exacte.

« Le souci du danger domine dans le choix de la cachette bien plus que le besoin d'avoir un nid de forme ou de nature spéciale.

« Ce nid est établi à terre ou au fond d'un grenier à foin, dans un endroit frais ou dans un endroit sec. Le Coq ne reste pas étranger à la confection du nid, il aide sa compagne à creuser légèrement la terre, à réunir les feuilles ou les herbes mortes, à niveler la paille bourrue. Pendant l'incubation, il approche souvent, appelle la Poule, la décide à sortir et lui donne à manger. Ceci est à l'encontre des prescriptions des bonnes femmes qui recommandent d'éloigner les couveuses du poulailler, pour éviter qu'elles ne soient troublées; ce qui n'empêche pas les excellentes ménagères de déranger chaque jour les pauvres bêtes, beaucoup plus que ne le ferait un régiment de Coqs.

« Avant de se décider à couver, la Poule pond ordinairement autant d'œufs qu'elle peut en couvrir, de neuf à douze suivant sa taille ; un plus grand nombre, si, plus âgée, elle a pris un volume plus considérable, mais jamais elle n'entreprend d'elle-même ces couvées maladroites qu'on lui impose, en vain, d'ailleurs, de conduire à l'éclosion deux douzaines d'œufs.

« Les œufs sont-ils dès le début chauffés constamment et d'une manière régulière ? Non, dans les premiers jours l'assiduité de la mère est très relative, elle se lève souvent, reste des heures à picorer, surtout si la température est élevée, et c'est seulement la nuit qu'elle ne quitte pas le nid.

« On a cru observer que la couveuse retourne ses œufs soir et matin, c'est une erreur; en réalité, elle les déplace, ramenant au centre ceux qui sont à la périphérie. Elle accomplit cette manœuvre en se levant un peu, tirant en dessous d'elle avec son bec les œufs les plus éloignés, puis tournant sur elle-même, elle agit de la sorte sur tout le bord du nid. Ces observations, que chacun peut faire avec un peu d'attention, ne sont pas à négliger.

« La durée de l'incubation est de dix-neuf à vingt et un jours, et généralement tous les petits éclosent et viennent à bien.

« Dans les derniers temps, la couveuse redouble d'assiduité; au jour même de l'éclosion elle craint manifestement pour ses petits le moindre refroidissement. »

De l'incubation forcée. — C'est la plus en usage dans les fermes et les petites basses-cours, où manquent les vastes enclos pour l'incubation naturelle, et où l'usage des couveuses artificielles n'est pas encore très répandu.

Elle consiste à placer des Poules captives dans un local appelé *couvoir* et où sont disposés, soit des paniers, soit des sortes de nids artificiels creusés da le sable.

On donne à chaque couveuse, selon sa taille, de huit à douze œufs. De tem en temps, on laisse un peu de liberté aux pauvres recluses.

Les meilleures Poules couveuses sont les Cochinchinoises et les Brahm Pootra.

DE L'INCUBATION ARTIFICIELLE. — Dans les exploitations industrielles, emploie avec avantage l'incubation artificielle, c'est-à-dire que l'on fait éclore l œufs dans des appareils appelés *couveuses* et sans le secours de la Poule. C procédé est fort ancien; il était pratiqué depuis des milliers d'années par l Égyptiens et les Chinois lorsqu'on en fit les premiers essais en Europe. Sou Charles VII, puis sous Francois Ier furent construits en France les premie *fours à incubation*, mais les débuts ne furent pas très heureux. Olivier d Serres renouvela les mêmes tentatives sans arriver à des résultats aussi remarquables que les Égyptiens.

L'invention du thermomètre permit à Réaumur de diriger les recherche dans une voie nouvelle, et enfin de nos jours, les appareils se sont perfectionné au point de pouvoir être mis dans les mains des aviculteurs les moins habiles Il existe un nombre considérable de systèmes de couveuses artificielles, mai toutes sont basées sur le même principe, plus ou moins bien observé pa l'inventeur, à savoir que les œufs destinés à l'éclosion doivent être soumis à de conditions aussi identiques que possible à celles où ils se trouvent dans l'incubation naturelle.

Théoriquement, une couveuse artificielle se compose d'une caisse aérée pouvant être maintenue à une température convenable durant tout le temps de l'incubation.

Mais la construction de cet appareil doit satisfaire à de multiples conditions.

La température doit être maintenue, pour les œufs de Poules, à environ 39.

Elle peut occasionnellement descendre un peu au-dessous de ce point optimum ou le dépasser légèrement, mais sans atteindre 40°.

On arrive à ce résultat par un chauffage au thermo-siphon, à l'eau chaude ou à l'air chaud, et par l'emploi de régulateurs de température plus ou moins compliqués selon le mode de chauffage employé.

L'œuf de la Poule, dans l'incubation naturelle, n'est pas également chauffé de toutes parts, il ne reçoit de chaleur que d'en haut par son contact avec les plumes duveteuses de la mère. Les couveuses artificielles doivent donc être disposées de manière à remplir le plus exactement possible cette condition, si l'on ne veut pas voir les œufs se dessécher et perdre leur vitalité.

Il faut aussi pouvoir retourner les œufs de temps en temps, comme le fait la Poule quand elle ramène vers le centre du nid ceux de la périphérie. Mais cette opération n'a pas l'importance qu'on lui a trop souvent accordée et peut être faite sans la moindre régularité.

Il en est, au contraire, tout autrement d'une condition autrefois négligée et sur laquelle certains auteurs, notamment Rémy Saint-Loup, ont appelé l'attention des éleveurs.

« La réussite de l'opération, dit cet auteur, l'éclosion finale, ne dépend pas uniquement de la perfection et de la régularité de l'appareil. Il faut, et nous insistons sur ce point, que chaque jour les œufs se refroidissent. La Poule, comme nous l'avons fait observer, quitte parfois son nid pendant près d'une heure si le temps est beau. Ne craignons pas de l'imiter et laissons à ces embryons enfermés sous la coquille le temps de vivre un peu d'eux-mêmes, de se réveiller quelques instants de leur chaud sommeil, ils dormiront mieux ensuite et seront plus vigoureux à la naissance. Le dix-huitième et le dix-neuvième jour seulement, le refroidissement ne doit durer que quelques minutes. »

Cette condition, vérifiée expérimentalement, s'appuie d'ailleurs également sur des considérations d'ordre purement physiologique.

Tous les œufs ne sont pas également bons pour l'incubation.

La condition essentielle est qu'ils aient été fécondés ou mieux *cochés*, selon l'expression consacrée; les œufs non fécondés portent le nom d'*œufs clairs*.

Or, il n'y a aucun signe extérieur indiquant si l'œuf est ou non fécondé; on ne peut s'en rendre compte qu'au bout de quelques jours d'incubation, par l'opération qui s'appelle le *mirage des œufs*.

Le mirage consiste à observer les œufs par transparence devant une lampe; on a construit à cet effet un grand nombre d'instruments appelés *ovoscopes*; mais avec un peu d'habileté le mirage peut s'effectuer facilement à la main. Aux Halles de Paris, des *mireurs* très exercés arrivent à examiner ainsi jusqu'à un millier d'œufs en une demi-heure.

Si l'œuf est fécondé, on aperçoit alors le germe qui se présente sous la forme d'une tache rouge irrégulière rappelant assez bien le dessin d'une Araignée.

Parmi les œufs fécondés, une élimination est encore à faire, car les uns ont subi un arrêt dans leur développement, et ne tarderaient pas à se putréfier; d'autres sont tachés, ou ont été manipulés avec brusquerie, et se développeraient dans de mauvaises conditions.

Éclosion. — Au dernier jour de l'incubation, les œufs se présentent sous trois états différents : les uns sont divisés en deux calottes inégales, mettant ainsi en liberté un jeune poussin; d'autres ne présentent qu'une fente étoilée; enfin d'autres sont intacts.

Les jeunes poussins nouveau-nés sont placés dans la *sécheuse*, qui est un compartiment spécial annexé à l'étuve et chauffé par en haut. Une fois secs, on les transporte dans l'*éleveuse*, autre compartiment chauffé comme la sécheuse, mais soumis à une température voisine de la normale. Une porte de l'éleveuse donne sur un parquet entouré de grillage et bientôt les poussins peuvent faire leur première sortie (*).

Quant aux œufs qui présentent une fente en étoile, qui sont *bêchés*, il faut, avec les plus grandes précautions, agrandir la fente, déchirer prudemment la membrane coquillière pour éviter l'hémorragie, et libérer le poussin captif.

Les œufs restés intacts après le vingt et unième jour d'incubation ne renferment le plus souvent qu'un poussin mort par asphyxie ou de toute autre manière.

(*) Pl. XXXVI. — Jeunes Poussins à leur première sortie en liberté (Planche, p. 132).

Pendant les vingt-quatre heures qui suivent leur naissance, les poussin obtenus par incubation naturelle ou artificielle ne mangent pas ; il n'y a mêm aucun inconvénient à les laisser jeuner trente-six heures. Leur premier rep consiste en un peu de pain rassis émietté, puis on leur compose un menu vari à raison d'une portion toutes les deux heures ; le pain trempé dans d lait, les œufs durs et hachés, les farines, les feuilles de salade, le millet, le ri le fromage, les larves de Fourmis sont autant de mets qui bien ordonné suivant les préceptes de l'aviculture moderne, doivent entrer dans leur régim

A l'âge de trois semaines, ils deviennent alors l'objet d'un élevage particulie selon qu'on les destine à la table ou à la reproduction des races.

Maladies. — Malgré tous les soins dont on peut entourer les Oiseaux d'un basse-cour, ils n'en sont pas moins sujets pour cela à un grand nombre d'affec tions dont quelques-unes sont de véritables fléaux. Citons notamment l *diphtérie* et le *choléra des Poules*. L'origine microbienne de ces deux maladie épidémiques démontre la nécessité d'une propreté extrême dans les différente sections d'une basse-cour.

Un certain nombre d'autres maladies dites *parasitaires* réclament aussi le soins de l'aviculteur. Le tube digestif des Poulets est souvent envahi par u Ver parasite : l'*Ascaris inflexa*.

Leur plumage abrite parfois des légions de Puces et de Poux.

Les écailles de leurs pattes cachent un petit Sarcopte qui provoque des tuméfactions énormes.

Toutes ces affections d'ordre microbien ou parasitaire, dont chacune nécessite un traitement spécial, doivent être évitées par des mesures prophylactiques au premier rang desquelles se placent la propreté et la bonne alimentation.

LES FAISANS

Bien que le genre Faisan ait des limites très variables suivant les auteurs, tous les Oiseaux compris généralement sous ce nom ont entre eux une parenté assez intime pour pouvoir être compris dans une même description basée sur le type bien connu du Faisan vulgaire.

Caractères. — Le caractère le plus frappant que présentent ces Oiseaux est le grand développement et la forme de leur queue. Celle-ci est très longue, terminée en pointe formée de seize à dix-huit rectrices étagées et disposées en toit, les médianes dépassant de beaucoup les latérales. A cette disposition des plumes de la queue correspond une structure particulière des vertèbres coccygiennes, au nombre de cinq ou six, la dernière présentant une longue apophyse épineuse dirigée en arrière, et des apophyses transverses très développées.

Les Faisans ont un bec de développement moyen, à mandibule supérieure voûtée, légèrement courbée à l'extrémité ; une tête petite, ornée fréquemment,

Planche XXXVI. — Jeunes Poussins à leur première sortie en liberté (texte, p. 131).

sur le sommet, d'une touffe de plumes soyeuses ; les joues couvertes de petites papilles serrées, érectiles ; des ailes courtes, arrondies, sub-obtuses ; des tarses en apparence robustes, mais dont le squelette est très fragile ; le pouce court, ne portant à terre que par son extrémité.

Le mâle se distingue toujours de la femelle par une livrée éclatante ou des ornements particuliers.

Habitat. — Toutes les espèces du genre Faisan sont originaires de l'Asie.

Mœurs. — Ce sont des Oiseaux sédentaires, de mœurs paisibles. Ils se tiennent de préférence dans les bruyères, les buissons, plutôt que dans les grandes forêts. Quelques-uns habitent les régions des montagnes.

Les Faisans marchent et courent avec rapidité. Leur vol est pénible, très bruyant. Ils se perchent habituellement sur les arbres pour dormir ou se reposer.

Leur nourriture se compose de baies, de fruits et autres substances végétales ; de Vers, d'Insectes, de petits Colimaçons, de Grenouilles, de Lézards, etc.

Un Coq vit ordinairement en compagnie de plusieurs femelles ; quelquefois plusieurs familles s'assemblent pour errer dans la contrée, mais sans jamais former de bandes bien considérables.

Hors l'époque des amours, tout leur temps se passe à chercher leur nourriture ; aux heures chaudes de la journée, ils aiment à se rouler dans le sable.

Leur genre de vie diffère donc peu de celui des autres Gallinacés.

LE FAISAN ORDINAIRE OU FAISAN DE COLCHIDE. — ***Caractères.*** — Le Faisan ordinaire a un plumage extrêmement varié et très caractéristique dont la description détaillée n'offrirait aucun intérêt. Tout le monde d'ailleurs a pu voir ce bel Oiseau, soit dans les faisanderies des campagnes, soit chez les marchands de gibier, et admirer les superbes reflets métalliques qui caractérisent la livrée des mâles.

Le sommet de la tête et la partie supérieure du cou ont des reflets verts et bleus ; la poitrine, le ventre et les flancs sont d'un brun châtain à reflets pourpres, chaque plume bordée de noir. Le dos et les ailes sont d'un brun varié de taches blanches arrondies ; les longues plumes du croupion d'un rouge cuivré à reflets pourpres.

Les femelles sont de plus petite taille que les mâles ; leur plumage a une teinte terreuse, tachetée et rayée de noir et de brun.

Habitat. — Le Faisan ordinaire est originaire de l'Asie Mineure, mais il a été introduit depuis très longtemps en Europe. On le rencontre encore à l'état sauvage dans quelques régions de l'Europe centrale, et à l'état de demi-domesticité presque partout.

Historique. — D'après Belon, les Grecs, en traversant la Colchide, lors de l'expédition des Argonautes, rencontrèrent ce superbe Oiseau près du fleuve Phasis, et l'emmenèrent dans leur patrie, d'où il se répandit bientôt sur tout le continent.

Quoi qu'il en soit de cette problématique origine, il n'en est pas moins certain que l'introduction du Faisan en Europe date d'une époque assez reculée.

Au XVIe siècle, cet Oiseau était déjà activement chassé et même élevé en voliè sur différents points de la France. Mais l'art de la *faisanderie* ne fut réell ment pratiqué que sous les Valois ; il prit un grand développement sou Henri IV, Louis XIII, et surtout sous Louis XIV et Louis XV. La Révolutio interrompit un moment l'élevage de ce gibier par la destruction des chasse royales, mais depuis cette époque, les volières et les bois se sont repeuplés, e l'on rencontre aujourd'hui des faisanderies dans presque toutes les régions de la France ou mieux de l'Europe.

Mœurs. — Les Faisans évitent les

Le Faisan de Colchide.

grandes forêts, ils se plaisent au contraire dans les plaines boisées, au voisinage des champs cultivés. Leur nourriture se compose de graines, de fruits, de Vers, de petits Colimaçons.

Ils courent toute la journée sur le sol, se glissent d'un buisson à un autre, s'aventurent parfois dans les champs cultivés, puis rentrent le soir dans quelque bosquet et vont se percher sur un arbre élevé pour y passer la nuit.

D'un naturel très farouche, ils se sauvent et se cachent au moindre bruit; ils fuient jusqu'à la société de leurs semblables. Leurs facultés paraissent peu développées.

Ils font même souvent preuve de la plus grande stupidité en présence d'un danger. Les Coqs ne manifestent pas plus d'affection pour leurs Poules que pour leurs Poussins, mais ils se montrent jaloux et querelleurs à l'époque des amours.

Leur cri, rauque et désagréable, tient à la fois de celui du Paon et de celui de la Pintade; les femelles ont une voix plus douce.

Après l'accouplement, la Poule-Faisane s'occupe seule de la construction du nid. Elle recherche un buisson bien épais, creuse dans la terre une légère dépression et la garnit de feuilles sèches et de menus brins de bois. Elle pond de huit à douze œufs un peu plus petits que ceux de la Poule domestique, à coquille mince, de couleur olivâtre, marqués de taches brunes disposées par zones. Pendant toute la durée de l'incubation, elle déploie une ardeur infatigable; la chasse-t-on de son nid, elle ne s'enfuit qu'à regret en courant, et après avoir instinctivement recouvert ses œufs de quelques feuilles sèches.

Les jeunes éclosent au bout de vingt-cinq ou vingt-six jours, et ils sont en état de voler une douzaine de jours après leur sortie de l'œuf. A partir de ce moment, ils vont passer la nuit sur les arbres, à côté de leur mère. A l'automne, ils se dispersent.

Chasse. — La chasse au Faisan est très facile, elle se pratique au Chien d'arrêt sur la lisière des bois ou même dans les bois. Le moment le plus favorable est le matin de très bonne heure. On trouve alors cet Oiseau dans les broussailles, et les taillis qui bordent les bois. Il se laisse arrêter par le Chien souvent sans courir.

« Un chasseur qui connaît bien son Chien, dit Voulquin, dans *La Chasse moderne*, reconnaîtra de suite, à la façon dont il quête, si le Limier est sur la trace d'un Faisan.

« Le Faisan levé par un Chien fait une infinité de détours, passe à plusieurs reprises par les mêmes voies, les embrouille comme à plaisir, ce qui égare sur de fausses pistes; souvent le Faisan se rase et laisse passer le Chien, puis se relève et recommence la même tactique; la première qualité alors pour le chasseur est la patience. Quelquefois cette poursuite dure une heure avant que le Chien ne tombe définitivement en arrêt; on doit donc suivre celui-ci dans tous ses zigzags en restant à portée.

« Le chasseur doit s'arrêter, observer à droite, à gauche, ouvrir les yeux et les oreilles, car le Faisan prend son vol quand le Chien poursuit sa trace sur les voies croisées à dessein.

« Si le Chien ne s'est pas laissé distraire et que le Faisan se soit arrêté, le Limier reste ferme comme un roc à l'arrêt; la tête, le dos, la queue, ne font qu'une même ligne droite; tous les muscles sont immobiles, les yeux se voilent de plaisir, les narines palpitent seules, humant le fumet délicieux qu'exhale la proie.

« Alors, que le chasseur soit calme, que pas un de ses nerfs ne tressaille, qu'il attende patiemment, quelquefois une minute, deux minutes, que le Faisan se décide à partir.

« Épaulez rapidement, laissez filer le Faisan une demi-seconde et jetez le coup de fusil toujours en avant du bec, quelle que soit la direction qu'il prenne, à droite, à gauche, horizontalement ou verticalement.

« Méfiez-vous de l'appendice que le Faisan porte à sa partie postérieure. L queue du Faisan lui a sauvé la vie en maintes circonstances. Que de plum de cette queue sont tombées à la barbe, sous le nez du chasseur, pendant q l'Oiseau s'échappait en poussant son cri de triomphe. »

Élevage. — Bien que les Faisans puissent vivre et se reproduire en liber dans nos bois, il est indispensable de les surveiller et de les protéger si l'on veut pas les exposer à être exterminés par leurs nombreux ennemis : Renard Fouines, Putois, Oiseaux de proie, etc. Aussi, dans les régions où se pratiq la chasse au Faisan, on fait reproduire ces Oiseaux en captivité avec beaucou de soins, puis on les lâche ensuite dans les bois, en temps opportun.

A cet effet, on construit sur un terrain convenable des *parquets*, c'est-à-di de vastes volières de plusieurs mètres de côté, dans chacune desquelles installe un Coq Faisan et quatre à cinq Faisanes. On leur procure une nou riture choisie composée de blé, de sarrasin, de chènevis, de millet, d'œufs du hachés, de cœur de Bœuf, d'œufs de Fourmis, et de diverses pâtes bien connu des éleveurs.

Chaque jour, à partir du mois de mars, on enlève les œufs pondus et on l conserve dans du son. La ponte se prolonge jusqu'en mai et juin, elle est d'ur douzaine d'œufs environ. Les Faisanes couvant difficilement en captivité, o confie leurs œufs à une Poule commune reconnue bonne mère et qui se charg ensuite de l'élevage et de l'éducation des jeunes. Ces derniers reçoivent ur nourriture spéciale composée de diverses pâtes dont les formules varient suivar les éleveurs, et d'œufs de Fourmis.

Ce procédé d'élevage a pris, depuis une quarantaine d'années, un essor cons dérable, depuis que la chasse en *battue* a insensiblement remplacé la chasse a *Chien d'arrêt*. Certains propriétaires élèvent chaque année des milliers d Faisans destinés aux battues.

LE FAISAN VERSICOLORE (*) (*Phasianus versicolor*). — ***Caractères.*** — L Faisan versicolore, ou *bigarré*, est de la taille du Faisan vulgaire, mais sa queu est moins longue. Les mâles portent, comme chez ce dernier, une petite aigrett de chaque côté de la tête. Ils ont la tête, le cou et la poitrine d'un noir bleut métallique ; la partie inférieure du corps d'un vert foncé ; les plumes du mantea d'un vert noir, et marquées de jaune roux.

Le plumage des femelles ressemble à celui des Faisanes vulgaires, mai il se reconnaît à un semis particulier de taches noires sur les régions inférieures

Habitat. — Le Faisan versicolore est originaire du nord de la Chine et du Japon.

Mœurs. — Ses mœurs sont les mêmes que celles du Faisan vulgaire. Or l'élève aujourd'hui facilement en Europe, mais comme ses croisements avec diverses races fournissent des métis pondant beaucoup d'œufs, on s'est attach surtout à la production de ces métis exceptionnellement féconds, et le type pur du Faisan versicolore est devenu très rare dans les parcs des amateurs.

(*) Pl. XXXVII. — Le Faisan versicolore (Planche, p. 140).

LE FAISAN VÉNÉRÉ (*Phasianus Reevesii*). — Cette espèce se fait remarquer par un développement considérable des plumes de la queue et un plumage très bigarré où s'harmonisent le jaune doré, le blanc, le noir, le marron ; le sommet de la tête et la région auriculaire sont blancs, ainsi qu'un large collier sous la tête.

Habitat. — Le Faisan vénéré, ou *Faisan royal,* habite le nord de la Chine. Il y est connu sous le nom de *Tche-ky*, ou *Oiseau-flèche,* à cause de son vol rapide et de la forme de sa queue.

Élevage. — L'élevage de cette belle espèce nécessite de grandes précautions en ce qui concerne l'alimentation des jeunes. Ces derniers sont fréquemment atteints d'une maladie des pattes que certains auteurs attribuent à un défaut d'ossification sous l'influence d'une alimentation trop pauvre en sels calcaires assimilables.

LE FAISAN DE MONGOLIE (*) (*Phasianus chrysomelas*). — Le Faisan de Mongolie, importé de bonne heure en Europe, a été l'objet de nombreux croisements en vue d'obtenir des races mieux adaptées à notre pays. Aussi les types purs sont-ils relativement rares. Voici la description que donne Rémy Saint-Loup des premiers sujets qui vécurent au Jardin d'acclimatation de Paris.

Caractères. — « Cou et nuque d'un vert brillant, séparés de la poitrine et du dos par un beau collier blanc. Le dos et les couvertures des ailes sont d'un plumage jaune marron moiré de noir. Les couvertures de la queue sont frangées de bleu cendré verdâtre ; la poitrine comme chez les Faisans ordinaires, mais avec des reflets moins chauds. Le ventre est vert, à reflets brillants, des miroirs cendrés sur les ailes. Rémiges brunes, les moyennes bordées de brun rougeâtre. Les rectrices sont grises, frangées de rouge à la base et rayées de noir jusqu'à l'extrémité. »

Mœurs. — Ses mœurs sont celles des autres Faisans. Son élevage est remarquablement facile. Les Faisanes sont d'une grande fécondité et peuvent pondre en volière, d'après certains éleveurs, une soixantaine d'œufs par année.

Près des Faisans dont il vient d'être question se rangent un grand nombre d'autres espèces dont les caractères, les mœurs diffèrent très peu de l'une à l'autre, et qui présentent comme particularité physiologique commune de donner entre elles et avec le Faisan vulgaire des métis indéfiniment féconds. Citons parmi les plus connues de ces espèces : le *Faisan à collier*, du sud de la Chine, le *Faisan de Sœmmering*, du Japon, ou *Faisan cuivré.*

LE FAISAN DORÉ (*Thaumalea picta*). — Le Faisan doré est le type d'un groupe particulier, les *Faisans à collerette,* dont on a fait le genre *Thaumalé.*

Ces Faisans ont des formes élancées, une queue très longue, les plumes du cou écartées en forme de collerette, les plumes de la nuque allongées en une huppe touffue.

Caractères. — Le Faisan doré a la huppe d'un beau jaune doré, la face et

(*) Pl. XXXVIII. — Le Faisan de Mongolie (Planche, p. 140).

les côtés du cou d'un blanc jaunâtre; la collerette composée de plusieurs ran de plumes d'un jaune orangé pâle, et dont les extrémités bordées de no dessinent sur la collerette un grand nombre de lignes transversales continue au-dessous de la collerette, le cou est d'un vert éclatant ; la gorge et l'abdom d'un rouge vif; le dos et les couvertures de la queue semblables à la huppe; l couvertures des ailes d'un bleu métallique; les rémiges brun rougeâtre; l rectrices d'un gris jaunâtre moiré de noir brun, et flanquées de quelques plum décomposées d'un jaune d'or à la base, et dont les barbes sont d'un roug écarlate.

La Faisane est d'un gris jaune, variée de lignes d'un noir brun.

Habitat. — Originaire de la Mongolie et du centre de la Chine, le Faisa doré fut introduit en Europe vers le XVe siècle.

Mœurs. — Ses mœurs, son genre de vie ne le différencient nullement de autres espèces.

Élevage. — Il s'élève très bien en captivité, mais il faut lui donner un gran espace où il puisse évoluer librement.

Sa nourriture doit être convenablement choisie et être très riche e Insectes.

Le parquet ou la volière où il est appelé à vivre doit être surtout à l'abri d l'humidité.

Il se reproduit aisément et donne des métis avec le Faisan d'Amherst tandis qu'il ne donne que des hybrides ou individus stériles avec les autres.

Parmi les hybrides les plus curieux, il faut citer celui qu'il fournit avec la Poule domestique ou *Coquart.*

Avec la Faisane commune il donne un hybride connu sous le nom de *Roussard.*

Il s'unit également, pour donner des hybrides, avec la Perdrix à pieds rouges.

LE FAISAN D'AMHERST (*Thaumalea Amherstiæ*). — Au groupe du Faisan doré appartient une superbe espèce introduite en Angleterre par lady Amherst, puis en France vers 1869.

Caractères. — Le Faisan d'Amherst a la huppe rouge et vert foncé; les plumes de la collerette d'un blanc d'argent à bordure noire; les plumes du cou, du dos, les couvertures supérieures des ailes, d'un vert doré, les rémiges brunâtres, les couvertures supérieures de la queue d'un rouge clair, les rectrices blanches tachetées de noir, le ventre blanc.

Habitat. — Il est originaire du Yun-Nan et probablement aussi du Thibet.

Élevage. — C'est l'une des plus belles espèces qui figurent dans les volières des amateurs. Placé près du Faisan doré, il présente un contraste de couleurs des plus vif, chacun d'eux possédant presque les couleurs complémentaires de l'autre.

LE FAISAN ARGENTÉ (*Ph.* [*Nycthemerus*] *argentatus*). — Le Faisan argenté a aussi été considéré par certains auteurs comme le type d'un genre spécial, mais il se relie très intimement par ses caractères généraux au groupe du Faisan doré.

Caractères. — Sa taille est un peu plus forte que celle du Faisan ordinaire. Sa tête est garnie d'une longue huppe noire couchée sur la nuque. Ses joues, dénudées sur une grande étendue, sont rouges.

Toutes les parties supérieures de son plumage, y compris les ailes et la queue, celle-ci extrêmement développée, sont d'un blanc argenté; chaque plume marquée de délicates lignes noires assemblées en figures ogivales; la poitrine, l'abdomen et les cuisses sont d'un beau noir bleu brillant.

Habitat. — La patrie de ce superbe Oiseau est la Chine méridionale.

Il est aujourd'hui devenu assez rare à l'état sauvage.

Son importation en Europe date du XVe siècle, mais il était élevé en captivité au Japon depuis une époque très reculée.

Mœurs. — D'un naturel très querelleur, il se distingue en outre des autres Faisans par quelques particularités dans ses allures et son genre de vie.

« Le Nycthémère argenté, dit Brehm, est moins agile que tous les autres Phasianidés. On serait tenté de le qualifier d'Oiseau paresseux. Il ne se décide à prendre son vol qu'en cas de nécessité absolue, et, quand il le fait, c'est pour aller s'abattre à une faible distance. Ses ailes paraissent trop faibles pour supporter le poids de son corps; par contre, il court très bien. Il n'a pas, il est vrai, toute la vivacité et la pétulance du Faisan doré; il est moins agile peut-être que le Faisan commun, mais il les surpasse tous deux par la persistance de ses allures.

« Sa voix varie suivant les saisons.

« Plus encore que tous ses congénères, le Nycthémère argenté paraît s'inquiéter fort peu de conquérir les faveurs de sa compagne. Au moment des amours, il est très excité, très querelleur, et va même jusqu'à attaquer l'homme, à lui donner des coups de bec et des coups d'ergots, tandis qu'il se montre assez négligent à l'égard des femelles. Il redresse sa huppe pour témoigner de son amour, mais rarement il agite la tête, ouvre les ailes et étale la queue.

« La femelle pond de dix à dix-huit œufs, d'un jaune roux uniforme, ou tachetés de petits points brunâtres, sur un fond blanc jaunâtre. Elle les couve avec beaucoup d'ardeur. Au bout de vingt-cinq jours, les jeunes éclosent; ils sont vifs, agiles et recouverts d'un duvet fort agréable à la vue. Ils croissent rapidement et ne tardent pas à pouvoir voler ou du moins à voleter; à deux ans ils ont atteint la taille définitive, et sont revêtus du même plumage que leurs parents. Dans les premiers temps, ils préfèrent, comme tous les Gallinacés, des Insectes; plus tard, ils mangent surtout des feuilles et les parties vertes des plantes; plus tard enfin, des substances plus dures, des graines. Ils sont friands de choux, de salade et de fruits. »

Élevage. — Le Faisan argenté est aujourd'hui assez communément répandu en Europe. Son élevage ne présente aucune difficulté. Un fait assez curieux est que cet Oiseau, très querelleur avec tous ceux de son espèce, vit en bonne intelligence avec les Poules domestiques et se croise même parfois avec elles.

LES GALLOPHASIS. — Au Faisan argenté se rattache le groupe des *Gallophasis* ou *Euplocomes houppifères* de certains auteurs. Ce sont de superbes Oiseaux dont les mœurs sont peu connues, et qui ne se distinguent du Faisan argenté

par aucun caractère bien important. D'ailleurs, ils produisent, en se croisa
avec lui, des métis indéfiniment féconds.

Parmi les espèces les plus remarquables, il y a lieu de citer le Faisan Swinh
et le Faisan prélat.

Le Faisan Swinhoë. — Il a un plumage presque entièrement bleu, varié
blanc, de rouge, de noir.

Il habite les montagnes boisées de l'île de Formose. Importé en 1868 e
Europe, son acclimatation s'est faite avec plus ou moins de difficultés selon l
contrées.

Le Faisan prélat. — Cette espèce, dont les couleurs du plumage ne sont p
moins variées que celles du Faisan Swinhoë, est originaire de la Cochinchi
française.

Il vit sur la lisière des forêts, dans des régions couvertes de broussailles épaisse

Malgré son caractère farouche, il devient, en captivité, d'une grand
familiarité.

Un grand nombre d'autres espèces voisines des précédentes ont été importé
en Europe dans ces dernières années. Elles ne se distinguent entre elles q
par des variations presque illimitées dans la couleur de leur plumage et doive
être plutôt considérées comme des variétés locales ou d'élevage que comm
autant d'espèces distinctes.

Les Crossoptilons. — Les Faisans qui appartiennent à ce groupe se fo
remarquer par leur face complètement nue, par la présence, sur les côtés du co
de deux petites collerettes de plumes blanches redressées en forme d'aigrette
par leur stature vigoureuse, par leur queue dont les plumes médianes ébarbée
pendent au-dessus des autres en les recouvrant de toutes parts.

Leurs mœurs sont douces, paisibles. En captivité, ils s'accommodent d'u
régime peu recherché ; ils mangent toutes sortes de graines, des feuilles, de
Insectes.

On connaît aujourd'hui plusieurs espèces de Crossoptilons qui habite
diverses régions de la Chine et du Thibet.

Le *Crossoptilon oreillard* est l'un des premiers qui aient été décrits.

Citons encore le *Crossoptilon brun de Mandchourie* ou *Ho-Ky*, et le *Crosso-ptilon thibétain.*

LES ARGUS

Caractères. — Les Argus ont pour caractère essentiel le développement con-sidérable des plumes du bras par rapport à celui des rémiges primaires. Leu
queue, formée de douze rectrices, acquiert aussi un développement énorme
Ils présentent encore comme particularités remarquables, une dénudatio
presque complète des joues et de la partie antérieure du cou, et un plumag
ocellé qui leur donne une certaine ressemblance avec les Paons.

Pl. XXXVII. — Le Faisan versicolore (texte, p. 136).
Pl. XXXVIII. — Le Faisan de Mongolie (texte, p. 137).

L'ARGUS GÉANT (*Argus giganteus*). — ***Caractères.*** — Le plumage de l'Argus géant est remarquable moins par la vivacité des teintes que par l'élégance du dessin, dont aucune description ne pourrait donner une idée exacte. Le fond du plumage est formé de teintes ocreuses, rousses et brunes, réparties d'une façon très variée, et semées de points, de raies, de taches, tantôt plus foncées, tantôt plus claires.

Les longues plumes des ailes portent chacune une rangée de grandes taches ocellées brillantes encadrées d'un cercle foncé doublé d'un liséré clair.

La taille de cet Oiseau est de $1^m,80$ à 2 mètres, dont $1^m,30$ pour la queue. La femelle est de plus petite taille, son plumage est beaucoup plus simple.

L'Argus géant.

Habitat. — L'Argus géant habite les îles de la Malaisie.

Mœurs. — Il se tient dans les épaisses forêts des régions montagneuses. Sa nourriture consiste en Insectes, Limaces, Vers, bourgeons et graines diverses.

Ses mœurs sont polygames comme celles des Faisans.

C'est à l'époque des amours que les mâles se montrent dans toute beauté; ils se promènent fièrement, les ailes entr'ouvertes et traînant à terr ils font entendre alors des cris singuliers, ronflants, pour appeler le femelles.

LES ÉPERONNIERS OU POLYPLECTRONS. — On donne ce nom à quelq espèces originaires de l'Inde, et qui établissent une transition entre les Ar et les Paons.

Leur principal caractère réside dans la présence aux tarses, de deux à ergots ou *éperons*; ils portent aussi sur la tête une huppe de plumes min effilées, et leur plumage est ocellé.

Le *Chinquis* (*Polyplectron chinquis*) ou *Paon du Thibet* est une des p belles espèces; on le voit souvent figurer dans les grands jardins zoologiques

LES PAONS

Caractères. — Les Paons se distinguent de tous les autres Gallinacés p une particularité très caractéristique : leurs plumes sus-caudales sont t développées, à barbes lâches, soyeuses; elles sont constellées de taches ocellées peuvent se redresser pour s'étaler en roue.

Les Paons sont les plus gros des Gallinacés; ils ont un bec épais, recourb une tête petite, surmontée d'une aigrette ou d'un épi, un cou allongé; d tarses moyens munis d'ergots peu développés, des ailes courtes.

Habitat. — Ce genre n'est représenté que par deux espèces du sud de l'As et qui ont toutes deux les mêmes mœurs.

LE PAON VULGAIRE (*Pavo cristatus*). — ***Caractères.*** — Le Paon vulgai a la tête, le cou, la poitrine et la partie inférieure du corps d'un beau bl foncé à reflets verts; le sommet de la tête marqué d'une tache noire, l'œil su monté de deux petites bandes blanches; le dos d'un vert bronzé, chaque plum étant bordée de noir; les rémiges primaires d'une teinte chamois foncé, l secondaires d'un brun noirâtre à reflets bleus, les plumes de la queue d'un ve bronzé et semées de taches ocellées noires encadrées de vert.

Chez cette espèce, les plumes de la huppe ne portent de barbes qu'à leu extrémité.

La Paonne a la tête et le haut du cou bruns, l'aigrette moins développée, l partie inférieure du corps variée de blanc, les rémiges brunes, les plumes de l queue dépourvues d'ocelles et moins longues que chez le mâle.

Habitat. — Le Paon vulgaire est originaire des Indes et de Ceylan, on l' trouve encore à l'état sauvage.

LE PAON SPICIFÈRE (*Pavo muticus*). — ***Caractères.*** — Le Paon spicifèr surpasse en taille et en beauté le Paon vulgaire. Il a la tête, le cou et la hupp d'un vert foncé à reflets bleus; la poitrine d'un vert bleu à reflets métalliques dorés, le ventre vert bleu foncé; le dos d'une teinte cuivrée brillante, variée de vert et de brun clair; les rémiges primaires d'une teinte chamois, les secondaires noires à reflets bleus; les couvertures des ailes d'un vert foncé, les grandes plumes de la queue semblables à celles du Paon vulgaire, mais avec des couleurs plus éclatantes.

La Paonne a un plumage presque identique à celui du mâle, mais sa queue est moins longue.

Habitat. — Cette espèce est originaire des îles de la Sonde.

Mœurs. — Les Paons habitent les jungles, les forêts des régions montagneuses ; ils recherchent de préférence les régions où le sol est couvert de buissons épais, de hautes herbes, et où l'eau est en abondance.

Ils ne craignent pas de s'aventurer dans les plantations où ils se sentent suffisamment cachés.

Le Paon spicifère.

Dans plusieurs parties de l'Inde, ils sont considérés comme des Oiseaux sacrés et inviolables. Aussi se sont-ils multipliés abondamment et ne témoignent-ils aucune défiance envers les Hindous.

Leurs plus grands ennemis sont les Tigres et les Chiens.

C'est lorsqu'ils sont perchés que ces Oiseaux se montrent dans toute leur splendeur, et on s'imagine facilement quel joli spectacle ils offrent à la vue de l'Européen qui rencontre une de leurs bandes.

Leur vol est lourd et bruyant; quand ils sont poursuivis, ils cherchent d'abord leur salut dans la course et ne prennent leur volée que quand ils ont gagné une certaine avance.

Le régime des Paons est celui des Gallinacés en général; ces Oiseaux mangent des baies, des graines, des jeunes pousses, des Insectes et quelquefois de petits animaux, notamment des Serpents.

La reproduction a lieu, soit au printemps, soit après la saison des pluies, suivant les régions.

Le nid du Paon est établi sur quelque lieu élevé, sous un buisson, dans la forêt. Il est composé de quelques ramilles, de feuilles sèches, le tout grossiè ment assemblé.

La ponte est d'une dizaine d'œufs environ, que la femelle couve a ardeur.

Chasse. — Le Paon sauvage est un gibier peu recherché. Sa chasse n'o d'ailleurs aucun intérêt, cet Oiseau sans défiance se laissant facilement tirer prendre dans les pièges les plus simples.

Captivité. — On ne sait à quelle époque le Paon vulgaire fut introduit Europe. Alexandre le Grand ne le connaissait pas comme Oiseau domestiq puisque l'Histoire nous apprend qu'il fut saisi d'étonnement quand il l'aper pour la première fois dans sa campagne des Indes ; elle nous dit aussi qu'il apporta plusieurs individus en Europe.

En Grèce, on les montrait pour de l'argent, comme on exhibe aujourd'hui bêtes rares ou intéressantes.

Dans l'Empire romain, le Paon joua aussi un grand rôle; Vitellius et Hél gabale servaient à leurs convives des plats énormes de langues et de cervelles Paon, assaisonnées avec les épices des Indes les plus chères.

Le Paon était encore rare en Europe au xve siècle. Les barons anglais, po donner des preuves de leur richesse, le faisaient servir rôti et orné de s plumes, dans les festins d'apparat.

Bien que sa chair passât à cette époque pour se conserver presque ind finiment, il est probable que ce plat luxueux n'était présenté que pour le plais des yeux.

Le Paon est un des Oiseaux qui ait le moins varié sous l'influence de domesticité. Cela tient probablement, comme l'a montré Darwin, à ce qu'il e rarement élevé en nombreux troupeaux et que, de cette façon, la sélection n pas les mêmes facilités pour répandre et perpétuer les variétés anormales.

Une race assez distincte paraît avoir été obtenue sous l'influence de la dome tication, c'est le Paon dit *à épaules noires*. Il apparut brusquement en Angl terre au milieu d'un troupeau de Paons vulgaires blancs et pies.

La race blanche, très appréciée pour sa beauté et sa rareté, n'est aussi qu'u variété accidentelle.

Élevage. — L'Histoire nous renseigne fort peu sur les premiers essais d'éle vage des Paons.

« On ne sait au juste, dit Remy Saint-Loup, à quelle époque l'élevage de Paons fut essayé dans les pays de l'Europe moyenne et septentrionale. Cepen dant, Olaüs Magnus, archevêque d'Upsal (1550), dit que pour leur beauté e leur excellence on en élève un grand nombre en Suède.

« Un nommé Jean Bruyer rapporte aussi qu'en Normandie, aux environs d Lisieux, on nourrissait de son temps des troupeaux de Paons, dont les proprié taires tiraient un bon revenu, en les vendant à des poulaillers, qui les portaien dans les grandes villes pour les festins de noces et pour les repas somptueu des grands seigneurs.

« Ces beaux Oiseaux ont été portés dans tout le monde, et on en peut trouve aussi bien dans l'Amérique que dans l'Asie et l'Europe et l'Afrique. Il y a de nations qui les ont particulièrement protégés, il y en a d'autres qui n'en ont pas voulu sur leur territoire. Si les Hindous les considèrent depuis fort longtemps comme des Oiseaux sacrés que les prêtres doivent soigner et qu'il est défendu de tirer, il s'est trouvé que les Suisses, à une certaine époque, se sont appliqués à les détruire, et cela, dit Buffon, en haine des ducs d'Autriche contre lesquels ils s'étaient révoltés et dont l'écu avait une queue de Paon pour cimier. »

Le Paon s'est très facilement acclimaté dans notre pays; il s'y reproduit à volonté, mais il ne peut être considéré que comme un Oiseau de luxe. Dans la basse-cour, il se rend désagréable, non seulement par ses cris, mais par son caractère querelleur. Il aime à faire de fréquentes incursions dans les jardins et les potagers qu'il dévaste. Aussi est-on parfois obligé de l'enfermer en volière, ce qui nécessite de vastes emplacements.

La nourriture des Paons est à peu près la même que celle des Dindons.

LES DINDONS OU MÉLÉAGRIDÉS

Caractères. — Les Gallinacés de la famille des Méléagridés ont pour caracsères: un cou dénudé couvert de papilles verruqueuses vivement colorées ; une caroncule charnue, pendante mais érectile, située à la base de la mandibule tupérieure ; un bouquet de crins au milieu du thorax, chez les mâles; enfin, la faculté de relever et d'étaler la queue en éventail comme le font les Paons.

Habitat. — Un seul genre, originaire de l'Amérique du Nord, représente cette famille.

LES DINDONS

Caractères. — Aux caractères de famille décrits plus haut, on peut ajouter que les Dindons sont des Oiseaux de forte taille, ayant un bec court et fort, à arête bombée ; des tarses élevés ; des doigts longs ; des ailes arrondies, obtuses ; une queue arrondie formée de dix-huit rectrices pouvant se développer en éventail, un plumage dur, abondant, à reflets métalliques.

LE DINDON VULGAIRE (*Meleagris gallopavo*). — ***Caractères.*** — Le Dindon sauvage ou *Dindon sauvage d'Amérique* mesure jusqu'à 1^{m},50 d'envergure.

Son plumage est entièrement d'un brun métallique, avec les couvertures de la queue rayées de vert et de noir, les rectrices moirées, rayées et finement ponctuées de noir ; la peau dénudée du cou est bleue, les barbillons rouges, ainsi que les pattes.

La femelle se distingue du mâle par des caroncules et des plumes caudales moins développées; les sujets âgés seuls portent à la poitrine la touffe de crins caractéristique.

Habitat. — Le Dindon sauvage d'Amérique, autrefois très répandu dans toute l'Amérique du Nord, tend à devenir de plus en plus rare dans les limites de son aire de dispersion qui sont : au nord, le Canada; au sud, le Texas e Floride; à l'ouest, les confins des grandes plaines des États-Unis.

Mœurs. — C'est un habitant des grandes forêts ; on le rencontre aussi b dans les régions humides et marécageuses qui bordent les grandes rivièr que dans les régions montagneuses. Il est partout sédentaire.

Avant les chasses acharnées qu'on lui a faites, il se montrait d'un naturel farouche, et il ne s'envolait même pas devant l'homme. Mais de nos jours, il devenu l'un des gibiers les plus difficiles à approcher.

Ses mœurs sont polygames; il vit en sociétés de trois à vingt individus.

Son cri est un glougloutement exactement semblable à celui des Dindc domestiques de nos basses-cours.

Il se nourrit des fruits du châtaignier, du hêtre, de graines et baies divers de Sauterelles et autres Insectes. Il met à nu les graines et les Vers en gratta la terre au pied des arbres.

Dès le mois de février, commence l'époque des amours, qui dure envir trois mois. Les allures de cet Oiseau sont à ce moment intéressantes à observ et elles ont été fort bien décrites par Audubon :

« Les femelles, dit cet auteur, se séparent et s'envolent loin des mâles, q les poursuivent avec persévérance. Les deux sexes se perchent à part, mais peu de distance l'un de l'autre. Quand la femelle fait entendre un cri d'appe tous les mâles lui répondent par des sons répétés avec rapidité. Si le cri de femelle est venu de terre, les mâles s'y élancent aussitôt, puis, à peine l'ont-i touchée, qu'on les voit épanouir et redresser leur queue, porter la tête en arriè jusque sur leurs épaules, abaisser leurs ailes avec une secousse convulsive, e marchant avec une gravité solennelle, repoussant l'air de leur poitrine par d secousses rapides, ils s'arrêtent d'espace en espace pour écouter et po regarder; et ils continuent ces mouvements, soit qu'ils aient ou non aperçu femelle. Dans ces moments, il arrive souvent que les mâles se rencontrent, alors ils se livrent des combats acharnés qui se terminent par des blessure souvent même par la mort des plus faibles, qui succombent sous les coup multipliés que les vainqueurs leur portent à la tête.

« J'ai plusieurs fois assisté au spectacle de deux mâles qui, tantôt avançan tantôt reculant, suivant qu'ils avaient repris ou perdu l'avantage, les ailes tom bantes, la queue à demi relevée, les plumes en désordre et la tête sanglante, s livraient à une lutte des plus violentes. Si, au milieu du combat, l'un des deux pour respirer, cède et lâche prise, il est perdu ; car l'autre, le poursuivant ave énergie, le frappe violemment des ongles et de l'aile, et réussit en peu de minute à le renverser à terre.

« Vers le milieu d'avril, quand la saison est sèche, les Poules s'occupent à chercher une place pour déposer leurs œufs.

« Le nid, composé seulement de quelques feuilles sèches, repose par terre, dans un trou que la femelle creuse au pied d'une souche, ou dans la cime tombée de quelque arbre à feuilles mortes; quelquefois sous un buisson de sumac et de ronces; ou bien enfin, au bord d'un champ de cannes, mais toujours en place sèche. Les œufs, couleur de crème brouillée, pointillés de roux, sont rarement au nombre de vingt. Il y en a plus souvent de dix à quinze ; quand la Poule va pondre, elle s'approche toujours de son nid avec une extrême précaution, presque jamais deux fois de suite par le même chemin, et avant de quitter ses œufs, elle n'oublie pas de les couvrir de feuilles ; de sorte qu'on peut bien voir l'Oiseau, mais qu'il est très difficile de mettre la main sur le nid. De fait, on en trouve peu, à moins qu'on n'en fasse partir la femelle à l'improviste, ou qu'un Lynx à l'œil perçant, un Renard ou une Corneille, après avoir sucé les œufs, n'en aient dispersé les coquilles aux environs. »

Le Dindon sauvage du Mexique.

Les jeunes croissent très vite. Au bout d'une quinzaine de jours, ils peuvent s'envoler sur les basses branches des arbres pour y passer la nuit sous l'aile maternelle. Le jour, ils quittent les bois et s'approchent des clairières, où ils trouvent en abondance des baies, des mûres et des Insectes.

Outre l'homme, les Dindons ont de nombreux ennemis, dont les plus dangereux sont les Lynx, qui viennent dévaster les nids, dévorer les jeunes ou sucer les œufs, et les grands Hiboux, qui les assaillent pendant leur sommeil.

Chasse. — Sous l'influence des chasses meurtrières qu'on leur a faites, les Dindons sauvages sont devenus extrêmement difficiles à approcher. Mais l'habitude qu'ils ont de gratter la terre pour chercher leur nourriture, décèle souvent leur présence et permet de les surprendre au fourré. L'hiver, par les temps de neige, ils restent engourdis sur les branches des arbres, et sont alors faciles à tirer.

LE DINDON SAUVAGE DU MEXIQUE (*Meleagris gallopavo mexicana*). — ***Caractères.*** — Le Dindon sauvage du Mexique est tellement semblable au Dindon vulgaire d'Amérique que la plupart des auteurs le considèrent comme une variété locale de ce dernier. Il s'en distingue surtout par les plumes de la queue qui sont pointillées de blanc, et par les rémiges primaires qui sont co-pées par des barres mêlées de noir, de brun et de blanc. Il semble aussi qu puisse atteindre une plus grande taille.

Habitat. — Mœurs. — Sa patrie est, comme son nom l'indique, le Mexiq Darwin et Tegetmeier l'ont considéré comme la souche des Dindons dom tiques actuels.

Ses mœurs sont exactement les mêmes que celles du Dindon vulgaire.

LE DINDON OCELLÉ (*Meleagris ocellata*). — Cette espèce vit à l'état sauva dans le Honduras, le Guatéléma et le Yucatan.

Elle se fait remarquer par le peu de développement des caroncules charnu du bec, l'absence de poils rigides à la poitrine, et surtout par son plumage reflets éclatants d'un beau vert bronzé. La queue présente, sur chaque plum des barres noires et dorées, disposées en forme d'ocelles, d'où le nom donné cet Oiseau.

Le Dindon ocellé n'a point été domestiqué, on a même rarement l'occasio de le voir dans les grands jardins zoologiques de l'Europe.

LES DINDONS DOMESTIQUES

Les Dindons domestiques, répandus aujourd'hui dans le monde entier, des-cendent vraisemblablement du Dindon sauvage du Mexique. La domesticatio n'a apporté que peu de variations dans les caractères de l'espèce primitive. L taille s'est abaissée, le plumage a montré accidentellement une tendance à l'al-binisme et, fait remarquable, la fécondité a diminué.

Les éleveurs se sont, d'ailleurs, peu attachés à la création de races améliorée en vue de la production de la chair et des œufs; les uns n'ont eu en vue que la fixation de certaines particularités du plumage, d'autres ont essayé d'accroître la taille et le poids de leurs élèves.

C'est en Sologne que l'élevage et l'engraissement des Dindons a été le mieux pratiqué; on est arrivé à produire des Dindonneaux qui, engraissés à parti de l'âge de huit mois, pèsent de 9 à 12 kilogrammes.

Les variétés basées uniquement sur la couleur du plumage sont : la Blanche, la Grise, la Rouge, la Jaspée, la Bronzée, l'Ardoisée et la Noire.

La variété Bronzée (*) est actuellement, de toutes, la plus estimée. Son plumage est à peu près le même que celui du Dindon mexicain, mais les amateurs appré-cient particulièrement les sujets qui ont le corps à la fois élancé et volumi-neux, la poitrine et le dos larges; les caroncules et les verrucosités du cou d'un rouge vif, le dos, la poitrine d'un bronzé brillant, chaque plume se ter-minant par une étroite bande noire, les couvertures des ailes semblables à celles du dos, mais formant par leur ensemble deux larges masses noires très brillantes; les rémiges, d'un brun sombre, régulièrement teintées de barres blanches ou grises.

(*) Pl. XXXIX. — Les Dindons bronzés.

Les Dindons bronzés atteignent des poids énormes : on en a vu peser jusqu'à 19 kilogrammes; mais il est probable que c'est au détriment de la délicatesse de la chair, car, à ce dernier point de vue, les petits Dindons noirs de Norfolk sont les plus appréciés.

Parmi les rares variétés accidentelles dignes d'intérêt, il faut rappeler celle qui présente une huppe. Cette particularité aurait pu, si elle avait été cultivée, être l'origine d'une race nouvelle fort intéressante, démontrant d'une façon irréfutable comment un caractère anormal apparaissant accidentellement peut, sous l'influence de la sélection, se transmettre héréditairement et donner lieu à une race nouvelle.

Le croisement du Dindon avec la Poule ordinaire et avec la Pintade a produit des hybrides très curieux présentant des caractères de l'un et de l'autre ascendant.

LES PINTADES OU NUMIDIDÉS

Caractères. — Les Numididés ont un corps ramassé, un bec fort et crochu, des ailes courtes, une queue moyenne, mais des sus-caudales très longues; des tarses moyens, dépourvus d'éperons chez quelques espèces, des doigts courts; leur tête porte des ornements variés, huppe, cimier, appendices cornés, etc. Leur plumage, uniforme, est parsemé de taches perlées claires, et il est le même dans les deux sexes.

Habitat. — Les Numididés sont originaires de l'Afrique et des îles avoisinantes, Madagascar, la Réunion, mais quelques individus domestiqués transportés en Amérique y ont trouvé un climat tellement favorable qu'ils ont pu se multiplier et retourner à l'état sauvage.

La famille des Numididés ne comprend qu'un seul genre.

LES PINTADES

Les différentes espèces de Pintades présentent entre elles tant de rapports communs que l'on peut les réunir en un seul genre dont les caractères ne sont autres que ceux décrits plus haut. Toutes ont les mêmes mœurs.

LA PINTADE VAUTOUR (*Numida vulturina*). — ***Caractères.*** — La Pintade vulturine ou *Pintade royale* est de la taille d'une grosse Poule. Elle a la tête recouverte d'une peau nue, ridée, d'une couleur bleuâtre, parsemée de quelques plumes courtes, soyeuses, le camail formé de plumes bleues à nervure blanche, effilées, recouvrant comme d'une pèlerine le devant de la poitrine et une partie du dos. Le reste du plumage est formé de plumes d'un gris bleuté, parsemées de points blancs; les tarses sont gris, sans ergots, l'œil gris chez les jeunes, grenat chez les adultes.

Habitat. — Cette espèce habite la côte nord-est de l'Afrique.

Mœurs. — Elle recherche, comme ses congénères, les localités couvertes de buissons et de taillis laissant entre eux des espaces nus, les steppes, les versa peu escarpés des montagnes, les forêts d'"Euphorbiacées arborescentes, les m tagnes ravinées et sauvages, mais où pousse une végétation luxuriante.

« Les Pintades, dit Brehm, fuient l'homme. Elles sont moins prudentes craintives; dans tout animal de grande taille elles voient un ennemi. Un tr peau de Bœufs les effraye, la vue d'un Chien les met complètement hors d'el

La Pintade vautour ou royale.

celle d'un homme les surexcite au dernier point. Il n'es donc pas facile d'observer leurs allures; dans tous les cas, on ne le peut qu'à la condition de les approcher avec mille précautions. Lorsque l'on a entendu le cri d'une compagnie, il faut s'avancer dans sa direction, dans le plus grand silence, et l'on peut alors voir les Pintades franchissant une clairière, courant au milieu des rochers, passant au travers des buissons. Comme les Indiens dans leurs excursions belliqueuses, ces Oiseaux se suivent en longues files, un à un, et ce que l'un fait, les autres le répètent. Il est très rare de rencontrer un couple isolé; des familles de quinze à vingt individus s'observent plus fréquemment; mais, le plus souvent, on voit des compagnies formées de six à huit familles. L'union la plus intime règne au sein des familles comme des compagnies, car la Pintade a des instincts sociaux très développés. Une de ces compagnies est-elle effrayée, elle se divise par familles, qui se divisent à leur tour; chacun des individus qui la composent ne s'inquiète que de lui-même, chacun s'enfuit, courant ou volant, vers la retraite la plus proche; mais dès que le danger s'est un peu éloigné, les mâles font retentir leur voix, et toutes accourent à ces cris. Ce n'est que là où les Pintades sont beaucoup chassées, qu'elles s'envolent lorsqu'on les effraye; partout ailleurs, elles cherchent aussi longtemps qu'elles peuvent leur salut dans la course. Souvent elles courent plusieurs minutes devant le chasseur, avant de s'envoler, mais en se tenant toujours hors de la portée d'un fusil chargé de plomb. Elles savent, en outre, habilement profiter de chaque bloc de roche, de chaque buisson, pour se dissimuler. Un vieux mâle conduit la bande. Toujours en avant, c'est lui qui indique la ligne de retraite, qui donne le signal du départ. »

Les Pintades passent la nuit sur des lieux élevés où elles se savent en sûreté, soit sur les branches des grands arbres, le long des cours d'eau, soit sur des rochers escarpés, inaccessibles aux animaux carnassiers.

Leur régime varie suivant les localités et les saisons. Dans la saison des pluies, elles se nourrissent principalement d'Insectes. Plus tard, elles mangent des baies, des graines, des bourgeons.

Elles produisent d'immenses dégâts quand elles se répandent dans les plantations. En un instant, elles creusent dans la terre d'énormes trous, mettent les graines à nu, et les mangent.

La reproduction a lieu au printemps de leur pays. La monogamie est la règle.

La femelle fait son nid à terre et y dépose une douzaine d'œufs. La croissance des jeunes est très rapide.

Les Pintades ont de terribles ennemis dans tous les Carnassiers qui pullulent en Afrique; les Chacals et les Renards détruisent aussi un grand nombre de couvées; les grands Rapaces leur font la chasse. Brehm trouva une Pintade dans l'estomac d'un énorme Serpent boa.

Chasse. — La chasse à la Pintade n'offre d'intérêt que la capture d'un excellent gibier, car ces Oiseaux se laissent atteindre avec la plus grande facilité. A la vue d'un Chien, elles vont se percher sur l'arbre le plus voisin et le chasseur peut les tirer tout à son aise.

Dans les steppes du Kordofahn, on emploie d'excellents Lévriers qui les attrapent à la course.

A la Jamaïque, où ces Oiseaux sont redevenus sauvages, on sème à l'endroit où ils se tiennent d'ordinaire, des grains imbibés de rhum : les Pintades avalent ces grains, s'enivrent, titubent et, incapables de s'enfuir, se laissent ramasser par le chasseur.

Captivité — La Pintade vulturine fut importée de Zanzibar à Paris en 1871. Mais sa sensibilité au froid est un obstacle à sa reproduction.

Les autres espèces se sont acclimatées plus facilement et peuplent aujourd'hui un grand nombre de basses-cours.

LA PINTADE HUPPÉE (*Numida cristata*). — Cette espèce, qui se reconnaît à la huppe noire qu'elle porte sur la tête et à la présence d'éperons aux tarses, est originaire du bassin du Zambèze.

De même que la Pintade vulturine, elle est peu répandue, à l'état domestique, en Europe.

LA PINTADE MITRÉE (*Numida mitrata*). — Elle se fait remarquer pa grand développement des parties charnues de la tête et du cou qui forment sorte de casque corné, conique, d'un pouce de hauteur. Son plumage noirâtre, parsemé de taches blanches plus grandes que chez les autres espèc

LA PINTADE PTILORHYNQUE (*Numida ptilonorhyncha*). — Appelée au *Pintade à pinceau*, ou *Pintade à caroncules bleues*, elle est caractérisée par présence d'un pinceau de poils raides à la jonction de la tête et du bec, et une collerette de plumes ébouriffées vers la base du cou. Par ses autres car tères, elle se rapproche beaucoup de la Pintade mitrée; elle est d'ailleurs ori naire de l'est de l'Afrique.

Les anciens la désignaient sous le nom de *Poule africaine.*

LA PINTADE VULGAIRE (*), **OU PINTADE A CARONCULES ROUG** (*Numida meleagris*). — ***Caractères.*** — La Pintade vulgaire a la tête dénud surmontée d'une callosité noirâtre, conique, comprimée latéralement, et reco vrant une éminence osseuse spéciale; les barbillons bleuâtres à la base, roug dans le reste de leur étendue; les joues et les oreillons blancs, le cou en par dénudé, d'une teinte bleu cendré passant inférieurement au violet; les tars gris brun, les doigts rouges à l'extrémité.

Son plumage est parsemé de petites taches blanches sur un fond gris plomb, mais les variétés dues à la disposition de ces taches et à la couleur pl ou moins variable du fond, sont fréquentes.

Les principales répondent aux dénominations suivantes : *Blanche, Lila Rouge, Grise, Quadrillée, Pointillée.*

Elles sont le plus souvent le produit de la domestication et de la sélectio artificielle.

Habitat. — Elle est originaire de l'Afrique occidentale et des îles du Ca Vert.

Domestiquée depuis une époque très reculée, puis abandonnée de nouveau l'état sauvage, elle fut réintroduite en Europe par les Portugais qui créère pour elle le nom de Pintade, ou Poule peinte (de *pintado,* peint, bigarré).

Mœurs. — Ses mœurs n'offrent pas de particularité spéciale qui la distingu des autres espèces.

Captivité. — L'élevage de la Pintade domestique n'offre pas plus de difficulté que celui des autres Oiseaux de basse-cour. Les jeunes Pintadeaux, cependant passent par une période critique, à l'âge de six semaines, lorsque leurs caron cules commencent à pousser.

A l'âge de sept ou huit mois, lorsqu'ils sont bien engraissés, leur chair es très délicate, elle rappelle un peu celle du Faisan des bois.

Les Pintades domestiques ont une aptitude plus prononcée à la ponte que leurs congénères vivant à l'état libre. Elles fournissent une moyenne de quatre-vingts œufs par an. Ces œufs sont petits, d'une couleur jaune, tachetés de

(*) Pl. XL. — La Pintade vulgaire (Planche, p. 156).

façon assez variable; leur poids est en moyenne de 50 grammes, leur saveur agréable.

Malheureusement ces Oiseaux ont la réputation d'être turbulents, querelleurs, leur cri est désagréable, et ils ont la fâcheuse manie d'aller déposer leurs œufs dans les cachettes les plus retirées.

La Pintade donne, avec la Poule commune, le Dindon et le Paon, des hybrides qui n'ont d'autre intérêt que leur originalité.

LES MÉGAPODIIDÉS

Caractères. — La famille des Mégapodiidés, dont la place dans la classification a été longtemps discutée, comprend des Oiseaux de taille moyenne, pourvus d'un bec robuste à arête fortement convexe, de tarses forts et élevés, couverts de larges écailles, terminés par des doigts longs et forts, insérés tous au même niveau, armés d'ongles puissants, recourbés. Leur plumage est généralement de couleur sombre; les côtés de la tête et du cou sont fréquemment dénudés.

Habitat. — Les Mégapodiidés habitent différentes îles de l'Océanie, notamment l'Australie.

Ils se répartissent en quatre genres principaux : les Mégacéphales, les Leipoas, les Talégalles, les Mégapodes, qui ont été l'objet d'une remarquable monographie de M. Oustalet, à laquelle nous empruntons les considérations générales suivantes sur leurs mœurs et leur genre de vie.

« La plupart d'entre eux se tiennent dans les forêts humides, dans les jungles qui bordent les plages maritimes ou l'embouchure des grands fleuves; et quelques-uns seulement préfèrent les plages arides et sablonneuses, à peine couvertes d'une végétation rabougrie. Ils se nourrissent de graines et de fruits mûrs, qu'ils ramassent sur le sol et qu'ils savent découvrir au milieu des détritus végétaux, en grattant avec leurs pattes, à la manière de nos Gallinacés domestiques. Comme ces derniers ils sont pulvérateurs, c'est-à-dire qu'ils se roulent dans la poussière pour se débarrasser de leurs parasites. Quand rien ne les inquiète, ils marchent aisément, en relevant fortement les pattes, et en faisant le gros dos, si l'on peut s'exprimer ainsi. Par la gravité de leurs allures, ils rappellent à la fois les Faisans, les Poules et les Pintades. Mais lorsqu'un danger les menace, ils cherchent à s'y soustraire soit en courant rapidement sur le sol pour chercher un refuge sous le couvert, soit en prenant lourdement leur vol vers un arbre voisin. Arrivés là, ils se croient en sûreté, et restent immobiles, accroupis sur une branche, le cou tendu, offrant un but facile aux coups du chasseur. En picorant à droite et à gauche, ils gloussent à la manière des Poules; en outre, les mâles, quand ils se battent, ce qui leur arrive assez fréquemment, ou lorsqu'ils sont irrités par la présence de quelque Oiseau étranger, poussent un cri de guerre, aigre et discordant. A l'état sauvage leur caractère est entièrement farouche, mais il se modifie singulièrement sous l'influence de l'homme. Ces Gallinacés, qui dans leur pays natal se tiennent constamment cachés dans les fourrés les plus épais, s'habituent à vivre au grand jour, d le voisinage d'autres Oiseaux; ils accourent au moindre appel et poussent familiarité jusqu'à prendre leur nourriture dans la main de la personne char de leur entretien

« Par leur régime, leurs allures et leur structure intime, les Mégapodes, Talégalles et leurs alliés se rattachent donc nettement à l'ordre des Gallinac et, comme j'ai essayé de l'établir, ressemblent, à certains égards, aux Pinta et plus encore aux espèces américaines qui constituent la famille des Cracid Mais ils diffèrent essentiellement, non seulement des Hoccos et des Pénélop mais de tous les représentants de la classe des Oiseaux, par leur mode de rep duction. Il est de règle en effet, parmi les Oiseaux, que les œufs soient dépos dans un nid plus ou moins artistement construit et soient couvés, tantôt par mère seulement, tantôt par les deux parents qui tour à tour remplissent pénible devoir.

« Tout autrement se comportent les Mégapodiidés. Il résulte en effet notes prises par les voyageurs aussi bien que des observations faites dans l jardins zoologiques, que les Mégapodiidés ne couvent jamais leurs œufs, qu'ils s'occupent dans aucun cas de l'éducation des petits, que ceux-ci, dès leur nai sance, sont déjà assez forts pour trouver leur subsistance, qu'ils ont de tr bonne heure le corps revêtu de plumes normales, les ailes et la queue bie développés et ressemblent par conséquent, sauf pour la taille, à des Oiseaux adulte Les Gallinacés ordinaires étant des *prœcoces*, les Mégopodiidés sont des ultra *prœcoces*, s'il est permis de s'exprimer ainsi.

« Si les Mégapodiidés ne prennent pas la peine de couver leurs œufs, ils le placent du moins dans des conditions particulières de façon à les soumettre une sorte d'incubation artificielle. Ils les déposent, en effet, tantôt dans des ta de terre, de sable, de détritus végétaux péniblement amassés, tantôt dans d simples excavations pratiquées dans le sable, près du rivage de la mer. La cha leur nécessaire au développement de l'embryon est obtenue, dans le premie cas, par la fermentation des feuilles et des autres substances végétales mélan gées à la terre humide, dans le second cas, par l'action directe des rayons solaires qui échauffent la couche sablonneuse immédiatement en contact avec les œufs.

« En raison du volume des œufs, qui se succèdent lentement, la saison de la ponte dure fort longtemps chez les Mégapodiidés, et sans doute ce fait est en rapport avec les habitudes particulières de ces Oiseaux qui ne sauraient s'astreindre à rester pendant plusieurs mois accroupis sur les œufs, et qui, d'autre part, ne pourraient les abandonner sans inconvénient pendant un certain temps dans un nid découvert, puisque ces œufs, en raison même de l'étendue de leur surface, se refroidiraient avec une grande rapidité. En revanche, si le volume considérable de l'œuf est un inconvénient pour les parents, il constitue un avantage pour le jeune qui, logé dans une coquille spacieuse, peut pousser très loin son développement, et sortir tout armé pour le combat de la vie. Il suffit du reste de mettre un jeune Mégapode en regard d'un poussin de nos basses-cours, pour voir combien le premier est plus robuste à sa naissance. »

LES MÉGACÉPHALES

Caractères. — Les Mégacéphales ont pour principal caractère la présence d'une saillie dure, arrondie, en forme de casque, surmontant leur tête dénudée. Leurs ailes sont moyennes, arrondies; leur queue médiocre, arrondie, un peu échancrée au milieu ; leurs tarses robustes, leurs doigts longs.

LE MÉGACÉPHALE MALÉO (*Megacephalon maleo*). — ***Caractères.*** — Cet Oiseau a les parties supérieures du corps, les ailes et la queue d'un brun très foncé, glacé d'olivâtre et tirant sur le noir; les parties inférieures d'une belle teinte rosée qui disparaît après la mort de l'Oiseau. Le casque est noir; les parties dénudées de la tête et du cou noirâtres; le tour des yeux d'un jaune rosé, le bec couleur de corne, les tarses d'un noir bleuâtre.

Habitat. — Il habite l'île de Célèbes.

Mœurs. — Les Mégacéphales se tiennent dans les forêts voisines des rivages de la mer; ils se perchent et s'accroupissent volontiers sur les arbres.

A terre, leur démarche est majestueuse comme celle des Dindons. Leur cri est étrange et profond. Ils se nourrissent de graines et de semences analogues à celles des Légumineuses.

L'époque de la reproduction est pour eux les mois d'août et de septembre. « On les voit alors descendre, dit Oustalet, vers le bord de la mer pour y déposer leurs œufs. Dans ce but, ils choisissent une plage éloignée des habitations et formée par un sable grossier résultant de la désagrégation de roches volcaniques. En arrière et souvent à une assez grande distance du rivage, s'étend une forêt qui sert de retraite aux Maléos. C'est de là que chaque jour, durant la saison de la ponte, on voit sortir plusieurs couples de ces beaux Oiseaux. Après avoir parcouru souvent une douzaine de kilomètres, les Maléos rencontrent enfin une place à leur convenance, au-dessus du niveau des plus fortes marées. Aussitôt ils se mettent à l'œuvre, grattent le sol avec ardeur, font jaillir le gravier sous leurs pieds et pratiquent des excavations qui ont de 1^{m},20 à 1^{m},50 de diamètre sur 0^{m},30 à 0^{m},60 de profondeur. La femelle pond un œuf et le couvre de sable, puis le couple regagne son abri dans la forêt. Les naturels affirment qu'au bout de treize jours la même paire revient et qu'un nouvel œuf est déposé, et cette assertion paraît conforme à la vérité, car, d'après les observations de M. Wallace, ce laps de temps indique probablement celui qui est nécessaire pour qu'un œuf arrive à maturité. »

Les œufs des Mégacéphales ont une forme ovale régulière; leur couleur est d'abord d'un rouge-brique, puis elle passe au jaune et enfin au blanc pur.

On trouve souvent, dans un même trou, les œufs de plusieurs couples.

Les parents ne prennent aucun souci de leur progéniture ; d'ailleurs les jeunes une fois éclos sont, comme ceux des autres Mégapodiidés, complètement développés et capables de se suffire à eux-mêmes.

LES LEIPOAS

Caractères. — Le genre Leipoa est caractérisé par un bec relativement fai et court, des ailes larges, arrondies, concaves, une queue longue et arron formée de quatorze rectrices; des tarses robustes, médiocrement allongés, doigts courts. Les plumes de la tête sont allongées en forme de huppe.

LE LEIPOA OCELLÉ (*Leipoa ocellata*). — Le Leipoa ocellé a les parties dé dées d'un bleu clair, passant au noirâtre après la mort; les plumes du dos des épaules ornées de bandes transversales grises, blanches, noires et rouss les rémiges brunes, à barbes externes marquées de lignes brunâtres en zig sur fond jaune; les rectrices d'un brun noirâtre, bordées de gris fauve, et cach par les sus-caudales d'un gris roux rayées de noir; une large bande de plun noires à tige blanche couvre le menton et la poitrine.

Sa taille est celle d'une Dinde.

Habitat. — Il habite le sud-ouest de l'Australie.

Mœurs. — Il se tient de préférence dans les plaines couvertes de broussaill où se trouvent çà et là quelques clairières dont le sol est formé d'un gravier fe rugineux.

D'une timidité extrême, il se réfugie sur les arbres quand il est poursuivi, se glisse dans les broussailles avec tant de précipitation qu'il s'y enlace parfc sans pouvoir se dégager.

Sa nourriture se compose de graines et d'Insectes orthoptères ou hémiptèr dont les téguments sont mous.

Son cri, lugubre, ressemble au roucoulement du Pigeon, mais il est plus sour plus profond.

La partie la plus intéressante de son histoire est celle qui a trait à sa repr duction. De même que la plupart des Mégapodiidés, en effet, les Leipoas r couvent pas leurs œufs. Ils les enfouissent dans des buttes formées de sabl de détritus végétaux, qu'ils construisent eux-mêmes. L'incubation a lieu sou l'influence de la chaleur solaire et de celle produite par la fermentation de détritus végétaux. Ces buttes, appelées *mounds* ou *tumuli*, ont la forme d dômes de 1 mètre à 1^{m},50 de hauteur, et de 12 à 14 mètres de circonférence. Il sont situés dans les clairières. Mâles et femelles y travaillent de concert.

A l'éclosion, les jeunes traversent le rempart de feuilles qui les protégeait e sont aptes à courir et à voler. Ils trouvent même parfois comme premier ali ment, des Fourmis qui s'étaient établies dans cette sorte de couveuse arti ficielle.

LES TALÉGALLES

Caractères. — Les Talégalles ont le bec fort, à arête recourbée, les joues e les côtés du cou presque entièrement nus, couverts seulement d'un léger duvet,

(1) Pl. XL. — La Pintade vulgaire (texte, p. 152).

la peau de ces régions étant ornée de teintes vives, et susceptible de se dilater en simulant des pendeloques et des caroncules ; les ailes médiocres, arrondies ; la queue allongée, voûtée ; les tarses très robustes, scutellés ; les doigts longs et forts.

On les a subdivisés en trois sous-genres : *Catheturus*, *Æpypodius* et *Talegallus*.

Au premier appartient l'espèce désignée sous le nom de Talégalle ou Cathéture de Latham.

LE CATHÉTURE DE LATHAM (*Catheturus Lathami*). — ***Caractères.*** — Cette espèce, appelée par les colons du nom de *Dindon* ou *Coq des Buissons*, mesure environ $0^m,77$ de longueur. Son plumage est en dessus d'un brun-chocolat, en dessous d'un brun clair rayé de gris d'argent ; les parties nues de la tête et du cou sont d'un rouge écarlate, les fausses caroncules d'un jaune vif ; le bec gris, l'œil et les pattes brun clair.

La femelle est semblable au mâle.

Habitat. — Le Cathéture de Latham habite presque toute la partie orientale et septentrionale de l'Australie. Il est cependant devenu rare dans certaines régions par suite des déboisements et sous l'influence de la chasse active qu'on lui a faite.

Mœurs. — Il se rencontre aussi bien dans les forêts de l'intérieur que dans celles qui avoisinent la côte. Il vit par couples ou par petites familles.

La Cathéture de Latham.

« D'un naturel farouche et défiant, dit Oustalet, à la moindre apparence de danger, il s'empresse de chercher un abri dans le fourré; mais quand il ne peut se cacher assez vite, quand il est serré de trop près par les Chiens, il s'élance sur une branche basse, et de là, par une série de bons successifs, gagne les points les plus élevés de l'arbre, pour s'envoler de là vers une autre retraite.

« Pendant la chaleur du jour, il se perche également, et cette habitude lui est fatale, car, dit M. Gould, le chasseur profite de la sieste de l'Oiseau pour s'en approcher sans bruit et le descendre d'un coup de feu. Le Talégalle de Latham est en effet extrêmement recherché, à cause des qualités de sa chair, qui est tendre et savoureuse. »

De même que les Mégapodes et les Leipoas, le Talégalle de Latham ne couve pas ses œufs. Plusieurs couples de ces oiseaux travaillent en commun à l'édification d'un tumulus fait de substances végétales diverses qui ne tardent pas à entrer en décomposition et à dégager une certaine chaleur. Les fem déposent leurs œufs dans cette couveuse artificielle et ne s'occupent plus lors de l'avenir de leur progéniture. La forme de ces tumuli est celle d'un cô Il en est qui mesurent jusqu'à 2 mètres de hauteur et 4 mètres de diamètre base. Cet édifice est construit de la manière suivante :

« Les matériaux nécessaires à sa construction sont enlevés de la surface sol, qui se trouve ainsi nettoyé à une distance de 45 mètres à la ronde ; sont invariablement amoncelés de la manière suivante : l'Oiseau gratte la t avec ses pattes robustes et, au moyen de ses longs doigts, terminés par ongles énormes, il rejette en arrière de lui les matériaux qu'il tend sans ces ramener vers un centre commun. Quelquefois même, il leur fait franchir d sorte des obstacles que l'on jugerait presque insurmontables ; c'est ainsi M. Ramsay a remarqué, sur les bords de la rivière Richmond, une pleine ch reté de débris végétaux, qui avaient été traînés par les Talégalles d'une à l'autre d'une petite crique ayant au moins 36 mètres de largeur. A de ra exceptions près, les tumuli ne s'élèvent point dans un terrain en pente. L portion centrale consiste en feuilles réduites en poussière et mélangées avec terreau, autour desquelles sont disposés des matériaux plus grossiers, dont décomposition est moins avancée ; enfin, vers l'extérieur se trouve un revê ment très épais de feuilles mortes, de branches et de rameaux encore intacts

Quand le tumulus est l'ouvrage d'un seul couple, les œufs sont très régu rement disposés autour de son axe central ; mais quand il renferme les œufs plusieurs couples, sa disposition est quelconque.

Les œufs du Talégalle de Latham sont d'un blanc pur ou jaunâtre, à coqui finement granuleuse ; leur forme est variable.

Ils ont un goût agréable et sont très riches en principes nutritifs. Aussi colons et les indigènes en font-ils parfois une ample récolte. Les petits Ta galles, arrivés au terme de leur éclosion, prennent rapidement un tel dévelo pement qu'ils font éclater leur coquille en une multitude de fragments ; aussitôt, ils se mettent à courir à droite et à gauche, ramassant les Vers et Insectes qu'ils rencontrent avec autant d'agilité que des poussins âgés d' mois.

Captivité. — Le Talégalle s'acclimate facilement en Europe. Il supporte rigueurs de nos hivers, et se reproduit aussi aisément qu'en Australie. Il fa néanmoins, pour réussir, mettre cet Oiseau dans un vaste parc et non dans u basse-cour, et lui procurer de la terre et des feuilles mouillées pour qu'il puis construire ses tumuli.

Les allures du Talégalle, en captivité, sont celles des Gallinacés domestique Le mâle aime à se promener en se pavanant comme les Coqs et les Dindon en faisant entendre une sorte de gloussement qui se transforme en un cri gu tural, ronflant, quand l'Oiseau est irrité.

Les Talégalles sont d'un naturel très doux, très familier. On peut les aba donner dans un parc ou un jardin ; ils ramassent les Vers, les Chenilles, le Limaces, sans jamais toucher aux plantes potagères.

Leur chair est exquise, paraît-il.

LES MÉGAPODES

Caractères. — Les Mégapodes, qui ont donné leur nom à la famille entière, se distinguent des Talégalles par un bec plus faible, des ailes médiocres, arrondies, une queue courte, des tarses et des doigts plus robustes et plus allongés, terminés par des ongles très puissants. Il en existe un grand nombre d'espèces qui se font toutes remarquer par leur livrée sombre, uniforme, et la dénudation de la tête et du cou.

Habitat. — Ils vivent dans les îles de l'Océanie.

Mœurs. — Ils se tiennent dans les forêts et les broussailles, dans le voisinage de la mer. Leur nourriture consiste en fruits, graines, Vers, Insectes. Très agiles à la course, ils volent lourdement; ils se perchent souvent sur les arbres pour dormir ou échapper à un danger.

Leur mode de reproduction présente les mêmes curieuses particularités qui ont été décrites à propos des Talégalles.

Les œufs sont déposés dans d'énormes tumuli, formés de sable, de terre, de détritus végétaux. Ces tumuli sont parfois l'œuvre de plusieurs générations; ils atteignent alors des dimensions énormes : jusqu'à plus de 4 mètres de hauteur et 45 mètres de circonférence ; ils sont placés sur le rivage, hors des atteintes de la marée, cachés par des jungles, et ombragés par des arbres au feuillage épais. C'est du moins le cas pour le Mégapode de Duperrey.

« Les indigènes, dit Oustalet, affirment qu'on ne voit jamais qu'une seule paire de Mégapodes à la fois sur un tumulus, que les œufs sont pondus le soir, qu'ils se succèdent à quelques jours d'intervalle, qu'ils sont toujours placés verticalement et chacun dans un trou distinct. Immédiatement après la ponte, l'Oiseau se hâte de ramener la terre par-dessus l'œuf, de combler entièrement le trou et de remettre toutes choses en état : on peut néanmoins toujours reconnaître qu'un tumulus a reçu récemment la visite des Mégapodes, car dans ce cas les parois portent les traces laissées par les pattes des Oiseaux, et la terre n'est pas encore assez tassée pour que, à l'aide d'une petite baguette, il ne soit possible de reconnaître la direction des trous fraîchement creusés. Les naturels sont particulièrement habiles dans ce genre de recherches ; en se servant de leurs mains seulement, ils pratiquent dans le monticule de terre une excavation de plus en plus profonde, et finalement mettent la main sur les œufs qui, lorsqu'ils sont frais, sont d'une grande fragilité. Un semblable travail exige beaucoup d'adresse et de patience, car il faut souvent fouiller à près de 2 mètres de profondeur. C'est en effet à cette distance du sommet du tumulus que se trouvent généralement les œufs. Ceux-ci, toutefois, ne sont pas aussi éloignés de la paroi externe qu'on pourrait le croire, les trous creusés par l'Oiseau étant dirigés obliquement en bas, de dedans en dehors. »

Les jeunes sortent de l'œuf entièrement développés, et se mettent aussitôt à courir et à voler, comme ceux des autres Mégapodiidés.

LES CRACIDÉS

Caractères. — Les Cracidés sont des Oiseaux de taille moyenne, aux forr élancées. Leur bec, plus long que chez les autres Gallinacés, est renflé et courbé à la pointe; il est recouvert à la base d'une cire épaisse très dével pée. Leurs ailes sont f tement arrondies, le queue longue, arrond leurs tarses longs, as robustes, leurs doi longs et minces insé au même niveau. Un ractère assez particul réside dans la forme c plumes, dont la tige considérablement élar vers la partie moyenne les barbes sont remplacé par du duvet.

Habitat. — Cette fami est exclusivement comp sée d'espèces américaine

Le Hocco globicère.

LES HOCCOS

Caractères. — Indépe damment des caractères pr pres à la famille des Cracidé les Hoccos présentent encore comme particul rité distinctive : une huppe ou cimier placé sur sommet de la tête, et formé de plumes redressées, incliné en arrière, à leur origine, puis recourbées en avant à l'extr mité ; les joues, le cou et le croupion garnis de plume molles, duveteuses, tandis que le reste du corps est recou vert de plumes dures et fermes.

Le poignet de l'aile est armé d'un éperon obtus.

Habitat. — Les Hoccos sont propres à l'Amérique centrale.

LE HOCCO GLOBICÈRE (*Crax globicera*). — **Caractères.** — La taille d cette espèce est intermédiaire entre celle d'une grosse Poule et celle d'un Dindor Son plumage a une teinte bronzée uniforme, avec le ventre blanchâtre. Le bc est noir, les caroncules qui garnissent la base du bec, d'un jaune vif.

Habitat. — Le Hocco globicère habite, comme ses congénères, les forêts de l'Amérique tropicale.

Mœurs. — On le rencontre par groupes de deux à quatre individus.

Il court sur le sol avec une grande rapidité, mais se perche volontiers sur les arbres pour se reposer.

Son vol est lourd, de peu de durée.

Il aime à se rouler dans la poussière à la façon des autres Gallinacés ou Pulvérateurs, mais il ne gratte pas le sol de ses pattes comme la plupart de ces derniers.

Sa voix a un timbre guttural très singulier. Il la fait surtout entendre à l'époque des amours.

Le matin, il quitte la forêt et vient s'abattre dans les clairières, au bord des ruisseaux.

Sa nourriture se compose principalement de fruits.

Il construit son nid sur les arbres, à l'aide de bûchettes et de brindilles grossièrement assemblées. La femelle ne pond que deux œufs qu'elle couve pendant un mois environ.

Captivité. — Les Hoccos ne sont pas encore très répandus dans les volières des amateurs. Si les adultes s'acclimatent et s'apprivoisent très facilement, les jeunes, par contre, sont très difficiles à élever.

On ne cite que quelques rares aviculteurs qui soient arrivés à faire reproduire ces Oiseaux en captivité.

Les Pauxis. — On a créé ce genre spécial pour une espèce voisine des Hoccos et qui se fait remarquer par un bec très surélevé à la base, ce qui donne à l'Oiseau une physionomie très particulière.

De plus, la tête ne porte qu'une huppe très courte.

Les mœurs des Pauxis ou *Hoccos à casque*, *Pierres de Cayenne*, etc., sont les mêmes que celles des autres Hoccos.

Les Oréophases. — Au groupe des Hoccos se rattachent aussi les Oréophases ou Hoccos de montagne, qui établissent une transition vers les Pénélopes.

LES PÉNÉLOPES

Ce genre est le type d'un groupe de la famille des Cracidés, caractérisé par des formes plus sveltes, l'absence d'éperon au poignet de l'aile, la présence d'une huppe allongée retombant sur l'occiput, un bec moins élevé à la base, une dénudation plus complète des joues et de la gorge.

Habitat. — Ces Oiseaux habitent tous les forêts de l'Amérique centrale et tropicale. L'un d'eux se rencontre cependant dans le sud des États-Unis.

Leurs mœurs ne diffèrent pas sensiblement d'une espèce à l'autre.

Mœurs. — Ils vivent dans les forêts en troupes plus ou moins considérables.

On est averti de leur présence par leurs cris gutturaux singuliers en rapport avec la conformation spéciale de leur trachée. C'est surtout au lever et au couc[her] du soleil qu'ils se font entendre.

Ils se nourrissent de baies, de fruits, d'Insectes.

Leur nid est placé dans les branches des arbres; chaque couvée est, [en] général, de trois œu[fs].

Chasse. — On chas[se] assez activement les Pén[é]lopes, et ce gibi[er] figure souvent sur l[es] marchés américain[s], bien que sa chair so[it] peu délicate.

Captivité. — Les Pénélope[s] s'apprivoisen[t] facilement e[n] captivité. Ils de[viennent] même parfois d'une fami[liarité] désagréable. Mais le climat de l'Europe ne leur es[t] pas favorable et on n'a pu jusqu'ic[i] les faire reproduire en captivité.

L'Hoazin huppé.

LES HOAZINS

Caractères. — Le genre Hoazin est caractérisé par des formes très élancées, un cou mince, une tête petite, des ailes longues, obtuses; une queue longue, élargie à l'extrémité; un bec de la longueur de la tête, convexe, large à la base; des tarses courts, des doigts et des ongles longs.

Les plumes de l'occiput et du sommet de la tête sont longues, étroites, pointues, relevées en une sorte de huppe; celles du cou minces et pointues.

L'HOAZIN HUPPÉ (*Opisthocomus cristatus*). — ***Caractères***. — L'espèce unique du genre Hoazin a la tête, le cou, le dos d'un fauve brun à reflets vert bronzé, avec quelques raies longitudinales blanches; la poitrine blanchâtre, le reste des parties inférieures d'un marron clair; les ailes et la queue marquées de raies blanches transversales sur un fond marron; les parties dénudées de la face et du cou, ainsi que les pattes, d'une teinte couleur de chair.

La taille de cet Oiseau est d'environ $0^m,60$.

Habitat. — Il habite la Guyane et le Brésil.

Mœurs. — Il vit en bandes nombreuses dans les forêts.

Son existence est plus arboricole que celle des autres Cracidés.

On le rencontre le plus souvent sur les arbustes qui bordent les lacs et les rivières.

Sa nourriture se compose presque uniquement de fruits, notamment de certaines espèces d'aroïdées.

Sa voix est très forte, et c'est moins un cri qu'un hurlement.

Il établit son nid dans les buissons, au-dessus de l'eau.

Ses œufs, au nombre de trois ou quatre, sont d'un blanc grisâtre, tachetés de rougeâtre; ils ressemblent par leur forme à ceux des Pénélopes, et par leur dessin à ceux des Râles.

Une particularité curieuse que présente cet Oiseau est l'odeur infecte qu'il exhale et qui lui a fait donner le nom d'*Oiseau puant*.

Cette odeur, forte et pénétrante, rappelle celle du fumier de Cheval, ou mieux celle du Bouc.

On s'imagine aisément le goût désagréable que peut avoir la chair de cet Oiseau et le peu d'enthousiasme que l'on met à le chasser.

Le Mésite varié.

LES MÉSITIDÉS. — A la suite des Mégapodiidés, se place la petite famille des Mésitidés, représentée par un seul genre originaire de Madagascar.

Les Mésitidés appartiennent aussi bien aux Gallinacés qu'aux Échassiers, et ils peuvent être considérés comme faisant partie des nombreux termes de passage qui existent entre ces deux ordres.

Caractères. — Le genre unique *Mésites* est caractérisé comme il suit : bec presque aussi long que la tête, droit, comprimé, à pointe mousse; narines basales, linéaires, se prolongeant par un sillon jusque vers le milieu du bec; ailes courtes, sub-obtuses, dépassant un peu la queue; celle-ci, de longueur moyenne, légèrement arrondie sur les côtés; tarses médiocres, de la longueur du doigt médian, dénudés au-dessus de l'articulation, doigts allongés, libres ou faiblement unis à la base par une mince membrane; ongles faibles, comprimés, recourbés. Lorums dénudés.

L'espèce représentée dans notre texte est le *Mésite varié* (*Mesites variegatus*).

Cet Oiseau mesure environ 0m,30 de long. Son plumage est, en dessus, d'roux feuille morte; la poitrine est d'un jaune clair, tachetée transversalement noir; la gorge blanche, les côtés de la tête et du cou marqués par une raie jau clair passant immédiatement au-dessus de l'œil, une autre sous les lorums soulignée par une tache noire; le ventre est roux avec des raies irréguliè noires.

Habitat. — Le Mésite varié habite Madagascar. Il fut rapporté pour la première fois en Europe, par le Dr Bernier, chirurgien de la marine.

Les Échassiers

Les Oiseaux de l'ordre des Échassiers ont une physionomie particulière, malgré les formes très variées que présentent les différents genres. Leur existence spéciale dans les localités marécageuses se révèle par des caractères généraux communs, dont le plus frappant est la longueur souvent démesurée des jambes, en grande partie dénudées, ce qu'exprime très bien le nom d'*Échassiers* qui a été donné à ces Oiseaux.

Un autre caractère assez constant, est la longueur et la gracilité du cou. Quant à la forme du bec et des ailes, la disposition des doigts, on observe des variations trop considérables pour pouvoir les réunir en un seul type morphologique.

Certains Échassiers sont plus particulièrement adaptés à la course, leurs pieds sont dépourvus de doigt postérieur; d'autres nagent et plongent comme les Palmipèdes, leurs doigts sont réunis à la base par une membrane.

Les Échassiers proprement dits vivent dans les marais, sur les bords des rivières et des lacs, ils marchent sur les fonds vaseux, mais ils courent peu, nagent rarement; leur vol est rapide, de peu de durée. En volant, ils laissent leurs jambes pendantes, ou étendues en arrière, au lieu de les reployer sous le corps, comme la plupart des autres Oiseaux.

Leur nourriture consiste en Vers, Mollusques, Insectes, Grenouilles, Poissons, petits Reptiles.

La plupart des Échassiers sont migrateurs et errants.

Les uns sont polygames, ils nichent à terre et les petits en naissant sont en état de recueillir eux-mêmes leur nourriture ; d'autres sont monogames, ils nichent sur les arbres, sur les roseaux, leurs petits restent au nid jusqu'à ce qu'ils soient en état de voler.

La mue est, chez ces Oiseaux, ordinairement double.

Classification. — Les Échassiers peuvent être divisés en trois grands groupes :

A. Les Échassiers coureurs, représentés par les familles suivantes :

1° Les *Outardes ou Otididés*;

2° Les *Kamichis ou Palamédéidés*;

3° Les *Pluviers ou Charadriidés*;

4° Les *Bécasses ou Scolopacidés*;

5° Les *Avocettes ou Récurvirostridés*;
B. Les Poules d'eau et les Foulques ou Ralidés;
C. Les Échassiers proprement dits, représentés par les familles suivantes :
1° Les *Grues ou Gruidés*;
2° Les *Hérons ou Ardéidés*;
3° Les *Cigognes ou Ciconidés*;
4° Les *Ibis ou Tantalidés*;
5° Les *Flamants ou Phénicoptéridés*.

Les Échassiers du premier groupe vivent dans les endroits découverts: prairie plaines, plages sablonneuses ou boueuses de la mer, des rives des fleuves des lacs. Ils courent avec une grande vitesse, grâce à la disposition de leu pieds. La plupart nichent sur le sol, et les jeunes quittent le nid aussitôt naissance.

Les Échassiers du deuxième groupe ont de nombreuses affinités avec le groupes voisins; ils présentent aussi des termes de passage des Échassier vers les Gallinacés et vers les Palmipèdes. Néanmoins, par l'ensemble de leur caractères et leurs habitudes, ils forment un groupe bien spécialisé.

Quant aux Échassiers du troisième groupe, ils répondent exactement à l'idé que l'on se fait ordinairement du type le plus parfait de l'ordre. Ce sont de grand Oiseaux à la démarche grave et compassée, au vol lourd, mais soutenu et élevé Ils vivent dans les régions humides, marécageuses; leur nourriture es essentiellement animale. Ils ne pondent qu'un petit nombre d'œufs et les jeune restent longtemps au nid avant d'être en état de se suffire à eux-mêmes.

A chacun de ces trois groupes correspondent des caractères morphologique particuliers en rapport avec les habitudes variées des espèces qui les composent.

LES OUTARDES OU OTIDIDÉS

Les Otididés rappellent par leur corps massif, leur physionomie générale, la structure de leur bec et jusqu'à leurs habitudes, les Oiseaux de l'ordre des Gallinacés.

Mais par tous leurs autres caractères ils sont de véritables Échassiers.

Caractères. — Leur bec est fort, déprimé à la base, voûté et courbé vers la pointe; leurs ailes amples, concaves, recouvrant la queue, celle-ci généralement courte; leurs tarses robustes, de longueur moyenne, réticulés; leurs doigts courts, au nombre de trois.

Habitat. — Mœurs. — Ils habitent les plaines désertes, arides et sablonneuses de l'ancien continent.

Ils sont bien adaptés à la course, tandis que leur vol est lourd, peu rapide.

Leurs mœurs sont polygames.

Par leur genre de vie, ils ont plus d'un trait commun avec les Gallinacés.

Les principaux genres de cette famille sont : les Outardes, les Houbaras, les Syphéotides.

LES OUTARDES

Caractères. — Les Outardes ont un bec plus court que la tête, robuste, élevé et large à la base, la mandibule supérieure dessinant une courbe bien prononcée depuis les narines jusqu'à la pointe, qui est échancrée ; la mandibule inférieure rectiligne ; des narines basales, elliptiques, percées dans la membrane qui entoure la base du bec ; des ailes amples, concaves, subaiguës ; une queue médiocre, large, arrondie ; des tarses deux fois aussi longs que le doigt médian, et recouverts d'un réseau de petites écailles hexagones ; des doigts courts, épais, réunis à la base, et bordés latéralement par une étroite membrane rugueuse.

L'OUTARDE BARBUE (*)(*Otis tarda*). — ***Caractères.*** — L'Outarde barbue, ou *grande Outarde*, a la tête d'un cendré foncé avec une bande médiane longitudinale rousse ; le cou d'un blanc lustré, et présentant, de chaque côté, un espace violet couvert de duvet, et le dos d'un jaune roux rayé transversalement de noir ; la partie moyenne des ailes blanche, le bord des ailes d'un cendré brun, la queue blanche coupée de deux bandes noires, la poitrine couverte d'un large plastron d'un roux foncé écaillé de noir ; l'abdomen d'un blanc grisâtre, avec la partie duveteuse des plumes d'un rose vineux ; le bec brun, l'iris jaune orangé, les tarses gris.

La base de la mandibule inférieure porte de chaque côté une petite touffe de plumes allongées.

L'Outarde barbue mâle atteint 1 mètre à $1^{m},10$ de longueur ; la femelle est beaucoup plus petite, mais porte une livrée analogue.

Habitat. — L'Outarde barbue habite une grande partie de l'Europe et l'Afrique septentrionale, mais elle tend à devenir de plus en plus rare. En France, où elle apparaissait autrefois par bandes de plusieurs milliers d'individus, elle n'est plus aujourd'hui signalée que très accidentellement.

Mœurs. — On ne peut la considérer comme un Oiseau migrateur, car ses voyages sont très irréguliers, ils dépendent de l'abondance plus ou moins grande de nourriture dans un endroit donné.

Les pays de plaines où l'on cultive des céréales, les steppes sont les régions qu'elle affectionne particulièrement. Elle évite avec autant de soin les grandes forêts que le voisinage des habitations.

C'est un Oiseau craintif, farouche, défiant, ayant toujours l'œil au guet, fuyant de loin à la moindre apparence de danger. On la rencontre généralement en compagnies de quatre à dix individus. Sa démarche est lente et mesurée, mais en cas de nécessité, elle court avec une grande rapidité. Avant de prendre son vol, elle fait d'abord deux ou trois bonds, comme pour prendre son élan, puis s'étant enfin élevée à une certaine hauteur, elle glisse dans l'air

(*) Pl. XLI. — L'Outarde barbue (Planche p. 168).

avec une grande vitesse, le cou tendu en avant, les pattes en arrière, le tr légèrement incliné.

Sa voix est une sorte de ronflement difficile à traduire, mais à la vue d' ennemi, elle émet aussi parfois un cri ou sifflement aigu.

L'Outarde barbue se nourrit surtout de substances végétales : feuilles vert jeunes pousses d'herbes, graines de céréales. Dans les pays où abondent Insectes, elle fait de ces derniers une ample destruction, mais sans les rech cher spécialement.

Ses mœurs sont polygames. A l'époque des amours, les mâles piaffent font la roue comme les Dindons; ils prennent les postures les plus sing lières, gonflent leur gorge, laissent pendre leurs ailes, renversent la tête arrière. La jalousie qui les anime est fréquemment l'origine de luttes violent et les vaincus sont chassés loin du troupeau. « Les coups d'ailes qu'ils se p tent, dit le Dr Dorin, sont si violents, qu'on rencontre souvent, chez les dernie non seulement des ecchymoses considérables, mais encore des dénudations toute la face inférieure des ailes, sur les humérus, les radius et les cubitus. »

Après l'accouplement qui a lieu en février, les femelles s'isolent et se prép rent à s'adonner, chacune de son côté, aux soins de l'incubation.

L'Outarde barbue niche dans les champs de blé, de sarrasin, de seigle, da les steppes. Elle choisit très soigneusement l'emplacement de son nid, au mili des herbes les plus hautes, mais dans une sorte de clairière, où la terre, nue battue sur une étendue de 2 à 3 mètres, lui permet, en cas de besoin, de prend rapidement son essor. Elle creuse alors, en grattant la terre, une petite exc vation, et y dépose deux ou trois œufs ovales, courts, à grain grossier, d'u gris cendré olivâtre, semés de taches irrégulières d'un brun plus ou moi foncé.

La femelle se montre alors plus farouche que jamais; elle ne s'approche d son nid qu'avec une grande prudence, en rampant et en évitant de se montre Dès qu'elle aperçoit quelqu'un, elle se couche à terre. Un ennemi s'avance-t-i elle rampe dans les blés sans être vue. Le danger la surprend-il, elle s'envol mais bientôt elle s'abat dans les moissons, et se sauve en courant. Si l'o touche à ses œufs, elle les abandonne, excepté dans le cas où les petits son près d'éclore.

L'incubation dure environ trente jours. Les jeunes naissent couverts d'u duvet laineux, brunâtre, tacheté de noir, qui se confond avec la teinte du sol

Ils se nourrissent surtout d'Insectes, que leur mère récolte pour eux et leu donne. A l'âge d'un mois, ils peuvent voler et ils commencent à mener la même existence que les adultes.

Chasse. — L'Outarde barbue est, selon l'expression des chasseurs, un gibier *noble*. Elle mérite cette considération, non seulement à cause de sa taille élevée, de l'originalité de son plumage et de la majesté de sa démarche, mais aussi en raison de la difficulté que l'on éprouve à s'en approcher à portée de fusil.

Pl. XLI. — L'Outarde barbue (texte p. 167).

Les pièges et les lacets ne sont, pour cette chasse, d'aucune utilité, car cet Oiseau méfiant ne se laisse pas prendre à des embûches grossières. Le chasseur doit donc remettre à un heureux hasard le plaisir de ce beau coup de fusil.

En Russie, on fait poursuivre les Outardes par des Lévriers ; en Asie, on les chasse au Faucon. Dans les pays du Nord, on profite, l'hiver, de leur engourdissement pour les poursuivre à cheval et les tuer à coups de bâtons.

Mais le procédé de chasse le plus usité, dans les localités aujourd'hui peu nombreuses où cet Oiseau est encore abondant, consiste à se mettre en embuscade dans un chariot extérieurement garni de paille, et que l'on fait avancer vers la troupe que l'on convoite jusqu'à une distance convenable.

Les Outardes, peu défiantes à la vue d'un objet auquel elles sont accoutumées, se laissent approcher plus facilement.

Captivité. — L'Outarde barbue étant un gibier très recherché, on a essayé de l'élever en captivité. Mais jusqu'ici, les résultats ne paraissent pas encourageants, en raison du caractère farouche de cet Oiseau.

Cependant, d'après Nordmann, elle vit en demi-domesticité, au milieu d'autres Oiseaux de basse-cour, dans les fermes de la Russie méridionale.

L'OUTARDE CANEPETIÈRE (*Otis tetrax*). — ***Caractères.*** — L'Outarde canepetière se distingue de l'Outarde barbue par sa taille moindre qui n'excède guère $0^{m},45$, par l'absence de plumes sous la mandibule inférieure, et par les caractères de son plumage.

Le mâle adulte a les parties supérieures du corps d'un jaune clair, tachetées et rayées de noir ; les côtés de la tête et le devant du cou, d'un cendré foncé ; un collier blanc descend en sautoir, des oreilles vers la gorge ; un demi-collier de même couleur, mais plus large, et suivi d'une autre bande également noire, orne la poitrine ; le bord des ailes, les couvertures supérieures et inférieures de la queue, le ventre, sont blancs ; les rémiges d'un brun foncé, les rectrices blanches barrées transversalement de noir ; le bec et les pieds gris, l'iris jaune.

En automne, le collier blanc et les ornements noirs de la poitrine disparaissent.

La femelle, de plus petite taille que le mâle, est presque entièrement d'un jaunâtre clair, rayé de noir ; elle a les couvertures supérieures des ailes blanches tachetées de noir, le ventre blanc.

Habitat. — L'Outarde canepetière, petite Outarde ou *Poule de Carthage*, a une aire de dispersion assez étendue. Elle habite, en général, toutes les contrées chaudes et tempérées de l'Europe, et le nord de l'Afrique. Elle a été observée accidentellement en Angleterre, en Belgique, en Hollande.

En France, elle se cantonne de préférence dans les plaines de la Champagne et de la Beauce : elle arrive au printemps, et repart de septembre à novembre.

Mœurs. — Ses mœurs sont à peu près les mêmes que celles de l'Outarde barbue ; mais ses allures sont plus vives. Elle court très rapidement ; son vol est léger, rapide, soutenu.

Elle est timide et craintive à l'excès : la vue d'un Oiseau de proie l'inquiète, et sous l'influence d'un danger imminent, elle prend les postures les p grotesques.

Son régime est à la fois animal et végétal, mais les Insectes, Vers, M lusques, en forment néanmoins le fond.

La Canepetière est un Oiseau sociable ; elle vit par bandes d'une dizaine d dividus, qui ne se séparent qu'à l'époque des amours.

A ce moment les mâles se livrent aux mêmes évolutions que celles qui été décrites pour l'Outarde barbue. Ils font la roue, hérissent les plumes de l collerette, laissent pendre les ailes.

Ils se provoquent aussi en combat singulier ; le plus faible, généralement plus jeune, est chassé hors de la société, tandis que le vainqueur se promè fièrement autour des femelles. Puis l'accouplement a lieu.

La Canepetière établit son nid dans les champs, parmi les herbes. Ce nid une excavation creusée dans la terre et tapissée de quelques herbes. Les œu au nombre de trois ou quatre, ont le volume des œufs de Poule, mais ils sc également arrondis aux deux bouts ; leur couleur est d'un brun olivâtre avec d macules irrégulières d'un brun roux.

Les jeunes, une fois éclos, se montrent extrêmement gloutons ; ils se jette avec avidité sur les Insectes, notamment sur les Sauterelles et autres Orth ptères ; ils mangent aussi des Vers, des Limaces, des petits Escargots.

Chasse. — La Canepetière a une chair estimée, rappelant assez bien ce du Faisan. On la chasse de la même façon que l'Outarde barbue, mais cependa avec plus de chances de succès.

La Canepetière, en effet, ne reste pas toujours en rase campagne ; elle s'ave ture dans les endroits montueux et un peu couverts, où elle est plus faci à tirer.

Quand elle est surprise ou poursuivie, elle se tapit d'abord contre terr cherche à se cacher, puis, au dernier moment, elle s'envole brusquement bruyamment, en ligne droite.

Captivité. — L'élevage de la Canepetière présente de grandes difficultés, e raison du caractère timide et craintif de cet Oiseau.

LES HOUBARAS

Caractères. — Les Houbaras ont le bec aussi long que la tête, très déprim dans les deux tiers de sa longueur à partir de la base, les narines presqu médianes, latérales, s'ouvrant dans des fosses nasales larges se prolongeant er un sillon au delà du milieu du bec ; les ailes allongées, amples, sur-obtuses, l sommet de la tête, le bas et les côtés du cou ornés de faisceaux de plume composées.

Aux caractères distinctifs tirés de la forme du bec et des ornements du cou, s'ajoutent la couleur des ailes, variées de blanc et de noir, et celle de la queue, marquée de trois bandes transversales.

Habitat. — Le genre Houbara est représenté par deux espèces dont l'une,

Houbara ondulée, habite particulièrement le nord de l'Afrique, et l'autre, la *'oubara de Maçqueen*, est propre à l'Asie.

La première se montre presque régulièrement chaque année dans le midi de Europe. La seconde n'y apparaît qu'accidentellement.

Mœurs. — Les mœurs des Houbaras sont les mêmes que celles des Outardes.

LES PALAMÉDÉIDÉS

La famille des Palamédéidés a été fondée pour deux genres d'Oiseaux de Amérique tropicale, auxquels on peut assigner les caractères suivants :

Caractères. — Ces Oiseaux ont un corps lourd, massif, un bec crochu rap-elant à la fois celui des Outardes et celui des Gallinacés; des ailes amples, ›ngues, sur-obtuses, armées au poignet de deux éperons robustes ; des tarses pais, réticulés, de la longueur du doigt médian ; des doigts allongés, au nombre e trois, les deux antérieurs réunis à la base par une étroite palmature, le pos-érieur armé d'un ongle robuste et droit comme celui des Alouettes.

Les Palamédéidés ne comprennent que les genres Kamichi et Chauna, hacun d'eux n'étant représenté que par une seule espèce.

LES KAMICHIS

Caractères. — Les Kamichis ont pour caractères distinctifs : le front orné d'une corne mince, longue d'environ 0m,15 ; la ligne naso-oculaire emplumée, la tête et le cou garnis de plumes courtes et veloutées.

LE KAMICHI CORNU *(Palamedea cornuta).* — ***Caractères.*** — Cet Oiseau mesure environ 0m,80 de longueur. Son plumage est presque entièrement d'un brun noir, à l'exception du ventre et du croupion qui sont d'un blanc pur, du sommet de la tête qui est blanchâtre, du haut de la poitrine dont les plumes sont d'un gris argenté et bordées de noir, des petites couvertures qui sont d'un jaune rougeâtre. L'iris est orangé, le bec brun noir avec la pointe blanchâtre, les tarses d'un gris ardoisé.

Habitat. — Le Kamichi cornu habite le Brésil, la Guyane, la Colombie, où il est désigné vulgairement sous le nom de *Aniuma.*

Mœurs. — Il se tient dans les grandes forêts vierges, où il vit par couples durant la saison des amours, et par bandes de quatre à six individus pendant le reste de l'année. Il cherche sa nourriture, essentiellement végétale, dans les endroits bas et marécageux.

Sa démarche est lente et grave.

Il construit son nid sur le sol, mais toujours très près de l'eau.

La ponte est de deux œufs blancs, de la grosseur de ceux de l'Oie.

Les petits, à peine éclos, sont déjà en état de courir et de chercher leur nourriture.

LES CHAUNAS

Caractères. — Les Chaunas se distinguent des Kamichis par l'absence corne frontale, celle-ci remplacée par une huppe occupant la région de la nu par une ligne naso-oculaire nue. Les plumes de la tête et du cou sont mo mais non veloutées.

LE CHAUNA CHAVARIA (*) (*Chauna chavaria*). — ***Caractères***. — La taill cet Oiseau est un peu plus faible que celle de son congénère, le Kamichi, n'est que de 0m,38. La tête et la huppe sont grises; les joues, la gorge, le h du cou blancs; la nuque et la partie antérieure de la poitrine d'un gris cen foncé, le manteau brun foncé; le bord des ailes, le ventre et le croupion bl châtres; la ligne naso-oculaire et les lorums d'un rouge de chair; l'iris jaune bec noir, les tarses d'un rouge clair.

Habitat. — Le Chauna chavaria habite le sud-est du Brésil et la Plata.

Mœurs. — Il fréquente les marécages, ou les bords des rivières, dans endroits où l'eau est peu profonde, le courant peu rapide. Bien que vivant p de l'eau, il ne nage pas. Sa démarche est lente et majestueuse comme celle Kamichis. Son vol est léger et facile. Il s'élève quelquefois dans les airs à u grande hauteur en décrivant des cercles, comme les Urubus, auxquels il r semble d'ailleurs par ses allures et ses longues ailes.

Son cri est fort et perçant; il le fait entendre aussi bien dans le jour que pe dant la nuit; le mâle et la femelle se répondent alternativement.

On rencontre le Chauna chavaria soit isolé, soit en sociétés de plusieurs in vidus, soit par couples.

Son existence est celle du Kamichi. Il recherche sa nourriture parmi l plantes marécageuses, mais il mange aussi des petits Poissons, des Vers, d Grenouilles.

Il niche dans les roseaux, comme les Poules d'eau.

Captivité. — Le Chauna chavaria s'habitue mieux à la captivité que Kamichi. Il s'apprivoise même facilement, et lorsqu'il a été pris jeune, il vit parfaite intelligence avec les Oiseaux de basse-cour.

LES CHARADRIIDÉS

Le groupe des Charadriidés a une composition assez hétérogène.

Certains genres établissent une transition vers les Outardes; d'autres, tels qu les Glaréoles, mériteraient presque d'être isolés dans une famille spéciale.

Les Charadriidés, dont le type est le *Pluvier*, sont des Échassiers coureurs vivant dans les plaines marécageuses ou dans les steppes arides et incultes.

(*) Pl. XLII. — Le Chauna chavaria.

Le seul caractère général qui soit constant dans tous les genres, c'est que le bec n'est corné que dans son dernier tiers, il reste membraneux dans les deux tiers postérieurs.

LES GLARÉOLES

Caractères. — Les Glaréoles ont un bec beaucoup plus court que la tête, convexe, plus large que haut à la base, plus haut que large vers la pointe, à bords mandibulaires dessinant une courbe bien prononcée; des narines ovales, basales, obliques; des ailes beaucoup plus longues que la queue, suraiguës; une queue fourchue, des tarses médiocres, minces, réticulés sur les côtés de l'articulation tibio-tarsienne, scutellés dans le reste de leur étendue; des doigts grêles, le médian et l'externe réunis à la base par une petite membrane.

La Glaréole pratincole.

LA GLARÉOLE PRATINCOLE (*Glareola pratincola*). — ***Caractères.*** — La Glaréole pratincole a la tête et le dos gris brun; la gorge d'un jaune roussâtre, entourée d'un cercle brun; la poitrine, le ventre et le croupion blancs; les extrémités des rémiges et des rectrices noires, l'iris brun, le bord des paupières rouge; le bec et les pieds bruns. Sa taille est d'environ $0^{m},25$.

Habitat. — Elle habite l'Europe méridionale et orientale, l'Asie et l'Afrique septentrionales. Elle est connue vulgairement sous différents noms : *Poule des sables*, *Perdrix de mer*, *Hirondelle de marais,* noms qui rappellent, les uns ses habitudes, l'autre la forme de son corps.

Mœurs. — La Glaréole pratincole est un Oiseau migrateur. Elle arrive dans le midi de la France vers le milieu d'avril et repart vers la fin d'août, voyageant par petites troupes de quinze à vingt individus. Elle se plaît dans le voisinage de l'eau, sur les plages sablonneuses de la Méditerranée, sur le bord des étangs.

On la reconnaît de loin à ses allures qui ne permettent pas de la confondre avec aucun autre Échassier. Elle court très bien et vole encore mieux. Sa course est saccadée comme celle du Pluvier, mais avec cette différence que tout courant, elle hoche continuellement de la queue. Son vol ressemble à celui la Mouette, il est remarquable par sa rapidité, sa variété, ses brusques déto

Dans les pays où elle doit se reproduire, la Glaréole vit par couples. O rencontre, courant ou volant, faisant la chasse aux Insectes, aux larves, Libellules, aux Sauterelles, surtout le soir, vers le coucher du soleil.

Elle déploie dans ses évolutions autant d'adresse et d'élégance que Hirondelles, ce qui ajoute encore à la ressemblance qu'elle présente a celles-ci.

La Glaréole niche sur les rives inclinées des marais, dans les step dégarnies d'arbres. Son nid consiste en une simple excavation tapissée chaumes et de racines. Chaque couvée est de quatre œufs courts, ventrus, d' jaune d'ocre avec des points et des taches foncés formant des marbru irrégulières.

Le dévouement que montre la mère pour sa progéniture est bien digne remarque : lorsqu'on s'approche de ses petits, elle accourt en criant, pour défendre, et ne craint pas de fondre sur les Chiens. La même affection u tous les individus d'une même bande ; lorsque l'un d'eux est tué, les autr viennent en poussant des cris, se poser près de son cadavre, et se laissent tu à leur tour plutôt que de s'enfuir.

Chasse. — On chasse surtout les Glaréoles en Hongrie et en Russie. Le chair, quand elle est grasse, est très succulente.

Captivité. — On a pu conserver des Glaréoles pendant plusieurs mois captivité, en les nourrissant de pain trempé dans du lait, et d'Insectes. Ell s'apprivoisent facilement.

LES ŒDICNÈMES

Caractères. — Aux caractères du groupe s'ajoutent, pour le genre Œd cnème, un bec de la longueur de la tête, ou plus court, épais, triangulaire, légè rement déprimé à la base, comprimé dans sa moitié antérieure ; des narine linéaires, étendues jusqu'au milieu du bec; des ailes moyennes, aiguës n'atteignant pas l'extrémité de la queue, celle-ci conique, composée de douz rectrices; des tarses longs, minces, recouverts d'un réseau de petites écailles ; de doigts courts, épais, bordés et réunis à la base par une étroite membrane.

L'ŒDICNÈME CRIARD (*Œdicnemus crepitans*). — ***Caractères.*** — Ce Oiseau, dont la taille est d'environ $0^{m},40$, a un plumage assez uniforme rappe lant celui de l'Alouette : sur un fond roussâtre, se détachent de longues mèches brunes marquant le centre de chaque plume; les lorums, la gorge, le ventre, les cuisses, sont d'un blanc pur ; les rémiges noires, avec une tache blanche sur les deux premières, les autres terminées de blanc ; les rectrices noires à la pointe, blanches sur les côtés ; les paupières, l'iris et la base du bec sont jaunes, le bout du bec noir, les pieds d'un jaune-paille.

La femelle porte le même plumage que le mâle.

Habitat. — L'Œdicnème criard habite toute l'Europe, particulièrement les ontrées méridionales, le nord de l'Afrique et l'Asie occidentale. Sédentaire sur es rivages de la Méditerranée, il est migrateur partout ailleurs.

Mœurs. — Il s'établit de préférence dans les plaines crayeuses et sablon-euses, mais on le trouve aussi parfois dans les prairies humides. Il a des mœurs resque nocturnes ; ce n'est qu'après le coucher du soleil qu'il se met en mou-ement pour rechercher sa nourriture exclusivement animale : Insectes ivers, petits Limaçons, Lézards, Campagnols, etc.

Brehm, qui observa cet Oiseau en Afrique, a fort bien décrit es allures singulières.

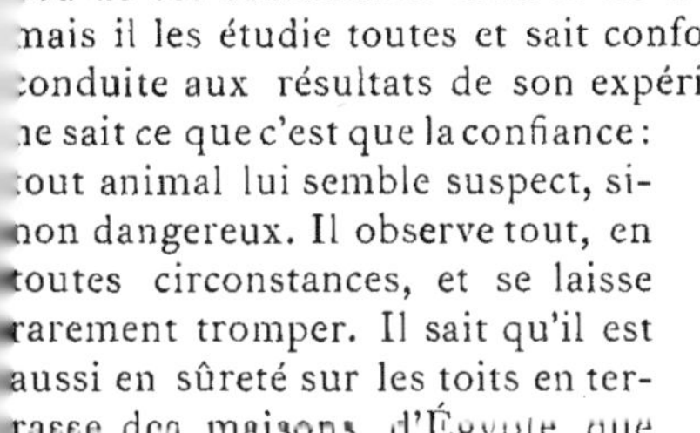

L'Œdicnème criard.

« C'est, dit-il, un ami de la solitude, qui s'inquiète eu de ses semblables. Il ne se lie à aucune créature ; nais il les étudie toutes et sait conformer sa conduite aux résultats de son expérience. Il ne sait ce que c'est que la confiance : out animal lui semble suspect, si-non dangereux. Il observe tout, en toutes circonstances, et se laisse rarement tromper. Il sait qu'il est aussi en sûreté sur les toits en ter-rasse des maisons d'Égypte, que dans nos plaines sablonneuses ; au voisi-nage d'un bois de pins, que dans les cam-pos d'Espagne ou qu'au sein du désert. La confiance qu'il montre en Égypte n'existe qu'en apparence ; il se tient sur ses gardes tout aussi bien que chez nous. Cependant, il est rare qu'on l'aperçoive ; il a vu l'homme qui se dirige sur lui, bien avant que celui-ci ait pu soupçonner sa présence. Se trouve-t-il dans une plaine, loin de tout fourré où il puisse se chercher un abri, il se rase et, grâce à la teinte couleur de terre de son plumage, il disparaît complètement aux regards. Un fourré est-il dans son voisinage, il y court rapidement, mais ne s'y arrête pas ; il le franchit en toute hâte, et gagne les champs du côté opposé à celui par lequel arrive l'ob-servateur. Dans le campo ou dans le désert, il commence par se raser ; mais si on continue à l'approcher, il se lève, court toujours hors de la portée du fusil, se retourne de temps à autre, s'arrête, recommence à courir, et gagne bientôt une avance suffisante, sans qu'il ait été obligé de recourir à ses ailes. Un cava-lier ne peut pas mieux le surprendre qu'un piéton ; il sait que ce n'est que du cheval sans cavalier qu'il n'a rien à craindre.

« Sa marche, tant qu'il n'est pas presssé, a quelque chose de raide, de trotti-nant ; quand il est poursuivi, il court avec une rapidité étonnante. Son vol est léger, assez facile, mais rarement soutenu ; l'Œdicnème criard sait bien que le Faucon a encore de meilleures ailes que lui. »

Sa voix singulière et retentissante se fait entendre après le coucher du soleil.

L'Œdicnème criard aime beaucoup à se désaltérer; il franchit souv plusieurs kilomètres pour aller chaque soir étancher sa soif dans quel cours d'eau.

Au printemps, les mâles se livrent souvent des combats, pour la possess des femelles.

La construction des nids a lieu en avril.

L'Œdicnème niche dans quelque dépression du sol, dans des endroits p reux et les guérets. Sa ponte se compose de deux à quatre œufs, relativem gros si on les compare au volume de l'Oiseau, et de la forme des œufs de Pou leur couleur est gris jaunâtre ou roussâtre; ils sont tachetés, mouchetés irré ièrement, de gris brun ou de brun foncé.

Les pettis, une fois nés, apprennent très vite à capturer les Insectes qui f ment le fond de leur nourriture, et aussi à se blottir dans les retraites naturel qu'ils rencontrent à l'approche de quelque danger.

Chasse. — L'Œdicnème criard est très difficile à chasser. On a vu plus ha à propos de ses mœurs, avec quelle adresse il échappe à ses ennemis, sa toutefois les redouter. Aussi ne connaît-on aucun moyen infaillible pour capturer ou pour le tirer au fusil.

Captivité. — En captivité, il s'apprivoise facilement.

LES COURVITES

Caractères. — Le genre Courvite est caractérisé par des formes élevées, bec relativement long, mais plus court que la tête, déprimé à la base, recour à la pointe; des narines basales, s'ouvrant dans des fosses nasales peu profond ne se prolongeant pas en un sillon; des ailes moyennes, suraiguës, une que courte, large; des tarses longs et grêles, scutellés; des doigts courts, au nomb de trois seulement.

Habitat. — Les Courvites sont propres aux contrées chaudes de l'Afrique de l'Asie; l'un d'eux fait de fréquentes apparitions en Europe.

LE COURVITE ISABELLE (*Cursorius isabellinus*). — ***Caractères.*** — Le Cou vite isabelle a, comme son nom l'indique, un plumage couleur isabelle s'harm nisant parfaitement avec la couleur du sable des déserts. Deux lignes noire séparées par une bande blanche, partant de l'œil et se dirigeant en arrièr limitent l'occiput qui est d'un gris bleu; les rémiges sont d'un brun noir av l'extrémité jaune rougeâtre; les rectrices, à l'exception des deux médiane tachetées de noir et terminées de blanchâtre; l'iris est brun clair, les jamb bleuâtres, les pieds jaunâtres.

La taille de cet Oiseau est d'environ $0^{m},25$.

Le mâle et la femelle ne diffèrent pas l'un de l'autre.

Habitat. — Le Courvite isabelle habite toute l'Afrique; il se montre accide tellement en Europe.

Mœurs. — Il se tient dans les déserts les plus arides, les plus desséchés, où ne pousse qu'une maigre végétation. Ce n'est pas un Oiseau migrateur, mais il entreprend souvent de grands voyages; il apparaît subitement dans des régions où on n'est pas habitué à le rencontrer, puis il disparaît aussi rapidement qu'il est venu. C'est surtout à l'époque des amours, que les mâles sont ainsi portés à errer loin de leur domaine.

Par ses allures et son genre de vie, il mérite bien le nom de *coureur du désert* qui lui a été donné. « Cet Oiseau, dit Brehm, a quelque chose de trop spécial dans ses allures pour qu'on puisse le méconnaître. On voit le mâle et la femelle courir avec une rapidité incroyable, toujours hors de portée de fusil, à quinze pas environ l'un de l'autre. Tant que l'Oiseau court, son corps, ses pattes, se meuvent avec une telle rapidité qu'on ne peut les distinguer. On dirait un Oiseau sans pattes, mû par une force qu'on ne peut s'expliquer. Tout à coup, il s'arrête, il regarde autour de lui, il ramasse quelque chose à terre, et reprend sa course. Là où il n'est pas beaucoup chassé, il se laisse approcher, mais jamais à une distance où le plomb pourrait l'atteindre. On peut ainsi le suivre pendant des heures sans qu'il s'envole. »

Néanmoins, son vol est aussi rapide que celui du Vanneau. Le Courvite construit son nid dans quelque touffe d'herbe, au milieu des pierres. Ce nid consiste en une simple dépression creusée dans le sol. Les œufs, au nombre de trois ou quatre, ont le volume de ceux des Pigeons; ils sont courts, ventrus, d'un gris jaunâtre, et semés de points et de traits irréguliers bruns ou cendrés.

Chasse. — La chasse du Courvite est assez difficile, car cet Oiseau est très défiant. Il faut, pour l'approcher, tourner autour de lui, en décrivant de grands cercles concentriques.

Le plus souvent on le prend dans des pièges.

LES PLUVIANS

Les Pluvians établissent une transition entre les Courvites et les Pluviers. Ils ont encore la forme du bec des premiers, mais ils se rapprochent des seconds par leurs tarses médiocres, leurs doigts latéraux allongés et leur physionomie générale.

LE PLUVIAN D'ÉGYPTE (*Pluvianus ægyptius*). — ***Caractères.*** — Le Pluvian d'Égypte mesure environ $0^{m},22$. Il a le front, la partie supérieure de la tête et du cou, le dos, ainsi qu'une bande en écharpe ceignant le bas du cou, d'un noir profond nuancé de verdâtre ; une bande de même couleur couvre les côtés de la tête depuis les narines jusqu'à la nuque en passant par l'œil. Le reste de la tête et du cou, la gorge, le ventre sont blancs ; la poitrine et les flancs d'un brun roux pâle; toute la partie supérieure des ailes d'un gris bleuâtre, les rémiges noires à la base et à l'extrémité, blanches au milieu ; les rectrices d'un gris bleuâtre avec l'extrémité blanche.

La femelle a le même plumage que le mâle.

Habitat. — Le Pluvian d'Égypte habite les bords du Nil et de quelques autres cours d'eau de l'Afrique.

Mœurs. — Il se tient sur les plages sablonneuses. Ses mœurs sont pe sociables. On ne le trouve généralement que par couples ou par petites band de six à dix individus au plus.

« Tout voyageur qui a parcouru l'Égypte, dit Brehm, connaît cet Oiseau vif, léger, agile, élégant. On le voit avec sa famille, courant sur le sable volant à la surface de l'eau, étalant aux regards ses belles ailes rayée de blanc et de noir. Sa course rapide n'est pas saccadée comme celle du Courvite isabelle, et rappelle plutôt celle du Pluvier.

Le Pluvian d'Égypte.

Son vol est vif, facile, mais peu soutenu ; c'est au plus si le Pluvian vole d'un banc de sable à l'autre, et en rasant la surface de l'eau. C'est pendant son vol qu'il fait entendre son cri un peu sifflant : *tschip*, *tschip*, *troït*. Il crie encore quand il est posé ou qu'il court ; il est aussi bavard que le Courvite isabelle est silencieux. »

C'est pour cette raison que les Arabes ont donné à cet Oiseau le nom d'*avertisseur du Crocodile*.

Le Pluvian se nourrit d'Insectes, de Vers, de petits coquillages qu'il ramasse sur le sable ; il va chercher jusque dans la gueule des Crocodiles les débris d'aliments qui sont restés entre leurs dents. Cette dernière particularité, si curieuse qu'elle paraisse, est cependant exacte, et avait été remarquée depuis les temps les plus anciens. C'est sans doute au Pluvian que se rapportent les récits que Hérodote et Aristote consacrent à un Oiseau qu'ils désignent du nom de *Trochilus*.

C'est en un endroit découvert, dans le sable même de la plage, que le Pluvian dépose ses œufs. Ceux-ci ont une coquille mate, d'un jaune d'ocre roussâtre ; ils sont parsemés de points, de stries, de taches d'un gris rougeâtre, ou d'un brun châtain, assemblés en dessins variés.

LES PLUVIERS

Caractères. — Les Pluviers ont pour caractères : un bec plus court que la tête, droit, comprimé vers la pointe; des narines étroites, linéaires, s'ouvrant dans des sillons nasaux prolongés au delà du milieu du bec ; des ailes suraiguës, pourvues, au poignet, d'un tubercule mousse ; des tarses élevés, minces, couverts sur toutes les faces d'un réseau de plaques hexagones; trois doigts en avant, le pouce rudimentaire ou nul.

Leur plumage, varié en dessus de nombreuses taches, et leur queue ornée de plusieurs bandes transversales permettent de reconnaître ces Oiseaux à première vue.

LE PLUVIER DORÉ (*Charadrius auratus*). — ***Caractères.*** — Le Pluvier doré est en dessus d'un noir profond, varié de taches d'un jaune d'or, celles-ci disposées en forme d'écailles sur le bord des plumes; la gorge, le devant du cou, la poitrine, l'abdomen sont d'un noir lustré encadré de blanc au printemps, tacheté de gris jaunâtre avec le ventre blanc, en automne; les côtés de la tête, du cou et de la poitrine variés de taches cendrées, brunes ou jaunâtres ; les rémiges sont noires à tige blanche vers l'extrémité ; les rectrices brunes barrées de jaune; le bec, l'iris et les pieds noirs.

Habitat. — Le Pluvier doré habite l'Europe, l'Asie, le nord de l'Afrique. Sédendaire en Angleterre et en Allemagne, il est de passage régulier en Belgique, en Hollande et en France. Il passe l'hiver dans quelques départements lorsque l'hiver est très doux.

Mœurs. — Le Pluvier doré est un Oiseau très sociable. Il vit en bandes plus ou moins nombreuses, parcourant les plaines des terrains secs et élevés, recherchant les Insectes, les Vers, les larves dont il se nourrit.

Gai, vif, agile, il est à la fois bon coureur et bon voilier.

Dans les régions où il vient s'abattre pour se reproduire, on entend retentir de tous côtés son cri mélancolique et plaintif.

Il construit son nid à terre, dans quelque dépression qu'il tapisse d'herbes et de chaumes desséchés.

Ses œufs, au nombre de trois à cinq, sont relativement gros, d'un jaune olivâtre, avec des points, des taches d'un brun foncé ou d'un brun rouge très irrégulièrement répartis.

Il ne fait, en général, qu'une couvée par an, à moins qu'on ne lui ait dérobé ses œufs.

Ses ennemis sont, en effet, très nombreux; les Renards, les Martes, les Fa-cons, les Buses, les Mouettes détruisent très souvent ses couvées.

Chasse. — La chair du Pluvier doré est très estimée, si l'on en croit proverbe :

Qui n'a mangé ni Pluvier, ni Vanneaux,
Ne sait ce que gibier vaut.

Cependant, elle a parfois un goût huileux plus ou moins agréable.

Dans le nord de la France, on capture les Pluviers au filet, en les attiran l'aide d'un appeau.

Captivité. — Le Pluvier doré vit très bien dans les jardins, qu'il débarras des Vers et des Limaçons. L'hiver, on le nourrit de mie de pain et de pet morceaux de viande cuite.

Le *Pluvier fauve* qui est propre à l'Asie, à l'Afrique et à l'Océanie, et *Pluvier varié* ou *Vanneau-Pluvier* du nord de l'Europe et de l'Amérique, o sensiblement les mêmes mœurs que le Pluvier doré.

LES GUIGNARDS

Les Guignards, ou *Pluviers des Alpes*, se distinguent à peine par leurs carac-tères du genre Pluvier. Ils ont un bec plus mince et moins renflé que ces der-niers, des formes moins trapues.

LE GUIGNARD DE SIBÉRIE (*Eudromias morinellus*). — ***Caractères.*** — L Guignard commun ou de Sibérie, en plumage d'été, a le dos et la partie supé-rieure des ailes d'un noirâtre lavé d'olivâtre, chaque plume étant encadrée d roussâtre, le dessus de la tête noir, la face et les sourcils blancs, la gorge blanche le bas du cou et le haut de la poitrine d'un cendré rayé transversalement d roussâtre, ces régions étant limitées en bas par une étroite bande noire, doublé d'un large ceinturon blanc; le haut de l'abdomen et les flancs d'un roux vif, l milieu de l'abdomen noir, le ventre et les sous-caudales blancs, les rectrices ter-minées de blanc pur; le bec et l'iris bruns, les pieds d'un cendré verdâtre.

En automne, le plumage du mâle et de la femelle passent en dessus au gris foncé, les parties blanches de la tête se teintent de roussâtre, la poitrine devien grise.

Habitat. — Les Guignards habitent le nord de l'Europe, l'Asie, l'Afrique. Ils sont de passage régulier en France en mai et en août.

Mœurs. — Ils voyagent en bandes très nombreuses et viennent s'établir, pour nicher, sur les plateaux élevés des montagnes. Leurs mœurs, leurs allures, sont aussi paisibles, aussi charmantes que celles des Pluviers.

Ils font leur nid dans une dépression peu profonde du sol, qu'ils tapissent de quelques racines sèches et de lichens.

La couvée est de trois ou quatre œufs pyriformes, d'un gris roussâtre ou olivâtre avec de grandes taches noires vers le gros bout.

Chasse. — Il est peu d'Oiseaux plus faciles à chasser que les Pluviers. On peut les approcher de très près, et quand l'un des individus de la bande est tiré, les autres, au lieu de s'enfuir, se mettent à tournoyer au-dessus du cadavre de leur compagnon et se laissent fusiller à volonté.

LES GRAVELOTS

Les Gravelots sont de plus petite taille que les Pluviers et les Guignards. Leur bec est mince, plus court que la tête. Ils se reconnaissent à un bandeau de couleur variable qui orne leur front et à un large collier situé au bas du cou.

Il en existe plusieurs espèces dont la plus connue est le Gravelot nain.

LE GRAVELOT NAIN (*Aegialites minor*). — ***Caractères***. — Le Gravelot nain est de la taille d'une Alouette. Il a les joues, le sommet de la tête, le dos et les ailes d'un brun cendré, les rémiges latérales, le ventre, la poitrine d'un blanc pur; une double bande transversale noire encadrant une ligne blanche couvre le front; une ligne naso-oculaire noire se prolonge un peu en arrière de l'œil; l'iris est brun, les lorums d'un jaune doré ; le bec noir, les pattes rougeâtres.

Habitat. — Cet Oiseau, désigné aussi sous les différents noms de *Pluvier des Philippines*, *Petit Pluvier à collier*, *Pluvier de rivage*, *Alouette de mer*, a une aire de dispersion assez étendue. On le rencontre dans une grande partie de l'Europe, surtout dans les contrées méridionales, en Asie et en Afrique.

Le Gravelot nain.

Mœurs. — Il vit en sociétés moins nombreuses que les Guignards. Il s'établit sur les rives des cours d'eau, des étangs, au bord de la mer, quelquefois dans les champs sablonneux, à une assez grande distance de l'eau.

Ses mouvements sont vifs et légers; il court avec une rapidité surprenante ; en volant, il pousse souvent de petits cris aigus. Ses mœurs sont presque nocturnes, comme celles de la plupart des Charadriidés ; il ne déploie toute son activité que le matin de très bonne heure, et le soir, après le coucher du soleil.

D'un naturel doux et paisible, il témoigne à sa compagne et à ses petits le plus grand attachement.

Devant l'homme, il n'est craintif que dans les régions où on lui fait la chasse.

Il se nourrit d'Insectes, de larves, de coquillages qu'il va parfois chercher so les pierres du rivage, et même dans l'eau.

Pour construire son nid, la femelle se contente de creuser une légère dépre sion dans un endroit sablonneux de la rive, à une centaine de pas du bord l'eau. Elle pond en mai, trois ou quatre œufs pyriformes d'une couleur gr jaunâtre, semés de points et de taches d'un brun noir. Elle couve surtout penda la nuit; le mâle la relaie de temps en temps. Les jeunes éclosent au bout d quinze à seize jours; ils sont d'abord nourris par leurs parents, mais ils so très vite en état de se suffire à eux-mêmes.

Aussitôt que les couvées sont terminées, tous les jeunes Gravelots d'un mêm canton se réunissent et se mêlent aux troupes des autres petits Échassiers qui s disposent à émigrer.

LE GRAVELOT HIATICULE ou *Grand Pluvier à collier*. — D'une taille un pe supérieure à la précédente, cette espèce s'établit particulièrement sur les dune et les plages sablonneuses de nos côtes.

Son aire de dispersion, ses mœurs, sont analogues à celles du Gravelo nain.

LE GRAVELOT DE KENT OU PLUVIER A COLLIER INTERROMPU. — Il affectionne aussi les rivages de la mer de préférence aux bords des cours d'eau.

Il se mêle, au printemps et à l'automne, aux bandes de Gravelots hiaticules e aux autres Échassiers qui fréquentent à cette époque le voisinage de no côtes.

LES HOPLOPTÈRES

Caractères. — Les Hoploptères tiennent à la fois des Gravelots et des Vanneaux, mais ils sont surtout caractérisés par la présence au pli de l'aile, d'un ergot corné, aigu. Leurs tarses sont minces et élevés, leurs doigts grêles, au nombre de trois seulement.

L'HOPLOPTÈRE ÉPINEUX (*Hoplopterus spinosus*). — ***Caractères.*** — L'Hoploptère épineux mesure environ $0^m,30$. Il a le manteau d'un gris brun; la tête et la face inférieure du corps noires; les côtés de la tête, du cou, du ventre, la partie postérieure du cou, le croupion et une large bande au milieu de l'aile d'un blanc pur; les extrémités des rémiges et des rectrices noires.

Habitat. — Connu aussi sous le nom de *Vanneau à éperon*, cet Oiseau se rencontre dans la Sénégambie, l'Abyssinie, l'Egypte; il s'avance dans ses migrations jusque dans la Turquie d'Europe, la Grèce, le midi de la Russie.

Mœurs. — Il fréquente de préférence les rives des lacs à eau saumâtre, les bords des grands fleuves. Son genre de vie est à peu près le même que celui du Vanneau. Mais il vit en petites sociétés ou par couples. Il se nourrit d'Insectes, de coquillages, de Vers qu'il ramasse sur le sable.

Ses allures sont vives et joyeuses, sa course rapide, son vol élégant, son caractère remuant et querelleur.

Il est toujours en mouvement, la nuit aussi bien que le jour. L'activité extraordinaire qu'il déploie explique bien cette légende arabe, qui dit que le *siksak*, nom sous lequel il est désigné en Egypte, ne dort jamais.

La moindre chose inaccoutumée lui fait pousser des cris perçants. Il s'élance en criant jusque sur les Corbeaux, les Oiseaux de proie, et les met en fuite par ses démonstrations belliqueuses.

L'Hoploptère épineux niche dans les champs humides ou sur les bancs de sable qui bordent les lacs. Sa ponte est de trois ou quatre œufs d'un gris olivâtre ou d'un jaune verdâtre, pointillés et tachés de noir et de brun cendré.

LES SARCIOPHORES OU VANNEAUX A CARONCULES. — Ces Oiseaux, reconnaisables à une caroncule membraneuse insérée à la base du bec, et à une saillie cornée en avant de l'œil, servent de transition entre les Hoploptères et les Vanneaux. Leurs mœurs tiennent d'ailleurs et des uns et des autres.

Ils sont propres au continent africain.

L'Anarhynque de la Nouvelle-Zélande.

LES CHÉTUSIES. — Certains auteurs ont établi ce genre pour quelques espèces très voisines des Vanneaux, mais qui se distinguent de ceux-ci par des tarses plus élevés, un bec plus allongé, plus mince, des jambes dénudées sur une plus grande étendue, des formes plus trapues, et l'absence de huppe sur la tête.

Ils habitent l'Asie et l'Afrique. Leurs mœurs sont celles des Vanneaux. C'es près d'eux que se range aussi une espèce de la Nouvelle-Zélande : l'*Anarhynchus frontalis*.

LES VANNEAUX

Caractères. — Le genre Vanneau est caractérisé par un bec plus court que la tête, mince, brusquement renflé, des narines linéaires, longitudinales, les sillons nasaux s'étendant jusqu'aux deux tiers du bec; des ailes amples, subaiguës, pourvues au poignet d'un éperon corné; une queue médiocre; des tarses longs, minces, réticulés de toutes parts; quatre doigts, dont trois en avant, un en arrière, articulé assez haut, ne portant à terre que par l'extrémité de l'ongle; u tête ornée d'une petite touffe de plumes relevées; un plumage coloré par grand masses.

LE VANNEAU HUPPÉ (*Vanellus cristatus*). — Le Vanneau huppé est u Oiseau bien connu des chasseurs au marais.

Caractères. — Sa taille est d'environ 0^m,34.

Son plumage est, en dessus, d'un vert foncé à reflets métalliques rouges dorés. Le sommet de la tête, la gorge, le haut de la poitrine, et une ligne a dessous de l'œil sont noirs; toutes les autres parties de la tête, du cou et de face inférieure du corps sont blanches; les rémiges sont noires, la queue blanch dans sa première moitié, noire dans le reste de son étendue; le bec et l'iris so noirs, les pieds d'un rouge clair.

La femelle porte une huppe plus courte que le mâle; son plumage a de reflets moins brillants.

En automne, les deux sexes ont un plumage terne.

Habitat. — Le Vanneau huppé est répandu dans toute l'Europe; on le trouv aussi en Asie et dans l'Afrique septentrionale.

Mœurs. — C'est un Oiseau migrateur; son passage au printemps dans l nord de la France a lieu dans les premiers jours de mars; son passage d'au tomne a lieu vers la fin de novembre ou le commencement de décembre.

Il voyage en bandes nombreuses qui vont s'abattre dans les marécages, le plaines basses et humides. Cependant, on ne peut pas le considérer tout à fai comme un *Oiseau de marais*, car dans certaines contrées, telles que les steppe arides de la Russie, on le rencontre dans les parties entièrement désertes couvertes d'un sable mouvant et n'offrant, çà et là, que quelques îlots de verdure.

« Celui qui a pu observer les mœurs et les allures du Vanneau, dit Brehm, apprend vite à l'aimer, et pourtant il excite parfois la colère de l'homme. Le chasseur hait en lui l'Oiseau vigilant qui avertit souvent de la présence d'un ennemi tout le gibier d'eau; mais pour celui qui n'est point passionné pour la chasse, le Vanneau est toujours un être agréable à voir, qu'il vole ou qu'il coure. C'est un des premiers messagers du retour du printemps; il arrive chez nous en même temps que l'Étourneau et que l'Alouette; nous le voyons souvent que l'hiver règne encore, et lorsqu'il a fort à souffrir de la faim. Pour lui, plus que pour les autres Oiseaux, on a remarqué que la grande bande immigrante était précédée de quelques avant-coureurs, chargés, dirait-on, d'annoncer leur arrivée et de préparer les logements. Souvent, leurs espérances sont cruellement déçues; c'est ce qui arrive quand le temps vient à changer. Une neige qui tombe assez tard au printemps recouvre leurs aliments. Ils semblent espérer un meilleur avenir; ils ne peuvent se décider à la retraite; ils vont d'une source à l'autre, errent dans le pays, mais, tout en espérant, ils pâtissent, ils maigrissent et finissent par périr. En général, cependant, les immigrants arrivent au bon moment et supportent sans accidents les derniers retours de l'hiver. A l'époque des migrations, on entend souvent jusque dans la nuit leur voix caractéristique ; et pendant le jour, on en voit, surtout dans les plaines et les vallées, au bord des rivières, des bandes nombreuses qui continuent leur voyage.

Une fois arrivés dans leur patrie, les Vanneaux se dispersent, chaque paire demeurant fidèlement unie. Alors commence la vie d'été avec ses joies et ses plaisirs, mais aussi avec ses soucis et ses peines.

Le Vanneau évite, autant que possible, le voisinage des habitations; il sait qu'il a tout à craindre non seulement de l'homme, mais des Chats et des Chiens qui pourraient découvrir son nid. Il est d'ailleurs d'un naturel très défiant surtout quand il a des œufs ou des petits; sa vigilance se traduit alors par des cris perçants, et quand un danger le menace, il entre dans une agitation extrême, attaquant son ennemi avec impétuosité. Les individus d'une même bande montrent entre eux une grande solidarité, les Oiseaux de proie eux-mêmes prennent la fuite quand ils sont harcelés par quelques Vanneaux

Le Vanneau huppé.

Ceux-ci, en effet, ont un vol rapide, aisé, soutenu; ils se jouent dans les airs avec une agilité surprenante et souvent font preuve d'une grande hardiesse.

La nourriture des Vanneaux est exclusivement insectivore. Elle se compose de Vers, de larves, de Mollusques aquatiques ou terrestres. L'eau paraît leur être indispensable; ils s'abreuvent souvent, et aiment beaucoup à se baigner.

Le Vanneau huppé niche dans les prairies marécageuses, parmi les joncs et les herbes. Il choisit, pour construire son nid, une petite motte de terre à l'abri de la crue des eaux, en tond l'herbe du sommet, et dépose dans cette sorte de corbeille naturelle trois ou quatre œufs olivâtres, avec des points et des taches gris, bruns et noirs.

La femelle couve seule, mais les deux parents font preuve d'une égale sollicitude envers leur progéniture ; ils se montrent à ce moment plus hardis qu jamais, et ils ont recours à mille ruses pour tromper leurs ennemis. Quand u Carnassier s'approche, ils cherchent à détourner sur eux-mêmes son attentior un mouton, en pâturant, menace-t-il de marcher sur le nid, les deux Oiseaux s précipitent sur lui les plumes hérissées, le harcèlent et le détournent de sa rout Les Milans et les Faucons sont les rares ennemis devant lesquels ils soier impuissants; en pareil cas, ils ne doivent bien souvent leur salut qu'à la rap dité avec laquelle ils se précipitent dans l'eau, mais où parfois ils se noient.

Chasse. — On chasse peu le Vanneau, dont la chair n'est d'ailleurs pas u mets très délicat. Ses œufs sont cependant très appréciés dans certains pays.

Captivité. — Les Vanneaux captifs, quand ils ont été pris jeunes, sont for divertissants. Ils s'apprivoisent rapidement, reconnaissent leur maître e viennent chercher leur nourriture dans sa main.

L'anecdote suivante de M. Carlyle, reproduite par Olph. Gaillard, est u exemple de cette familiarité naturelle du Vanneau, et de l'art avec lequel il sai se concilier l'amitié de ses plus grands ennemis : « On donna deux Vanneau à un ecclésiastique, qui les mit dans son jardin. L'un mourut bientôt; mai l'autre vécut d'Insectes, qu'il trouvait abondamment jusqu'à ce que l'hiver vîn l'en priver. La nécessité le contraignit de s'approcher de la maison, et il s'ac coutuma peu à peu aux différents bruits qui s'y faisaient entendre. Un petit cri demandant l'hospitalité lui ouvrit la porte de l'arrière-cuisine ; il devint en peu de temps beaucoup plus familier, et le froid se faisant sentir davantage, il pénétra jusque dans la cuisine, non pas sans de grandes précautions, car elle était ordinairement habitée par un Chien et un Chat ; mais il parvint à s'attirer leur affection au point de venir régulièrement chaque soir s'établir au coin du feu, et d'y passer la nuit à côté d'eux. Aussitôt que le printemps parut, il continua ses visites et resta dans le jardin ; mais à l'approche de l'hiver, il revenait toujours se réfugier dans la cuisine, et retrouver ses anciens amis, qui le recevaient cordialement. Il poussait la familiarité jusqu'à l'insolence ; il s'arrogeait sans réserve les droits qu'il s'était d'abord acquis avec timidité. Il s'amusait souvent à se baigner dans le vase rempli d'eau où le Chien buvait, et si celui-ci venait l'interrompre, il témoignait la plus vive indignation. »

LES HUITRIERS

Caractères. — Les Huîtriers sont caractérisés par un bec beaucoup plus long que la tête, médiocrement fendu, robuste, aussi haut que large à la base, puis rétréci, comprimé et plus haut que large ; des ailes allongées, suraiguës, atteignant presque l'extrémité de la queue ; celle-ci médiocre, composée de douze rectrices ; des tarses robustes, médiocrement allongés, couverts de toutes parts d'un réseau d'écailles ; des doigts courts, épais, au nombre de trois, bordés de larges callosités ; des ongles courts et larges.

L'HUITRIER-PIE (*Hæmatopus ostralegus*). — ***Caractères.*** — Le plumage de cet Oiseau est d'un noir lustré, à l'exception du croupion, de la poitrine, de 'abdomen et d'une barre sur l'aile, qui sont d'un blanc pur ; l'iris est d'un ouge vif, les bords libres des paupières jaune-orange ; le bec rouge à la base, brunâtre à l'extrémité ; les pieds rougeâtres.

Sa taille est d'environ $0^m,42$.

Habitat. — L'Huîtrier-Pie habite les côtes maritimes de l'Europe, les régions

L'Huîtrier-Pie.

tempérées de l'Asie, et l'Afrique septentrionale.

Ses migrations ne s'étendent jamais bien loin ; les bandes d'Huîtriers qui habitent les côtes de la Baltique viennent passer l'hiver sur les côtes de France et d'Espagne ; celles qui habitent l'Islande passent simplement de la côte septentrionale à la côte méridionale, quittant les régions envahies par la glace pour venir sur les côtes baignées par le Gulf-Stream.

Mœurs. — Les Huîtriers sont des Oiseaux très sociables, vivant en troupes la plus grande partie de l'année. Ils sont très vifs et très remuants.

Sur le sol, ils courent avec rapidité ; ils peuvent aussi se soutenir aisément sur les sables vaseux grâce à la conformation de leurs pattes. Leur vol est facile, rapide et bas. Sans être des Oiseaux nageurs, ils entrent fréquemment dans l'eau et plongent même en cas de besoin.

Leurs allures sont très intéressantes à observer : « Plus vigilants que les autres Oiseaux de rivage, dit Brehm, ils trouvent toujours à s'occuper. Chaque petit Oiseau qui passe près d'eux, ils l'observent; un grand, ils le saluent de leurs cris ; pas un Canard, pas une Oie qui échappe à leurs regards.

« Mais voici que s'approchent de nos Huîtriers d'autres Oiseaux qu'ils savent être des ennemis. Dès qu'un de ceux-ci apparaît, que ce soit un Corbeau, une

Corneille ou une grande Mouette, un Huîtrier donne le signal de l'attaq tous se lèvent, fondent sur l'ennemi, crient pour dénoncer sa venue aux au Oiseaux, et le poursuivent avec fureur. En cela, ils ressemblent tout à fait Vanneaux, mais leurs armes sont meilleures, la victoire leur est plus fidèle. autres Oiseaux de rivage savent parfaitement ce que signifient leurs cris; distinguent très bien le cri d'appel du cri d'avertissement. Partout où se tr vent des Huîtriers-Pies, ce sont eux qui jouent le rôle principal, qui règlent commandent, en quelque sorte, les allures des autres Oiseaux. »

Le nom d'Huîtriers ne signifie pas que ces Oiseaux se nourrissent d'Huîtr mais ils mangent une grande quantité de petits Mollusques bivalves, de Vers, Crustacés et même de petits Poissons.

A l'époque des amours, les couples se séparent; on entend alors retentir chant des mâles et on assiste parfois aux combats qu'ils se livrent pour la p session des femelles.

Les nids sont placés sur les dunes, sur les grèves, parmi les débris de coquil et les cailloux roulés, au milieu des herbes ou des fucus rejetés par la mer.

La ponte est de deux ou trois œufs, d'un roux sale ou jaune verdâtre, avec c traits irréguliers et des taches d'un brun noir.

La femelle les couve seule, pendant la nuit et une partie de la journée, ma le mâle la remplace si elle périt.

Les jeunes éclosent au bout de trois semaines; ils sont très vite en état courir, de nager et d'éviter les plus grands dangers qui les menacent.

Chasse. — Les Huîtriers se laissent difficilement approcher par le chasseu D'ailleurs, leur chair a un goût très désagréable.

Captivité. — En captivité, ils s'apprivoisent facilement, vivent en assez bon intelligence avec les autres Oiseaux de basse-cour, leur servent même sentinelles en les avertissant par leurs cris perçants de l'approche de quelq ennemi.

LES TOURNE-PIERRES

Caractères. — Les Tourne-pierres ont un bec à peu près aussi long que tête, conique, à arête aplatie, à pointe dure, comprimée, mousse; des aile étroites, suraiguës, dépassant un peu l'extrémité de la queue, celle-ci composé de douze rectrices; des jambes peu dénudées au-dessus de l'articulation; de tarses médiocrement allongés, épais, garnis en avant de petites plaques imbri quées, et en arrière de fines écailles; quatre doigts, presque libres, dont troi antérieurs, le pouce de la longueur du tarse.

LE TOURNE-PIERRE VULGAIRE OU INTERPRÈTE (*Strepsilas interpres*). — ***Caractères.*** — Le Tourne-pierre interprète a un plumage d'un dessin très varié Le front, les joues, une large bande qui traverse la nuque, le bas du dos, la gorge et une bande transversale sur l'aile sont d'un blanc pur; une ligne en arrière de l'œil, le devant et les côtés du cou, la poitrine noirs; le dessus de la tête rayé longitudinalement de blanc et de noir; les rémiges noirâtres; le manteau tacheté de noir et de rouge; l'iris et le bec sont bruns, les pattes jaune-orange.

La taille de cet Oiseau est d'environ 0m,22.

Habitat. — Le Tourne-pierre interprète habite le nord de l'Europe et de l'Amérique, mais, à l'époque de ses migrations, il se répand dans toutes les parties du monde. Il se reproduit dans les régions arctiques.

Mœurs. — C'est un des Oiseaux les plus communs que l'on rencontre sur les bords de la mer.

Son nom de Tourne-pierre lui a été très justement appliqué; il a, en effet, l'habitude de faire rouler avec le bec les petits objets qu'il trouve sur la plage quand la mer s'est retirée, pour happer les petits Crustacés qui se cachent dessous. Il fouille aussi de son bec les touffes de varechs, les anfractuosités des roches; il sonde les bancs de sable pour y attraper quelques Vers.

C'est un Oiseau très vif, courant et voletant de place en place, en faisant entendre son petit cri d'appel.

Tout le jour, il est en mouvement. Son vol est extrêmement rapide et aisé.

De tous les Oiseaux qui vivent au bord de la mer, il est l'un des plus prudents et des plus craintifs.

Il niche sur les bancs de sable, mais parfois aussi dans l'intérieur des terres, parmi les hautes herbes.

La ponte est de trois ou quatre œufs à peu près semblables à ceux du Vanneau.

LES BÉCASSES OU SCOLOPACIDÉS

Cette famille renferme un nombre considérable d'espèces d'Oiseaux de rivage et de marais assez dissemblables, et qui n'ont de commun entre elles que la structure du bec et le genre de vie.

Le bec des Scolopacidés a une forme et une longueur variables, mais il est toujours plus long que la tête, grêle, plus ou moins cylindrique, flexible ; la mandibule supérieure est formée de deux branches qui jouissent d'une assez grande mobilité et font l'office de pince lorsque l'Oiseau enfonce son bec profondément dans le sable pour y capturer les petits Vers dont il se nourrit.

Tous les Oiseaux de cette famille vivent sur les bords fangeux des rivières, des lacs, de la mer, dans les prairies humides, les marécages.

Ils ont une nourriture exclusivement animale, composée de Vers, Mollusques, Insectes, qu'ils capturent en fouillant la vase avec leur long bec merveilleusement conformé pour cette existence spéciale.

Leurs mœurs sont sociables. Leurs habitudes nocturnes ou semi-nocturnes.

Tous sont migrateurs, et presque tous subissent chaque année une double mue.

On les répartit dans les sous-familles suivantes :

Les Courlis ou Numéniens ;

Les Barges ou Limosiens;

Les Bécasses ou Scolopaciens ;

Les Bécasseaux ou Tringiens ;
Les Chevaliers ou Totaniens ;
Les Phalaropes ou Phalaropodiens.

LES NUMÉNIENS

Caractères. — Les Numéniens sont de grands Échassiers aux formes gantes, élancées.

Ils doivent leur nom à la forme en croissant de leur bec.

Ils ont pour caractères distinctifs : une mandibule supérieure sillonnée d les trois quarts de son étendue, dure, obtuse, lisse à l'extrémité ; des tar presque entièrement réticulés sur toutes les faces ; quatre doigts, les trois an rieurs unis à la base par deux palmatures égales.

LES COURLIS

Caractères. — Le genre Courlis a pour caractères : un bec beaucoup plus lo que la tête, grêle, très arqué, mince à l'extrémité, la mandibule supérieure d passant et recouvrant l'inférieure ; des ailes longues, suraiguës ; une que courte, légèrement arrondie ; des tarses allongés, scutellés dans leur partie an rieure et inférieure, réticulés dans le reste de leur étendue ; des doigts courts, médian beaucoup moins long que le tarse, le pouce ne po tant à terre que par son extrémité.

Le plumage ne varie presque pas, suivant le sexe même suivant l'âge.

LE COURLIS CENDR

(*Numenius arquata*). — **Caractères.** — La tail du Courlis cendré e d'environ $0^{m},60$. So plumage est entièremen d'un cendré clair, nuanc de roux et tacheté d brun ; l'iris et le bec son bruns, les pieds gris d plomb.

Le Courlis cendré.

Habitat. — Le Courlis cendré, o *Grand Courlis*, habite l'Europe e l'Asie. L'hiver, il émigre jusqu'en Grèce, en Sicile, en Afrique.

Mœurs. — Il fréquente les bords des cours d'eau et des lacs aussi bien que les côtes de la mer, les pays de plaine comme les pays de collines, mais se plaît particulièrement dans les vastes toundras des pays septentrionaux.

Dans ses migrations, il ne suit aucun itinéraire régulier, et traverse indifféremment les montagnes ou les steppes.

D'un naturel très sociable, il se réunit volontiers à ses semblables pour former de petites troupes.

Il est prudent et méfiant à l'excès, et à l'approche d'un ennemi, il est, comme le Vanneau, un des premiers à lancer le signal d'alarme.

Sa démarche est élégante et mesurée. Il fait de grands pas et, quand il se hâte, il ne double pas le nombre de ses pas, mais il en augmente l'étendue.

Son vol est aisé, régulier, mais peu rapide; il plane quelquefois avant de se poser.

La nourriture du Courlis consiste en Vers, Mollusques, Insectes, petits Poissons, qu'il ramasse dans les terrains vaseux que l'eau met à découvert en se retirant.

Il niche en général sur les plages ou les endroits marécageux. La femelle construit son nid, simple dépression tapissée de quelques herbes, sur une petite élévation du sol, et pond trois ou quatre œufs ventrus, d'un jaune verdâtre, semés de taches grises, rousses et noirâtres.

Chasse. — On chasse le Courlis le long des côtes ou au marais. Dans le premier cas, le procédé le plus intéressant est la chasse en bateau, mais elle demande de la part du chasseur une grande prudence et une grande habileté.

Les jeunes Courlis arrivés les premiers dans nos pays se laissent facilement attirer quand on imite leur cri, mais les vieux sont extrêmement défiants et difficiles à approcher.

La chasse au filet n'est pas moins délicate.

Fréquemment, ces Oiseaux rusés se posent près des filets qu'on leur a tendus mais n'en approchent pas.

La chair du Courlis est assez estimée; elle rappelle un peu celle de la Bécasse.

Captivité. — Ces Oiseaux supportent facilement la captivité quand on les met dans des volières spacieuses ou de grands parcs. Il faut leur donner une nourriture variée dans laquelle la viande doit entrer pour une grande part.

LE COURLIS A BEC GRÊLE (*Numenius tenuirostris*). — Le Courlis à bec grêle est de plus petite taille que le précédent; il mesure environ $0^{m},40$. Son plumage est moins uniforme; le blanc pur et le roussâtre dominent au croupion et à la face inférieure du corps.

Il habite plus spécialement l'Égypte, l'Algérie, la Sicile.

Ses mœurs sont les mêmes que celles du Courlis cendré.

LE COURLIS CORLIEU (*Numenius Phæopus*). — Cette espèce, très semblable aux précédentes par ses caractères et ses mœurs, a une aire de dispersion aussi étendue que le Courlis cendré, mais elle est beaucoup moins commune.

LE COURLIS DE LA BAIE D'HUDSON (*Numenius hudsonicus*). — Dans l'Amérique du Nord, le genre Courlis est représenté par une espèce peu différente de celle de l'ancien monde, et qu'on appelle le Courlis de la baie d'Hudson. apparition a été signalée en Islande et dans le nord des îles Britanniqu l'époque des migrations.

LES LIMOSIENS

Les Limosiens ont la mandibule supérieure sillonnée jusqu'à l'extrémité, est molle, déprimée, lisse ; leurs tarses sont scutellés en avant, réticulés arrière; leurs doigts interne et externe souvent unis au médian par une mure.

LES BARGES

Caractères. — Les Barges sont des Échassiers d'assez forte taille, ayant corps épais, massif, un bec près de trois aussi long que la tête, mou et flexible dans to son étendue, fort et haut à la base, légèrement primé, aplati vers son extrémité; des ailes allong suraiguës, la première rémige dépassant les tres; une queue courte, égale; des tarses grê plus longs que le doigt médian, celui-ci plus moins uni à l'externe et à l'interne par une me brane.

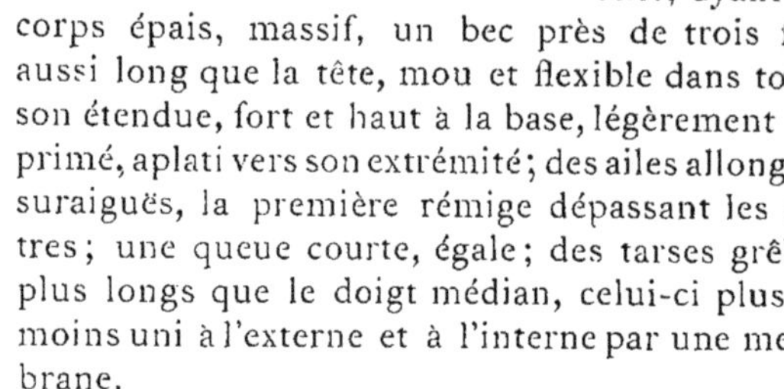

La Barge commune.

LA BARGE COMMUNE (*Limosa œgocephal* — ***Caractères.*** — La Barge commune mesu environ $0^m,41$ à $0^m,42$.

Elle a le dessus de la tête et le cou d'un ro ardent, strié de noir; les plumes du dos et les sc pulaires noires bordées de roux ; les couvertur des ailes cendrées ; les rémiges noires avec u tache blanche; la poitrine et les flancs roux zébr de noir ; l'abdomen d'un blanc pur; la que noire bordée de blanc ; le bec orangé à la bas brun à l'extrémité ; l'iris brun-noisette; les pie noirs.

Habitat. — La Barge commune ou *à queue noi* habite l'Europe, l'Asie, l'Afrique.

Elle est de passage régulier en France durant les mo de mars, avril, septembre et octobre.

Mœurs. — Les prairies humides, les marécages, sont les e droits où elle se plaît le mieux. Elle ne fréquente les bords d la mer que très accidentellement.

Sa nourriture se compose de Vers, de larves et d'Insectes aquatiques, de fra de Grenouille.

D'un caractère très sociable, on la voit toujours en très grandes troupes. Son vol est rapide, sa voix criarde.

Elle construit son nid dans les herbes et les joncs des marécages qu'elle fréquente.

Ses œufs, généralement au nombre de quatre, sont renflés, pyriformes, d'une couleur olivâtre foncé, avec des points et des taches roussâtres ou bruns.

Captivité. — Les Barges s'apprivoisent très vite en captivité. Dans quelques régions du nord de la France, on conserve ces Oiseaux dans les jardins, après leur avoir amputé le bout des ailes. Ils détruisent un grand nombre de larves et d'Insectes, mais l'hiver, ils périssent souvent, faute de cette indispensable nourriture.

LA BARGE ROUSSE (*Limosa rufa*). — Cette espèce, qui habite plus particulièrement les régions tempérées et l'extrême nord de l'Europe, a un plumage très semblable à celui de la Barge commune, et n'en diffère pas sous le rapport des mœurs et du genre de vie.

LES SCOLOPACIENS

Les Scolopaciens forment un groupe très naturel et bien caractérisé.

Ils ont une tête comprimée latéralement, et dont les côtés sont comme coupés verticalement; des yeux gros et reculés vers l'occiput; des ailes plus courtes et plus arrondies que celles des autres Scolopacidés.

Leur bec est creusé d'un petit sillon médian dans sa partie terminale molle et renflée.

Ces Oiseaux vivent le plus souvent solitaires ou par couples. Leurs mœurs sont semi-nocturnes. Dans leur vol, ils décrivent de brusques crochets, et la plupart ont la singulière habitude de se laisser tomber lourdement à terre et d'y rester immobiles avant de se mettre en marche.

Leur nourriture consiste surtout en Vers, Limaces, larves, etc.

LES BÉCASSES

Caractères. — Les Bécasses ont le bec près de deux fois aussi long que la tête, droit, à pointe obtuse et comme barbelée sur les côtés ; les narines creusées dans une rainure profonde; les ailes médiocres, amples, aiguës; la queue très courte ; les jambes entièrement emplumées jusqu'aux tarses, caractère presque unique chez les Échassiers ; les tarses courts, épais ; les quatre doigts totalement divisés; le médian de la longueur du tarse.

Le plumage varie peu suivant le sexe et suivant les saisons.

LA BÉCASSE COMMUNE (*Scolopax rusticula*). – ***Caractères.*** — La taille de la Bécasse commune est très variable ; cette particularité, jointe à quelques variations légères dans le plumage, avaient même conduit certains naturaliste dédoubler cette espèce en plusieurs autres. En général, on peut admettre qu Bécasse commune mesure envion $0^m,40$.

Son plumage est, en dessus, varié de marron, de roussâtre, de jaunâtre, cendré, avec des taches et des raies transversales noires ; en dessous, il est d roux jaunâtre avec des traits bruns en zigzags.

Habitat. — La Bécasse commune est très répandue dans toute l'Europe ; la rencontre aussi en Asie et dans l'Afrique septentrionale.

En France, elle est surtout abondante dans la Bretagne.

Mœurs. — Les dates de son passage dans un pays, lorsqu'elle émigre au pr temps pour aller se reproduire dans le nord, ou lorsqu'elle se dirige à l'autom vers le midi, sont très variables et paraissent dépendre surtout des conditio atmosphériques. En général, elle arrive dans le nord de la France en mars ; e repart à la fin d'octobre et son passage dure jusqu'au 15 novembre. La rou qu'elle suit dans ses voyages est aussi très variable d'une année à l'autre.

La Bécasse commune se tient de préférence sur la lisière des bois dont le s est humide et couvert d'une épaisse couche de terreau. C'est là qu'elle trouve nourriture qui lui convient.

Elle enfonce son bec dans les tas de feuilles ou dans le sol humide, po découvrir les Vers, les larves, les petits Mollusques qui s'y cachent ; elle visi les bouses de Vaches où elle trouve une grande quantité d'Insectes.

Ses allures, son genre de vie, présentent beaucoup d'intérêt, mais sont tr difficiles à observer en raison de son naturel craintif et défiant.

Le jour, elle ne se montre jamais à découvert. Ce n'est qu'au crépuscule qu'el commence à courir de côté et d'autre.

Elle court avec rapidité. En s'envolant, elle produit un bruit caractéristiqu bien connu des chasseurs.

« En voyant une Bécasse vivante, dit Brehm, on est tenté de la prendre pou un des Oiseaux les plus stupides ; ce serait là une erreur : ses sens sont trè développés ; elle est très prudente, rusée ; elle sait parfaitement de quelle res source lui est son plumage couleur du sol ou couleur d'écorce, et quand elle s rase, elle sait toujours choisir un endroit où elle soit en sûreté. Une Bécass couchée, immobile parmi des feuilles sèches, des morceaux de bois, à côté d'u fragment d'écorce ou de racine, échappe à l'œil le plus exercé. Elle demeure dan cette posture tant qu'elle croit devoir le faire ; quand elle est poursuivie, ell laisse le chasseur l'approcher à quelques pas, avant de se lever. Elle s'envol alors, mais pour gagner le côté opposé du buisson près duquel elle était. Elle fai toujours en sorte qu'il y ait des arbres et des buissons entre elle et le chasseur Avant de s'abattre, elle décrit souvent une ligne longuement ondulée ; quan elle a atteint le fourré, elle continue à s'y enfoncer assez loin, fait souvent un crochet et trompe ainsi le chasseur. Elle sait que celui-ci la cherchera là où i croit l'avoir vue s'abattre.

« Comme les autres Oiseaux de la même famille, la Bécasse commune s'inquiète peu des autres animaux, et même de ses semblables, autant, du moins, que l'amour n'est pas en jeu. Elle va son chemin sans se préoccuper des Oiseaux qui sont dans le voisinage. Cependant, elle se méfie de tout : l'animal le plus doux, le plus inoffensif lui est suspect. »

Les mâles se livrent de furieux combats ; ils se poursuivent dans les airs, se saisissent mutuellement et tombent parfois ensemble sur le sol.

La Bécasse a une voix peu agréable ; elle ne fait entendre que quelques cris rauques, étouffés, ou parfois une sorte de sifflement.

Après l'accouplement, la femelle cherche, pour nicher, un endroit abrité, derrière un buisson, sous une grosse racine ou dans la mousse.

Elle profite d'une dépression déjà existante, ou en creuse une elle-même, qu'elle tapisse grossièrement d'herbes sèches, de petits brins de bois.

On doit admettre cependant que la construction de ce nid n'est pas le fait d'un arrangement dû au hasard.

La description suivante, empruntée à un méticuleux observateur, Lescuyer, le démontre bien :

« ... J'aperçus en effet, à quelques pas en avant, quatre œufs dans une jolie coupe, composée de feuilles sèches, établie dans une petite cavité, sur une pente légère d'un terrain très résistant. A neuf centimètres au-dessus du nid, il y avait une tige de ronce desséchée, d'un diamètre de quinze millimètres et qui apparaissait comme l'anse d'un panier. La Bécasse entrait d'un côté et sortait de l'autre. Cette petite branche, d'une longueur de soixante-dix centimètres, aboutissait à droite et à gauche à un tremble et à un saule de l'âge du taillis. Huit autres brindilles du genre de la première, amenées en avant et en arrière de cette ligne, complétaient les obstacles des abords de cette résidence.

La Bécasse commune.

« Presque au milieu du bouleau et du saule, se dressaient deux autres petit ronces très vivaces et couvertes de feuilles vertes.

« La cuvette du nid avait, à la partie supérieure, un diamètre de 12 cent mètres, en profondeur 4 centimètres, et pour cube intérieur 200 centimètres l'épaisseur était pour le fond de 25 millimètres, et pour les parois de 2 cent mètres à la base et de 2 ou 3 millimètres au point le plus élevé.

« Le 5 avril, c'est-à-dire dix-huit jours après, j'y retournai ; les jeunes étaien éclos et partis. Je pus donc sans inconvénient pren dre le nid, en désagréger toutes les partie et constater ce qui suit :

« Il y avait quatr cent trente feuilles sè ches de chêne et d tremble. Elles avaien été plaquées les une contre les autres, ra massées à terre a moment de leur emploi, et alors un peu mouillées et très flexibles, elles s'étaien prêtées facilement à cette opération. Elles avaient été du reste reliées par leurs queues et par quelques brindilles de bois et de mousse, et il en était resté un feutrage d'une certaine adhérence.

La Bécasse cherchant sa nourriture.

« Tous ces matériaux pesaient 49 grammes.

« Voyons maintenant la signification de ces détails :

« Le nid était tout près d'un sol marécageux, dans lequel les petits ont trouvé dès leur éclosion une nourriture facile et abondante.

« Placé sur un terrain sec, ferme et en pente douce, il a échappé aux filtrations de l'eau.

« Entouré de petits obstacles, il a préservé la mère de toute surprise et détourné l'attention et le passage de quelques ennemis.

« Recouvert d'une branche de ronce de 25 millimètres d'épaisseur, de deux autres plus petites, pourvues de feuilles vertes, il a échappé à l'œil investigateur des Rapaces.

« D'ailleurs l'Oiseau, le nid et les œufs ont une teinte grisâtre, qui est bien faite pour tromper les observateurs les plus attentifs. »

La ponte de la Bécasse est de trois ou quatre œufs, assez variables comme forme, généralement très renflés, d'une teinte roussâtre avec des taches cendrées et d'autres d'un brun roux.

L'incubation dure dix-sept à dix-huit jours. Le mâle et la femelle s'occupent en commun de l'éducation des jeunes. En cas de danger, ils emploient toutes sortes de ruses pour protéger leurs petits : ils volent de côté et d'autre, décrivent de grands cercles, se jettent à terre, mettent tout en œuvre pour attirer sur eux l'attention de l'ennemi, pendant

La Bécasse au vol.

que les jeunes en profitent pour se cacher dans la mousse ou les herbes.

Les Bécasses ont à craindre un grand nombre d'ennemis : les Faucons, les Éperviers, les Milans ; leurs nids sont souvent pillés par les Geais, les Pies, les Renards, les Belettes.

Chasse. — La chasse à la Bécasse se fait ordinairement à l'*affût*, au moment du passage de ces Oiseaux, au printemps et à l'automne. Elle se pratique aus en battues en même temps que celle des autres gibiers de bois. Mais la chas la plus attrayante est celle qui se fait au *Chien d'arrêt*; elle est remplie pour vrai chasseur des émotions les plus vives, dont on peut se faire u idée en lisant ce passage de M. Leddet dans *la Chasse modern*

« ... Il s'agit maintenant de ba tre le taillis en marchant deva soi doucement, posément, en s'e forçant de suivre la manœuv de notre fidèle compagnon, c faire de temps à autre c courts arrêts, mais seul ment dans les places où o peut épauler facilemen Quand on connaît bien l région où on chasse, on ga gnera beaucoup de temps e ne s'astreignant pas à battr toutes les parties d'un bois celles notamment où de mé moire d'homme, par suite d la nature du sol ou de l'expo sition, on n'a jamais rencon tré de Bécasses. On sait le lieux d'habitation de la dame au long bec : les fouil lis de feuilles et surtout les larges « miroirs » qu sont les excréments liquides et blancs qu'elle laisse, en sont des indices certains. C'est là qu'il faut concentrer toute notre attention. Il est nécessaire de marcher toujours à bon vent, car, bien que le fumet de la Bécasse soit de ceux que le Chien évente de loin, cela facilitera la recherche. On parcourra ainsi tous les endroits susceptibles de recéler le précieux Oiseau. Mis en éveil par le bruit du chasseur et du Chien qu'il entend d'assez loin, celui-ci, après avoir démêlé la direction d'où vient le danger, se met à piéter et, malgré ses petites pattes, il court très vite. Mais le Chien a éventé sa trace et le voilà qui s'attache à ses pas. La quête s'accentue car la voie devient plus chaude : un vieux Chien habitué à toutes les ruses de la Bécasse, a bientôt le sentiment de la direction qu'elle suit dans sa fuite; il coupe alors la voie en forçant en avant et en décrivant un circuit de manière à lui couper la retraite et à la placer entre son maître et lui. Déroutée par cette manœuvre, la pauvre bête s'arrête, demeurant dans l'immobilité la plus complète, quoique debout, et se demandant de quel côté fuir encore. A ce moment, le Chien est en plein arrêt, regardant alternativement par terre d'où lui viennent les émanations de la fugitive et jetant à son maître un regard intelligent semblant lui dire : attention! elle est là. C'est un moment solennel, plein d'émotion et où tout le sang afflue au cœur du vrai

La Bécasse et ses jeunes.

chasseur dans l'attente du départ de l'Oiseau à bonne portée, récompense de ses pénibles recherches. Mais ce moment ne dure qu'un instant, la Bécasse ne tenant pas bien l'arrêt après la fuite apeurée qu'elle vient de faire, surtout si le temps est sombre et humide. Au contraire, si elle a été surprise par l'apparition subite et silencieuse du Chien, pendant qu'elle était en train de vermiller sous la jonchée de feuilles, tournant et retournant à droite et à gauche, au moyen de son long bec, la couverture du sol (la Bécasse ne se sert jamais de ses pattes pour gratter le sol comme les Gallinacés), jugeant qu'il est trop tard pour fuir, elle espère échapper aux regards grâce à sa livrée feuille-morte qui se détache peu du sol. Alors elle se tapit, se rase, tout le corps allongé et collé à terre, y compris le cou, la tête et le bec. Dans cette position, elle tient ferme et longtemps l'arrêt et donne amplement au chasseur le temps d'approcher et de se préparer à la tirer. Celui-ci s'efforcera d'avancer en décrivant un circuit, de manière à avoir le gibier entre son Chien et lui. Enfin elle s'envole lourdement, en faisant beaucoup de bruit. Elle est gênée, en effet, comme le sont les Hirondelles et les Martinets à cause de leurs pattes trop courtes, pour déployer ses longues ailes en même temps qu'elle quitte le sol ; elle appuie alors son bec à terre et donne un vigoureux coup de jarret qui lui fait faire comme une cabriole pendant laquelle elle bat l'air violemment pour prendre son vol. C'est là ce qui explique le mouvement relativement long de son envolée. »

Captivité. — En captivité, la Bécasse perd son naturel craintif et s'apprivoise facilement. Sa nourriture doit consister surtout en Vers de terre qu'elle ramasse d'ailleurs très bien elle-même dans les gazons, puis on l'habitue à manger du pain, des œufs de Fourmis, etc.

LES BÉCASSINES

Caractères. — Les Bécassines diffèrent peu des Bécasses par leurs caractères généraux, mais elles s'en distinguent principalement par leurs formes plus élancées, leur bec plus grêle, leurs jambes dénudées, leur taille moindre et leur plumage rayé longitudinalement.

LA BÉCASSINE ORDINAIRE (*Gallinago scolopacinus*) — ***Caractères.*** — La Bécassine ordinaire mesure environ $0^{m},25$. Son plumage est, comme chez la Bécasse, varié de roux et de noir, mais ces couleurs sont différemment disposées. Toutes les parties supérieures du corps sont noires, avec une raie longitudinale médiane d'un blanc roussâtre, et deux bandes semblables de chaque côté sur les épaules et le dos ; le cou, la poitrine et les flancs sont d'un roux clair, tachetés de brun, l'abdomen blanc ; le bec brun, l'iris noir, les pieds d'un verdâtre pâle.

Au printemps, les couleurs deviennent plus vives.

La femelle porte en toute saison le même plumage que le mâle.

Habitat. — La Bécassine ordinaire habite l'Europe, l'Asie et une partie de l'Afrique.

Elle est de passage sur tous les points de la France au printemps et à l'automne. L'hiver elle est commune dans les terrains montagneux du midi.

Mœurs. — D'un caractère peu sociable, elle voyage isolément ou par paires traversant sans s'arrêter les terrains secs, recherchant, au contraire, les régions humides, marécageuses. Elle s'établit dans les grands marais, les tourbières, le sol, couvert d'herbes, de joncs, est d'une faible consistance.

Sa nourriture se compose de Vers, d'Insectes, de Mollusques.

Elle fouille de son bec les terrains fangeux, les mousses, ramassant de-ci e là quelque proie.

Bien que ses habitudes soient moins nocturnes que celles de la Bécasse, c'e surtout au crépuscule qu'elle se montre active.

La Bécassine est craintive, défiante, mais elle est plus gaie, plus joyeuse q la Bécasse.

Sa démarche est aisée, rapide. Son vol est très irrégulier, rapide et étend Elle s'élève haut dans les airs, décrit de grands cercles puis se laisse tomber ob quement en fermant les ailes. En cas de danger, elle cherche quelquefois son salut en plongeant sous l'eau.

C'est à l'époque des amours, que les mâles se livrent surtout à leurs évolutions aériennes.

En prenant leur essor, ils poussent un petit cri rauque. Pendant le vol, les vibrations de leurs grandes rémiges produisent un bruit très singulier.

Le nid de la Bécassine est placé dans une légère dépression, au milieu des plantes marécageuses, entouré d'eau de toutes parts. Les plantes, en continuant à croître, finissent par le recouvrir et le cacher entièrement.

La ponte a lieu en avril; elle est de quatre ou cinq œufs, un peu renflés, quelquefois pyriformes, de couleur variable; en général, ils sont maculés, tachetés de brun sur un fond verdâtre ou roussâtre.

La femelle couve seule pendant quinze ou dix-sept jours.

Les petits naissent couverts d'un léger duvet, mais à l'âge d'une dizaine de jours, ils sont déjà couverts de plumes et quelques semaines après, ils commencent à voler.

Les Bécassines échappent plus facilement que les Bécasses aux petits Carnassiers, en raison de leur habitat spécial, mais elles sont encore exposées aux attaques des Oiseaux de proie. Des crues d'eau subites noient parfois tous les nids d'un canton.

La Bécassine ordinaire.

Chasse. — La Bécassine s'engraisse beaucoup pendant l'été. Sa chair devient alors très délicate. Mais la chasse de cet Oiseau est très difficile. Dans les pays où il est très abondant, on le prend avec des filets ou *traîneaux*.

Dans certains cas, on attire les mâles à portée de fusil en imitant, avec un appeau, le cri des femelles. Mais la chasse la plus intéressante est la chasse au Chien d'arrêt.

Les conditions les plus favorables pour réussir cette chasse sont de posséder un bon Chien, d'être un excellent tireur, de ne se mettre en route que par un beau temps clair, sans trop de vent.

Toutes ces conditions étant remplies, le chasseur n'est pas encore assuré de rentrer avec le carnier bien rempli. Qu'on en juge par le passage suivant extrait d'un article de M. Leddet dans *la Chasse moderne* :

« Le Chien doit être tenu très près. On lui fera battre les joncs, les roseaux et les grandes herbes en marchant tout doucement, tournant, revenant au besoin en arrière, mais reprenant toujours la marche à bon vent pour faciliter la quête. Il faudra toujours être sur le « qui-vive » et prêt à tirer, car au moment où on s'y attend le moins, une Bécassine pourra partir en arrière alors qu'on est en train d'en tirer une autre en avant. A l'arrêt, le Chien paraît parfois moins ferme que pour toute autre espèce de gibier; sa queue bat légèrement et lentement à droite et à gauche : c'est que la Bécassine, si elle tient d'abord assez bien l'arrêt, ne tarde pas à couler dans les joncs; de là, l'hésitation du brave compagnon, sur la direction qu'elle a prise. Il sait qu'elle est là, qu'elle fuit, mais où? Alors il suit, le nez à terre, plein de prudence, tout en s'animant à la poursuite; mais celle-ci n'est pas longue; la Bécassine ne piète pas longtemps; arrêtée une seconde fois, un instant, elle se lève. Vive émotion! Elle a jeté, en s'envolant, son cri d'effroi caractéristique, et la voilà déjà hors de portée, grâce à son vol rapide. D'abord elle a fui en ligne droite comme pour s'éloigner au plus vite, semblant penser, dans son instinct très fin, que ces premières secondes lui sont moins dangereuses parce que son ennemi, surpris, n'est pas encore prêt. Puis, tout à coup, comme si elle pensait que le moment du danger était venu, elle fait, coup sur coup, deux ou trois crochets irréguliers, vivement dans plusieurs plans, manœuvre susceptible de dérouter même les meilleurs tireurs, et tout en continuant à s'éloigner; enfin, se croyant sans doute en dehors de la zone dangereuse, elle file de nouveau en ligne droite en montant rapidement dans les airs. On a beaucoup discuté et on discute encore sur la question du tir de la Bécassine au moment où elle s'envole. Les uns prétendent qu'il faut lui laisser faire son premier vol rectiligne en avant, ainsi que ses crochets avant de la tirer, ce qui permet de bien épauler et de la tirer posément. Les autres, et je suis du nombre, la tirent au cul levé, à peine au-dessus du couvert d'où elle sort, au premier moment où elle paraît et avant qu'elle n'ait fait ses crochets. Pour cela, il faut toujours être prêt et épauler vivement en tirant un peu haut, jetant pour ainsi dire son coup de fusil sans viser. Ce tir a le double avantage de pouvoir bien plus souvent être pratiqué à bonne portée et de permettre de doubler la Bécassine après qu'elle aura exécuté ses crochets si elle n'est pas tombée au premier coup. Comme la moindre blessure suffit pour l'arrêter, le second coup même tiré de loin, aura encore la chance d'être couronné de succès. Il arrive même, si on a l'habitude de tirer vite « au coup d'épaule », qu'on a le temps d'envoyer so second coup avant que l'Oiseau n'ait commencé ses crochets si déconcertants.

Captivité. — Les Bécassines peuvent être conservées quelque temps e captivité, mais leurs habitudes nocturnes n'en font pas des Oiseaux très dive tissants.

LA BÉCASSINE DOUBLE OU GRANDE BÉCASSINE (*Gallinago major*). — Cette espèce diffère surtout de la Bécassine ordinaire par sa taille plus for et son plumage où domine le noir sur un fond plus clair.

Elle habite le nord de l'Europe et la Sibérie en été, et ne descend dans le contrées tempérées et méridionales qu'à l'automne.

On la rencontre le plus souvent solitaire ou par groupes de deux à trois individus.

LA BÉCASSINE SOURDE OU PETITE BÉCASSINE (*Gallinago gallinula*). — Cette Bécassine, dont la taille n'est que de $0^m,16$ à $0^m,17$, est encore désigné dans certaines provinces sous les noms de *Bécot* et de *Jaquet.*

Ses mœurs sont les mêmes que celles de la Bécassine ordinaire. Elle est trè abondante en France à ses passages d'automne et du printemps.

C'est un gibier très recherché, car sa chair est plus délicate que celle des autre Bécassines. Elle est aussi moins difficile à chasser; lorsqu'elle s'élève dan les airs, son vol a moins d'étendue et il présente moins de crochets.

LES TRINGIENS

Les Tringiens sont des Échassiers de petite taille, dont le bec est rarement plus long que la tête, et dont les doigts sont presque entièrement divisés ; l'externe et le médian sont seuls unis par une très courte membrane.

Leurs tarses sont de la longueur du doigt médian.

Leur bec a la forme générale de celui des Scolopaciens, mais l'extrémité en est peu dilatée et sans sillon médian. Chez la plupart d'entre eux, les rectrices médianes se terminent en pointe et dépassent notablement les latérales.

On les désigne quelquefois, avec raison, sous le nom de *coureurs de rivage.*

LES BÉCASSEAUX

Les différents genres que l'on a établis dans le groupe des Tringiens se distinguent entre eux par des particularités si peu sensibles, qu'on peut les réunir en un seul sous le nom de *Bécasseaux*, dont les caractères sont ceux de la sous-famille.

LE BÉCASSEAU SANDERLING (*Tringa arenaria* L.) — ***Caractères.*** — Cette espèce se distingue de toutes les autres de la famille par l'absence du pouce. Sa taille est de $0^m,15$ à $0^m,16$. En été, son plumage est presque entièrement d'un noir tacheté de blanc et de roux, avec l'abdomen d'un blanc pur. En hiver, toute la face inférieure du corps est blanche ; le dos passe au gris cendré.

Habitat. — Le Bécasseau Sanderling, ou *Sanderling des sables*, habite les contrées boréales de l'ancien et du nouveau monde ; il descend, en automne et en hiver, sur les rivages des pays tempérés. Il est de passage régulier sur les côtes du nord de la France, de l'Angleterre, de la Belgique, de la Hollande.

Mœurs. — Il vit en bandes nombreuses en hiver, et par paires en été. Toute son existence se passe sur les bords de la mer ; il ne s'avance que très rarement dans l'intérieur des terres.

Sa marche est élégante, son vol rapide.

C'est un Oiseau peu bruyant, inoffensif, mais peu craintif ; souvent il se mêle aux bandes d'autres petits Échassiers.

Sa nourriture se compose des petits animaux que les vagues rejettent sur le rivage, Vers, Mollusques, Crustacés. On le voit suivre la vague qui se retire, reculant rapidement quand une autre arrive, et continuant ce manège durant des heures entières.

Le Sanderling des sables se reproduit dans les régions arctiques.

Il niche sur les bords de la mer. Sa ponte est de trois ou quatre œufs, parsemés de taches brunes, irrégulières, sur un fond verdâtre.

LE BÉCASSEAU CANUT OU MAUBÈCHE (*Tringa canutus*). — ***Caractères.*** — La taille de la Maubèche est d'environ $0^m,25$. Son plumage varie beaucoup selon les saisons. En été, la livrée du mâle est, comme chez la plupart des espèces du genre, variée de noir, de roux et de blanc.

En hiver, le plumage des deux sexes prend une teinte cendrée en dessus, et blanche rayée de noir en dessous.

Celui des jeunes est toujours très bariolé, car il passe insensiblement par des transitions graduelles à celui des adultes.

Habitat. — ***Mœurs.*** — Le Bécasseau Maubèche habite les régions arctiques des deux continents. Il vient passer l'hiver dans les régions tempérées ; on le trouve à ce moment en assez grande abondance sur nos côtes de la Picardie.

Il repart nicher au printemps dans les prairies marécageuses des contrées boréales.

Sa nourriture se compose de Vers, de petits coquillages marins.

Ses œufs sont d'un gris verdâtre, lavé de roussâtre, et couverts surtout au gros bout de taches arrondies, noirâtres, plus ou moins confluentes.

LE BÉCASSEAU MARITIME (*Tringa maritima*). — L'aire de dispersion de cette espèce est la même que celle de la Maubèche, dont elle a exactement les mœurs.

LE BÉCASSEAU COCORLI (*Tringa subarcuata*). — Le Bécasseau Cocorli habite, comme les précédents, les rivages des contrées septentrionales, mais l'hiver il étend ses migrations jusqu'en Afrique.

LE BÉCASSEAU CINCLE OU BRUNETTE. — L'habitat et la zone de dispersion du Bécasseau Brunette sont les mêmes que ceux du Cocorli.

Cet Oiseau niche, comme ses congénères, dans les endroits marécageu[x] pratique une dépression au milieu des herbes et des joncs qui bordent marais et y dépose trois ou quatre œufs semblables à ceux de la Maubè[che]. Sa préférence marquée pour les rivages maritimes lui a valu le nom d'*Alou[ette] de mer*.

LE BÉCASSEAU PLATYRHYNQUE (*Tringa platyrhynchus*). — Il habite a[u] le nord de l'Europe et de l'Amérique ; il est de passage régulier en France.

Il niche dans les marais. Ses mœurs n'offrent rien de particulier.

LE BÉCASSEAU MINULE (*Tringa minuta*). — ***Caractères.*** — Cette pe[tite] espèce ne mesure que $0^{m},13$. Son plumage est, en dessus, d'un noir tacheté de roux sur la bordure des plumes, en dessous d'un blanc pur ; la face, les côtés et le devant du cou sont d'un roux clair, finement tachetés de brun ; les rémiges noires à baguettes blanches ; le bec, les pieds et l'iris noirs.

Le Bécasseau minule.

Habitat. — Le Bécasseau minule habite le nord de l'Europe et de l'Asie, mais il étend ses migrations jusque dans l'Afrique australe.

Il est de passage régulier en France.

Mœurs. — Dans ses voyages, il suit toujours les côtes ou le cours d[es] rivières.

Il forme des bandes plus ou moins nombreuses, mais qui ne se mêlent pa[s] aux autres petits Échassiers.

C'est un Oiseau léger, vif, actif, confiant, volant rapidement et bo[n] coureur.

Sa nourriture se compose de Vers, d'Insectes, de petits coquillages, qu'i[l] ramasse sur les bords vaseux des cours d'eau et des étangs.

Il niche dans les contrées marécageuses du nord de l'Europe, dans la Sibérie. On a aussi trouvé son nid au Groënland.

Ses œufs, au nombre de trois ou quatre, sont lisses, à grain fin, brillants, d'un gris jaunâtre, semés de taches d'un gris cendré, sur lesquelles reposent des points d'un brun foncé ; ces dessins sont plus abondants et même confluents vers le gros bout.

Le Bécasseau Temmia. — C'est une espèce très voisine du Minule, mais qui se rencontre plus particulièrement dans les zones tempérées.

L'Actiture Rousset. — Cette espèce, originaire de l'Amérique, ne diffère des Bécasseaux que par sa queue plus allongée. Elle apparaît accidentellement en Europe.

LES TOTANIENS

Les Totaniens ont des formes plus élancées que les Scolopacidés précédents; leurs tarses sont minces et élevés; ils se terminent par quatre doigts dont l'externe et quelquefois l'interne sont unis au médian par une palmure; leur bec grêle, à mandibule supérieure sillonnée seulement jusqu'à sa partie moyenne, effilée à l'extrémité et recouvrant la mandibule inférieure; leur plumage est émaillé de taches oblongues.

Ces Oiseaux ont le même genre de vie que tous les petits Échassiers. Ils fréquentent les bords vaseux des cours d'eau, ou les rivages de la mer.

Leur nourriture se compose de Vers, d'Insectes, de coquillages.

Mais la particularité la plus curieuse de leurs mœurs est que quelques-uns d'entre eux nichent, non seulement dans les herbes des marécages, mais aussi sur des arbres élevés.

Quelques-uns ont l'habitude de se tenir fréquemment sur un seul pied, l'autre étant fléchi sous les plumes.

Ils se meuvent aussi parfois dans cette position, en sautant, sans poser l'autre pied à terre.

LES COMBATTANTS

Caractères. — Les Combattants ont pour caractères : un bec de la longueur de la tête, droit, médiocrement flexible, sillonné dans ses deux tiers postérieurs, à peine renflé à l'extrémité ; des narines basales, latérales, coniques ; des ailes longues, suraiguës, dépassant la queue qui est courte et arrondie ; des jambes largement déplumées au-dessus de l'articulation; des tarses grêles, allongés; quatre doigts dont l'externe et le médian unis par une palmature ; le pouce très court.

Les mâles se distinguent des femelles par leur taille plus forte et par une collerette de très longues plumes qui se développe chez eux à l'époque des amours.

LE COMBATTANT ORDINAIRE (*Machetes pugnax*). — Le plumage de cet Oiseau subit de telles variations suivant l'âge, les saisons, et même suivant les individus, qu'il serait impossible d'en donner une description d'ensemble. — En général, les parties supérieures sont d'un brun varié de noir et de roussâtre, les parties inférieures blanches.

Quant aux plumes de la collerette, elles présentent, sur un fond noir bleu, brun roux ou blanchâtre, des dessins plus foncés extrêmement variés.

Habitat. — Les Combattants habitent les contrées septentrionales et pérées de l'ancien continent; mais quelques-uns se sont parfois égarés jusq Amérique.

Ils sont de passage régulier en France durant les mois d'août et de septem lorsqu'ils vont passer l'hiver dans les contrées méridionales, et au printe lorsqu'ils vont se reproduire dans leur véritable patrie.

Ces passages s'effectuent suivant un certain ordre: à l'automne, les m passent les premiers, les femelles et ensuite jeunes; le contraire a au printemps.

Le Combattant ordinaire.

Un grand nombre d'e eux se reproduisent en l lande, en Angleterre, même en France dans Boulonnais.

Mœurs. — Les Co battants vivent dans marais et les prairies mides, quelquefois dans voisinage de la mer.

Leurs allures varient be coup suivant les saiso Avant et après l'époque amours, les mâles et les femelles diffèrent peu les uns des autres, mais co sidérablement pendant cette période. L'amour exerce sur les Combattants u influence plus grande que sur les autres Oiseaux. Tant qu'ils ne sont pas soum à son empire, ils ont les allures des autres Échassiers de rivage; mais, dans saison des amours, on ne peut plus les comparer à aucun autre Oiseau : le démarche est gracieuse; ils marchent plus qu'ils ne trottinent; ils sont fiers comme conscients de leur dignité; ils volent rapidement, planent souvent, détournent brusquement et facilement.

Jusque vers l'époque des pariades, les Combattants sont pacifiques, sociable ils restent unis, se mêlent pour quelque temps seulement à d'autres Oiseau vaquent gaiement à leurs occupations dans l'intérieur d'un certain district, paraissent à des heures fixes en certains endroits.

Comme tous les Tringiens, ils sont vifs et actifs avant le lever du jou après le coucher du soleil, et même toute la nuit par le clair de lune; ils dorment et ne se reposent que dans le milieu du jour. Le matin et le soir i sont fort occupés à chercher les divers animaux aquatiques, les Insectes, le Vers terrestres, les graines dont ils se nourrissent.

Ce genre de vie change dès qu'arrive l'époque des amours.

Le Combattant montre alors combien il mérite son nom. Les mâles sont con tinuellement en lutte, sans cause appréciable; il est même probable que la pos session d'une femelle n'en est pas le mobile, car ils se battent pour une Mouche un Ver, un Insecte, pour tout et pour rien, qu'il y ait ou non des femelles dans leur voisinage, qu'ils soient libres ou captifs, qu'ils aient passé en cage quelques heures ou plusieurs années, et quelle que soit l'heure de la journée.

Ces combats ont lieu en des places déterminées, véritables champs de bataille, sur quelque élévation tapissée d'un gazon court.

Jamais plus de deux adversaires ne se battent ensemble.

Naumann a fort bien décrit ces sortes de duels :

« Deux mâles qui se provoquent, dit-il, commencent à trembler, à hocher la tête; ils hérissent les plumes de la poitrine et du dos, relèvent celles de la nuque, étalent leur collerette, fondent l'un sur l'autre, se portent des coups de bec ; les verrucosités de la tête leur servent de casque, leur collerette de bouclier. Les attaques se suivent, se précipitent avec une rapidité étonnante; l'ardeur de ces Oiseaux est telle qu'ils tremblent de tous leurs membres. Ils se reposent par moments. Enfin, le combat finit comme il avait commencé, par un tremblement général de l'Oiseau et par des hochements de tête. Le Combattant semble lancer un coup de bec à son adversaire, et celui-ci lui répond de la même façon. Tous deux secouent leur plumage, et retournent à leur ancienne place; s'ils sont trop las, ils se séparent pour quelque temps.

Le Combattant.

« Ils n'ont d'autre arme que leur bec mou, en massue à son extrémité, à tranchants émoussés; ils ne peuvent se blesser, faire couler leur sang; il est même rare qu'ils perdent quelques plumes; le pis qui puisse arriver à l'un d'eux, c'est d'être pris par la langue et tué ainsi par son adversaire. Il n'est pas invraisemblable que, dans leurs attaques, leur bec ne se recourbe quelquefois, et il est probable que c'est là l'origine des tubérosités, des saillies que portent sur leur bec les vieux mâles, qui sont les batailleurs les plus acharnés. »

Les Combattants nichent généralement très près de l'eau. Leur nid consiste en une dépression creusée dans le sol, tapissée de quelques chaumes et de brins d'herbe secs. Les œufs, au nombre de trois, quatre ou cinq, sont ventrus, pyriformes, d'un gris verdâtre ou jaunâtre, avec des points et des taches d'un brun roux et d'un brun noir. La femelle couve seule pendant dix-sept à dix-neuf jours, tandis que le mâle continue à se battre avec ses semblables.

Chasse. — On chasse peu les Combattants; leur chair n'est bonne à manger qu'en automne. Ils se laissent prendre facilement dans des collets.

Captivité. — En captivité, ils s'apprivoisent très vite, et conservent leur caractère batailleur. On les nourrit d'abord avec quelques Insectes, puis on les habitue à manger du pain trempé dans du lait, de la viande hachée, enfin, du pain ordinaire. Ils peuvent vivre dans ces conditions durant plusieurs années.

LES CHEVALIERS

Caractères. — Les Chevaliers ont le bec une fois et demie aussi long que tête, droit ou un peu retroussé, grêle, à mandibule supérieure comprimée à pointe, fléchie sur l'inférieure qui est un peu plus courte; des tarses longs minces, le doigt médian aussi long ou un peu plus long que la partie nue d[e]s jambes.

Leurs autres caractères ne les distinguent pas des Combattants.

Les Chevaliers sont des Oiseaux sociables, aux mœurs douces et paisible[s]. Ils vivent sur les bords des eaux douces, ou les plages maritimes. Leurs allur[es] légères et précipitées offrent une particularité digne de remarque. Lorsqu[e] quelque chose les affecte, ils s'arrêtent, dressent le corps, l'inclinent brusquement, et répètent ce mouvement plusieurs fois de suite.

Dans leurs migrations, ils présentent les mêmes habitudes que les Combattants.

LE CHEVALIER GRIS OU ABOYEUR (*Totanus griseus*). — **Caractères.** — Le Chevalier aboyeur, en plumage d'été, a les parties supérieures noires la tête et le cou rayés longitudinalement de blanc, les plumes du dos bordées de blanc et de brun rougeâtre; les parties inférieures d'un blanc pur, avec le cou la poitrine et les flancs tachetés longitudinalement de noirâtre; la queue blanche, les deux rectrices médianes zébrées de brun cendré; le bec noirâtre, l'iris noir, les pieds d'un brun verdâtre.

Habitat. — Il habite le nord de l'Europe et de l'Asie. Dans ses migrations il s'étend jusqu'en Afrique, et passe régulièrement dans plusieurs départements de notre pays, notamment dans le Gard, la Savoie, dans la Picardie et le Nord.

Mœurs. — Il vit par petites troupes de six à douze individus. On le rencontre sur les bords des fleuves, des lacs et des rivières, rarement près des plages maritimes, et toujours dans des endroits découverts.

Sa nourriture se compose non seulement de Vers, de Mollusques, mais aussi du menu fretin qui nage à la surface de l'eau.

Il est d'un naturel très craintif, et en cas de danger, il n'hésite pas à se mettre à la nage pour s'éloigner et se mettre en sûreté.

LE CHEVALIER STAGNATILE OU A PIEDS VERTS (*Totanus stagnatilis*). — **Caractères.** — Cette espèce mesure environ $0^{m},24$. Le mâle et la femelle adultes, en été, ont le dessus de la tête et du cou d'un blanc cendré, rayé longitudinalement de noir; les plumes des parties supérieures du corps d'un cendré rougeâtre varié de taches noires; tout le dessous du corps d'un blanc pur, avec quelques petites taches noires sur les joues, le cou, la poitrine et les flancs; les rémiges noirâtres; les rectrices blanches avec bandes noires, à l'exception des deux médianes qui sont d'un gris cendré et rayées diagonalement de brun; le bec noir, l'iris brun; les pieds d'un vert-olive clair ou jaunâtre.

En hiver, les plumes des parties supérieures passent au cendré clair, celles de la nuque rayées de brun, les autres bordées de blanchâtre; le croupion devient blanc.

Habitat. — Le Chevalier à pieds verts habite les contrées orientales de l'Europe, et l'Asie. Il se montre dans le nord de l'Afrique à l'automne. Il est de passage irrégulier dans quelques localités de la France.

Mœurs. — On le rencontre près des lacs, des rivières; rarement sur le bord de la mer, en compagnie souvent d'autres Oiseaux de rivage, tels que les Barges, et même les Canards.

Ses allures et ses mœurs en font l'espèce la plus caractéristique du groupe, ainsi que Brehm l'a très bien fait remarquer :

« On peut dire que le Chevalier à pieds verts réunit en lui toutes les qualités des autres Oiseaux de sa famille. Il en a toute la gaîté, toute l'agilité, toute la vivacité; il a une tenue fière, pourrait-on dire; il marche vite, légèrement, le corps horizontal; il aime à entrer dans l'eau; il nage, en franchissant souvent des espaces assez considérables; il plonge, en ramant avec ses ailes; il vole généralement en ligne droite, en battant fortement des ailes, et décrit des courbes hardies et élégantes; il se laisse tomber brusquement jusques auprès du sol, puis il ralentit son impulsion par des coups d'ailes.

« De tous ses congénères, il est assurément le plus prudent, le plus méfiant, le plus propre, par conséquent, pour jouer le rôle de guide. A toute heure du jour on le voit en mouvement; il ne dort, en effet, que vers midi, et peut-être vers minuit; mais son sommeil est si léger que le moindre bruit suffit pour l'éveiller. Un homme s'approche-t-il, il l'observe attentivement et avec méfiance. Il fuit le cavalier comme le fantassin, le batelier dans son canot, comme le conducteur sur sa voiture. Toute apparition inaccoutumée lui fait prendre la fuite, et il se montre d'autant plus craintif qu'il a moins affaire à l'homme. Il n'est nullement sociable; il ne s'inquiète guère de ses semblables, bien qu'on voie parfois plusieurs de ces Oiseaux réunis. Ce n'est pas lui qui se joint à ses compagnons, ce sont eux qui le suivent. Son cri d'appel s'adresse à tous les Oiseaux du rivage; et ce cri est pour eux le signal que tout danger est passé.

« On ne sait quelles sont les proies dont le Chevalier à pieds verts se nourrit de préférence. Il mange des animaux aquatiques de toute espèce, probablement des Insectes, des larves, des Libellules; des têtards de Grenouilles, de petites Grenouilles, de petits Poissons. Naumann l'a vu prendre, avec une satisfaction visible, des Girins qui se tenaient à la surface de l'eau et les poursuivre même dans l'eau. »

Le Chevalier à pieds verts niche dans les régions tempérées de l'hémisphère boréal. Il établit son nid dans les marécages, les tourbières; il choisit à cet effet une petite éminence gazonnée, y creuse une légère dépression, et la tapisse grossièrement d'herbes et de chaumes.

Sa ponte est de trois ou quatre œufs d'un jaune verdâtre, avec des taches irrégulières brunes, oblongues, en zigzags ou en virgules.

Chasse. — Le Chevalier à pieds verts, lorsqu'il est bien engraissé, a une chair assez délicate. Mais le caractère défiant et craintif de cet Oiseau en rend la chass[e] très difficile.

On le capture cependant quelquefois dans des pièges, en l'attirant avec u[n] appeau.

Captivité. — Il peut vivre en volière durant plusieurs années, lorsqu'il es[t] bien soigné. Il s'apprivoise facilement.

LE CHEVALIER GAMBETTE OU A PIEDS ROUGES (*Totanus calidris*). — ***Caractères.*** — La taille de cette espèce est d'environ $0^{m},29$. Son plumage d'ét[é] est, en dessus, d'un brun cendré olivâtre, rayé longitudinalement de noir; e[n] dessous, d'un blanc pur, mais chaque plume finement rayée de noir au centre les rémiges primaires sont noires, les secondaires noires à la base, blanche[s] dans le reste de leur étendue; la queue blanche, à l'exception des quatre rectrice[s] médianes qui sont barrées de noirâtre; le bec est rouge à la base, brun à l[a] pointe; l'iris brun; les pieds d'un beau rouge-vermillon.

Habitat. — Le Chevalier à pieds rouges, désigné dans le Bourbonnais sous le nom de *Gambette* en raison de la longueur de ses tarses, est l'espèce la plus commune de l'Europe.

Il se reproduit dans les régions tempérées; un grand nombre de couples restent sédentaires dans le midi de la France.

Dans le nord, on le trouve aussi bien dans les marais d'eau douce que dans le voisinage de la mer. On le prend en grande quantité dans d'immenses filets à son arrivée en automne.

Mœurs. — De tous les Chevaliers, c'est le plus sociable. Un individu de son espèce vient-il à passer, il l'aperçoit de fort loin, l'invite à s'arrêter par un sifflement de rappel, note d'une originale interrogation, qui ne manque jamais son effet, et le nombre augmente ainsi de tous les individus qui viennent à passer dans la journée. Cette note de rappel, ajoute M. Hardy à qui nous empruntons ces lignes, fait aussi venir la majeure partie de nos Échassiers, les Chevaliers gris, brun, sylvain, les Bécasseaux, les Barges, et même le Pluvier suisse lorsqu'il est isolé; le Chevalier cul-blanc et la Guignette vulgaire font exception.

Le Chevalier à pieds rouges se nourrit de Vers, de petits Crustacés et Mollusques d'eau douce ou salée.

Il niche en petites colonies parmi les hautes herbes des prairies humides, marécageuses.

La ponte est de quatre œufs, renflés, d'une teinte roux clair, ou jaune verdâtre, avec des taches irrégulières d'un gris foncé, d'un roux brun ou d'un brun noir, suivant qu'elles sont superficielles ou profondes.

Chasse. — On prend cette espèce en grande quantité à l'aide de filets dans la plupart des marais de nos contrées. Sa chasse ne présente pas de difficultés.

Captivité. — Un Chevalier à pieds rouges, conservé en captivité dans un jardin, vit en très bonne intelligence avec les autres petits Échassiers qu'on lui donne pour compagnons: Pluviers, Vanneaux, Combattants.

On met à profit son remarquable instinct de sociabilité et la faculté qu'il possède d'attirer près de lui par son cri d'appel particulier les autres Échassiers, pour l'utiliser comme appelant.

LE CHEVALIER BRUN. — Il habite le nord de l'Europe et de l'Amérique ; il est de passage régulier en France, en Belgique, en Hollande, en Allemagne, dans la Russie et l'Italie.

Il fréquente de préférence les marais d'eau douce, et se montre beaucoup plus défiant que le précédent.

LE CHEVALIER SYLVAIN (*Totanus glareola*). — Il habite les contrées orientales et septentrionales de l'Europe, l'Asie et le nord de l'Afrique. Il est de passage régulier en France.

On le trouve généralement isolé ou par paires, dans les marais d'eau douce, sur les bords des rivières et des lacs.

Il se reproduit dans les contrées froides et tempérées de l'hémisphère boréal, niche dans les marécages, et quelquefois aussi parmi les bruyères. On l'a vu aussi s'établir dans des nids abandonnés sur les arbres.

Son cri est plus agréable que celui des autres espèces, c'est une sorte de court ramage que l'Oiseau fait entendre avant de se poser.

LE CHEVALIER CUL-BLANC (*Totanus ochropus*). — Cette espèce, qui doit son nom à la couleur de ses plumes du croupion, est répandue dans toute l'Europe, dans une grande partie de l'Asie et de l'Afrique.

Elle est sédentaire dans quelques localités du midi de la France, et de passage régulier dans presque toutes les autres régions.

Elle recherche, comme la précédente, les étangs d'eau douce, les bords des rivières. Son nid est généralement placé près de l'eau, mais on a observé chez cet Oiseau une particularité qui lui est commune avec les Sylvains : dans certaines localités il dépose ses œufs sur un arbre, dans le nid abandonné d'un autre Oiseau.

LES GUIGNETTES

Les Guignettes, que certains auteurs rangent dans le même genre que les Chevaliers, se distinguent de ceux-ci par des tarses moins élevés, une queue plus ample et arrondie.

LA GUIGNETTE VULGAIRE (*Actitis hypoleucos*). — ***Caractères.*** — La Guignette vulgaire mesure environ $0^{m},18$ à $0^{m},19$. Elle est en dessus d'un brun olivâtre à reflets pourpres ou verdâtres, chaque plume marquée sur sa tige d'une raie noire, et sur ses barbes de zigzags de même couleur ; toute la face inférieure du corps blanche ; les sourcils également blancs ; les joues, les côtés du cou et de la poitrine rayés de noir sur fond blanc ; les deux rectrices médianes de la couleur du dos, les autres blanches rayées de brun ; le bec est cendré, l'iris brun, les pieds d'un cendré verdâtre.

Le mâle et la femelle portent la même livrée durant toute l'année, mai hiver, les reflets du plumage sont moins intenses.

Habitat. — Cet Oiseau a une aire de dispersion très étendue; on le renco dans toute l'Europe, une grande partie de l'Asie, et en Afrique.

Mœurs. — Il fréquente les bords des fleuves, des rivières et des lacs, et ni sous presque toutes les latitudes de son aire de dispersion. Dans notre pay se reproduit notamment dans le Boulonnais et dans certaines localités sur bords de la Seine.

La Guignette a des allures très spéciales qui la distinguent de tous les au Totaniens, comme l'a fait remarquer M. Hardy.

Son vol est bas et saccadé. Elle balance constamment la queue à la façon Bergeronnettes. Elle plonge très bien et très longtemps, surtout quand elle poursuivie par un Chien, ce que ne font pas les autres Totaniens. Elle se per aussi fréquemment soit sur les buissons, soit sur les arbres. Dans ses migratio elle ne voyage que la nuit.

Elle se fait encore remarquer par sa prudence et sa défiance. Dès qu'elle v un ennemi ou une chose inaccoutumée, elle se précipite dans les fourrés les p épais, ou si elle se trouve à proximité d'une pièce d'eau, elle plonge aussit Les Oiseaux de proie, l'Épervier même ne la capturent que difficilement.

La Guignette se nourrit de Larves, de Vers, de Limaces, d'Araigné d'Insectes, de Mouches, qu'elle happe au vol, ou ramasse sur les feuilles c couvrent le sol humide. Sa façon de chasser est très curieuse à observer : elle tient à l'affût dans les hautes herbes; dès qu'elle aperçoit une proie, elle s'ava prudemment, silencieusement, le cou rentré, puis subitement elle s'élance bec en avant et happe le petit Insecte ou le petit Ver qu'elle convoitait.

Le cri de la Guignette est un sifflement clair et perçant, mais, à l'époque d amours, les mâles font entendre une sorte de trille assez agréable.

Chaque couple choisit, pour nicher, un endroit convenable et n'en souff aucun autre dans le voisinage. Le mâle paraît très excité; il vole en décrivant d zigzags; il chante, il tourne autour de sa femelle. Celle-ci cherche un endroit la rive à l'abri des hautes eaux; et là, dans un buisson, de préférence dans u fourré de saules, elle construit un nid avec des brindilles, des joncs, des feuill sèches.

Ce nid est si bien caché qu'on a de la peine à le trouver, malgré l'inqui tude que témoignent les parents, inquiétude qui en trahit l'emplacement. Le œufs, au nombre de quatre, sont tantôt courts, tantôt allongés, pyriforme finement grenus, lisses, marqués, sur un fond jaune roux clair, de taches dor la teinte varie selon qu'elles sont plus ou moins profondes; les inférieures étan grises, les moyennes brun roux, les supérieures brun noir. Les parents n veulent pas être troublés; si on leur enlève un œuf, ils abandonnent leu nichée. Le mâle et la femelle couvent alternativement. Les jeunes éclosen au bout de deux semaines d'incubation; la mère les réchauffe quelque temps puis les conduit dans les fourrés de saules. Là, ils savent se cacher à mer veille, et on ne peut les trouver sans l'aide d'un bon Chien, quoique leur parents volent autour d'eux, en poussant des cris plaintifs. Au bout de hui jours, les plumes des ailes et de la queue apparaissent; à quatre semaines, les jeunes prennent leur volée et deviennent indépendants.

La Guignette grivelée (*Actitis macularia*). — Cette espèce est propre à l'Amérique du Nord, mais elle s'égare parfois en Europe.

Son genre de vie est exactement le même que celui de la Guignette vulgaire de nos pays.

LES TOTANIENS DE L'AMÉRIQUE DU NORD

Dans l'Amérique du Nord, les Chevaliers et les Combattants sont remplacés par des genres très variés et qui n'en diffèrent nullement sous le rapport des mœurs et du genre de vie.

Tels sont les *Batramies* ou *Chevaliers à longue queue* et les *Symphémies*.

Quelques individus de ces espèces américaines se sont parfois égarés jusque dans les régions septentrionales de l'Europe.

LES PHALAROPODIENS

Les Phalaropodiens sont caractérisés par la disposition palmée de leurs doigts, ce qui leur donne un faux air de Palmipèdes; par tous leurs autres caractères, ils appartiennent à la famille des Scolopacidés.

Leurs pieds sont de longueur médiocre; les trois doigts antérieurs sont réunis à la base par une palmature qui se prolonge sur les côtés des dernières phalanges en une membrane festonnée.

Grâce à cette particularité, les Phalaropodiens sont les Oiseaux nageurs les plus accomplis. Ils courent aussi avec une grande vitesse, mais la mer est leur habitat de prédilection.

On les répartit dans deux genres différents :

Les Lobipèdes ;

Les Phalaropes.

LES LOBIPÈDES

Caractères. — Les caractères du genre Lobipède sont les suivants : bec plus long que la tête, droit, pointu, comprimé, très grêle, régulier de la base à la pointe ; des narines basales, latérales, semi-lunaires; des ailes allongées, suraiguës, atteignant l'extrémité de la queue, celle-ci courte et presque cunéiforme; les doigts unis à la base par une palmure ; le pouce est allongé et grêle; le médian plus court que le tarse.

LE LOBIPÈDE HYPERBORÉ (*Lobipes hyperboreus*). — ***Caractères.*** — Le Lobipède hyperboré ou *Poule d'Odin* des Irlandais, a le dessus de la tête, la nuque, un trait en arrière des yeux et les parties supérieures du corps, d'un brun cendré, avec quelques taches roussâtres sur le haut du dos; la gorge et le ventre blancs, les côtés et le bas du cou ornés d'un collier roux vif, les flancs gris ; les ailes de même couleur que le dos mais offrant une bande transversale blanche l'extrémité des grandes couvertures lisérée de blanc.

Les rémiges brunes à tiges blanches, les rectrices latérales grises bordées de blanc, les médianes brunes; le bec et l'iris bruns; les pieds brun verdâtre.

La femelle ressemble au mâle mais ses couleurs sont plus vives et présentent en dessus des reflets veloutés.

En hiver, le plumage dans les deux sexes, passe en dessus au cendré pur en dessous au blanc rosé.

La taille de cet Oiseau est d'environ $0^m,18$.

Habitat. — Le Lobipède hyperboré habite les régions arctiques des deux mondes.

Il est abondant en Écosse, en Islande et en Laponie; il est de passage irrégulier sur les côtes maritimes du nord de la France, de la Hollande, de l'Allemagne, à la suite de violentes tempêtes immenses qui les projettent en bandes sur notre littoral.

La Poule d'Odin.

Mœurs. — Le Lobipède a, comme son congénère le Phalarope, une existence bien spéciale.

Ce sont l'un et l'autre de vrais Pélasgiens. Ils passent la plus grande partie de leur vie à nager sur la mer ou sur les grands lacs salins des contrées boréales, pêchant les Vers, larves et Insectes qui forment leur nourriture.

« Ces Oiseaux, dit Brehm, sont on ne peut plus attrayants; ils ont des mouvements légers et gracieux ; ils sont admirablement doués; ils sont à l'aise sur la terre ferme comme dans les marais, dans l'eau comme dans l'air.

« Leur démarche ressemble à celle des Tringidés ; ils vivent paisiblement au bord de l'eau ; le cou un peu rentré, ils trottinent, courent, se meuvent avec agilité au milieu des roseaux, parmi lesquels ils savent parfaitement se cacher ; ils volent avec une rapidité étonnante.

« En même temps, ils nagent avec une facilité, une élégance, une célérité remarquables. Lorsqu'ils nagent, ils semblent à peine effleurer l'eau ; ils ont lors le plumage serré au corps et ils rament vigoureusement. Ils ne peuvent pas plonger. Quand ils sont blessés, au lieu de disparaître sous l'eau, ils se dirigent à toute vitesse vers les roseaux, où ils se cachent à merveille. De l'eau, ils s'élèvent dans l'air, et, de même, ils se laissent retomber de fort haut à la surface de l'eau.

« Ils vaquent en nageant à toutes leurs occupations, cherchent leur nourriture, mangent, se pourchassent, s'accouplent même.

« Peu leur importe que l'eau soit tranquille ou agitée, chaude ou froide; Faber en vit nager dans des sources chaudes, où l'on avait de la peine à tenir la main.

« Leurs sens sont fins; leur intelligence est développée. Pleins de confiance, ils laissent l'homme les approcher jusqu'à une dizaine de pas; s'il ne cherche pas à leur nuire ou à les effrayer, ils se laissent observer par lui; mais si on fait mine de les chasser, ils deviennent prudents. Lorsqu'on tire sur eux, ils deviennent on ne peut plus défiants. Ils ne semblent pas s'inquiéter des autres créatures, du moins dans la saison des amours, c'est pour eux-mêmes qu'ils vivent. Cependant l'amour exerce aussi sur eux son empire et détermine des combats entre les mâles, en l'honneur des femelles. Ces combats commencent dans l'eau et se continuent dans l'air. Un mâle qui arrive dans le domaine que s'est choisi un couple, excite la jalousie du légitime possesseur. Les deux Oiseaux nagent l'un contre l'autre, puis s'élèvent dans l'air, se battent jusqu'à ce que l'intrus soit mis en fuite. Le mâle et la femelle se témoignent beaucoup d'amour. Ils restent toujours l'un près de l'autre et se quittent rarement. »

Les Lobipèdes nichent sur les bords des lacs et des marais salins.

Leur nid est une simple dépression creusée dans le rivage, au milieu des herbes. Les œufs, au nombre de trois ou quatre, ont une couleur jaunâtre ou verdâtre; ils sont marqués de taches irrégulières d'un brun noir.

Les jeunes prennent leur essor au commencement d'août; en septembre, ils ont déjà revêtu leur plumage d'hiver et ils gagnent la haute mer en compagnie de leurs parents dont ils partagent dès lors le même genre de vie.

LES PHALAROPES

Caractères. — Les Phalaropes se distinguent surtout des Lobipèdes par la forme du bec et la longueur des ailes.

Le bec, égal en longueur à la tête, est droit, épais, trigone à la base, déprimé dans toute son étendue, profondément sillonné, rétréci vers le milieu, élargi à l'extrémité.

Les ailes sont moyennes, suraiguës, plus courtes que la queue.

LE PHALAROPE DENTELÉ (*Phalaropus fulicarius*). — ***Caractères.*** — Le Phalarope dentelé est d'une taille un peu supérieure à celle du Lobipède hyperboré.

Le mâle, en été, a la tête, la gorge, le dos, les épaules noirs, chaque pl
étant bordée de jaune roux ; le cou, la poitrine et l'abdomen d'un rouge-bri
les couvertures supérieures des ailes noires, terminées de blanc ; les rém
noires à tige blanche ; les rectrices médianes noires, les autres d'un brun ce
et bordées de roux ; le bec noir avec la base jaunâtre, l'iris brun, les pieds
verdâtre.

La femelle porte une livrée peu différente de celle du mâle.

En automne, chez les deux sexes, les teintes noires tirent sur le cendré,
plumes de l'abdomen deviennent blanches bordées de gris.

Habitat. — Mœurs. — L'aire de dispersion et les mœurs du Phalarope den
sont les mêmes que pour le Lobipède hyperboré.

LES RÉCURVIROSTRIDÉS

Cette petite famille, qui se relie intimement aux Scolopacidés, est carac
risée par un bec grêle, long, pointu, plus ou moins retroussé, plus ou mo
sillonné ; des ailes très allongées, une queue courte ; des tarses réticulés ai
que la partie nue des jambes ; des doigts au nombre de quatre, les antérie
plus ou moins réunis par une palmure, le pouce rudimentaire et inséré t
haut.

LES RÉCURVIROSTRES OU AVOCETTES

Caractères. — Les Récurvirostres ont un bec près de deux fois aussi long q
la tête, flexible et élastique, allant en se rétrécissant de la base à la pointe, f
tement retroussé dans sa moitié antérieure, déprimé et sillonné dans sa moi
postérieure ; des ailes longues suraiguës, dépassant un peu l'extrémité de
queue, celle-ci courte, arrondie ; des jambes nues sur les deux tiers environ
leur étendue ; des tarses longs, minces, complètement réticulés ; les trois doig
antérieurs réunis par une palmure qui se prolonge jusqu'à leur extrémité ;
pouce très petit, inséré très haut et ne touchant point le sol.

Des trois ou quatre espèces que renferme ce genre, la plus connue est l'Av
cette à queue noire.

LE RÉCURVIROSTRE AVOCETTE (*Recurvirostra avocetta*). — ***Caractères.*** -
L'Avocette mesure environ 0m,47 de long. Tout son plumage est d'un blanc pu
à l'exception de la partie supérieure de la tête, de la nuque, des scapulaires, de
couvertures des ailes, et des rémiges qui sont d'un noir profond ; le bec e
noir, l'iris roux marron, les pieds bleu de plomb.

Habitat. — On rencontre cet Oiseau en Europe, en Asie, en Afrique.

Il se reproduit dans les régions chaudes et tempérées. Sédentaire dans l
midi de la France, il n'est que de passage dans les départements septen
trionaux.

Mœurs. — L'Avocette se tient sur les bords de la mer, dans les endroit vaseux, où elle va chercher, à marée basse, les Vers et autres petits animaux aquatiques qui forment sa nourriture.

D'un caractère très sociable, elle vit toujours en bandes plus ou moins nombreuses. Même à l'époque des amours, les couples restent les uns près des autres.

Sa démarche est aisée, élégante. Son vol est régulier, rapide et léger.

Son cri flûté, mélancolique, est agréable à entendre.

Elle fait de son bec un emploi singulier; « elle s'en sert comme d'un sabre, dit Naumann, elle le porte rapidement à droite et à gauche, et elle prend les animaux qui nagent dans l'eau et qui demeurent adhérents aux sillons de la face interne. L'Avocette fouille aussi de son bec les flaques d'eau, que la vague, en se retirant, a laissées sur la plage vaseuse, et qui fourmillent de petits animaux. Souvent, elle demeure une heure entière auprès d'une seule de ces flaques. D'ordinaire, elle commence par enfoncer tout droit son bec dans l'eau ou dans la vase, le fait claquer à la manière des Canards, puis le porte à droite et à gauche comme on fait manœuvrer un sabre. J'en ai vu quelques-unes dans un marais, promener ainsi leur bec dans l'herbe courte et humide. » Mais il ne faudrait pas croire que l'Avocette drague, pour ainsi dire, le fond de l'eau avec le bec ouvert. Elle tient au contraire son bec fermé, lorsqu'elle agite la vase, et cette manœuvre a simplement pour but de faire sortir de leur cachette les petits animaux dont elle se nourrit, de façon à les happer plus aisément avec la pointe de son bec.

Le Récurvirostre avocette.

L'Avocette vit constamment en société; aussi est-elle toujours craintive et fuit-elle l'homme partout. Qu'on s'approche de l'endroit où des centaines de ces Oiseaux sont activement occupés à chercher leur nourriture, et l'on remarquera, au premier cri d'avertissement, qu'ils deviennent tous inquiets, qu'ils s'avancent dans l'eau en marchant ou en nageant, ou qu'ils s'envolent, et ne s'arrêtent que lorsqu'ils sont hors de portée. Ils laissent approcher de plus près une voiture, un cavalier.

Les Avocettes ne montrent aux autres Oiseaux aucune amitié. Jamais une d'elles ne sert de guide aux bandes de petits Oiseaux de rivage, et si elle se trouve près d'une de ces bandes, elle se tient complètement à l'écart. Ce n'est qu'avec les Échasses qu'elles contractent une certaine union.

Peu après leur arrivée dans leur patrie, les Avocettes se séparent par pai et vont nicher sur les endroits couverts d'un court gazon, où se rendent au les Huîtriers, les Tringidés, les Totanidés, les Sternes, les Mouettes. P rarement elles vont dans les champs de céréales; mais toujours, elles rest près de la côte. Leur nid est une dépression creusée dans le sol, tapissée quelques chaumes desséchés et de racines. La couvée est de trois, rarem de quatre, parfois seulement de deux gros œufs comme ceux du Vanneau; œufs sont pyriformes ou arrondis, à coquille mince, terne, d'un roux clair d'un jaune olivâtre, semés de points plus ou moins nombreux, noirâtres violets. Les deux sexes les couvent alternativement pendant dix-sept à dix-h jours; ils témoignent à leur progéniture beaucoup de sollicitude; ils entoure en poussant des cris d'inquiétude, l'homme qui s'est approché. Dès que le petits sont secs, ils les conduisent à un endroit où ils puissent se cacher; pl tard, ils les mènent dans de grandes flaques d'eau, et enfin, quand ils co mencent à voleter, il les conduisent à la mer.

LES ÉCHASSES

Les Échasses frappent l'observateur le plus indifférent par la longue démesurée de leurs jambes et de leurs ailes. Aussi leur nom est-il bi justifié.

Caractères. — Les Oiseaux de ce genre ont un bec environ une fois et dem aussi long que la tête, presque droit, arrondi à la base, légèrement déprin vers le milieu, comprimé en avant, sillonné dans la moitié de son étendue, mandibules inégales et infléchies l'une vers l'autre à la pointe; des ailes tr longues, suraiguës, dépassant la queue; celle-ci de moyenne longueur, égal des jambes nues sur presque toute leur étendue; des tarses très longs, mince réticulés; le doigt médian est réuni par une palmure à l'externe, et par u simple repli membraneux à l'interne.

L'ÉCHASSE BLANCHE (*Himantopus candidus*). — ***Caractères.*** — L'Échass blanche ne mesure pas moins de $0^{m},40$ de longueur. Son plumage d'été es presque entièrement d'un blanc pur tirant sur le rose à la poitrine et à l'ab domen; la nuque, les ailes et le dos sont d'un noir à reflets verdâtres; la queu cendrée; le bec noir, l'iris et les pieds rouges.

Habitat. — Elle est propre à l'Europe méridionale, à l'Afrique et à l'Asie

On la désigne aussi sous les noms d'*Echasse à manteau noir*, ou *Échass aux pieds rouges*. En France, elle fréquente les plages du Midi, et apparaî quelquefois dans les marais de la Normandie, de la Picardie.

Ses migrations sont irrégulières. Un grand nombre de couples ne quitten pas leur station d'hiver, et s'y reproduisent.

Mœurs. — C'est donc un Oiseau de marais autant qu'un Oiseau de littoral, comme le fait remarquer Brehm.

« L'Échasse aux pieds rouges, dit-il, aime les eaux salées, sans avoi cependant son existence liée à leur présence. On ne peut pas dire qu'elle soit un Oiseau maritime. On la voit parfois sur les côtes, au milieu des Totanidés et des Avocettes; mais d'ordinaire on la rencontre dans les petits étangs et, pendant la saison des amours, dans les grands lacs d'eau douce ou saumâtre. Elle paraît être plus sociable que les autres Totanidés. Vivant par paires pendant la saison des amours, elle est, tout le reste de l'année, par bandes de six à douze individus, et en hiver par troupes extrêmement nombreuses. Ce n'est que dans le Soudan que j'ai rencontré des Échasses isolées, et encore étaient elles en compagnie d'autres Oiseaux de la même famille.

L'Échasse blanche.

« Les petites bandes d'Échasses semblent s'inquiéter fort peu des autres Oiseaux ; les grandes troupes se mêlent souvent à d'autres Échassiers, surtout aux Avocettes; il se pourrait cependant que ces réunions fussent déterminées plutôt par des conditions locales que par un instinct de sociabilité.

« L'Échasse aux pieds rouges a dans ses mœurs et ses allures beaucoup de points communs avec les Totanidés, mais, grâce à ses longues jambes, elle peut s'avancer plus loin dans l'eau pour chercher sa nourriture. On la surprend rarement au bord de l'eau ; on la voit plutôt là où l'eau est assez profonde, marchant ou nageant; sa démarche n'est nullement maladroite, ni vacillante; son vol est léger, beau, rapide, gracieux. En s'envolant, elle bat rapidement des ailes, et lorsqu'elle atteint une certaine hauteur, elle vole plus lentement, plus posément; avant de s'abattre, elle décrit en planant une ou plusieurs lignes ondulées. En volant, elle étend directement en arrière ses longues pattes, ce qui lui donne un aspect singulier, qui la fait aisément reconnaître. »

Sa nourriture se compose principalement de Vers, de larves, de Mouches et d'Insectes aquatiques.

Les Échasses sont des Oiseaux naturellement craintifs, mais quand ils ont une fois été chassés dans un endroit, leur défiance devient extrême, et ils ne se laissent plus approcher.

Ils nichent dans les marais, dans quelque îlot à l'abri des grandes crues. Leur nid est formé d'herbes et de roseaux secs; il est placé généralement au milieu des hautes herbes.

La ponte est de trois ou quatre œufs d'un brun verdâtre ou jaunâtre clair parsemés de taches noires confluentes au gros bout.

Les Poules d'eau ou Rallidés

Les Rallidés pourraient être définis des *Échassiers nageurs*, en raison de leur genre de vie, que révèlent d'ailleurs des caractères morphologiques très nets.

Caractères. — Ces Oiseaux ont un corps comprimé latéralement, une tête petite, un cou mince, de longueur moyenne; un bec comprimé, rarement plus long que la tête; des jambes fortes; des tarses médiocres; des ailes courtes et arrondies, parfois armées d'un éperon corné; une queue médiocre; les doigts au nombre de quatre, le médian aussi long que le tarse, le pouce bien développé, portant plus ou moins sur le sol; un plumage épais, serré, et un duvet court mais abondant.

Habitat. — Ils sont répandus sur toute la surface du globe.

Mœurs. — Doux, paisibles, timides, ils sont cependant peu sociables, et vivent en général solitaires.

On les rencontre dans les endroits humides et marécageux.

Tous marchent et courent remarquablement bien, nagent et plongent avec facilité, mais leur vol est lourd, pénible. Aussi n'entreprennent-ils jamais de grandes migrations.

Leur nourriture est à la fois animale et végétale.

Leurs habitudes sont plus crépusculaires que diurnes.

Utilité. — La plupart des petits Échassiers de la famille des Rallidés peuvent être considérés comme des Oiseaux utiles. Il est vrai que leur existence dans les marais, les étangs, n'appelle pas sur eux l'attention des agriculteurs, mais on leur doit la destruction d'un grand nombre de larves d'Insectes nuisibles, notamment des Tipules.

Dans quelques régions marécageuses où ces Oiseaux sont abondants, les jardiniers utilisent leurs qualités d'insectivores en les laissant courir dans les potagers après leur avoir amputé l'aileron pour qu'ils ne puissent s'envoler.

Classification. — Les deux seules divisions rationnelles que l'on puisse établir dans cette famille sont celles des Ralliens et des Fuliciens.

Puis, à côté d'elles, se rangeront, à titre de groupes satellites : les *Parri*[illegible] les *Chionidés*, les *Eurypygidés*, les *Cariamidés*, les *Psophiidés*.

LES RALLIENS

Les Ralliens ont des tarses épais, des doigts lisses, ou garnis d'un très mi[illegible] repli membraneux; le pouce articulé presque au niveau des autres doigts.

LES RÂLES

Caractères. — Les Râles ont un bec plus long que la tête, élevé à la ba[illegible] puis comprimé, mince à l'extrémi[illegible] des ailes courtes, subaiguës; une que[illegible] courte, conique, formée [illegible] douze rectrices molles, se[illegible]siblement courbées; d[illegible] jambes peu dénudées; d[illegible] tarses médiocres, robuste[illegible] scutellés; des doigts long[illegible] grêles, les trois doigts ant[illegible]rieurs bordés d'une min[illegible] membrane, le médian plus lo[illegible] que le tarse, le pouce cour[illegible] le front couvert de plumes.

Le Râle d'eau.

LE RÂLE D'EAU (*Ralli aquaticus*). — ***Caractères.*** — Le Râle d'eau mesure env[illegible]ron $0^m,27$. Il est en dessu[illegible] d'un roux olivâtre, flamm[illegible] de taches noires au centr[illegible] des plumes; d'un cendré bleuâ[illegible]tre sur les côtés de la tête, l[illegible] devant du cou et la poitrine d'un blanc rayé de noir sur le[illegible] flancs; d'un roux de rouille sur le ventr[illegible] et le croupion.

Les rémiges et les rectrices sont noires[illegible] celles-ci bordées de brun olivâtre; le bec rougeâtre; l'iris d'un rouge orangé; les pieds d'un brun rougeâtre. — En automne, la couleur cendrée est moins pure et les flancs variés de roussâtre.

Le mâle et la femelle portent le même plumage.

Habitat. — Le Râle d'eau habite toute l'Europe, une partie de l'Asie et l'Afrique.

En France, il est de passage dans les régions septentrionales, sédentaire dans le midi.

Mœurs. — Il se tient, comme le dit Naumann, « dans les marais où l'homme n'aime pas à s'aventurer, les lieux déserts et humides, où l'eau des marécages se cache sous un épais tapis de plantes entremêlées de buissons, les pièces d'eau couvertes de joncs et de roseaux, au voisinage même ou au milieu des forêts; les fourrés d'aulnes et de saules, entremêlés de joncs et de hautes herbes, coupés par des canaux, des étangs ou des marécages ».

Cet habitat lui convient parfaitement, car il est très craintif et se cache à la moindre apparence de danger.

Sa marche est gracieuse et légère. Il court avec une grande rapidité, la tête et le cou tendus en avant, les jambes fortement fléchies.

Quand il est pressé, il franchit tous les obstacles avec une célérité remarquable, glissant sur les feuilles flottantes, traversant les fourrés les plus serrés. Il nage et plonge avec facilité, mais son vol est pénible, peu soutenu.

Il se nourrit principalement d'Insectes, de Vers, de larves; il mange aussi des graines de graminées.

Le nid du Râle d'eau est toujours profondément caché dans les roseaux et les hautes herbes, sur le rebord de quelque fossé. Il est lâchement construit à l'aide d'herbes sèches, sa forme est celle d'une coupe assez profonde.

Les œufs, au nombre de six à dix, sont allongés, à coquille lisse; leur couleur est d'un blanc lavé de jaune et de verdâtre, avec des points et des taches arrondis d'un gris violet surtout abondants au gros bout, et sur lesquels se montrent d'autres taches superficielles d'un brun rouge.

Les jeunes quittent le nid dès qu'ils sont éclos. Ils sont de bonne heure très agiles, se glissent au milieu des herbes comme des Souris et nagent avec facilité.

Captivité. — Le Râle d'eau perd, en captivité, son naturel craintif.

On en cite même qui sont ainsi devenus très familiers. La douceur de ses mœurs et ses allures gracieuses lui conquièrent toutes les sympathies.

LES RHYCHÉES

Près des Râles, se rangent le genre africain des Rhychées ou *Râles-Bécasses*.

Ces Oiseaux, dont les caractères sont à peu près les mêmes que ceux des Râles, ont des mœurs qui tiennent à la fois de ces derniers et des Bécasses.

Ils vivent dans les marais, les champs humides, se montrent rarement à découvert, et en cas de danger, se précipitent dans les buissons et les fourrés les plus épais.

Ils courent très rapidement sur le sol dur ou vaseux, mais leur vol est vacillant, incertain, de peu de durée.

LES COURLANS

Caractères. — Les Courlans ont le bec plus long que la tête, vigoureux, f tement comprimé latéralement, à arête dorsale convexe; des tarses hauts minces; des doigts entièrement séparés, armés d'ongles longs, acérés, reco bés; des ailes obtuses, atteignant le milieu de la queue, celle-ci de longu moyenne.

LE COURLAN GÉANT (*Aramus zigas*). — ***Caractères.*** — Le Courlan gé est à peu près de la taille d'une Poule ordinaire. Il a la tête, la partie antérieu du cou et les cuisses d'un gris ardoisé; l'occiput et le haut du cou d'un br roux; le dos et les couvertures des ailes d'un vert olivâtre; le bas-ventre et croupion noirs; les rémiges, les flancs et le bas de la poitrine d'un roux rouille vif; les rectrices noirâtres, l'iris rouge, le bec jaune verdâtre à poi grise, les tarses couleur de chair.

Habitat. — Il est propre aux contrées chaudes de l'Amérique où il est con sous le nom de *Serrakura*.

Mœurs. — Il fréquente les étangs et les bords des ruisseaux couverts de jonc de hautes plantes aquatiques, les pièces d'eau stagnante dans les forêts.

Il se tient généralement caché dans les hautes herbes, mais décèle sa pr sence par son cri perçant très singulier.

Son genre de vie est celui des Râles.

Captivité. — Les Courlans captifs deviennent vite familiers, et se contente du régime le plus vulgaire. Ils sont très intéressants à observer.

Leurs allures rappellent celles des Râles. Ils marchent avec élégance et rapidit courent avec une vitesse incroyable. Le soir, ils s'élèvent en voletant sur u arbre ou un objet élevé et font entendre leurs cris singuliers.

Bien que vivant en assez bonne intelligence avec les autres Oiseaux de bass cour, ils peuvent devenir insupportables par leur voracité, comme le démontr l'anecdote suivante ayant trait à un Courlan captif observé par d'Azara.

« ... Il ne mangeait au commencement que du pain, de la viande, des Ver surtout, qu'il semblait préférer à toute autre nourriture; lorsqu'il fut adulte, i commença à se battre avec les Poules, et lorsque celles-ci répondaient à se attaques, il se ramassait, baissait la tête, se précipitait entre les jambes de so adversaire, le renversait et, avant qu'il eût le temps de se relever, lui portait d vigoureux coups de bec au ventre. Il savait parfaitement quand une Poule allai pondre, il la suivait et la guettait. A peine l'œuf était-il pondu, qu'il le prenai dans son bec, l'emportait, le trouait et le buvait avec une volupté visible. C'es au point qu'on ne pouvait sauver un œuf. Si la Poule ne pondait pas assez vit à son gré, il devenait impatient, la chassait hors du nid, la poursuivant avec fureur. Il agissait de même dans les maisons voisines. Il parcourait tous les alentours et grimpait sur les toits. On dut le tuer pour mettre fin aux plaintes générales qu'il soulevait. »

Il attrapait aussi des Souris, des Moineaux et les dévorait.

LES NOTORNIS. — Au groupe des Râles se rattache une espèce exposée à disparaître bientôt de la faune actuelle, le *Notornis Mantelli*, dernier représentant d'un groupe d'Oiseaux de la Nouvelle-Zélande dont les formes fossiles ont été décrites par Owen.

LES CREX

Caractères. — Les Crex se distinguent des Râles par leur bec plus court que la tête, conique, très élevé à la base, comprimé dans toute son étendue, à arête convexe; leurs ailes relativement courtes, convexes; leurs tarses scutellés en avant, réticulés en arrière; leurs doigts relativement courts, à l'exception du pouce qui est bien développé.

LE CREX DES PRÉS (*Crex pratensis*). — ***Caractères.*** — Le Crex des prés mesure environ $0^{m},25$. Il est en dessus d'un brun noirâtre, chaque plume lisérée de cendré roussâtre; la gorge et l'abdomen blancs, le devant et les côtés du cou, la poitrine d'un cendré roussâtre; les flancs barrés de brun, de roussâtre et de blanchâtre; les couvertures supérieures des ailes d'un beau rouge de rouille; les rémiges d'un cendré roussâtre, avec le bord externe de la première blanc; les rectrices noires bordées et terminées de cendré roussâtre, les bords libres des paupières roses; le bec brun rougeâtre en dessus, blanchâtre en dessous; l'iris brun clair; les pieds d'un brun rougeâtre.

La femelle est peu différente du mâle. Sa taille est plus petite.

Habitat. — Le Crex des prés, désigné aussi sous les noms de *Râle des genêts*, *Râle terrestre*, *Roi des Cailles*, habite le nord de l'Europe jusqu'en Islande, en Norvège, en Sibérie, mais seulement pendant l'été; en automne, il émigre jusqu'en Afrique.

Mœurs. — Les différents noms vulgaires qu'on lui a donnés rappellent quelques-unes de ses habitudes. Il vit en effet dans les prairies humides, les bruyères, près des champs de céréales, plutôt que sur le bord même de l'eau.

Il se meut dans les hautes herbes avec une rapidité remarquable, parcourant les sillons les plus étroits sans faire le moindre bruit, ce qui explique comment on entend son cri partir tantôt d'un endroit, tantôt d'un autre, sans que l'on ait pu se rendre compte du trajet accompli dans l'intervalle.

Son vol est, comme celui des Râles, bas, lourd, direct.

Quant à son nom de *Roi des Cailles*, il provient de cette croyance, contestée par certains auteurs, que le Crex accompagne généralement les Cailles dans leurs migrations.

Le Crex des prés est un Oiseau craintif, mais curieux et rusé. Il fuit devant l'homme avec une soudaineté remarquable, et il possède un talent particulier pour se cacher dans les massifs d'herbes les plus touffus.

Sa nourriture consiste en Insectes, Vers, et en graines.

Durant les belles soirées de l'été, on entend retentir dans les prairies et les champs son cri singulier *crëk crëk*, et que l'on a comparé au bruit produit grattant les dents d'un peigne avec un bâton.

Le Crex des prés ne commence à construire son nid que quand les herb ont acquis une certaine hauteur, c'est-à-dire rarement avant le mois de juin. nid est placé dans un endroit sec. Il consiste en une légère dépression tapiss de chaumes, de feuilles, de racines.

La ponte est de sept à huit œufs d'un gris clair verdâtre, ou jaunâtre, pa semés de points, de taches d'un gris violet ou d'un brun roux, surto abondants vers le gros bout.

Le Crex des prés ou Râle des genêts.

La femelle couve pe dant trois semaines, et av une telle ardeur qu'elle laisse parfois prendre s son nid plutôt que de s'e fuir.

Les jeunes naissent co verts d'un duvet laineu noir ; à peine éclos, ils co rent avec agilité parmi le herbes et savent déjà trou ver instinctivement des c chettes qui les rendent in visibles à leurs ennemis.

Chasse. — En automne cet Oiseau s'engraisse beau coup ; sa chair acquiert alors un goût très délicat On le chasse au Chien d'arrêt, car en cette saiso il cesse de faire entendre son cri caractéristique, e la rapidité avec laquelle il se faufile à de grandes distances parmi les haute herbes déroute souvent le chasseur.

Cette chasse est une des plus passionnantes qu'il existe, à condition de disposer d'un excellent Chien.

Le passage suivant, extrait d'un article de M. Leddet dans la *Chasse moderne*, montre bien tout l'intérêt qu'elle présente pour un bon chasseur :

« Nos pas nous ont conduit dans un champ de luzerne, près du fond de la vallée, ou dans les grandes herbes qui garnissent la queue d'un étang le long des cultures, ou encore dans un regain bien vert et frais, entouré de haies touffues et de grands arbres près d'un ruisseau. Attention ! Black, qui rencontre depuis un instant, vient de tomber à l'arrêt ! Le nez est bas, le cou allongé comme pour la Caille, plus allongé même, le corps immobile ainsi que la queue ; mais cela n'a duré que peu de temps, la queue recommence à remuer de droite à gauche, cela veut dire que le gibier coule et se dérobe : c'est sûrement un Râle ! L'ardeur que le brave Chien met à reprendre sa quête nous confirme dans cette opinion. Le nez collé à terre, l'œil ardent, tous les muscles du corps tendus, avec un fouettement continu de la queue, il va, tourne, retourne, sur un espace relativement restreint, arrête, repart, arrête encore sans abandonner un seul instant la passée. Ah ! le voilà de nouveau à l'arrêt! mais il l'a quitté aussitôt : l'intelligent compagnon s'est aperçu de sa méprise, le rusé compère qu'il chasse est revenu sur ses voies et l'a ramené à l'endroit d'où il était parti : la poursuite reprend de plus belle, active, infatigable, sans merci, car le brave toutou s'est excité à ce métier et a décidé d'avoir enfin raison de son invisible adversaire. Mais infatigable aussi est le rusé petit Oiseau qui lui donne tant de mal : toujours caché sous le couvert des grandes herbes, le bec en avant, le cou tendu, les coudes au corps comme un coureur de profession, il joue des jambes, de ses grandes jambes dont il ne sait que faire et qui le rendent si gauche quand il vole, mais qui, à terre, lui sont si précieuses. Il court, court encore avec rapidité, va, revient sur lui-même, croise et recroise ses voies, non sans ruser le plus qu'il peut. Un instant, un éclair à travers des herbes un peu moins épaisses, un petit dos brun, mordoré, quadrupède ou Oiseau, glissant plutôt que marchant, s'est montré et a disparu : c'est bien notre courageux petit Râle qui fuit toujours. Il sait bien qu'il ne peut, comme les autres Oiseaux, se fier à ses ailes et s'en aller au loin pour dérouter la poursuite, et il tient opiniâtrément, confiant dans ses ruses et dans le réseau inextricable de ses randonnées. Tout à coup, serré de près, brusquement il s'est blotti sous une touffe épaisse, et le Chien, emporté par son ardeur, a passé au-dessus de lui et a perdu sa trace. Il est sauvé peut-être et l'espoir renaît ; mais non, l'implacable ennemi qui s'est attaché à ses pas a découvert de nouveau sa retraite, et au-dessus de lui, à quelques centimètres de son corps, une tête hideuse de Chien le tient en respect et l'épouvante. Il est perdu ! Alors l'affolement le prend, il repart, piète désespérément, perdant dans sa peur le sentiment des ruses qui ont fait son salut jusqu'alors ; désemparé, sans but et sans direction, passant même parfois entre les jambes du chasseur qui cruellement attend le moment de l'exécuter, jusqu'à ce qu'enfin, pressé, acculé à la lisière du couvert ou à un éclair révélateur, il se résoud à s'envoler... Malheur à lui alors s'il a été aperçu, parce qu'avec son vol lourd, peu rapide, et en ligne droite, il n'échappera sûrement pas au plomb, d'autant plus qu'il faut bien peu de chose pour le faire tomber. »

Captivité. — Le Crex des prés est, en captivité, un Oiseau très divertissant par ses allures et sa familiarité.

Malheureusement il est peu sociable, et s'attaque souvent sans pitié aux autres petits Oiseaux qu'on lui donne pour compagnie.

LES PORZANES

Les Porzanes ont été séparées des Râles et des Crex en raison de leur bec plus court et un peu rétréci au niveau des narines, de leur pouce plus développé et de leur doigt médian plus allongé.

LA PORZANE MAROUETTE (*Porzana maruetta*). — ***Caractères.*** — La Porzane marouette est, en dessus, d'un roux olivâtre lustré et tacheté de noir, les côtés du cou de la même teinte, mais pointillés de blanc ; le dos et les ailes ray et tachetés de blanc ; le front, les sourcils, la gorge, d'un cendré noirâtre ; poitrine, les flancs, d'un cendré olivâtre, tachetés et barrés de blanc ; l'abdom d'un blanc pur ; le bec jaune verdâtre à la base, rouge à la pointe ; les pieds d'u verdâtre lavé de jaune ; l'iris brun verdâtre.

Habitat. — Elle habite une grande partie de l'Europe, de l'Asi et l'Afrique. En France, elle est assez commune, surto dans le Midi.

Mœurs. — Les mœurs des Porzan ne diffèrent pas de celles des Râles. C sont des Oiseaux craintifs, vivant so taires dans des endroits marécageu restant blottis parmi les herbes et le joncs durant la journée, ne sortant guè de leur cachette que le soir.

Ils courent avec une grande rap dité, volent peu et maladroitemen Ils se nourrissent d'Insectes, de L maces, de Vermisseaux et de graine de plantes aquatiques.

La Porzane marouette est une de espèces les plus fécondes du genre Elle pond de huit à dix-huit œufs Ceux-ci ressemblent beaucoup a ceux du Crex des prés. Son nid composé d'herbes, de joncs, de mousses grossièrement assemblés, est placé fréquemment dans une touffe de carex ; aussi, quand survient une crue subite, les œufs sont dispersés et perdus.

La Porzane marouette.

Au genre Porzane appartient encore la *Porzane de Baillon*, qui ne diffère guère de l'espèce précédente que par quelques caractères du plumage, et sa taille un peu plus faible.

LA PORZANE POUSSIN (*Porzana minuta*). — Cette espèce porte dans le Midi le nom de *Crève-chien*. Elle court en effet avec une rapidité remarquable dans les fourrés les plus épais, et ne se laisse atteindre que très difficilement par le Chien de chasse.

LES GALLINULES OU POULES D'EAU

Caractères. — Les caractères du genre *Poule d'eau* se trouvent fort bien exposés dans la description suivante, de C.-D. Degland : « Bec aussi long que la tête ou un peu plus court, épais à la base, convexe en dessus, comprimé, un peu renflé en dessous vers la pointe, à arête se prolongeant et se dilatant sur le front en une plaque lisse et plus ou moins aplatie; narines latérales, oblongues, atteignant le milieu du bec et percées dans des fosses nasales larges et triangulaires; ailes médiocres, subaiguës; queue courte, arrondie, à pennes larges, résistantes et droites; partie nue des jambes médiocre et scutellée; tarses assez courts, scutellés en avant, réticulés en arrière sur les deux tiers inférieurs; doigts antérieurs aplatis en dessous et bordés sur les côtés d'une membrane étroite; le médian, y compris l'ongle, plus long que le tarse; pouce allongé et portant à terre sur une assez grande étendue. »

LA POULE D'EAU ORDINAIRE (*Gallinula chloropus*). — ***Caractères.*** — La Poule d'eau ordinaire mesure environ $0^m,35$. Son plumage est, en dessus, d'un brun olivâtre foncé, en dessous, d'un gris-ardoise foncé, avec les flancs tachetés de blanc, le croupion, le bord des ailes entièrement blancs.

La plaque frontale et l'iris sont rouge vif, le bec rouge avec la pointe jaune, les pieds d'un vert jaunâtre.

La femelle, à part sa taille plus petite, diffère peu du mâle.

Habitat. — La Poule d'eau ordinaire est répandue dans toute l'Europe; en France, en Hollande, elle est commune partout.

Sédentaire dans les régions du Midi, elle est migratrice dans le Nord. Elle habite aussi l'Asie et l'Afrique.

Mœurs. — Elle se tient dans les marais ombragés, sur les bords des rivières et des étangs couverts de joncs et de roseaux.

Au printemps, chaque couple s'établit dans un domaine d'une certaine étendue et en défend l'approche aux autres.

La Poule d'eau est un Oiseau élégant, vif, joyeux, mais très craintif.

Elle peut, grâce à ses formes sveltes, se glisser au milieu des fourrés les plus serrés; la conformation de ses doigts lui permet de courir très facilement sur les herbes aquatiques et les feuilles de nénuphar qui recouvrent la surface de l'eau.

Tout en marchant, elle baisse et relève alternativement la queue; au moindre bruit, elle se précipite dans les joncs qui bordent l'étang ou la rivière qu'elle habite. Poursuivie de près, elle plonge complètement, reste dans une immobilité absolue, ne laissant dépasser hors de l'eau que la pointe de son bec. Dans ces conditions, il est presque impossible au chasseur de l'apercevoir.

Ce n'est que le matin de très bonne heure, ou le soir, après le coucher du soleil, que la Poule d'eau se met en campagne pour chercher sa nourriture, qui consiste en Vers, Insectes et graines de plantes aquatiques. Durant la journée, elle reste cachée au milieu des roseaux. Sa voix est forte et perçante, elle rappelle un peu celle du Crex.

La Poule d'eau construit son nid au-dessus de la surface de l'eau, soit dans une touffe de joncs renversés par le vent, soit sur quelque débris de bois flottant. Ce nid est fait de feuilles, d'herbes et de joncs plus ou moins soigneusement assemblés, et réalisant toutes les conditions de solidité d'une bon construction sur pilotis.

La femelle pond de sept à huit ou dix œufs qui varient beaucoup sous rapport des dimensions, de la couleur et de l'ornementation. Ils sont, général, parsemés de points et de taches d'un gris violet ou d'un brun de roui sur un fond d'un jaune roux.

Les jeunes une fois éclos restent environ une journée dans le nid, puis mettent aussitôt à nager, et rien n'est plus gracieux qu'une famille de c intéressants Oiseaux prenant ses ébats à la surface d'un étang.

Chasse. — On chasse peu la Poule d'eau, car sa chair a un goût de vase ass prononcé.

Captivité. — Cet Oiseau vit très bien en captivité, et s'apprivoise facilemer On peut le conserver dans un jardin clos de murs, après lui avoir amputé i aileron. Bien que sa nourriture se compose surtout d'Insectes et de Vers, s'habitue, en captivité, à un régime très différent; on peut lui donner du bl du pain, de la viande.

LES PORPHYRIONS

Les Porphyrions, désignés aussi sous les noms de *Talèves* ou *Poules Sultane* établissent une transition des Poules d'eau vers les Foulques.

Caractères. — Ils se distinguent des Poules d'eau par un plus grand déve loppement de leur plaque frontale, par leurs narines petites, ovales, percée obliquement; par l'allongement de leurs doigts antérieurs, par leurs tarse longs et épais, scutellés en avant et sur les côtés, pourvus en arrière d'un double série de trois petites plaques disposées en ligne droite; par leurs ongle arqués, pointus; enfin par leur plumage orné de couleurs vives.

LE PORPHYRION BLEU (*Porphyrio cæsius*). — ***Caractères***. — Le Porphy rion bleu mesure de $0^{m},40$ à $0^{m},50$. Son plumage est entièrement bleu, mais avec des nuances variées suivant les régions : l'occiput, la nuque, le bas-ventre et les cuisses sont d'un bleu indigo foncé; le bas de la poitrine, le dos, les couvertures des ailes et les rémiges d'un bleu indigo plus vif; les sous-caudales seules sont d'un blanc pur; la plaque frontale et le bec sont d'un rouge vif; l'iris rouge pâle, les pieds couleur de chair.

Habitat. — Il habite les îles de la Méditerranée, l'Espagne, l'Italie, le nord de l'Afrique. Quelquefois, il s'égare dans le midi de la France.

Mœurs. — Il se tient dans les marais d'eau douce, les rizières. C'est un Oiseau paisible, doux et timide, aimant la solitude. Il ne se montre à découvert que quand il y est poussé par la faim, ou pressé par quelque danger. Sa démarche est mesurée et élégante; il court avec rapidité sur les feuilles des plantes aquatiques ou sur la vase; son vol est lourd, maladroit, comme celui des Poules d'eau.

Quand il est poursuivi, il plonge ou se cache avec une célérité étonnante dans les joncs et les roseaux.

Sa nourriture est presque exclusivement végétale : il mange des herbes aquatiques, des racines, des graines.

Il niche, comme la Poule d'eau, parmi les herbes et les joncs, au-dessus de la surface de l'eau.

Captivité. — Cet Oiseau jouissait d'une estime particulière chez les Grecs et les Romains. On l'élevait dans des temples, et il était mis sous la protection des dieux.

Il présente, en effet, une remarquable aptitude à la domestication. Il s'apprivoise très facilement, vit en bonne intelligence avec les autres Oiseaux et ne réclame aucun régime spécial.

LE PORPHYRION A DOS VERT (*Porphyrio chloronotos*). — Dans le nord-est de l'Afrique, les Porphyrions sont représentés par une espèce qui a, comme l'indique son nom, le manteau d'un vert foncé; les ailes et la poitrine d'un bleu indigo, cette teinte passant au noir ardoisé au ventre, l'iris brun, le bec et les pieds rouges.

LES FULICIENS

Les Fuliciens sont caractérisés par des tarses épais, comprimés latéralement, des doigts antérieurs bordés sur les côtés par une membrane festonnée; un pouce très comprimé, inséré très haut.

LES FOULQUES

Caractères. — Les Foulques ont un bec robuste, plus court que la tête, convexe en dessus et en dessous, comprimé latéralement, à arête de la mandibule supérieure dilatée sur le front en une large plaque membraneuse recouvrant tout le front; des narines latérales, elliptiques, nues, des ailes amples, de longueur médiocre, subaiguës; une queue courte, très arrondie; des jambes nues un peu au-dessus de l'articulation; des tarses allongés mais robustes; des doigts longs, le médian de la longueur du tarse, et bordés d'une membrane découpée en festons; le pouce inséré très haut en dedans du tarse, et portant à terre.

LA FOULQUE NOIRE (*Fulica atra*). — ***Caractères.*** — La Foulque noire a la tête et le cou d'un noir profond; tout le dessus du corps d'un noir ardoisé; le dessous d'un noir bleuâtre; les ailes et la queue semblables au dos; la plaque frontale d'un blanc rosé; le bec blanc teinté de rose, avec la pointe bleuâtre; l'iris rouge cramoisi; les pieds d'un cendré lavé de verdâtre, le bas de la jambe ceint d'une bande d'un rouge verdâtre. La taille de cet Oiseau varie de $0^m,35$ à $0^m,45$.

En automne, la plaque frontale devient, chez le mâle comme chez la femelle, d'un blanc mat, et la jarretière rouge des jambes disparaît.

Habitat. — La Foulque noire, désignée, suivant les pays, sous les noms d *Foulque morelle*, ou *Macroule*, ou *Macreuse*, est répandue dans une grand partie de l'Europe, en Asie et en Afrique.

Elle se reproduit dans plusieurs départements de l'ouest, du centre et d midi de la France. Elle est aussi très abondante, pendant l'été, en Hollande o l'on fait un grand commerce de ses œufs.

Mœurs. — Elle s'établit de préférence dans les pièces où l'eau est dormant et profonde, et dont les bords sont garnis de joncs et de roseaux élevés.

Moins craintive mais aussi prudente que la Poule d'eau, elle ne craint pas d se fixer dans le voisinage des endroits habités.

Ses mœurs sont aussi plus sociables, excepté à l'époque des amours, où chaqu couple défend son domaine, non seulement contre ses congénères, mais auss contre les autres Oiseaux aquatiques; elle se réunit en bandes immenses.

Sa nourriture se compose d'Insectes aquatiques, de larves, de Vers, de petits Mollusques, et aussi de substances végétales, graines, herbes tendres.

Elle recherche ses aliments tout en nageant ou en plongeant, selon qu'ils se trouvent à la surface ou au fond de l'eau.

On lui a reproché, à tort ou à raison, de piller les nids des petits Oiseaux.

Comme le montre déjà la structure de ses pattes, la Foulque noire vit plus dans l'eau que sur la terre, où elle descend rarement, et seulement vers midi, pour se reposer et pour lisser son plumage. Elle court encore assez bien sur un sol lisse et uni, mais elle nage mieux qu'elle ne court, et cette allure doit être regardée comme étant son allure naturelle. Du reste, on peut dire qu'elle passe la majeure partie de sa vie à nager. Ses pattes sont des rames excellentes; ce qui peut leur manquer en largeur, elles le possèdent et au delà en longueur. Elle plonge parfaitement, et ne le cède pas, sous ce rapport, à beaucoup de Palmipèdes. C'est en plongeant qu'elle prend la plupart de ses aliments; c'est aussi en plongeant qu'elle fuit devant le danger. Son vol, quoique plus parfait que celui de la Poule d'eau, est cependant lourd et pénible; aussi se décide-t-elle difficilement à prendre son essor. Lorsqu'elle y est contrainte, elle prend un fort élan, et court, en voletant, à la surface de l'eau, qu'elle frappe de ses pattes avec une telle force, qu'on entend à une grande distance le bruit qu'elle produit de cette façon. Sa voix est perçante et semble exprimer *kœw* ou *kuw*; lorsqu'elle est excitée, elle répète ce cri deux ou trois fois; on dirait alors l'aboiement d'un jeune Chien. Elle fait entendre en outre un cri dur, bref : *fritz*, ou bien une sorte de sourd grognement.

La Foulque noire établit son nid parmi les herbes au bord de l'eau. Ce nid n'est souvent qu'un frêle esquif flottant à la surface de l'eau, et enchâssé entre quelques touffes de joncs.

La ponte a lieu en mai : elle est de sept à quinze œufs, couleur café au lait, et couverts d'une multitude de petits points bruns, parfois réunis en taches.

L'éclosion a lieu au bout de vingt à vingt et un jours. Les petits naissent couverts d'un duvet noir, sauf à la tête qui est d'un rouge feu. Ils courent de bonne heure parmi les roseaux et les hautes herbes, mais reviennent passer la nuit dans leur nid jusqu'à ce qu'ils puissent se passer définitivement de leurs parents.

Chasse. — Bien que la Foulque noire ait une chair d'un goût peu agréable, on lui fait cependant la chasse par simple amusement.

Dans les marais du nord de la France et de la Hollande, on la chasse au Chien d'arrêt. Dans le Midi, lorsque ces Oiseaux arrivent en bandes immenses à l'automne, on leur fait une véritable guerre d'extermination.

La Foulque noire.

On organise dans ce but d'importantes battues en barques le long des côtes. Les barques, au nombre d'une centaine, sont divisées en deux groupes : les unes portent les chasseurs, à raison de un ou deux par barque, les autres sont destinées aux ramasseurs de gibier.

On cite des chasses de ce genre où il fut tué près de mille Foulques en une seule journée. En Italie, on attrape aussi ces Oiseaux en grandes quantités dans des filets tendus sur leur passage, et on les expédie ensuite sur les marchés où, en raison du peu de valeur de leur chair, ils sont vendus à des prix insignifiants.

En Lorraine, on chasse les Foulques au mois de septembre et voici, d'après le baron d'Hamonville, le procédé que l'on emploie : « On réunit sur un étang un certain nombre de barques montées chacune par un chasseur posté à l'avant et par un marinier qui doit, sans quitter l'arrière de la nacelle, la diriger avec un aviron. Toutes les embarcations étant placées en ligne et à égale distance les unes des autres, quittent ensemble la chaussée, s'avançant en bataille vers la queue de l'étang. Dès l'abord, on peut tirer quelques pièces qui se sont laissé surprendre, mais en général, elles filent devant les chasseurs et se laissent co duire jusqu'à la queue de l'étang. C'est alors que, se sentant pressées de tr près, elles s'enlèvent, rebroussent sur les bateaux et viennent passer entre tireurs. Comme la Foulque vole droit et à peu de hauteur, on conçoit combi de victimes tombent à cette première attaque.

« J'ajoute que ces Oiseaux ne quittant jamais l'étang et se portant invariab ment du côté traqué à celui qui ne l'est pas, on peut recommencer plusieu fois la même manœuvre avec les mêmes chances de succès. »

Captivité. — La Foulque noire, placée dans un parc convenable où se trou une grande pièce d'eau, s'habitue très vite à la captivité et peut même s'y repr duire.

LA FOULQUE A CRÊTE (*Fulica cristata*). — Cette espèce, caractérisée par forme de sa plaque frontale prolongée en arrière par deux tubercules membr neux, et par quelques particularités secondaires dans le plumage, est propre l'Afrique.

Ses mœurs ne diffèrent pas de celles de la Foulque noire.

LES HÉLIORNES OU GRÉBIFOULQUES. — Les Héliornes sont des peti Oiseaux de l'Amérique du Sud, dont les caractères tiennent à la fois, comm leur nom l'indique, des Foulques et des Grèbes.

On les rencontre dans les endroits solitaires et tranquilles, sur les rive ombragées des marécages. Ils se nourrissent d'Insectes aquatiques, de graines et mènent le même genre de vie que les Foulques.

LES PARRIDÉS

Les Parridés se rattachent intimement aux Fuliciens.

Ce sont des Oiseaux adaptés à un genre de vie spécial dans les marécages o pousse une végétation luxuriante.

Les uns sont propres à l'Amérique tropicale, les autres à l'Asie.

LES JACANAS

Caractères. — Ils sont caractérisés par des formes sveltes, un bec long e mince, des tarses élevés, des doigts longs et grêles, armés d'ongles très longs des ailes allongées, étroites, pointues, une queue médiocre; un plumage abondant, serré, vivement coloré. Ils portent, comme les Foulques, un ergot pointu au poignet de l'aile, et une plaque membraneuse sur le front.

Habitat. — On rencontre des Jacanas dans presque tous les marais d'eaux dormantes de l'Amérique tropicale.

Mœurs. — Ils marchent et courent sur les feuilles flottantes de nénuphars avec une légèreté et une rapidité remarquables, en s'aidant parfois de leurs ailes.

Par contre, ils sont très maladroits sur le sol uni ou dans les hautes herbes. Leur vol est lourd, de peu de durée. Ils nagent et plongent aisément.

Ils se nourrissent d'Insectes aquatiques, de larves, de graines.

A l'époque de la reproduction, les couples vivent chacun dans un domaine assez étendu, mais dont ils chassent tous les intrus.

Leur nid est grossièrement construit au bord d'un marais ou d'un fossé.

Les œufs, au nombre de quatre ou six, sont marqués de points jaune brun sur un fond bleuâtre ou gris de plomb verdâtre.

LES HYDROFAISANS

Les Hydrofaisans représentent en Asie les Jacanas de l'Amérique, mais ils se distinguent principalement de ces derniers par l'absence de plaque frontale, et le grand développement de leur queue.

L'HYDROFAISAN DE CHINE (*Hydrophasianus chirurgus*). — ***Caractères.*** — La taille de cet Oiseau est d'environ $0^m,50$ chez le mâle, et de $0^m,55$ chez la femelle. Il a la tête, la partie antérieure du cou, le haut de la poitrine d'un blanc pur, la partie postérieure du cou d'un blanc jaunâtre, et séparée de l'antérieure par une ligne noire ; le dos et la queue brun olivâtre foncé, à reflets pourpres, la poitrine d'un brun noir ; les deux premières rémiges noires, les autres blanches ainsi que les couvertures des ailes ; l'iris brun, le bec bleu à la racine, verdâtre à la pointe, les tarses d'un vert bleuâtre pâle.

L'Hydrofaisan de Chine.

Habitat. — L'Hydrofaisan de Chine habite les Indes, Ceylan, Java, les Philippines.

Il vient passer l'été dans le sud de la Chine.

Mœurs. — Connu aussi sous le nom de *Chirurgien* ou *Pana* de la Chine, cet Oiseau vit dans les lacs et les étangs, nageant ou courant à la recherche de sa nourriture, composée surtout de petits Mollusques aquatiques : Lymnées, Paludines.

Son vol est droit, soutenu, sa voix sonore, étrange.

Lorsqu'il est blessé, il plonge aussitôt dans l'eau et peut rester submergé, dit on, près d'un quart d'heure.

Son nid est placé tantôt au milieu des tiges de riz, tantôt sur des feuilles flottantes.

LES CHIONIDÉS

Près des Rallidés se place une petite famille d'Oiseaux qui tiennent à la fois des Charadriidés, des Rallidés, et des Mouettes. Ils sont essentiellement caractérisés par la présence d'une gaine cornée qui recouvre la base du bec et les narines, et par une face nue, verruqueuse.

Cette famille ne comprend qu'un seul genre.

LES CHIONIS

Caractères. — Les Chionis ont un corps gros et massif; un bec de la longueur de la tête, robuste, conique, légèrement comprimé, à arête convexe ; des narines s'ouvrant vers le milieu du bec, et protégées par un fourreau corné ; des ailes médiocres, aiguës, armées d'un éperon ; une queue moyenne, presque carrée ; des tarses trapus, épais, à peine aussi longs que le doigt médian, entièrement réticulés ; des doigts allongés, bordés d'une mince membrane ; le pouce bien développé.

Le Chionis blanc.

LE CHIONIS BLANC (*Chionis alba*). — **Caractères**. — Le Chionis blanc mesure environ 0m,36 de longueur totale. Tout son plumage est d'un blanc éclatant; les parties nues de la face sont couleur de chair; le bec verdâtre avec la pointe noire et une tache d'un rouge brun vers le milieu; l'iris gris bleu, cerclé de rouge brun.

Habitat. — Il est propre aux terres australes. On le désigne aussi vulgairement sous le nom de *Pigeon antarctique*.

Mœurs. — Son genre de vie est peu connu. Il se tient sur les rochers à fleur d'eau qui bordent les plages maritimes; quelquefois il s'aventure assez loin en mer, et se pose sur les vagues pour se reposer.

C'est un Oiseau très sociable.

Sa nourriture se compose surtout d'œufs de Cormorans et de Manchots. La structure de son bec lui est, dans ce but, d'un utile secours, par la disposition de la lame cornée qui protège ses narines quand il brise la coquille de ces œufs.

LES EURYPYGIDÉS

Parmi les groupes qui établissent une transition des Râles aux Échassiers proprement dits, se place la famille des Eurypygidés.

Ces Oiseaux tiennent des Hérons par la forme de la tête, du cou, des ailes, par la nature de leur plumage, et des Râles par la structure du bec et celle des pieds.

Ils ne sont représentés que par le seul genre suivant.

LES CAURALES

Caractères. — Les Caurales ont des formes très élancées, un bec long, droit, fort, pointu, comprimé latéralement, convexe en dessus, des ailes larges, légèrement subaiguës; une queue très longue, à pennes larges, des tarses élevés et grêles, le doigt postérieur bien développé ; un plumage lâche, abondant, orné de couleurs variées.

LA CAURALE SOLEIL (*Eurypyga Hélias*). — ***Caractères.*** — La Caurale soleil ou *Héron soleil* mesure environ $0^{m},44$ de long. Elle a la tête et la nuque noires, la gorge et une ligne sur les côtés de la tête blanches; le cou rayé de brun et de noir; le dos et les couvertures des ailes rayés de roux de rouille sur fond noir; le croupion et la queue rayés de blanc et de noir, ainsi que les rémiges; tout le dessous du corps d'un blanc jaunâtre ou brunâtre; l'iris rouge, le bec et les pattes jaunes.

Habitat. — Cet Oiseau est répandu dans toute l'Amérique du Sud.

Mœurs. — Il fréquente les bords des grands fleuves et les rivages de la mer; la couleur de son plumage s'harmonise si bien avec la teinte du milieu où il vit, que sa présence n'est souvent décelée que par son cri d'appel, consistant en une sorte de sifflement doux et prolongé.

« Son beau plumage, gris, jaune, vert, noir, blanc et brun, dit Schomburgk, fait de la Caurale soleil un des plus beaux Oiseaux de ces contrées si riches en types éclatants; il est splendide surtout lorsqu'il étale ses ailes et sa queue comme un Dindon, et les fait miroiter aux rayons du soleil. On le voit dans les clairières des forêts, surtout sur les bords des cours d'eau, solitaire, rarement par paires.

« Il se nourrit de Mouches et d'autres Insectes, qu'il poursuit avec une agilité surprenante. Toujours en mouvement, portant la tête en tous sens, il va cherchant sa proie sur le sol et sur les feuilles des plantes les moins élevées.

Son œil perçant découvre-t-il un Insecte, aussitôt il ralentit son pas ; il s'avance lentement, puis il lance habilement son cou en avant, saisit sa proie et l'avale. »

La Cau ale soleil niche sur les arbres, à une faible hauteur. Elle construit un nid solide à l'aide d'herbes, de racines agglutinées avec de la vase, de l'argile.

La ponte est de deux œufs d'un jaunâtre-carmin pâle, ils sont parsemés de taches d'un rouge-brique et de quelques points d'un brun violacé.

Captivité. — Les Caurales qui ont été importés dans les Jardins zoologiques de l'Europe se sont montrés d'un apprivoisement facile. Si on les place dans des conditions convenables en leur procurant de l'eau et des matériaux pour la construction de leur nid, ils se reproduisent sans difficulté sous notre climat.

LES CARIAMIDÉS

Cette famille a été établie pour un genre d'Oiseaux du nouveau continent, qui présente des caractères le rattachant, d'une part aux Râles, d'autre part aux Grues.

LES CARIAMAS

Les Cariamas sont des Oiseaux très singuliers dont la physionomie et les mœurs rappellent plus ou moins le Serpentaire.

Caractères. — Ils ont un corps allongé, un cou long, une tête relativement forte, des ailes médiocres, sur-obtuses, un bec plus court que la tête, largement fendu, droit à la base, crochu à la pointe ; des jambes très dénudées, des tarses élevés, des doigts courts, des ongles recourbés, pointus, rappelant les serres d'un Oiseau de proie. Leur front est orné d'une huppe de plumes redressées ; leurs lorums nus ; les plumes du ventre molles et duveteuses.

LE CARIAMA HUPPÉ *(Dicholopus cristatus).* — ***Caractères.*** — Le Cariama huppé est un grand Oiseau d'une taille de $0^{m},85$ environ. Son plumage est presque entièrement gris, chaque plume étant marquée de lignes très fines, ondulées, alternativement claires et brillantes. Les plumes de la tête et du cou sont d'un brun noir, les rémiges brunes, avec les barbes internes rayées de blanc, les rectrices brunes, avec la pointe blanche ; l'iris jaune-soufre, les lorums bleuâtres ; le bec et les tarses rouges.

Habitat. — Cet Oiseau est propre à l'Amérique méridionale.

Mœurs. — Bien que la disposition de ses pattes le rapproche des Oiseaux de rivage, il a un genre de vie bien différent de ces derniers.

Il ne vit même pas près des eaux, mais bien sur la lisière des forêts, dans les plaines et les collines rocailleuses, où les bosquets alternent avec des massifs de hautes herbes et des buissons.

C'est un Oiseau très craintif ; il fuit l'homme de très loin, et comme la couleur de son plumage se confond merveilleusement avec celle du milieu qu'il ıabite, il est bientôt devenu invisible, mais sa voix forte et retentissante trahit ;ouvent sa présence.

Il se nourrit d'Insectes et surtout de Reptiles : Lézards, Serpents; d'où le ıom de *Cigogne des serpents* qui lui a été donné; il mange ıussi les petits Oiseaux, et même des Souris.

Le Cariama huppé.

On rencontre habituellement les Cariamas par paires, et menant une existence paisible, mais à l'époque des amours, avant que les couples ne se soient formés, les mâles se provoquent et se livrent des combats acharnés. Pendant le combat, ils prennent les postures les plus singulières, hérissent leur plumage, exécutent des bonds fantastiques, témoignant ainsi de l'ardeur belliqueuse qui les anime.

Les Cariamas nichent sur les arbres peu élevés. Leur nid est formé de branches sèches et d'argile. La ponte est de deux œufs blancs parsemés de quelques points d'un roux de rouille.

Chasse. — La chasse du Cariama est difficile, car cet Oiseau est craintif et se dissimule fort bien dans les buissons.

La meilleure façon de le chasser quand on l'a fait lever est de le poursuivre à cheval, jusqu'à ce qu'il soit épuisé. Il cherche alors un arbre où on peut le tirer, ou parfois il se tapit contre terre et se laisse prendre à la main.

Captivité. — Les Cariamas captifs deviennent rapidement aussi apprivoisés que des Oiseaux de basse-cour. Ils perdent toute timidité, viennent prendre dans la main la nourriture qu'on leur tend et vivent en bonne harmonie avec leurs compagnons de basse-cour.

LES PSOPHIIDÉS

Les Psophiidés, de même que les familles précédentes, établissent une transition entre les Râles et les Grues.

Cette famille repose sur le genre suivant.

LES AGAMIS

Caractères. — Les Agamis, appelés vulgairement *Oiseaux-trompettes*, ont pour caractères : un corps épais, un cou de longueur moyenne, un bec plus court que la tête, conique, bombé supérieurement, un peu comprimé latéralement, à pointe crochue; des ailes courtes, bombées, sur-obtuses; une queue très courte, conique; des tarses allongés, scutellés; des doigts courts, l'externe légèrement uni au médian par une faible palmature; des ongles crochus, acérés.

La tête et le cou sont garnis d'un plumage velouté, le ventre est recouvert de plumes duveteuses.

L'Agami bruyant.

L'AGAMI BRUYANT (*Psophia crepitans*). — **Caractères.** — Cet Oiseau mesure environ $0^{m},55$ de long. Son plumage est orné de teintes sombres : la tête, le cou, le haut du dos, les ailes, le bas de la poitrine, le ventre et le croupion sont noirs; le pli des ailes est d'un noir pourpre à reflets bleus ou verts; l'aisselle d'un gris de plomb ou gris argenté, le haut de la poitrine d'un bleu d'acier à reflets bronzés, mais ces reflets varient suivant l'incidence de la lumière; l'iris brun roux, les lorums couleur de chair, le bec blanc verdâtre, les tarses couleur de chair.

Habitat. — Les Agamis sont propres à l'Amérique méridionale, chaque espèce a une aire de dispersion spéciale. L'Agami bruyant se rencontre au nord du fleuve des Amazones.

Mœurs. — Ils vivent en bandes nombreuses dans les forêts. Par leurs allures, ils rappellent beaucoup les Grues; ils ont parfois de brusques accès de gaieté pendant lesquels ils exécutent les danses les plus bizarres, puis ils reprennent leur gravité habituelle.

Quand un danger les presse, ils peuvent courir très rapidement, mais leur vol est tellement lourd qu'ils ne peuvent le soutenir longtemps.

Le fleuve des Amazones est pour ces Oiseaux un obstacle infranchissable : ils tombent à l'eau avant d'atteindre la rive opposée.

Les Agamis se nourrissent de fruits, de graines, d'Insectes et de Vers.

On leur a donné vulgairement le nom d'*Oiseaux-trompettes*, en raison des cris singuliers qu'ils émettent, mais qui ne rappellent en rien le son de la trompette. Ils consistent en un appel perçant, auquel succède durant une minute environ un roulement sourd qui va en s'affaiblissant de plus en plus. Les ornithologistes ne sont pas encore bien fixés sur l'origine de ce dernier bruit ; l'Oiseau l'émet le bec fermé ; aussi avait-on cru qu'il était produit par l'air des sacs aériens refoulé lentement au dehors par l'orifice de la trachée ; mais aujourd'hui cette explication est contestée, sans qu'on en ait fourni d'ailleurs une autre.

Les Agamis font leur nid soit sur les arbres, soit à terre. Ils pondent une dizaine d'œufs d'un vert clair. Les jeunes une fois éclos restent plusieurs mois en compagnie de leurs parents, puis ils se réunissent à d'autres familles de la même espèce en constituant des bandes de plusieurs milliers d'individus.

Captivité. — Les Agamis s'apprivoisent très facilement. A Cayenne, on prend les jeunes lorsqu'ils sont encore au nid, on les nourrit avec du manioc humecté d'eau, du pain trempé, des bananes, un peu de viande, et quand ils sont adultes, on les utilise comme gardiens de troupeaux : ils conduisent les Oies dans la prairie, les canards à la mare. Ces aptitudes remarquables ont été maintes fois observées en Europe, chez des sujets captifs. Malheureusement, le climat du nord de l'Europe ne permet pas à ces Oiseaux de s'y reproduire.

Chasse. — On chasse parfois l'Agami, dont la chair blanche et d'un goût agréable rappelle un peu celle du Hocco.

Les Grues

LES GRUIDÉS

Les Gruidés se distinguent nettement des autres familles du groupe des Échassiers proprement dits. D'autre part, ils présentent encore quelques affinités lointaines avec les Râles et leurs familles satellites.

Caractères. — Ces Oiseaux ont le corps allongé, le cou long et mince, la tête petite et gracieuse, le bec de grosseur moyenne, droit, pointu, un peu comprimé sur les côtés, à arête dorsale mousse, de même longueur ou un peu plus long que la tête; les narines médianes, allongées, percées de part en part; les ailes amples, aiguës; une queue courte et arrondie; les jambes longues, dénudées bien au-dessus de l'articulation; les doigts au nombre de quatre, les antérieurs médiocrement allongés, l'externe et le médian unis à la base par une étroite palmure, le pouce médiocre, élevé, ne portant sur le sol que par l'extrémité; la tête et le cou en partie nus ou garnis d'ornements variés, les lorums emplumés ou velus.

Habitat. — Les Gruidés sont cosmopolites, mais ils ne s'éloignent guère des zones tempérées.

Mœurs. — Ils vivent dans les terrains marécageux.

Leur nourriture est à la fois animale et végétale.

Ce sont des Oiseaux migrateurs effectuant chaque année, à époque fixe, de grands voyages parfaitement ordonnés.

Ils attirent l'attention par leurs allures nobles et gracieuses. Quelquefois, cependant, ils se livrent à des bonds et à des danses désordonnées qui contrastent singulièrement avec leur gravité ordinaire. Leur voix est forte et perçante; leur vol puissant, élevé.

Leur naturel est très sociable; leurs sens bien développés. L'une de leurs qualités les plus remarquables est la prudence, aussi échappent-ils à la plupart des dangers qui menacent les autres Oiseaux.

Ils nichent sur le sol même, dans les marais.

LES GRUES

Caractères. — Les caractères du genre *Grue* sont les suivants : bec sensiblement plus long que la tête, peu fendu, un peu fléchi et obtus à l'extrémité, à bords mandibulaires tranchants ou finement échancrés; narines elliptiques, percées dans un large sillon, qui s'étend au delà de la moitié du bec; ailes longues, sub-obtuses; les trois ou quatre rémiges secondaires allongées, larges, arquées, à barbes décomposées et formant panache sur la queue, qu'elles recouvrent complètement; celle-ci très courte; tarses très longs, robustes, entièrement réticulés; doigts latéraux courts; vertex et tour des yeux nus chez les adultes.

LA GRUE CENDRÉE (*Grus cinerea*). — ***Caractères.*** — La Grue cendrée ou *Grue commune* a presque tout le plumage d'un beau gris cendré, à l'exception des régions suivantes. Le front, le dessous des yeux, les lorums sont d'un noir profond à reflets bleu verdâtre, le devant du cou d'un brun noir, et séparé du noir de l'occiput par une large bande blanche; les rémiges et les rectrices noires, le vertex marqué d'un espace presque nu et rouge; le bec noir verdâtre, l'iris rouge brun, les pieds noirâtres.

Sa taille est d'environ $1^{m},30$ à $1^{m}.40$.

Le mâle et la femelle portent la même livrée.

Habitat. — La Grue cendrée habite l'Europe et l'Asie dans leurs zones tempérées, et le nord de l'Afrique. Elle est de passage en France dans le Centre, l'Est et le Midi.

Mœurs. — On peut dire avec Brehm, que c'est un des Oiseaux les plus gracieux, et en même temps les plus prudents et les mieux doués.

Tous ses mouvements sont élégants, toutes ses allures sont intéressantes au plus haut degré. « Ce grand Oiseau bien conformé, agile, aux sens bien développés, parfaitement intelligent, a conscience de ses qualités et il le montre dans tous ses actes. Il s'en va à pas légers, mais mesurés, tranquillement, dignement; ce n'est que lorsqu'il y est forcé qu'il se hâte et qu'il court; c'est sans effort qu'il s'élève du sol, après avoir fait un ou deux bonds; en quelques coups de ses puissantes ailes, il gagne une hauteur suffisante, puis, le cou et les pattes étendus, il continue son vol tranquillement, mais rapidement, vers le but qu'il s'est proposé d'atteindre. Cependant, ce même Oiseau, à certains moments, se livre à des exercices récréatifs : il saute de joie, il prend les postures les plus singulières, il ouvre les ailes, il danse, ou bien il s'envole et décrit des cercles superbes. »

Néanmoins, même dans ces évolutions excentriques, la Grue n'est jamais grotesque.

Une de ses qualités les plus remarquables est la prudence, et cette qualité se manifeste d'autant plus que l'Oiseau est plus âgé.

Elle apprend plus rapidement que tous les autres Échassiers à juger des choses, et dirige en conséquence sa manière de vivre. Elle n'est pas craintive, mais prudente au plus haut degré; aussi est-il fort difficile de la surprendre. Seule, elle veille sans cesse à sa sûreté; réunie à ses semblables, elle pose toujours des sentinelles, qui ont à veiller au salut commun ; a-t-elle été dérangée d'un endroit, elle y envoie des éclaireurs avant d'y retourner.

La Grue cendrée vit en bons rapports avec ses congénères, et même avec les autres Échassiers ; ce n'est cependant qu'avec les espèces les plus voisines qu'elle contracte réellement amitié. Quant à celles qui lui sont inférieures, elle cherche à leur faire sentir sa suprématie. Elle semble avoir besoin de société, mais cette société, elle la choisit. Elle voue à sa compagne une fidélité inébranlable ; elle a pour ses petits la plus grande tendresse ; elle témoigne à ses congénères une certaine estime. Cependant, il arrive que des Grues se mettent en colère, se combattent avec fureur, non seulement à l'époque des amours, mais encore pendant les voyages, à l'occasion de leurs autres réunions. On a vu plusieurs Grues fondre sur une de leurs compagnes, la maltraiter à coups de bec et la mettre dans l'impossibilité de continuer sa route.

La Grue cendrée a une nourriture très variée : elle mange des céréales, des fruits, des Vers, des Insectes de divers ordres, des Grenouilles, des Reptiles et autres petits animaux.

Dans les régions cultivées, elle produit parfois des dégâts importants lorsqu'elle s'abat sur les moissons.

La Grue cendrée.

Les migrations des Grues ont toujours lieu à des époques fixes ; elles se font du nord au midi et du midi au nord. Ces Oiseaux voyagent en troupes nombreuses, disposées sur deux lignes formant un triangle, de façon à fendre l'air plus facilement ; chaque individu de la bande occupe à tour de rôle le sommet du triangle, puis se place au dernier rang dès qu'il est fatigué.

Ce qui a trait aux voyages de la Grue cendrée a été fort bien observé et décrit par Brehm.

« D'après mes observations, dit cet auteur, les Grues arrivent par bandes dans le Soudan, au mois d'octobre, et y fréquentent les grands bancs de sable qui émergent au milieu des fleuves. C'est aussi sur ces îles qu'elles demeurent pendant tout l'hiver : elles ne les quittent que quand celles-ci se transforment en presqu'îles. Aux Indes, elles apparaissent à la même époque, et se fixent dans les localités analogues. On les voit traversant nos contrées au commencement d'octobre et à la fin de mars ; elles volent dans les hautes régions de l'atmosphère en bandes nombreuses, toujours disposées en coin ; de temps à autre seule-

Pl. XLIII. — La Grue de Mandchourie (Texte, p. 246).

ent, elles décrivent des cercles désordonnés, et s'abattent sur le sol pour y anger, mais elles ne s'arrêtent jamais longtemps. Elles poursuivent leur route plus rapidement qu'elles peuvent. Ces bandes suivent invariablement, toutes s années, une direction déterminée; c'est la route ordinaire de tous les Oiseaux igrateurs, et il faut des circonstances extraordinaires pour les en faire dévier. insi, mon père vit une bande de Grues attirée par l'incendie du village 'Ernstroda, en Thuringe, tournoyer longtemps au-dessus des flammes. Les is perçants de ces Oiseaux dominaient encore les cris des travailleurs, les émissements des incendiés, les mugissements des bestiaux, le crépitement des ammes, le bruit des bâtiments qui s'écroulaient.

« Les Grues voyagent à toute heure du jour, on les voit traversant l'air du lever u coucher du soleil, on les entend à tous les instants de la nuit. Lorsqu'elles e dirigent vers le nord, elles s'assemblent à certains endroits, sur les îlots, au ord des côtes notamment, et elles partent de là en commun pour traverser la ier. Avant d'entreprendre leur voyage vers le sud, elles se réunissent comme es Cigognes dans des localités déterminées, d'où elles partent toutes un jour, renant leur vol en poussant de grands cris. Lorsqu'on voyage le long d'un es fleuves du Soudan oriental, à l'époque de leur arrivée, on les voit, on ntend leurs cris perçants jour et nuit. Parvenues aux lieux où elles doivent asser l'hiver, elles s'abattent, rasent le sol, cherchent une île qui leur onvienne et dont une autre bande n'ait pas encore pris possession.

« Tout le temps qu'elles séjournent dans les pays étrangers, elles vivent en andes nombreuses et admettent parfois dans leur compagnie des espèces voiines, par exemple, en Afrique, des Anthropoïdes demoiselles; aux Indes, des Grues tutigones; des Grues leucogéranes et des Grues neigeuses à Siam et dans e sud de la Chine. Tous les matins, elles s'en vont dans les champs pour y hercher leur nourriture, retournent après à leurs îles, y passent le jour et la uit, s'y livrent à divers jeux, nettoient et lissent leur plumage, soin que rend écessaire la mue qui se fait continuellement.

« C'est par bandes qu'elles s'en vont, c'est par bandes encore qu'elles reviennent dans leur patrie; mais là, elles se séparent en petites troupes, qui ellesmêmes se divisent en couples, et chaque couple cherche un lieu convenable pour se reproduire, lieu bien différent de celui que ces Oiseaux habitent dans leurs quartiers d'hiver. Aux Indes et dans le Soudan, la Grue cendrée est un Oiseau de rivage; dans le nord de l'Europe et de l'Asie, c'est un Oiseau de marais. Elle gagne les grands marécages des plaines, surtout les tundras, et dans les marais où elle s'établit, elle recherche les endroits couverts de joncs et de graminées, d'où elle peut découvrir un vaste horizon, où par conséquent, elle se sent le plus en sûreté. Ce sont là ses pâturages, c'est de là qu'elle part pour aller dans les champs où elle prélève ses impôts. Elle n'aime pas les marais où croissent beaucoup de buissons, des roseaux élevés, à moins toutefois qu'ils ne soient assez étendus pour qu'elle n'ait pas à y redouter la visite de l'homme.

« A peine arrivé dans sa patrie, chaque couple de Grues prend possession de l'étang où il veut nicher, et ne souffre aucun autre couple dans un certain espace. Il laisse passer sans s'en inquiéter ceux qui se dirigent vers les contrées plus septentrionales, et se borne à les saluer de cris perçants.

« Lorsque les marais verdissent, que les buissons se couvrent de feuilles, les Grues commencent à construire leurs nids. Elles apportent des branches sèches sur quelque petit îlot de gazon, sur un buisson peu élevé, ou sur quelque autre endroit analogue; sur ces branches, elles déposent sans trop d'art, une plus ou moins grande quantité de chaumes, de feuilles sèches, d'herbes, de joncs, et excavent légèrement le milieu de cette construction. La femelle y pond des œufs grands, allongés, à coquille épaisse, à grain grossier, presque ternes, de couleur gris vert, brunâtre, ou vert clair, et marqués de taches grises et rougeâtres, sur lesquelles se montrent d'autres taches d'un brun rouge et d'un brun foncé. Les deux parents les couvent alternativement. Tous deux défendent leur progéniture contre les ennemis qui la menacent, lorsque celui qui ne couve pas et qui monte la garde aux environs du nid ne peut suffire seul à cette défense. Chez les Grues captives qui couvent, on peut voir avec quelle fureur celle qui est en sentinelle fond sur tout animal qui s'approche du nid, sur l'homme lui-même, quelque habituée qu'elle soit à sa présence. En liberté, par contre, même lorsqu'elles couvent, elles fuient l'homme, qui est pour elles le plus dangereux ennemi. »

Les Grues cendrées ne trahissent jamais l'emplacement de leur nid; elles possèdent, au contraire, au plus haut point l'art de le cacher, de le dérober aux regards.

Non seulement elles l'établissent dans des endroits peu accessibles, au milieu des joncs et des hautes herbes, mais quand elles doivent y entrer ou en sortir, elles le font avec d'infinies précautions, ne se montrant à découvert qu'à une distance assez grande du point où reposent leurs œufs.

A ces précautions, leur vient aussi en aide la couleur de leur plumage durant la période de l'incubation. On a remarqué en effet que les Grues, en cette saison, salissent leurs belles plumes, en les lissant avec leur bec enduit du limon ferrugineux des marais, de sorte qu'elles prennent la teinte du milieu environnant. Il ne faut sans doute voir là qu'un cas de mimétisme occasionnel mais qui néanmoins peut être d'une réelle utilité pour cet Oiseau.

Chasse. — L'excessive prudence de la Grue rend sa chasse très difficile. On ne peut tuer cet Oiseau qu'à l'affût. Sa chair n'a d'ailleurs pas un goût bien agréable.

Captivité. — La Grue, prise jeune, s'apprivoise facilement et s'accommode volontiers du régime le plus simple. Elle mange avec plaisir des pois, des fèves, du pain, des pommes de terre, des fruits, mais ne dédaigne pas non plus la viande.

Elle s'attache très vite à son maître, et à la maison où elle a été élevée.

LA GRUE DE MANDCHOURIE (*) (*Grus viridirostris*). — ***Caractères.*** — Cette belle espèce se distingue de la Grue cendrée par son plumage, où la couleur gris cendré est remplacée par une teinte d'un blanc pur.

(*) Pl. XLIII. — La Grue de Mandchourie (Planche, p. 244).

Habitat. — ***Mœurs.*** — Elle est originaire du nord de la Chine.

Ses mœurs sont exactement les mêmes que celles de sa congénère la Grue ndrée.

La Grue antigone (*Grus antigone*) et la Grue leucogérane sont deux espèces iatiques dont les mœurs ne présentent pas de particularité spéciale.

LES ANTHROPOÏDES

Caractères. — Les Grues du genre Anthropoïde se distinguent des autres ar leur bec arrondi, à peine plus long que la tête; leur tête ornée de aque côté et en arrière de deux touffes de longues plumes effilées; leur jabot arni aussi d'une touffe de plumes, leurs couvertures alaires très allongées, ointues, dépassant la queue.

L'ANTHROPOÏDE DEMOISELLE, OU DEMOISELLE DE NUMIDIE (*Anthro-oïdes virgo*). — ***Caractères.*** — La taille de l'Anthropoïde demoiselle est à eine de un mètre, environ.

Son plumage est d'un gris bleuâtre, avec les joues, le devant du cou, d'un oir lustré; les rémiges d'un noir profond, les touffes de plumes des côtés de la ête d'un blanc éclatant. L'iris est rouge; le bec noir verdâtre à la base, jaune lair à la pointe; les pieds d'un brun noirâtre.

Habitat. — Elle habite l'Europe, l'Asie et l'Afrique, mais elle est surtout bondante dans la Russie méridionale, la Grèce, la Turquie, et de passage dans un grand nombre d'autres parties de l'Europe.

Mœurs. — L'Anthropoïde demoiselle paraît préférer les grandes plaines, les steppes, aux régions marécageuses. Ses mœurs, ses habitudes sont celles de a Grue cendrée, mais elle est encore plus gracieuse, plus élégante, et c'est ce qui lui a valu son nom de *Demoiselle.*

Ses facultés sont au moins aussi développées que celles de ses congénères. Elle met une extrême prudence dans le choix de ses lieux de repos; lorsqu'une bande doit s'ébattre en un point déterminé, toujours quelques éclaireurs la précèdent.

A l'époque des amours, elle se livre à des jeux, des danses, des évolutions curieuses dont le récit pourrait passer pour fabuleux s'il n'avait été rapporté par des naturalistes dignes de foi, tels que Nordmann, cité par Degland.

C'est le soir et le matin que les Demoiselles s'adonnent de préférence à ces exercices; elles choisissent, à cet effet, un endroit convenable, très nivelé, sur le bord d'un ruisseau. Là, placées en cercle sur un ou plusieurs rangs, elles sautent et dansent d'une manière burlesque les unes autour des autres, s'avancent l'une vers l'autre, s'arrêtent, et se retournent en tenant le cou tendu, baissé ou relevé, et les ailes déployées; pendant ce temps, d'autres se disputent le prix de vitesse; elles courent dans une direction sans but appréciable, retournent à leur place à pas lents et mesurés, et toute la bande pousse alors des cris, et témoigne sa joie par des sortes de salutations, par des gestes et des mouvements mimiques des plus bizarres.

L'Anthropoïde demoiselle recherche, pour nicher, les endroits tranquille des steppes. Elle construit son nid sur un sol bien asséché, à l'aide d'herbes e de petites branches.

La ponte est de deux œufs à peu près semblables à ceux de la Grue cendrée

L'Anthropoïde demoiselle.

Les deux parents les couvent alternativement et, plus tard, ils défendent courageusement leur progéniture contre tout ennemi.

Captivité. — L'Anthropoïde demoiselle s'apprivoise avec une très grande facilité. Elle est recherchée dans certains pays, comme Oiseau de basse-cour, non seulement pour la beauté et l'élégance de ses formes, mais pour ses qualités de gardienne, qui peuvent être comparées à celles de l'Agami.

LES BALÉARIQUES

Les Baléariques ou Grues couronnées ont les formes générales des Grues précédentes, mais elles s'en distinguent par de nombreux caractères.

Caractères. — Elles ont le bec de la longueur de la tête, à mandibule supérieure déprimée à la base, puis légèrement courbée à l'extrémité ; les narines petites, ovales, percées obliquement; les ailes allongées, sub-obtuses; la queue courte, tronquée; les tarses minces, élevés, complètement réticulés, ainsi que la partie nue des jambes; leur front proéminent, couvert de plumes veloutées ; la tête ornée en arrière d'un faisceau de plumes filiformes contournées en spirale ; le cou garni de plumes longues, lancéolées; les joues et la gorge nues.

LA BALÉARIQUE PAVONINE (*) (*Balearica pavonina*). — ***Caractères.*** — La Baléarique pavonine a le front et le dessus de la tête couverts d'un duvet noir et velouté, l'occiput orné d'une touffe de plumes filiformes, spiralées, d'un jaune d'or, le cou et le corps d'un cendré clair brunâtre, les plumes du bas du cou et de la poitrine longues, étroites, pointues; les côtés de la tête garnis d'une peau nue, blanche dans la région de la tempe, rouge vif sur les joues, et se terminant sous la gorge par un fanon également d'un rouge vif; les couvertures supérieures des ailes blanches; les rémiges primaires et les rectrices noires ; les secondaires d'un brun marron, et s'étendant jusqu'à l'extrémité des rémiges primaires et de la queue; l'iris blanc, le bec et les pieds noirâtres.

Sa taille est d'environ un mètre.

La femelle ne diffère guère du mâle que par sa taille moindre.

Habitat. — La Baléarique pavonine était connue des anciens sous le nom de *Grue des Baléares*, parce qu'elle habitait jadis ces îles, mais aujourd'hui son habitat est limité à l'Afrique septentrionale et occidentale. Elle est remplacée dans le centre et le sud de l'Afrique par une espèce très voisine.

Mœurs. — Elle fréquente les rives des fleuves couvertes de buissons, les forêts clairsemées. Pendant la saison des pluies, elle vit par paires ; le reste de l'année, on la rencontre en bandes plus ou moins considérables qui, chaque jour, viennent sur les bancs de sable des fleuves pour s'y abreuver. Elle se mêle parfois avec les Anthropoïdes demoiselles qui habitent les mêmes contrées, mais sans jamais se lier intimement avec elles.

Ses mœurs sont douces, sociables. A l'époque des amours, elle exécute des danses singulières analogues à celles qui ont été décrites à propos de l'Anthropoïde demoiselle, mais l'originalité de ces évolutions est encore rehaussée par la brillante livrée de cet Oiseau, et la grâce de ses allures.

La Baléarique pavonine se nourrit principalement de graines, mais elle mange aussi des fruits, des bourgeons, des Insectes, exceptionnellement des coquillages et des petits Poissons.

(*) Pl. XLIV. — La Baléarique pavonine (Planche, p. 252).

Elle niche habituellement sur le sol, mais certains auteurs croient pouvc affirmer qu'elle fait aussi son nid dans les arbres.

Ses œufs, au nombre de deux, sont d'un brun olivâtre foncé ou jaunâtı marqués de taches oblongues, les unes profondes, roussâtres ou d'un gr vineux, les autres superficielles, d'un brun roux, souvent confluentes gros bout.

Chasse. — La chasse de la Baléarique pavonine est encore plus difficile q celle des autres Grues, en raison de son caractère prudent et défiant.

On ne peut guère tirer cet Oiseau que dans un affût bien disposé à cet eff dans un endroit qu'il fréquente habituellement.

Captivité. — En captivité, la Baléarique pavonine se fait remarquer par douceur et sa familiarité. Elle semble aimer et rechercher la société de l'homm On la voit fréquemment dans les Jardins zoologiques, suivre d'une allure grav et mesurée les promeneurs qui passent près d'elle.

Quand elle nage, on la voit remuer ses pattes avec une telle vitesse qu malgré l'absence totale de palmatures, elle glisse rapidement à la surface d l'eau. Tout en nageant, elle regarde de tous les côtés et elle baisse la tête chaque coup de patte. De temps à autre elle s'arrête, se pose sur quelqu branche, sur une tige de roseau, de préférence sur un morceau de bois flottant elle nettoie son plumage, l'oint de matière grasse, se remet à nager ou s'en v dans les roseaux et dans les herbes, pour les fouiller. L'étroitesse de son corps la longueur de ses doigts lui sont alors d'un grand secours. Elle peut, grâce ses formes sveltes, se glisser au milieu des fourrés les plus serrés; grâce l'étendue de ses doigts, elle peut courir très facilement sur des surfaces recou vertes à peine d'une mince couche d'herbes ou de joncs ; ses doigts couvren une telle surface, qu'elle se soutient là où d'autres Oiseaux enfonceraient; il lui servent aussi à grimper aisément le long des roseaux. D'une seule patte, ell peut embrasser plusieurs tiges, et monter et descendre ainsi sans danger. Su le sol ferme, elle marche facilement, rapidement, à grands pas. Lorsqu'elle es chassée, elle court aussi vite que le Chien qui la poursuit. Souvent, on la voi s'avancer assez loin sur la surface de l'eau recouverte de quelques feuilles, puis s'envoler. Elle plonge admirablement, et lorsqu'un danger la menace, elle disparaît subitement sous l'eau. A l'aide de ses ailes, elle nage rapidement entre deux eaux, sort de temps à autre le bec pour respirer, et continue ainsi sa fuite. Elle vole péniblement, lentement, en ligne droite, en rasant d'ordinaire la surface de l'eau, avec le cou et les pattes étendues. Ce n'est que quand elle a atteint une certaine hauteur que son vol devient plus facile.

Brehm n'est pas le seul à avoir été victime d'aventures du genre de celles-ci : « Nous chassions un jour une Poule d'eau, dit-il, qui disparut subitement. Je savais où elle s'était cachée, mais ce ne fut qu'après de longues recherches que je l'aperçus, tapie contre la rive, de telle façon qu'on n'entrevoyait que le rouge de son bec. Elle était à un endroit où l'on n'aurait pas cru qu'un petit Passereau pût se cacher.

« Une autre fois, je tirai une Poule d'eau dans un petit étang où ne poussaient que quelques touffes d'herbes, et qui n'avait pas douze pas de diamètre :

e disparut. Nous fîmes à plusieurs reprises fouiller l'étang par un bon Chien chasse, mais en vain. Un des chasseurs se déshabilla, entra dans l'eau, plora le fond et la surface et ne put trouver trace de l'Oiseau.

« Une autre Poule d'eau que je tirai plongea immédiatement et ne reparut us. Un de mes amis chercha une perche, en frappa l'eau partout où l'Oiseau ouvait être; celui-ci reparut et on le tua. Une autre encore, qui disparut de la ême façon, fut après de longues recherches trouvée au fond de l'eau, cramonnée à des herbes; nous pûmes la prendre avec la main. »

Un observateur méticuleux, Lescuyer, en a donné la description suivante, en isant remarquer que la Poule d'eau, de même que la Morelle, ne dispose pas s matériaux au hasard :

« Pour en composer le fond, dit-il, les parois et la garniture intérieure, elle ierche et arrache au besoin des feuilles de jonc. Étant moins lourde que la orelle, elle ne se croit pas obligée d'en réunir les tiges pour les fondations. lle cherche ordinairement, dans des eaux peu profondes, une touffe de joncs en enracinés et offrant beaucoup de résistance. Au milieu de cette touffe, elle nboîte ses premiers et plus gros matériaux. Ensuite, elle place et plaque les nes sur les autres, des feuilles de joncs et d'arbres. En les mouillant et en les ressant, elle obtient une certaine adhérence. Les feuilles de jonc composant s parois sont croisées et contournées de manière à donner toute la solidité ésirable. Les plus minces et les plus souples sont naturellement réservées our l'intérieur.

« Ce nid, construit sur pilotis, comme celui de la Morelle, se trouve ainsi xé au sol et ne bouge pas plus que la touffe de joncs avec laquelle il fait orps.

« Une fois seulement, j'ai vu une Poule d'eau établir son nid autrement qu'à 'ordinaire. On venait de lui détruire celui qu'elle avait fixé dans des joncs. Alors l'idée lui vint d'en faire un second sous un vieux tronc de saule qui de la haussée de l'étang était incliné au-dessus de l'eau.

« Il est bon de faire remarquer que les nids de Morelle et de Poule d'eau ne ont faits que pour la période de la ponte et de l'incubation. A peine éclos, les petits vont à l'eau. Plusieurs fois j'ai pris dans ma main des œufs qui s'agitaient; les petits faisaient de nouveaux efforts, ouvraient la coquille, se sauvaient, s'élançaient à l'eau, se mettaient à nager et même à plonger. Ils étaient alors d'autant plus intéressants, qu'ils ont l'avant de la tête orné de plumes d'un rouge vif. »

« Les jeunes, dit Brehm, nagent à côté de leurs parents, ou derrière eux, et sont attentifs à tous leurs mouvements; ceux-ci ont-ils pris quelque Ver ou quelque Insecte, ils accourent rapidement pour le recevoir. Au bout de peu de jours, ils sont capables de chercher eux-mêmes leur nourriture, et les parents se contentent de les conduire, de les avertir, de les protéger. Au premier signal, ils disparaissent en un clin d'œil. Après quelques semaines, ils se suffisent à eux-mêmes. Les parents se préparent alors à faire une seconde couvée. »

Celle-ci a-t-elle également réussi, le spectacle devient encore plus attrayant. « Au moment où les jeunes de la seconde ponte arrivent sur l'eau, dit Naumann, ceux de la première, à demi adultes maintenant, accourent, les reçoiv avec amitié, leur prêtent secours, les guident. Grands et petits, jeunes et vie ces Oiseaux ne font tous qu'un cœur et qu'une âme, si j'ose m'exprimer ain Les aînées font avec leurs parents l'éducation de leurs jeunes sœurs; elles l témoignent amour et sollicitude, leur cherchent des aliments, les leur apport dans leur bec, les déposent devant elles, tout comme les parents l'ont fait aut fois pour elles-mêmes. »

Pl. XLIV. — La Baléarique pavonine (Texte, p. 249).

W. Kuhnert

Les Hérons ou Ardéidés

Caractères. — Les Ardéidés sont de grands Échassiers ayant un corps mince, comprimé latéralement, un cou long et grêle, une tête petite, aplatie, un bec long et droit, profondément fendu, des ailes bien développées; une queue courte et arrondie; des tarses élevés, des doigts longs et déliés, l'ongle du doigt médian dilaté et pectiné sur son bord interne, le pouce long, articulé dans le prolongement du doigt externe, cette dernière particularité facilitant à ces Oiseaux la faculté de percher.

Leur plumage est mou, lâche, à teintes variées; il est agrémenté chez les adultes de divers ornements qui disparaissent après la saison des amours.

Habitat. — Cette famille, très riche en espèces, est représentée dans toutes les parties de la terre à l'exception des zones arctiques.

Mœurs. — Tous les Ardéidés fréquentent le bord des eaux; les uns se tiennent sur les rivages maritimes, d'autres près des lacs, des rivières et des étangs. Leur nourriture est exclusivement animale; elle consiste en Insectes, Mollusques, Vers, Crustacés, Poissons, petits Oiseaux et petits Mammifères.

Ils sont d'un naturel triste, indolent, marchent gravement et lentement. Ils prennent parfois, pour se reposer, les postures les plus singulières, le cou replié, la tête cachée entre les épaules.

La plupart ont des habitudes semi-nocturnes. Tous sont migrateurs ou errants.

Les uns vivent solitaires, d'autres en petites troupes, mais à l'époque des migrations, ils s'assemblent souvent en bandes immenses.

Ils nichent sur les arbres ou dans les roseaux. Leurs œufs, dont le nombre varie de trois à six, ont une couleur uniforme.

Les jeunes, une fois éclos, ont encore longtemps besoin de leurs parents avant de prendre leur essor définitif.

Pl. XLV. — Le Héron cendré (Texte, page 254).

Nous allons étudier successivement les différents genres de cette famill c'est-à-dire les Hérons proprement dits, les Aigrettes, les Garde-Bœufs, les Cr biers, les Blongios, les Butors, les Bihoreaux.

LES HÉRONS

Caractères. — Les Hérons sont caractérisés par un bec beaucoup plus lon que la tête, régulièrement conique, plus haut que large; des sillons nasau larges et profonds; des ailes sub-obtuses, une queue médiocre; des jamb emplumées sur la moitié de leur longueur; des tarses longs, épais, scutellés e avant, réticulés en arrière; le doigt médian, d'un tiers moins long que le tars uni à l'interne par un repli membraneux, et à l'externe par une larg membrane se prolongeant sur les côtés des doigts; un cou long et grêle, com plètement emplumé.

Le gris et le cendré disposés par grandes taches sont les couleurs dominante du plumage. Les plumes de l'occiput, sont, chez les mâles, effilées, allongée en une huppe pendante, celles du jabot forment un fanon en avant du cou; le scapulaires sont allongées, étroites, décomposées.

LE HÉRON CENDRÉ (*) (*Ardea cinerea*). — ***Caractères.*** — La taille du Héro cendré est de $1^{m},05$ à $1^{m},15$. Son plumage est très varié, mais une descriptio sommaire permet cependant de s'en faire une idée assez exacte : le front, l sommet de la tête, le cou, le bord des ailes, le milieu du ventre et les cuisse sont d'un blanc pur; le dos et les ailes d'un cendré bleuâtre; une ligne allant d l'œil à l'occiput et se continuant sur une huppe de longues plumes effilées, trois rangées de taches en avant du cou et les rémiges primaires, d'un noir pur; une cravate de longues plumes effilées pendant au-devant du cou, d'un blanc lustré; le bec et l'iris jaune; les pieds brunâtres lavés de jaunâtre.

Habitat. — Le Héron cendré habite l'Europe, l'Asie et l'Afrique.

En France, on le rencontre toute l'année dans le Languedoc, le Roussillon, à l'embouchure du Rhône. Il séjourne de mars à septembre ou octobre, dans le nord de la France, la Hollande, quelques contrées de l'Allemagne, le sud de la Russie, la Suisse, l'Italie.

Mœurs. — Le Héron cendré est un Oiseau triste, solitaire, méfiant, très craintif.

Cependant, dans certaines héronnières où il est protégé, il perd de sa sauvagerie naturelle et s'enfuit à peine à l'approche de l'homme.

Il se tient sur les rives des étangs, des lacs, des ruisseaux, parfois au bord de la mer, mais toujours dans les endroits où l'eau est peu profonde.

Sa vie entière se passe à pêcher des Poissons et divers animaux aquatiques. Aucun régime animal n'est plus varié que le sien; outre les Poissons qui constituent la base de ce régime, le Héron mange aussi des Mollusques d'eau

---

(*) Pl. XLV. — Le Héron cendré (Planche, page 253).

ouce et marins, des Insectes, des Grenouilles, des Lézards, des Limaces, des ɛats d'eau, etc.

On le voit marcher dans l'eau à pas lents, silencieux, le cou fléchi, le bec ıcliné en avant. Une proie se montre-t-elle, le cou se détend comme un ressort, et en un clin d'œil, elle est happée et avalée.

Mais le plus souvent, le Héron reste immobile à la même place durant des ournées entières, debout sur une seule patte, le cou replié, la tête enfoncée ntre les épaules, attendant philosophiquement que ses proies ordinaires passent bonne portée.

La voix de cet Oiseau est un cri rauque que l'on peut traduire par les syllabes *craeïk.*

Les Hérons nichent en véritables colonies sur les arbres élevés, qui bordent certains étangs. Ces lieux de rassemblement s'appellent des *héronnières*. Très nombreuses au moyen âge, lorsque la chasse au Faucon était en honneur, ces héronnières tendent à disparaître de plus en plus devant le déboisement des marais. On ne cite plus aujourd'hui que pour mémoire celles des environs de Fontainebleau, si célèbres au temps de François Ier, et dans toute la France, à peine en subsiste-t-il deux ou trois, dont la plus importante est celle du parc d'Ecury (Marne) près des marais de Champigneulles; Lescuyer nous en a laissé une étude très complète dont nous extrayons quelques passages :

« Les arbres sur lesquels elle était établie étant morts, les nids furent reconstruits à 100 mètres plus au nord, c'est là que je les ai trouvés en 1865. Ils étaient placés sur des aunes et des frênes, hauts de 16 à 19 mètres, généralement sans branches jusqu'à la hauteur de 8 à 10 mètres, d'une écorce lisse et difficile pour les Grimpeurs, ayant le pied dans l'eau et la vase. De la sorte, les nids sont non seulement d'un accès difficile pour les dénicheurs, mais encore inaccessibles aux Écureuils, Fouines, Martres.

« En 1871, M. le comte de Sainte-Suzanne a creusé un petit canal pour assainir ces terrains marécageux. Depuis lors, des Fouines et des Martres ont visité les nids et ont surtout pris des œufs.

« Les taillis et quelques arbres ayant été coupés en 1872, près de la héronnière du côté du château, un certain nombre de nids ont été reportés dans la direction opposée. En 1875, une dizaine de ces nids s'avançaient presque à l'extrémité du bois, c'est-à-dire de 80 à 180 mètres en avant des autres, et à 150 mètres environ d'une ferme.

« Le groupement de ces nids, comme d'autres faits que nous avons signalés et que nous signalerons, donne à penser que les Hérons se sont préoccupés du moyen de protéger leurs nichées contre leurs ennemis de l'air, aussi bien que contre ceux de la terre. En effet, l'enceinte de la héronnière affecte la forme d'un ovale ayant pour grand diamètre, du nord au midi 110 mètres, et du levant au couchant, 90 mètres.

« Au centre de l'ovale et en raison de la profondeur du marais, il y a très peu d'arbres, et par suite très peu de nids, en sorte que presque tous les nids forment pour la héronnière une imposante ceinture. De quelque côté que viennent les Oiseaux de proie et les Corbeaux, ils se trouvent en face d'une ligne de

Hérons, et ils trouvent dans le nombre, les tourbillonnements et les cris de ces Oiseaux, de véritables épouvantails qui suffisent le plus souvent pour effrayer et éloigner les agresseurs.

« En 1865, j'ai trouvé au sud-est de la héronnière, sur le même arbre, douze nids contenant douze œufs et vingt-huit petits, total quarante. Si l'on y ajoute les pères et mères de ces douze nids, on a, pour cet arbre, soixante-quatre individus.

« Comme on le voit, les Hérons aiment à vivre en société et non isolément, comme la plupart des autres Oiseaux.

« Ils sont souvent si rapprochés que d'un seul point j'en ai touché quatre et vu les œufs et les petits de huit autres.

« Ces nids sont établis dans les crochets que forment les branches à leur naissance, et composés de baguettes de bois mort, solidement enchevêtrées les unes dans les autres; celles qui servent de base à l'édifice ont environ 2 centimètres de diamètre; elles sont recouvertes de brindilles sur lesquelles on trouve quelquefois de petits joncs et des végétaux herbacés.

« Je n'ai vu ni les feuilles sèches, ni les plumes, ni la mousse mentionnées par quelques auteurs, comme faisant partie de l'ameublement que le Héron prépare pour ses petits.

« Il est à remarquer que ces nids, au lieu d'être appuyés contre le tronc d'un arbre ou contre quelques grosses branches comme ceux de Buse, de Bondrée ou de Milan, sont le plus souvent perchés sur les extrémités des cimes. Cet emplacement le plus rapproché de l'espace libre, permet à l'Oiseau de prendre son vol, quoiqu'il ait de taille $1^{m},215$ et d'envergure $1^{m},76$, sans compter qu'il lui offre de sérieuses garanties contre les dénicheurs de toute espèce.

« Il lui faut d'autant mieux calculer la force de résistance qu'il trouvera dans les matériaux qu'il emploie et dans les branches qui doivent les porter et les contenir.

« Toutes ces constructions sont en forme de coupe, c'est-à-dire plus ou moins demi-sphériques et creuses. A l'époque de mes visites, beaucoup étaient aplaties, parce que les jeunes et les pères et mères s'étaient maintes fois posés sur les bords. Pour se renseigner sur les proportions de ces nids, il faut mesurer ceux qui contiennent des œufs.

« Ils ont, en général, en hauteur de $0^{m},30$ à 1 mètre, en largeur de $0^{m},50$ à 1 mètre; et pour la cuvette, en profondeur de $0^{m},05$ à $0^{m},22$, en largeur de $0^{m},30$ à $0^{m},40$.

« En moyenne, l'épaisseur des parois est de $0^{m},10$ et celle du fond $0^{m},25$.

« Le plus souvent, la hauteur de $0^{m},60$ n'est atteinte que par la superposition de deux ou trois nids.

« L'un d'eux nouvellement fabriqué avec beaucoup de baguettes vertes, pesait $9^{kg},500$. »

La ponte est de trois ou quatre œufs, d'un blanc azuré pâle et légèrement verdâtre, sans taches. Parfois, ils sont couverts de points ou de plaques nuageuses de matière crétacée blanchâtre.

« Le mâle et la femelle couvent et vont alternativement chercher leur nourriture.

« Les petits sont des mois avant de pouvoir prendre leur vol, mais leur première croissance est rapide et ils ont alors besoin de beaucoup de nourriture ; aussi les pères et mères sont-ils sans cesse en mouvement pour suffire aux besoins de toute la famille.

« Il n'est pas rare alors de les voir voler avec des Couleuvres qui se débattent encore ; mais le plus souvent ils apportent dans leur œsophage de la menue nourriture qu'ils dégorgent dans le bec de leurs petits : on les voit très rarement transporter de gros Poissons.

« L'opération de dégorgement est curieuse. Le petit place et enfonce son bec dans celui de son père ou de sa mère et saisit ainsi la nourriture qui était empochée et qui lui est en quelque sorte vomie.

« Je n'ai trouvé sur les nids aucune provision, comme cela se pratique chez les Oiseaux de proie ; mais j'y ai vu des pelotes de poils de Mulots et de Campagnols, pelotes que les Hérons, comme les Chouettes, ne digèrent pas et qu'ils rejettent par le bec.

« La sollicitude des pères et des mères est extrême.

« Le 1er mai 1872 à deux heures du matin, j'étais à la héronnière, la nuit était profonde. Pour écrire mes notes je n'ai vu assez clair qu'à 3 h. 50. Or, dès trois heures j'entendis, sans pouvoir les distinguer, des pères et des mères qui partaient. Ce mouvement d'aller et venir se généralisa petit à petit et de plus en plus, pour ne finir qu'à la nuit.

« Aux heures principales des repas, c'est-à-dire le matin et le soir, les piaulements des petits, les cris d'impatience et de joie qu'ils poussent sans cesse, produisent une cacophonie très animée et fort singulière.

« La première éducation des Héronneaux se prolonge jusqu'à la fin de juin.

« A cette époque, la plupart d'entre eux vont dans le voisinage essayer leur vol, chercher de la nourriture et prendre les forces dont ils auront besoin un mois plus tard, pour entreprendre leur migration.

« Ils se répandent alors dans les marais voisins, où, à défaut de Poisson, ils trouvent beaucoup de petits animaux à avaler.

« De cinq à huit heures du soir surtout, on voit, comme toujours, les pères et les mères quitter la héronnière pour aller pratiquer la chasse au crépuscule.

« Cette vie de famille dont nous venons de parler est bien remarquable, mais nous la trouvons chez presque tous les Oiseaux, et nous sommes habitués à ne plus nous en étonner. »

LE HÉRON A TÊTE NOIRE (*Ardea melanocephala*). — Il est propre à l'Afrique et ne fait que de rares apparitions en Europe. Ses mœurs sont les mêmes que celles du Héron cendré.

LE HÉRON POURPRÉ (*) (*Ardea purpurea*). — Il doit son nom à la couleur d'un roux ardent qui domine dans son plumage à la tête et au cou.

(*) Pl. V, p. 57, tome I. — Le Pygargue vocifer et le Héron pourpré.

Il habite les régions tempérées de l'Europe, de l'Asie et de l'Afrique, le midi de la France, et n'est que de passage dans les autres départements.

Ses mœurs diffèrent un peu de celles du Héron cendré.

D'après Degland, le Héron pourpré fréquente non seulement les marais, mais encore les bords des rivières et des ruisseaux couverts de joncs et de roseaux. Il se déplace peu pendant le jour, mais vers le soir, on le voit voler aux alentours de son nid avec sa femelle. Il n'est pas farouche comme le Héron cendré et se laisse facilement approcher, mais il exécute alors les gestes les plus bizarres.

Il niche parmi les roseaux, rarement sur les arbres; ses œufs, au nombre de trois, sont un peu plus petits et plus verts que ceux de ses congénères.

LES AIGRETTES

Caractères. — Les Aigrettes ont à peu près les mêmes caractères que les Hérons, mais leurs formes sont plus sveltes; leur bec est plus mince, moins élevé à la base; leurs jambes dénudées sur une plus grande étendue et en partie scutellées; elles se distinguent encore par un plumage entièrement blanc à tous les âges et en toute saison, et par les aigrettes que forment, à l'époque des amours, les plumes du dos et les scapulaires.

L'AIGRETTE BLANCHE (*Egretta alba*). — ***Caractères.*** — L'Aigrette blanche est de la taille du Héron cendré. Tout son plumage est d'un blanc pur éclatant, l'iris jaune brillant; la partie nue des paupières verdâtre, le bec noir, les pieds brun verdâtre.

Habitat. — Elle habite le sud-est de l'Europe et le nord de l'Afrique. Elle est de passage dans quelques localités de l'est et du midi de la France.

Mœurs. — Comme le Héron cendré, l'Aigrette blanche habite les pièces et les cours d'eau de toute espèce; elle préfère surtout les marais étendus, et, dans ceux-ci, les lieux les plus tranquilles, où elle est le moins exposée à se trouver en contact avec l'homme. Par ses allures, elle diffère peu des Hérons, mais elle est plus gracieuse.

L'Aigrette blanche niche sur les arbres ou dans les roseaux, suivant les localités.

L'AIGRETTE GARZETTE (*Egretta Garzetta*). — L'Aigrette garzette a aussi un plumage entièrement blanc, mais sa taille n'est guère que de $0^m,55$ à $0^m,60$.

Habitat. — Elle habite particulièrement les contrées méridionales de l'Europe, l'Afrique, l'Asie jusqu'au Japon, l'Australie.

Mœurs. — Elle niche en colonies dans les marais, parmi les joncs et les roseaux. Ses mœurs ne diffèrent pas de celles des Hérons.

Utilité. — Les longues plumes fines et soyeuses des Aigrettes ont toujours été l'objet d'un commerce important. Elles servaient jadis à composer les superbes panaches de nos preux chevaliers; aujourd'hui leur usage est très répandu dans la mode.

Aussi le nombre des Aigrettes diminue-t-il de jour en jour, devant les chasses ans merci qu'on leur fait dans tous les pays qu'elles habitent.

Il y aurait donc un grand intérêt à élever ces Oiseaux en domesticité.

Domestication. — « Avoir ces volatiles sous la main, dit Ernest Olivier, pouvoir leur enlever au moment précis où elle a atteint tout son développement leur précieuse parure, nullement endommagée par l'action des pièges ou des armes à feu ; supprimer les fatigues et les frais considérables de la chasse qui, se faisant au moment de la chaleur dans les régions basses et marécageuses, par conséquent, malsaines, entraîne avec elle tout un cortège de fièvres et de maladies ; et, en outre, accroître chaque année par des naissances la population de sa volière, sont des résultats tentants pour un éleveur intelligent qui comprendra qu'une large rémunération est attachée à la réussite d'une telle entreprise et qui n'hésitera pas à avancer quelques capitaux qu'il retrouvera rapidement avec un bénéfice considérable. »

Le même auteur donne la description d'un parc à Aigrettes, qu'il visita en Tunisie. Nous en extrayons le passage suivant, reproduit aussi par J. Forest dans un article de la *Revue scientifique.*

« Un marchand naturaliste de Tunis a acheté à une petite distance de la ville un terrain clos de murs où l'eau peut être amenée en quantité plus que suffisante. Dans ce terrain, il a fait entourer et recouvrir d'un grillage une superficie de 540 mètres carrés où se trouvaient quelques gros figuiers et tamaris. Puis il s'est procuré de jeunes Aigrettes (*Egretta garzetta*) prises au nid, qui ont grandi et se sont habituées facilement à la perte de leur liberté ; l'année dernière quelques femelles ont pondu et ont mené à bien trente petits.

« Aujourd'hui (1895), la volière comprend environ deux cent cinquante Oiseaux, superbes de plumage et en parfaite santé, qui se promènent et volent avec aisance dans l'espace qui leur est affecté.

« Ces Oiseaux sont nourris avec de la viande de Cheval ou de Mulet hachée en petits morceaux, qui leur est distribuée deux fois par jour.

« Les plumes précieuses du dos sont enlevées deux fois par an, en mai et septembre. Mais ce n'est que quand l'Oiseau est arrivé à l'âge de trois ans qu'elles atteignent toute leur beauté, et la première plumaison, celle de mai, est toujours la meilleure.

« Chaque Oiseau en fournit 7 grammes dans ses deux plumaisons de l'année, soit 35 francs par tête (à 5 000 francs le kilo). »

On voit par cet exemple quels immenses avantages on pourrait retirer de l'élevage des Aigrettes dans nos colonies africaines.

LES GARDE-BŒUFS

Caractères. — Ce genre se distingue des Hérons par des formes ramassées, un bec court et vigoureux ; les Garde-Bœufs n'ont des Hérons ni le cou démesurément long, ni les longs pieds.

LE GARDE-BŒUF IBIS (*Bubulcus Ibis*). — ***Caractères.*** — Le Garde-Bœuf Ibis ou vulgairement *Héron des Bœufs* a, comme les Aigrettes, un plumage d'un blanc éclatant, mais le haut de la tête, la partie antérieure de la poitrine et le dos sont ornés de longues plumes décomposées d'un roux de rouille ; la partie nue des paupières, l'iris, le bec et les pieds sont jaunes. Sa taille est de $0^m,4$ à $0^m,47$.

Habitat. — Il habite particulièrement le nord-est de l'Afrique et le nord de l'Asie. Mais il fait de fréquentes apparitions dans le midi de l'Europe.

Mœurs. — Il vit en troupes nombreuses qui fréquentent indistinctement le bord des eaux et les plaines découvertes ou les grands bois.

Sa nourriture se compose de petits Poissons, de Grenouilles, de Vers, de Mollusques, d'Insectes, particulièrement d'Insectes parasites des grands animaux. Il se perche en Afrique sur le dos des Buffles, en Asie sur les Éléphants et leur rend les mêmes services que certaines espèces d'Étourneaux, en les débarrassant des tiques fixées dans l'épaisseur de leur peau.

« On conçoit facilement, dit le voyageur Delegorgue, combien il est aisé de soupçonner la présence d'un Buffle, lorsqu'à travers les grandes herbes, on voit se mouvoir cette blancheur supportée à plusieurs pieds du sol. »

Le Garde-Bœuf Ibis niche en colonies, dans les marécages, au milieu des roseaux ; il n'est pas rare de trouver, dans une même touffe, quatre ou cinq nids à côté les uns des autres ou superposés.

Sa ponte est de trois ou quatre œufs, à coquille très fragile, d'un blanc verdâtre pâle.

Captivité. — En captivité, cet Oiseau s'apprivoise facilement, fait la chasse aux Mouches et aux Insectes, et se familiarise avec son maître au point de venir chercher sa nourriture dans la main.

LES CRABIERS

Les Crabiers se distinguent au premier abord des autres Hérons par l'épaisse touffe de plumes allongées et pendantes qui ornent la partie postérieure de leur tête, par leurs tarses relativement élevés, et par leur bec bicolore.

Ils ont aussi des habitudes un peu spéciales.

LE CRABIER CHEVELU (*Buphus comatus*). — ***Caractères.*** — Le Crabier chevelu, ou *Héron crabier*, a la tête ornée de longues plumes jaunâtres rayées de noir et d'une dizaine de plumes blanches bordées de noir retombant en arrière de l'occiput ; le cou, le haut du dos, les scapulaires d'un roux clair, le reste du plumage blanc ; le bec bleu à la base, noir dans le reste de son étendue ; l'iris, les paupières, les lorums et les pieds jaunes. Sa taille est un peu moindre que celle des Garde-Bœufs.

Habitat. — Il est propre à certaines régions de l'Europe méridionale et orientale, et à l'Afrique occidentale.

Mœurs. — Il vit dans les marécages couverts de joncs, de roseaux, de hautes

herbes, ou sur les bords des rivières. Sa nourriture consiste surtout en petits Crabes, d'où lui est venu le nom de *Crabier*, et en Insectes, Vers, Grenouilles, etc. Il niche rarement sur les arbres, mais souvent dans les roseaux, en compagnie d'autres espèces. Il est peu farouche et très sociable, mais il fait preuve d'un naturel hardi et courageux lorsqu'il est attaqué.

LES BLONGIOS

Caractères. — Les Blongios présentent des caractères intermédiaires entre les Hérons et les Butors.

Ils ont un bec allongé, de la longueur de la tête et finement denté à l'extrémité; des tarses médiocres, des jambes emplumées jusqu'à l'articulation ; des ailes longues; une queue courte; un plumage coloré par grandes masses.

LE BLONGIOS NAIN (*Ardetta minuta*). — ***Caractères.*** — Le Blongios nain mesure environ $0^{m},35$. Il a le dessus de la tête, le dos, les scapulaires, les rémiges et les rectrices d'un noir verdâtre ; les couvertures des ailes, les côtés du cou et tout le dessous du corps d'un jaune roussâtre.

La femelle diffère du mâle en ce que les parties foncées du plumage sont d'un brun noir, et les parties claires d'un jaune pâle.

Habitat. — Le Blongios nain habite presque toute l'Europe, l'Asie et l'Afrique. Il arrive dans le nord de notre pays en mai, et repart en automne.

Mœurs. — Il se plaît dans les marais couverts de hautes plantes marécageuses; ceux de la Hollande, de la Hongrie, de la Grèce paraissent à cet effet lui convenir parfaitement.

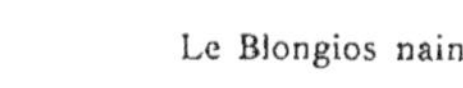

Le Blongios nain.

Ses habitudes sont complètement nocturnes. Il reste toute la journée caché dans les roseaux ou parmi les branches d'un arbre, immobile, et se dérobant presque entièrement à la vue. Il sait à merveille choisir des endroits dont la teinte générale s'harmonise parfaitement avec celle de son plumage. En même temps, il prend des postures très

(*) Pl. XLVI. — Le Butor étoilé (Texte, page 262).

singulières, qui le font souvent méconnaître. Quand il est au repos, il a le co[u] incliné vers la terre, et paraît de très faible taille. En marchant, il tient la tête e[n] avant et avance d'un pas rapide, en hochant continuellement la queue. Dans ce[s] circonstances il ressemble un peu à un Râle. Son vol est assez rapide, et trè[s] vif. Il volette, au moment où il s'élève, et au moment où il va se poser, il plan[e] quelques instants, puis se laisse tomber. Son adresse à grimper est merveil-leuse, et il rivalise, sous ce rapport, avec tous les autres Oiseaux. Lorsqu'u[n] danger le menace, il s'élève rapidement le long des tiges de roseaux, avec une adresse réellement surprenante.

Aussi est-il très difficile de le chasser de sa retraite dont il ne sort d'ailleurs que le soir.

Sa nourriture se compose principalement de petits Poissons, de Reptiles, de Vers, d'Insectes.

Son nid est grossièrement construit, et cependant solide; il est fait de roseaux secs, de feuilles, de joncs; l'intérieur est tapissé d'herbes et de joncs. Il est ordinairement établi sur une vieille souche de roseaux, au-dessus de l'eau; plus rarement on le trouve sur le sol, et exceptionnellement à la surface de l'eau. Au commencement de juin ou au milieu de ce mois, dans les mauvaises années, les pontes sont achevées. Elles sont de trois ou de quatre, quelquefois de cinq ou six œufs, petits, à coquille mince, lisse, sans éclat et d'un blanc tirant sur le vert bleuâtre. La durée de l'incubation est de seize à dix-sept jours. Les petits, en naissant, sont couverts d'un duvet roux de rouille. Les deux parents les nourrissent, ils apportent la nourriture dans leur jabot et la rejettent au bord du nid. Si on ne les trouble pas, ils demeurent au nid jusqu'au moment de prendre leur essor; les effraye-t-on, ils s'enfuient en grimpant le long des tiges de roseaux. Les parents aiment leurs petits avec beaucoup de tendresse, et il n'est pas facile de les chasser d'auprès d'eux.

LES BUTORS

Caractères. — Les Butors ont des formes ramassées, un cou médiocre, un bec de la longueur de la tête, légèrement échancré et un peu fléchi à l'extrémité de la mandibule supérieure, des ailes sub-obtuses, une queue courte; des jambes complètement emplumées jusqu'à l'articulation; des tarses médiocres, plus courts que le doigt médian; des doigts et des ongles longs et forts.

Ils sont encore caractérisés par la disposition de leur plumage; les plumes de la partie supérieure du cou sont remplacées par un fin duvet; celles du devant et des côtés sont, au contraire, longues, touffues; le reste du corps est rayé diagonalement de lignes foncées.

Le mâle et la femelle portent la même livrée.

LE BUTOR ÉTOILÉ (*) (*Botaurus stellaris*). — ***Caractères.*** — Le Butor étoilé est un Oiseau trop facilement reconnaissable pour que son plumage mérite une

(*) Pl. XLVI. — Le Butor étoilé (Planche, page 261).

escription détaillée. Le sommet de la tête est noir, le duvet qui recouvre cou est roux; tout le reste du plumage est d'un roux jaunâtre clair, parsemé de taches allongées noires et brunes, disposées longitudinalement. Les taches du cou et de la poitrine forment par leur ensemble trois raies longitudinales régulières. Le bec est brun en dessus, jaune en dessous; le tour des yeux, les pieds et l'iris d'un jaune verdâtre.

Le Butor étoilé.

Habitat. — Le Butor étoilé habite toute l'Europe, l'Asie et le nord de l'Afrique. On le trouve toute l'année dans le midi de la France, et sur quelques points de l'ouest; il n'est que de passage dans les autres régions.

Mœurs. — Il fréquente exclusivement les lacs, les étangs, les marais couverts de roseaux élevés. Mieux que tous les autres Oiseaux du groupe des Hérons, il excelle dans l'art de prendre les postures les plus singulières, affectant même parfois une physionomie des plus stupides. Brehm a tracé de ses allures le tableau suivant :

« Est-il tranquille, dit ce naturaliste, il penche un peu son corps en avant et retire son long cou, de façon que la tête semble reposer sur la nuque ; en marchant, il lève le cou; lorsqu'il est en fureur, il gonfle son plumage, hérisse les plumes de sa nuque, ouvre le bec et se tient prêt à attaquer. Lorsqu'il se cache pour éviter un danger, il s'assied sur ses tarses, et redresse son tronc, son cou, sa tête et son bec de manière que le tout forme une seule ligne, dirigée obliquement en haut; dans cette posture, il ressemble moins à un Oiseau qu'à un vieux pieu pointu, ou à une touffe de roseaux morts. Sa démarche est lente, paresseuse; il ne met qu'après réflexion un pied devant l'autre. Son vol est silencieux, mais lent et maladroit en apparence; il bat nonchalamment ses grandes et larges ailes; ce n'est qu'au moment où l'Oiseau s'élève dans l'air, que les coups d'aile se précipitent un peu. Pour gagner une certaine hauteur, le

Butor décrit quelques spirales, en voletant, non en planant; lorsqu'il s'abat, descend de la même façon jusqu'au niveau des roseaux, puis, tout à coup, ferme les ailes et se laisse tomber verticalement. Ce n'est que la nuit qu s'élève jusque dans les régions supérieures de l'atmosphère; le jour il ne fa que raser le sommet des roseaux. C'est également la nuit, pendant qu'il vol qu'il pousse son cri d'appel, sorte de croassement rauque comme celui d Corbeau, et que l'on peut rendre par *krat* ou *kraouh.* »

Pendant la saison des amours, il fait souvent entendre un cri grave q retentit au loin, et que l'on a comparé avec plus ou moins d'exactitude au mugi sement du Taureau.

D'après certains auteurs, ce serait pour rappeler cette particularité de sa voi qu'on aurait créé le nom de Butor.

Le Butor étoilé se nourrit surtout de Poissons, de Grenouilles, de petits Mam mifères qu'il capture de la même façon que le Héron.

Ses habitudes sont crépusculaires et nocturnes. D'un naturel paresseux indolent, il reste des journées entières perché sur la même branche.

Il vit solitaire ou par couples.

Son nid est placé au milieu des roseaux et dans un endroit bien caché, pe accessible. La structure de ce nid varie suivant les localités et les conditions d milieu. Le plus souvent, le Butor choisit, dans le fourré le plus épais, un certai nombre de roseaux, les coupe vers le milieu de façon à ce qu'en tombant e s'enchevêtrant les uns sur les autres, ils forment une sorte de plate-forme sus- pendue; puis sur cette première assise, il dispose des joncs, et les entrelac grossièrement pour former le nid proprement dit.

La ponte a lieu en mai; elle est de trois ou quatre œufs d'un brun jaunâtre ou d'un roux olivâtre sans taches. La femelle couve seule; pendant ce temps, le mâle la nourrit, et il la distrait par ses cris singuliers. L'incubation dure de vingt et un à vingt-trois jours. Les jeunes sont nourris quelque temps par les parents avant de prendre leur essor.

Chasse. — On employait autrefois des Faucons dressés pour la chasse au Butor. De nos jours, on le chasse au Chien d'arrêt, mais il est souvent difficile d'approcher cet Oiseau à portée de fusil. D'ailleurs, sa chair est peu estimée à cause du désagréable goût de marécage dont on ne peut la débarrasser.

Le Butor de la baie d'Hudson (*Botaurus Freti Hudsonis*). — Cette espèce remplace dans l'Amérique septentrionale le Butor étoilé de l'Europe. Elle a les mêmes mœurs que ce dernier. On l'a rencontrée quelquefois accidentellement dans le nord de l'Europe.

LES BIHOREAUX

Caractères. — Les Bihoreaux ont, comme les Butors, des formes ramassées, mais ils s'en distinguent par différents caractères. Ils ont un bec de la longueur de la tête, épais et relativement élevé à la base, infléchi à la pointe, l'inflexion portant sur les deux mandibules, la supérieure échancrée; des ailes larges, sub-obtuses; une queue courte, égale; des tarses aux deux tiers emplumés, réticulés ıs leur partie nue; des tarses médiocres, de la longueur du doigt médian, ıverts en avant de deux rangées de plaques hexagonales, et finement réticulés arrière et aux articulations.

ıls ont aussi la partie supérieure du cou dégarnie de plumes, l'occiput orné ıne huppe de plumes filiformes, des yeux remarquablement grands.

LE BIHOREAU D'EUROPE (*Nycticorax europaeus*). — **Caractères.** — Le horeau d'Europe a le dessus de la tête, le haut du dos, les épaules d'un noir eflets verdâtres, les longues plumes de l'occiput blanches, le reste des parties périeures du corps d'un gris cendré; toute la face inférieure du corps d'un ınc pur; le bec noir, les lorums et les pieds d'un jaune verdâtre, l'iris rouge.

Habitat. — L'aire de dispersion du Bihoreau est très étendue. On rencontre t Oiseau non seulement en Europe, mais aussi en Asie, en Afrique, et même Amérique.

Commun dans le midi de la France, il n'est, dans le nord, que de passage.

Mœurs. — Toutes les régions marécageuses ne lui conviennent pas également bien, comme le fait remarquer Brehm, qui étudia de près cet Oiseau en gypte.

« Pour que le Bihoreau d'Europe s'établisse dans une contrée, dit-il, il faut ıe celle-ci soit riche en arbres; c'est sur les arbres qu'il va se reposer, c'est sur s arbres qu'il établit son nid. Des marais éloignés de toute forêt ne l'hébergent jamais, ou seulement d'une façon tout à fait irrégulière et passagère; par ontre, il se montre souvent en quantité incroyable dans des terrains bas, abondamment arrosés et où se trouvera un seul groupe d'arbres, convenablement isposé. Il n'est pas nécessaire que la place de repos soit au voisinage d'un ıarais; peu importe à l'Oiseau d'avoir toutes les nuits une grande distance à anchir pour arriver à son domaine de chasse et pour en revenir. Il n'y d'exception que pour la saison des amours, et cela est facile à comprendre

« Hors l'époque des amours, le Bihoreau consacre sa journée au repos et au ommeil; ce n'est qu'à la tombée de la nuit qu'il se met en route et en chasse : es allures diffèrent donc notablement de celles des autres Ardéidés. Les petits as qu'il fait rendent sa démarche remarquable. Son vol s'exécute par des coups 'aile relativement rapides, souvent même précipités, mais complètement silencieux, et que suit un court glissement dans l'air.

« D'ordinaire, on voit la bande nocturne à une grande hauteur, formant un mas confus et désordonné; souvent, elle est assez nombreuse pour couvrir un quart de l'horizon. A mesure qu'elle approche des marais, elle s'abaisse de plus n plus, et avant de se poser, elle plane un instant. D'ordinaire, le Bihoreau l'Europe semble ne pas aimer les mouvements trop brusques, et cependant il st très agile et adroit; il grimpe parfaitement et se meut au milieu des branches avec autant de facilité que le Blongios.

« Sa voix est rauque, mais retentissante; elle rappelle le croassement du Corbeau. »

Le Bihoreau d'Europe se nourrit, comme ses congénères, de petits Poissons, de Mollusques, de larves, d'Insectes.

Son nid est généralement placé à la bifurcation de deux grosses branches d'un saule, à une hauteur moyenne. Il est assez grossièrement construit et ressemble un peu extérieurement à celui d'une Corneille; il est formé de branches sèches lâchement assemblées, et revêtues intérieurement de quelques feuilles et d'herbes.

La ponte est de trois ou quatre œufs d'un bleu pâle verdâtre. La femelle couve seule, mais lorsque les jeunes sont éclos, les deux parents sont fort occupés à les nourrir. Il arrive même qu'ils modifient en cette période leurs habitudes, et vont pêcher même dans la journée.

Peu de temps après que les jeunes ont pris leur premier essor, ils se joignent à leurs parents et aux familles voisines pour effectuer leur migration vers le midi.

Captivité. — Le Bihoreau d'Europe, malgré l'existence spéciale à laquelle il est adapté, supporte facilement la captivité. Dans les Jardins zoologiques, on le conserve vivant plusieurs années de suite en le nourrissant de Poissons, mais c'est un Oiseau peu divertissant, car il dort presque toute la journée.

Les Cigognes ou Ciconiidés

Les Ciconiidés forment la seconde famille des Échassiers proprement dits.

Caractères. — Le caractère principal des Oiseaux de cette famille est la présence de membranes interdigitales larges, se prolongeant en bordures sur les côtés des doigts. Ils se font encore remarquer par leurs tarses réticulés de toutes parts, leurs doigts médiocrement allongés, le pouce court, articulé sur le côté interne; des ongles courts, le médian entier sur son bord interne.

On pourrait encore ajouter qu'ils ont le menton dénudé ainsi qu'une grande partie de la face; des narines basales s'ouvrant dans des sillons presque nuls, un bec moins fendu que celui des Hérons, et dont la forme caractérise les différents genres.

Mœurs. — Les Ciconiidés ont la démarche grave et mesurée des Hérons.

Leur vol est aisé, mais lent. Ils sont sociables, doux, confiants, taciturnes, et n'émettent aucun cri, soit qu'ils volent, soit qu'ils se reposent.

Presque tous sont migrateurs.

Aux Ciconiidés nous rattacherons quelques genres exotiques, séparés par certains auteurs en quelques familles indépendantes, mais dont les affinités avec la Cigogne d'Europe sont très étroites.

LES CIGOGNES

Caractères. — Les Cigognes ont pour caractères : des formes robustes, une poitrine large, un cou de longueur moyenne, une tête de grosseur moyenne; un bec très fort, droit, plus long que la tête, épais à la base, échancré à la pointe; des narines étroites, oblongues, percées de part en part dans la substance cornée du bec; des ailes longues, amples, sub-obtuses; une queue médiocre, arrondie; des tarses longs et robustes; le pouce petit, mais portant sur le sol; des ongles larges, aplatis; la peau des lorums et de la face nue, verruqueuse, les plumes du jabot longues, pointues, pendantes.

LA CIGOGNE BLANCHE (*Ciconia alba*). — ***Caractères.*** — La Cigogne blanche a tout son plumage d'un blanc plus ou moins pur, à l'exception des rémiges et des grandes couvertures des ailes qui sont noires; la peau nue de la face est noire ; celle du menton d'un noir rougeâtre ; l'iris brun foncé ; le bec et les pieds rouges.

Sa taille est de 1^{m},15 à 1^{m},20.

Habitat. — La Cigogne blanche est répandue dans tout l'ancien continent, mais elle devient rare dans plusieurs contrées de l'Europe.

En France, elle n'est guère que de passage au printemps et à l'automne.

Mœurs. — Elle arrive par couples ou par petites troupes, au mois d'avril, et va se reproduire dans le nord de l'Europe, particulièrement en Hollande.

Elle repart en bandes immenses vers la fin de juillet, pour aller passer l'hiver en Afrique. Ses migrations se font avec une grande régularité, et on a pu dire que la Cigogne blanche est, mieux que l'Hirondelle, la messagère du printemps. Néanmoins, cette assertion s'est montrée parfois en défaut.

Les Cigognes voyagent la nuit; elles parcourent d'une seule traite d'immenses distances, et ne s'arrêtent que rarement dans les pays qu'elles traversent. Chaque année, elles reviennent dans la localité où elles ont passé l'été précédent, et quelquefois dans le même nid.

La Cigogne blanche.

Elles recherchent les plaines étendues, basses, non accidentées, riches en cours d'eau et surtout en marais. Elles évitent, au contraire, les plaines sèches et élevées.

« La Cigogne, dit Brehm, est un des Oiseaux de marais les plus parfaits; il est juste de dire qu'il n'en est pas que nous ne connaissions aussi bien. Elle a dans tout son être quelque chose de digne. Sa démarche est lente et mesurée; elle tient le corps assez relevé; son vol, qui est précédé de quelques bonds, est assez lent, mais beau, facile, et surtout remarquable par les superbes lignes spirales qu'il représente. Quand elle est debout, la Cigogne rentre un peu le cou; la pointe de son bec est légèrement inclinée vers la terre, mais jamais elle ne prend une posture aussi singulière et aussi désagréable à l'œil que celle de la plupart des Hérons, et même quand elle est au repos, elle montre encore une certaine dignité. Rarement, elle court : c'est une allure, d'ailleurs, qu'elle ne pourrait soutenir longtemps sans lassitude, tandis qu'elle peut marcher plu-

G. Bx & Cy.

sieurs heures de suite. Le vol ne la fatigue pas; elle bat peu des ailes et, très rarement, elle en donne des coups précipités; mais elle sait à merveille tirer parti du vent, des courants aériens.

« Quand elle se repose, elle se tient sur un pied, le cou replié, la tête en arrière et couchée sur l'épaule. Si on l'inquiète, elle fait claquer bruyamment ses mandibules l'une contre l'autre. Elle traduit de la même façon ses impressions agréables. »

On s'accorde à reconnaître à la Cigogne blanche un caractère doux, paisible, inoffensif. Cependant, quand elle est en danger, elle se défend courageusement.

Très sociable, elle vit en bonne intelligence avec ses semblables.

Elle aime le voisinage de l'homme, s'établit près des habitations et même sur les toits des maisons lorsqu'elle y trouve un emplacement convenable. Dans certains pays, tels que la Hollande, où cet Oiseau jouit d'une considération spéciale, on lui prépare pour niches de grandes roues de voiture supportées à plat par un long mât; elle trouve là une sorte d'aire sur laquelle elle construit son nid.

Malgré la confiance qu'elle témoigne envers l'homme, elle devient méfiante si elle a une fois été chassée ou inquiétée. Le baron d'Hamonville a rappelé, à ce sujet, un fait curieux : « Pour donner une idée de l'esprit de réflexion de ces Oiseaux, dit-il, je rappellerai que les Cigognes de Strasbourg, parties en 1870 aux premiers coups du bombardement, furent quatre ans sans revenir dans leur cité favorite. Un poète n'eût pas manqué de dire qu'elles partageaient la douleur de leurs amis et protecteurs, et qu'elles ne se sentaient pas le courage de revenir partager avec eux le deuil de la patrie perdue. »

La Cigogne blanche se nourrit d'animaux de diverses espèces. Elle chasse les Grenouilles, les Lézards, les Poissons, les Serpents, les Insectes, les petits Rongeurs; les Crapauds semblent cependant lui causer une certaine aversion.

Dès son arrivée dans le pays où elle doit se reproduire, elle se met aussitôt à réparer son ancien nid ou à en construire un nouveau. Ce nid est toujours placé sur un endroit élevé, soit sur un arbre, soit sur une tour abandonnée, quelquefois cependant au milieu d'un marais. Dans les pays où elle est protégée pour les services qu'elle rend en détruisant les Serpents et autres Reptiles nuisibles, et où les habitants lui préparent des sortes d'aires, comme il est dit plus haut, elle s'établit très volontiers sur ces plates-formes d'un genre spécial.

Son nid est grossièrement construit. Des branches de la grosseur du pouce, des épines, des mottes de terre et de gazon en forment le fond; des branches plus fines, des tiges et des feuilles de roseaux forment une seconde couche, au-dessus de laquelle en existe une troisième, celle qui sert de berceau aux jeunes, et cette dernière couche est composée d'herbes sèches, de fumier, de paille, de chiffons, de papier, de plumes. Le mâle et la femelle apportent ces matériaux dans leur bec; mais la femelle seule les coordonne. Les Cigognes se livrent à ce travail avec une telle ardeur, qu'un nid est construit à nouveau en huit jours, et qu'un

---

Pl. XLVII. — Le Marabout à sac et le Jabiru du Sénégal (Texte, pages 272 et 273).

nid ancien est réparé en deux ou trois jours. Au moment où la construction commence, la défiance des propriétaires s'éveille, et pendant que l'une des Cigognes est en quête de matériaux, l'autre monte la garde autour du nid. En même temps, elles claquent du bec sur tous les tons et sur tous les rythmes. Au milieu ou à la fin d'avril, la femelle pond son premier œuf, et, si elle est âgée, elle pond les trois ou quatre autres en quelques jours. Ces œufs sont ovoïdes, à coquille lisse et fine; ils sont blancs, tirant quelquefois sur le jaunâtre ou le verdâtre. La femelle couve seule avec beaucoup d'ardeur pendant vingt-huit ou trente et un jours; le mâle la nourrit, veille sur elle, la protège et quitte rarement le nid. Lorsque les jeunes sont éclos, la sollicitude des parents redouble, et jamais ils n'abandonnent ensemble le nid.

Au commencement, les jeunes sont nourris principalement d'Insectes, de Vers, de Sangsues, de larves, de Coléoptères, de Sauterelles; plus tard, ils reçoivent une nourriture plus substantielle. Les parents les empâtent et les abreuvent en leur apportant de l'eau dans leur jabot; plus tard, ils se contentent de régurgiter devant eux leurs aliments.

Le spectacle de la vie de famille des Cigognes est intéressant, sinon agréable. Au commencement, leur voisinage est supportable, mais plus tard, elles causent bien des désagréments. Le toit qu'elles habitent est affreusement sali, des substances alimentaires qu'elles laissent tomber se putréfient et exhalent une grande puanteur. Souvent, des Orvets, des Couleuvres, d'autres animaux vivants qui s'échappent de leur bec, roulent en bas du toit dans la cour et inspirent du dégoût et de la terreur. Cependant le plaisir que cause une pareille famille est plus grand que les désagréments qu'elle amène. Dans les premiers jours, les jeunes Cigognes se tiennent assises sur leur tarses; plus tard, elles se lèvent; mais les parents apportent de nouveaux branchages pour garnir le nid et les empêcher de tomber. Elles apprennent bientôt à connaître la contrée; elles donnent immédiatement des preuves de la puissance de leur vue, car elles aperçoivent de loin leur mère qui revient, chargée de nourriture, la saluent dans les premiers temps par leurs mouvements, plus tard par leurs claquements de bec : leur croissance demande deux mois pleins. Vers la fin de cette période, elles commencent à faire l'essai de leurs ailes; elles se dressent sur le bord du nid, battent des ailes, et se risquent facilement à voler du nid jusque sur le toit. Les parents semblent prendre plaisir à les considérer; ils les instruisent, répètent devant elles tous les mouvements du vol, les attirent hors du nid. Après des exercices préliminaires, le moment vient enfin où les jeunes Cigognes osent se fier à leurs ailes. Chaque jour, elles entreprennent avec leurs parents une excursion aux alentours, et reviennent chaque soir à leur nid. Bientôt l'attachement qu'elles ont pour leur berceau va se perdant; l'époque, d'ailleurs, approche, à laquelle toutes, jeunes et vieilles, vont quitter le pays et entreprendre leurs migrations.

Cette époque arrivée, toutes les familles de Cigognes d'une même contrée se réunissent en un lieu déterminé, d'ordinaire dans une prairie marécageuse, le nombre des nouvelles arrivées va croissant de jour en jour. Vers la Saint-Jacques, à la fin de juillet, des épreuves ont lieu, et à la suite de ces épreuves, est quelquefois arrivé que des individus incapables d'entreprendre le ›yage ont été tués par les autres. Bientôt toute la bande se met en route. près avoir longuement claqué du bec, les Cigognes s'élèvent dans les airs, urnent encore quelque temps en cercle au-dessus des lieux qu'elles abandonent, puis elles se dirigent à tire-d'aile vers le sud-ouest, en ramassant d'autres nigrantes sur leur passage.

Captivité. — La Cigogne blanche est susceptible de s'apprivoiser et de attacher à son maître. On en cite qui vécurent dans une basse-cour et se iontrèrent aussi privées qu'un Chien domestique. Lâchées en demi-liberté ans un parc, elles le débarrassent des Vers et des Insectes.

Cet Oiseau a joué un rôle important dans l'antiquité. Les Égyptiens le plaaient au nombre des divinités bienfaisantes; les Romains en firent l'emblème e la piété filiale.

Un fait digne de remarque est que dans tous les pays, les Cigognes ont toujours té l'objet, sinon d'une certaine vénération, tout au moins d'un certain respect.

On n'a d'ailleurs jamais songé à les chasser, car leur chair a un goût très ésagréable.

Utilité. — L'utilité de la Cigogne, au contraire, paraît évidente. Elle dévore n grand nombre d'animaux nuisibles, Vers, Insectes, Chenilles, Serpents, lats, Mulots, Taupes.

Les quelques dégâts qu'elle peut commettre dans certaines contrées, en 'attaquant aux jeunes couvées de Bécasses et aux Levercaux, ne semblent avoir té signalés jusqu'ici qu'à titre d'exception.

Dans l'Alsace, la Hollande, les habitants essaient, au contraire, de favoriser la nultiplication de la Cigogne blanche, en lui préparant, sur les toits des maisons, les caisses pour qu'elle puisse y nicher, ou bien ils construisent une sorte de late-forme élevée, généralement formée d'une roue de voiture fixée à plat au sommet d'un long mât et sur laquelle l'Oiseau peut facilement construire son nid.

LA CIGOGNE NOIRE (*Ciconia nigra*). — ***Caractères***. — La Cigogne noire a le plumage d'un brun noirâtre à reflets violets, pourpres et vert doré ; le bas de la poitrine et l'abdomen seuls sont d'un blanc pur; le bec, les parties nues de la face et de la gorge d'un rouge vif; l'iris brun, les pieds d'un rouge foncé.

Habitat. — Elle habite particulièrement les régions méridionales de l'Europe, de l'Asie, et l'Afrique occidentale. Elle est de passage en France, à l'automne.

Mœurs. — Ses mœurs diffèrent sensiblement de celles de la Cigogne blanche. Les forêts marécageuses et sauvages paraissent lui convenir beaucoup mieux que les étangs peu boisés à proximité des lieux habités.

Elle est d'un naturel farouche et peu sociable.

LES JABIRUS

Caractères. — Les Jabirus sont les plus grands et les plus élancés de tous les Ardéidés.

Ils ont le bec très allongé, déprimé, recourbé en haut à l'extrémité, recouvert à la base d'une cire épaisse, en forme de selle; les ailes longues, sub-obtuses; la queu courte, carrée; les tarses très élevés, les doigts unis à la base par un repli mem braneux, le pouce allongé, portant en entier sur le sol; les ongles faibles et courts

Ce genre comprend trois espèces, l'une de l'Afrique, l'autre d'Amérique, l troisième de l'Australie.

Chez l'espèce américaine, la peau de la tête et du cou est nue, parsemé seulement de quelques soies courtes, elle est en même temps flasque et pendant en forme de fanon.

LE JABIRU DU SÉNÉGAL (*) (*Mycteria senegalensis*). — ***Caractères.*** — L Jabiru du Sénégal est un grand Oiseau qui mesure environ $1^{m},50$ de long. Il a la tête, le cou, les ailes et la queue d'un noir brillant à reflets métalliques; le reste du plumage d'un blanc éclatant; l'iris et la cire d'un jaune doré; le bec rouge, avec une tache noire en son milieu; les pieds d'un gris brun, marqués de rouge à la naissance des doigts.

Habitat. — Il est propre à l'Afrique, mais il n'y est pas très commun. On le trouve plus particulièrement dans l'ouest et le sud-ouest.

Mœurs. — Il vit par paires sur les bords des grands fleuves, et parfois au voisinage de la mer.

Ses allures graves, élégantes, nobles, jointes à la beauté de son plumage, produisent une profonde impression sur le voyageur qui rencontre cet Oiseau pour la première fois.

Il marche majestueusement, le bec incliné vers le sol, la mandibule inférieure reposant presque sur le cou. Il ne saute ni ne danse jamais comme le font les Grues. Il se sert de son bec avec une adresse remarquable : il ramasse des petites pierres, ou des Insectes, les jette en l'air et les rattrape.

Malheureusement, il est d'un naturel très craintif, et ne se laisse pas aisément observer.

Son régime ne paraît pas différer beaucoup de celui des Cigognes. Il mange des Insectes, notamment des Sauterelles, et un grand nombre de petits animaux : Reptiles, Poissons, etc.

Son nid est construit sur les arbres et ressemble à celui de la Cigogne blanche. Le mâle et la femelle paraissent avoir l'un pour l'autre un profond attachement et ne se séparent pas de toute l'année.

Captivité. — Le Jabiru du Sénégal figure aujourd'hui dans la plupart des Jardins zoologiques. Il vit très bien en captivité, et malgré son naturel craintif, il s'apprivoise au point de se laisser caresser par son maître. Il vit en parfaite harmonie avec tous les autres Oiseaux.

LES MARABOUTS

Caractères. — Les Marabouts ont le corps robuste, massif; le cou épais, nu ou couvert de quelques plumes duveteuses, la tête dénudée; le bec énorme,

(*) Pl. XLVII. — Le Marabout à sac et le Jabiru du Sénégal (Planche, p. 269).

uadrangulaire à la base, pointu à l'extrémité; les ailes amples et obtuses; la ueue moyenne, les tarses longs et robustes; les doigts unis à la base par une ince palmure, le pouce bien développé.

LE MARABOUT A SAC (*) (*Leptoptilos crumenifer*). — ***Caractères.***— Le Marabout à sac a un aspect singulier et peu attrayant, que lui donne son énorme bec, a tête et son cou dénudés, d'une couleur rougeâtre, et parsemés de quelques oies courtes, son jabot proéminent. Les parties supérieures de son plumage ont d'un vert foncé à reflets métalliques; les rémiges et les rectrices noires, les randes couvertures des ailes bordées entièrement de blanc; la nuque et le essous du corps d'un blanc pur; l'iris brun, le bec d'un jaune sale; les tarses oirâtres.

Sa taille est d'environ 1^{m},60, dont près de 0^{m},50 pour le bec.

Habitat. — Le Marabout à sac habite le sud de l'Asie et l'Afrique centrale.

Mœurs. — On est sûr de le rencontrer dans toutes les localités où se trouvent es abattoirs. Il vient s'emparer, en effet, de tous les déchets, de toutes les iandes corrompues qu'on lui abandonne. Sa voracité est incroyable; il avale es morceaux énormes, des os, des débris de toute nature; on a trouvé une fois ans l'œsophage de l'un de ces Oiseaux, une oreille entière et un pied de Bœuf.

Les allures du Marabout à sac sont indolentes, compassées, elles lui donnent parfois un air grotesque qui lui a valu les sobriquets les plus divers : *Adjudant, Conseiller privé, Frac,* etc.

Bien que d'une prudence excessive, il devient hardi et agressif dans certaines ocalités de l'Asie où il se sent protégé.

Il pénètre dans les abattoirs et même dans les maisons. Les habitants se gardent bien, d'ailleurs, de le chasser, car il est pour eux d'un précieux revenu, ses belles plumes ayant une grande valeur commerciale.

Mais le Marabout à sac ne se contente pas pour nourriture des débris que l'homme lui abandonne. Il se partage, avec les Vautours, toutes les charognes disséminées dans la plaine, et grâce à la force de son énorme bec, il sait se réserver une large part à chaque curée. Il pêche aussi sur le bord des rivières, à la façon des Hérons.

Chasse. — Dans les pays où le Marabout n'est pas l'objet d'une protection spéciale, comme à Calcutta et quelques autres localités du sud de l'Asie, la chasse de cet Oiseau est très difficile. Les indigènes emploient cependant un procédé qui réussit très souvent, ils attachent un os de mouton à une ficelle et le jettent au milieu d'un tas de débris de viande. Le Marabout avale l'os attaché à la ficelle et se trouve pris comme à un hameçon.

Captivité. — On rencontre fréquemment aujourd'hui des Marabouts à sac dans les Jardins zoologiques de l'Europe. Ils supportent facilement la captivité, et vivent en bonne intelligence avec les autres Oiseaux. Ils se montrent habituellement d'un caractère très doux, tout en exerçant sur leur entourage une

(*) Pl. XLVII. — Le Marabout à sac et le Jabiru du Sénégal (Planche, p. 269).

certaine suprématie qu'ils savent maintenir au besoin par quelques vigoureu coups de bec.

Utilité. — Les plumes des Marabouts sont, dans l'Inde, l'objet d'un commerc très important. Aussi protège-t-on ces Oiseaux le plus possible en leur pro curant de la nourriture et en facilitant leur reproduction dans certains marai disposés dans ce but.

Chaque année, un massacre partiel a lieu ; les Oiseaux sont immédiatemen plumés, les corps sont vidés, salés et fumés, les plumes servent à confec tionner des écrans.

LES BECS-OUVERTS OU ANASTOMES. — On range parmi les Cigognes le genr Anastome caractérisé par une structure spéciale du bec, dont les deux mandi bules laissent entre elles, vers leur milieu, un espace vide.

Les Becs-ouverts ou Anastomes habitent les uns l'Afrique centrale, d'autre le sud de l'Asie.

Ils ont à peu près les allures et les mœurs des Cigognes.

LES OMBRETTES

Caractères. — Les Ombrettes ont pour caractères : un bec plus long que la tête, épais à la base, comprimé latéralement, à arête vive en dessus, un peu renflé en dessous, la mandibule supérieure recourbée à la pointe et dépassant l'inférieure ; des ailes allongées, sub-obtuses; une queue médiocre, presque carrée ; des tarses un peu plus longs que le doigt médian, les doigts antérieurs soudés à la base par un repli membraneux, le pouce court, portant à terre sur toute sa longueur, l'ongle du doigt médian denticulé.

L'Ombrette du Sénégal.

L'OMBRETTE DU SÉNÉGAL (*Scopus umbretta*). — ***Caractères.*** — L'Ombrette ou Scops du Sénégal mesure environ $0^{m},50$ de long. Tout son plumage est d'un brun terre d'ombre presque uniforme ; le ventre un peu plus clair que le dos, les rémiges foncées et brillantes; les rectrices marquées de plusieurs bandes d'un brun-pourpre; l'iris est brun, le bec noir, les pieds noirâtres.

Habitat. — Elle habite l'Afrique centrale et méridionale, et Madagascar.

Mœurs. — L'Ombrette du Sénégal ressemble davantage, extérieurement, à un Corbeau qu'à un Échassier. Mais sa démarche est légère, gracieuse, mesurée; son vol ressemble à celui de la Cigogne.

On ne rencontre cet Oiseau qu'auprès des petits cours d'eau qui traversent les forêts, et sur les rives ombragées des rivières.

Son genre de vie est celui des Oiseaux de marais.

L'Ombrette se nourrit surtout de Poissons, mais elle mange aussi des Mollusques, des Reptiles, des Grenouilles, des Vers, etc. Elle se met en mouvement au crépuscule. Peu craintive, mais prudente, elle ne se laisse pas approcher de près.

Son nid est généralement placé sur un mimosa, à la bifurcation des branches inférieures; il est fait de rameaux de diverses grosseurs assemblés avec de l'argile. Sa forme est celle d'un dôme de $1^{m},50$ à 2 mètres de hauteur; l'intérieur en est partagé, d'après J. Verreaux, en plusieurs compartiments. Les jeunes éclosent presque nus, et restent longtemps dans ce nid avant de prendre leur essor.

LES SAVACOUS

Les Savacous sont, par leurs caractères, très voisins des Ombrettes. On les désigne aussi parfois sous le nom de *Becs-en-cuiller*, parce que leur mandibule supérieure à crête dorsale obtuse et arrondie rappelle la forme d'une cuiller renversée.

Les Savacous habitent les forêts du Brésil, le long des rivières et des fleuves.

Leur genre de vie est assez analogue à celui des Ombrettes.

LES BALÉNICEPS

Caractères. — Les Baléniceps attirent l'attention par la forme en apparence monstrueuse de leur bec. Celui-ci ressemble à un sabot renversé; il est très large, bombé, à bords arrondis; l'arête dorsale, légèrement incurvée, se termine brusquement par une petite pointe crochue; la mandibule inférieure, concave, renflée, s'emboîte dans la supérieure, et s'insère sur la tête par une membrane dure, coriace.

Ces Oiseaux ont encore parmi leurs caractères principaux : des ailes amples, sub-obtuses, une queue courte et carrée; des tarses très élevés, de la longueur du doigt médian; des doigts longs, les antérieurs réunis par une membrane à la base; le pouce portant sur le sol; l'occiput surmonté d'une petite huppe.

LE BALÉNICEPS ROI (*Balæniceps rex*). — ***Caractères.*** — Le Baléniceps roi a toutes les parties supérieures du corps d'un brun bleuâtre plus ou moins foncé, avec les plumes du manteau et les couvertures supérieures des ailes bordées de blanchâtre ; les rémiges et les rectrices noirâtres ; les parties inférieures d'un gris cendré ; l'iris jaune clair, le bec couleur de corne, les pattes noires.

Habitat — Cet Oiseau singulier n'est pas très commun; on le rencontre dans quelques marais des bords du Nil blanc et de ses affluents.

Mœurs — Le Baléniceps ressemble, par sa démarche et son vol, au Marabout. Lorsqu'on l'effraie, il s'envole en rasant la surface de l'eau, décrit des cercles en planant, ou va se percher sur la cime d'un arbre voisin.

Sa nourriture se compose surtout de Poissons.

Il se reproduit à la saison des pluies, c'est-à-dire durant les mois de juillet et août. Son nid est placé sur une petite éminence, près du bord de l'eau, au milieu des joncs et des hautes herbes. L'Oiseau creuse au sommet de l'éminence choisie une petite dépression, et sans autre aménagement il y dépose ses œufs.

Le Baléniceps roi.

Captivité. — On a quelquefois pu rapporter des Baléniceps vivants en Europe, mais ces Oiseaux sont excessivement rares ; ils ne figurent que très rarement dans les Jardins zoologiques.

LES SPATULES

Caractères. — Les Spatules doivent leur nom à la forme singulière de leur bec. Celui-ci est épais à la base, mais aplati dans le reste de son étendue, les deux mandibules se dilatant en spatules;

La Spatule blanche.

la mandibule supérieure est cannelée et sillonnée à sa base, et terminée en crochet à l'extrémité.

Indépendamment de cette particularité remarquable, les Spatules ont encore pour caractères : des ailes amples, aiguës; une queue courte, des jambes à moitié nues; des tarses longs et forts, les doigts antérieurs réunis à la base par une membrane profondément découpée.

Chez les Spatules adultes, la face et le menton sont nus en partie ou en totalité.

Les sept ou huit espèces connues ont les mêmes mœurs que la Spatule blanche dont il va être question.

Toutes sont propres aux contrées chaudes de l'ancien et du nouveau continent.

LA SPATULE BLANCHE (*Platalea leucorodia*). — ***Caractères.*** — Cet Oiseau mesure environ $0^{m},70$. Tout son plumage est entièrement blanc, à l'exception de la gorge et des lorums qui sont d'un jaune pâle; l'iris est rouge, le bec noir pointe jaune, les tarses noirs. Les plumes occipitales sont allongées, effilées, forment une sorte de huppe.

La femelle ne diffère du mâle que par une taille un peu plus faible.

Habitat. — La Spatule blanche habite l'Europe, l'Asie et l'Afrique septentrionale, mais elle est surtout abondante en Hollande, le long du Danube, et sur les bords de la mer Noire.

Elle est de passage régulier en France au printemps et à l'automne.

Mœurs. — Elle voyage au printemps, en petites troupes de trois ou quatre individus; à l'automne, elle repart en bandes nombreuses que l'on peut reconnaître de loin à leur façon de voler : tous les individus qui composent chacune de ces bandes se placent les uns à côté des autres en formant une longue ligne qui s'avance presque de front, comme celles formées par les Ibis et les Pélicans.

La Spatule blanche recherche les bords vaseux des cours d'eau, l'embouchure des fleuves, des rivières, les bords de la mer. Sa nourriture se compose de Vers, d'Insectes, de Mollusques, qu'elle recueille en fouillant la vase à l'aide de son bec.

C'est un Oiseau doux, sociable, dont les mœurs et les habitudes se rapprochent beaucoup de celles de l'Ibis. Même pendant la saison des amours, les sociétés ne se dispersent pas par couples.

Les nids d'une même bande sont parfois construits en véritables colonies soit sur les arbres, soit dans les roseaux. Chacun de ces nids est large, grossièrement construit à l'aide de branches sèches et de tiges de roseaux; il est tapissé intérieurement de feuilles sèches et de joncs.

La ponte est de deux à quatre œufs oblongs, blancs ou bleuâtres, sans taches, ou avec des taches presque effacées, roussâtres et verdâtres.

Les jeunes ne se séparent de leurs parents que quand ils sont en état de se reproduire, c'est-à-dire vers l'âge de trois ans.

Chasse. — La chasse de cet Oiseau se pratiquait autrefois au Faucon, mais elle est aujourd'hui tout à fait délaissée.

Captivité. — Les jeunes Spatules s'habituent facilement à la captivité. Leurs mœurs douces, sociables, permettent de les laisser au milieu des Oiseaux de basse-cour.

LES TANTALIDÉS

Les Tantalidés ont de nombreuses affinités à la fois avec les Hérons et avec les Cigognes. Ils se distinguent et des uns et des autres par la forme de leur bec qui est allongé, comprimé et arqué comme celui des Courlis.

Ce sont des Oiseaux migrateurs, de mœurs très sociables, fréquentant les bords des fleuves et des rivières, se perchant fréquemment sur les arbres.

Leur régime est essentiellement animal.

LES IBIS

Caractères. — Les Ibis ont un bec très long, arqué, très épais, tétragone à la base, arrondi, obtus à la pointe ; des narines basales, situées au fond de deux sillons qui s'étendent sur toute la largeur du bec ; des ailes longues, suraiguës ; une queue courte, égale ; des tarses de moyenne longueur, épais, réticulés ; des doigts longs, réunis à la base par une membrane jusqu'à la première articulation ; le pouce portant entièrement sur le sol.

La tête et le cou sont plus ou moins dénudés.

Quelques-unes des rémiges secondaires et scapulaires offrent des barbes décomposées formant une sorte de panache.

L'IBIS SACRÉ (*Ibis religiosa*). — ***Caractères.*** — L'Ibis sacré mesure environ $0^{m},73$ de long. Il a la tête et les deux tiers du cou dénudés et d'un noir mat ;

L'Ibis sacré.

les extrémités des rémiges et les scapulaires d'un noir à reflets bleuâtres ; l'iris rouge ; le bec et les pieds noirs.

Habitat. — Il habite l'Afrique orientale, notamment la Nubie et l'Abyssinie ; il n'apparaît en Égypte qu'au moment de la crue du Nil.

On l'a observé accidentellement en Grèce.

Mœurs. — Dès qu'il est arrivé dans la région où il doit se reproduire, l'Ibi choisit un endroit convenable où il établira plus tard son nid; de là, il entre prend quelques excursions dans les environs pour chercher sa nourriture. O le voit alors courir dans les steppes, soit par paires, soit par petites bandes faisant la chasse aux Insectes, et particulièrement aux Sauterelles. Il se joint sou vent à d'autres Échassiers tels que les Pique-Bœufs, et s'approche avec eux de troupeaux de bestiaux, sans craindre les bergers qui d'ailleurs ne le poursuiven pas. A mesure que l'inondation progresse, il s'éloigne des rives du fleuve e remonte vers les terrains plus élevés.

Sa démarche est grave et mesurée; son vol ressemble à celui de la Cigogne

Les anciens Égyptiens avaient voué à cet Oiseau un culte particulier. Prenan l'effet pour la cause, ils voyaient en lui une divinité bienfaisante, qui donnait la fertilité à leurs terres en amenant la crue bienfaisante du Nil.

Ils embaumaient son corps et même ses œufs.

Une autre cause de la vénération dont il était l'objet tenait sans doute aussi à la douceur de ses mœurs, à la grâce de ses allures, et à cette réputation imméritée qu'on lui faisait, de détruire les Serpents venimeux.

L'Ibis se nourrit presque exclusivement d'Insectes; il mange aussi des Grenouilles, des Vers; ce n'est que très exceptionnellement qu'il mange quelques petites espèces de Serpents.

Il niche sur les arbres, dans les forêts inondées. Son nid est formé de branches lâchement entrelacées, il est tapissé intérieurement d'herbes et de feuilles.

Ses œufs ressemblent à ceux de la Spatule blanche, mais ils sont plus petits, leurs dimensions sont à peu près celles des œufs de Poule ordinaire. Leur couleur est d'un blanc pur ou blanchâtre, quelquefois faiblement lavée de jaunâtre, avec quelques rares taches irrégulières, inconstantes, d'un brun roux.

Captivité. — L'Ibis supporte très bien la captivité et s'acclimate en Europe, mais ne s'y reproduit pas.

Chasse. — On chasse peu cet Oiseau, dont la chair est cependant, dit-on, très savoureuse.

LES FALCINELLES

Caractères. — Les Falcinelles ont un corps plus trapu que les Ibis, des jambes plus élevées et plus grêles; leur tête n'est dépourvue de plumes qu'autour des yeux; leur plumage est orné de teintes métalliques disposées par grandes masses.

LE FALCINELLE ÉCLATANT (*Falcinellus igneus*). — ***Caractères.*** — Cet Oiseau, désigné par Buffon sous le nom de *Courlis d'Italie*, a le sommet de la tête d'un brun foncé; le dos, les rémiges et les rectrices d'un brun noir à reflets violets ou verdâtres; le cou, la partie supérieure des ailes et toute la face inférieure du corps d'un brun châtain; le bec et l'iris bruns; les pieds verdâtres.

Habitat. — Il habite le sud-est de l'Europe, l'Asie et l'Afrique septentrionale. est de passage régulier dans le midi de la France.

Mœurs. — Le Falcinelle éclatant recherche les marais vaseux, les vallées ondées.

Ses allures sont aussi tranquilles, aussi graves que celles de l'Ibis. Il marche ns l'eau, à pas mesurés, nage quelquefois pour passer d'un îlot à un autre. C'est un Oiseau aux mœurs douces et sociables.

Sa nourriture se compose de Vers, d'Insectes aquatiques et de coquillages. établit son nid sur les arbustes ou les arbres dont le pied baigne dans l'eau es marais ou de la rivière qu'il fréquente. Ce nid est fait de petites branches, e chaumes et de racines.

Les œufs, au nombre de trois ou quatre, sont d'un beau bleu verdâtre niforme.

A l'automne, les Falcinelles émigrent en bandes immenses, de plusieurs ailliers d'individus. Ils volent comme tous les Tantalidés, c'est-à-dire les uns côté des autres, en une ligne qui s'avance de front.

Captivité. — Les jeunes Falcinelles s'apprivoisent très vite en captivité. On es nourrit d'abord de viande et de pain blanc, puis quand ils sont adultes, on es soumet au même régime que les autres Échassiers voisins avec lesquels ils ivent en bons rapports.

LES ENDOCIMES

Les Falcinelles sont représentés en Amérique par un genre très voisin : les Endocimes qui se distinguent du précédent par la dénudation complète de la région de l'œil, des joues, du front et du menton.

L'ENDOCIME ÉCARLATE (*Endocimus ruber*). — **Caractères.** — Cet Oiseau, mieux connu sous le nom d'*Ibis rouge de Cayenne*, mesure environ $0^m,60$ de longueur.

Son plumage est, comme son nom l'indique, d'un beau rouge-vermillon. L'iris est jaune, le bec noirâtre à la pointe, rougeâtre à la base; les parties nues de la tête sont couleur de chair; les pattes jaunâtres.

Habitat. — L'Endocime écarlate habite l'Amérique tropicale.

Mœurs. — Il se tient à l'embouchure des fleuves, sur le bord de la mer, dans ces régions privilégiées où le sol et le climat produisent une végétation luxuriante; et l'on s'imagine aisément le magnifique spectacle que produit une bande de ces Oiseaux à la robe écarlate, au milieu des massifs touffus et richement colorés des plantes tropicales.

L'Endocime écarlate supporte la captivité, mais il perd généralement, sous notre climat, les belles nuances de son plumage.

Les Flammants ou Phénicoptères

Les Phénicoptères ont des caractères mixtes qui en font des Échassiers auss[i] bien que des Palmipèdes. S'ils ont les tarses allongés des premiers, ils ont auss[i] les pieds palmés des seconds. C'est une famille de transition que l'on pourrai[t] appeler du nom d'*Échassiers-Palmipèdes*. Elle ne comprend qu'un seul genre[:]

LES PHÉNICOPTÈRES

Caractères. — Les Phénicoptères ont des caractères distinctifs très nets.

Ils ont des formes élancées, un cou très long, très flexible. Leur bec est plus long que la tête, plus haut que large, mais épais, recourbé à angle obtus en bas, dans sa moitié antérieure. Gerbe compare la forme de ce bec à celle d'une tabatière faite avec certains coquillages, la mandibule inférieure représentant la tabatière, la supérieure, le couvercle.

Les Phénicoptères se font encore remarquer par la disposition de leurs pieds ; ils ont, en effet, des tarses excessivement grêles et allongés ; les doigts antérieurs unis jusqu'aux ongles par une palmure échancrée au centre ; le pouce petit, ne portant à terre que par son extrémité, les ongles courts, larges et piats.

On connaît aujourd'hui six espèces appartenant à ce genre. La mieux connue est la suivante, que l'on rencontre en Europe.

LE FLAMMANT ROSE (*) (*Phenicopterus roseus*). — ***Caractères***. — Le Flammant rose mesure en moyenne $1^{m},50$ de long. Tout son plumage est d'un beau rose clair, avec des teintes plus vives sur la tête, le dos, les barbes externes des pennes caudales ; les couvertures supérieures des ailes sont d'un rouge ardent, les rémiges d'un noir profond, le bec rouge rose, quelquefois d'un rouge-orange pâle, avec la pointe noire, l'iris jaune clair brillant, les pieds d'un rose rouge.

(*) Pl. XLVIII. — Le Flammant ou Phénicoptère rose (Planche, page 284).

ɔa femelle est d'un blanc rosé, avec le dessus des ailes vivement coloré en ıge.

Les jeunes sont d'abord d'un gris cendré avec des taches noirâtres sur les niges secondaires et les rectrices; en avançant en âge, leur plumage se colore ɔgressivement en rose en passant par un stade où il ressemble à celui de femelle.

Habitat. — Le Flammant rose habite le midi de l'Europe, l'Asie occidentale le nord de l'Afrique.

Il est surtout abondant à l'embouchure des fleuves qui se jettent dans la mer ꞉spienne et la mer Noire.

En France, il se reproduit dans les vastes étangs salés qui avoisinent l'em-ıuchure du Rhône. On le rencontre accidentellement dans la Savoie, l'Alsace dans quelques autres localités.

Mœurs. — Il fréquente les marais salins, les lagunes où l'eau est peu pro-nde; il séjourne rarement près des étangs d'eau douce.

Excepté à l'époque des amours, on le trouve rarement isolé ou par paires. forme la plupart du temps des bandes immenses de plusieurs centaines et ême de milliers d'individus. Le spectacle d'une de ces bandes est bien fait ıur émerveiller l'observateur le moins enthousiaste.

« Quand le matin, dit Cetti, on regarde de Cagliari dans la direction des .cs, on croit les voir entourés d'une digue de briques rouges, ou bien l'on ꞉oit apercevoir une grande quantité de feuilles rouges, flottant à la surface e l'eau.

« Ce sont les Phénicoptères, qui se tiennent là en rangs, et dont les ailes roses ›roduisent cette illusion. L'aurore ne se pare pas de plus vives couleurs; les ɔses de Pestum n'étaient pas plus brillantes que ne l'est cet Oiseau avec ses ɛintes d'un rose ardent, ses teintes d'une rose rouge nouvellement épanouie.

« Les Grecs ont tiré le nom du Phénicoptère de la couleur de ses ailes; les Romains ont accepté ce nom, et les Français n'ont fait que suivre le même ordre l'idées en lui imposant le nom de *Flambant* ou de *Flammant.* »

Quand une bande de Flammants s'est abattue sur le bord d'un lac, les indi-vidus qui la composent se groupent suivant un certain ordre qui rappelle la marche d'un escadron en bataille. Aussi les Sénégalais appellent-ils ces Oiseaux des *Soldats anglais.*

Défiants et farouches, les Flammants se laissent difficilement approcher. Il semble qu'un certain nombre de sentinelles soient préposées à la garde de chaque troupe, car à la moindre apparence de danger, un cri rauque et reten-tissant poussé par quelques individus se fait entendre, et tous, comme à un signal, prennent leur essor.

Les allures des Flammants ressemblent à celles des autres grands Échassiers, mais elles sont beaucoup plus lentes, plus irrégulières, plus vacillantes. Dans l'eau comme à terre, ces Oiseaux prennent les postures les plus singulières. Pour se reposer, ils contournent leur long cou, en renversant la tête sur le dos, et se posent sur une seule patte, l'autre étant fléchie sous le ventre. Quand ils nagent, leur cou fléchi en S les fait ressembler à des Cygnes.

Leur attitude, lorsqu'ils barbotent dans la vase, est très remarquable : ils fléchissent que le haut du corps, et avancent leur long cou vers la surface l'eau de façon que leur bec et leurs pieds soient sur le même plan. Tout fouillant la vase, ils tournent la tête de façon que leur mandibule supérieu fonctionne comme si elle était inférieure. Le nom de *Becharu* ou *Bec-en-charr* donné à ces Oiseaux dans le Languedoc rappelle fort bien cette particularité.

Les Flammants se nourrissent principalement de Vers, de Mollusques, Crustacés.

Ils nichent dans les golfes tranquilles, parsemés d'îlots, comme on en trou dans la mer Caspienne, ou dans les étangs les plus fréquentés, comme ceu de Valcarès.

Leur nid consiste en un amas de vase desséchée, formant un cône d'enviro $0^m,20$ de hauteur et dont le sommet tronqué et excavé est destiné à recevoi les œufs.

Ceux-ci sont au nombre de deux ; leur couleur est d'un blanc pur très ma sans taches, leur surface est rude au toucher, crayeuse. Quelque extraordinair que cela puisse paraître, la femelle les couve en enfourchant le nid, comm un cavalier enfourche son cheval.

Les jeunes, à peine éclos, sont déjà en état de courir et de nager, mais ils n peuvent prendre leur vol que quelques mois après.

Chasse. — Les anciens estimaient beaucoup la chair du Flammant rose ; la langue et la cervelle étaient pour eux un régal. Héliogaballe entretenait une troupe de chasseurs chargés spécialement de lui procurer ce délicieux gibier.

La chasse aux Flammants est difficile en raison de leur caractère farouche et de leurs remarquables qualités de prudence. Cependant, à l'époque de la mue, ils perdent pendant un moment leurs grandes rémiges et ne peuvent plus voler, de sorte qu'on peut les capturer plus facilement.

Captivité. — Pris jeune, le Flammant montre les mêmes aptitudes à la domestication que les autres grands Échassiers.

Pl. XLVIII. — Le Flammant ou Phénicoptère rose (Texte, page 282).

G. Bx & Cp.

Les Palmipèdes

Les Palmipèdes pourraient être appelés les *Oiseaux nageurs* par excellence, ou encore *Oiseaux d'eau.*

Tous leurs caractères, en effet, révèlent une adaptation parfaite à une existence aquatique. Le plus saillant de ces caractères est la structure des membres inférieurs; ceux-ci sont courts, insérés très en arrière sur le tronc; les doigts antérieurs, et quelquefois aussi le pouce, sont unis par une palmure entière ou festonnée.

Les Palmipèdes ont des formes lourdes et ramassées, un cou relativement long, une poitrine large; un plumage épais, serré, formé de plumes rigides où la matière cornée prédomine sur la matière spongieuse, permettant à ces Oiseaux de glisser facilement sur l'eau; cette dernière faculté est encore favorisée par l'existence de la glande du croupion qui sécrète une substance huileuse empêchant les plumes de se mouiller.

Mais si tous les Palmipèdes sont, grâce à leur conformation spéciale, d'excellents nageurs, ils présentent entre eux des aptitudes très différentes au point de vue du vol. Les uns, pourvus de très longues ailes, fendent l'espace avec une rapidité égale à celle des meilleurs voiliers que nous avons vus jusqu'ici. D'autres, munis seulement d'ailes plus ou moins atrophiées, volent peu ou point. Les premiers passent la plus grande partie de leur existence en pleine mer; les seconds n'abandonnent pas les rivages.

La forme du bec chez les Palmipèdes est variable selon la nourriture que prennent ces Oiseaux; il est tantôt bombé, à bords tranchants, tantôt large et plat, tantôt allongé et pointu; la première forme se rencontre chez les Palmipèdes rapaces, qui vivent principalement de Poissons; la seconde forme se voit chez les Palmipèdes qui cherchent leur nourriture dans la vase; la troisième enfin est propre à ceux qui se nourrissent de Vers, de Crustacés et autres petits animaux aquatiques.

Les Palmipèdes vivent en grandes troupes, mais ils sont monogames.

Les uns habitent les eaux salées, les autres les eaux douces.

Presque tous sont migrateurs.

Utilité. — Un grand nombre d'espèces sont utiles à l'homme : les unes four-

---

Pl. XLIX. — Le Pélican onocrotale ou Pélican blanc (Texte, page 287).

nissent à l'industrie de la plume des matières premières de grande valeur d'autres sont utilisées pour leur chair ou leurs œufs.

Classification. — Les Palmipèdes se divisent en quatre grands groupes d'après les caractères tirés de la forme du bec, des pieds et des ailes.

Chacun de ces groupes, à son tour, se compose d'un certain nombre de familles naturelles qui sont les suivantes :

1er groupe. — Palmipèdes totipalmes :
- Les Pélicans ou *Pélécanidés*,
- Les Phaétons ou *Phaétonidés*.

2e groupe. — Palmipèdes grands voiliers :
- Les Pétrels et les Albatros ou *Procellaridés*,
- Les Mouettes ou *Laridés*.

3e groupe. — Palmipèdes lamellirostres :
- Les Cygnes, Oies, Canards ou *Anatidés*.

4e groupe. — Palmipèdes brachyptères :
- Les Grèbes ou *Podicipidés*,
- Les Plongeons ou *Colymbidés*,
- Les Pingouins ou *Alcidés*.
- Les Manchots ou *Apténodytidés*.

Les Palmipèdes du premier groupe tirent leur principal caractère de la membrane qui unit le pouce au doigt interne et qui fait que tous les doigts sont palmés.

Ces Oiseaux ont de plus des jambes courtes, un corps massif; la marche sur le sol leur est pénible, mais par contre ils ont un vol puissant.

Les petits sont longtemps nourris par leurs parents avant d'être en état de prendre leur essor.

Les Palmipèdes du deuxième groupe sont remarquables par la longueur de leurs ailes, ce qui leur permet un vol soutenu à une grande distance du rivage.

Ils sont aussi d'excellents nageurs, mais ne plongent pas.

La marche et la course leur sont relativement faciles.

Les petits restent aussi longtemps au nid avant de pouvoir voler.

Les Palmipèdes du troisième groupe sont surtout caractérisés par la forme de leur bec; celui-ci est aplati, et garni sur les côtés de petites lamelles permettant à ces Oiseaux de recueillir leur nourriture dans la vase.

Ils sont excellents nageurs et plongeurs. Leur vol est en général rapide et soutenu. A terre, ils se meuvent maladroitement et ne peuvent courir sans le secours de leurs ailes.

Les Palmipèdes du quatrième groupe doivent leur nom à la brièveté de leurs ailes. La position de leurs jambes tout à fait en arrière du corps, leur donne une attitude caractéristique.

Ils sont mauvais voiliers, mauvais marcheurs, mais ils nagent et plongent avec une remarquable habileté.

Les jeunes, à peine éclos, nagent aussitôt avec autant de facilité que les adultes.

LES PÉLICANS OU PÉLÉCANIDÉS

Les Pélécanidés, ou *Stéganopodes* de quelques auteurs, sont de grands Oiseaux u corps allongé, dont les caractères essentiels sont les suivants : leur bec, de orme variable, est long, profondément fendu, généralement crochu à l'extrémité ; leurs narines étroites, linéaires. La peau qui unit les deux branches de la nâchoire inférieure est susceptible de se dilater en une poche plus ou moins rande.

Ils ont des ailes longues, pointues; des pattes insérées peu en arrière du orps, le pouce long.

La plupart ont la face dégarnie de plumes.

Ces Oiseaux vivent près des côtes, ou sur le bord des lacs, des étangs.

Assez bons voiliers, ils peuvent s'aventurer en mer, mais ils s'éloignent généalement peu du rivage.

Leur nourriture se compose essentiellement de Poissons.

On les répartit dans deux sous-familles qui sont celles des Pélécaniens et des Frégatiens.

LES PÉLÉCANIENS

Les Pélécaniens ont la mandibule inférieure droite ou presque droite, les tarses nus; les membranes interdigitales étendues jusqu'au bout des doigts; la queue arrondie ou cunéiforme.

LES PÉLICANS

Caractères. — Les Pélicans sont principalement caractérisés par une énorme poche insérée sous la mandibule inférieure, et formée par la membrane très dilatable de cette région. Ils ont le bec droit, large, déprimé, plus long que la tête, fendu jusqu'à l'angle postérieur de l'œil ; la mandibule supérieure très aplatie, crochue et comprimée à l'extrémité; la face nue ; les ailes allongées, aiguës; la queue ample, légèrement arrondie; le bas des jambes dénudé sur une faible étendue; les tarses courts et forts, l'ongle du doigt médian lisse sur son bord interne.

LE PÉLICAN ONOCROTALE (*) (*Pelecanus onocrotalus*). — ***Caractères.*** — Le Pélican onocrotale ou *Pélican blanc* a tout le plumage d'un blanc nuancé de rose clair, à l'exception de la région du jabot qui est d'un jaune d'ocre, et des rémiges qui sont noires. Le bec est bleuâtre dans sa plus grande partie, jaunâtre vers l'extrémité, avec les bords des mandibules rouges; l'iris rouge; les pieds rosés, nuancés de jaune-orange.

(*) Pl. XLIX. — Le Pélican onocrotale ou Pélican blanc (Planche, page 285).

Sa taille est en moyenne de $1^m,96$.

Les jeunes ont un plumage brun cendré plus ou moins foncé selon le régions; ils n'acquièrent que progressivement la splendide livrée des adultes.

La femelle est semblable au mâle, mais de plus petite taille.

La belle couleur rose qui teinte presque toutes les plumes disparaît après l. mort de l'Oiseau.

Habitat. — Le Pélican onocrotale habite les contrées orientales de l'Europ et l'Afrique. Il se montre accidentellement en France.

Mœurs. — Il vit en bandes immenses sur les lacs, les rivières, à l'embouchure des fleuves, et sur les bords de la mer.

Il a, comme ses congénères, des allures assez lourdes, lorsqu'il est à terre. mais par contre il nage très bien, et son vol est relativement aisé. — Cett faculté du vol, en apparence paradoxale si l'on considère le poids de l'Oiseau, es due au grand développement du système pneumatique.

D'une voracité insatiable, il détruit une quantité considérable de Poissons; il en emplit sa poche gutturale qui prend alors des dimensions énormes; puis, quand il est repu, il se perche sur un rocher ou un arbre près du rivage, le cou renversé, la tête appuyée sur le dos, et il attend paisiblement que l'ample provision de nourriture dont il s'est garni soit digérée. Quand sa poche est par trop pleine, il la vide sur le sable, semble prendre plaisir à en contempler le contenu, qu'il ne tarde pas à avaler de nouveau.

La façon de pêcher des Pélicans est très curieuse. Elle a été fort bien décrite par Nordmann :

« Après avoir choisi un endroit convenable, une baie où l'eau soit basse et le fond lisse, ils se placent tout autour, en formant un grand croissant ou un fer à cheval; la distance d'un Oiseau à l'autre semble être mesurée; elle équivaut à son envergure. En battant fréquemment la surface de l'eau avec leurs ailes déployées, et en plongeant de temps en temps, avec la moitié du corps, le cou tendu en avant, les Pélicans s'approchent lentement du rivage, jusqu'à ce que les Poissons réunis de la sorte se trouvent réduits à un espace étroit; alors commence le repas commun. »

Gerbe reproduit ce récit de Nordmann, et le fait suivre de la remarque suivante, qui ne manque pas d'intérêt :

« La manière dont s'y prennent les Pélicans pour capturer le Poisson, rappelle un singulier procédé de pêche mis en usage par certaines peuplades de l'Afrique centrale. Voici, d'après le major Denham, en quoi consiste ce procédé qu'il a vu employer dans le lac Tchad, près de Lari : « Une quarantaine de « femmes entrent dans le lac avec leur pagne passé entre les jambes et noué « autour des reins; elles se rangent sur une ligne, le visage tourné vers la terre, à « un certain éloignement des bords, et poussent les Poissons devant elles en les « serrant de si près, qu'on les prend avec la main, ou qu'ils sautent à terre. » Il y a ici une telle analogie de procédé, que l'on est tenté de se demander si l'Arabe de ces contrées n'aurait pas emprunté aux Pélicans qui, du reste, abondent dans le lac Tchad, leur moyen de pêche. »

C'est surtout le matin que les Pélicans s'adonnent à la pêche. Vers dix heures u matin, ils sont tous rassasiés et gagnent alors les bancs de sable qu'ils ont doptés, ou un groupe d'arbres, pour s'y reposer, digérer et en même temps ettoyer leur plumage et le graisser. Cette dernière occupation demande beauoup de temps, car le peu de souplesse du cou rend l'opération difficile et nécesite des positions très singulières, surtout quand il s'agit de nettoyer les plumes u cou.

Quand la toilette est terminée, les Oiseaux, alourdis par tout ce qu'ils ont bsorbé, prennent les poses les plus variées, suivant qu'ils sont sur les arbres u sur le sable.

Sur les arbres, ils se placent d'habitude perpendiculairement aux branches, e cou profondément rentré entre les épaules ; tandis qu'à terre on les voit souent couchés à plat sur le ventre. Jusque vers midi de nouveaux individus iennent incessamment se joindre aux premiers et la troupe augmente de minute n minute.

Dans l'après-midi, entre trois et quatre heures, les rangs s'éclaircissent, et les élicans partent de nouveau en troupes pour faire de nouvelles prises. La dernière chasse dure jusqu'au coucher du soleil, et alors toute la compagnie vole ers la place où elle doit passer la nuit. Là où les arbres font défaut, les Pélicans choisissent pour dormir un banc de sable uni, ou une île solitaire.

Le Pélican onocrotale est d'un naturel paisible ; il vit en bonne intelligence vec ses semblables et avec les autres animaux qui ne le provoquent pas.

Il niche à terre, mais dans le voisinage de l'eau, dans les endroits couverts de hautes herbes.

La ponte est de trois ou quatre œufs d'un blanc pur, très mat, revêtus d'une couche de matière crétacée d'un blanc laiteux.

Chasse. — On se livre surtout à la chasse au Pélican dans le midi de l'Europe. Cette chasse se pratique à l'affût. Elle est généralement très fructueuse, car il n'est pas besoin, pour tuer ces Oiseaux, de charger à gros plomb : la moindre blessure leur est fatale.

La chair des Pélicans est peu estimée, car elle exhale une odeur désagréable.

Captivité. — Pris jeunes, les Pélicans s'habituent facilement à la captivité, et deviennent même très familiers. Malgré leur régime exclusivement piscivore, on arrive à les nourrir avec du pain et de la viande.

LE PÉLICAN FRISÉ (*Pelecanus crispus*). — Cette espèce doit son nom à la disposition frisée des plumes de la partie supérieure du cou. Son plumage est blanc nuancé de roux sur la poitrine.

Elle habite l'Europe orientale, l'Asie et l'Afrique septentrionales.

Ses mœurs, ses habitudes, sont les mêmes que celles du Pélican blanc.

LE PÉLICAN BRUN. — Il habite les Antilles, le Pérou. Sa façon de pêcher diffère sensiblement de celle du Pélican blanc. Il attrape les Poissons en plongeant de haut après avoir décrit dans l'air quelques cercles au-dessus de l'eau.

Les autres espèces de Pélicans, dont l'une est propre aux régions australes, ne présentent point de particularité spéciale.

LES FOUS

Caractères. — Les Fous ont le bec plus long que la tête, robuste, droit, conique, épais à la base, fendu au delà de l'angle postérieur de l'œil ; les bords mandibulaires finement dentelés en scie, la mandibule supérieure légèrement fléchie à l'extrémité ; les narines basales se prolongeant dans deux sillons de la face supérieure du bec ; les ailes allongées, atteignant presque l'extrémité de la queue ; celle-ci médiocre, conique ; les tarses courts, le doigt médian plus long que le tarse et muni d'un ongle pectiné sur son bord interne.

Ils ont aussi, outre leurs caractères, des mœurs bien spéciales qui les distinguent des autres Pélécanidés.

LE FOU DE BASSAN (*Sula bassana*). — ***Caractères.*** — Le Fou de Bassan a tout son plumage d'un beau blanc, avec le vertex, l'occiput et une partie de la nuque d'un jaune d'ocre, les ré-

Le Fou de Bassan.

miges noires ; les paupières, la partie nue des joues et de la gorge d'un noir bleu, l'iris jaune, le bec bleuâtre, les pieds d'un brun verdâtre, les doigts rayés longitudinalement de vert jaune, les membranes interdigitales d'un brun de suie.

La femelle ne diffère du mâle que par sa taille moindre. Les jeunes ont d'abord le plumage d'un brun cendré tacheté de blanc; ils ne prennent la livrée d'adulte qu'à l'âge de trois ans.

Habitat. — Le Fou de Bassan habite les mers de l'hémisphère nord.

Il est commun en Écosse, aux îles Hébrides et en Norvège.

On le voit parfois sur les côtes de France et même dans l'intérieur des terres, quand il y a été entraîné par des tempêtes.

Mœurs. — C'est un habitant de la haute mer. Il ne fréquente le rivage que pour nicher ou parfois pour y passer la nuit, et encore choisit-il de préférence dans ce but les rivages des îlots escarpés, ou les rochers qui surgissent isolés au milieu de la mer. Il se nourrit exclusivement de Poissons.

Sa manière de voler et sa façon de pêcher sont très remarquables. Il glisse dans les airs avec la rapidité d'une flèche; tout à coup il voltige, ou décrit des cercles sans presque battre des ailes, ou s'élève à des hauteurs prodigieuses. C'est en plongeant qu'il attrape sa proie.

Quand il est repu, il se pose sur l'eau, se laisse flotter au gré des vagues et s'endort parfois d'un sommeil profond.

Son cri est rauque, saccadé, et rappelle celui de l'Oie.

Le Fou de Bassan niche parmi les rochers, en véritables colonies. Mac-Gillivray évaluait à vingt mille le nombre de ces Oiseaux qu'il rencontra en visitant l'île de Bass, et, d'après des observateurs modernes, ce chiffre n'a pas sensiblement diminué.

Les nids sont construits à l'aide de plantes marines, principalement de fucus.

La ponte a lieu en mai; elle ne se compose que d'un ou deux œufs un peu renflés, à surface rude, recouverte d'un enduit crayeux d'un blanc nuancé de verdâtre.

Chasse. — A certaines époques de l'année, on pratique de véritables massacres de Fous de Bassan et on les envoie sur les marchés des grandes villes.

Captivité. — Cet Oiseau supporte facilement la captivité et peut même devenir très familier, on en a vu qui vivaient en demi-domesticité dans les maisons, au milieu des Chats et des Chiens.

LES CORMORANS

Les Cormorans forment, comme les Fous, un genre bien spécialisé par ses caractères et ses habitudes.

Caractères. — Ils ont le bec de la longueur de la tête, épais, droit, comprimé, fendu au delà de l'angle postérieur de l'œil, à bords lisses; la mandibule supérieure arrondie en dessus et terminée en crochet; la mandibule inférieure, plus courte, tronquée; les ailes allongées, subaiguës, ne recouvrant que la base de la queue; celle-ci longue, arrondie, composée de pennes raides, élastiques; les tarses courts, le doigt médian d'un tiers plus long que le tarse, et pourvu d'un ongle pectiné, le doigt externe plus long que les autres.

On compte de nombreuses espèces de Cormorans réparties dans toutes les contrées du globe, mais dont les mœurs sont les mêmes que celles des espèces européennes dont il va être question. Toutes ont un plumage dont la couleur dominante est le brun noir en dessus, noir mêlé de blanc en dessous.

LE CORMORAN ORDINAIRE (*Phalacrocorax carbo*). — **Caractères.** — La taille du Cormoran ordinaire est d'environ $0^{m},77$. Son plumage est presque entièrement d'un vert noirâtre à reflets métalliques ; la peau dénudée de la face et de la gorge est jaunâtre ; les rémiges et les rectrices sont noires, les flancs marqués d'une tache blanche ; l'iris vert ; les paupières verdâtres, les pieds noirs.

Chez les mâles, à l'époque des amours, le sommet de la tête est orné de petites plumes effilées, soyeuses, d'un blanc argentin.

Les jeunes ont un plumage d'un cendré foncé en dessus, jaunâtre ou gris clair en dessous.

Habitat. — Le Cormoran ordinaire habite l'Europe, la Sibérie et le nord de l'Amérique. D'après Degland et Gerbe, il vit sédentaire en France sur quelques points des côtes de l'Océan, et se montre de passage régulier, au printemps et à l'automne, dans beaucoup de localités de nos départements septentrionaux limitrophes de la mer.

Il se reproduit dans le Boulonnais, sur les falaises qui bordent la mer depuis Montreuil jusqu'à Dieppe, sur presque toutes les côtes rocheuses et les îles de la Bretagne, et dans les rochers de Biarritz.

Mœurs. — Les Cormorans s'établissent sur les bords de la mer, à l'embouchure des fleuves, dans les endroits où le courant est rapide et l'eau peu profonde.

Ils se réunissent parfois en bandes très nombreuses dans les régions où les Poissons abondent, car ils font de ceux-ci une destruction incroyable.

Accidentellement, quelques individus s'égarent au milieu des terres et s'y fixent, s'ils trouvent une place convenable pour pêcher selon leurs besoins.

Les Cormorans poursuivent leurs proies dans l'eau en se submergeant complètement, et en nageant avec une rapidité vertigineuse.

Une fois repus, ils regagnent la terre et vont se reposer, soit sur un arbre, soit sur un bloc de rocher. Dans certaines îles habitées par ces Oiseaux, on les voit rangés en file, comme une compagnie de soldats, assis sur la pointe des rochers et tous tournés dans la même direction.

Ils aiment à se sécher au soleil en prenant une attitude très curieuse : le corps droit, le cou rentré, les ailes entr'ouvertes.

Au point de vue de leurs instincts, on peut dire des Cormorans qu'ils sont prudents, rusés et méfiants.

Ils se montrent toujours agressifs et méchants envers les autres Oiseaux, surtout quand la jalousie et la voracité sont en jeu.

Pour établir leur nid, ils choisissent les excavations et les crevasses de rochers en des points peu accessibles ; quelquefois ils nichent sur les arbres.

Dès qu'ils se sont fixés en un endroit, ils ne s'en laissent pas facilement déloger.

Ils construisent leur nid à l'aide de branches, de joncs et autres matériaux, et ı tapissent l'intérieur d'herbes vertes.

L'époque des amours commence généralement en avril ; les œufs sont pondus ı mai. Ces œufs, au nombre de quatre ou cinq, ont une forme allongée ; ur couleur est d'un bleu verdâtre, dissimulée par une couche crétacée blan-ıâtre.

Le mâle et la femelle couvent alternativement pendant quatre semaines, et ourrissent en commun leurs petits.

Ils leur apportent une grande

Le Cormoran ordinaire.

quantité de petits Poissons qu'ils viennent dégorger dans le nid.

Aussi les jeunes Cormorans grandissent-ils très vite sous l'influence de ce régime abondant. A la mi-juin, ils prennent leur volée et sont en état de se suffire à eux-mêmes.

Chasse. — Le Cormoran ordinaire exhale une odeur forte et désagréable, dont la peau reste imprégnée, même quand elle a été séchée. Sa chair est réputée détestable, bien que les Lapons et les Arabes en fassent, paraît-il, beaucoup de cas.

Aussi cet Oiseau est-il peu chassé. Son caractère prudent, méfiant, ne permet d'ailleurs pas de le tirer facilement.

Captivité. — Les Cormorans supportent très bien la captivité, à condition qu'on mette à leur disposition une pièce d'eau très poissonneuse.

Ils sont intéressants à observer et perdent leur naturel farouche, les Chinois ont utilisé depuis longtemps cette aptitude des Cormorans à la domesticité pour les dresser à la pêche.

Ce genre de sport, dont on eut récemment le spectacle en France, se pratique de la manière suivante :

Le pêcheur se tient sur un radeau de bambous, large à peu près de 0^m,9 long de 5 à 7 mètres, et mis en mouvement à l'aide d'une rame. Quand les Cormorans doivent pêcher, le pêcheur les pousse ou les jette à l'eau, et quand ils ne plongent pas, il bat l'eau de sa rame ou même frappe les Oiseaux jusqu'à ce qu'ils aient plongé. Aussitôt que le Cormoran a un Poisson, il reparaît à la surface avec son Poisson dans le bec, dans l'intention de l'avaler; mais un fil ou un anneau de métal qui lui entoure le cou l'en empêche, et il regagne bon gré mal gré le radeau. Le pêcheur se hâte d'arriver pour ne pas laisser échapper sa proie, car il s'élève parfois, surtout quand l'Oiseau a affaire à de grands Poissons, un véritable combat entre lui et sa victime.

Quand le pêcheur se trouve assez près, il lance sur son Cormoran une espèce de filet, en forme de poche, assujetti à une perche, l'attire ainsi sur le radeau, lui prend son Poisson et, après avoir desserré l'anneau qui l'empêche d'avaler, lui donne quelque nourriture comme récompense.

Il laisse quelque repos à son Oiseau et le renvoie de nouveau au travail. Il arrive parfois que le Cormoran cherche à s'enfuir avec sa proie. Le pêcheur s'empresse alors de le poursuivre; il réussit quelquefois à l'atteindre, mais d'autres fois aussi ses tentatives sont vaines.

Quand un Cormoran a pris un Poisson trop grand pour qu'il puisse à lui seul s'en rendre maître, on en voit quelques autres accourir, ce qui amène parfois un combat, les Cormorans cherchant réciproquement à se disputer la proie.

Dans ces circonstances, l'intérêt des spectateurs est à son comble, et l'on voit des paris s'engager en faveur de l'un ou de l'autre des Oiseaux.

Utilité. — Le Cormoran doit être classé parmi les Oiseaux nuisibles à l'homme. D'une voracité remarquable, il détruit une quantité considérable de Poissons.

LE CORMORAN HUPPÉ (*Phalacrocorax cristatus*). — ***Caractères.*** — Le Cormoran huppé est d'un vert foncé à reflets bronzés, avec les scapulaires et les couvertures des ailes encadrées de noir velouté. Il porte, comme son nom l'indique, une sorte de huppe ou de toupet sur le sommet de la tête.

Habitat. — Il habite les côtes occidentales de l'Europe et quelques îles de la Méditerranée. On le rencontre aussi sur nos côtes de la Manche et de l'Océan, notamment aux îles Jersey et aux environs de Cherbourg.

Mœurs. — Ses mœurs ne diffèrent pas de celles du Cormoran ordinaire. Il niche dans les crevasses des rochers. Son nid est formé principalement de plantes marines.

LE CORMORAN PYGMÉE (*Phalacrocorax pygmæus*). — La taille de cette espèce n'est que de 0^m,50 à 0^m,55. Son plumage est d'un noir verdâtre, et parsemé à la tête, au cou et sur les jambes, d'un grand nombre de points et de traits blancs formés par des petites plumes effilées.

Habitat. — Le Cormoran pygmée habite l'Asie septentrionale et occidentale, l'Europe orientale et l'Afrique septentrionale.

Mœurs. — Il niche de préférence sur les arbres, en compagnie des Hérons, dont il aime la société.

LES ANHINGAS

Les Anhingas ont été définis avec raison, par certains auteurs, des Cormorans à bec droit.

Caractères. — Ils ont pour caractères : un corps allongé, un cou extrêmement long ; une tête petite, plate ; un bec long, droit, fusiforme, pointu, à bords dentelés vers l'extrémité, tranchant dans le reste de son étendue ; des jambes insérées très en arrière du corps ; des tarses courts, gros et forts ; des doigts larges ; des ailes relativement courtes, subaiguës ; une queue très longue, à pennes flexibles.

Habitat. — Les espèces qui composent ce genre sont disséminées les unes en Amérique, d'autres en Afrique, en Asie, en Australie. Mais toutes ont le même genre de vie.

L'Anhinga vulgaire.

L'ANHINGA VULGAIRE (*Plotus anhinga*). — ***Caractères.*** — L'Anhinga vulgaire est un peu plus grand que le Cormoran ordinaire, en raison de la longueur de sa queue. Il a la tête, le cou et toutes les parties inférieures d'un noir velouté à reflets verdâtres ; l'occiput et le front tachetés de brun gris ; le dos et la partie supérieure des ailes marqués de petites taches plus claires ; les scapulaires et les couvertures des ailes rayées longitudinalement de blanc ; les rémiges et les rectrices noirâtres ; l'iris rouge-orange foncé ; le bec brun gris en dessus, brun rouge tirant sur le jaune en dessous ; la gorge d'un jaune rougeâtre ; les tarses d'un brun gris ou jaunâtres.

Habitat. — Cette espèce habite l'Amérique du Sud et la partie méridionale d l'Amérique du Nord.

Mœurs. — Les mœurs des Anhingas ont été étudiées par divers naturalistes dans les différentes contrées du globe où se rencontrent ces Oiseaux, et les observations qu'ils ont recueillies concordent exactement avec celles qu'en a tracées Brehm, qui s'exprime ainsi :

« Les Anhingas habitent les fleuves, les lacs et les marais, dans les environs desquels se trouvent des arbres, surtout quand, au milieu de ces cours d'eau, il y a des îles boisées. Ils quittent les arbres le matin et commencent leur chasse, puis y reviennent pour y dormir ou s'y reposer; c'est sur des arbres que se trouve d'habitude leur nid. Cependant il leur arrive quelquefois de se reposer, comme les Cormorans, sur des rochers, mais c'est seulement quand ils ne peuvent trouver d'arbre. Les merveilleux marais du sud des États-Unis, d'une si prodigieuse richesse en animaux, où les fleuves et les lacs formés par les pluies, de l'Afrique centrale, de l'Asie méridionale et de la Nouvelle-Hollande, suffisent à tous les besoins de la vie, sont fréquentés par un grand nombre d'Anhingas. On ne peut pas dire que ces Oiseaux soient aussi sociables que les Cormorans, car on n'en voit presque jamais plus de dix à vingt réunis ; cependant ils se tiennent ensemble volontiers à cinq et même jusqu'à huit sur une même partie de lac, d'étang ou de rivière, et souvent plusieurs de ces petites familles se réunissent le soir sur les arbres qui leur offrent l'abri préféré pour dormir. Pendant la saison de la ponte, ils se réunissent sur les places favorables en nombre encore plus grand.

« Il n'est presque pas possible de trouver un nom mieux choisi que celui d'*Oiseau à cou de Serpent*, que les Hottentots ont donné aux Anhingas. Leur cou rappelle réellement le Serpent, mais encore il se meut d'une manière analogue. Quand l'Oiseau nage entre deux eaux, il se transforme lui-même en Serpent, et quand il se prépare à se défendre ou à attaquer un ennemi, il lance son cou en avant avec une rapidité tellement foudroyante, qu'on ne peut s'empêcher de penser à l'attaque de la Vipère.

« Tous les Anhingas déploient leur puissance d'action sur l'eau ; ce sont des nageurs consommés et des plongeurs plus parfaits encore. Un Cormoran n'est qu'un maladroit auprès d'eux. Ils l'emportent sur tous, du moins dans leur ordre, quoiqu'il me paraisse difficile qu'ils soient dépassés par un autre plongeur ou nageur. Lorsqu'ils peuvent pêcher sans être distraits et qu'ils se sentent en sûreté, ils nagent en enfonçant à moitié leur corps au-dessous de la surface ; mais sitôt qu'ils aperçoivent un homme ou un animal dangereux, ils s'immergent si profondément qu'il n'y a plus que leur cou mince qui se montre à la surface.

« Le vol des Anhingas ressemble à un tel point à celui des Cormorans qu'il arrive de confondre les deux genres d'Oiseaux. Ce vol paraît se faire sans effort, et néanmoins il est très rapide et se soutient longtemps.

« Pendant la saison des amours, l'Anhinga s'élève, d'après Audubon, à des hauteurs si considérables qu'il échappe quelquefois à l'œil, et décrit en se jouant des courbes, pendant des heures entières. Aux heures de midi, il se repose, à la manière des Cormorans, sur des branches sèches ou sur les îles rocheuses du

›uve, déploie les ailes, et s'évente avec elles de temps en temps, comme pour rafraîchir. Tout Anhinga qui voit un de ses congénères dans cette position, manque jamais de se réunir à lui; c'est pourquoi une place choisie pour lieu repos, au milieu du fleuve, est couverte, d'habitude, à certaines heures, par usieurs Anhingas qui la signalent de loin. Ces Oiseaux tiennent à ces places ›ec autant d'entêtement qu'à celles qu'ils choisissent pour dormir et aux-ıelles ils reviennent toujours, même lorsqu'on les en a chassés plusieurs fois. »

Ils sont sociables avec leurs congénères de la même espèce, mais ils se tien-ent à l'écart des autres Oiseaux vivant dans les mêmes lieux : Pélicans, Cor-ıorans, Frégates.

Leur façon de pêcher est la même que celle des Cormorans.

Ils nichent généralement sur les arbres.

En captivité, ils se comportent comme les Cormorans.

LES FRÉGATIENS

Les Frégatiens ont la mandibule inférieure recourbée à l'extrémité dans le ıême sens que la supérieure; des tarses recouverts par les plumes allongées .es jambes; des membranes interdigitales échancrées ; une queue généralement ourchue.

Leurs habitudes sont aussi un peu différentes de celles des Pélécaniens.

LES FREGATES

Les Frégates sont ainsi appelées à cause de leurs formes élancées et de leur vol rapide, par analogie avec les vaisseaux du même nom et qui sont les plus fins voiliers.

Caractères. — Elles ont un bec robuste, plus long que la tête, droit, mais à pointe fortement crochue ; des narines basales, courtes ; des ailes très longues, suraiguës ; une queue allongée et fourchue ; des tarses très courts, en grande partie cachés par les plumes des jambes ; des doigts réunis par une palmature dans leur moitié postérieure seulement ; le médian plus long que le tarse ; des ongles aigus et recourbés.

Leurs allures et leurs mœurs sont en rapport avec ces caractères très particuliers.

LA FRÉGATE MARINE (*Fregata marina*). — ***Caractères.*** — La Frégate marine mesure environ un mètre de long. Le mâle et la femelle adultes ont tout le plumage d'un noir à reflets verts et bleuâtres ; les parties dénudées de la gorge et du bec sont rouges, les pieds d'un rouge brun, l'iris noir.

Les jeunes ont la tête et le cou blancs, le reste du plumage semblable à celui des adultes.

Habitat. — L'aire de dispersion de cet Oiseau est limitée aux régions intertropicales.

Mœurs. — La Frégate marine, désignée aussi sous le nom de *Frégate-Aig*[illegible] ou *Aigle de mer*, est considérée par la plupart des naturalistes comme l'Oisea[illegible] dont le vol est le plus rapide.

C'est cette rapidité du vol et l'habitude qu'elle a de planer dans les airs q[illegible] lui ont valu les appellations précédentes ; on ne peut la comparer sous ce rappo[illegible] qu'aux grands Oiseaux de proie.

Elle se nourrit exclusivement de Poissons

La Frégate marine.

qu'elle saisit à la surface de l'eau, ou à de petites profondeurs, en fondant sur eux avec la vitesse d'une flèche.

Elle poursuit les Fous, les Mouettes, et leur ravit les proies qu'ils ont capturées.

Son territoire de pêche n'est jamais bien éloigné du rivage, car elle recherche les endroits où l'eau est peu profonde.

Lorsqu'elle est rassasiée, elle gagne quelque pointe de rocher, ou un arbre élevé sur la côte, et là, dans une immobilité absolue, elle se livre tranquillement à la sieste.

Ses allures sur le sol sont maladroites ; elle ne nage pas non plus. On voit donc combien son genre de vie est étroitement spécialisé.

La frégate marine niche en colonies de plusieurs centaines d'individus dans les excavations des rochers ou sur les arbres, en des localités toujours les mêmes, où les générations se succèdent depuis des temps infinis.

Les nids sont formés de petites bûchettes détachées des arbres, ou enlevées d'anciens nids, et assemblées avec art; ils sont placés le plus près possible a bord de l'eau. La ponte est habituellement de deux œufs d'un blanc teint rfois de rougeâtre ou de verdâtre. Le développement des jeunes est très lent.

Captivité. — On connaît peu le genre de vie des Frégates captives; les habints de la Caroline parviennent, dit-on, à apprivoiser cet Oiseau.

LES PHAÉTONIDÉS

Les Phaétonidés forment une famille intermédiaire entre les Pélicans et les lbatros. Par leurs caractères morphologiques, ils se rapprochent davantage des remiers, mais, par leurs œufs, ils sont très voisins des seconds.

Ils ont un vol aisé, précipité, interrompu souvent par des sortes de chutes; ais ils planent rarement. Ils s'aventurent assez loin en mer et capturent les oissons dont ils font leur nourriture à la manière des Cormorans.

Cette famille ne comprend qu'un seul genre.

LES PHAÉTONS

Caractères. — Les Phaétons sont des Oiseaux de taille moyenne. Leur bec, lus long que la tête, est droit, pointu, terminé par un petit crochet, moyennenent fendu, dentelé sur les bords, non sillonné en dessous; leurs narines basales, ourtes; leurs ailes allongées, suraiguës; leur queue est prolongée par les deux ectrices médianes qui simulent de loin deux brins de paille, d'où le nom de *Paille-en-queue* employé parfois pour désigner ces Oiseaux. Leurs tarses sont courts, les doigts antérieurs réunis par une membrane, le pouce court et faible. Les différentes espèces de ce genre habitent les mers tropicales.

LE PHAÉTON ÉTHÉRÉ (*Phaëton æthereus*). — ***Caractères.*** — Cet Oiseau mesure environ $0^m,90$ dont près de $0^m,50$ pour les longues plumes latérales de la queue. Son plumage, bigarré suivant un mode très compliqué, est en dessous d'un blanc teinté de rose, en dessus il est ondulé de noir; le bec est rouge de corail; l'iris brun noir; les tarses, les doigts et la palmure rouges dans leur quart postérieur, noirâtres dans le reste de leur étendue.

Habitat. — Le Phaéton éthéré ne s'éloigne guère de la zone torride; aussi les navigateurs le désignent-ils sous le nom d'*Oiseau des tropiques*.

Mœurs. — Tous les naturalistes sont unanimes à admirer la grâce et le vol aisé de cet Oiseau.

« Quand ils ne sont pas inquiétés, dit Bennett, ils accompagnent souvent les navigateurs des jours entiers, jusqu'à ce que le bâtiment ait dépassé leur circonscription ou qu'une autre cause les force à s'en éloigner. Toute leur puissance de mouvement se déploie dans la pêche aux Poissons.

« Comme les grands Sternidés, ils se balancent sur la même place, guettent avec attention ce qui se passe au-dessous d'eux et fondent tout à coup, les ailes déployées, et presque perpendiculairement, sous l'eau, avec tant de force qu'i[ls] disparaissent et s'enfoncent à une profondeur de quelques pieds, ce qui nécessit[e] un grand travail des ailes et des jambes pour se relever. »

Cependant quelque[s] autres observateur[s] affirment qu'en se pré[-]cipitant sur sa proie, i[l] ne se laisse jamais sub[-]merger.

La reproduction des Phaétons a lieu à des époques différentes selon les régions.

Le Phaéton éthéré.

D'après Bennett, elle commence en août et septembre, pour l'Australie ; d'après Wedderburn et Hurdis, en mars et avril, aux îles Bermudes, et aux îles Bahama à peu près à la même époque. Ces Oiseaux préfèrent certaines îles aux autres, et particulièrement celles que l'homme ne fréquente pas. On a remarqué que là où ils ne sont pas dérangés, ils déposent tout simplement leur œuf par terre, sous d'épais fourrés ; tandis qu'ils choisissent les excavations et les crevasses des rochers dans les îles fréquentées. Chaque couple ne pond qu'un seul œuf, dont le fond est d'un brun-chocolat assez clair que relèvent des taches et de petits points plus ou moins grands et d'un brun plus ou moins foncé. Le mâle et la femelle couvent tous deux et avec tant de zèle qu'ils ne s'envolent pas à l'arrivée d'un homme, et qu'ils se contentent de chercher à se défendre avec leur bec : ils finissent même quelquefois par devenir agressifs. Les individus qui couvent par terre quittent leur œuf à midi, tandis que ceux qui ont choisi des excavations pour nicher, couvent à cette même heure de midi. Les petits, d'après Bennett, ressemblent plus à une houppe à poudrer qu'à un Oiseau : ils sont ronds comme une balle et recouverts d'un abondant duvet, d'une grande souplesse et d'une blancheur de neige. Plus tard, il revêtent leur livrée de premier âge.

Ils sont alors tachetés, et ce n'est qu'à la suite de plusieurs mues que leur plumage devient d'une blancheur absolue.

C'est à la troisième année qu'apparaissent ces belles couleurs roses en même temps que poussent les longues pennes de la queue.

Les Mouettes

On comprend sous le titre de *Mouettes*, le deuxième groupe des Palmipèdes, la *Palmipèdes longipennes*.

Tous les genres de ce groupe sont intimement liés par l'ensemble de leurs caractères morphologiques, par leur genre de vie et leurs allures, à un tel point qu'on peut les désigner collectivement sous l'appellation vulgaire de *Mouettes*.

Leur organisation est appropriée à un vol rapide, aisé, longtemps soutenu, qui leur permet de s'éloigner à des distances considérables des côtes. Ils nagent facilement, mais ne plongent pas.

Leurs ailes sont longues, aiguës, effilées, dépassant l'extrémité de la queue; leur bec solide, à bords tranchants.

On peut considérer les Palmipèdes longipennes comme les *Rapaces de la mer*.

La plupart se nourrissent surtout des cadavres d'animaux qui flottent à la surface de la mer.

D'autres chassent surtout les Insectes, ont des mœurs crépusculaires et assez semblables à celles des Hirondelles et des Martinets.

Ces Oiseaux passent toute leur existence en pleine mer ; ils ne fréquentent les rivages qu'à l'époque de la reproduction.

Les jeunes sont longtemps nourris dans le nid par les parents, avant de pouvoir prendre leur essor.

Les Palmipèdes longipennes comprennent deux grandes familles :

1° Les Albatros et les Pétrels ou *Procellaridés* ;

2° Les Goélands et les Mouettes ou *Laridés*.

LES PROCELLARIDÉS

Caractères. — Les Procellaridés ont pour caractères essentiels un bec renflé et crochu, composé en apparence de plusieurs pièces articulées; des narines tubulaires; un pouce nul ou remplacé par un ongle rudimentaire.

Ce sont des Oiseaux pélasgiens par excellence : toute leur existence se passe en mer, à une grande distance des côtes; ils ne viennent à terre que pour se reproduire.

On les divise en deux sous-familles : les Diomédiens et les Procellariens.

Pl. L. — L'Albatros hurleur (Texte, p. 302).

LES DIOMÉDIENS

Chez les Diomédiens, les narines s'ouvrent à l'extrémité de deux tubes tr courts, situés de chaque côté de la mandibule supérieure, dans une longue profonde rainure; le pouce fait défaut.

Cette sous-famille ne comprend qu'un seul genre.

LES ALBATROS

Caractères. — Indépendamment des caractères propres à la famille, le Albatros ont un corps robuste; un bec plus long que la tête, comprimé, à man dibule supérieure profondément sillonnée, à bords tranchants et se terminar par une pointe fortement crochue, à mandibule inférieure tronquée à l'extrémit de manière à s'emboîter dans le crochet de la mandibule supérieure; des aile très longues, subaiguës; une queue courte ou arrondie; des tarses courts épais, réticulés, le doigt médian beaucoup plus long que le tarse; des ongle faibles et droits.

Ces Oiseaux ont, malgré leur taille gigantesque, un vol facile et vigoureux Aussi les navigateurs leur ont-ils donné le nom de *Vaisseaux de guerre*.

Toutes les espèces sont propres aux mers australes et à l'Océan pacifique.

L'ALBATROS HURLEUR (*) (*Diomedea exulans*). — ***Caractères.*** — L'Albatro hurleur, vulgairement connu sous le nom de *Mouton du Cap*, mesure enviro $1^{m},70$ de long. Tout son plumage est blanc, à l'exception des ailes qui son brunes; le bec est jaune, les pieds d'un jaune rougeâtre.

Les jeunes ont d'abord un plumage brun, puis tacheté, avant de prendre l livrée des adultes.

Habitat. — Cet Oiseau habite, comme ses congénères, les mers australes. Ce n'est que très exceptionnellement que quelques individus s'égarent sur nos côtes.

Mœurs. — Bien qu'on ne puisse considérer l'Albatros comme un Oiseau migrateur, on a cependant constaté qu'il effectuait parfois d'assez longs voyages et s'avançait au nord jusqu'au détroit de Behring.

Tous les naturalistes s'accordent à admirer le vol de ce *Vautour des mers*.

« C'est un beau spectacle, dit Bennett, de voir cet Oiseau magnifique, plein d'énergie et de grâce, doué d'une force exceptionnelle, voguer dans les airs. C'est à peine si l'on remarque un mouvement des ailes après le premier essor et l'élan qui porte ce puissant Oiseau dans les airs; on suit son ascension et sa descente, dont les différents mouvements semblent opérés par une même puissance, à laquelle il ne paraît appliquer en rien sa force musculaire. Il frôle presque en

(*) Pl. L. — L'Albatros hurleur (Planche, p. 301).

lanant le gouvernail des bateaux, et cela avec une hardiesse incroyable. Quand voit un objet flotter, il fond sur lui les ailes largement déployées, s'en empare, age quelque temps, puis se relève, se met à tournoyer et reprend son exploraon... Dans ses mouvements, dit-il à un autre endroit, l'on ne remarque aucun ffort, mais de la force et de l'énergie réunies à une grâce toujours égale. Il illonne les airs très gracieusement, se penche d'un côté à l'autre, rase les vagues nouvantes de si près qu'il semble y mouiller ses ailes; puis il se remet à planer avec la même liberté et la même facilité d'allures. Son vol est si rapide, qu'on ne l'aperçoit plus que dans un grand lointain, quelques instants après qu'il a passé devant le navire, montant et descendant avec les vagues, et parcouant un immense espace en quelques secondes. »

Ses qualités de nageur ne sont pas moins remarquables; il flotte légèrement à a surface des vagues, et avance avec rapidité; il lui est plus difficile de plonger. Lorsqu'il veut prendre son essor, il est obligé de parcourir d'abord un certain espace avec une extrême rapidité en courant à la surface des flots.

L'Albatros est, de tous les Procellaridés, celui qui s'aventure le plus loin en pleine mer. On le rencontre à des distances immenses des côtes.

Sa nourriture consiste surtout en Mollusques céphalopodes, mais il recherche aussi les cadavres des grands animaux marins : Phoques, Baleines, etc. Aussi le nom de *Vautour des mers*, que lui ont donné quelques auteurs, est-il parfaitement mérité.

Il accomplit dans l'Océan l'œuvre d'assainissement qui est dévolue sur les continents à certains Oiseaux de proie.

C'est sa voracité incroyable qui l'oblige à parcourir des espaces aussi étendus, à la recherche de quelque cadavre isolé; c'est elle aussi qui le pousse à attaquer les petits Oiseaux de mer, pour leur ravir les proies qu'ils ont capturées. On le voit souvent suivre les navires, pour happer les résidus de toute nature que l'on jette par-dessus bord.

Les longues tempêtes, bien loin de lui être favorables, l'empêchent au contraire de chercher sa nourriture, et c'est surtout à ce moment qu'on le voit s'approcher des navires.

M. Marion de Procé, cité par Degland, raconte en ces termes la rencontre qu'il fit d'un bande d'Albatros occupée à dépecer le cadavre d'un énorme Cétacé :

« Les uns, dit-il, volaient majestueusement autour de notre navire; d'autres, reposés sur l'eau, le regardaient passer avec indifférence ; quelques-uns s'enfuirent, mais la plupart restèrent autour du cadavre, sans paraître s'apercevoir de notre passage. Le canot mis à la mer, nous fûmes bientôt au milieu des Albatros : là nous pûmes choisir nos victimes. On les eût pris à la main, si on n'avait pas craint leurs morsures ; mais pour éviter ce danger, nous les étourdissions d'un coup d'aviron. »

L'Albatros hurleur se reproduit aux mois de novembre et de décembre. Il choisit, pour nicher, les versants des collines couvertes d'herbes. Son nid est composé de roseaux, d'herbes sèches et de feuilles, ces matériaux étant plus ou moins bien assemblés dans une légère dépression.

. La ponte n'est généralement que d'un seul œuf.

L'ALBATROS CHLORORHYNQUE. — Cette espèce a le même habitat que l'Albatros hurleur. Ses mœurs n'offrent de particularité que dans la construction de son nid, qui, paraît-il, est fait de substances végétales et de boue.

Chasse. — On peut capturer facilement les Albatros en mettant à profit leur grande voracité. Il suffit de leur lancer un hameçon attaché à une ficelle et amorcé avec un peu de viande. Ils se précipitent sur cette proie inattendue et se font prendre.

LES PROCELLARIENS

Les Procellariens sont caractérisés par la forme de leurs narines, lesquelles s'ouvrent à l'extrémité d'un tube unique ou de deux tubes adossés l'un à l'autre au-dessus de la mandibule supérieure, et par l'atrophie de leur pouce, celui-ci représenté seulement par un ongle rudimentaire.

Ces Oiseaux ont une existence essentiellement pélasgique. L'agitation qu'ils manifestent à l'approche des tempêtes leur a valu le nom d'*Oiseaux des tempêtes*.

LES PÉTRELS

Caractères. — Les Pétrels ont pour caractères : un bec plus court que la tête, épais, renflé à la base, comprimé et crochu à la pointe; la mandibule supérieure garnie sur son bord interne de lamelles courtes et obliques, la mandibule inférieure creusée en gouttière, tronquée et relevée à l'extrémité; des narines proéminentes s'ouvrant par un seul orifice; des ailes longues, suraiguës; une queue courte, arrondie ou conique; des jambes très dénudées, des tarses médiocres, réticulés; les doigts antérieurs réunis par une palmure, le médian plus long que le tarse; le pouce remplacé par un ongle court, acéré.

LE PÉTREL GLACIAL (*Procellaria glacialis*). — ***Caractères.*** — Le Pétrel glacial ou *Fulmar* a la tête, le cou et le dessous du corps d'un blanc pur, les parties supérieures du corps d'un bleu cendré, les ailes noirâtres; le bec jaune, les pieds nuancés de bleuâtre et de jaune; l'iris brun.

La femelle porte le même plumage que le mâle.

En automne, les deux sexes ont la tête et le cou teintés de cendré clair; les parties supérieures plus foncées qu'en été.

La taille de cet Oiseau est d'environ 0^{m},43.

Habitat. — Il habite les mers glaciales de l'hémisphère nord. Il apparaît accidentellement sur nos côtes, quand il y est jeté par les tempêtes.

Mœurs. — Le Pétrel glacial, de même que l'Albatros, ne s'approche de la terre ferme qu'à l'époque de la reproduction. Le reste de l'année, il passe son existence en pleine mer. Doué d'un vol puissant, il glisse, pour ainsi dire, en planant à la surface des flots, ne battant des ailes que pour s'élever.

Il se maintient dans les airs par les plus grandes tempêtes, sans presque se reposer.

Il nage aussi avec une grande adresse dans les courants rapides, au milieu des écueils; mais il ne plonge pas.

Le Pétrel glacial ne craint point cependant le voisinage de l'homme; il vient fréquemment voltiger autour des navires.

« Lorsqu'on dépèce une Baleine, dit Holboll, cet Oiseau est si audacieux que l'on pourrait en tuer des milliers, avec des avirons et des gaffes. Il témoigne le même mépris du danger quand il est sur son nid, dont il n'est presque pas possible de l'éloigner. Il est très sociable à l'égard de ses pareils; aussi, quand les observateurs le rencontrent isolé, le considèrent-ils comme égaré. Il ne s'occupe guère des autres Oiseaux, quoiqu'il vole au milieu d'eux et qu'il se reproduise sur les mêmes montagnes. »

Sa nourriture se compose de Mollusques, de Poissons morts, de cadavres d'animaux marins: Phoques, Baleines.

Le Pétrel glacial niche dans les hautes régions du nord de l'Europe, notamment à Saint-Kilda, l'une des Hébrides, en Islande et au Spitzberg.

Il construit son nid dans des trous de rochers, sur les hautes falaises. Sa ponte n'est que d'un seul œuf d'un blanc pur.

Le Pétrel glacial.

Les jeunes Pétrels sont, à la naissance, couverts d'un long duvet bleu grisâtre. Quand on veut les prendre, ils lancent un jet de salive visqueuse d'odeur désagréable.

Chasse. — Il n'est pas bien difficile de se procurer des Albatros, car ces Oiseaux sont très peu farouches. Vers la fin d'août, les petits deviennent très gras; ils se dispersent alors sur les écueils où on peut les massacrer par milliers. Les habitants de la baie d'Hudson les salent et s'en nourrissent, bien que leur chair soit d'un goût détestable.

Le Pétrel du Cap (*Procellaria capensis*). — Le Pétrel du Cap, appelé aussi *Pétrel Damier*, à cause de son plumage tacheté de noir et de blanc, habite l'hémisphère austral.

Ses mœurs ne diffèrent pas de celles du Pétrel glacial.

Le Pétrel Hasite (*Procellaria Hasitata*). — Cette espèce est propre aux mers des Indes.

Les Ossifrages. — Près du genre Pétrel se rangent les Ossifrages, ou *Briseur d'os*, qui ne s'en distinguent que par leur forte taille, leur bec puissant, renflé très tranchant sur les bords.

Ils appartiennent aussi aux mers de l'hémisphère sud.

LES PUFFINS

Caractères. — Les Puffins ne se distinguent des Pétrels que par leur mandibule inférieure pointue et courbée en bas dans le sens de la mandibule supérieure; par leurs narines ouvertes à l'extrémité de deux tubes distincts, par leurs tarses plùs courts, de la longueur du doigt médian.

Leurs habitudes sont crépusculaires et nocturnes. Le jour ils se tiennent cachés dans des trous de rochers.

LE PUFFIN DES ANGLAIS (*Puffinus Anglorum*). — ***Caractères.*** — Le Puffin des Anglais mesure environ $0^{m},35$ de long. Il a le dessus et les côtés de la tête, le dessus du cou et tout le reste des parties supérieures, y compris le

Le Puffin des Anglais.

ailes et la queue, d'un brun noir lustré; le dessous du cou et du corps d'un blanc pur; les côtés de la région anale et les barbes externes des sous-caudales latérales d'un brun noirâtre; le bec gris noirâtre, l'iris brun; les pieds jaunâtres.

Habitat. — Il habite les mers septentrionales de l'Europe et de l'Amérique. On le rencontre aussi, mais moins communément, sur une partie des côtes occidentales de l'Afrique.

Mœurs. — Le Puffin des Anglais attire l'attention par la rapidité et l'impétuosité de son vol. Il tourne et se meut non seulement de tous les côtés, mais aussi de haut en bas, de telle façon que tantôt on aperçoit son dos de couleur sombre, tantôt son ventre blanc. Il s'élance parfois sur les vagues, les traverse, puis s'élance de nouveau dans les airs.

Ces évolutions rapides et variées sont surtout intéressantes à observer lorsqu'une troupe nombreuse de ces Oiseaux prend ses ébats en pleine mer : tandis que les uns disparaissent dans les flots, d'autres s'élancent dans les airs, ou glissent avec rapidité entre les vagues, et la vivacité, la variété des allures de tous ces Oiseaux forme un spectacle charmant.

Les Puffins passent presque toute leur existence en pleine mer. Au mois de mai, ils s'approchent des côtes pour se reproduire. Ils nichent dans les trous des rochers, ou bien ils creusent, à l'aide de leur bec, un profond sillon qu'ils tapissent de quelques herbes, et y pondent un seul œuf d'un blanc pur.

Le mâle et la femelle couvent avec ardeur pendant plusieurs semaines. Quand on les approche, ils ne s'enfuient pas, mais ils manifestent leur colère par des cris étranges rappelant l'aboiement d'un Chien ; en même temps ils prennent leur posture de combat, relèvent la queue en éventail, et lancent à leur agresseur de vigoureux coups de bec.

Les petits naissent couverts d'un long et épais duvet d'un gris brun.

Leur développement se fait très lentement ; ils ne peuvent sortir du nid qu'à l'âge de plusieurs mois. Mais à ce moment ils sont fort gras et leur chair est très estimée.

Chasse. — Les Puffins adultes sont difficiles à chasser, en mer, à cause de leur incessante activité. On capture plus facilement ces Oiseaux à l'aide d'hameçons amorcés, comme on le fait pour l'Albatros.

LE PUFFIN CENDRÉ (*Puffinus cinereus*). — Le Puffin cendré a un plumage très semblable à celui du Puffin anglais.

Il habite l'océan Atlantique et la Méditerranée. Il vient se reproduire dans les îles qui avoisinent Marseille, Toulon, Hyères. Il niche dans les trous de rochers et pond sur le sol, sans construire de véritable nid, un seul œuf blanc grisâtre.

Sa nourriture se compose de Poissons, de Mollusques et de Crustacés qu'il saisit en rasant la surface de l'eau.

De même que les autres espèces, le Puffin cendré ne sort des rochers qu'au crépuscule, et déploie toute son activité à l'approche des tempêtes.

LE PUFFIN MAJEUR (*Puffinus major*). — Cette espèce habite aussi l'océan Atlantique. Elle est très commune en Islande et à Terre-Neuve.

LE PUFFIN YELKONAN. — Sur les côtes de la mer Noire se rencontre aussi une espèce de Puffin très voisine des précédentes et que l'on appelle le Puffin Yelkonan.

LE PUFFIN OBSCUR. — Il habite particulièrement le golfe du Mexique et les côtes de la Floride.

LES THALASSIDROMES

Caractères. — Les Thalassidromes sont des Procellariens de petite tai dont les ailes ressemblent à celles des Hirondelles, d'où le nom de *Pétr Hirondelles* donné à ces Oiseaux.

Leur bec est petit, faible, mais fortement crochu; leurs narines s'ouvr par un seul orifice; leurs ailes sont étroites, aiguës; leur queue médiocre; le tarses grêles.

Ils ont des mœurs et des habitudes très semblables à celles des Puffins et d Pétrels.

Les différentes espèces ont presque toutes un plumage identique d'un br de suie. Elles se distinguent entre elles par la forme de la queue et la longue des tarses.

Degland établit les trois divisions suivantes :

1° Espèces chez lesquelles la queue est égale, un peu plus courte que l ailes, et dont le doigt médian, y compris l'ongle, est plus long que le tarse
Thalassidrome tempête

2° Espèces chez lesquelles la queue est égale, bien plus courte que les aile et dont le doigt médian, y compris l'ongle, est beaucoup plus court que le tarse
Thalassidrome de Leach

3° Espèces chez lesquelles la queue est fourchue, et dont le doigt médian y compris l'ongle, est à peu près de la longueur d tarse :
Thalassidrome cul-blanc
Thalassidrome de Bulwer

LE THALASSIDROME TEMPÊTE (*Thalassidroma peligica*). — ***Caractères.*** — Le Thalassidrome tempête a presque tout son plumage d'un brun de suie, à l'exception des plumes latérales du bas-ventre qui sont blanches avec la pointe noire. Les grandes couvertures des ailes et les rémiges secondaires sont ordinairement bordées de blanchâtre; les rectrices latérales blanchâtres à la base. Le bec, les pieds et l'iris sont noirs.

Le Thalassidrome tempête.

La taille de cet Oiseau est d'environ 0m,15.

Habitat.— Le Thalassidrome tempête est répandu sur toutes les mers d'Europe.

Mœurs. — La singularité de ses habitudes et la couleur de son plumage ont été la source d'une foule de légendes et lui ont valu les noms les plus divers : *Hirondelle de tempête*, *Oiseau de Saint-Pierre*, *Oiseau diable*, etc.

Il se montre surtout le soir, ou à l'approche d'un ouragan. On le voit suivre en bandes nombreuses le sillage des navires, saisissant les proies que l'agitation de la mer ramène à la surface : petits Mollusques et Crustacés, fretin de Poissons.

Il vole avec une grande vitesse, ou plane au-dessus des flots, effleurant les vagues de ses pieds, ou en parcourant les sinuosités comme l'Alouette parcourt les sillons des champs.

Il vient se reproduire à terre dans les îles ou sur les côtes rocheuses.

En France, on le voit nicher sur les côtes de la Bretagne et de la Provence. La femelle pond un seul œuf dans un trou de rocher, sans construire un nid véritable. Après l'éclosion, la femelle abandonne son petit pendant la journée, mais vient chaque nuit lui apporter à manger.

Lorsqu'on veut s'emparer d'un de leurs petits, ils lancent à l'agresseur un jet de salive visqueuse d'une odeur insupportable. C'est là leur seul moyen de défense.

Il semble qu'il y ait plusieurs couvées par an.

LE THALASSIDROME OCÉANIEN, OU DE LEACH (*Thalassidroma oceanica*). — Cette espèce est d'une taille un peu supérieure à celle du Thalassidrome tempête, mais son plumage en diffère très peu.

Elle se tient de préférence sur les côtes de l'Amérique, particulièrement dans le golfe du Mexique, les Antilles.

LE THALASSIDROME CUL-BLANC (*Thalassidroma leucorhoa*). — Il habite principalement les Orcades et Terre-Neuve, et n'apparaît que très accidentellement dans les mers d'Europe. Son régime paraît se composer principalement de Poissons.

LE THALASSIDROME DE BULWER (*Thalassidroma Bulweri*). — Cette espèce se reconnaît à son plumage complètement noir en dessous. Elle se rencontre surtout près des côtes de l'Afrique occidentale. Elle niche à Madère et aux Canaries où on lui fait la chasse après l'époque de la reproduction. Les habitants s'emparent des jeunes encore au nid et les salent pour s'en nourrir. Les chasseurs sont guidés, dans leur recherche, par l'odeur fétide qui s'exhale des trous de rochers qui recèlent ces Oiseaux.

LES GOÉLANDS OU LARIDÉS

Caractères. — Les Laridés sont caractérisés par un bec de longueur variable, comprimé, droit ou légèrement courbé à l'extrémité, à bords tranchants et lisses; des narines percées de part en part dans la substance cornée du bec; des doigts au nombre de quatre, les antérieurs unis par une palmature entière, pouce, quand il existe, libre et articulé sur le tarse.

Ces Oiseaux vivent autant sur les rivages qu'en pleine mer, mais ils s'éloigne souvent à une distance considérable des côtes.

Ils s'assemblent généralement en grand nombre pour nicher.

Leurs habitudes sont diurnes.

On peut les répartir en quatre sous-familles naturelles qui sont :

Les Stercoraires ou *Lestridiens*;

Les Goélands ou *Lariens*;

Les Sternes ou *Sterniens*;

Les Becs-en-ciseaux ou *Rhynchopiens*.

LES LESTRIDIENS

A cette sous-famille appartiennent les genres caractérisés par la présenc d'une membrane ou *cire* très développée qui enveloppe une grande partie d bec, et par une queue cunéiforme.

LES STERCORAIRES

Caractères. — Les caractères de ce genre sont les suivants : bec un peu moins long que la tête, robuste, à mandibule supérieure terminée par un onglet crochu qui paraît surajouté, à mandibule inférieure anguleuse à la rencontre de ses branches; narines latérales, linéaires, obliques, plus raprochées de la pointe du bec que de la base; ailes longues, pointues, suraiguës; queue inégale, les deux rectrices médianes souvent très prolongées; tarses médiocres, grêles, de la longueur du doigt médian; pouce court, touchant à peine le sol, ongles grands et crochus.

Les Stercoraires ont des mœurs bien différentes de celles des autres Laridés. Ce sont des Oiseaux voraces, querelleurs, hardis, poursuivant les Sternes, les Mouettes et autres Oiseaux de mer pour leur ravir les proies qu'ils ont capturées.

Ils vivent isolés, et ne s'attroupent qu'à l'époque de la reproduction.

Le plumage des différentes espèces est sujet à de grandes variations suivant l'âge, les saisons, et même suivant les individus.

Le mâle et la femelle portent cependant la même livrée.

LE STERCORAIRE OU LABBE CATARACTE (*Stercorarius catarractes*). — **Caractères.** — Cet Oiseau mesure environ 0^{m},57 de long. Son plumage est, en dessus, d'un brun foncé rayé de roux de rouille; en dessous d'un brun cendré nuancé de roussâtre; les plumes de la nuque et du cou sont effilées, comme usées, celles du reste du corps sont, au contraire, arrondies; l'iris est brun rougeâtre, le bord libre des paupières garni de plumes blanches, le bec brun à la base, noir à la pointe; les pieds noirâtres.

Habitat. — Le Labbe cataracte habite les mers arctiques et antarctiques.

Mœurs. — Il attire l'attention par la rapidité et l'adresse de ses mouvements. Il court vite, nage avec vigueur; il vole en fendant l'air avec rapidité, plane sans battements d'ailes. En somme, il a toutes les allures d'un Oiseau de proie.

C'est en effet le prédateur le plus terrible parmi tous les Oiseaux pélasgiens; il ne vit en bonne intelligence avec aucun autre.

Sa voracité est en rapport avec son besoin incessant d'action; il est toujours en chasse, soit qu'il vole, soit qu'il nage. N'aperçoit-il pas d'Oiseau dans les environs, il va lui-même en chasse, fond sur les Poissons, court sur le rivage et recueille tout ce que les flots ont rejeté, ou attrape, sur le bord, des Vers et des Insectes. Aussitôt qu'il aperçoit de loin d'autres Oiseaux de mer piscivores, il accourt vers eux, les observe, attend qu'ils aient fait une proie, fond sur eux, les attaque, et cela avec autant de force et d'adresse que de courage et d'audace, et continue ses poursuites jusqu'à ce que les Oiseaux lui abandonnent le butin qu'ils viennent de faire. Il lui arrive même fréquemment de s'emparer aussi de l'Oiseau qu'il tourmente.

Graba raconte qu'un Labbe brisa d'un coup de bec le crâne d'un Macareux. D'après d'autres observateurs, on l'a vu quelquefois étrangler des Mouettes et des Plongeons lummes, et les déchirer en morceaux. Il s'attaque aux Oiseaux morts ou malades qui flottent sur la mer; et s'il épargne les valides, c'est que ceux-ci se sauvent en plongeant dès qu'il approche. Il pille hardiment les nids des Oiseaux qui couvent, et emporte non seulement les œufs, mais les jeunes et les vieux qu'il y trouve.

Un individu que Degland conserva en captivité, avalait des Chats nouveau-nés vivants, sans les dépecer.

C'est au milieu de mai que les couples se dirigent pour se reproduire, soit sur les plateaux des montagnes, soit vers les versants recouverts d'herbe et de mousse. Ils s'y confectionnent un nid de forme circulaire, en herbe ou en mousse. La ponte a lieu en juin; elle est de deux œufs, d'un vert jaunâtre sale, tachetés de brun. Une place à couver, que visita Graba, était peuplée de près de cinquante couples. Nul autre Oiseau ne vient jamais nicher dans le voisinage immédiat du Labbe cataracte, car tous redoutent ce dangereux voisin. Le mâle et la femelle couvent à tour de rôle pendant quatre semaines environ; au commencement de juillet, on trouve dans la plupart des nids les jeunes recouverts de leur duvet d'un gris brunâtre. A l'approche d'une personne, ils quittent leur nid avec toute la rapidité dont ils sont capables, sautillent, courent, s'élancent à terre et se cachent. Les vieux, à l'arrivée de l'ennemi, s'élèvent dans les airs en poussant des cris terribles et fondent sur lui avec une ardeur incomparable. Ils redoutent aussi peu l'homme que le Chien, et administrent même souvent au premier de terribles coups sur la tête. Les habitants de Féroë, prétend Graba, portent sur leur chapeau un couteau sur lequel les vieux viennent s'embrocher dans leur élan. A mesure que l'on approche du nid, les vieux entourent de plus près leur importun visiteur, et finissent par se lancer sur lui obliquement, à tel point que l'on se baisse instinctivement pour éviter un coup sur la tête.

Les jeunes sont nourris, au début, de Mollusques, de Vers, d'œufs et d'autres aliments de même nature, réduits en pâtée dans le jabot, puis ils reçoivent petits morceaux de viande et de Poisson, ou de jeunes Oiseaux; ils mang aussi, lorsqu'ils sont devenus assez indépendants, les différentes baies qui po sent dans les environs de leur nid. A la fin d'août, ils ont atteint toute l taille, ils voltigent encore quelque temps, et finissent par gagner la haute n vers la mi-septembre.

LE STERCORAIRE PARASITE (*Stercorarius parasiticus*). — ***Caractères.*** Le Stercoraire parasite est un peu moins grand que le Labbe cataracte; il mesure que 0^{m},40. Il est en dessus d'un noir de suie avec le derrière et les cô du cou d'un jaune d'ocre; en dessous d'un blanc plus ou moins pur, avec l flancs d'un brun clair. Les rectrices médianes dépassent les autres de 0^{m},08 0^{m},11. Le bec est bleuâtre à pointe noire, la cire verdâtre, les pieds bleuâtre l'iris brun roussâtre.

Habitat. — C'est l'espèce la plus commune. On la rencontre dans toutes l mers boréales de l'Europe, de l'Asie, de l'Amérique; et elle apparaît accide tellement dans les régions tempérées.

Mœurs. — En dehors de l'époque des amours, le Stercoraire parasite ne v que sur mer, et souvent à une grande distance de la terre ferme. Son v ressemble beaucoup à celui du Faucon ou du Milan et permet de le distingu de loin des Goélands et des Mouettes.

Il a les mêmes mœurs que le Labbe cataracte; mais en raison de sa taill plus faible, il ne s'attaque qu'aux petits Oiseaux de mer.

Il niche sur les rochers qui bordent la mer. Son nid, formé d'herbes et d mousses, est construit avec art.

La femelle pond deux œufs d'un brun grisâtre ou jaunâtre, parsemés d'u grand nombre de taches irrégulières noirâtres, souvent confluentes au gro bout.

LE STERCORAIRE POMARIN (*Stercorarius pomarinus*). — Cette espèc habite les côtes septentrionales de l'Atlantique, notamment celles de l'Amériqu du Nord, Terre-Neuve, l'Islande.

A la suite des ouragans, elle est quelquefois jetée sur les côtes de France e même à l'intérieur des terres.

C'est ainsi qu'on a signalé la capture de plusieurs de ces Oiseaux dans les vallées de la Savoie.

LE STERCORAIRE LONGICAUDE (*Stercorarius longicaudus*). — Bien qu'originaire des régions arctiques, le Stercoraire longicaude apparaît quelquefois dans l'Europe tempérée lorsqu'il y est jeté par la tempête en compagnie des Pomarins.

LES LARIENS

Les Lariens se reconnaissent à leur bec solide, crochu; à leurs narines médianes; à leur queue généralement égale ou échancrée.

On n'en compte pas moins de quatre-vingts espèces répandues dans toutes les parties du globe, et qui ont toutes le même genre de vie qu'exprime très bien leur nom vulgaire de *Corbeaux de mer*.

De même que ces derniers, ils sont d'une grande voracité; ils se repaissent de tous les cadavres qui flottent à la surface des flots, et parfois s'attaquent aux Oiseaux de plus faible taille.

Deux genres établissent la transition entre les Stercoraires et les Goélands ou Mouettes : ce sont les *Rhodostaties* et les *Pagophiles*, mais leurs mœurs ressemblent à celles des Goélands dont il va être question.

LES GOÉLANDS OU MOUETTES

Caractères. — Les caractères des Goélands sont les suivants : bec généralement plus court que la tête, robuste, très comprimé dans toute son étendue, la mandibule supérieure arquée et crochue à l'extrémité, l'inférieure plus courte, taillée en biseau; narines latérales, linéaires, fendues longitudinalement au milieu du bec; ailes longues, pointues, suraiguës; queue carrée ou échancrée; bas des jambes peu dénudé; tarses médiocres, de la longueur du doigt médian, minces, scutellés; doigts antérieurs réunis par une palmure complète; pouce libre mais très réduit.

Ce genre est représenté par un très grand nombre d'espèces rapportées par certains auteurs à plusieurs sous-genres, mais C. Degland et Gerbe ont groupé très logiquement de la façon suivante les espèces qui ont été signalées en Europe :

1° *Goélands dépourvus de capuchon à tous les âges et sous toutes les livrées.*

A. Espèces dont la queue est égale, le pouce bien développé, le manteau d'un gris cendré pâle à l'âge adulte, et chez lesquelles les rémiges n'ont jamais de noir (Goélands proprement dits) :

Goéland bourgmestre (*Larus glaucus*);

Goéland leucoptère (*Larus leucopterus*).

B. Espèces dont la queue est égale, le pouce bien développé, le manteau d'un gris d'ardoise foncé à l'âge adulte, et chez lesquelles le noir domine sur les rémiges, à l'état parfait :

Goéland marin (*Larus marinus*);

Goéland brun (*Larus fuscus*).

C. Espèces dont la queue est égale, le pouce bien développé, le manteau, à l'âge adulte, d'un gris bleuâtre plus ou moins clair, et chez lesquelles le gris ou le blanc domine sur les rémiges, à l'état parfait :

Goéland argenté (*Larus argentatus*);

Goéland d'Audouin (*Larus Audouini*);

Goéland railleur (*Larus zelastes*);

Goéland cendré (*Larus canus*).

D. Espèces dont la queue est légèrement échancrée dans le jeune âge, égale à l'état adulte, et chez lesquelles le pouce et l'ongle de ce doigt sont rudimentaires :

Goéland tridactyle (*Larus tridactylus*).

2° *Goélands pourvus à l'état adulte, et pendant les amours seulement, c capuchon foncé* (Mouettes).

A. Espèces dont la queue est égale, le capuchon unicolore, le manteau g brun à l'âge adulte, et chez lesquelles le noir domine sur les rémiges :

Goéland leucophtalme (*Larus leucophthalmus*) ;

Géoland atricille (*Larus atricilla*).

B. Espèces dont la queue est égale, le capuchon unicolore, le manteau g bleuâtre à l'âge adulte, et chez lesquelles le gris cendré ou le blanc dominent les rémiges, à l'état parfait :

Goéland ichthyaëte (*Larus ichthyaetus*) ;

Goéland rieur (*Larus ridibundus*) ;

Goéland mélanocéphale (*Larus melanocephalus*) ;

Goéland Bonaparte (*Larus Bonapartii*) ;

Goéland pygmée (*Larus minutus*).

C. Espèces dont la queue est notablement fourchue à tous les âges et ch lesquelles le capuchon, à l'état adulte, limité par une étro bande plus foncée :

Goéland de Sabi (*Larus Sabinei*).

Nous n'étudiero que quelques-unes ces espèces, qui o d'ailleurs toutes à p près les mêmes mœur

Le Goéland rieur ou Mouette rieuse.

LE GOÉLAND RIEU (*Larus ridibundus*). — **Caractères.** — Le Go land rieur mesure ent 0m,37 et 0m,38. Le mâ adulte, en été, a la tê et la gorge d'un bru foncé tirant sur le rou sâtre, avec les paupière entourées de petite plumes blanches ; le cou blanc, le dessus d corps ainsi que les couvertures supérieures de ailes d'un cendré très clair ; la poitrine, l'abdome et la queue d'un blanc teinté de rose, cette der nière couleur disparaissant après la mort de l'Oiseau ; l'iris brun, le bec et le pieds rouges. La femelle ressemble au mâle, mais elle est de plus petite taille

En hiver, chez les deux sexes, la tête devient presque blanche avec seulemen deux taches noires sur les côtés.

Les jeunes passent par plusieurs mues compliquées avant de revêtir la robe des adultes.

Habitat. — Le Goéland rieur, ou *Mouette rieuse*, est répandu dans beaucoup de contrées de l'Europe. Il est abondant en France durant toute l'année sur les côtes et les marécages du Languedoc et du Roussillon, et de passage régulier sur les côtes de la Manche et de la mer du Nord, au printemps.

Mœurs. — Tout ce que l'on peut dire sur les mœurs du Goéland rieur s'applique, à quelques légères différences près, aux autre espèces.

Ces Oiseaux sont sociables, paisibles; ils vivent toute l'année réunis en familles ou en troupes nombreuses. Ils fréquentent peu la pleine mer, et se tiennent de préférence dans les baies, les rades, les ports, les lacs et les étangs. Accidentellement, ils s'avancent dans l'intérieur des terres, au cours d'une violente tempête ou à l'approche d'un ouragan.

Les qualités qu'on leur reconnaît habituellement ne sont pas précisément très flatteuses : ils sont en effet lâches, voraces et criards. Leur régime se compose de proies mortes ou vivantes qu'ils ramassent sur les grèves, à marée basse, ou à la surface des flots; ils mangent indifféremment des Mollusques, des Crustacés, des petits Campagnols, des jeunes Oiseaux, ou des détritus de Poissons et de gros Mammifères.

Leur vol est aisé, sans être très rapide, et s'exécute sans efforts. Ils nagent bien et avec grâce, mais ne plongent point. A terre, ils marchent à pas précipités, mais néanmoins avec une certaine gravité.

Les Goélands ne font pas de nid proprement dit; ils déposent leurs œufs dans les rochers ou sur le sable nu, ou bien ils utilisent une légère dépression du sol qu'ils tapissent de quelques brins d'herbes ou de mousses.

Les petits naissent couverts d'un épais duvet; ils restent longtemps au nid avant de pouvoir prendre leur essor.

Le nombre des œufs varie de deux à quatre; leur coloration et leur forme ne diffèrent pas suivant les espèces. Ils sont d'un gris olivâtre ou jaunâtre, avec des taches cendrées et brunes plus ou moins foncées.

Chasse. — La chasse à la Mouette se pratique sur les côtes, à marée basse. C'est plutôt un sport destiné à exercer l'adresse du tireur, qu'une chasse véritable.

Captivité. — Ces Oiseaux s'habituent très bien à vivre en captivité, à condition de recevoir un régime convenable, composé surtout de Poissons et de viande. Degland et Gerbe citent le cas d'un Goéland rieur qui vivait en liberté dans le Jardin zoologique d'Anvers. Il se permettait quelquefois des absences de plusieurs jours qu'il allait passer sur les bords de l'Escaut ou sur la côte voisine, mais il revenait constamment au Jardin.

LE GOÉLAND ARGENTÉ (*) (*Larus argentatus*). — ***Caractères.*** — Le Goéland argenté est une des plus belles espèces du genre. Les mâles et femelles adultes ont, en été, la tête, le cou, la poitrine, l'abdomen et la queue d'un blanc pur; le dessus

(*) Pl. LI. — Le Goéland argenté (Planche, p. 316).

du corps d'un cendré bleuâtre avec l'extrémité des scapulaires blanche ; les couvertures supérieures des ailes et les rémiges secondaires pareilles au dos, ces dernières terminées de blanc ; les rémiges primaires noires vers le bout, mais terminées de blanc ; le bec jaune d'ocre, l'iris jaune clair, les pieds couleur de chair.

Les jeunes passent par plusieurs mues successives avant de revêtir cette livrée caractéristique qu'ils n'acquièrent qu'à l'âge de trois ans.

La taille des mâles est environ de $0^m,62$, celle des femelles, de $0^m,56$.

Habitat. — ***Mœurs.*** — Le Goéland argenté, ou à *manteau bleu*, habite les parties septentrionales et orientales de l'Europe.

Il est commun sur les côtes de France. D'après Degland et Gerbe, il se reproduit sur les hautes falaises de Dieppe, sur celles de la Bretagne, aux îles Aurigny, Jersey, Ouessant, Belle-Ile, etc. Il établit son nid dans les anfractuosités des rochers coupés à pic, dans des endroits inabordables, d'autres fois au pied même des rochers ou sur le sable.

Ce nid est composé de quelques menues racines, d'herbes sèches et de zostères marines.

La ponte est de deux ou trois œufs qui varient beaucoup pour la forme et la couleur ; ces œufs présentent, sur un fond brun roux plus ou moins foncé, des taches irrégulières variant du gris cendré au noir.

Le Goéland argenté se nourrit de petits Poissons, de Crabes et d'Étoiles de mer qu'il recueille sur les plages, à marée basse.

Par son genre de vie et ses allures, il ne se distingue nullement des autres Goélands.

LE GOÉLAND TRIDACTYLE (*Larus tridactylus*). — ***Caractères.*** — Cette espèce doit son nom de tridactyle à ce qu'elle a le pouce et son ongle rudimentaires.

Son plumage est d'un blanc éclatant, à l'exception du manteau et du dos qui sont d'un cendré bleuâtre, et des premières rémiges, terminées de noir.

Habitat. — Le Goéland tridactyle habite en été les régions arctiques ; en automne il descend dans les régions tempérées et méridionales ; on le voit alors assez fréquemment sur nos côtes maritimes de France.

Mœurs. — Il se montre plus souvent dans l'intérieur des terres, que les autres Mouettes. Au printemps, il remonte le cours des fleuves et apparaît quelquefois dans les marais.

Une de ses qualités les plus remarquables est sa sociabilité : il est rare de rencontrer un Goéland tridactyle isolé, généralement il forme des troupes immenses où règne la plus parfaite harmonie.

En dehors de l'époque des amours, il est silencieux, mais durant toute cette période, il ne cesse de faire entendre son cri singulier qui ressemble au son d'une petite trompette.

Le Goéland tridactyle niche dans les crevasses des rochers escarpés, en sociétés extrêmement nombreuses. Ces colonies sont un des spectacles les plus curieux qu'offrent les îles rocheuses des régions du Nord.

Pl. LI. — Le Goéland argenté (Texte, p. 315).

« Celui qui n'a jamais vu une *montagne d'oiseaux* occupée par les Mouettes tridactyles, dit Holboll, ne peut pas plus se faire une idée de la beauté particulière de ces Oiseaux que de leur nombre. On pourrait comparer peut-être une pareille localité à un gigantesque colombier habité par des millions de Pigeons de même couleur. »

Tous les voyageurs ont confirmé l'exactitude de cette comparaison de Holboll.

Les nids des Goélands tridactyles sont principalement formés de fucus, mais pendant le cours de l'année, les excréments de ces Oiseaux les comblent parfois presque entièrement.

Les œufs, au nombre de trois par couvée, sont d'un blanc sale, nuancés d'olivâtre ou de jaunâtre avec des taches, les unes profondes, d'un cendré clair ou noirâtres, les autres superficielles, brunes avec des petits points d'un noir profond.

LES STERNIENS

Les Sterniens forment un groupe bien distinct parmi les Laridés. Ils ont des formes élancées; un bec faible et droit, pointu à l'extrémité, des narines presque basales; des ailes très longues, étroites, une queue fourchue; des doigts réunis par une palmure échancrée.

Le nom d'*Hirondelles de mer*, sous lequel on les désigne quelquefois, est bien justifié non seulement par la forme de leurs ailes et de leur queue, mais aussi par leur communauté d'allures avec nos messagères du printemps.

Les Sterniens ont un vol rapide, élégant, capricieux. Ils rasent la surface de l'eau et saisissent au passage les petits Poissons ou les Insectes dont ils se nourrissent.

LES NODDIS

Ce genre établit une transition des Goélands aux Sternes.

Il se rattache aux premiers par quelques caractères tirés de la forme du bec et de la queue, et par des palmures entières aussi développées que celles des Goélands.

Ils ont des habitudes plus solitaires que les Sternes, et ils s'éloignent quelquefois très loin des côtes.

L'espèce la mieux connue est le *Noddi niais* (*Anoüs stolidus*) qui habite particulièrement le golfe du Mexique.

LES STERNES

Caractères. — Les Sternes sont caractérisés par un bec généralement de la longueur de la tête, pointu, très comprimé dans toute son étendue, l'arête de la mandibule supérieure dessinant une courbe très peu accentuée; des ailes généralement plus longues que la queue, celle-ci plus ou moins fourchue ; des tar courts, minces ; des doigts courts et grêles, le médian aussi long que le tar des membranes interdigitales médiocrement échancrées, l'ongle du doigt méd fort et très recourbé.

De même que pour les Goélands, certains auteurs se sont plu à dédoubler genre Sterne en plusieurs autres genres ou sous-genres basés chacun sur particularités peu importantes.

C. Degland a été mieux inspiré en groupant toutes les espèces de Sternes la façon suivante :

A. Espèces à manteau cendré, à queue peu fourchue, beaucoup plus cou que les ailes ; à plumes occipitales médiocrement allongées et pointues ; et ch esquelles le doigt médian, y compris l'ongle, est plus court que le tarse :

Sterne Tschegrava (*Sterna caspia*) ;

Sterne Hansel (*Sterna anglica*).

B. Espèces à manteau cendré, à queue bien fourchue, un peu plus cour que les ailes ou de la même longueur ; à plumes occipitales allongées pointues ; et chez lesquelles le doigt médian, y compris l'ongle, est à peu pr aussi long que le tarse :

Sterne Caugek (*Sterna cantiaca*) ;

Sterne voyageuse (*Sterna affinis*) ;

Sterne de Berge (*Sterna Bergii*).

C. Espèces à manteau cendré, à queue très fourchue, un peu plus court ou un peu plus longue que les ailes ; à plumes occipitales médiocres, arrondies et chez lesquelles le doigt médian, y compris l'ongle, est généralement plu long que le tarse :

Sterne hirondelle (*Sterna hirundo*);

Sterne paradis (*Sterna paradisea*) ;

Sterne de Dougall (*Sterna Dougallii*) ;

Sterne naine (*Sterna minuta*).

D. Espèces à manteau brun, à queue très fourchue, un peu plus courte que les ailes ; à plumes occipitales médiocrement allongées, arrondies ; et chez lesquelles le doigt médian, y compris l'ongle, est plus long que le tarse :

Sterne fuligineuse (*Sterna fuliginosa*).

LA STERNE HIRONDELLE (*Sterna hirundo*). — ***Caractères.*** — La Sterne hirondelle mesure environ 0m,40 dont 0m,15 au moins appartiennent à la queue, l'échancrure seule ayant environ 0m,08.

Elle a tout le dessus de la tête d'un noir profond, les parties supérieures du corps et des ailes d'un cendré bleuâtre, avec les scapulaires et les rémiges terminées de blanchâtre ; les joues, la gorge, le cou et la queue d'un blanc pur, la poitrine et l'abdomen d'un blanc lavé de cendré brillant ; l'iris brun noir, le bec et les pieds rouges.

Habitat. — Cette espèce, connue aussi sous le nom de *Pierre-Garin*, a une aire de dispersion très étendue qui comprend toutes les régions tempérées de l'hémisphère boréal.

Elle est très commune sur les côtes maritimes de la France.

Mœurs. — La Sterne hirondelle se plaît à l'embouchure des fleuves ou près des étangs d'eau salée.

De même que les élégants Passereaux dont elle porte le nom, elle passe presque toute son existence dans les airs. Son vol est puissant et rapide. Rarement elle se pose sur l'eau et rarement aussi elle descend à terre où elle se meut maladroitement.

Elle se nourrit de petits Poissons, de Mollusques et autres petits animaux marins; elle capture sa proie à la surface de l'eau en se laissant tomber d'aplomb, mais sans se submerger.

La Sterne hirondelle.

C'est surtout vers le coucher du soleil qu'elle se met en chasse; sa voracité est très grande. En volant, elle fait entendre sa voix criarde et désagréable.

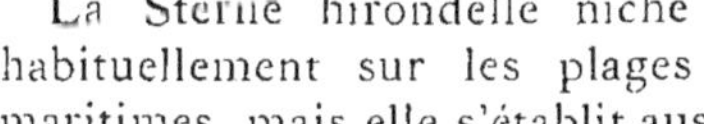

La Sterne hirondelle niche habituellement sur les plages maritimes, mais elle s'établit aussi dans les prairies marécageuses peu éloignées de la mer.

A cette époque, elle se réunit en bandes nombreuses qui nichent presque en colonies.

Ses œufs, au nombre de deux ou trois, varient considérablement sous le rapport des dimensions et des couleurs.

L'ennemi le plus redoutable de la Sterne hirondelle est le Faucon. « La plupart des Palmipèdes, dit Naumann, cherchent à échapper aux Rapaces en plongeant; ce n'est pas ce que fait la Sterne hirondelle; elle évite admirablement les attaques du Faucon, et, à chaque attaque, elle s'élève davantage dans l'air. Quelquefois, elle se laisse tomber verticalement ou exécute brusquement quelques crochets hardis; en même temps, elle se rapproche de plus en plus des nuages jusqu'à ce que, épuisé, l'Oiseau de proie soit contraint d'abandonner la partie. Mais s'il ne peut réussir à s'emparer des adultes, le Gerfaut prend les jeunes sans beaucoup de peine. Ce rapace, d'ailleurs, paraît être l'ennemi né des Sternes hirondelles, et capture souvent les jeunes qui viennent de prendre leur essor. »

Les Corbeaux, les grands Goélands prédateurs détruisent aussi nombre de jeunes, bien que les parents les défendent avec un courage héroïque.

Parmi les diverses espèces de Sternes, il convient de signaler les suivantes, qui offrent certaines particularités intéressantes dans leurs mœurs :

LA STERNE TSCHEGRAVA (*Sterna caspia*). — La Tschegrava se fait rem-
quer par sa forte taille, qui est d'environ $0^{m},55$. Elle habite le centre de l'A
le sud de l'Europe, une partie de l'Afrique ; elle est très commune sur les bo
de la mer Caspienne.

Craintive et défiante, cette espèce est moins sociable que les autres Sternie

Elle se nourrit principalement de Poissons d'assez forte taille.

Elle niche en nombreuses sociétés dans les grandes dunes, au bord de la m
Son nid est établi sur le sable nu, et rarement dans les roseaux.

LA STERNE CAUGEK (*Sterna cantiaca*). — Répandue abondamment s
toutes les côtes de l'Europe, elle apparaît dans le nord de la France et
Belgique vers le mois d'août et aussi en mai.

Elle niche sur les plages maritimes, se fait remarquer par sa voix criarde
l'instinct de sociabilité qui unit tous les individus d'une même bande.

LA STERNE NAINE (*Sterna minuta*). — ***Caractères.*** — Vulgairement appel
petite Hirondelle de mer, cette espèce ne mesure que $0^{m},22$ de long. Elle a
front et le dessous du corps blancs, le haut de la tête et la nuque noirs,
manteau et les ailes d'un gris cendré ; l'iris brun, le bec jaune-orange, à poin
noire, les pieds rouges.

Habitat. — On la rencontre dans toute l'Europe tempérée, l'Asie, l'Afriqu
et, dit-on, dans l'archipel Indien et en Australie..Elle est de passage sur le
côtes du nord de la France en mai et en août. Elle niche en nombreuses colonies sur nos côtes du midi.

Mœurs. — Elle se plaît surtout à l'embouchure des fleuves, dans les région
où des bancs de gravier émergent de l'eau.

Sa nourriture se compose non seulement de petits Poissons, mais aussi d'Insectes, de Crustacés, de larves diverses.

Elle niche dans de simples dépressions du sol ou entre les petits galets amassé
par les eaux sur les bords des fleuves ou des lacs.

LES GUIFETTES OU HYDROCHÉLIDONS

Les Guifettes ne se distinguent guère des Sternes que par des ailes plus
allongées, et des palmures plus échancrées.

LA GUIFETTE NOIRE (*Hydrochelidon nigra*). — ***Caractères.*** — La Guifette noire a la tête, le cou, la poitrine et une partie de l'abdomen d'un noir profond ; le dos et la moitié postérieure des scapulaires d'un noir cendré, le bas-ventre et les sous-caudales d'un blanc pur ; les petites et moyennes couvertures des ailes blanches, les plus grandes et les rémiges secondaires d'un cendré bleuâtre, avec la pointe plus foncée et la tige blanche ; la queue d'un blanc pur, l'iris noir, le bec et les pieds rouges.

Habitat. — La Guifette noire habite les zones tempérées de l'hémisphère nord.

Elle est commune sur les côtes de la Méditerranée, et apparaît accidentellement dans le nord de la France, dans les marais de l'Artois et de la Picardie. On la voit au printemps sur les lacs de la Suisse.

Mœurs. — Ses mœurs sont très différentes de celles des Sternes, bien qu'elle ait toutes les allures de ces dernières.

Elle recherche non pas les embouchures des fleuves, mais les grands étangs, les marais aux eaux tranquilles. Ses habitudes sont diurnes; toute son existence se passe à voler au-dessus de la surface de l'eau, c'est-à-dire à chasser les Insectes, les larves aquatiques et les petits Poissons dont elle fait sa nourriture.

Les Guifettes ne s'emparent pas de leur proie en fondant dessus; elles chassent à la façon des Hirondelles; elles rasent la surface de l'eau, exécutent des crochets, plus par plaisir, semble-t-il, que par nécessité; elles planent longtemps, et quand elles aperçoivent une proie, elles ne se laissent pas tomber sur elle brusquement et presque verticalement à la manière des Oiseaux plongeurs : elles descendent plus obliquement, et la saisissent avec leur bec, sans plonger entièrement. « Ces mouvements, dit Brehm, s'exécutent cependant avec une grande rapidité; aussi, voir une Hydrochélidon pêcher, c'est assister à un spectacle toujours changeant.

La Guifette noire.

Lorsque le vent est violent, l'Hydrochélidon est contrariée dans son vol. Plus encore que chez ses congénères, ses ailes sont trop longues, relativement au poids de son corps et à la puissance de ses muscles. Mais quand le temps est beau, elle règne dans l'air en souveraine; elle s'élève jusque dans les nuages, en décrivant les cercles, les crochets les plus gracieux; puis, de cette hauteur, elle redescend sur quelque petite pièce d'eau pour l'explorer et y continuer sa chasse.

Contrairement aux autres Sternidés, elle se montre sans crainte et confiante à l'égard des autres êtres vivants. Dans nos contrées, elle fuit encore l'homme, mais dans le midi de l'Europe et en Égypte, où personne ne lui est hostile, elle pêche et vaque à ses occupations tout à côté de l'homme; elle arrive en volant si près de lui, qu'on croirait pouvoir la prendre avec la main.

Cependant, ses allures changent, une fois qu'elle a été chassée, et des poursuites réitérées peuvent la rendre extrêmement défiante et prudente.

Elle ne s'inquiète guère des autres Oiseaux, bien qu'elle soit fort sociable qu'il soit très rare de voir un individu isolé. Les membres d'une même ban sont très attachés les uns aux autres; ils demeurent toujours ensemble; i vaquent en commun à leurs occupations; sauf quelques agaceries peu sérieuse ils vivent entre eux dans la meilleure harmonie. Le malheur qui frappe l'u des membres d'une pareille société est profondément ressenti par les autre Un coup de feu a-t-il fait tomber à terre une Hydrochélidon, ses compagne se réunissent autour d'elle, non par jalousie comme on l'a prétendu, mais pa compassion, pour essayer de la secourir; peu courageuses de leur naturel, elle n'osent s'attaquer qu'à des adversaires qu'elles savent bien inférieurs à elle sous le rapport du vol, et elles fuient timidement tous ceux qui pourraient leu être dangereux.

Les Hydrochélidons nichent dans l'intérieur des marais. Elles construisen leurs nids les uns près des autres, sur de petits monticules de vase qui émergen au-dessus de l'eau, dans des touffes d'herbes ou de joncs, sur des îlots flottant de joncs, de roseaux, sur des feuilles de nénuphar; mais, alors même qu'il flottent, ces nids sont souvent détruits par une subite crue des eaux. Exceptionnellement, on en trouve au milieu des feuilles de roseaux élevés, ou mêm sur des buissons. Le nid des Hydrochélidons varie suivant l'endroit où il est établi; mais, en somme, il ressemble à celui des autres Sternidés. Le fond en est formé d'une couche souvent considérable de matières végétales, au centre de laquelle est creusée une légère dépression. Des feuilles sèches, des joncs, des roseaux, des racines, sont les matériaux de cette construction, toujours grossièrement établie.

Au commencement de juin, on y trouve généralement trois œufs, rarement deux ou quatre. Ces œufs sont courts, fortement ventrus, à coquille mince, finement grenue, terne, d'un brun foncé, parsemé de taches et de points d'un brun rouge et d'un brun noir. Les jeunes éclosent après quatorze ou seize jours d'incubation; ils quittent le nid quinze jours après, quand ils savent un peu voler.

Les parents montrent pour eux beaucoup de sollicitude, les défendent en cas de danger avec un courage extraordinaire. Lorsque les jeunes peuvent voler, ils suivent encore longtemps leurs parents dans toutes leurs excursions, leur demandant sans cesse à manger; et souvent encore, il les tourmentent ainsi pendant qu'ils émigrent. »

LA GUIFETTE FISSIPÈDE OU STERNE ÉPOUVANTAIL (*Hydrochelidon fissipes*). — Cette espèce ressemble beaucoup à la précédente. On la rencontre dans les mêmes régions. Elle est très commune en France.

Elle niche dans les endroits marécageux, parmi les roseaux, quelquefois sur les grandes feuilles de nénuphar qui flottent sur les eaux.

Son nid est construit avec art, à l'aide d'herbes sèches et de feuilles de roseaux.

On prend cette espèce en grandes quantités dans nos marais pour approvisionner les marchés des grandes villes.

LES RHYNCHOPIENS

Les Rhynchopiens ont pour caractère essentiel la forme de leur bec, celui-ci formé de deux mandibules inégales, la supérieure la plus courte, comprimées latéralement, à bords tranchants.

Cette famille ne comprend que l'unique genre suivant :

LES BEC-EN-CISEAUX

Caractères. — Les Oiseaux de ce genre doivent leur nom à la disposition en *ciseaux* de leurs mandibules.

Ils ont encore pour caractères : un cou allongé, une tête petite, des ailes très longues, une queue moyenne et fourchue ; des tarses médiocres, grêles, un pouce très réduit, une membrane interdigitale fortement échancrée.

LE BEC-EN-CISEAUX ORIENTAL (*Rhyncops orientalis*). — ***Caractères.*** — Cette espèce a le front, la face, la queue, les flancs et les extrémités des grandes couvertures des ailes d'un blanc pur ; le dessus de la tête et du cou, la gorge et le manteau d'un brun noir ; l'iris brun ; le bec et les pieds rouges.

Sa taille est d'environ $0^m,45$.

Habitat. — Le Bec-en-ciseaux oriental, ainsi que ses trois ou quatre congénères du même genre, habite les mers tropicales.

Mœurs. — Ses mœurs sont crépusculaires ou nocturnes. Pendant le jour, il se tient immobile et généralement couché, sur les bancs de sable, à l'embouchure des fleuves.

Mais dès le coucher du soleil, il se met en mouvement, fait entendre son cri, et se dirige vers la surface des flots pour commencer sa chasse.

Il se nourrit surtout d'Insectes et de Mollusques.

La structure particulière de son bec est, sans aucun doute, en rapport avec le genre de nourriture qui convient le mieux à cet Oiseau, mais n'a pas encore reçu néanmoins d'explication satisfaisante.

« Le vol du Bec-en-ciseaux oriental, dit Brehm, est léger, beau et singulier en même temps, car les ailes doivent être fortement relevées pour que leurs extrémités ne troublent pas la surface de l'eau. La longueur particulière du cou de ces Oiseaux rend possible une pareille manière de voler, et leur permet de tenir leur corps à quelques pouces au-dessus de la surface des eaux, dans lesquelles ils doivent néanmoins plonger une bonne partie de leur bec. Le Bec-en-ciseaux chasse sur des étendues de plusieurs lieues du cours du fleuve, surtout alors qu'il habite en nombreuse compagnie la même île et que, comme conséquence, son territoire de chasse se trouve partagé par les autres. Dans l'Afrique centrale, il déserte rarement le fleuve pour aller chasser dans le voisinage, sur les étangs formés par les pluies, tandis que dans le sud-est et dans l'ouest du continent, il se plaît à chercher, comme son congénère d'Amérique, des parties plus tranquilles de la mer. On entend souvent les bandes volantes pousser leur plainte particulière, petit cri qu'il est difficile de rendre par des mots et qui n'est commun à aucun des Oiseaux que je connais. »

Les Bec-en-ciseaux nichent dans des cavités creusées dans le sable. Ils pondent de trois à cinq œufs semblables à ceux des Sternes.

Les Cygnes, les Oies et les Canards

LES ANATIDÉS

Les Anatidés forment la troisième grande division de l'ordre des Palmipèdes, celle des *Palmipèdes lamellirostres*, caractérisés par un bec déprimé ou arrondi, recouvert en grande partie d'une peau molle riche en filets nerveux et dont les bords des mandibules sont garnis de petites lamelles transversales dentiformes.

Ces Oiseaux ont un corps lourd, ramassé, un cou long et très mobile; des ailes médiocres dépassant rarement l'extrémité de la queue; des tarses courts, les trois doigts antérieurs réunis par une palmure complète; le pouce libre et parfois muni, chez les meilleurs plongeurs, d'une petite membrane natatoire isolée.

Un caractère qui, avec la structure du bec, leur est assez spécial, est la forme de la langue; celle-ci est épaisse, charnue, garnie de nombreuses papilles, et très mobile.

Les Anatidés sont de bons voiliers, ils parcourent de longues distances d'un vol rapide et soutenu. Ils sont aussi d'excellents nageurs et plongeurs.

Ils habitent les lacs, les étangs, se nourrissent de Vers, Mollusques, qu'ils vont pêcher dans la vase, les bords de leur bec fonctionnant comme un crible pour retenir les proies de petites dimensions tout en laissant écouler l'eau au dehors.

Beaucoup d'espèces ont des habitudes crépusculaires ou nocturnes. Les uns sont polygames, d'autres monogames, mais tous sont très féconds; les femelles couvent seules; les petits naissent couverts d'un duvet épais et abandonnent le nid aussitôt après leur naissance.

La famille des Anatidés se divise en cinq sous-familles naturelles qui sont :

Les Cygnes ou *Cygniens*;

Les Oies ou *Ansériens*;

Les Canards ou *Anatiens*;

Les Hydrobates ou *Fuliguliens*;

Les Harles ou *Mergiens*.

LES CYGNIENS

Les Cygniens sont des Palmipèdes de grande taille, pourvus d'un cou exce sivement long et hors de proportion avec la hauteur des jambes. Leurs loru sont nus, leurs ailes amples, à rémiges cubitales ou brachiales plus longu que les grandes primaires. Leur trachée-artère est sans renflement, mais e forme, chez quelques espèces, des replis qui se logent dans l'épaisseur du ste num.

Ce sont des Oiseaux essentiellement nageurs.

Cette sous-famille ne comprend qu'un seul genre.

LES CYGNES

Caractères. — Les Cygnes se distinguent aisément, à première vue, de autres genres voisins par leurs formes générales, leur cou allongé mais gra cieux.

Ils ont encore pour caractères : un bec de la longueur de la tête, d'égale lar geur dans toute son étendue, épais à la base qui est renflée ou surmontée d'u tubercule charnu; des narines médianes, latérales, des ailes amples, subaiguës une queue courte, arrondie ou carrée; des tarses épais, de la longueur ou plu courts que le doigt interne; des palmures amples, entières; un pouce trè petit, ne portant à terre que par l'extrémité de l'ongle.

Les différentes espèces de ce genre se rencontrent dans toutes les contrées de la terre, mais se répartissent de la façon suivante :

1° Espèces d'origine européenne ou asiatique : Cygne muet, Cygne chanteur, Cygne de Bewik;

2° Espèces d'origine américaine : Cygne à cou noir, Cygne à cou blanc de la Plata et du Chili;

3° Espèce d'origine australienne : Cygne noir de la Nouvelle-Hollande.

LE CYGNE CHANTEUR (*Cygnus ferus*). — ***Caractères.*** — Le Cygne chanteur ou *Cygne sauvage* mesure environ 1^{m},60 de long. Son envergure varie entre 2^{m},50 et 3^{m},60.

Il a tout le plumage d'un blanc pur, avec le dessus de la tête et le haut de la nuque légèrement teintés de jaunâtre ; le bec, dépourvu de caroncule charnue, est noir dans sa partie antérieure, jaune dans le reste de son étendue, les lorums nus et jaunes, l'iris d'un brun noir, les pieds noirs.

La femelle ne diffère du mâle que par sa taille un peu moindre. Les jeunes sont d'abord d'un gris clair, avec le bec et les pieds rougeâtres, puis après la deuxième mue, ils sont maculés de blanc; enfin, ils prennent le plumage des adultes.

Habitat. — Le Cygne chanteur habite les régions du cercle arctique; l'hiver, il émigre dans les zones tempérées et même jusque dans le nord de l'Afrique.

Mœurs. — La description des mœurs et du genre de vie du Cygne chanteur s'applique également à toutes les autres espèces.

Par leurs allures, les Cygnes diffèrent de presque tous les autres nageurs. L'eau est véritablement leur domaine; ils ne vont pas à terre volontiers, et ils ne se décident à voler que quand la nécessité les y contraint. Leurs pattes, insérées très en arrière de leur corps, ne leur permettent pas de marcher facilement; leur démarche semble lourde et vacillante. Ils ne volent qu'avec de grands efforts, surtout au moment où ils s'enlèvent de dessus l'eau, mais ils le font rapidement lorsqu'ils sont arrivés à une certaine hauteur; lorsqu'ils sont à terre, ils prennent difficilement leur essor, aussi n'aiment-ils pas à s'y abattre. Avant de s'envoler, ils étendent le cou horizontalement, battent des ailes, frappent de leurs larges pattes palmées la surface de l'eau, et ainsi, moitié volant, moitié courant, ils franchissent de quarante à quatre-vingts pas, en produisant un bruit assez fort. Ce n'est qu'après ce trajet qu'ils ont un élan suffisant pour pouvoir s'envoler. Ils étendent alors leur cou dans toute sa longueur, étalent largement leurs ailes, en frappant l'air à coups redoublés, et produisent un bruissement assez désagréable, entendu de près, mais qui, de loin, ne manque pas d'une certaine harmonie, et rappelle un peu le son lointain d'une clochette. Pour s'abattre, ils descendent les ailes étendues et immobiles, ils arrivent obliquement à la surface de l'eau, la touchent, glissent assez loin sur elle, et étendent leurs pattes pour ralentir leur vitesse.

Les Cygnes se nourrissent de végétaux aquatiques, de racines, de feuilles, de graines, d'Insectes, de larves, de Vers, de Mollusques, de petits Reptiles, de Poissons. Ils ne sont pas herbivores au même degré que les Oies, ni carnivores comme les Canards; pour le régime, ils tiennent le milieu entre ces deux familles.

Ils prennent leurs aliments en barbotant; ils enfoncent leur long cou dans l'eau, y cueillent des plantes, ou remuent la vase pour y prendre de petits animaux. Ils ne peuvent vivre dans des eaux profondes, si des myriades de petits animaux ne peuplent les couches supérieures de ces eaux.

En captivité, ils s'habituent au régime le plus varié; mais ils préfèrent toujours les substances végétales.

Sous le rapport de l'intelligence, les Cygnes ne le cèdent pas aux autres Lamellirostres. Ils sont prudents, judicieux; ils règlent leur conduite suivant les circonstances, suivant les dispositions que l'homme leur montre; mais il est rare qu'ils dépouillent entièrement leur timidité et leur sauvagerie naturelles. Dans leurs mœurs, tout respire un sentiment de contentement d'eux-mêmes, de conscience de leur dignité, d'amour de la domination, qui se traduit vis-à-vis de leurs semblables du même sexe en querelles, vis-à-vis des animaux plus faibles en despotisme. Ce n'est qu'entre Cygnes de même espèce que se forment des sociétés nombreuses, et ils ne souffrent au milieu d'eux aucun étranger; un Cygne isolé préfère même rester solitaire, que de se mêler à d'autres Oiseaux. Ils sont méchants pour les espèces plus faibles qu'eux; la domination qu'ils conquièrent facilement sur elles ne semble pas les satisfaire; souvent, ils poursuivent d'autres Oiseaux nageurs, les attaquent avec fureur, les tuent, sans autre motif apparent q celui de faire preuve de leur force.

La voix du Cygne se traduit par une sorte de gloussement sonore. Elle donné lieu, dans l'antiquité, aux légendes les plus curieuses, mais que Schilli a réduites à leurs justes proportions.

« Le Cygne chanteur, dit-il, charme l'amateur, non seulement par sa beaut sa grâce, sa prudence, mais encore par sa voix forte, riche en notes pures variées ; il la fait entendre à toute occasion ; c'est un cri d'appel, d'avertissemer Quand il est réuni à ses semblables, il semble causer avec eux ou rivaliser à q chantera le mieux.

« Lorsque par les grands froids, la mer est couverte de glace dans les endroi non occupés par les courants, que les Cygnes ne peuvent plus se rendre là c l'eau peu profonde leur garde une nourriture abondante et facilement acce sible, alors on voit ces Oiseaux se rassembler par centaines sur les points o des courants maintiennent la mer libre et leurs cris mélancoliques raconter leur triste sort; souvent alors, dans les longues soirées d'hiver, et pendant de nuits entières, j'ai entendu leurs cris plaintifs retentir à plusieurs lieues. O croit entendre tantôt des sons de cloches, tantôt des sons d'instrument à vent ces notes sont même plus harmonieuses ; provenant d'êtres animés, elle frappent nos sens bien plus que des sons produits par un métal inerte. C'es bien là la réalisation de la fameuse légende du chant du Cygne ; c'est, en effe souvent le chant de mort de ces superbes Oiseaux. Dans les eaux profondes, o ils ont dû chercher un refuge, ils ne trouvent plus de nourriture suffisante affamés, épuisés, ils n'ont plus la force d'émigrer vers des contrées plus pro pices, et souvent on les trouve sur la glace, morts ou à moitié morts de faim e de froid. Jusqu'à leur trépas, ils poussent leurs cris mélancoliques... »

Telle est l'origine du fameux *chant du Cygne,* célébré par les poètes. « Il faut bien leur pardonner leurs fables, dit Buffon, en parlant de ces derniers : elles étaient aimables, touchantes; elles valaient bien de tristes et d'arides vérités, c'étaient de doux emblèmes pour les âmes sensibles. Les Cygnes, sans doute, ne chantent point leur mort; mais toujours, en parlant du dernier essor et des derniers élans d'un beau génie prêt à s'éteindre, on rappellera avec sentiment cette expression touchante : c'est le chant du Cygne. »

A l'époque des amours, les Cygnes mâles se livrent entre eux de violents combats pour la possession d'une femelle. Ils donnent souvent des témoignages de jalousie, d'envie, de fourberie. Par contre, le mâle et la femelle d'un même couple ont l'un pour l'autre une grande fidélité, et, une fois unis, ils le sont pour la vie. Les parents ne témoignent pas moins de tendresse à leur progéniture ; si le mâle ne prend pas part directement à l'incubation, il reste toujours auprès de sa femelle, veillant sur elle, se couchant à ses côtés, la distrayant par sa présence. La femelle construit le nid ; le mâle se borne à lui apporter dans son bec les matériaux qu'il est parfois allé chercher au loin. Le nid est très grand, construit sans art, formé de toutes sortes de plantes aquatiques et d'une dernière couche de joncs secs.

La femelle cherche de petits îlots bien abrités pour l'y établir ; à défaut, elle entasse des plantes, en forme un îlot flottant et assez grand pour porter le couple. Chaque couvée est de six à huit œufs, à coquille épaisse, d'un blanc sale ou d'un vert pâle sale ; l'incubation est de cinq à six semaines ; les jeunes éclosent couverts d'un duvet épais ; ils restent environ un jour dans le nid, à se réchauffer et à se sécher, et sont ensuite conduits dans l'eau, où ils apprennent à chercher leur nourriture : la femelle les porte souvent sur son dos ; la nuit, elle les garde sous ses ailes ; en cas de danger, elle les défend avec vaillance, leur prodigue ses soins jusqu'à ce qu'ils aient leur plumage complet, et qu'ils soient en état de se suffire à eux-mêmes. Ils quittent alors leurs parents, et pour toujours. Si, l'année suivante, ils reviennent à leur lieu natal, les parents les traitent comme des étrangers et les chassent hors de leur domaine.

Chasse. — La chasse au Cygne est difficile, car cet Oiseau est craintif et prudent. Elle se pratique surtout à l'époque des migrations.

La chair du Cygne âgé est dure et coriace. Aussi la seule raison de cette chasse est de se procurer des plumes très appréciées dans le commerce.

LE CYGNE NAIN, OU DE BEWICK (*Cygnus minor*). — Cette espèce, dont les caractères diffèrent peu de ceux du Cygne sauvage, n'atteint, chez les mâles, qu'une taille de 1m,26.

Elle habite l'Islande, la Sibérie et se montre accidentellement de passage dans le nord de l'Europe, notamment en France.

LE CYGNE MUET (*Cygnus mansuetus*). — ***Caractères.*** — Le Cygne muet a tout son plumage d'un blanc éclatant ; le bec rouge, avec l'onglet, les narines et les bords des mandibules noirs ; l'iris brun foncé ; le bord libre des paupières, les lorums, et la caroncule charnue qui surmonte le bec, d'un noir profond ; les pieds d'un noir rougeâtre. Sa taille est de 1m,46 environ.

La femelle porte la même livrée que le mâle, mais sa taille est moindre.

Les jeunes, d'abord couverts d'un épais duvet gris chez les mâles et gris brun chez les femelles, revêtent d'abord un plumage d'un brun cendré avant d'acquérir progressivement la livrée éclatante des adultes.

Habitat. — Le Cygne muet habite les contrées orientales du nord de l'Europe. Il émigre jusque sur nos côtes de France, pendant les hivers rigoureux.

Mœurs. — Par ses mœurs et son genre de vie, il ne se distingue pas du Cygne sauvage.

C'est à cette espèce qu'il faut rapporter les Cygnes domestiques que l'on élève pour l'ornement des pièces d'eau dans les parcs.

Il se fait remarquer, en effet, par une grande aptitude à la vie captive. Son régime est omnivore.

Sa longévité est très grande : elle peut atteindre cent ans.

On rencontre fréquemment dans les couvées du Cygne muet des jeunes qui, à la naissance, sont déjà entièrement blancs. C'est sur cette particularité accidentelle que certains auteurs avaient voulu créer la race dite du *Cygne invariable*.

Captivité. — Les qualités qui font du Cygne l'un des ornements les plus recherchés des pièces d'eau de nos parcs, ne pourraient être mieux mises en relief que par ces lignes emphatiques de Buffon : « Les grâces de la figure, la beauté de forme répondent, dans le Cygne, à la douceur du naturel; il plaît à tous yeux, il décore, il embellit les lieux qu'il fréquente; on l'aime, on l'applau on l'admire; nulle espèce ne mérite mieux. La nature, effet, n'a répandu sur aucune ces grâces nobles et douces q nous rappellent l'idée ses plus charmants ouvr ges : coupe de corps é gante, formes arrondie gracieux contours, bla cheur éclatante et pur mouvements flexibles ressentis, attitudes tant animées, tantôt laissé dans un mol abando tout, dans le Cygne, respi la volupté, l'enchanteme que nous font éprouver grâce et la beauté. Tou nous l'annonce, to justifie la spirituelle riante mythologie d'avoir donné ce charmant Oiseau pour père à la plus bel des mortelles. »

Le Cygne blanc ou muet.

Cependant, bien que les auteurs grecs et romains parlent fréquemment d Cygne, dans leurs écrits, l'origine de la véritable domestication de cet Oisea est entourée de la plus grande obscurité.

En France, il semble que les premiers essais remontent au XVe siècle.

Les Cygnes en captivité ne réclament pas de bien grands soins, s'ils peuven disposer d'une grande pièce d'eau où ils trouvent des graines, des plantes aqua tiques, des Vers, des Grenouilles, des Insectes, de l'herbe. Il suffit d'adjoindr à ces aliments naturels un peu d'avoine, ou quelques pâtées de son et de farine pour compléter leur régime (*).

LE CYGNE A COU NOIR (**) (*Cygnus nigricollis*). — ***Caractères.*** — Cette espèce a, comme son nom l'indique, la tête et le cou noirs ; le reste du plumage es d'un blanc pur; le bec gris; une ligne naso-oculaire et les pattes rouges.

Habitat. — Il vit à l'état sauvage dans l'Amérique du Sud, mais il est aujour d'hui tout à fait acclimaté en Europe.

LE CYGNE NOIR DE LA NOUVELLE-HOLLANDE (***) (*Cygnus atratus*). — ***Caractères.*** — Le Cygne noir est d'une taille un peu inférieure à celle du

(*) Pl. LII. — Cygnes domestiques et leurs jeunes (Planche, p. 332).
(**) Pl. LIII. — Cygnes blancs domestiques et Cygnes noirs (Planche, p. 332).
(***) Pl. LIV. — Le Cygne noir de la Nouvelle-Hollande (Planche, p. 332).

Cygne muet. Il a tout son plumage noir, avec les bordures des plumes tirant sur le gris noir, les rémiges primaires et plusieurs rémiges secondaires d'un blanc éclatant ; le bec dépourvu de caroncule, d'une couleur rouge-carmin, avec une bande en arrière de la pointe et l'extrémité des deux mandibules qui sont blanches; l'iris rouge, les pattes noires.

Habitat. — Il est originaire de l'Australie, où on le trouve à l'état sauvage. Mais il est exposé à disparaître en raison de la chasse acharnée qu'on lui fait.

Il se montre en quantités innombrables dans les parties peu explorées de l'intérieur. D'après Bennett, on trouve parfois réunis des milliers de ces Oiseaux, et ils sont si peu craintifs qu'on peut en tuer sans peine autant qu'on veut.

En hiver, les Cygnes noirs arrivent en Australie et s'y tiennent dans les lacs et dans les grands étangs, réunis par petites bandes, probablement formées chacune par une famille ; au printemps, c'est-à-dire pendant nos mois d'automne, ils se dirigent vers les endroits où ils nichent.

Mœurs. — D'après Gould, la saison des amours du Cygne noir aurait lieu d'octobre à janvier; cet auteur trouva des œufs nouvellement pondus au milieu de janvier et des jeunes couverts de duvet dès le mois de décembre. Le nid consiste en un grand amas de plantes marécageuses et aquatiques de toute espèce ; il est tantôt flottant, tantôt établi sur quelque îlot. Les œufs, au nombre de cinq à sept, sont d'un blanc sale ou d'un vert pâle, couverts de taches confluentes d'un vert fauve. Ils ont $0^m,12$ de long et $0^m,08$ de large, et ne sont dès lors guère plus petits que ceux du Cygne muet. La femelle couve avec ardeur pendant que le mâle veille fidèlement sur elle. Les jeunes éclosent couverts d'un duvet roux ou grisâtre. Dès le premier jour de leur existence, ils nagent et ils plongent et peuvent ainsi échapper à bien des dangers.

Le Cygne noir a beaucoup des habitudes du Cygne muet; toutefois, il crie beaucoup plus fréquemment. Dans la saison des amours, notamment, il fait souvent entendre son cri singulier, assez semblable à un son de trompette étouffé, mais difficile à exprimer. Une note basse, peu distincte, est suivie d'une seconde plus haute, sifflante, mais également peu distincte. L'Oiseau ne semble les lancer qu'avec effort. En criant, il étend son long cou sur l'eau.

Le Cygne noir semble être aussi querelleur avec ses semblables, aussi despote et méchant avec les animaux plus faibles, que ses congénères européens, surtout que le Cygne chanteur, avec lequel cependant il vit en assez bonne harmonie, hors la saison des amours.

Captivité. — Le Cygne noir fut importé pour la première fois en France vers 1807, à la Malmaison.

Il s'acclimata très rapidement, et aujourd'hui, il est presque aussi commun dans les jardins zoologiques que le Cygne muet.

Les jeunes sont un peu plus frileux que ceux de ce dernier ; on les élève avec des pâtées de farine d'orge mélangée à des herbes hachées, du pain trempé dans du lait, de l'avoine écrasée, etc. On leur donne aussi un peu de viande hachée, des œufs durs, puis des Escargots, des Crustacés.

Le seule race domestique créée par les éleveurs depuis la domestication des Cygnes est la race *pie-noire à bec rouge*.

LES ANSÉRIENS

Les Ansériens ont des caractères qui les distinguent nettement des autr[es] Anatidés.

Leur bec est plus étroit à l'extrémité qu'à la base; la mandibule inférieu[re] est découverte de la base à l'extrémité; leurs jambes sont placées très peu [en] l'arrière du corps; leurs tarses sont élevés; leurs ailes longues; leur trachée n[e] présente, à sa partie inférieure, ni renflements, ni replis.

Ces Oiseaux sont plus marcheurs que les autres Anatidés. Ils vont peu su[r] l'eau et recherchent plutôt leur nourriture en broutant l'herbe des prairie[s] qu'en barbotant dans la vase; aussi leur régime est-il essentiellement végéta[l].

Ils ont un vol élevé, soutenu, mais peu rapide.

LES PLECTROPTÈRES

Les Plectroptères sont des Oies de forte taille, ayant un corps allongé, u[n] cou long, un bec grand et fort, pourvu, comme chez les Cygnes, d'une caroncule charnue à la base de la mandibule supérieure; des jambes hautes, de[s] doigts longs, entièrement palmés; des ailes longues pourvues, au poignet, d'un ergot puissant.

Au genre *Plectroptère* appartiennent plusieurs espèces considérées, par certains auteurs, comme de simples races.

Telles sont : l'Oie de Guinée, ou de Gambie; l'Oie de Siam; l'Oie de Chine, de Madagascar, etc.

LES CYGNOPSIS

Le genre Cygnopsis a été créé pour quelques espèces d'Oies qui, par l'ensemble de leurs formes, rappellent autant les Cygnes que les Oies.

LE CYGNOPSIS DU CANADA (*Cygnopsis canadensis*). — ***Caractères.*** — Cette espèce, appelée aussi *Oie à cravate*, a la tête et le cou noirs, à l'exception d'une bande blanche un peu en arrière de la gorge; la poitrine et le ventre d'un blanc grisâtre; le dos gris brun, les rémiges primaires d'un brun foncé, les secondaires et les rectrices noires; l'iris gris brun, le bec et les pattes noirs.

Habitat. — Autrefois très répandue dans toute l'Amérique du Nord, l'Oie à cravate tend à restreindre de plus en plus son habitat.

Mœurs. — Ses mœurs sont les mêmes que celles des Oies sauvages de l'Europe dont il va être question.

Pl. LII. — Cygnes domestiques et leurs jeunes (Texte, p. 330).
Pl. LIII. — Cygnes blancs domestiques et Cygnes noirs (Texte, p. 330).
Pl. LIV. — Cygne noir de la Nouvelle-Hollande (Texte, p. 330).

W. Kuhnert

Son aptitude à la domestication, et à la production avec les Oies communes d'hybrides d'un engraissement facile, la fait très apprécier des éleveurs.

LES OIES

Caractères. — Les Oies ont le bec à peu près aussi long que la tête, très élevé à son origine, un peu renflé au bout; la mandibule supérieure garnie de lamelles espacées, saillantes, en forme de dents, et dirigées en arrière; l'onglet supérieur presque aussi large que l'extrémité du bec, et médiocrement courbé; leurs ailes sont longues, aiguës, dépassant la queue, celle-ci moyenne, arrondie sur les côtés; leurs tarses épais, presque aussi longs que le doigt médian. Toutes ont un plumage sans éclat, peu varié et où dominent les teintes grises.

L'OIE CENDRÉE (*Anser cinereus*). — ***Caractères.*** — L'Oie cendrée mesure de $0^m,80$ à un mètre. Son plumage est d'un gris cendré assez uniforme; les plumes des parties supérieures sont d'un cendré brun et lisérées de blanchâtre, passant au blanc pur vers le croupion; celles du ventre et les sous-caudales également d'un blanc pur.

La femelle est d'une taille moindre; son plumage est, en dessus, d'un cendré plus clair.

Habitat. — L'Oie cendrée, ou *Oie première*, *Oie sauvage*, habite les contrées orientales de l'Europe. Elle est de passage régulier en France à l'approche des grandes gelées et immédiatement après l'hiver.

Mœurs. — De même que ses congénères, l'Oie cendrée est un Oiseau sociable, vivant et voyageant par troupes. Elle fréquente les bords de la mer, les étangs, les prairies. L'été, elle se reproduit dans les contrées boréales; l'hiver, elle descend dans les régions tempérées.

Les bandes d'Oies qui vivent à l'état sauvage affectent dans leur vol une disposition géométrique qui leur est commune avec les Grues et autres grands Échassiers. Tous les individus d'une même troupe se disposent en forme de V renversé; d'autres fois, ils se placent en une seule ligne oblique. Leurs voyages s'accomplissent pendant la nuit, et l'on est averti de leur passage par les cris qu'ils ne cessent de faire entendre tout en volant.

D'un naturel craintif et défiant, l'Oie cendrée s'enfuit à la moindre apparence de danger, en poussant de grands cris. Elle ne se mêle jamais aux autres espèces.

Mais si elle ne contracte pas amitié avec ses congénères, par contre, l'union qui retient les membres d'une même famille est très intime; aussi est-il excessivement rare de rencontrer une Oie cendrée seule. Jusqu'à l'entrée du printemps, les individus d'une même famille ne se séparent pas ; à l'époque du retour, ils sont souvent encore réunis et les parents ne chassent leurs petits, âgés maintenant d'un an, qu'au moment où ils vont nicher de nouveau.

L'Oie cendrée se nourrit surtout de graines et de jeunes pousses de végétaux.

Dès leur arrivée au printemps, les couples déjà formés se choisissent des localités convenables pour y construire leur nid; les jeunes mâles de deux ans cherchent une compagne; tandis que les Oies encore incapables de se reproduire se réunissent sur d'autres points des marais.

L'Oie cendrée choisit avec beaucoup d'intelligence l'endroit où elle va établir son nid. Celui qui va à la recherche de ce nid doit se persuader qu'il ne le rencontrera que dans les parties du marais les plus écartées, les plus cachées, les plus inaccessibles. Chaque paire niche l'une près de l'autre, mais chacune a son domaine propre, dans lequel elle ne souffre aucun intrus. Le mâle fait ardemment la cour à sa femelle; il tourne autour d'elle, dans une attitude fière, en hochant la tête, et la suit partout. On dirait un jaloux qui surveille toutes les démarches de sa compagne; il combat courageusement tout mâle encore célibataire qui se montre devant lui; il veille soigneusement à la sécurité de sa femelle. Souvent, les combats entre mâles rivaux deviennent très violents; les deux adversaires se prennent au cou avec leurs becs, se frappent des ailes avec une telle violence qu'on entend de fort loin le bruit de chaque coup. Les femelles assistent d'ordinaire à la lutte, et, le cou étendu et incliné, babillent activement sans qu'on puisse reconnaître si leurs cris répétés : taahtahtat, tahtat, tatatat, doivent exciter ou diminuer l'ardeur des combattants.

L'Oie cendrée.

Après l'accouplement, la femelle s'occupe activement à ramasser les matériaux destinés à la construction de son nid, el le mâle l'accompagne pas à pas. Celui-ci ne prend pas une part directe au travail, mais il le surveille et veille constamment à la sûreté de sa compagne. Ses regards explorent continuellement tous les alentours. L'Oie commence par rassembler les matériaux qui sont le plus à sa portée; elle les choisit avec plus de soin ensuite et souvent va en chercher fort loin. La base du nid est formée de branchages, de chaumes, de feuilles de roseaux, de joncs, etc., le tout grossièrement entrelacé; c'est au point que le nid est, dans les premiers jours, beaucoup plus élevé qu'il ne le sera plus tard, lorsque l'Oiseau l'aura foulé.

L'excavation en est tapissée de substances plus délicates, plus fines; enfin, plus tard, du duvet recouvrira les œufs. Dans les nids des vieilles femelles, on trouve de sept à dix et jusqu'à quatorze œufs ; les jeunes n'en pondent guère que cinq ou six. Ces œufs ressemblent tellement à ceux de l'Oie domestique qu'on ne peut guère les en distinguer. Ils ont de $0^m,090$ à $0^m,096$ de long et de $0^m,060$ à $0^m,068$ de large ; leur coquille est lisse, terne, à grain assez grossier, d'un blanc jaunâtre sale, tirant parfois sur le vert. Si l'Oie est vieille, le premier œuf est pondu au commencement de mars et l'incubation commence au milieu, au plus tard à la fin de ce mois. A ce moment, elle arrache tout son duvet, en revêt le bord interne de son nid, et en recouvre les œufs chaque fois qu'elle les quitte. Au bout de vingt-huit jours, les jeunes éclosent; ils restent environ un jour dans le nid, puis la femelle les conduit à l'eau et leur apprend à chercher leurs aliments.

Des lentilles d'eau, des graminées aquatiques sont leur première nourriture ; plus tard, ils s'en vont paître dans les champs et les prairies. Le soir, jeunes et vieux reviennent au nid ; mais, après deux semaines, celui-ci devient trop petit pour les jeunes, et ils choisissent un endroit pour dormir au voisinage de leur mère.

La vigilance du mâle augmente dès que les jeunes sont éclos. La mère marche ou nage la première ; les jeunes la suivent, serrés les uns contre les autres ; le père couvre en quelque sorte la retraite, la tête haute, regardant de tous côtés, inquiet sur la sûreté des siens, observant avec défiance le moindre objet suspect. En cas de danger, c'est lui, le premier, qui donne le signal de la fuite.

« C'est un véritable plaisir pour l'ami de la nature, dit Naumann, que d'assister, bien caché par une belle soirée du mois de mai, aux ébats d'une famille d'Oies sauvages. Au coucher du soleil, elles apparaissent, l'une ici, l'autre là, mais toutes en même temps; elles sortent des fourrés de roseaux; elles nagent, elles gagnent la rive ; le père de famille redouble de vigilance; il veille à la sécurité des siens. Quand la bande est arrivée au pâturage, c'est à peine s'il ose prendre le temps de manger ; s'il soupçonne quelque danger, il avertit sa famille par quelques faibles cris ; si le danger est réel, il pousse un cri plaintif et prend la fuite. Dans ce cas, la mère se montre plus courageuse, plus soucieuse du salut de ses petits que du sien propre ; par ses cris d'angoisse répétés, elle les invite à fuir et à se cacher, et si l'eau n'est pas trop éloignée, à la gagner, s'y précipiter et y plonger. Ce n'est que quand ils sont à peu près en sûreté qu'elle se décide à se sauver à son tour. Mais jamais elle ne s'envole bien loin, et dès que le danger a disparu, elle est de nouveau là pour rassembler les siens. C'est aussi à ce moment que le père rejoint sa famille. La mère est avec ses petits dans des herbes déjà assez hautes ; le père est absent, par quelque hasard ; qu'on se glisse alors vers elle sans être aperçu, puis qu'on se montre tout à coup, elle se lève en poussant de grands cris ; elle vole tout autour de l'endroit où elle a été ainsi surprise, et les petits de se cacher aussitôt dans les sillons, dans les inégalités du terrain, de rester silencieux et tranquilles. L'on peut souvent alors les prendre l'un après l'autre, sans que ceux qui restent cherchent à fuir, tandis qu'ils courent droit vers l'eau lorsque ceux dont on s'est emparé se mettent à crier. Tant que les jeunes ne peuvent voler, ils plongent avec beaucoup d'adresse, et cherchent à se sauver de cette façon. A la vérité, ils ne peuvent rester longtemps sous l'eau, mais ils n'en plongent que plus souvent.

« Pendant les quatre semaines qui suivent l'éclosion, les parents sont continuellement en éveil; ils voient partout un danger, auquel ils cherchent à soustraire leur progéniture, mais parfois ils se trompent dans le choix des moyens de salut. Leurs allures sont pleines d'énigmes et de contradictions ; si les parents ne trouvent pas leurs jeunes en sûreté sur le petit étang isolé où ils sont nés, ils les conduisent, généralement au crépuscule, le soir ou le matin, vers une pièce d'eau plus étendue. Il est assez singulier qu'on puisse alors chasser devant soi, comme des Oies domestiques, ces Oiseaux généralement si pusillanimes. La crainte des parents, qui n'osent s'éloigner de leurs petits, atteint dans ces circonstances un degré indescriptible. Si on arrive au milieu d'eux, si on en prend un, la femelle s'élance contre le ravisseur, le poursuit assez loin, puis elle revient pour rassembler ses autres petits épars et les entraîner dans l'endroit où elle avait l'intention de les conduire. Si la bande est ainsi arrêtée non loin de son point de départ, elle revient parfois sur ses pas ; mais de pareilles poursuites, même répétées plusieurs fois, ne parviennent pas à détourner la femelle de son dessein, quand bien même plusieurs de ses petits auraient péri de cette façon. On a bien souvent pris tous les jeunes d'une famille en train d'émigrer de la sorte; on les a reportés à leur étang natal, et le soir suivant, quelquefois à la même heure, on les retrouvait sur le même chemin, et cela autant de fois que l'on renouvelait l'expérience.

« D'autres Oies ont des intentions toutes différentes : elles conduisent leurs petits d'un grand étang vers un étang plus petit, et recherchent ainsi la solitude. Mais les unes comme les autres ont la même fixité, la même ténacité dans ce qu'elles ont une fois conçu. Il en est d'autres, enfin, dont les actes sont inexplicables. Elles entreprennent à pied, avec leurs petits, des trajets considérables, dans le seul but de changer de demeure. Plus d'une fois, les Oies cendrées qui nichaient près de l'étang de Badez, dans le duché d'Anhalt, ont eu l'idée insensée d'émigrer vers un autre étang, situé à deux milles et demi de là, alors que leurs petits avaient à peine deux semaines, et cependant elles avaient à faire tout ce trajet à découvert, à traverser plusieurs routes, un grand nombre de chemins, la vallée de la Nuthe, où sont plusieurs villages et plusieurs moulins, à passer à un quart de mille au plus de la ville de Zerbst. Il est probable qu'à peine la dixième partie d'entre elles, deux ou trois familles au plus, atteignait le but. La cause de ces émigrations est difficile à préciser; peut-être sont-elles déterminées par le manque d'eau.

« Si les parents meurent avant que les jeunes aient toutes leurs plumes, un grand nombre de ceux-ci périssent; les orphelins vont, il est vrai, rejoindre d'autre familles, mais peu de femelles les acceptent; aussi, celles qui le font réunissent-elles souvent un très grand nombre de petits. J'en vis un jour une qui avait ainsi autour d'elle soixante et quelques jeunes, qu'elle conduisait et guidait comme si tous eussent été siens. Ne trouvent-ils aucune famille qui les admette dans son sein, ils demeurent ensemble; mais, privés des soins paternels et maternels, ils périssent rapidement pour la plupart. Si, au moment de la perte de leurs parents, leurs plumes ont déjà poussé, ils ont un sort moins malheureux.

« A mesure que les jeunes grandissent, le père s'en inquiète moins.

« A l'époque de la mue, qui chez lui précède toujours d'une à deux semaines celle de la femelle, il quitte sa famille et, aussi longtemps qu'il ne peut voler, se tient caché dans les roseaux.

« Lorsque la femelle mue à son tour, les jeunes sont capables de voler et peuvent se passer de guide. »

Captivité. — Prises jeunes, les Oies cendrées s'apprivoisent très facilement. Cette espèce est d'ailleurs la souche des différentes races domestiques.

L'OIE DES MOISSONS OU OIE VULGAIRE (*Anser sylvestris*). — ***Caractères.*** — L'Oie des moissons ou *Oie sauvage* est un peu plus petite que la précédente. Elle a la tête, le haut du cou et les parties supérieures du corps d'un cendré brun, les plus longues scapulaires étant bordées de blanc, le croupion noir; le bas du cou, la poitrine, le haut de l'abdomen d'un cendré clair roussâtre; le bas-ventre et les sous-caudales blancs; le bec noir à la base et à l'onglet, jaune-orange au milieu; le bord libre des paupières d'un gris noirâtre, l'iris brun, les pieds rouge-orange.

La femelle ne se distingue du mâle que par sa taille plus faible et les teintes moins pures de son plumage.

Habitat. — L'aire de dispersion de l'Oie des moissons est à peu près la même que celle de l'Oie cendrée.

Elle apparaît dans le nord de la France en hiver et au commencement du printemps.

Mœurs. — Ses mœurs sont entièrement semblables à celles de l'Oie cendrée, mais dans ses voyages elle ne s'applique pas, comme celle-ci, à longer les bords de la mer.

Utilité. — Une regrettable particularité que l'on s'accorde à lui reconnaître est de produire des dégâts considérables dans les champs de blé et de colza où elle s'arrête durant ses migrations.

Captivité. — Elle présente aussi une aptitude facile à la domestication, mais surtout pendant l'hiver.

En Crimée, cette espèce, au contraire de la plupart de ses congénères, vit à l'état sauvage durant tout l'été et redevient volontairement domestique à l'approche des grands froids.

L'OIE RIEUSE OU A FRONT BLANC (*Anser albifrons*). — ***Caractères.*** — Cette espèce se reconnaît à la grande tache d'un gris clair qu'elle porte sur le front. Elle a les parties supérieures d'un brun cendré varié de roussâtre; les ailes grises tachetées de blanc; la poitrine d'un cendré blanchâtre, avec de larges bandes transversales foncées; le ventre d'un blanc pur; le bec jaune à pointe blanche; l'iris brun, les pieds couleur orange.

Habitat. — ***Mœurs.*** — L'Oie rieuse habite le nord des deux mondes. Elle est de passage régulier dans les régions tempérées. En France, on la voit l'hiver et au printemps venir s'abattre en troupes nombreuses dans les champs cultivés.

Sa nourriture se compose surtout de graminées et de graines diverses.

Elle niche dans les marais.

On peut facilement l'habituer à la domesticité et la faire vivre dans une basse-cour, après avoir pris soin de lui amputer l'extrémité des ailes.

Elle s'accouple volontiers avec les autres espèces.

L'OIE A BEC COURT (*Anser brachyrhynchus*). — Elle est à peine différente par ses caractères et ses mœurs de l'oie sauvage. On la rencontre dans l'Europe orientale.

L'OIE NAINE (*Anser erythropus*). — L'Oie naine n'est qu'une miniature de l'Oie rieuse. Sa taille n'excède pas $0^m,56$.

Elle habite les régions du cercle arctique, et apparaît dans l'Europe tempérée à l'époque des migrations, mais elle est néanmoins considérée comme une espèce rare dans notre pays.

Chasse. — La chasse aux Oies sauvages se pratique comme celle des Canards, soit à l'affût, soit en bateau, à l'*arlequin*.

Dans certaines régions du Nord, on profite de l'époque où ces Oiseaux sont en mue et ne peuvent voler; on les poursuit en canots et on les capture vivants ou bien on les assomme à coups de bâton.

Une chasse plus intéressante et qui se pratique dans les étangs de nos contrées est décrite comme il suit par le baron d'Hamonville : « Quand le froid est très vif, surtout si le sol est couvert de neige, le chasseur part au coucher du soleil et va se placer à l'affût près d'un ruisseau, sur lequel il sait que s'abattent les Oies et les Canards sauvages. Il se dissimule le mieux possible contre un tronc de saule, un buisson d'épine ou un poteau, se couvre d'un vêtement blanc et attend immobile, le fusil à la main. Dès que le crépuscule commence, les Anatidés se mettent en mouvement, et aussitôt que le chasseur entend le sifflement d'aile caractéristique, il porte le fusil à l'épaule sans attendre qu'il aperçoive le gibier qui est à portée dès qu'on le distingue.

« Quand la troupe, au lieu de passer au-dessus de la tête du tireur, s'abat à ses pieds, ce qui arrive souvent lorsqu'il a bien choisi sa place, il doit attendre que les Oiseaux, repliant à moitié leurs ailes, étendent leurs pattes pour se reposer et forment une masse confuse ; d'un seul coup, il peut faire une chasse superbe. »

Utilité. — Les Oies sauvages, à quelque espèce qu'elles appartiennent, produisent parfois des dégâts importants lorsqu'elles s'abattent dans les terrains cultivés. Mais comme elles représentent une partie non négligeable du gibier de marais, on peut dire qu'elles paient largement les quelques déprédations qu'elles commettent.

D'autre part, leur duvet et leurs plumes sont très estimés.

Quant aux espèces domestiquées, il n'est pas besoin d'insister sur les ressources qu'elles offrent pour l'alimentation et pour l'industrie plumassière.

LES OIES DOMESTIQUES (*)

Les Oies domestiques de nos basses-cours dérivent de l'*Oie cendrée*, qui a fourni, grâce à la sélection artificielle et à des croisements bien combinés, les six races principales suivantes :

La *race commune* ou *Oie première* ; la *race de Toulouse*, la *race d'Embden* ; la *race frisée*, la *race à épi*, et la *race de combat*.

La domestication de l'Oie cendrée remonte à une haute antiquité ; on en a la preuve dans quelques vers d'Homère et dans l'histoire célèbre des Oies du Capitole (388 av. J.-C.). L'élevage méthodique de cet Oiseau date aussi d'une époque assez reculée, car en 1555, Belon signale déja deux variétés de la race domestique, dont l'une étaittrès appréciée en raison de sa taille et de sa fécondité.

LA RACE COMMUNE (**). — La race commune ou *séquanienne* est d'une taille un peu supérieure à celle de l'Oie sauvage dont elle dérive. Son plumage est d'un cendré plus foncé au cou, aux ailes et au dos, plus clair sur les parties inférieures ; les pattes d'un jaune orangé ; le bec non caronculé. Le dimorphisme sexuel est parfois très accentué, au point que les mâles adultes sont presque entièrement blancs, mais, d'après Cornevin, ce caractère n'a aucune fixité.

L'Oie de Toulouse.

L'Oie commune est répandue dans toute l'Europe ; son élevage se pratique dans toutes les régions où existent de grandes prairies et des étangs ; son régime se compose, en effet, essentiellement d'herbe.

C'est une race très rustique, féconde, d'un poids moyen de 4 kilogrammes ; le poids du plumage seul est de 340 grammes.

(*) Pl. LV. — Oies domestiques, race commune (Planche, p. 340).
(**) Pl. LVI. — Oies domestiques (Planche, p. 340).

LA RACE LOURDE DE TOULOUSE. — L'Oie de Toulouse se fait remarqu par son corps lourd, trapu. Elle présente sous l'abdomen un repli cutané q par l'engraissement acquiert un volume énorme et pend jusqu'à terre. Son pl mage est d'une teinte générale grisâtre.

Un caractère distinctif apparu récemment dans cette race mais qui s'est fi définitivement est la présence d'un autre repli cutané appelé *bavette*, et sit sous la gorge.

L'Oie de Toulouse est d'un développement précoce, et d'un engraisseme facile. Son poids moyen est de 7 kilogrammes. En la soumettant à un régin spécial, son foie s'hypertrophie dans des proportions énormes ; on en a obten qui pesaient jusqu'à 3 kilogrammes ; ce sont les foies gras bien connus d gourmets.

LA RACE LOURDE D'EMBDEN. — La race dite d'Embden diffère peu de Toulousaine. Elle est originaire de la Westphalie, mais c'est surtout en Angl terre qu'elle a été l'objet d'un élevage intensif. On la reconnaît à des forme moins massives que celles de la race de Toulouse et à son plumage blanc dan les deux sexes.

LA RACE FRISÉE OU DE SÉBASTOPOL. — L'Oie de Sébastopol est une rac de petit format. Son plumage est blanc ; la plupart des plumes de la tête, du co et des ailes sont relevées et frisées.

On la rencontre surtout dans les régions du bas Danube.

Elle fut importée en Angleterre et en France vers 1856, après la guerre d Crimée.

Elle n'a guère d'autre qualité que son originalité.

LA RACE A ÉPI. — Cette race, caractérisée par la présence, au sommet de la tête, d'un petit bouquet de plumes redressées en épi, ne diffère pas, sous les autres rapports, de la race commune.

LA RACE DE COMBAT. — La race dite de combat ne diffère de la race commune que par sa tête forte et arrondie, son bec court et épais. Elle se fait remarquer par son naturel farouche et batailleur.

Élevage. — L'élevage des Oies domestiques ne diffère pas, dans ses grandes lignes, de l'élevage des Canards, dont il sera question plus loin.

Il faut mettre à la disposition de ces Oiseaux une prairie où ils iront brouter les jeunes pousses d'herbes, et une pièce d'eau où ils pourront se baigner.

Les Oies ne pondent qu'une fois par an, au mois de mars ou avril ; la durée de l'incubation est de vingt-huit jours. Les jeunes éclosent donc au moment où la végétation est assez avancée et permet de leur procurer la verdure dont ils sont très friands.

Pl. LV. — Oies domestiques, race commune (Texte, p. 339).
Pl. LVI. — Oies domestiques (Texte, p. 339).

A cette différence près, la nourriture des jeunes Oisons est celle des Canetons.

On pratique surtout l'élevage des Oies en vue de la production de la chair et des œufs. Cependant la récolte des plumes et du duvet entre pour une part importante dans les bénéfices des éleveurs.

D'après J. Bruyère, « le duvet dit *de cygne* provient, la plupart du temps, de l'Oie; il vaut de 18 à 20 francs le kilogramme. Le duvet le plus estimé se récolte sur l'Oie vivante. Cette manière de procéder est surtout en usage dans le Poitou. Les paysans plument leurs bêtes deux fois par an. Ils agissent avec beaucoup de douceur et de soins et ne blessent que fort rarement l'animal. La première récolte se fait après la ponte, et la deuxième en août. On commence à plumer les Oies vers l'âge de trois mois, quand le duvet est mûr. Pour être mûr, le duvet doit se détacher de lui-même; si on l'enlève trop jeune, il se conserve mal, les Vers l'attaquent, et, de plus, on cause une souffrance inutile à l'Oiseau.

« Dans le département de la Vienne, on écorche l'Oie grasse avant de la livrer à la consommation. La peau est fendue sur le dos et détachée du corps de la bête, très soigneusement, pour ne pas abîmer le duvet. Ces peaux excessivement souples, d'une remarquable blancheur, dont le duvet est brillant et soyeux, ont une valeur marchande de 3 à 4 francs; elles sont aussi belles que les véritables peaux de Cygne. Une seule fabrique à Poitiers en prépare chaque année trente à quarante mille.

« On envoie ces peaux d'Oies en Angleterre et en Amérique. La chair est vendue sur le marché local, ou expédiée aux Halles de Paris, où elle est débitée. Une Oie rapporte ainsi à son propriétaire de 9 à 12 francs. On voit que l'élevage en est rémunérateur. »

La conservation des plumes d'Oies et autres Palmipèdes est très simple; il suffit de les passer dans une étuve ou un four de boulanger pendant plusieurs heures, puis de les secouer énergiquement à l'air, et les repasser encore un moment au four.

Avant 1839, c'est-à-dire avant l'apparition des premières plumes métalliques à écrire, les grandes plumes d'Oie, de Pélican, de Cygne, de Grue, étaient très employées. Leur préparation était peu compliquée.

Pour les débarrasser de la matière grasse que renfermaient les tuyaux, on passait ces derniers dans un bain de cendre ou de sable chauffé à une certaine température.

Il n'y avait plus ensuite qu'à choisir celles qui étaient bien rondes, transparentes, sans taches blanches, et à les tailler avec art.

Il est permis de supposer que les premières plumes métalliques introduites dans le commerce étaient loin de réaliser le type de perfection qu'elles ont atteint depuis cette époque, car beaucoup de nos grands écrivains, parmi lesquels Victor Hugo et Alexandre Dumas, restèrent longtemps fidèles à la plume d'Oie aujourd'hui complètement détrônée.

LES BERNACHES

Caractères. — Les Bernaches forment un genre très voisin des Oies proprement dites et dont les caractères distinctifs sont les suivants : le bec, beaucou plus court que la tête, est mince, droit, concave, plus large et plus élevé à l base que dans sa partie antérieure; les lamelles sont complètement cachées pa les bords mandibulaires; l'onglet est médiocre, très recourbé; les narine médianes, elliptiques; les ailes longues, aiguës, la queue courte, arrondie; l bas des jambes emplumé; les tarses plus longs que le doigt médian.

Les Bernaches se distinguent encore des Oies par des formes plus ramassées un cou plus court, une tête large.

LA BERNACHE NONNETTE (*Bernicla leucopsis*). — ***Caractères.*** — La Bernache nonnette mesure environ o^{m},63 de long.

Elle a le front, les joues et la gorge d'un blanc plus ou moins pur; les lorums, les parties supérieures et postérieures de la tête, le cou, le haut de la poitrine, d'un beau noir lustré; les plumes du dos, les scapulaires et les couvertures supérieures des ailes d'un gris cendré, terminées de blanc et marquées vers le bout d'une large bande transversale noire; le croupion et les sus-caudales médianes noires, les sus-caudales latérales blanches, les rémiges et la queue noires, le reste du plumage d'un blanc grisâtre, ondé de brunâtre; l'iris, le bec et les pieds noirs.

La femelle ne diffère du mâle que par sa taille plus petite.

Habitat. — La Bernache nonnette habite les contrées les plus froides des deux continents; elle apparaît dans les régions tempérées, notamment en France, durant les hivers rigoureux.

Mœurs. — « La Bernache à collier, dit Brehm, est bien faite pour attirer notre attention. Elle se distingue des autres Anséridés par la grâce, l'élégance de ses allures, par sa sociabilité, ses mœurs paisibles, et elle ne leur cède en rien sous le rapport de la finesse des sens. Elle marche bien, que le sol soit ferme ou vaseux; elle nage facilement; elle plonge parfaitement, mieux, dans tous les cas, que les Oies; elle vole aussi plus aisément qu'elles, mais il est rare que ces Oiseaux, quand ils volent de compagnie, adoptent la disposition en coin; ils forment plus souvent une masse désordonnée. Lorsqu'une bande s'envole, on entend comme un roulement de tonnerre dans le lointain; lorsqu'elle franchit les hautes régions de l'atmosphère, elle produit un bruissement plus fort que celui des autres Anséridés, mais plus sourd que celui des Canards. Le cri de la Bernache à collier est fort simple; son cri d'appel est difficile à noter bien exactement, on pourrait cependant le rendre par *knaeng*. Quand elle cause, elle fait entendre un son rauque et dur : *kroch*; quand elle est en colère, elle souffle et siffle.

« Comme les Oies, les Bernaches sont sociables entre elles, vivent réunies, mais à l'écart des autres Oiseaux aquatiques. L'une d'elles s'est-elle par hasard écartée de la bande, elle vole avec inquiétude de côté et d'autre, jusqu'à ce qu'elle ait retrouvé ses compagnes ; se trouve-t-elle au milieu de congénères, elle se montre douce et paisible, par la raison, sans doute, qu'elle a conscience de sa faiblesse. Vis-à-vis de l'homme, elle se montre comme un enfant du pôle, qui n'a pas eu souvent occasion de connaître l'ennemi né de tous les animaux. Moins craintive que tous les autres Ansérides, elle ne devient défiante qu'après des poursuites réitérées. On a dit qu'on pouvait tuer tous les individus d'une famille, l'un après l'autre, à coups de pierre ou de bâton ; ce qui est certain, c'est qu'on prend les Bernaches dans des pièges beaucoup plus facilement que toutes les autres espèces d'Oies.

« Les Bernaches diffèrent des autres Ansérides sous le rapport du régime : elles mangent de l'herbe et des plantes aquatiques, mais aussi beaucoup d'Insectes et de Mollusques. Dans le nord, elles paissent sans doute tous les végétaux qui y croissent ; dans nos pays, elles préfèrent l'herbe fraîche. »

La Bernache nonnette.

Chasse. — La Bernache nonnette est l'objet d'une chasse importante sur les côtes du nord de l'Europe, particulièrement en Hollande. Sa chair est très estimée.

Captivité. — Cet Oiseau s'élève assez facilement en captivité. Par sa magnifique livrée, il est l'un des plus beaux ornements d'une basse-cour.

Au genre Bernache se rattachent plusieurs autres espèces dont les principales sont :

La Bernache a collier, ou *Oie cravatée du Canada*. — Elle est caractérisée par une large bande blanche qui s'étend en forme de croissant sous la gorge en remontant en arrière jusqu'aux yeux. Elle est très répandue dans l'Amérique du Nord.

La Bernache Cravant. — Cette espèce a la tête, le cou, la poitrine et la queue noires, avec une tache blanche de chaque côté du cou ; les ailes grises avec le rémiges brunes; le bas de la poitrine, les flancs, le dos brunâtres ; le bas-ventr blanc, le bec, les pieds et l'iris noirs.

Elle habite les mêmes régions que la Bernache nonnette, et se montre dan l'Europe tempérée, notamment dans le nord de la France en hiver.

Ses mœurs sont plus aquatiques que celles des espèces précédentes. Néanmoin elle s'habitue facilement à la domesticité.

La Bernache a cou roux. — Elle présente, comme l'indique son nom, sur l devant du cou et de la poitrine, une sorte de plastron d'un roux rougeâtre bordé de blanc ; la gorge et les parties supérieures de la tête et du cou noires.

Elle a pour patrie le nord-ouest de l'Asie, et ne se voit que très accidentellement en France.

LES CHENS

Caractères. — Les Chens sont surtout caractérisés par la forme de leur bec qui est mince à l'extrémité et terminé par un onglet très large, membraneux et couvert de rides obliques à la base de la mandibule supérieure.

Ils ont aussi des tarses plus élevés que les Oies, et un plumage très différent.

Les deux sexes portent la même livrée.

LE CHEN HYPERBORÉ (*Chen hyperboreus*). — **Caractères.** — Le Chen hyperboré, ou *Oie des neiges*, a un plumage entièrement blanc, à l'exception du front qui est d'un roux de rouille, et de la moitié postérieure des rémiges qui est noire ; le bec est rouge en dessus, blanchâtre en dessous, avec l'onglet bleu, le bord libre des paupières d'un rouge vif, l'iris gris brun, les pieds jaunâtres.

Habitat. — C'est un habitant des régions arctiques ; il s'aventure accidentellement dans le nord de l'Amérique, de l'Asie, et plus rarement encore en Europe.

Mœurs. — En raison de son habitat spécial, ses mœurs sont peu connues. On le chasse cependant avec ardeur dans les régions habitées où il fait quelque apparition ; la chair des jeunes est, paraît-il, très délicate.

LES CHENALOPEX

Caractères. — Les Chenalopex, vulgairement appelés *Oies-Renards*, présentent des caractères qui rappellent à la fois les Ansériens et les Anatiens.

Ils ont des formes élancées, un cou long et mince ; des tarses élevés, des ailes longues, aiguës, armées d'un éperon saillant au poignet.

Leur bec, plus court que la tête, est pourvu, sur les côtés du front, d'un petit bourrelet charnu ; la mandibule inférieure est en partie cachée par la mandibule supérieure, les lamelles ne dépassant pas les bords de cette mandibule; l'onglet est large, recourbé.

LE CHENALOPEX D'ÉGYPTE (*Chenalopex ægyptiaca*). — ***Caractères.*** — Cet Oiseau a un plumage très bigarré et dont nous résumerons brièvement la description : la tête et le cou sont d'un blanc légèrement isabelle ; la poitrine, le ventre complètement rayés de fines lignes noires sur un fond roussâtre ; le dos gris et noir ; les grandes rémiges et les rectrices noires, les petites et moyennes couvertures des ailes d'un blanc pur ; le bec rougeâtre à arête et onglet noirs, l'iris orange, les pieds rougeâtres.

Habitat. — Il habite le nord de l'Afrique, particulièrement la Haute-Égypte.

Mœurs. — Il vit en bandes nombreuses sur les bords des cours d'eau et des marécages d'eau douce, et manifeste une préférence très marquée pour les régions boisées.

C'est d'ailleurs dans les forêts qu'il se fixe ; et c'est de là qu'il s'envole pour faire quelques incursions dans la campagne.

Brehm, dans ses voyages en Afrique, observa fréquemment cet Oiseau et en parle dans les termes suivants :

« Le Chenalopex d'Égypte, dit-il, est un Oiseau aussi beau que bien doué. Il rivalise à la course avec le Plectroptère de Gambie ; il nage la poitrine profondément enfoncée dans l'eau, sans effort, comme le croit Naumann ; lorsqu'il est poursuivi, il plonge rapidement, demeure longtemps sous l'eau, y nage assez loin, s'aidant de ses pattes et de ses ailes ; il vole bruyamment, mais facilement. Lorsqu'un grand nombre de ces Oiseaux sont réunis, ils s'élèvent en désordre ; mais quand ils ont un grand espace à franchir, ils adoptent la formation en triangle. Le cri du Chenalopex d'Égypte ne rappelle que de loin celui de l'Oie domestique. Il est moins fort et rauque ; on dirait les sons d'une mauvaise trompette. Quand quelque chose l'inquiète ou l'irrite, il pousse des cris très singuliers ; on entend d'abord des sons rauques : *kaehk*, *kaehk*, auxquels succèdent des cris durs : *taeng*, *taeng* ; le tout finit par se confondre en une phrase que l'on peut noter : *taeng*, *taeng terrr taeng taeng taeng taeng*. Il crie surtout au moment de s'envoler, plus rarement en volant.

« Par ses mœurs, le Chenalopex d'Égypte montre bien qu'il appartient à la famille des Oies. Il est toujours prudent, toujours sur ses gardes et montre une grande défiance. Quand il a été chassé, il devient aussi craintif qu'aucun autre Anséridé ; il sait apprécier les distances, distinguer le blanc de l'indigène, qu'il redoute moins.

« Mais ses mœurs ne sont pas trop à son avantage. C'est un des Oiseaux les plus despotes, les plus méchants qui existent ; il ne vit même pas en paix avec ses semblables. Au moment des amours, les mâles se livrent des combats acharnés, mortels, du moins en captivité ; ils se poursuivent en criant, se mordent, se donnent des coups d'aile. Quelques-uns tyrannisent tous les autres habitants de l'étang où ils sont, soumettent à leur domination, non seulement les Canards, mais encore de grandes espèces d'Oies ; deviennent de plus en plus hardis et téméraires, et dans certaines circonstances, ne redoutent pas d'attaqu l'homme lui-même. Si l'on place à côté d'un pareil mâle, accouplé ou non, u de ses semblables, il fond sur lui comme un Oiseau de proie et cherche à s'e débarrasser. Il ne peut le tuer à coups d'aile et de bec, mais il l'épuise jusqu'a moment où il pourra lui sauter sur le dos, le prendre à la nuque, lui enfonc la tête sous l'eau et le noyer de la sorte.

« Ces allures méchantes et batailleuses sont le plus puissant obstacle appor à la multiplication de ce bel Oiseau.

« Le Chenalopex d'Égypte a un régime mixte.

« Comme l'Oie sauvage, il paît dans les champs ; comme les Canards, il bar bote dans la vase ; il prend même des animaux aquatiques en plongeant. Pen dant le jeune âge, il est très friand de Sauterelles ; lorsqu'il est adulte, il mang bien des substances animales, mais il semble dédaigner les Poissons.

« Dans les contrées dépourvues d'arbres, le Chenalopex d'Égypte niche terre ; mais là où les rives du fleuve sont boisées, là où se trouve seulement u arbre au voisinage de l'eau, il établit son nid sur les arbres. Dans le nord-est d l'Afrique, il préfère à tout autre un mimosa épineux, dont j'ai déjà souven parlé, le harahsi. Son nid est fait en grande partie avec des branches de l'arbre lui-même ; intérieurement, il est tapissé d'herbes et de brindilles. Le nombre des œufs varie de quatre à six, d'après mes observations ; mes chasseurs nègres m'ont dit cependant en avoir trouvé de dix à douze dans un seul nid. Ces œufs sont arrondis, à coquille épaisse et lisse, d'un blanc jaunâtre ou grisâtre. Dans le nord-est de l'Afrique, le Chenalopex ne niche que sur les arbres, et toujours isolément, jamais en colonie. La saison des amours coïncide avec le retour du printemps. Elle tombe au commencement de mars, en Égypte ; à l'entrée de la saison des pluies, c'est-à-dire au commencement de septembre, dans le Soudan. D'après des observations faites sur des individus captifs, la durée de l'incubation est de vingt-sept à vingt-huit jours ; la femelle couve seule. Le mâle se tient près d'elle en sentinelle, et par ses cris l'avertit de l'approche du danger. Une fois par jour, dans l'après-midi, la femelle quitte ses œufs, après les avoir soigneusement recouverts de duvet. Les jeunes sont conduits à l'eau de bonne heure. Ils échappent facilement aux poursuites, même sur une île découverte, où ils ne trouvent ni herbes, ni buissons pour se cacher. Lorsqu'un danger menace, ils courent à l'eau le plus vite possible, et plongent à merveille. Leur éducation se fait comme celle des jeunes Oies cendrées, et lorsqu'ils ont atteint la taille définitive, ils se réunissent en sociétés avec leurs semblables.

« Les grandes espèces d'Aigles et les Crocodiles sont les seuls ennemis naturels des Chenalopex. Je n'ai cependant jamais vu d'Aigle fondre sur une Oie, et quant aux Crocodiles, je suis obligé de m'en rapporter aux observations d'autrui. »

LES CÉRÉOPSIS

Caractères. — Le genre Céréopsis a été créé pour une seule espèce australienne caractérisée par un corps épais, un cou court, une tête petite et surtout par une conformation particulière du bec.

Le bec des Céréopsis est court, obtus, très épais, recourbé à l'extrémité; il est recouvert dans les deux tiers de son étendue par une cire très développée dans laquelle sont percées les narines.

Ces Oiseaux ont encore pour attributs : des ailes larges, une queue courte, des tarses longs et forts, des doigts courts, unis par une palmure largement échancrée.

Le Céréopsis de la Nouvelle-Hollande.

LE CÉRÉOPSIS DE LA NOUVELLE-HOLLANDE (*Cereopsis Novæ-Hollandiæ*). — **Caractères.** — Le plumage de cet Oiseau est d'un gris cendré à reflets brunâtres, chaque plume du dos étant marquée vers l'extrémité de taches noires, arrondies; la moitié terminale des rémiges secondaires, les rectrices et les couvertures inférieures de la queue sont d'un brun foncé. L'iris est rouge, le bec noir, la cire jaune verdâtre, les pieds noirâtres.

La femelle ne diffère du mâle que par sa taille un peu moindre.

Habitat. — Ainsi que l'indique son nom spécifique, cet Oiseau est originaire de l'Australie, où on le désigne aussi sous les noms de *Oie à capuchon*, ou *Oie-Poule*, etc.

Très commun autrefois dans diverses régions de l'Australie, il tend aujourd'hui à devenir de plus en plus rare, à la suite de la chasse qu'on lui a faite.

Mœurs. — De tous les Ansériens, le Céréopsis de la Nouvelle-Hollande est le plus mauvais nageur. Il passe la plus grande partie de son existence à brouter l'herbe des prairies, et ne se met à l'eau que quand il y est obligé. Lorsqu'il est poursuivi, il cherche son salut dans la course, car son vol est lourd, pénible.

Le Céréopsis de la Nouvelle-Hollande se fait encore remarquer par son naturel querelleur. Il ne vit en bonne intelligence avec aucun autre Oiseau, et à l'époque des amours, il s'attaque avec témérité à tous les animaux indistinctement. Les sujets captifs sont même à craindre pour l'homme : on en a vu se précipiter sur leur gardien.

Après l'accouplement, la femelle s'occupe avec ardeur de l'édification du nid. Celui-ci est construit avec des matériaux choisis et assemblés avec plus de soins que chez les autres Ansériens; l'intérieur en est uni et tapissé de plumes.

Les œufs sont petits, arrondis, à coquille lisse, d'un blanc jaunâtre. La duré de l'incubation est de trente jours.

Captivité. — Le Céréopsis de la Nouvelle-Hollande fut importé pour la pre mière fois en Europe vers 1830.

Il s'y est parfaitement acclimaté et reproduit. Les jeunes s'élèvent aussi fa cilement que les Oisons, mais les vents froids de l'hiver sont pour eux à redou ter. Leur chair est très délicate. Malheureusement, il est à craindre que l'élevag des Céréopsis ne prenne pas une grande extension, en raison du caractère réel lement féroce de ces Oiseaux. De plus, la ponte a lieu en décembre, c'est-à-dir à l'époque du printemps de leur patrie.

Aussi jusqu'à présent ne sont-ils recherchés par les amateurs que pou l'originalité de leur aspect.

LES CANARDS PROPREMENT DITS

LES ANATIENS

Les Anatiens se distinguent principalement des autres groupes de la famille des Anatidés par divers caractères tirés de la forme du bec et des pattes.

Caractères. — Leur bec est aussi large ou même plus large vers l'extrémité qu'à la base, la mandibule inférieure s'emboîte dans la supérieure qui la recouvre presque entièrement; leurs tarses sont courts et placés très en arrière du corps, le doigt externe est plus court que le médian, le pouce est petit, lisse ou pourvu d'une palmure rudimentaire.

Les Anatiens ont un tronc court, ou comprimé de haut en bas, un cou relativement court si on le compare à celui des Cygnes ou des Oies.

Mœurs. — Ils sont excellents nageurs, et plongent quand ils doivent aller chercher leur nourriture au fond de l'eau. Ils fréquentent de préférence les eaux douces dans l'intérieur des terres. Leur régime est à la fois animal et végétal.

A l'approche de l'hiver, ils s'assemblent en bandes nombreuses qui émigrent à des distances souvent considérables.

La plupart des espèces ont une chair très délicate et constituent le principal gibier des marais.

LES TADORNES

Caractères. — Les Tadornes n'ont pas de caractères bien tranchés. Par leur port élancé, leurs jambes relativement longues, ils rappellent beaucoup les Oies. Leur bec est plus court que la tête, concave au milieu, aplati et un peu retroussé à l'extrémité.

Les mâles, à l'époque des amours, portent un tubercule charnu à la base de la mandibule supérieure.

Les Oiseaux de ce genre ne se distinguent des autres Canards que par leurs allures plus vives, plus légères et par leur singulière habitude de nicher dans des terriers.

LE TADORNE VULGAIRE (*Tadorna Belonii*). — ***Caractères.*** — Le Tadorne vulgaire ou *de Belon* a la tête et le cou d'un vert sombre; la poitrine d'un roux vif, cette couleur se prolongeant en une sorte de collier jusque sur le haut du dos; le milieu de l'abdomen noir, les flancs d'un blanc pur ainsi que le dos; le croupion, les couvertures supérieures des ailes, les rémiges primaires noires; le miroir des ailes d'un vert pourpre; la queue blanche à bout noir; le bec rouge-sang ainsi que la tubérosité charnue qui caractérise les mâles; l'iris brun, les pieds couleur de chair.

Sa taille est de $0^{m},60$ environ.

La femelle se distingue du mâle par sa taille plus petite et l'absence de pro- bérance à la base du bec; elle a le front et les joues marqués de blanc, le re de la poitrine tirant sur le blanc.

Les deux sexes conservent leur brillante livrée durant toute l'année.

Habitat. — Le Tadorne vulgaire est un des Anatidés les plus communs nord et de l'ouest de l'Europe.

En France, il est presque partout de passage régulier. Il se reproduit à l'e bouchure de la Seine, dans le Boulonnais et quelques régions du midi.

Mœurs. — Il s'établit de préférence au voisinage de la mer, près des lacs sa ou saumâtres.

Sa nourriture consiste principalement en substances végétales, graines graminées aquatiques, de céréales, jeunes pousses d'herbes; mais il mange aus très volontiers des petits Poissons, des Insectes, des Mollusques, des Vers, et

La particularité la plus intéressante dans ses habitudes, a trait à son mode reproduction. Ce canard, en effet, niche non pas à découvert, mais dans d excavations du sol.

« Le printemps, dit Baillon, nous ramène des Tadornes, mais toujours petit nombre. Dès qu'ils sont arrivés, ils se répandent dans les plaines de sab dont les terres voisines de la mer sont ici couvertes : on voit chaque couple err dans les garennes et y chercher un logement parmi ceux des lapins. Il y a vra semblablement beaucoup de choix dans cette espèce de demeure, car ils entrer dans une centaine avant d'en trouver une qui leur convienne. On a remarqu qu'ils ne s'attachent qu'aux terriers qui ont au plus une toise et demie de pr fondeur, qui sont percés contre des ados ou monticules et dont l'entrée exposé au midi peut être aperçue de quelque dune fort éloignée. Les lapins cèdent l place à ces nouveaux hôtes et n'y rentrent plus. Les Tadornes ne font aucun ni dans ces trous ; la femelle pond ses œufs sur le sable nu, et lorsqu'elle est à l fin de sa ponte, elle les enveloppe d'un duvet très épais et très soyeux dont ell se dépouille. »

Pendant la durée d'incubation, le mâle reste assidûment sur la dune; il n s'éloigne que pour aller, deux ou trois fois par jour, chercher sa nourriture dan la mer. Le matin et le soir, la femelle quitte ses œufs pour le même besoin et l mâle la remplace.

Plusieurs auteurs mettent en doute les assertions de Naumann et de Baldius d'après lesquelles le Tadorne nicherait parfois dans des terriers contigus à ceux des Renards.

D'après Baldius, le Tadorne nicherait aussi parfois sur les arbres.

Les habitants de Sylt et d'autres îles de la mer du Nord favorisent la reproduction de cet Oiseau, dont les œufs et le duvet recueilli dans les nids après l'éclosion des jeunes sont une source de grands profits.

Le procédé employé est le suivant :

On pratique dans de petites dunes, couvertes d'un gazon ras, des couloirs qui se croisent au centre et où ces Oiseaux viennent nicher.

A chaque emplacement destiné à recevoir un nid, on adapte un couvercle en gazon, fermant exactement, mais pouvant être retiré à volonté, ce qui permet de visiter le nid. L'emplacement lui-même est recouvert de mousse et de fumier afin que les Tadornes trouvent à leur portée tous les matériaux nécessaires. Ces Oiseaux prennent régulièrement possession de ces demeures, quelque voisines qu'elles soient des habitations. Ils s'habituent tellement à l'homme qu'ils en supportent la vue même pendant qu'ils couvent. Si on ne dérange pas la femelle, elle pond de sept à douze œufs, volumineux, blancs, lisses, à coquille solide, et se met activement à couver. Si, comme cela arrive à Sylt, on lui enlève successivement ses œufs, elle peut en pondre vingt ou trente. Peu à peu elle les entoure de duvet, et les en recouvre soigneusement quand elle les quitte. Elle est si attachée à sa couvée, qu'elle ne l'abandonne qu'au moment où on va la saisir. Les Tadornes qui nichent dans les terriers artificiels de Sylt sont tellement privés, qu'ils ne se dérangent pas quand on enlève avec précaution le couvercle du nid, et ils ne s'éloignent que de quelques pas quand on les touche. Avant de visiter le terrier, on a soin d'en fermer l'ouverture, afin que les Oiseaux ne s'y bousculent pas et ne s'effrayent pas. Ceux qui habitent un couloir court, fermé en arrière, se laissent facilement prendre sur leurs œufs; ils se défendent à coups de bec, soufflent comme un chat en colère, poussent des cris assez perçants, plutôt de rage que de crainte. On est obligé quelquefois de chasser ces Oiseaux de dessus leurs œufs a coups de bâton, car ils mordent les doigts et font des blessures assez douloureuses.

Captivité. — Pris jeunes, les Tadornes sont faciles à élever, mais, au contraire de la plupart des espèces domestiques, une grande pièce d'eau où ils trouvent une partie de leur nourriture leur est indispensable.

On ne peut cependant les considérer que comme des Oiseaux de luxe destinés à orner une basse-cour, car leur reproduction en captivité est presque impossible.

Utilité. — Les habitants des îles du nord de l'Europe ne chassent pas le Tadorne, dont la chair a un goût huileux désagréable. Ils lui facilitent, au contraire, les moyens de nicher, comme on l'a vu plus haut, et ils retirent un grand profit des œufs et du duvet que renferment les nids. Le duvet a presque la valeur de l'édredon.

LE TADORNE CASARKA (*Tadorna Casarka*). — ***Caractères.*** — Le Casarka est considéré par quelques auteurs comme un genre distinct des Tadornes, en raison de l'absence de tubercule charnu sur le bec des mâles.

Le Casarka vulgaire a la tête et la partie supérieure du cou d'un gris-souris, limité par un collier noir; le reste du cou, le dessus et le dessous du corps d'un roux à reflets rougeâtres; les couvertures supérieures des ailes d'un blanc-crème, les rémiges noires; le miroir des ailes d'un vert brillant, la queue noire.

Sa taille est celle d'un Canard domestique ordinaire.

La femelle est de plus petite taille et ne porte pas de collier noir au cou.

Habitat. — Il habite les contrées orientales de l'Europe. Il est abondant en Perse, en Russie, dans l'Inde. On le trouve aussi dans quelques régions du sud de l'Afrique et en Égypte.

Mœurs. — Ses mœurs sont les mêmes que celles du Tadorne vulgaire, mais il paraît préférer les eaux douces aux eaux salées.

LES DENDROCYGNES

Les Dendrocygnes ou *Canards des arbres*, *Canards percheurs*, ont des for élancées et gracieuses, un bec mince, à arête lisse, arrondie, et presque dr jusqu'à la pointe, à lamelles saillantes en dehors; des ailes arrondies, subobtu une queue arrondie et courte; des tarses robustes, des doigts longs, unis une palmure échancrée; un plumage varié.

LE DENDROCYGNE VEUF (*Dendrocygna viduata*). — **Caractères.** — C espèce, désignée aussi sous les noms de *Canard de Maragnon, Canard perch à face blanche*, mesure environ $0^{m},45$. Elle a toute la face et la gorge blanch l'occiput et la partie postérieure du cou noirs; le bas du cou et le haut de la p trine d'un beau brun rouge; le dos et les côtés de la poitrine d'un brun noir vâtre; les ailes brunes, chaque plume bordée d'un liséré clair; les flancs d gris jaunâtre rayés de noir; l'abdomen et la queue noirs; l'iris, le bec et pieds d'un bleu noir.

Habitat. — Le Canard de Maragnon habite l'Amérique méridionale. On rencontre aussi en divers points de l'Afrique méridionale et occidentale, nota ment sur les rives du Nil bleu.

Mœurs. — Il vit en bandes nombreuses dans les marais des steppes, dans prairies marécageuses qui bordent les lacs et les cours d'eau.

De même que ses congénères du même genre, il aime à se percher sur l arbres où il passe la plus grande partie de la journée. Il ne se met que le soir la recherche de sa nourriture, composée essentiellement de végétaux aqu tiques.

A l'époque des amours, les couples se séparent et chacun d'eux se construit u nid dans le creux d'un arbre.

Captivité. — Cet Oiseau est domestiqué depuis très longtemps en Amériqu Il attire l'attention par la beauté de son plumage, ses allures élégantes et s familiarité.

Introduit en Europe vers 1835, il s'y est peu propagé, car il lui faut, pou prospérer, le climat du Midi.

Sa nourriture est la même que celle des autres Canards domestiques.

LES CANARDS

Les Canards proprement dits sont les représentants les plus caractéristiques de la famille des Anatidés; aussi donnerons-nous l'exacte description des caractères de ce genre, d'après Degland :

Caractères. — Bec un peu plus long que la tête, médiocrement élevé à la base, ensuite déprimé et à peu près d'égale hauteur des narines à l onglet, parfaitement arrondi au bout, un peu moins large dans sa moitié postérieure que dans son tiers antérieur qui est sensiblement dilaté; lamelles courtes, celles de la mandibule supérieure un peu visibles, au profil, environ sur la moitié postérieure du bec, et notablement dirigées en arrière; onglet supérieur médiocrement courbé, ne faisant pas saillie à l'extrémité du bec; narines presque basales, assez rapprochées, élevées, médiocres, ovales; ailes de moyenne longueur, aiguës; queue courte, légèrement cunéiforme; tarses épais, de la longueur du doigt médian.

LE CANARD SAUVAGE (*Anas boschas*). — ***Caractères.*** — Le Canard sauvage a la tête et le haut du cou d'un vert brillant, la poitrine d'un roux marron, limité en haut par un collier blanc; le haut du dos d'un brun cendré, finement rayé en zigzags de gris blanchâtre; les épaules moirées de gris blanc, de brun et de noirâtre; les ailes brunes, avec miroir d'un bleu superbe encadré de blanc; le bas du dos et le croupion d'un vert noir, le dessous du corps gris blanc, très finement rayé de noirâtre; la queue grise, les quatre rectrices médianes d'un vert noir, relevées et recourbées en demi-cercle; le bec vert jaunâtre avec l'onglet noir; l'iris brun rougeâtre; les pieds d'un rouge-orange. Sa taille varie de $0^m,50$ à $0^m,55$.

La femelle a tout le plumage varié de brun sur un fond gris rougeâtre; la gorge et une raie sourcilière blanches; les rectrices médianes non recroquevillées; l'iris brun, le bec gris verdâtre.

Les variétés accidentelles sont nombreuses.

Habitat. — Le Canard sauvage ou *commun* est abondamment répandu dans tout l'hémisphère nord, depuis le cercle polaire jusqu'aux tropiques. Il n'habite les contrées méridionales que pendant l'hiver. En France, il est surtout abondant en novembre et décembre, et reste dans nos marais, jusqu'à l'époque des grandes gelées.

Le Canard sauvage.

Mœurs. — Ses migrations s'effectuent par bandes immenses de centain d'individus qui voyagent de jour comme de nuit, mais principalement le so en observant la disposition caractéristique en triangle comme la plupart d Anatidés.

Il fréquente les lacs, les rivières, les étangs, les eaux salées aussi bien q les eaux douces. Mais il niche de préférence dans les marais couverts de roseau et de plantes aquatiques.

Le Canard sauvage est un des Oiseaux les plus voraces que l'on connaiss il recherche sa nourriture en barbotant dans l'eau ou dans la vase et se mont peu soucieux du choix de ses aliments. Il mange les jeunes feuilles et l pousses tendres des herbes, des plantes aquatiques, des bourgeons, des graine des tubercules; il fait la chasse à tous les animaux aquatiques, depuis les Ve jusqu'aux Poissons et aux Reptiles; il semble toujours en proie à une fai insatiable.

Ses habitudes, ses allures, ne diffèrent pas sensiblement de celles de so congénère domestique, mais il est plus agile, plus vigoureux que ce dernier.

Le Canard sauvage ne craint point le voisinage de l'homme, mais il e cependant très prudent. Envers ses semblables et les autres Oiseaux, il s montre d'un caractère très sociable.

Peu après son arrivée dans le pays où il doit se reproduire, il s'accouple, no sans quelques batailles préalables entre les mâles, mais une fois unis, le couples se témoignent un vif attachement réciproque, et choisissent un endroi convenable pour y construire leur nid.

A cet effet, chacun d'eux recherche un endroit tranquille, sec, sous u buisson, sous une touffe de plantes, et le plus près possible de l'eau; asse souvent il niche sur les arbres et prend alors possession d'un nid abandonné d Rapace ou de Corneille. Il semble mettre plus de soin dans le choix de ce emplacement, quand le nid est construit à terre que quand il est sur un arbre Ce nid est formé de branches mortes, de feuilles sèches, lâchement entrelacées; l'intérieur en est plus tard tapissé de duvet. Les œufs, au nombre de huit à seize par couvée, allongés, à coquille solide, luisante, d'un blanc verdâtre ou jaunâtre, sont difficiles à distinguer de ceux du Canard domestique. La durée de l'incubation est de vingt-quatre à vingt-huit jours. La femelle couve seule, et elle le fait avec le plus grand dévouement. Avant de quitter ses œufs, elle les recouvre soigneusement de duvet, qu'elle s'arrache à elle-même; elle les quitte, en rampant dans l'herbe, et n'y revient que quand elle est convaincue qu'aucun danger ne les menace..

Après leur naissance, les jeunes restent encore un jour dans le nid à se réchauffer, puis ils vont à l'eau. Si le nid est élevé au-dessus du sol, ils sautent en bas, sans souffrir de leur chute; jamais leur mère ne les descend dans son bec, comme on l'a prétendu. Ils passent leur première jeunesse cachés dans les herbes, les joncs, les plantes aquatiques, et ce n'est qu'au moment où ils essayent leurs ailes qu'ils se montrent sur l'eau, dans des endroits découverts. La mère emploie toute sa prudence, toute sa sollicitude pour les faire échapper aux regards de l'homme et de leurs autres ennemis; elle cherche à détourner l'attention sur elle-même. Si l'ennemi ne lui semble pas trop redoutable, elle l'attaque avec courage et réussit souvent à le mettre en fuite. Les jeunes, en revanche, lui témoignent beaucoup d'attachement; ils obéissent au moindre signal, se cachent dès qu'elle le leur ordonne, et restent immobiles au milieu des herbes, jusqu'à son retour. Leur croissance est très rapide; à six semaines ils peuvent voler.

Le père ne partage en aucune façon ni les soins de l'incubation, ni ceux de l'éducation. Dès que la femelle se met à couver, il l'abandonne, il en cherche une autre, et quand il n'en trouve plus, il va rejoindre ses semblables et errer avec eux. Pendant ce temps, la mue survient; il perd son plumage de noces, et revêt sa terne livrée d'été, qu'il ne porte guère que quatre mois, et qui passe au plumage de noces, soit qu'il y ait une mue, soit qu'il y ait simplement changement de couleur des plumes. C'est à ce moment aussi que les jeunes muent pour la première fois; et alors, mâles et femelles, jeunes et vieux se réunissent pour passer l'automne en société et émigrer ensemble à l'entrée de l'hiver.

Les Canards sauvages ont à craindre de nombreux ennemis : les Renards, les Loutres, les Putois, les Belettes, les Rats d'eau, viennent souvent dévaster leurs nids; les grands Oiseaux de proie leur font aussi la chasse, mais avec un succès variable selon le cas.

Seyfferlitz eut occasion d'observer, en quelques heures, les diverses manœuvres qu'employa une bande de Canards pour échapper à ses ennemis. Ces Canards, à la vue d'un Pygargue qui s'avançait lentement vers eux, s'élevèrent aussitôt dans l'air, et se mirent à voler au-dessus de l'eau de côté et d'autre, sachant bien que le Pygargue n'était pas capable de les attraper au vol. Celui-ci, en effet, abandonna sa chasse. Alors, ils se rabattirent sur l'eau et se mirent à chercher leur nourriture. Un faucon apparut, ils ne s'envolèrent plus, mais ils plongèrent continuellement jusqu'à ce que l'Oiseau de proie, dont toutes les tentatives avaient été vaines, eût disparu. Plus tard, arriva un Milan; les Canards se groupèrent aussitôt, se serrant les uns contre les autres, battant des ailes, de façon à lancer continuellement de l'eau dans l'air, ils se trouvaient entourés d'un nuage de pluie; le Milan voulut le percer, mais il en fut tellement étourdi qu'il dut aussitôt abandonner ses poursuites.

Chasse. — La chair des Canards sauvages est universellement estimée. Aussi fait-on à ces Oiseaux une chasse acharnée; ils constituent le principal gibier de marais de notre pays.

Cette chasse est la plus intéressante de toutes les chasses au marais.

Elle se pratique la nuit, à l'affût, et nécessite une installation spéciale, dans un endroit convenablement choisi. Dans certaines régions, elle est la source de revenus importants; la plus grande partie des Canards sauvages apportés sur les marchés représente le produit de ce genre de chasse exercé par des professionnels.

Elle mérite donc de nous arrêter un instant.

La mare. — Quel que soit le terrain de chasse dont on dispose, bords de la mer ou marais de l'intérieur, le choix de la mare où l'on attirera le gibier à portée de fusil n'est pas sans importance.

Le long de nos côtes maritimes, l'État loue à bail aux particuliers, ce que l'on appelle des *lais de mer*. Ce sont des petites étendues d'herbages, au milieu desquels se trouve une mare naturelle ou artificielle, remplie par l'eau de la mer. Ces mares ont, en moyenne, de 70 à 80 mètres de long sur 40 à 50 mètres de large. Elles sont endiguées de vase durcie pour empêcher l'eau de s'écouler au dehors, et pour permettre l'établissement d'un chemin de ronde que l'on a soin de dissimuler sous des herbes. Pour renouveler l'eau de cette sorte de bassin, il suffit d'ouvrir en temps voulu un canal vers la mer et de le reboucher ensuite au moment des grandes marées.

Sur le bord de la mare, derrière un monticule arrondi, recouvert d'herbes, on installe une *hutte* ou *gabion*, où le chasseur viendra se mettre à l'affût.

Dans les marais de l'intérieur des terres, la hutte est placée soit sur la rive, soit sur des îlots naturels ou artificiels.

La hutte. — Sa forme, ses dimensions, ainsi que son aménagement, sont très variables et dépendent de la fortune du propriétaire. Mais elle doit satisfaire néanmoins à certaines conditions indispensables.

Elle doit d'abord être bien dissimulée derrière quelques pousses d'arbustes ; le toit, arrondi, est également caché par des touffes d'herbes, de la mousse. Les moindres fissures doivent être soigneusement bouchées, pour éviter que la lumière ne filtre au dehors.

Dans les marais de la Somme, les huttes sont en partie souterraines, et leur toit affleure presque le sol ; il y a donc peu de travaux à faire pour les cacher entièrement à la vue des Oiseaux de passage.

Le chemin par lequel on accède à la hutte doit aussi être abrité, soit par des arbustes, soit par des panneaux recouverts de branchages et d'herbes.

Quant à l'aménagement intérieur, il est laissé au choix du chasseur : de nombreuses meurtrières, se fermant par un volet hermétique, garnissent toute la façade qui donne sur la mare ; un râtelier d'armes supporte en plus des fusils ordinaires, une *canardière* du calibre 4 ou 8. Dans les grandes mares, une barque pour aller ramasser les victimes fait partie du matériel indispensable.

A l'époque des grands passages, on peut, lorsque le terrain s'y prête, se contenter, au lieu de hutte, d'un *hutteau* ; c'est un simple trou creusé dans le sable de la plage et que l'on recouvre d'une tente-abri ; le chasseur se glisse dans cette cachette à la tombée de la nuit et attend que le gibier vienne se poser à portée du fusil.

Les appelants. — Pour attirer les Canards sauvages, on se sert de Canards domestiques appelés *Canards appelants*. Ils appartiennent à une race qui résulte du croisement de la race commune avec le Canard sauvage ou *col vert* ; on les élève en demi-liberté, après les avoir éjointés, c'est-à-dire après leur avoir enlevé quelques-unes des grandes pennes d'une aile ; les mâles portent le nom de *malards*, les femelles celui de *bourres*. Chaque station de chasse en possède deux équipes d'une douzaine de sujets, et qui se relaient à tour de rôle.

Ils servent à attirer, par leurs cris d'appel, les bandes migratrices qui passent en volant au-dessus des marais.

La chasse. — Avant de se mettre à l'affût, le chasseur procède à ce que l'on appelle le *piquage* des Appelants. A cet effet, il prend de neuf à douze sujets parmi ceux qui se sont reposés la veille, et les attache en file à des cordes disposées en éventail autour de la hutte. On place généralement quatre *bourres* à gauche, quatre *bourres* au milieu, et quatre *malards* à droite.

On peut augmenter le nombre apparent des Appelants avec des sujets en bois sculpté.

C'est alors que commence la veillée du *huttier*.

Celui-ci doit être doué d'une patience à toute épreuve, car toutes les veillées ne sont pas favorables, et bien souvent la nuit se passe sans qu'aucun gibier ne se montre.

Lorsqu'une bande de Canards sauvages, attirée par le babillage des Appelants, vient à s'abattre sur le marais, un cri plus vibrant que les autres se fait entendre, puis les bourres se taisent. En regardant par une des meurtrières, on voit alors par les nuits claires, une tache noire mobile, sur laquelle parfois se détachent quelques reflets brillants : c'est enfin le gibier attendu. Le chasseur se munit de son fusil ou de sa canardière, vise en se servant d'un guidon spécial, et fait feu.

Chasses diverses. — La chasse à la hutte est la plus usitée et la plus intéressante de toutes. Néanmoins, on prend aussi beaucoup de Canards par des procédés différents.

Sur les lacs et les rivières où l'eau est peu profonde, la chasse peut se faire en bateau.

Dans certaines propriétés, on élève le Canard sauvage en demi-domesticité, et à certains moments, on pratique de véritables *battues* en règle.

L'hiver, par les fortes gelées, ou au printemps, dans les champs cultivés, les prairies basses et inondées, des bandes de Canards viennent se reposer et sont tirées par le chasseur, simplement embusqué derrière un arbre ou un buisson.

En juillet, dans les vastes marais de la Sologne, on fait la chasse aux jeunes Canards ou *Halbrans*, en parcourant, soit à pied, soit en barque, les fourrés de roseaux.

C'est un genre de chasse analogue à celui qui se pratique en Lorraine et dont le baron d'Hamonville a donné une très intéressante description :

« Lorsque, au jour fixé, chasseurs et traqueurs sont réunis sur l'étang, les rabatteurs se disposent en ligne dans toute la largeur de la haie de roseaux qui borde un des côtés de l'étang et marchent lentement en bataille, afin de pousser devant eux le gibier non volant. Deux barques sont montées chacune par un chasseur placé à l'avant et par un conducteur qui doit la diriger sans quitter l'arrière. Une de ces embarcations se dissimule sur la lisière des joncs, à cent mètres environ en avant, tandis que l'autre côtoie les roseaux à la hauteur des traqueurs, qui doivent être accompagnés d'un bon Chien ; un chasseur suit à pied le bord du bois. Tout Canard volant s'enlève et peut être tiré par un des fusils ; les autres arrivent à la queue de l'étang, c'est-à-dire dans cette partie peu profonde où cessent les joncs et qui est couverte d'herbes aquatiques. Les chasseurs, munis de bottes de marais, descendent des barques et s'intercalent entre les rabatteurs, cernant le gibier entre eux et la terre.

« C'est alors que les malheureux fugitifs déploient toute leur adresse pour rompre le cercle fatal. Les uns plongent, les autres cherchent à gagner le bois à pied et sont alors souvent pris par le Chien ; quelques-uns, à bout de forces, remontent sur l'eau, ne laissant émerger que la tête, qu'ils cachent sous une feuille de nénuphar à peine soulevée, et un œil bien exercé peut seul l'y découvrir ; d'autres réussissent à s'échapper et à gagner la haie de roseaux opposée à celle qui a été traquée. Chasseurs et traqueurs ayant terminé cette première partie de la chasse, reprennent leur ligne de bataille pour redescendre les joncs sur l'autre flanc de l'étang, dans l'ordre qu'ils ont suivi au départ, mais en sens inverse, et ramènent ainsi à la chaussée le gibier qui avait échappé à leurs recherches. Quelquefois, un Désailé poursuivi de trop près se hasarde à quitter les roseaux et à traverser la claire eau pour chercher un refuge de l'autre côté, mais s'il est aperçu, c'est alors une lutte de vitesse entre la barque la plus rapprochée de l'Oiseau et le fugitif. Le mérite du nautonnier est alors de juger à la manière dont le Canard a plongé, la direction où il devra reparaître, et d'y lancer son embarcation.

« Cette poursuite est palpitante d'émotion et souvent le fuyard ne doit son salut qu'au manque de sang-froid du tireur, qui lui envoie cinq ou six coups de fusil sans lui faire aucun mal, parce qu'il se hâte trop et ne calcule pas que les deux tiers au moins de l'Oiseau étant sous l'eau, et protégés par elle, s'il ne vise pas à vingt centimètres au-dessous du but, il le manquera infailliblement.

« Cette chasse est très productive ; autrefois, on citait des jours d'ouverture où l'on avait rapporté cent vingt ou cent cinquante Canards, à deux ou trois fusils ; mais aujourd'hui, on regarde comme une belle chasse la capture de trente ou quarante de ces Oiseaux en une seule expédition. Heureusement que ce genre de sport ne dure que peu de temps, car à la fin de juillet, il ne donnerait plus de résultat, Désailés et Halbrans ayant leurs ailes bien garnies ; aussi la gent cancanière ne paraît-elle pas diminuer sur nos étangs où elle nous promet pour longtemps encore d'agréables distractions. »

Parmi les chasses les plus destructives, il en est une qui mérite d'être signalée en raison de son originalité et de son organisation réellement idéale. C'est celle que pratique dans son domaine de Marchais (Aisne) le prince de Monaco. Nous en donnons la description d'après un article de De Lesse.

« Un damier d'étangs long de 15 kilomètres, large de 3 au plus, couvre une grande partie du domaine ; le plus vaste a 4 hectares, c'est l'étang de *Herses*. La plupart sont naturels, mais, pour augmenter les chances d'attirer le gibier, quelques étangs artificiels ont été creusés dans ce sol spongieux, opération favorable en même temps à la récolte de la tourbe.

« L'ensemble est divisé en groupes d'étangs. Chacun a son garde attitré, logé dans un chalet démontable très coquet et confortable. Outre son service de surveillance, ce garde a fort à faire, comme nous le verrons, à donner ses soins aux appelants.

« Tous les étangs de quelque importance possèdent plusieurs huttes (trois pour une nappe de 3 hectares environ).

« Mais voici où l'organisation « stratégique » atteint son plus haut degré de perfection.

« Chacune de ces huttes est reliée *téléphoniquement* à sa voisine, puis aux maisons des gardes, et l'ensemble du réseau a pour point de concentration le pavillon de chasse du prince situé au centre même du marais. Enfin ce pavillon communique avec le château et le fil terminus aboutit à la chambre à coucher de Son Altesse.

« Autour des étangs serpente un chemin de ronde macadamisé, de 1 mètre à peine de large, mais fort bien entretenu.

« Supposons qu'à une heure quelconque de la soirée ou de la nuit, ou bien au petit jour une bande d'Oiseaux sauvages s'abatte sur un des étangs. Le prince est aussitôt prévenu par le garde ; celui-ci indique en même temps la force du vol et la nature des Oiseaux. Aussitôt le prince enfourche une des motocyclettes toujours prêtes dans le vestibule, et par le petit chemin déjà mentionné arrive dans le voisinage de l'étang, quitte sa monture et se dirige vers la hutte en longeant les abris continus hauts de $1^{m},80$, en nattes de roseaux qui règnent autour de chaque étang, percés de place en place de meurtrières à volets.

« En principe, c'est la canardière à main qui est utilisée le plus souvent. Mais si les vols sont nombreux et denses, les gardes amènent le canon mobile du calibre de 45 millimètres ; il est monté sur roues pneumatiques et porte le 1 ou le 0 à 120 et 140 mètres. Plus de cinquante canards peuvent être abattus d'un seul coup avec cette arme meurtrière.

« Les huttes sont établies autant que possible sur l'extrême pointe des langues de terrain ménagées en avancée autour de l'étang ; de cette façon, elles possèdent un regard qui leur permet de balayer un secteur demi-circulaire de 100 mètres de rayon à peu près.

« Pour un même étang, elles ne sont pas symétriques sur les deux bords, mais s'alternent. La surface de l'eau est ainsi entièrement battue par ces véritables forts en miniature.

« Le terme est absolument exact : en effet, les plus importantes parmi ces huttes sont agencées un peu comme nos forts à coupole. Elles contiennent un affût fixé sur une plaque tournante qui forme plancher et se meut sous l'impulsion d'un mécanisme.

« Sur l'affût, le garde place un des canons, si l'objectif en vaut la peine, et le braque par une vue dans la direction voulue coïncidant avec une fenêtre donnée.

« Ces fenêtres, distantes les unes des autres de 50 centimètres, ont à peu près 15 centimètres sur le plus petit côté et sont percées sur le pourtour de la hutte. Or il se pourrait que le vol de sauvagine fût placé entre deux fenêtres, d'où impuissance pour le canon central.

« Aussi, par un jeu de ficelles glissant sur des rouleaux verticaux couplés entre chaque groupe d'ouvertures, les parois latérales de ces fenêtres, qui sont en grosse toile, entraînent ou élargissent à volonté les vues, suivant ainsi les évolutions du vol à détruire.

« L'ouverture se déplace donc dans le sens horizontal et sans bruit jusqu'à la fenêtre voisine.

« Quand la surface de l'eau est couverte de gibier, ce qui arrive parfois dans les très bonnes années, un signal de la hutte principale peut provoquer une décharge générale, grâce au filet téléphonique dont les mailles enserrent tous les étangs. La lune brille suffisamment, l'étang est noir de sauvagine, tout est prêt : le canon est pointé sur le gros de la troupe ; par d'autres fenêtres passent les gueules de trois ou quatre canardières maniées par des gardes. Une énorme détonation retentit, suivie du fracas des battements d'ailes et des cris des victimes, tintamarre cher à l'oreille du huttier.

« Quel peut être le résultat ? Le chiffre de trente canards représente un beau maximum, mais relativement très rare.

« Un filet disposé en travers de l'étang suivant la largeur, si cet étang est assez vaste, arrête les morts et les démontés. Aidé par le flot, il guide la plupart jusqu'à une petite loge grillagée en cul-de-sac, pratiquée sur la berge aux extrémités du filet ; là, on recueille les victimes très rapidement.

« Chaque étang possède sa barque qui sert à ramasser les fuyards.

« Aux époques de grands passages, une telle opération peut se renouveler à des étangs différents plusieurs fois de suite en l'espace de quelques heures.

« Le lendemain et les jours suivants, les chasseurs au Chien d'arrêt feront merveille, avec de bons *retrievers*, car beaucoup d'Oiseaux médiocrement atteints sont restés dans les herbes. En outre, ceux qui sont valides, quand une partie de leur bande a été détruite, n'abandonnent pas leurs frères malheureux et restent dans le pays. »

LES RACES DE CANARDS DOMESTIQUES

Indépendamment de diverses espèces exotiques, appartenant aux genres Tadorne, Chipeau, Sarcelle, Aix, etc., et dont l'élevage en Europe n'a d'autre intérêt que de peupler les Jardins zoologiques et les volières de charmants Palmipèdes, on ne considère comme véritables Canards domestiques que les races dérivées du vulgaire Canard sauvage de nos contrées.

Ces races sont les suivantes :

Race normande ou de Rouen ;
— d'Aylesbury ;
— de Pékin ;
— de Cayuga ;
— de Duclair ou à bavette ;
— du Labrador ;
— Chanterelle :
— à huppe ;
— à bec courbé ou Polonaise ;
— du Pingouin.

Historique. — « Presque tous les naturalistes, dit Darwin, admettent la descendance de ces diverses races du Canard sauvage commun (*Anas boschas*) ; les éleveurs, par contre, ont d'autres idées à ce sujet. A moins de nier que la domestication, prolongée pendant des siècles, ne puisse affecter des caractères aussi peu importants que ceux de la couleur, de la taille, et un peu des dimensions proportionnelles, et le naturel, il n'y a pas à mettre en doute la provenance du Canard domestique de l'espèce sauvage commune, car il ne diffère de ce dernier par aucun caractère important. Quelques documents historiques peuvent nous renseigner sur l'époque et les progrès de la domestication du Canard. Il était inconnu aux anciens Égyptiens, aux Juifs de l'Ancien Testament et aux Grecs de la période homérique. Columelle et Varron, il y a dix-huit cents ans, mentionnent la nécessité de tenir les Canards dans des enclos fermés comme les autres Oiseaux sauvages ; ce qui montre qu'à cette époque, on craignait qu'ils ne s'échappassent. En outre, le conseil que donne Columelle à ceux qui désiraient augmenter le nombre de leurs Canards, de recueillir les œufs de l'Oiseau sauvage, et de les mettre sous une Poule, prouve qu'alors le Canard n'était pas encore devenu l'hôte naturalisé et prolifique de la basse-cour romaine. Presque toutes les langues d'Europe témoignent de la provenance du Canard domestique de l'espèce sauvage, car toutes désignent sous le même nom l'une et l'autre forme. Le Canard sauvage offre une immense dispersion, qui s'étend depuis l'Himalaya jusqu'à l'Amérique du Nord. Il s'apparie librement avec la forme domestique, et donne des produits métis entièrement fertiles. On a constaté, tant en Amérique qu'en Europe, que l'apprivoisement du Canard sauvage est facile et qu'il reproduit sans peine en captivité. »

DESCRIPTION DES RACES DOMESTIQUES

RACE COMMUNE (*). — Le Canard commun ou *barboteur* diffère peu du Canard sauvage vulgaire, d'où il dérive directement, comme l'ont bien montré les travaux de Darwin, de Cornevin et Lesbre.

La domestication n'a produit chez cet Oiseau que des effets peu appréciables, notamment : l'augmentation de poids, le raccourcissement des ailes, le dével op pement plus considérable de la musculature des jambes, la diminution de la carène du sternum; l'élargissement du bec, etc., enfin un affaiblissement de l'éclat du plumage.

Le poids moyen d'un adulte mâle est de 1^{kg},600, celui d'une femelle de 1^{kg},300; les plumes seules pèsent 80 grammes, le duvet 15 grammes.

On pratique l'élevage du Canard commun à la fois pour sa chair, qui est assez estimée, ses œufs qu'on utilise dans la pâtisserie, et surtout pour son chaud duvet qui a une grande valeur commerciale.

Le nom de *Canard de mars* donné à cette race lui vient de ce que la femelle pond à la fin de février ou au commencement de mars. Elle fournit une soixantaine d'œufs pendant la saison. La durée de l'incubation est de vingt-huit à trente jours.

RACE DE ROUEN. — La race des Canards dits *de Rouen* n'est que la race commune améliorée en vue de la qualité et de la quantité de la chair, de la

(*) Pl. LVII. — Canards domestiques, race commune (Planche, page 364).

fécondité, de la précocité et de la production du duvet. Son élevage a surtout été pratiqué en Normandie.

Elle occupe la première place parmi les races comestibles. Sa chair est blanche, savoureuse.

Les Canetons peuvent être livrés à la consommation dès l'âge de trois mois, ils pèsent alors environ 1^{kg},500; en les soumettant à l'engraissement, ils atteignent facilement le poids de 2 ou 3 kilogrammes; on en cite qui pesaient à deux ans 5 kilogrammes.

La femelle pond annuellement de soixante-quinze à quatre-vingts œufs, du poids moyen de 70 grammes.

Les éleveurs distinguent dans la race de Rouen deux variétés, la *foncée* et la *claire;* la première est la race type; la seconde ne s'en distingue que par une teinte plus claire du plumage; l'une et l'autre sont également estimées.

On rencontre aussi parfois une variété à plumage blanc, avec le bec et les pattes jaunes; elle est de plus petite taille que les précédentes. Accidentellement apparaissent, dans une couvée de race pure, des sujets huppés.

RACE DE DUCLAIR. — Cette race tire son nom de la petite ville de Duclair, située sur les bords de la Seine, à une vingtaine de kilomètres en aval de Rouen. C'est dans cette région qu'elle a pris naissance et a été l'objet d'un élevage particulier; il est probable, comme le dit Cornevin, « qu'elle résulte d'un métissage dans lequel le Canard de Rouen a joué un rôle ».

Les Canards de Duclair ont pour caractère essentiel une large bavette blanche qui leur couvre la gorge. Leur plumage est d'un noir à reflets roux; le bec vert chez le mâle, noir chez la femelle.

Les qualités de cette race sont à peu près celles de la race de Rouen, mais le poids des sujets soumis à l'engraissement atteint rapidement 3 kilogrammes; les Canetons peuvent être livrés à la consommation à l'âge de neuf semaines.

RACE D'AYLESBURY. — La race d'Aylesbury a été créée en Angleterre, mais elle s'est aujourd'hui répandue dans tous les pays, en raison de sa facile acclimatation et de ses précieuses qualités. Elle est à la fois une race ornementale et une race de produit.

Tout son plumage est entièrement blanc ; le bec et les pattes sont d'un rose couleur de chair.

Les amateurs anglais attachent une extrême importance à ce dernier caractère, qui est le signe indiscutable de pureté de la race.

Néanmoins, dans les pays où le soleil est un peu plus vif que sur les îles de la Grande-Bretagne, la belle couleur rose du bec des Aylesbury passe rapidement au jaune.

Aussi les éleveurs qui désirent faire figurer leurs sujets dans les expositions ont-ils soin de les maintenir constamment dans des endroits ombragés, et où le sol ne renferme pas de matières ferrugineuses.

Au point de vue des qualités de la chair, de la précocité et de la fécondité, les Canards d'Aylesbury rivalisent presque avec ceux de Rouen.

RACE DE PÉKIN. — La race de Pékin a été créée en Chine à une époque très reculée. Elle fut importée pour la première fois en Angleterre en 1873. Introduite ensuite aux État-Unis, elle s'est propagée abondamment sur les deux continents.

Les Canards de Pékin sont d'aussi forte taille que ceux de Rouen; mais leur port est plus redressé, car leurs jambes s'insèrent très en arrière du corps; leur tête est forte, légèrement aplatie en dessus; leur plumage entièrement d'un blanc pur ou tirant faiblement sur le jaunâtre; leurs bec et leurs pattes sont d'un jaune-orange. Ils présentent, au point de vue de l'élevage, des qualités comparables à celles des races précédentes, mais leur chair est un peu moins délicate, leur peau est à grain plus grossier.

RACE DE CAYUGA. — L'origine de la race de Cayuga est incertaine. Pour certains auteurs, elle dérive d'une variété de l'espèce sauvage d'Amérique ; pour d'autres, elle résulte de croisements entre une race normande et une autre race inconnue.

Quoi qu'il en soit, c'est dans la région du lac Cayuga, aux États-Unis, qu'elle fut d'abord élevée en domesticité et sélectionnée. Elle s'est ensuite répandue en Angleterre, puis en France.

Les Canards Cayuga ont le plumage entièrement noir, avec des reflets verdâtres sur la tête, le reste du corps tirant sur le bleu ardoisé. Le devant du cou présente un collier blanc s'élargissant en bavette; le bec est bleuâtre avec une tache noire au centre ; les pattes brunes.

La chair de ces Canards est très délicate.

RACE MIGNONNE. — Cette race ne diffère du Canard sauvage que par son format plus petit, son plumage blanc ou gris.

C'est une race naine purement ornementale. Cependant certains chasseurs l'emploient comme *appelant* pour la chasse au marais, car son cri ressemble beaucoup à celui des espèces sauvages.

On en distingue plusieurs variétés qui sont : la *Blanche ordinaire*, la *Blanche huppée*, la *Grise simple*, la *Grise huppée*.

RACE NOIRE DU LABRADOR. — La race appelée à tort *race du Labrador* n'est qu'une variété mélanique du Canard sauvage vulgaire.

Les différents noms qu'elle a reçus suivant les pays où elle a été observée, puis domestiquée, montrent bien qu'elle s'est produite accidentellement en différents points du globe. On l'appelle indifféremment *race noire de l'est de l'Inde*, race de Buenos-Ayres, du Brésil, du Canada, etc.

Sa taille est celle du Canard commun, son plumage est noir avec des reflets d'un vert bleuâtre; le bec, d'abord noir, passe au jaune verdâtre ; les pieds, noirs dans le jeune âge, prennent ensuite une teinte jaune brunâtre.

Les Canards du Labrador ont des allures très vives, un naturel farouche.

Élevés en domesticité dans une basse-cour, ils ne se montrent pas supérieurs par leurs produits aux grosses espèces précédentes, mais laissés en demi-liberté dans un marais, après avoir été *éjointés*, ils produisent des sujets dont la chair a le goût du Canard sauvage.

Les œufs de Canards du Labrador ont une teinte d'un noir de suie, mais à mesure que la ponte s'avance, ils deviennent de moins en moins foncés.

RACE CHANTERELLE. — Les Canards de la race Chanterelle sont remarquables par leur petite taille, leur vivacité et leur loquacité inlassables.

A l'exception de leur bec relativement court, ils ne se différencient pas de la race commune.

RACE HUPPÉE. — Cette race ne présente comme particularité intéressante que la présence d'une huppe sur le sommet de la tête.

Ce caractère peut apparaître spontanément dans diverses races et se fixer définitivement par la sélection artificielle.

RACE POLONAISE ou **A BEC COURBÉ.** — Le nom de *Polonaise*, donné à cette race, ne rappelle pas du tout son pays d'origine.

Les Canards polonais sont, en réalité, des Canards de la race commune, chez lesquels est apparue accidentellement une courbure du bec, comme est apparue une huppe dans la race précédente.

Ce caractère a ensuite été soigneusement cultivé par certains éleveurs et a produit une race qui n'est, en réalité, qu'une monstruosité héréditaire.

D'ailleurs, on remarque parfois aussi la présence d'une huppe chez ces Canards à bec courbé, ce qui vient augmenter leur aspect grotesque.

Leur plumage est généralement blanc.

Ils sont connus depuis une époque très reculée ; Willughby les avait signalés en 1676.

RACE DU PINGOUIN. — Les Canards Pingouins sont ainsi appelés à cause de leur attitude redressée, comme celle des Pingouins.

Ils sont originaires de l'archipel Malais. Néanmoins, ils doivent être considérés comme le résultat d'une particularité morphologique anormale soigneusement cultivée par les éleveurs.

Les Canards Pingouins n'ont pas un plumage défini.

Ils s'accouplent et donnent des métis avec la plupart des autres races domestiques.

D'après Cornevin, il s'est accouplé au Jardin zoologique de Londres, avec l'Oie d'Égypte, et a produit un hybride très curieux.

Élevage. — Les Canards domestiques, de même que les Gallinacés, exigent, pour prospérer en captivité, et être de quelque profit à leurs éleveurs, certains soins particuliers, basés sur l'observation des mœurs de ces Oiseaux.

Aussi nous paraît-il intéressant, à ce point de vue, de reproduire les conseils suivants d'un aviculteur expérimenté, Rémy Saint-Loup :

« Les Canards sont des Oiseaux d'eau, et c'est pour cela qu'il semble naturel

---

Pl. LVII. — Canards domestiques, race commune (Texte, p. 361).

de les placer dans des conditions normales en établissant leur demeure dans le voisinage d'une rivière, d'un ruisseau ou d'une mare. Les éleveurs assurent que les Canards s'élèvent très bien en dehors de ces conditions; qu'il suffit de les parquer dans un enclos où un peu d'eau leur est apportée dans un baquet plat et que même, de cette manière, les Oiseaux grandissent et engraissent plus vite. Ceci est exact, mais il ne faut pas en conclure que cette méthode est toujours préférable.

« Il y a en effet autant de manières d'élever des Canards qu'il y a de résultats à obtenir. Le cultivateur ou le fermier qui possède une bande de Canards qui doivent lui procurer un revenu accessoire à côté d'autres revenus d'agriculture qui exigent tout son temps a tout avantage à laisser ses Oiseaux aller à l'eau. Cette manière d'élevage se fait dans beaucoup de localités; les Oiseaux habitent une hutte, un poulailler, une écurie quelconque pendant la nuit, et, le jour venu, s'en vont gagner la rivière ou la mare voisine. Là ils trouvent une grande partie de leur nourriture s'ils peuvent se promener sur une étendue considérable. Des têtards de Grenouilles, des Insectes, des plantes aquatiques sont à leur portée, ils en profitent. Le soir, une poignée de grains ou une pâtée complète l'alimentation, qui est ainsi économique. Le rendement est-il considérable? En général, non, excepté dans des conditions tout à fait particulières et qui sont rares. Le plus souvent la bande de Canards diminue, soit du fait des maraudeurs, soit par suite d'accidents: il arrive assez souvent que les Canards se prennent à des lignes de fond et se noient. Les œufs se perdent si les Canes sont lâchées avant l'heure de la ponte.

« Cette manière d'avoir des Canards ne peut guère être classée comme un mode d'élevage dont on puisse établir la valeur économique.

« Le paysan qui parque ses Canards sur un ruisseau d'eau courante est dans de meilleures conditions. Il est délivré du souci de renouveler l'eau des réservoirs et des abreuvoirs, mais il doit nourrir entièrement les animaux, et ici la dépense est considérable, attendu que les Canards jouissent d'un fort bel appétit, surtout quand ils prennent de l'exercice.

« C'est pour cette raison que les aviculteurs ont imaginé d'imposer du repos a leurs hôtes, en réduisant le baquet d'eau courante à un baquet d'eau stagnante. Dans ces conditions, le Canard profite mieux de la nourriture, mais il est essentiel d'entretenir les réservoirs dans le plus grand état de propreté, d'en renouveler l'eau fréquemment. Sans cette surveillance, le parquet à Canards ne tarde pas à enfermer des animaux d'une malpropreté repoussante et leur santé s'altère.

« Le sol du parquet devra très souvent être balayé et sablé, surtout si les animaux sont nombreux dans un petit espace. Le trop grand nombre dans un espace restreint est une cause des maladies qui peuvent décimer en très peu de temps les animaux enfermés. Dans le terrain consacré aux Canards, un hangar devra être établi qui servira d'abri pendant la pluie et sous lequel seront disposées les huttes. Ces huttes, que chacun construira ou choisira à sa guise chez les constructeurs, seront disposées de manière à permettre largement l'accès de l'air, et seront assez nombreuses pour que, dans aucune d'elles, les Oiseaux ne soient entassés. Chaque soir, il faut s'assurer que les Oiseaux sont également répar dans chaque case, parce qu'il arrive qu'ils se réunissent en grand nombre da certaines et désertent les autres. Pendant la nuit, ils se bousculent, se couche les uns sur les autres, et les plus délicats sont quelquefois étouffés.

« Les huttes ou cabanes à Canards doivent toujours être disposées de maniè à ce que le nettoyage du sol ou du plancher puisse être fait commodément fréquemment.

« Il n'est pas sans importance d'insister sur ce point. On voit généraleme dans les campagnes les Canards logés dans quelque coin inaccessible, entass dans un bourbier immonde que l'on rend propre et salubre quand on a temps, c'est-à-dire le plus rarement possible.

« Cette négligence a des effets désastreux, elle est très difficile à combattre si l'on fait à ce sujet quelques observations, si l'on se permet de dire aux fe miers que les animaux doivent coucher sur une litière absolument propre, i répondent que sur ce sujet ils en savent de père en fils plus long que les cita dins. La dépense de litière paraît à quelques-uns un luxe dispendieux; la paill est d'une valeur trop élevée, mais la sciure de bois peut rendre d'excellents ser vices, soit qu'on l'emploie seule, soit qu'on la mélange de terre ou de sable; l tourbe peut également rendre des services pour cet usage. On peut aussi fair coucher les Canards sur des claies ou des planches qui seraient chaque mati lavées à grande eau. Chacun doit s'ingénier suivant les circonstances où il s trouve; mais le principal est de veiller à la parfaite salubrité du logement de animaux, et la propreté est la première condition. Il y a beaucoup d'éleveur qui connaissent l'importance de ces règles d'hygiène pour le profit économique les autres se décideront à les imiter.

« S'il s'agit de Canards d'agrément ou plutôt d'ornement, les conditions d'économie ne règlent plus la méthode. Les animaux de luxe, quels qu'ils soient, sont d'un entretien dispendieux; ils ne peuvent être une source de revenus que pour les personnes qui s'occupent spécialement de leur élevage, non pas au point de vue artistique ou sportif, mais au point de vue commercial. Ces personnes ont assez l'expérience de cet élevage industriel pour que nous n'ayons pas de conseils à leur donner, elles savent que la réussite est due bien plus à l'habileté commerciale qu'à des pratiques particulières d'aviculture.

« Les Canards d'ornement doivent être élevés à proximité d'une pièce d'eau, grande ou petite; autrement, ils perdent tout leur intérêt. Si la pièce d'eau est enclavée dans des grillages, dans une immense volière, ces Canards pourront nager et voler à leur guise; si leur domaine est découvert, il faut les empêcher de prendre leur vol. Différents procédés sont employés dans ce but. Le plus simple consiste à couper quelques rémiges d'une aile, de telle manière que l'Oiseau déséquilibré ne se risque plus à voler. Un procédé plus barbare, mais plus radical, attendu qu'ainsi on n'a pas à surveiller la croissance des plumes, consiste à amputer le dernier article de l'aile charnue qui correspond à la main de l'Oiseau. On trouve enfin dans le commerce une sorte de bague en caoutchouc que l'on adapte à l'aile, de manière à maintenir le bras contre la main, et à empêcher ainsi l'extension de l'organe et par conséquent le vol. L'emploi de ces bagues paraît assez pratique. Le parc à Canards sera disposé suivant le goût de chacun : gazonné en certains endroits, sablonneux ou rocailleux en d'autres; mais il est recommandé, pour obtenir la reproduction des petites espèces, de placer à une faible distance de l'eau, dans les roseaux, des abris ou des paniers en forme de bouteille, dans lesquels la Cane viendra cacher ses œufs. Certaines espèces s'accommodent fort bien de ces bûches creuses dont on se sert pour faire nicher les Perruches; il est bien entendu que leur dimension doit être proportionnée au volume des Oiseaux.

« Si la pièce d'eau est très petite, enfermée dans une volière, elle doit être peu profonde pour se nettoyer facilement.

« Des troncs d'arbres pourvus de quelques branches seront placés aussi dans la volière, pour que les Canards puissent se percher.

« L'abri ou le panier destiné à la ponte sera placé non pas sur le sol, mais à une faible hauteur; l'entrée en sera tournée du côté le moins en vue et des branchages ou une planche formeront un palier qui permette à la Cane d'y accéder. Ces Oiseaux aiment à cacher leurs œufs, il faut tenir compte de cet instinct et le favoriser. Pendant l'incubation, il faudra placer du foin ou de la paille faisant litière autour du nid, parce que la Cane, lorsque les petits sont éclos, a l'habitude de les jeter dehors pour leur ouvrir de nouveaux horizons. Il est avantageux pour eux de faire leur entrée dans le monde sur un sol un peu capitonné. En terminant ce qui est relatif au choix de l'emplacement pour l'élevage des Canards de rapport ou de luxe, nous signalerons une observation qui semble un peu paradoxale, et qui cependant est juste. Les Canards craignent l'humidité; le terrain où ils se reposent doit être sec, les huttes ou cabanes doivent de même se sécher facilement.

« Il faut, par conséquent, ménager des pentes dans le sol qu'ils occupent et construire l'abri dans un terrain qui soit en contre-bas. Comme pour beaucoup d'autres animaux, il faut aménager leur parc de manière à leur laisser le choix d'une place au soleil ou d'une place à l'ombre, d'un bain dans l'eau pure ou d'une sieste sur le sable ou la litière sèche. Que les Canards soient donc heureux, et leur satisfaction récompensera l'aviculteur. »

LES CHIPEAUX

Caractères. — Les Chipeaux se distinguent des Canards et genres voisins par le grand développement et la disposition des lamelles qui garnissent les bords de la mandibule supérieure; ces lamelles, visibles extérieurement dans les trois quarts du bec, sont longues, saillantes et détachées comme les dents d'un peigne.

Ces Oiseaux sont les meilleurs plongeurs de la famille. Lorsqu'ils sont poursuivis et blessés, ils plongent pour échapper à leur ennemi, au lieu de s'envoler comme la plupart de leurs congénères. Leur vol est cependant aussi soutenu et plus rapide que celui des vrais Canards.

LE CHIPEAU BRUYANT (*Chaulelasmus strepera*). — ***Caractères.*** — Le Ch peau bruyant mesure environ 0m,50 de long. Il a presque tout le plumage mo cheté ou vermiculé de noir et de blanc, le dessus de la tête noir avec une ra médiane d'un brun roussâtre; le miroir des ailes formé par trois bandes tran versales, l'une blanche, l'autre noire, la troisième d'un roux marron; le cro pion et les couvertures inférieures de la queue d'un noir pur; l'iris brun clai le bec noir, les pieds d'un rouge-orange avec les palmures noirâtres.

La femelle, de plus petite taille que le mâle, s'en distingue encore par s livrée; les plumes des parties supérieures sont d'un brun noirâtre, bordées d roux clair; la poitrine d'un brun roux tachetée de noir; les sous-caudales grise ainsi que le croupion.

Habitat. — Le Chipeau bruyant habite les vastes marais du nord de l'Europ Il est commun en Suède, en Russie, en Hollande. Il vient hiverner dans le régions tempérées et jusqu'en Italie.

En Amérique, il est représenté par plusieurs variétés peu différentes de notr espèce européenne.

On le connaît en Picardie sous le nom de *Ridenne*; il arrive dans ce pays d'après Des Murs, au mois de novembre, lorsque soufflent les vents du nord est; lorsque ces vents persistent plusieurs jours, les Ridennes continuent leu route jusque dans le Midi et ne reparaissent qu'à la fin de février, aux premiers vents du sud.

Mœurs. — Le Chipeau bruyant est la seule espèce du genre; ses mœurs se distinguent donc de celles des autres Canards par les particularités signalées plus haut.

Sa nourriture est assez variée; elle se compose de plantes et de graines aquatiques, d'Insectes, de Vers, de coquillages et même de petits Poissons.

Il niche dans les mar ais et les prairies, parmi les joncs et les hautes herbes. Sa ponte est de huit ou neuf œufs, d'un gris jaunâtre ou verdâtre très pâle. La chair des Chipeaux est excellente lorsque ces Oiseaux sont bien gras.

LES CANARDS SIFFLEURS OU MARÈQUES

Caractères. — Les Marèques ont pour caractères essentiels : un bec plus court que la tête, légèrement rétréci vers l'extrémité, garni de lamelles larges et espacées; des narines petites, très écartées; des ailes aiguës.

Les espèces de ce genre doivent leur nom à leur cri d'appel particulier, qui est une sorte de sifflement aigu.

Une autre particularité qui les distingue encore des vrais Canards, est qu'au lieu de barboter dans la vase, elles se nourrissent surtout d'herbes et de plantes diverses qu'elles broutent à la manière des Oies.

LA MARÈQUE PÉNÉLOPE (*Mareca penelope*). — ***Caractères.*** — La Marèque pénélope a le dessus de la tête d'un blanc jaunâtre; les côtés de la tête et le cou d'un roux marron pointillé de noir; la poitrine d'un cendré lie de vin, l'abdomen blanc; le dos et les flancs d'un brun cendré, rayés de zigzags, les uns noirâtres les autres blanchâtres ; les ailes variées de brun et de gris, le miroir vert encadré par deux bandes noires ; la queue noire ; l'iris brun, les pieds cendrés ; le bec bleu noir.

Sa taille est d'environ $0^m,47$.

La femelle est un peu plus petite que le mâle. Son plumage est assez différent : il présente une teinte générale d'un roux tacheté de noir.

Habitat. — La Marèque pénélope ou *Vingeon* habite les contrées orientales de l'Europe ; elle est de passage régulier en France, en Allemagne, en Hollande, en Italie.

Quelques couples nichent parfois dans notre pays.

Mœurs. — C'est une des espèces les plus sociables ; on la rencontre toujours en bandes très nombreuses qui viennent s'abattre dans les marais ou sur les rives des lacs et des fleuves.

Son régime est omnivore, comme celui de ses congénères, mais les substances animales y entrent pour une grande part.

Elle niche toujours au bord de l'eau. Sa ponte est de huit à dix œufs d'un gris verdâtre sale, sans taches.

La Marèque pénélope a des allures très vives, un vol rapide ; ces qualités jointes à son naturel défiant rendent difficile la chasse de ce Canard. Sa chair est cependant très estimée.

Captivité. — On l'élève facilement en captivité, pourvu que l'on mette à sa disposition une grande pièce d'eau et qu'on lui procure une nourriture animale abondante. Elle se fait remarquer par sa gaieté et sa vivacité.

LA MARÈQUE AMÉRICAINE (*Mareca americana*). — Cette espèce, appelée aussi *Canard siffleur d'Amérique*, représente sur le nouveau continent la Marèque pénélope de l'Europe.

Elle habite le nord de l'Amérique, et se reproduit abondamment dans le voisinage de la baie d'Hudson.

Dans ses migrations, elle s'avance jusqu'aux Antilles et commet parfois des ravages importants dans les rizières, pendant la saison des pluies.

LES PILETS

Les Pilets se distinguent essentiellement des genres voisins par leur queue allongée, pointue.

LE PILET ACUTICAUDE OU CANARD A LONGUE QUEUE (*Dafila acuta*). — ***Caractères.*** — Le Pilet acuticaude a la tête brune, le devant du cou et tout le dessous du corps d'un blanc pur ; le dos et les flancs rayés de zigzags noirs et cendrés ; les rémiges brunes lisérées de gris ; le miroir des ailes formé d'une large bande d'un vert pourpre, bordée en dessus d'une bande rousse et en dessous d'une bande blanche ; les rectrices brunes, les médianes dépassant les latérales d'environ $0^m,08$; celles-ci cendrées et frangées de blanc ; le bec d'un bleu noirâtre ; les pieds d'un cendré rougeâtre ou noirâtre ; l'iris brun.

Sa taille est de $0^m,63$ à $0^m,65$, de la pointe du bec à l'extrémité de la queue, celle-ci étant prolongée de $0^m,08$ à $0^m,10$ par les rectrices médianes.

La femelle, d'une taille un peu plus faible, a le plumage varié de brun et de roussâtre.

Habitat. — Le Pilet acuticaude habite, en été, le nord de l'Europe et de l'Amérique; l'hiver, il descend dans le midi des deux continents; il est de passage régulier en Hollande, en Allemagne, en France, en Italie; il se reproduit même dans quelques marais du centre de la France.

Mœurs. — C'est une espèce bien connue des chasseurs, qui le désignent suivant les pays sous les noms caractéristiques de : *Pennard*, en Picardie; *Bouis* en Provence; *Canard-Faisan*, *Canard paille-en-queue*, etc.

Sa chair est très estimée.

Le Pilet se croise volontiers, en liberté, avec le Canard sauvage vulgaire.

D'un naturel sociable et peu farouche, il s'habitue aisément à la domesticité.

On peut rapporter au genre *Pilet* un certain nombre d'espèces exotiques très ornementales, telles que le *Canard de Bahama* (*Dafila bahamensis*), qui est comparable par la beauté de son plumage et la grâce de ses allures aux Canards carolin et mandarin.

LES SARCELLES

Le groupe des Sarcelles est composé d'un certain nombre d'espèces de petite taille, aux formes élégantes et bien proportionnées, et qui présentent, en outre des caractères génériques communs, les mêmes mœurs, les mêmes habitudes.

Caractères. — Les caractères du genre Sarcelle sont les suivants, d'après Degland : « Bec presque aussi long que la tête, assez élevé à la base, droit à partir des narines, étroit, demi-cylindrique, un peu plus large à l'extrémité qu'au milieu ; lamelles presque entièrement cachées ; mandibule inférieure visible, à la base, sur une très petite étendue; onglet supérieur petit, en grain d'orge, crochu ; narines basales, très rapprochées, percées près du sommet, larges, ovales, un peu obliques ; ailes assez longues, aiguës ; queue courte, conique; tarses un peu plus courts que le doigt médian. »

Les Sarcelles sont plus vives, plus alertes que les autres espèces de Canards. Elles voyagent en bandes très nombreuses qui dans leur vol n'observent pas un ordre régulier.

Leur nourriture se compose de plantes aquatiques, d'Insectes, de Mollusques, qu'elles ramassent le plus souvent à la surface de l'eau; elles plongent rarement.

LA SARCELLE COMMUNE OU SARCELLE D'ÉTÉ (*Querquedula circia*). — ***Caractères.*** — La Sarcelle d'été mesure environ $0^m,36$ de long. Le mâle adulte a le dessus de la tête d'un brun noirâtre; le dessus du corps et les flancs rayés en zigzags de noir et de blanc; la face et la partie supérieure du cou d'un brun rougeâtre pointillé de blanc; la gorge noire; les parties latérales de la tête ornées d'une ligne blanche partant des yeux et allant longer le brun de la nuque; la partie inférieure du cou et la poitrine émaillées de croissants noirs et roussâtres disposés en écailles ; les parties inférieures du corps blanches ; le miroir des ailes bordé de blanc ; le bec noirâtre ; les pieds cendrés ; l'iris brun clair.

La femelle, plus petite que le mâle, est d'une teinte générale brune en dessus, d'un blanc roussâtre en dessous, avec la gorge blanche, la poitrine et les flancs tachetés de brun.

Habitat. — La Sarcelle d'été habite le centre et le midi de l'Europe, l'Afrique septentrionale.

Elle est de passage régulier en Hollande, en Belgique et en France.

Elle est sédentaire dans quelques localités de notre pays.

Mœurs. — Les époques des migrations pour la Sarcelle d'été sont les mois d'octobre, de novembre, et ceux de février, mars.

A ce moment toutes les familles d'un même canton se réunissent pour entreprendre leurs voyages en commun.

La Sarcelle d'été choisit, pour faire son nid, les bords des marais et des rivières couvertes de hautes herbes.

Elle affectionne particulièrement les eaux peu profondes où elle ramasse, en barbotant, les Insectes, les Vers, les coquillages dont elle fait sa principale nourriture.

D'un naturel peu farouche, elle se laisse facilement approcher par le chasseur, mais quand elle est blessée, elle plonge aussitôt, et devient introuvable.

Domesticité. — Les Sarcelles sont d'une domestication facile; elles s'apprivoisent très vite ; leurs allures vives et gaies, leurs mœurs pacifiques en font un précieux ornement des pièces d'eau de nos parcs.

A l'automne, elles s'engraissent beaucoup et leur chair devient très délicate.

LA SARCELLE SARCELLINE OU SARCELLE D'HIVER (*Querquedula crecca*).

Caractères. — La Sarcelline ne mesure que $0^m,32$ de long. Elle a la tête et le cou d'un roux marron avec une ligne d'un vert brillant bordée de blanc allant de l'œil à la nuque ; le dessus du corps et les flancs rayés de zigzags blancs et noirs ; la poitrine d'un blanc rougeâtre varié de taches noires ; le ventre blanc jaunâtre ; les ailes brunes ornées d'un miroir noir et vert bordé de blanc ; le bec noirâtre ; les pieds cendrés ; l'iris brun.

La femelle a un plumage plus uniforme, où domine le brun, les parties latérales de la tête présentant une bande d'un blanc roussâtre tachetée de brun.

Habitat, Mœurs. — La Sarcelle sarcelline habite les mêmes régions que la Sarcelle commune ; elle est plus abondante en France que cette dernière.

Elle niche aussi dans les marais.

Ses aptitudes à la domesticité et la délicatesse de sa chair font regretter que son élevage ne soit pas plus répandu.

On rencontre assez fréquemment dans les basses-cours des Jardins zoologiques un certain nombre de Sarcelles exotiques dont les mœurs sont les mêmes que celles des Sarcelles d'Europe.

Ces Oiseaux ne sont élevés en captivité qu'à un point de vue ornemental.

Telles sont : la *Sarcelle de Formose*, la *Sarcelle soucroucou ou de Cayenne*, l *Sarcelle à faucilles*, la *Sarcelle du Brésil*, la *Sarcelle du Cap*, etc.

LES CAIRINAS

Caractères. — Les Cairinas, appelés aussi *Canards musqués* ou *Canards de Barbarie*, ont le corps cylindrique et allongé, le cou mince, le bec étroit, entouré à la base d'excroissances charnues qui s'étendent jusqu'aux narines; des ailes très développées; une queue relativement longue.

LE CANARD MUSQUÉ (*Cairina moschata*). — ***Caractères.*** — Le Canard musqué est d'une taille un peu plus forte que celle du Canard domestique vulgaire. Le mâle à la tête d'un noir vert métallique, le dos, les ailes, d'un vert foncé à reflets pourpres, quelques-unes des couvertures des ailes blanches; toutes les régions inférieures d'un noir brun.

La femelle est un peu plus petite que le mâle; son plumage est presque entièrement d'un brun noir sans éclat.

Depuis que cette espèce a été acclimatée en Europe et domestiquée, trois variétés ont été créées; ce sont : la Blanche, la Bronzée et la Panachée.

La variété panachée présente, disséminée dans toutes les régions, mais particulièrement sur la tête, le cou et le plastron, des taches blanches plus ou moins étendues; les caroncules charnues de la base du bec sont noires tachetées de blanc, tandis que chez les autres races, elles sont rouges.

Habitat. — Le Canard musqué est originaire de l'Amérique du Sud où il vit encore à l'état sauvage.

Son nom de *musqué* lui vient de la légère odeur qu'il exhale à certains moments.

Mais l'origine des multiples dénominations qu'on lui a attribuées : Canard de *Barbarie*, *Turc*, *Polonais*, Canard d'*Inde*, de *Guinée*, de *Lybie*, est très difficile à débrouiller, d'autant plus que cette espèce est également très abondante dans le centre de l'Afrique.

Cornevin fait à ce sujet les réflexions suivantes : « On se demandera d'abord, dit-il, comment un Oiseau connu dans l'ancien continent, seulement depuis trois cent cinquante ans — car il aurait été introduit en Europe en 1550 — fut appelé Canard des Indes par Conrad Gesner qui le décrivit, et Canard de Lybie (*A. lybica*) par Belon (1555); puis comment il a pu se répandre si rapidement dans toute l'Afrique et être le seul que possèdent les tribus nègres, si longtemps confinées dans leurs forêts, leurs hautes herbes et à peu près isolées du reste du monde.

« Mais, si l'on considère que ces tribus cultivent le manioc, le tabac, le maïs, l'arachide, la patate, et, en quelques endroits, le haricot, plantes d'origine incontestablement américaine, on est amené à songer à deux hypothèses.

« Dans l'une, on admettrait qu'il y a eu, à une époque indéterminée, mais

---

Pl. LVIII. — Le Canard mandarin (Texte, p. 374).

antérieure à la découverte de Christophe Colomb, des rapports entre l'Afrique et l'Amérique, hypothèse qu'appuient diverses découvertes archéologiques récentes.

« Dans l'autre, on accepterait que les relations n'ont commencé qu'à la fin du xve siècle et on considérerait comme vraisemblable que jusqu'à la conquête de l'Amérique et même un peu plus tard, l'Afrique centrale était encore à l'état de sauvagerie et ne bénéficiait pas des conquêtes agricoles si nombreuses faites sur le Nil

Le Canard musqué ou de Barbarie. — Variété panachée.

ou la Méditerranée. Serait venue la chasse aux esclaves dans le continent noir et leur envoi en Amérique, où ils se seraient initiés à la connaisance des végétaux et des animaux cultivés dans le nouveau monde. Quelques-uns de ces esclaves auraient été ramenés par les Portugais, possesseurs de colonies en Amérique et en Afrique, pour exploiter ces dernières, et ce seraient ces noirs rapatriés qui auraient rapporté avec eux les plantes et le Palmipède américains qui nous occupent.

« Dans l'état actuel de la science, il est impossible de se prononcer formellement pour l'une ou pour l'autre. »

Mœurs. — Le Canard musqué se tient à l'embouchure des fleuves, dans les marais des savanes.

Il se nourrit de Poissons, de Mollusques, d'algues et de plantes aquatiques.

Il passe la nuit sur les arbres et s'y réfugie en cas de danger. Son vol est très rapide, mais lourd.

Son genre de vie ne diffère pas de celui des Canards sauvages de l'Europe, mais, au contraire de ceux-ci, il a des mœurs sédentaires.

Captivité. — Le Canard musqué était autrefois la seule espèce domestique connue en Amérique.

Il est aujourd'hui abondamment répandu dans toutes les contrées du globe. Son élevage ne présente pas plus de difficultés que celui des diverses races vulgaires, et offre même quelques avantages particuliers.

Le Canard musqué peut très bien se passer d'eau. Sa grosse taille le fait rechercher des éleveurs, bien que sa chair soit inférieure à celle des Canards de Rouen, car elle prend chez les adultes une légère odeur de musc surtout à l'époque de l'incubation.

Néanmoins, son croisement avec les races domestiques produit un hybride connu sous le nom de *Mulard*, possédant des caractères mixtes et une taille supérieure à la moyenne.

LES AIX

Caractères. — Les Aix sont caractérisés par un corps allongé, un cou mince, de longueur moyenne, une tête grosse; un bec court, mince, à onglet fortement recourbé, surplombant la mandibule inférieure; des ailes moyennes, étroites, aiguës; une queue allongée; des jambes courtes, épaisses; un plumage orné de couleurs vives; les plumes de la tête allongées en huppe.

Les deux espèces les plus répandues de ce genre sont désignées vulgairement sous les noms de *Canard mandarin* et *Canard carolin*.

LE CANARD MANDARIN (*) (*Aix galericulata*). — Le Canard mandarin possède un plumage très bariolé dont la description est la suivante :

Les plumes de la tête se prolongent en arrière en une huppe qui est d'un vert bleu pourpré dans sa partie antérieure, d'un vert brun dans sa partie postérieure, d'un blanc jaunâtre sur les côtés, cette dernière couleur s'étendant autour et en avant de l'œil. Les plumes effilées des côtés du cou sont hérissées en une sorte de crinière d'un rouge-cerise; les plumes du devant du cou et de la poitrine d'un rouge brun.

Le dos est d'un brun clair; la partie inférieure et médiane du corps blanche.

La poitrine présente latéralement deux larges bandes noires alternant avec deux autres bandes blanches irrégulières disposées en ceinture; les flancs sont d'un brun jaunâtre.

De la partie inférieure du dos naissent deux éventails de plumes redressées,

---

(*) Pl. LXIII. — Le Canard mandarin (Planche, p. 372).

bleues à la base, d'un jaune brun dans le reste de leur étendue et bordées de blanc.

Les rémiges sont d'un gris bleuâtre, bordées de blanc; la queue d'un vert foncé à reflets métalliques. Le bec est rouge avec la pointe jaunâtre; les tarses d'un jaune rouge.

En été, ces beaux Oiseaux perdent leur crinière; l'éclat de leurs couleurs diminue. Mâle et femelle sont alors difficiles à distinguer l'un de l'autre.

Habitat. — Le Canard mandarin habite le Japon, le nord de la Chine, le bassin du fleuve Amour.

Il fut introduit pour la première fois en Europe en 1830, au Jardin zoologique de Londres.

Mœurs. — Ses mœurs à l'état sauvage sont peu connues, mais elles ne paraissent par différer sensiblement de celles des Palmipèdes de la même sous-famille.

Cet Oiseau se nourrit surtout de plantes aquatiques, d'Insectes, de Grenouilles, de graines et baies diverses.

Il niche sur les arbres et aime à s'y reposer.

Captivité. — Le Canard mandarin est l'un des plus beaux Oiseaux de basse-cour. Mais son élevage est assez délicat.

Les jeunes doivent être protégés contre le froid et la pluie; il faut leur donner une nourriture choisie dans laquelle doivent entrer les œufs durs, le sang de Bœuf, les œufs de Fourmis.

Ses mœurs en captivité sont intéressantes à observer. Il est monogame et l'affection que se témoignent les deux individus d'un même couple explique pourquoi les Chinois font de cet Oiseau le symbole de la fidélité conjugale.

LE CANARD DE LA CAROLINE (*Aix sponsa*). — ***Caractères.*** — Le Canard de la Caroline ressemble beaucoup au Mandarin; il a aussi la huppe bleue bordée sur les côtés d'une raie blanche; mais les plumes du cou ne forment pas de crinière; la gorge est marquée de blanc, la poitrine est d'un rougeâtre pailleté de blanc.

Habitat. — Il représente, en Amérique, le Canard mandarin de l'ancien continent.

Il habite les États-Unis en été, et émigre en hiver dans l'Amérique centrale.

Mœurs. — Ses mœurs sont les mêmes que celles des autres Canards vivant à l'état sauvage en Amérique, tels que les Canards musqués.

Captivité. — On l'élève en captivité, comme le Mandarin. Il réclame les mêmes soins minutieux que ce dernier.

LES SOUCHETS

Caractères. — Les Souchets ne peuvent être confondus avec aucun autre genre voisin. Ils se reconnaissent à l'évasement excessif de leur mandibule supérieure à l'extrémité, le grand développement et la disposition finement pectinée des lamelles qui en garnissent les bords.

LE SOUCHET COMMUN (*Spatula clypeata*). — ***Caractères.*** — Le Souchet commun, ou *Rouget de rivière*, a la tête et le cou d'un beau vert foncé à reflets la poitrine d'un blanc pur, le ventre et les flancs d'un roux marron ; le dos et le croupion d'un noir verdâtre ; les scapulaires blanches tachetées de noir ; les petites couvertures des ailes d'un bleu clair, les grandes couvertures secondaires noirâtres terminées de blanc, les rémiges brunes ; le miroir de l'aile d'un vert foncé métallique ; la queue blanche, avec les deux pennes médianes et les barbes externes des suivantes brunes ; le bec noir verdâtre en dessus, jaunâtre en dessous, l'iris jaune ; les pieds jaune-orange.

Sa taille est d'environ $0^m,50$.

La femelle se reconnaît à la couleur de la tête, qui est d'un roux très clair, marqué de petits traits noirs.

Habitat. — Le Souchet est répandu dans tout le nord de l'Europe et de l'Amérique. Il émigre l'hiver dans les régions tempérées et méridionales. En France, il n'est que de passage à la fin d'octobre et en mars.

Mœurs. — Ses mœurs ne diffèrent pas sensiblement de celles des autres Canards.

Sa nourriture cependant paraît se composer essentiellement d'Insectes, de Mouches aquatiques, de frai de Grenouille et de substances végétales.

Il niche sur les bords des lacs et des étangs, parmi les joncs et les hautes herbes, dans des endroits peu accessibles.

Sa chair est très savoureuse.

LES FULIGULIENS

Les Fuliguliens se distinguent des Canards, avec lesquels on les a souvent confondus, par des formes plus ramassées, un cou plus court, des jambes insérées très en arrière du corps, des palmures larges, le doigt externe allongé, égal au médian, le pouce bordé d'une large membrane.

On les désigne avec raison sous le nom de *Canards plongeurs*. Ils vivent de préférence sur les eaux salées, et se nourrissent exclusivement de petits Poissons, de Vers, Mollusques et Crustacés qu'ils capturent en plongeant.

LES FULIGULES

Caractères. — Les caractères de ce genre sont à peu près ceux du genre Canard, à l'exception de la forme du bec, qui est ici plus large à la base qu'à la pointe, et des légères particularités caractéristiques de la sous-famille.

LA FULIGULE MORILLON (*Fuligula cristata*). — ***Caractères.*** — La Fuligule morillon a la tête, le cou et la poitrine d'un noir à reflets violets, les plumes de la nuque longues, effilées, se prolongeant en une huppe pendante; le dos, les ailes, la queue d'un brun noirâtre à reflets bronzés, avec un large miroir d'un blanc pur sur les ailes; l'abdomen et les flancs noirâtres; le bec bleu clair avec l'onglet noir; l'iris jaune, les pieds bleuâtres, les palmures noires.

La taille de cet Oiseau est d'environ $0^{m},40$.

La femelle porte une huppe plus courte; son plumage est d'un noir mat, parsemé de points et de taches roussâtres.

Habitat. — La Fuligule morillon habite les régions arctiques de l'ancien continent; elle descend l'hiver dans les contrées tempérées.

Mœurs. — Ses migrations s'effectuent en bandes nombreuses, bruyantes, qui viennent s'établir sur les eaux vives qui ne gèlent pas.

La Fuligule morillon.

En été, elle ne se nourrit presque exclusivement que de substances végétales, de racines tuberculeuses, de jeunes plantes, de jeunes pousses d'herbe, des fleurs et des fruits de diverses plantes aquatiques; elle prend en outre des Insectes, de petits Poissons, des coquillages. Pendant ses migrations, elle a un régime plus animal, et à ce moment, sa chair, fort savoureuse en tout autre temps, prend un fort goût huileux désagréable.

La Fuligule niche assez tard, rarement avant le milieu de mai. Elle s'établit toujours à cet effet dans un lac ou un étang dont les bords portent une abondante végétation, et c'est au milieu des roseaux, des joncs, des herbes qu'elle établit son nid. Il lui est indifférent que les eaux sur lesquelles elle se fixe soient douces ou salées.

Parfois, elle niche tout au voisinage de lieux habités, dans de très petits étangs; mais alors, quelques jours après que ses petits sont éclos, elle les conduit à une pièce d'eau plus étendue.

Après leur arrivée au printemps, les Fuligules demeurent longtemps avec les autres Canards, sans songer à se reproduire. A la fin d'avril, elles deviennent vives et inquiètes; les mâles font entendre leur cri d'amour, les couples se séparent, les amours commencent. D'après Naumann, la femelle choisit soigneusement son mâle, et les rivaux ne se livrent pas de combats. L nid est formé de roseaux, de joncs, d'herbes sèches assez solidement entre lacés ; l'excavation en est profonde et soigneusement tapissée de duvet. Le œufs, en général au nombre de huit ou dix, sont grands, arrondis, ternes, fine ment grenus, gris ou d'un vert olivâtre. Tant que la femelle pond, le mâle rest fidèlement à ses côtés, veille sur elle, l'avertit de l'approche d'un danger. Mai dès qu'elle a commencé à couver, il la quitte et se joint à d'autres mâles, san plus s'inquiéter d'elle.

La femelle expose sa vie pour sa progéniture, et après quelques jours d'incu bation, elle n'abandonne jamais ses œufs.

Les jeunes éclosent le vingt-deuxième ou le vingt-troisième jour. Aussitô éclos, la mère les conduit à l'eau, et ils se mettent immédiatement à plonger Pendant les premiers jours, ils ne quittent pas les fourrés de plantes aquatique où ils trouvent un abri assuré. Leur mère dispose pour eux, au milieu de ce fourrés, des lieux de repos, en courbant plusieurs tiges de roseaux, qu'elle revêt même de feuilles de plantes aquatiques; ils s'y rendent souvent pour s'y reposer, s'y nettoyer, s'y chauffer au soleil. En cas de danger, ils cherchent leur salut en plongeant. Si les poursuites se multiplient dans un endroit, leur mère les conduit dans une autre localité plus tranquille, en suivant le plus possible le cours de l'eau. Au besoin, elle franchit avec eux, sur terre, des espaces assez considérables. Les jeunes croissent rapidement, mais ils ne commencent à voler que quand ils ont atteint leur taille définitive. A partir de ce moment, les mâles viennent rejoindre leurs femelles, et tous forment alors de nombreuses sociétés.

La *Fuligule à collier*, la *Fuligule milouinan*, la *Fuligule milouin*, ont à peu près le même habitat et les mêmes mœurs que la Fuligule à crête.

Ces différentes espèces font leur apparition régulière en France pendant l'hiver.

La *Fuligule roussâtre*, dont certains auteurs font un genre à part, vit par couples ou par petites compagnies dans l'est et le sud-est de l'Europe, et se montre aussi quelquefois en France.

Elle est plus connue sous le nom de *Siffleur huppé*.

Ses allures sont plus lourdes, sa marche plus pénible que celles de ses congénères, mais elle ne s'en différencie nullement par ses mœurs et son genre de vie.

La Fuligule nyroca ou a iris blanc. — Habite les régions tempérées et méridionales de l'Europe. Elle vient fréquemment nicher dans nos marais où elle se construit, parmi les joncs, un nid flottant comme celui des Foulques.

Elle paraît jouir au plus haut degré de la faculté de plonger et de rester longtemps sous l'eau lorsqu'elle veut se soustraire à un danger.

LES GARROTS

Caractères. — Les Garrots se distinguent des Fuligules par leurs formes trapues, la structure de leur bec, celui-ci allant en s'atténuant de la base à la pointe, mais s'élargissant cependant un peu plus au niveau des narines; leur queue allongée, étagée.

Ils sont propres aux régions arctiques. Leur vol est rapide et élevé; leur marche sur le sol est au contraire vacillante, pénible.

LE GARROT VULGAIRE (*Clangula glaucion*). — **Caractères**. — Le Garrot vulgaire a la tête et le haut du cou d'un vert foncé à reflets pourpres, avec une tache blanche à la base du bec; le dessus du corps d'un noir profond; les rémiges primaires noires, les secondaires blanches sur leurs barbes externes, la queue d'un cendré noirâtre; le dessous du corps blanc, avec des raies noires transversales à la région anale; les flancs d'un noir cendré.

Habitat. — Le Garrot vulgaire habite les contrées les plus septentrionales des deux continents; l'hiver, il descend dans les pays méridionaux et se montre alors de passage en France au printemps et à l'automne.

Mœurs. — Très maladroit sur le sol, cet Oiseau nage et plonge avec une remarquable habileté. Son vol est rapide et accompagné d'un sifflement aigu.

Il fréquente les rivières et les lacs d'eau douce plutôt que les eaux salées. Sa nourriture se compose principalement d'Insectes aquatiques, de frai de Poissons, de Mollusques et de Crustacés.

Au genre Garrot appartiennent encore quelques espèces qui visitent accidentellement notre pays; ce sont : le *Garrot islandais*, le *Garrot albéole* et le *Garrot histrion*.

LES HARELDES

Ce genre a été fondé pour une espèce qui a des affinités très étroites avec les Garrots, mais s'en distingue par son bec plus étroit à l'extrémité, ses narines ouvertes plus près du front, sa queue plus étagée, plus aiguë, prolongée par les deux rectrices médianes.

LA HARELDE GLACIALE (*Harelda glacialis*). — Cet Oiseau a un plumage varié de blanc et de noir fuligineux variable suivant l'âge, le sexe et les saisons.

Il habite les contrées les plus septentrionales des deux mondes et se montre accidentellement dans le nord de l'Europe.

Sa nourriture consiste surtout en petits Mollusques bivalves et en plantes marines.

Il niche sur les bords de la mer Glaciale.

Les Éniconettes. — La particularité la plus curieuse de ce genre très voisin des Fuligules, est la forme des rémiges tertiaires qui sont contournées en dehors comme chez les Eiders.

L'*Éniconette de Steller* habite les contrées boréales des deux mondes, elle est rare dans notre pays.

LES EIDERS

Les Eiders sont assurément les plus intéressants des Fuliguliens.

Caractères. — Ce sont des Oiseaux d'assez grande taille dont les caractère sont les suivants :

Leur bec est aussi long que la tête, élevé et renflé à la base, à arête convexe un peu déprimé en arrière de l'onglet, celui-ci très large, voûté, couvrant tout l'extrémité du bec; les mandibules portent des lamelles espacées, petites, entiè rement cachées; les côtés de la mandibule supérieure sont couverts de plume sur une assez grande étendue.

Les Eiders ont encore pour caractères : des ailes courtes, étroites, aiguës une queue courte, conique, des tarses très courts, un pouce long et grêle. Leur plumage, très épais, variable suivant les sexes, l'âge et les saisons.

L'EIDER VULGAIRE (*Somateria mollissima*). — ***Caractères.*** — L'Eider vulgaire atteint la taille de $0^{m},65$. Il a le dessus de la tête d'un noir violet velouté, cette couleur étant disposée sous forme d'un V dont le sommet répond au front; les joues, le sommet de la tête et l'occiput d'un blanc teinté de verdâtre; le cou, le dos, les petites couvertures des ailes, les scapulaires d'un blanc pur, celles-ci à barbes décomposées; la poitrine d'un blanc teinté de rougeâtre; l'abdomen, les flancs, les sous-caudales et le croupion d'un beau noir; presque toutes les rémiges noirâtres, les sept plus rapprochées du corps effilées, recourbées en faucille, blanches à la base et terminées de noir; les rectrices noirâtres; le bec d'un vert mat, les pieds d'un jaune vert, l'iris brun.

La femelle est de plus petite taille que le mâle. Son plumage est roussâtre, tacheté longitudinalement de brun.

Les jeunes n'acquièrent cette brillante livrée qu'à l'âge de trois ans.

Habitat. — L'Eider vulgaire habite les mers glaciales du cercle arctique. Il est très abondant en Islande, au Groënland, au Spitzberg, à Terre-Neuve, en Laponie. On le rencontre aussi, mais moins communément, en Suède et en Norvège.

Dans ses migrations, il apparaît quelquefois en Angleterre, en Allemagne, en France.

Mœurs. — Ses mœurs ont été fort bien observées et décrites par Brehm à qui nous empruntons les lignes suivantes :

« L'Eider est un Oiseau marin, dans toute l'acception du mot. Sur terre, il ne se meut que péniblement, lourdement et en vacillant; il trébuche et tombe à chaque instant. Son vol est pénible; les coups d'aile précipités et continuels qu'il est obligé de donner le fatiguent beaucoup. En général, il ne vole qu'à une faible hauteur et en ligne droite au-dessus de la surface de l'eau. Ce n'est que sur l'eau qu'il se montre agile. Il nage le corps moins enfoncé que les autres Fuligulidés, et plus rapidement qu'eux; il plonge à une plus grande profondeur. Holböll et Faber assurent tous deux que l'Eider cherche parfois sa nourriture une profondeur de vingt-cinq brasses et qu'il peut demeurer jusqu'à six minutes sous l'eau ; il n'est dépassé que par un de ses congénères, l'Eider superbe, ui plonge jusqu'à soixante-cinq brasses et peut demeurer neuf minutes submergé. J'ai souvent vu plonger ces Oiseaux, mais jamais je n'ai remarqué qu'ils longeassent aussi longtemps. J'ai trouvé qu'ils reparaissaient à la surface de eau au bout d'une minute et demie, deux minutes au plus.

« Le cri du mâle, sans être très fort, est une sorte de grognement qui peut s'exprimer par : *ahoux, ahoux, ahoux* ; celui de la femelle est : *korr, korr, korrerr*, épété plusieurs fois.

« Sous le rapport des sens, l'Eider ne semble pas le céder aux autres Fuligulidés t quant à l'intelligence, il leur est supérieur. Sur mer, il est très prudent; il ie laisse que très rarement les bateaux de pêcheurs l'approcher à portée du fusil. Mais il remarque bientôt si l'on est bien disposé à son égard, et il finit par se comporter parfois comme un Oiseau domestique, surtout au moment de la ponte.

« Les Eiders nichent assez tard, jamais avant la fin de mai, le plus souvent en juin et juillet. Quand le moment des pontes est venu, les couples gagnent la terre en trébuchant et cherchent un endroit convenable pour y construire leur nid. Ce qu'il leur faut avant tout, c'est la sécurité ; aussi préfèrent-ils les îles couvertes en partie de petits buissons. Là où l'homme cherche à tirer profit des Eiders, il ménage à ces Oiseaux des abris, il dispose sur la côte de vieilles caisses, des pierres recouvertes de planches et de fascines, et d'autres cachettes semblables. Autant l'Eider est craintif dans toute autre saison, autant il se montre confiant maintenant. Assuré de la protection de l'homme, il ne se laisse déranger par rien. Il arrive tout près des fermes, il entre même dans les cabanes de pêcheur pour y chercher un lieu de ponte, et l'on a souvent vu de ces Oiseaux venir construire leur nid dans une écurie, dans un appartement, dans un four à pain et devenir gênants pour les habitants de la maison. Les premiers jours, le mâle accompagne sa femelle dans ses excursions; il arrive avec elle à terre le matin;

L'Eider vulgaire.

à midi, il s'envole vers le fjord, gagne en nageant la haute mer, et revient soir; il recommence le même manège et, quand la femelle pond, il monte garde auprès du nid; mais dès que la ponte est achevée, il abandonne son n et sa femelle, et va à la mer retrouver ses compagnons. Sur certains roche de la Norvège, on voit ces Oiseaux réunis en grand nombre, formant comm une couronne continue autour de l'île.

« Le nid est construit très simplement. Il est fait avec les substances qu l'Oiseau trouve dans son voisinage, et qu'il entrelace grossièrement; ce sont de branchages, des algues marines, de l'herbe, de la paille, mais il n'en est qu plus abondamment tapissé à l'intérieur d'un duvet précieux, impôt que l'homm prélève sur ces Oiseaux pour leur faire payer sa protection. Chaque couvée es de quatre à dix œufs, le plus généralement de six ou huit. Ces œufs sont ovoïdes à coquille lisse, d'un vert sale ou d'un gris verdâtre.

« Peu de jours après la ponte, la femelle couve déjà avec persévérance; là o elle est habituée à l'homme, elle n'abandonne pas ses œufs quand on l'approche elle se contente de baisser la tête contre le sol, d'ouvrir un peu les ailes pour se rendre invisible. La couleur de son plumage s'harmonise généralemen si bien avec celle du sol, qu'un œil inexpérimenté l'aperçoit difficilement. J'y ai souvent été trompé, et j'étais fort étonné de me sentir tout à coup pincer vio lemment au pied par une femelle d'Eider que je n'avais pas vue. Dans les îles même qui sont éloignées de toute habitation, les Eiders se laissent approcher de très près avant de s'envoler.

« Quant à ceux qui nichent près des maisons, on peut les prendre, regarder leurs œufs et les remettre sur leur nid sans qu'ils songent à s'envoler. Je me suis souvent amusé à m'asseoir à côté d'un de ces Oiseaux, à le caresser, à glisser ma main sous son ventre, entre lui et ses œufs, et très souvent l'Eider ne songeait pas à s'enfuir. Quelques-uns mordaient mes doigts, comme en jouant; d'autres ne donnaient pas le moindre signe de mécontentement. J'en enlevais du nid et les portais un peu plus loin; ils revenaient comme si rien ne leur était arrivé; ils mettaient le duvet en ordre, et, en ma présence, reprenaient leur fonction de couveuses. Les plus craintifs se sauvaient et toujours souillaient les œufs de leurs excréments; mais jamais ils ne volaient loin et ils ne tardaient pas à revenir prendre place sur leurs œufs. Si rien ne la dérange, la femelle quitte son nid le matin, mais, avant de s'éloigner, elle a soin de recouvrir les œufs de duvet. Elle s'en va vers la mer aussi rapidement que ses moyens le lui permettent; elle plonge avec activité pendant environ une demi-heure; elle remplit outre mesure son jabot de coquillages et revient à son nid.

« Les mâles sont toujours plus craintifs, même au commencement de la ponte, quand ils accompagnent les femelles à terre et qu'ils montent la garde auprès du nid. S'approche-t-on d'eux, ils s'agitent beaucoup, lèvent et baissent la tête, appellent leur femelle, se sauvent, moitié volant, moitié culbutant, jusqu'à la mer.

« Après vingt-cinq à vingt-six jours d'incubation, l'éclosion a lieu. Les jeunes sont de charmants petits Oiseaux, couverts d'un duvet abondant et assez bigarré. Dès le premier jour de leur existence, ils nagent et ils plongent, ils ourent assez bien, mieux que leur mère. Dès qu'ils sont secs, celle-ci les onduit à la mer, qu'elle ne quitte que lorsque ses petits sont fatigués ou quand es vagues, trop fortes, ne leur permettent pas de demeurer sur son dos. Si le id est assez éloigné de la plage, le voyage de la jeune famille est long et énible. L'homme vient alors souvent à son aide; il prend les jeunes dans un anier et les porte à la mer, suivi de la femelle, qui avance en titubant et le aisse agir.

« La mer est en effet l'endroit où les jeunes Eiders sont le plus en sûreté, le plus à l'abri des Faucons, des Corbeaux, des Mouettes prédatrices, leurs pires ennemis. Souvent, plusieurs femelles se réunissent avec leurs petits, et c'est alors pour l'observateur un spectacle des plus variés, des plus intéressants. La femelle se voit-elle poursuivie par un canot, elle nage de toutes ses forces pour se mettre hors de portée; puis elle laisse le canot arriver jusqu'à quelques pas d'elle, et ne se décide à s'envoler qu'à la dernière extrémité. Ses petits en sont-ils séparés, ils se dirigent vers la terre, grimpent et sautent sur la plage, courent de côté et d'autre et, en un instant, tous sont cachés entre les pierres et les inégalités du sol. Le danger est-il passé, on les voit se lever, courir vers l'eau en ligne droite, puis s'approcher en nageant, soit de leur mère, soit d'une autre femelle. Lorsque la mère est tuée avant que les jeunes puissent se passer d'elle, ceux-ci se joignent à une autre famille, dont la mère les prend sous sa protection et les traite comme ses propres petits. L'amour maternel est d'ailleurs très développé chez les Eiders; les femelles se volent mutuellement les œufs; plus tard, quand elles se réunissent, elles font en commun l'éducation des jeunes. Ces derniers croissent très rapidement; après une semaine, ils peuvent presque se passer de soins maternels; ils restent néanmoins avec leurs parents jusqu'au printemps et, dans leur seconde année, ils se réunissent aux vieux mâles.

« Dans leur première jeunesse, les Eiders mangent surtout de petits Crustacés et des Mollusques; plus tard, ils se nourrissent à peu près exclusivement de coquillages, sans dédaigner pour cela les petits Poissons ou les autres animaux marins.

« Les Corbeaux et les Mouettes prédatrices détruisent les œufs et les jeunes; les Faucons, les Renards bleus attaquent aussi les adultes; l'homme les détruit avec les armes à feu, ou les prend dans des filets. En automne, au Groënland, on en abat souvent une vingtaine d'un seul coup de fusil, quand on peut approcher assez près d'une bande. »

Captivité. — Les Eiders ne supportent pas la captivité. Toutes les tentatives d'élevage sont restées jusqu'ici infructueuses.

Utilité. — Mais ces Oiseaux, à l'état sauvage, n'en constituent pas moins une des plus grandes richesses de certains pays du nord.

Sur les côtes de la Norvège et de l'Islande, les Eiders sont protégés par des lois spéciales, en vue de la récolte des œufs et du duvet que renferment les nids.

Cette récolte doit se faire avec les plus grandes précautions pour ne pas effaroucher les femelles qui, autrement, iraient recommencer leur couvée dans une autre station.

On a soin de laisser chaque fois au moins un œuf dans chaque nid. Peu d[e] temps après, les femelles pondent de nouveau, se dépouillent une fois de plu[s] de leur duvet ; parfois les mâles se dépouillent à leur tour, et la même récol[te] peut être recommencée plusieurs fois durant la saison.

Le duvet recueilli de cette façon est placé dans une grande chaudière modéré[e]ment chauffée et agité continuellement.

Cette opération le débarrasse des Insectes et autres impuretés qu'il contien[t]. Il est ensuite nettoyé à la main, puis livré au commerce sous le nom d'*édredon*.

L'Eider a tête grise (*Somateria spectabilis*). — Cette espèce, très voisine d[e] la précédente, habite les mêmes régions et a les mêmes mœurs.

LES MACREUSES

Caractères. — Les Macreuses ont le bec à peu près aussi long que la tête, robuste, gibbeux à la base, déprimé et élargi à l'extrémité, l'onglet et les lamelles disposés comme chez les Eiders; des ailes moyennes, subaiguës; des tarses plus courts que le doigt interne ; une queue courte, conique ; un plumage généralement sombre, mou et velouté.

LA MACREUSE ORDINAIRE (*Oidemia nigra*). — ***Caractères.*** — La Macreuse ordinaire mâle a tout le plumage d'un noir velouté, la base du bec, les narines, [l]e bord libre des paupières d'un jaune-orange, le reste du bec et les tarses noirs ; l'iris rouge.

La femelle n'a pas de protubérance à la base du bec; son plumage, où domine le brun foncé, passe au cendré clair sur les joues, la gorge; la plupart des plumes des autres régions sont bordées de blanchâtre. En vieillissant, elle tend à ressembler au mâle.

Habitat. — La Macreuse ordinaire habite les régions du cercle arctique; elle se répand en hiver dans les contrées tempérées, et se montre alors de passage dans presque tout le nord de l'Europe. Elle visite notamment nos côtes maritimes de l'Océan en quantités prodigieuses, à l'époque des grandes gelées.

Mœurs. — Ses mœurs sont à peu près celles des Fuligules. Elle plonge avec une remarquable habileté.

Sa nourriture se compose de petits Mollusques, de Vers, de petits Poissons, et surtout d'Anatifes.

L'origine de ce dernier nom, donné à des Crustacés de l'ordre des Cirripèdes, mérite d'être contée.

« On prétendait, et tous les savants de l'époque disputaient le pour et le contre, que les Macreuses étaient le produit de certains coquillages appelés, pour cette raison, Anatifères (producteurs de Canards), ou de la pourriture de certains arbres apportés par les flots sur les côtes de l'Écosse et des Orcades. Or, voici ce raisonnement : ces Mollusques sont très abondants en ces parages, vers certaines époques de l'année, au point de couvrir d'assez grands espaces de la mer ; ils sont munis alors d'un appendice membraneux et frisé en forme de petites plumes recourbées, s'élevant au-dessus du niveau de l'eau ; et souvent, du soir au matin, à d'autres époques, toutes ces petites flottilles disparaissaient comme par enchantement ; et à leur place qu'y voyait-on, tout d'un coup ? Des bandes de Macreuses qui s'en nourrissaient !

« Comme on n'avait jamais su ni où, ni comment nichaient ces Oiseaux qui, par parenthèse, plongent quelquefois jusqu'à dix mètres au fond de l'eau, il n'en fallut pas davantage pour accréditer cette fable dont Hector Boëthe et Cardan furent les plus ardents propagateurs, et en conclure que les Macreuses devaient leur naissance et leur multiplication si extraordinaires à ces Mollusques. Ces auteurs appelaient alors la Macreuse le ou la *Claque*.

« Toujours est-il, conclut Des Murs, à qui nous empruntons ces lignes, que c'est par cette voie de conséquence de leur origine prétendue que l'Église a rangé pendant longtemps les Macreuses parmi les aliments maigres. »

La Macreuse niche dans les endroits marécageux des régions arctiques. Sa ponte est de huit à neuf œufs d'un blanc grisâtre ou jaunâtre.

Les jeunes restent dans l'étang qui les a vus naître jusqu'à ce qu'ils soient capables de voler, puis ils gagnent les bords de la mer et attendent que l'hiver les oblige à émigrer vers les contrées tempérées.

LA MACREUSE BRUNE (*Oidemia fusca*). — Elle ressemble beaucoup à la précédente et a la même aire de dispersion.

LA MACREUSE A LUNETTES (*Oidemia perspicillata*). — Cette espèce habite particulièrement le nord de l'Amérique et n'est que très rarement de passage sur nos côtes.

LES ÉRIMISTURES

Les Erimistures se séparent nettement par leurs caractères de tous les autres Fuliguliens.

Ils ont le corps allongé, le cou gros et court ; le bec très élevé et renflé à la base, déprimé, relevé et élargi à l'extrémité ; les lamelles de la mandibule supérieure petites, peu visibles, celles de la mandibule inférieure remplacées par une sorte de striation ; l'onglet terminal très petit ; les ailes très courtes, bombées ; la queue allongée, conique ; les tarses courts.

L'ÉRIMISTURE LEUCOCÉPHALE (*Erimistura leucocephala*). — ***Caractères.*** — L'Érimisture leucocéphale a la tête et le haut du cou blancs, avec le vertex noir et un collier de même couleur à la partie moyenne du cou ; les parties supérieures d'un roux zébré de noir; les parties inférieures d'un roux pourpré ; le bec bleuâtre, les pieds rougeâtres.

Habitat. — Il habite l'Europe orientale, l'Asie et le nord-ouest de l'Afrique. On l'a observé accidentellement en France.

Mœurs. — Son genre de vie est semblable à celui des Canards en général. Ses allures vives et son éclatante livrée attirent de suite l'attention, comme le témoignent ces lignes de Buvry : « Les Canards à tête blanche, dit-il, que l'on voit toujours deux à deux, sont une apparition des plus charmantes. Leur bec bleu de ciel tranche vivement sur leur tête blanche, sur leur plumage brun ; leur port est on ne peut plus gracieux. Ils lèvent la queue presque verticalement et glissent rapidement comme une barque à la surface de l'eau. Quand on les chasse, il est rare qu'ils s'envolent ; mais ils nagent si rapidement, qu'il est fort difficile de les atteindre. L'Érimisture leucocéphale nage le corps profondément enfoncé dans l'eau ; on n'aperçoit que la tête, le cou et la queue ; il rame vigoureusement avec ses larges pattes palmées, et rivalise avec les Cormorans pour la rapidité et l'adresse à plonger. »

LES MERGIENS

Les Mergiens sont caractérisés par la forme de leur bec et la disposition des lamelles qui garnissent les bords mandibulaires.

Ils ont, en effet, le bec long, droit, épais et déprimé à la base, puis effilé et cylindrique à l'extrémité qui est crochue ; les lamelles dentiformes, saillantes, dirigées en arrière.

Cette sous-famille ne comprend qu'un seul genre.

LES HARLES

Caractères. — Indépendamment des caractères de la sous-famille, énumérés plus haut, les Harles ont encore pour attributs : des ailes aiguës, médiocrement allongées, une queue moyenne, arrondie ; des jambes placées très en arrière du corps ; des tarses plus courts que le doigt interne ; des palmures larges, le pouce inséré très haut.

Ce sont des Oiseaux éminemment aquatiques, excellents nageurs et plongeurs, poursuivant leur proie au fond de l'eau. Leur vol est puissant et rapide.

LE HARLE BIÈVRE (*Mergus merganser*). — ***Caractères.*** — Le Harle bièvre mâle a la tête et la moitié supérieure du cou d'un noir verdâtre à reflets bronzés ; le haut du dos, les épaules, les grandes rémiges noirs, le croupion gris ondulé de noir ; la queue grise ; toute la face antérieure et le dessous du corps, les couvertures des ailes, d'un beau blanc nuancé de rose jaunâtre ; les plumes du sommet de la tête, allongées, effilées, et légèrement redressées, faisant paraître la tête plus grosse qu'elle n'est en réalité. Le bec est rouge brunâtre ; l'iris et les pieds rouges. Sa taille est d'environ $0^m,66$.

La belle teinte rose de la poitrine disparaît peu à peu après la mort de l'Oiseau.

La femelle est de plus petite taille que le mâle. Elle a les plumes de la tête et de la partie supérieure du cou d'un brun roux.

Les jeunes sont semblables à la femelle ; ils ne prennent la livrée des adultes qu'à l'âge de trois ans.

Habitat. — Le Harle bièvre habite, l'été, les régions arctiques de l'Europe, de l'Asie et de l'Amérique. L'hiver il émigre vers les contrées tempérées. Il est de passage régulier en France à l'automne et au printemps; il est d'autant plus abondant que la saison est plus rigoureuse.

Mœurs. — Le Harle bièvre attire l'attention non seulement par son beau plumage, mais encore par son activité incessante et son habileté à plonger. Il se nourrit principalement de petits Poissons, de Crustacés, d'Insectes aquatiques.

« C'est un spectacle fort divertissant, dit Naumann, à propos d'une espèce voisine, que d'observer une bande de ces Harles en train de pêcher. Ils nagent serrés en masse; l'instant d'après ils ont disparu, et l'on voit les bouillonnements de l'eau qu'ils agitent. L'un après l'autre, ils reparaissent, mais séparés et souvent à trente ou cinquante pas de l'endroit où ils avaient plongé. Ils se rassemblent, plongent de nouveau, et continuent longtemps ce manège. Une ouverture de quelques pieds carrés à peine de surface, dans la glace, leur suffit pour plonger et pour chercher leur nourriture sous la couche glacée qui recouvre la rivière; et ils retrouvent toujours cette ouverture pour respirer et sortir, ce qui prouve qu'ils voient parfaitement, même sous l'eau. Si le cours d'eau qu'ils habitent n'est pas assez poissonneux, ils en fouillent le fond pour prendre des Grenouilles, des Insectes, etc. Les Harles ont pour singulière habitude de plonger tous ensemble. Ils agissent ainsi pour surprendre les Poissons, et les poursuivre à la fois dans toutes les directions; il en résulte que celui qui a échappé à l'un devient la proie de l'autre. Mais je n'ai jamais remarqué qu'en plongeant ces Oiseaux prissent un certain ordre, qu'ils se disposassent en demi-cercle, restassent ainsi tout le temps qu'ils plongent, de manière à rabattre les Poissons et à s'en emparer plus sûrement. »

Le Harle bièvre.

Le Harle bièvre niche au bord des eaux, dans une dépression du sol, entre les pierres, parfois aussi sur les arbres, lorsqu'il y trouve une disposition à sa convenance. Il pond de douze à quatorze œufs blanchâtres, nuancés de verdâtre, sans taches. La femelle couve seule, et s'occupe de l'éducation des jeunes.

Lorsque le nid est placé sur un arbre, les jeunes, une fois éclos, gagnent le sol en sautant simplement hors du nid; l'abondant duvet qui les recouvre amortit leur chute. La mère les conduit aussitôt sur l'eau qu'ils ne quittent plus désormais. Ils se nourrissent d'abord d'Insectes qu'ils ramassent à la surface, mais au bout de quelques jours, ils sont déjà en état de plonger comme leurs parents, et d'attrapper des petits Poissons.

Captivité. — Les Harles sont beaucoup plus farouches que tous leurs congénères de la même famille. On n'est pas encore parvenu à les élever en domesticité.

Plusieurs espèces du genre Harle se rencontrent en Europe, mais toutes ont sensiblement les mêmes mœurs que le Harle bièvre. Ce sont :

LE HARLE HUPPÉ (*Mergus serrator*). — Le Harle huppé doit son nom à une énorme touffe de plumes pendantes d'un noir vert qui orne sa tête.

Il habite les contrées du cercle arctique; il est quelquefois de passage en France.

C'est, paraît-il, un grand destructeur de petits Poissons.

LE HARLE COURONNÉ (*Mergus cucullatus*). — Il est propre à l'Amérique du Nord.

LE HARLE PIETTE (*Mergus albellus*). — Le Harle piette est de plus petite taille que le Harle bièvre. Le plumage du mâle en robe de noces est presque entièrement blanc avec une tache noire entre l'œil et le bec, une raie de même couleur à la nuque, au dos et sur les ailes.

Il habite, l'été, les contrées boréales des deux mondes et vient hiverner dans les régions tempérées et méridionales.

Sa nourriture se compose essentiellement de petits Poissons et de Crustacés. Aussi est-il très redouté des pisciculteurs.

Les Pingouins ou Plongeurs

Les Plongeurs, ou *Palmipèdes brachyptères*, forment la quatrième et dernière division de l'ordre des Palmipèdes.

Ils sont caractérisés par la brièveté excessive de leurs ailes et la position de leurs jambes insérées très en arrière sur le tronc. Ce sont donc de mauvais voiliers et de mauvais marcheurs. Mais ils excellent à nager et surtout à plonger. Leur existence se passe tout entière sur les eaux; ils ne viennent à terre que pour se reproduire.

La plupart vivent en troupes nombreuses et nichent presque en colonies.

Les *Palmipèdes brachyptères* comprennent les familles suivantes :

1° Les Grèbes ou *Podicipidés*;

2° Les Plongeons ou *Colymbidés*;

3° Les Pingouins ou *Alcidés*;

4° Les Manchots ou *Apténodytidés*.

LES PODICIPIDÉS

Caractères. — Les Podicipidés ont une physionomie et des caractères qui les distinguent nettement de tous les autres Palmipèdes.

Leur corps est large, ovale, déprimé, leur cou allongé et mince, leur tête petite, leurs lorums dénudés.

Ils ont des tarses très comprimés latéralement, scutellés, des doigts garnis sur les côtés de larges expansions membraneuses lobées, l'externe plus long que le médian; des ongles très larges et très aplatis; des ailes courtes, aiguës, les scapulaires égalant ou dépassant les rémiges primaires; une queue molle; un plumage soyeux et lustré.

LES GRÈBES

Caractères. — Indépendamment des caractères énumérés plus haut à propo de la famille, les Grèbes présentent encore comme particularité importante l forme de leur bec, celui-ci étant droit, aussi long ou plus court que la tête, larg à la base, comprimé à l'extrémité, à bords rentrants.

La tête des mâles, chez la plupart des espèces, porte divers ornements à l'époque des amours.

Les Grèbes ont, comme tous leurs congénères de la même famille, une existence essentiellement aquatique. Mais ils préfèrent les eaux douces aux eaux salées.

Ils vivent isolément ou par petites familles qui émigrent l'hiver dans les régions tempérées.

Malgré la brièveté de leurs ailes, ils volent relativement bien.

LE GRÈBE HUPPÉ (*Podiceps cristatus*). — ***Caractères.*** — Le Grèbe huppé mesure environ $0^{m},51$ à $0^{m},52$. Il a toutes les parties supérieures du corps d'un beau brun noirâtre; les plumes de la nuque allongées en une huppe bifide aplatie; les joues et la gorge blanches, encadrées en bas par une large collerette d'un roux ardent en dessus, d'un noir lustré en dessous; le devant du cou, les couvertures supérieures des ailes, les rémiges secondaires et toutes les parties inférieures du corps d'un blanc argentin lustré; les côtés de la poitrine et les flancs teintés de roux; le bec brun en dessus, rougeâtre sur les côtés et en dessous, avec la pointe blanche; les pieds d'un brun vert en dehors, d'un jaune verdâtre en dedans; les lorums et l'iris rouges.

La femelle, en plumage de noces, ne se distingue du mâle que par sa collerette moins large et sa huppe moins développée.

Les jeunes naissent couverts d'un duvet rayé de gris et de noir. Ils sont ensuite d'un brun nuancé de noirâtre et de roussâtre en dessus, blancs en dessous; enfin, à trois ans, ils revêtent la livrée des adultes.

Habitat. — Le Grèbe huppé a une aire de dispersion assez étendue qui comprend le nord de l'Europe, de l'Asie, de l'Amérique. Il est de passage régulier en France en automne et au printemps.

Mœurs. — Toutes les espèces de Grèbes ont les mêmes mœurs; et tout ce que l'on peut dire à ce sujet sur le Grèbe huppé se rapporte également à ses congénères du même genre.

« Aucune autre espèce d'Oiseaux, dit Naumann, n'a des habitudes aussi aquatiques que les Grèbes, et l'on n'en connaît pas jusqu'ici qui, au moins à certains moments, ne s'arrête plus ou moins longtemps sur la terre ferme. Ces Oiseaux ne sont à terre qu'à la dernière extrémité, par exemple, quand ils sont frappés à l'aile, et même alors ils restent tout près de l'eau pour pouvoir s'y rejeter au plus vite. Ils ont constamment besoin d'eau, même pour prendre leur essor, car ils ne peuvent le faire à terre, s'ils sont posés sur une surface unie. Ils passent la moitié de leur vie à nager, l'autre moitié à plonger, et tandis que d'autres Palmipèdes gagnent le rivage ou l'intérieur des terres pour se délasser, se chauffer au soleil, ces Oiseaux restent sur la surface de l'eau. Quand ils se livrent à un repos absolu, leur corps flotte comme un morceau de liège, les jambes sont relevées et supportées par les ailes, leur bec est enfoncé dans les plumes du dos et des épaules. C'est ainsi que d'habitude, et par un temps calme, ils se reposent et dorment; quand l'eau est agitée, et qu'ils craignent d'être poussés vers le rivage par le vent, ils laissent pendre leurs jambes dans l'eau, et par des mouvements particuliers restent à peu près à la même place. »

Leurs formes générales, et surtout la structure de leurs pieds, leur permettent de nager et de plonger avec une remarquable perfection; ils fendent les eaux avec une rapidité incroyable.

Sur le sol ils sont assez maladroits et se traînent plus qu'ils ne marchent.

Malgré le peu de développement de leurs ailes, ils volent assez facilement. Ils s'élèvent d'abord au-dessus de l'eau par des élans successifs, portent le cou en avant, étendent leurs longues pattes, et faisant mouvoir rapidement leurs ailes, ils avancent en ligne droite avec une assez grande vitesse.

Les Grèbes se nourrissent principalement de petits Poissons, d'Insectes, de Grenouilles, de végétaux aquatiques.

Une particularité très curieuse qu'ils présentent, est d'avaler toutes les plumes qui flottent à la surface de l'eau, et même celles de leur propre corps. En ouvrant leur tube digestif, on y trouve généralement de petites pelotes formées par ces plumes et mélangées aux aliments.

Au printemps, les Grèbes vivent isolés ou par couples. Ils se réunissent à l'automne en bandes de quarante à cinquante individus et émigrent vers les régions tempérées.

Ils viennent alors s'installer dans les lacs, les grands étangs bordés de joncs et de roseaux et font entendre leurs cris sonores, éclatants; mais lorsqu'ils pressentent le moindre danger ils restent silencieux, prêts à plonger sous l'eau, où ils peuvent rester submergés pendant près de dix minutes.

Ces Oiseaux sont en effet craintifs, méfiants, rusés. Le Grèbe huppé est le plus farouche de tous.

Peu de temps après leur arrivée dans le pays où ils doivent se reproduire, les Grèbes se dispersent, des couples se forment et chacun prend possession d'un certain domaine au centre duquel il établira son nid.

Ce nid est placé près des roseaux et des joncs, à une certaine distance de la rive, parfois même au milieu de l'eau; il est formé de plantes aquatiques que les Oiseaux vont chercher au fond de l'eau, et qu'ils assemblent avec quelques tiges de roseaux; il ressemble à une masse d'herbes flottantes, amoncelées par le vent, avec une dépression centrale pour recevoir les œufs.

Ceux-ci, au nombre de trois ou quatre, sont oblongs, également pointus aux deux extrémités. Leur couleur est d'abord d'un blanc pur, mais elle dégénère bientôt en jaune de terre glaise. Le mâle et la femelle couvent à tour de rôle et avec une singulière ardeur, ce qui du reste est nécessaire, car les œufs sont d'habitude à moitié plongés dans l'eau. Si l'on découvre un nid que l'Oiseau vient de quitter, on s'aperçoit que non seulement les œufs, mais le nid tout entier ont une certaine chaleur. Le mâle et la femelle témoignent une affection extraordinaire à leur couvée, notamment la femelle, qui se démène avec terreur quand on s'approche de sa couvée, pousse des cris plaintifs et expose sa vie sans hésitation. Dans ces circonstances, elle quitte ses œufs, les recouvre rapidement, avant son départ, de matières qui ont servi à construire le nid, ne s'éloigne pas beaucoup et revient aussitôt que cela lui est possible. Si on lui prend un œuf après l'autre avant qu'elle couve, on peut l'amener à pondre vingt œufs et plus. Les jeunes sont élevés par les deux parents; néanmoins, le père prend les fonctions de gardien. Au commencement, les poussins sont nourris de larves d'Insectes, que le père et la mère leur présentent avec le bec; plus tard, ils laissent tomber leur becquée dans l'eau, ce qui force les petits à l'atteindre en plongeant. En cas de danger, ces derniers vont chercher refuge sous l'aile protectrice de leur mère.

Le Grèbe huppé.

Captivité. — Le Grèbe huppé peut vivre quelque temps en captivité, pourvu qu'il ait à sa disposition une petite pièce d'eau où il puisse trouver des petits Poissons et des Insectes. Il s'apprivoise même assez facilement. Malheureusement le froid lui est funeste et il périt inévitablement si l'hiver est rigoureux

Chasse. — On fait aux Grèbes une chasse acharnée pour se procurer leur précieux plumage qui sert à fabriquer des manchons et à border des manteaux.

LE GRÈBE JOUGRIS (*Podiceps grisegena*). — Le Grèbe jougris a un plumage assez semblable à celui du Grèbe huppé, mais les joues et la gorge sont d'un gris de Souris, et il ne porte pas de collerette. Son bec est jaune à la base, noir à la pointe.

Il habite l'Europe, l'Asie, l'Amérique. En France, il est peu commun.

Le Grèbe oreillard, qui habite les contrées septentrionales et orientales de l'Europe, n'est aussi que de passage irrégulier dans notre pays.

Le Grèbe a cou noir, rare dans le Nord, est assez commun dans quelques localités du midi de la France.

Toutes ces espèces ont le même genre de vie que le Grèbe huppé, auquel elles ressemblent d'ailleurs beaucoup par leurs caractères morphologiques.

LE GRÈBE CASTAGNEUX (*Podiceps fluviatilis*). — ***Caractères.*** — Le Grèbe castagneux ne mesure que $0^m,23$ à $0^m,24$ de long. Il est, en dessus, d'un noir brillant lavé d'olivâtre; en dessous, roussâtre avec le milieu de l'abdomen d'un cendré noirâtre ; le devant et les côtés du cou sont d'un roux marron vif, les lorums blancs ; le bec, jaune verdâtre à la base, noir à la pointe.

Habitat. — Son aire de dispersion est à peu près la même que celle du Grèbe huppé.

Il est commun en France, où on le désigne vulgairement sous les noms de *Plongeur nain*, *Plongeur des fleuves*, *Plongeur des marais*.

Mœurs. — Le Grèbe castagneux est un Oiseau migrateur. Dans certaines localités de notre pays, cependant, il est sédentaire, mais la chasse qu'on lui a faite l'a presque complètement détruit. Les endroits où il s'arrête de préférence sont les étangs tranquilles, sur lesquels poussent çà et là des roseaux et des joncs, ainsi que certaines plantes des vastes marais. Il préfère aux eaux claires les eaux fangeuses et troubles, où il trouve en bien plus grande quantité les Insectes et les larves qui forment sa principale nourriture.

Ses mœurs sont celles des autres Grèbes, mais il a des allures plus élégantes.

Son nid est placé au milieu des roseaux, des joncs, des herbes et des plantes aquatiques, et n'est pas très caché; souvent même il est complètement à découvert, mais il est toujours aussi éloigné que possible des rives. Ce nid consiste en monceaux de substances végétales entassées sans ordre, comme celui du Grèbe huppé, mais il est relativement plus grand et légèrement excavé au sommet. La ponte est achevée à la fin d'avril ou dans les premiers jours de mai ; elle est de trois à six œufs, petits, allongés, dont la couleur est celle des matières qui composent le nid. Le mâle et la femelle couvent à tour de rôle pendant vingt à vingt et un jours ; ils se montrent très occupés de leur nichée et conduisent, instruisent et défendent leurs petits absolument comme le fait le Grèbe huppé.

Captivité. — Le Grèbe castagneux supporte encore mieux la captivité que les autres espèces.

LES PLONGEONS OU COLYMBIDÉS

Les Colymbidés ou *Plongeons* ressemblent beaucoup aux Grèbes, et certains auteurs réunissent ces deux familles en une seule. Cependant, on distinguera toujours les Plongeons des Grèbes aux particularités suivantes : les premiers ont les lorums emplumés, les doigts réunis par des palmures entières, le pouc seul lobé à son bord inférieur ; les ongles peu déprimés, les tarses réticulés e non scutellés ; les plumes scapulaires atteignent à peine le milieu des grande rectrices.

Les Plongeons fréquentent les eaux salées de préférence aux eaux douces cependant, à l'époque des migrations, on les rencontre aussi sur les fleuves e les grands lacs de l'intérieur.

Ils se meuvent dans l'eau d'une manière si rapide et disparaissent sous l'ea avec une telle promptitude qu'il est difficile de les chasser au fusil; aussi, e Picardie, leur donne-t-on le nom de *Mangeurs de plomb.*

Ils sont encore plus maladroits sur le sol que les Grèbes.

Le procédé par lequel ils disparaissent aussi aisément sous l'eau est asse curieux; ces Oiseaux, à l'approche d'un danger, deviennent subitement immo biles, et leur corps s'enfonce sous l'influence de la pesanteur seule. Le non d'*Immergeurs* sous lequel les désignent certains auteurs serait plus exact que celui de *Plongeons.*

Cette famille n'est représentée que par un seul genre dont les caractères viennent d'être indiqués.

LE PLONGEON CAT-MARIN (*Colymbus septentrionalis*). — ***Caractères.*** — Le Plongeon cat-marin a la tête et les côtés du cou d'un gris cendré, le devant du cou d'un roux marron vif; les parties supérieures du corps et des ailes d'un noir brun, avec quelques raies blanches à la nuque; le dessous du corps blanc, les côtés de la poitrine et les flancs rayés de quelques lignes noires; le bec noir, l'iris rouge ainsi que la membrane sous-maxillaire, les pieds d'un noir verdâtre.

Sa taille est d'environ $0^{m},62$.

Habitat. — Il habite les mers arctiques : l'Islande, la Norvège, les îles Lof-foden ; l'hiver, il apparaît régulièrement sur nos lacs maritimes et sur les lacs de la Suisse.

Mœurs. — Cet Oiseau est, comme ses congénères, un véritable Oiseau de mer, il ne fréquente les eaux douces qu'à l'époque des amours, et l'hiver, au moment de ses migrations. En dehors de ces époques, il habite la mer et s'y livre avec ardeur à la pêche. Il justifie bien le nom qu'il porte, car il est un plongeur consommé et peut certainement rester sous l'eau aussi longtemps que le Plongeon glacial, c'est-à-dire environ huit à dix minutes. Comme les Grèbes, les Plongeons vivent presque exclusivement sur l'eau. Ils parcourent à la nage d'immenses espaces avec rapidité ; ils flottent le corps hors de l'eau, ou l'enfoncent si profondément qu'il ne reste de visible qu'une petite ligne du dos; ils se meuvent soit lentement, soit avec une étonnante rapidité; ils plongent sans effort apparent, et sans bruit; sous l'eau, ils ont le cou allongé, les plumes serrées au corps, les ailes collées sur les flancs, et ils filent comme des flèches, tantôt dans une direction, tantôt dans une autre, parfois à peine au-dessous de la surface, parfois aussi à des profondeurs de plusieurs mètres, en ramant seulement avec les pieds. Ils luttent de vitesse avec les Poissons les plus rapides, et les forcent; ils nagent et plongent aussitôt nés. Ils plongent dans toutes les occasions où ils se croient plus en sûreté dans l'eau que dans les régions les plus élevées des airs. Ils sont dépaysés sur la terre ferme; parfois cependant ils vont s'y égarer, mais cela moins fréquemment que la plupart des Oiseaux aquatiques, les Grèbes exceptés.

La marche sur le sol est pour eux un moyen de locomotion très pénible.

Il leur est même difficile de se tenir debout; on ne les voit dans cette position que derrière les vitrines de nos musées publics, selon l'expression pittoresque de M. Hardy. En réalité, ils se tiennent le corps penché en avant, et quand ils sont obligés de se mouvoir, ils rampent et se glissent maladroitement, le ventre touchant presque à terre.

Le Plongeon cat-marin.

« Ils sentent si bien, dit M. Hardy, qu'ils ne peuvent plus fuir lorsqu'ils sont à sec sur le rivage, qu'ils n'approchent nos côtes qu'alors que le vent vient de terre et que la mer est fort calme. Alors ils aiment à longer le rivage de très près; mais que le vent vienne à changer, qu'il doive même changer pour venir du large, on les voit aussitôt prendre leur vol et gagner la haute mer. Grâce à cet instinct, je n'en ai jamais vu de surpris par la tempête et de tués sur les lames qui battent les rochers du rivage, comme nous le voyons pour les Guillemots, les Pingouins, les Fous, etc.

Les Plongeons volent facilement malgré la brièveté de leurs ailes, mais ils ne peuvent s'élever dans l'air, qu'en prenant un vigoureux élan.

La voix de ces Oiseaux est sonore, éclatante. Leurs sens sont très développés; l'une de leurs plus grandes qualités est la prudence, ce qui indique chez eux des facultés assez développées. Lorsqu'ils ne peuvent fuir, et qu'on les attaque, ils donnent de vigoureux coups de bec.

Le Plongeon cat-marin se nourrit, comme ses congénères, de petits Poissons; il paraît rechercher particulièrement les sardines et les petits Poissons plats.

Lorsqu'il est sur le point de nicher, il choisit pour s'établir les petits étangs d'eaux tranquilles, bordés de roseaux. Son nid est construit de roseaux et de plantes de marais assemblés sans précaution apparente. Il est situé dans quelque îlot d'un étang, ou très près de la rive.

La ponte est de deux œufs d'un brun clair, olivâtre ou roussâtre, avec des points et des taches noirs, quelquefois confluents au gros bout.

Le mâle et la femelle couvent alternativement.

L'éclosion a lieu vers le mois de juin.

LE PLONGEON IMBRIN (*Colymbus glacialis*). — ***Caractères.*** — Le Plongeon Imbrin a les parties supérieures et les côtés du corps d'un noir profond, et parsemés de petites taches blanches carrées; la poitrine et l'abdomen blancs; deux colliers formés de petites raies longitudinales blanches, l'une à la partie supérieure, l'autre sur le bas du cou; l'iris rouge, le bec et les pieds noirs.

Habitat. — Il habite les contrées boréales des deux mondes. On le voit parfois sur nos côtes de France, en hiver, et même dans l'intérieur des terres, à la suite des ouragans et lorsque les eaux sont hautes.

Mœurs. — Il a les allures et le genre de vie du Plongeon cat-marin. C'est à lui que s'appliquent ces lignes de M. Shirley : « De tous les Oiseaux de mer de notre hémisphère boréal, dit-il, le Plongeon est le plus beau et le plus puissant; c'est l'Aigle de l'Océan. Intrépide navigateur, il est aussi le plus prudent et le plus vigilant des Oiseaux. Même en pleine mer, et quoique aucun bâtiment ne soit en vue, il est perpétuellement en alerte, surtout au temps de la ponte et de la couvée. A l'instant où il vient de plonger et s'apprête à déguster la proie qu'il a saisie, il jette encore de tous côtés un regard de défiance. Lorsqu'il veut rester immobile, il peut nager sous le niveau de la vague, son arrière-train entièrement submergé, son cou tendu horizontalement, comme couché à fleur d'eau. Mais pour mieux apprécier son adresse et sa hardiesse de nageur, il faut l'observer par une brise d'est : aucune embarcation, aucune créature vivante ne se montre à l'horizon; les Mouettes elles-mêmes ont été balayées par le vent et dispersées sur les marécages de l'intérieur des terres; un navigateur seul n'a pas eu peur du grain : c'est notre Plongeon. Prenez votre télescope, et voyez comme ce téméraire enfant des flots nage contre le vent, fend la vague, secoue l'écume, et vient affronter les lames qui déferlent autour des récifs. »

Le Plongeon Imbrin niche dans les îles rocheuses, solitaires. La ponte est de deux œufs couleur de suie olivâtre ou verdâtre, avec des taches et des points noirs plus ou moins apparents.

LE PLONGEON LUMME (*Colymbus arcticus*). — Le Plongeon lumme est d'une taille inférieure à celle de l'Imbrin, mais il en diffère peu par son plumage.

Il habite les parties septentrionales des deux continents. L'hiver il se répand dans diverses contrées de l'Europe.

Les montagnards de l'Écosse l'ont appelé *Oiseau de pluie*, parce qu'il fait entendre, à l'approche de l'orage, un cri particulier. On le désigne aussi sous le nom de *Grande Poule des lacs*.

Il construit son nid dans les roseaux, sur les bords des lacs salés situés parfois très loin dans l'intérieur des terres.

La forme et la coloration de ses œufs présentent des variations assez fréquentes, comme chez l'Imbrin.

LES ALCIDÉS

Les Alcidés ont des formes générales qui les rapprochent des Plongeons, mais ils sont principalement caractérisés par des scapulaires plus courtes, des tarses moins comprimés, l'absence de pouce, le doigt externe plus court que le médian, enfin par une mandibule inférieure généralement couverte de plumes sur une grande étendue.

Ces Oiseaux nichent dans des trous; ils ne pondent le plus souvent qu'un seul œuf.

Au moment de la reproduction, ils forment des colonies immenses, en se réunissant à d'autres Oiseaux de mer, tels que les Mouettes. Les rochers escarpés sur lesquels ils s'établissent portent, dans le Nord, le nom de *Vogelberg* ou *montagnes d'Oiseaux*. Bien qu'on y trouve nichant côte à côte des Pingouins, des Guillemots, des Macareux, des Cormorans, des Mouettes, chaque espèce occupe une place déterminée sur les étages des rochers.

Les montagnes d'Oiseaux sont, pour les habitants des régions glacées, une importante source de profits, et elles sont régulièrement visitées par de hardis chasseurs qui recueillent surtout les œufs et les jeunes, comme on le verra plus loin à propos des Guillemots.

On divise les Alcidés en deux sous-familles : les Guillemots ou *Uriens*, les Macareux et les Pingouins ou *Alciens*.

LES URIENS

Les Uriens comprennent les espèces qui ont le bec lisse, convexe, médiocrement comprimé, peu élevé, et presque droit; les tarses réticulés.

LES GUILLEMOTS

Caractères. — Les caractères de ce genre sont les suivants : le bec est allongé, droit, pointu, très légèrement échancré à l'extrémité des deux mandibules; les narines étroites, percées de part en part, à moitié fermées par une membrane emplumée; les ailes moyennes, suraiguës; la queue courte, arrondie; les tarses courts, réticulés.

Les Guillemots sont des Oiseaux très sociables, nichant dans les rochers en véritables colonies.

Malgré leur peu d'aptitude à voler, ils émigrent l'hiver des régions glaciales qu'ils habitent et viennent en bandes immenses sur les côtes maritimes des régions tempérées.

Ils se nourrissent de frai de Poissons, de Vers, de Crustacés, etc.

LE GUILLEMOT A CAPUCHON (*Uria troile*). — **Caractères.** — Le Guillemot à capuchon doit son nom à la disposition des couleurs de son plumage. Il a en effet la tête, le cou et toutes les parties supérieures du corps d'un noir de suie plus ou moins velouté ; le dessous du corps d'un blanc pur, avec quelques taches noires sur les flancs ; le bec noir cendré, les pieds d'un brun jaunâtre, avec la membrane interdigitale noire, l'iris brun roussâtre.

Le mâle et la femelle portent la même livrée. En hiver, le plumage des deux sexes présente des taches blanches au cou et sur les joues.

La taille de cet Oiseau est de $0^m,42$ à $0^m,43$.

Habitat. — Le Guillemot à capuchon habite les mers glaciales. Il apparaît l'hiver le long des côtes du nord de l'Europe.

En France, on le rencontre depuis Dunkerque jusqu'à Bayonne. Il est même sédentaire dans certaines îles de la Manche et du golfe de Gascogne.

Mœurs. — Les diverses espèces de Guillemots ont les mêmes mœurs, et celles du Guillemot à capuchon peuvent être prises comme exemple à cet égard.

En dehors de l'époque de la reproduction, ces Oiseaux ont une existence essentiellement aquatique. Ils nagent avec beaucoup d'adresse et enfoncent alors le corps dans l'eau, à peu près jusqu'à la ligne qui sépare la teinte du dos de celle du ventre ; ils plongent parfaitement et rament sous l'eau des pieds et des ailes, avec beaucoup de rapidité et de facilité ; ils peuvent rester sous l'eau quelques minutes. Ils traversent les airs rapidement, en faisant siffler leurs ailes ; mais ils ne vont pas loin d'une seule traite. Lorsqu'ils veulent gagner leur nid, ils volent à une hauteur considérable au-dessus de la surface des eaux ; le reste du temps ils rasent les flots.

Leurs pieds ne sont pas propres pour la marche sur la terre ferme, aussi les y voit-on très rarement. D'habitude, ils se meuvent en glissant, car ils avancent très difficilement sur la plante des pieds ; parfois ils courent en dansant, pour ainsi dire, sur les doigts, et en s'aidant de leurs ailes pour se tenir en équilibre ; de sorte que leur progression terrestre est, à proprement parler, plutôt un vol imparfait qu'une marche. Leur voix est un bruit de crécelle, un criaillement continuel qui a des intonations diverses, et semble retentir parfois comme *oerr* ou *eerr*. Les jeunes sifflent.

La réputation de stupidité qu'on a faite à ces Oiseaux n'est nullement justifiée, car partout où ils ont été chassés, ils se montrent extrêmement défiants.

Les Guillemots choisissent, pour établir leurs nids, des rochers escarpés et crevassés. Les régions où ils trouvent ces endroits favorables sont précisément celles où ils trouveront aussi en abondance des Crustacés et des Poissons pour leur nourriture.

La falaise ou la montagne habitée par une bande de Guillemots au moment de la reproduction présente un aspect très curieux ; elle devient, selon l'expression de Brehm, une énorme ruche d'Abeilles :

« Un nuage d'Oiseaux l'environne constamment, on en voit des milliers et des centaines de mille, qui semblent rangés en bataille, leur poitrine blanche lournée vers la mer, sur toutes les saillies, sur les pics, sur les corniches, sur tes pointes et partout en général où ils peuvent se poser ; tandis que d'autres centaines de mille volent de haut en bas ou réciproquement, et que d'autres multitudes pêchent ou plongent dans la mer. La plus grande montagne, les parois de rocher les plus étendues, sont couvertes d'Oiseaux; chacun d'eux se suffit à lui-même et jamais on ne voit de querelle s'élever autour des nids. Tous semblent rivaliser de complaisance, si l'on peut ainsi dire, et chacun cherche à venir en aide à son voisin. Les couples sont très étroitement unis. Avant la ponte, posés l'un à côté de l'autre, ils se caressent, se frottent mutuellement le cou ; si l'un descend à la mer, l'autre le suit; ils pêchent en commun, puis reviennent vers leur nid. Plus tard, ils partagent tous les soins de l'incubation. La femelle ne pond qu'un seul œuf, très grand il est vrai, en forme de toupie, à coquille résistante, grossièrement granuleux et marqué de taches foncées sur un fond clair, mais si diversement tacheté, que sur cent œufs, c'est à peine si on en trouve deux qui soient pareils. Le fond passe du blanc au jaune, au gris, par toutes les nuances; les petites taches et les petits points qui se trouvent en plus ou moins grande abondance sur la coquille, se réunissent en couronne sur la grosse ou sur la petite extrémité, d'autres fois sont distribués également sur toute la surface de l'œuf. Les Guillemots ne construisent pas à proprement parler de nid, ils pondent leurs œufs sur la pierre nue sans même se donner la peine d'enlever les cailloux nombreux qui descendent du haut des pentes escarpées. Aussitôt la ponte terminée, commence l'incubation ; et ces soins ne sont pas seulement partagés par le mâle et la femelle du couple, mais, d'après des renseignements dignes de foi, sur toutes les montagnes d'Oiseaux, on voit des suppléants complaisants prendre la place des légitimes propriétaires du nid et couver avec ardeur pendant un certain temps. On croyait, dans le temps, que cette opération s'accomplissait dans la position assise, mais quiconque visite une montagne d'Oiseaux s'aperçoit bien vite que les Lummes prennent à cet effet la même position que les autres Oiseaux.

Le Guillemot à capuchon.

« Le jeune éclôt après une incubation qui va de trente jours jusqu'à trente-cinq quelquefois. Ce petit être ressemble bien plus à une boule de laine noir grisâtre qu'à un Oiseau, mais grâce aux soins dont l'entourent ses parents et tous les autres Lummes inoccupés, il se développe rapidement, perd son duvet et au bout d'un mois est déjà couvert de plumes. Bientôt les petits abandonnent le coin de rocher où ils sont nés, pour aller à la mer. »

LE GUILLEMOT GRYLLE (*Uria Grylle*). — ***Caractères.*** — Cette espèce a, en été, tout le plumage d'un noir profond, à l'exception des moyennes couvertures supérieures des ailes et la moitié des grandes rémiges secondaires qui sont terminées de blanc; l'iris est brun, le bec noir, les pieds rouges.

En hiver, le plumage est tacheté de blanc.

Habitat. — Le Guillemot Grylle est désigné vulgairement sous le nom de *Colombe de mer*, ou de Guillemot *à miroir*, en raison de la tache d'un blanc pur qui orne ses ailes.

Il habite les régions du pôle arctique et apparaît irrégulièrement sur nos côtes septentrionales.

Mœurs. — Ses allures ne le distinguent pas des autres Guillemots. Il est aussi d'un naturel doux, tranquille, mais peu sociable. On ne le rencontre guère que par couples ou par petites bandes. Pour nicher, il ne paraît pas s'attacher spécialement à une localité préférée; mais il installe son nid partout où il trouve des fentes de rochers convenables.

Chasse. — Dans les pays du Nord, notamment au Groënland, aux îles Féroé, en Norvège, on chasse les Guillemots pour se procurer soit leurs œufs, qui sont consommés sur place ou expédiés dans d'autres pays, soit les jeunes qui sont salés et conservés pour l'hiver, soit leur plumage employé dans la literie. La chair des adultes a une forte odeur d'huile qui la rend inmangeable, mais les Lapons ne paraissent pas cependant la dédaigner.

Le dénichage des Guillemots est un exercice très périlleux; il faut, pour arriver dans les trous où nichent ces Oiseaux, escalader des rochers abrupts, où l'on peut à peine poser le pied. Certains chasseurs intrépides se servent dans ce but de longues cordes auxquelles il se tiennent suspendus à une vingtaine de mètres de hauteur; ils explorent de cette façon toutes les anfractuosités des falaises.

Par la gelée on emploie un procédé très destructif et qui consiste à venir effrayer pendant la nuit les Guillemots posés sur leurs nids. Les Oiseaux, trompés par l'obscurité, se précipitent du haut des rochers et viennent se briser la tête sur les glaces.

Malgré les chasses régulières qu'on leur fait, les Guillemots n'en restent pas moins très nombreux dans toutes les stations où ils ont été signalés; et cependant, ils ont encore pour ennemis, indépendamment de l'homme, les Gerfauts, les Stercoraires et autres Oiseaux rapaces.

Captivité. — On a pu conserver quelque temps des Guillemots en captivité, mais il ne semble pas que l'on puisse faire dans nos régions un élevage productif de ces Oiseaux.

LE GUILLEMOT ARRA (*Uria arra*). — Cette espèce a été considérée par certains auteurs comme une simple variété du Guillemot à capuchon. Il en est de même du *Guillemot bridé* (*Uria ringvia*).

LE GUILLEMOT DE MANDT (*Uria Mandtii*), qui habite plus spécialement le le Spitzberg et le Groënland, est peu différent du Guillemot Grylle.

LES MERGULES

Caractères. — Les Mergules se distinguent des Guillemots par leur bec très court, épais, renflé, aussi large que haut à la base, par leurs narines amples, operculées, leurs tarses scutellés, en partie aréolés.

Ils ont aussi des formes plus trapues, une tête plus arrondie.

Leurs mœurs ne diffèrent pas de celles des Guillemots.

LE MERGULE NAIN (*Mergulus alle*). — ***Caractères.*** — Le Mergule nain, en plumage d'été, a la tête, le cou, le dessus du corps et les ailes d'un noir profond; la poitrine, l'abdomen et les sous-caudales d'un blanc pur; la queue noire, les scapulaires noires bordées de blanc; le bec noir, les pieds d'un brun jaunâtre; l'iris noirâtre.

La femelle est un peu plus forte que le mâle, mais son plumage est le même.

Habitat. — Le Mergule nain est un habitant des régions polaires; les voyageurs l'appellent l'*Oiseau de glace*, parce que sa présence en bandes nombreuses indique ordinairement le voisinage de grandes masses de glace. Il est surtout abondant au Groënland.

Par les hivers rigoureux, ou à la suite d'un ouragan, il s'égare quelquefois sur les côtes du nord de l'Europe: Grande-Bretagne, France.

Le Mergule nain.

Mœurs. — De même que les Guillemots, le Mergule nain passe la plus grande partie de son existence sur les eaux et ne vient à terre que pour nicher. Il dort sur les flots, la tête cachée sous les plumes, et ne paraît être dans son élément qu'au milieu des vastes océans.

Ses allures sont très gracieuses. C'est de tous les plongeurs le plus vif, le plus adroit.

Bien que la marche lui soit presque impossible, il sait se glisser rapidement entre les pierres. Son vol est aussi moins pénible que celui de ses congénères de la même famille.

La nourriture des Mergules nains consiste principalement en petits Insectes qui vivent à la surface de l'eau ; on trouve rarement des restes de Poissons dans l'estomac des individus que l'on tue. Quand ils chassent, on les voit disséminés sur une grande étendue de la mer, nager avec précipitation, plonger, poursuivre leur proie par de rapides mouvements de tête, et toujours prendre quelque chose. Dans les îles des hautes régions du Nord, à l'époque de la ponte, les Mergules se réunissent en bandes innombrables. Sur les côtes du Spitzberg, par exemple, on les voit, dit Malmgren, partout en grand nombre, et on entend nuit et jour, à une lieue de distance de la côte, des cris continuels qui partent des flancs de la montagne qu'ils ont choisie. Dans les environs de l'Islande, ils ne nichent, dit Faber, que sur une localité, à l'extrémité nord de la petite île de Guinso. Chaque couple cherche, au milieu des débris de rocher, une petite place convenable pour y installer son nid. La ponte est d'un seul œuf, blanc, à reflets bleuâtres, et à peu près du volume d'un œuf de Pigeon.

Les Stariques. — Aux Guillemots se rattache le genre Starique (*Phaleris*) caractérisé par un bec plus court que la tête, comprimé, échancré à la pointe, à mandibule supérieure convexe, à mandibule inférieure saillante, des ailes courtes, suraiguës; des jambes insérées très en arrière du corps, des tarses courts, grêles, une queue courte.

Ils doivent leur nom à une petite touffe de plumes dont leur tête est ornée, et qui retombe en plumet sur le front; des plumes effilées entourent aussi la base du bec.

Ce genre établit une transition entre les Guillemots et les Macareux.

LE STARIQUE HUPPÉ (*Phaleris cristatella*). — ***Caractères.*** — Le plumage de cet Oiseau est, en dessus, d'un brun noirâtre; en dessous, d'un cendré bleuâtre; l'iris est brun, le bec rouge, les pieds bleuâtres.

Sa taille est très inférieure à celle des Guillemots.

Habitat. — Le Starique huppé habite les régions arctiques de l'Amérique et de l'Asie; il n'est pas rare dans la mer de Behring.

Mœurs. — Il se tient en sociétés nombreuses sur les rochers au bord de la mer.

Son genre de vie est le même que celui des Guillemots; cependant il a des habitudes moins aquatiques que ces derniers, et passe une partie de son existence sur le rivage.

LES ALCIENS

Les Alciens ont le bec sillonné sur les côtés des deux mandibules, très comprimé, très élevé; la mandibule supérieure crochue à l'extrémité; les tarses scutellés en avant.

Les caractères des deux genres *Macareux* et *Pingouin*, qui composent cette sous-famille, présentent assez d'intérêt pour que nous donnions leur description complète, d'après C. Degland et Gerbe.

LES MACAREUX

Caractères. — Bec aussi haut ou plus haut que long, à arêtes vives, celle de a mandibule supérieure saillante en avant du front et surmontant le niveau lu crâne, un peu fléchie et échancrée à la pointe, garnie à la base d'une peau papilleuse; narines très étroites, linéaires, percées de part en part dans une peau nue; ailes aiguës; queue courte, légèrement arrondie sur les côtés; tarses plus courts que le doigt interne, l'ongle compris, minces, réticulés, avec quelques scutelles peu larges vers le milieu de la face antérieure; ongles des doigts externe et médian falciformes, celui du doigt interne très arqué.

Les mœurs de l'espèce suivante résument celles de toutes les autres.

LE MACAREUX ARCTIQUE (*Fratercula arctica*). — ***Caractères.*** — Le Macareux arctique ou *Macareux moine* a le dessus de la tête et du cou, et toutes les parties supérieures du corps d'un noir lustré, cette couleur se prolongeant en avant sous forme d'un large collier à la base du cou; les joues, le menton et toutes les parties inférieures d'un blanc pur; le bec gris de fer, avec la base teintée de bleu, et la pointe rouge; l'iris blanchâtre; le bord libre des paupières, les commissures du bec et les pieds d'un rouge orangé.

Le mâle et la femelle portent la même livrée.

La taille de cet Oiseau est d'environ $0^{m},30$.

Habitat. — Le Macareux arctique habite les régions les plus septentrionales des deux mondes, et certaines localités de l'ouest de la France. Il est de passage dans les autres régions de nos côtes.

Mœurs. — Brehm, qui étudia sur place les mœurs du Macareux moine, nous en a laissé une relation si complète et si exacte que nous la reproduisons ici.

« Ce qui me frappa tout d'abord dans cet Oiseau, dit-il, ce fut la façon vraiment surprenante dont il vole sur les vagues, qu'il rase sans paraître jamais en quitter la surface. Il emploie à cet effet ses ailes aussi bien que ses pieds, et se transporte rapidement d'une lame à une autre lame, comme un Poisson moitié nageant et moitié volant; il frappe l'eau des ailes et des pattes tout à la fois, décrit une courbe après l'autre, se pliant au caprice des flots et avançant sans cesse avec une rapidité et une force tout à fait merveilleuses. De son bec il fouille la lame tout en volant, et en cela il m'a rappelé singulièrement le Bec-en-ciseaux. Quand il se lève de la surface des eaux pour s'envoler, il le fait avec une rapidité si extraordinaire et en ligne si directe que l'on tire toujours trop en arrière, au commencement. Pour la nage, il n'est dépassé par aucun autre membre de la famille ou de l'ordre auquel il appartient. Il repose légèrement sur les vagues, ou s'enfonce à volonté au-dessous de leur surface; il plonge sans effort et sans bruit et reste sous l'eau deux ou trois minutes; au dire des naturalistes, il descendrait à une profondeur de 30 brasses. Sur terre, il marche à petits pas et en vacillant, mais cependant très rapidement; il peut s'enlever dans les airs, et se laisser tomber sur le sol tout d'un trait et sans hésitation.

« Quand il est tranquille, il repose habituellement sur la pointe des pieds et su la queue, ou bien encore, il est couché à plat sur le ventre. Comme ses cong nères, il remue sans cesse la tête et le cou, même au repos, comme s'il chercha quelque chose autour de lui. Ce mouvement de tête fait une impression trè bizarre sur le spectateur.

« Sa voix ne se distingue de celle des espèces voisines que par sa profondeur Elle se rapproche beaucoup de celle de l'Alque torda; elle sonne bas, paraî exprimer *orr*, *orr*, et ressemble par moments au ronflement d'un homm endormi, à ce que dit Faber; quand il est irrité, sa voix rappelle le grognemen d'un petit Chien.

« Jai vécu des jours entiers dans la société des Macareux, ce qui m'a permi de bien les étudier sur leurs montagnes à nids; j'ajouterai que cette étude m' procuré une vive satisfaction. Je regarde le Macareux moine comme le plu actif et le plus intelligent de tous les Oiseaux de sa famille. Quand on le voi assis, tranquille devant son trou, on est tenté de croire, avec Faber, qu'il est sot et ennuyeux; et quand on apprend qu'à la vue de l'homme, au lieu de se précipiter à la mer, il se glisse dans son nid, au fond duquel il s'accule en grommelant et en se défendant, et qu'il se laisse prendre sans même songer à la fuite, on est tenté de croire qu'il y a chez lui plus que de la sottise.

« Ce qui confirme dans cette opinion, c'est la façon dont il se conduit en captivité, lorsqu'il a été enlevé de la place à nids et transporté à quelques centaines de pas de la mer, comme je l'ai fait. Là, bien qu'abandonné à une complète liberté, il est si ahuri, qu'il semble avoir complètement oublié l'usage de ses ailes; on peut le jeter en l'air sans qu'il essaye de s'envoler; il se laisse retomber lourdement à terre; il tient tête à ceux qui s'approchent, voire même aux Chiens, mais jamais il ne songe à fuir.

« Mais on prend de lui une autre opinion quand on le poursuit sur la mer, son véritable élément; alors on peut apprécier son intelligence. Cependant, le Macareux moine n'est pas précisément très prudent, ni très farouche, et cela par la raison toute simple qu'il ne vient à l'idée de personne de l'inquiéter aux endroits qu'il habite; ceci fait qu'il ne craint nullement l'approche des bateaux, mais il devient très soupçonneux et très craintif aussitôt qu'il se voit poursuivi. J'ai pu m'en convaincre moi-même. Je ne veux pas dire par là que ce soit un Oiseau bien intelligent, je consentirai même à ce qu'on l'appelle sot. Contrairement à ses congénères, il n'est ni très sociable, ni très tolérant. Peut-être y a-t-il plus de disputes entre les Macareux qu'entre les Lummes; quant à moi, je n'ai rien vu de semblable; il m'a même paru que la plus parfaite intelligence régnait entre eux. Au besoin le Lumme sait se servir avec succès de son bec aigu; et il a plus que tout autre Oiseau de ce genre l'occasion de le faire, pour la raison qu'il doit se défendre souvent dans son trou contre les agresseurs. Tous ceux que j'ai arrachés de leur nid se servaient de leur bec avec beaucoup de force et d'adresse; et l'un d'eux, que j'avais laissé libre un peu loin de la mer, accueillit si bien un gros Chien de basse-cour qui s'approchait de lui un peu trop imprudemment, qu'il lui fit passer à tout jamais l'envie de recommencer l'attaque.

« La nourriture du Macareux moine se compose de Crustacés et de petits oissons; c'est avec ces derniers qu'il élève ses jeunes. Je ne saurais dire à quoi i sert son bec pour prendre sa proie, et je ne m'en occuperai pas autrement, omme l'ont fait d'autres naturalistes; je me bornerai à dire qu'il sait en faire sage avec beaucoup d'adresse. A terre, il doit manger aussi des plantes vertes; n'ai d'ailleurs fait aucune observation personnelle à ce sujet.

« Comme le Macareux moine e reproduit partout en compagnie des Lummes et des Alues, et qu'il est probale qu'il ne forme jamais e colonie à part, tout e qui a été dit sur les nœurs de ces derniers ui est applicable. Au nilieu d'avril ou au ommencement de mai, elon que la neige ond plus tôt ou lus tard, il se approche des nontagnes, et herche au plus ite la place de on ancien nid, ou ien s'en creuse n nouveau. En cela, il se distingue des Lummes et des Alques, car jamais il ne dépose son œuf sur la terre nue.

Le Macareux moine ou arctique.

« Les Macareux ne creusent pas toujours des trous : chaque fente de rocher ou crevasse un peu sombre leur est bonne pour nicher, et ce n'est qu'à leur défaut qu'ils se mettent à creuser; c'est du moins ce qu'il m'a semblé. Beaucoup de Macareux couvaient sur les Nyken, au milieu de grosses pierres, dans les crevasses, les fentes et les anfractuosités des parois en ruines des rochers; mais il n'y en avait probablement pas assez pour le nombre immense des Oiseaux, car la tourbe molle qui constitue le sol était partout creusée et minée. Les

Pl. LIX. — Le Pingouin torda (Texte, p. 406).

deux sexes semblaient travailler à la construction du nid, car j'ai vu autant femelles que de mâles autour des trous. Ils se servaient de leur bec et de le pattes; cependant, je ne saurais dire comment ils s'y prenaient, pour la rais qu'ils cessaient tout travail aussitôt que l'on approchait. Pendant qu'ils creuse ils sont recouverts d'une telle poussière, ou plutôt ils sont si couverts de bo que l'on peut à peine reconnaître les couleurs de leurs plumes; mais ils se nettoie avec le plus grand soin avant de se mettre à couver. Chaque couple ne po qu'un seul œuf, un peu plus gros que celui d'une Oie domestique. La coqui a le grain grossier et inégal, sa couleur est toute blanche, mais la tourbe colore bien vite en jaune et plus tard en brun. Les deux parents couve J'ignore quelle est la durée de l'incubation : on dit qu'elle est d'environ s semaines. Le jeune éclôt avec un duvet long, épais, d'un noir foncé et d'un g clair; il piaille beaucoup pendant les premiers jours; plus tard il crie plus fo mais il n'apprend le *orr* paternel que lorsqu'il a pris son essor. Il grandit ass lentement, aussi reste-t-il longtemps au nid. Il ne le quitte que lorsqu'il a tout ses ailes et se jette alors avec les vieux à la mer. Le père et la mère l témoignent la plus vive affection; ils lui apportent le Poisson de très loi s'exposent pour lui au danger, et le défendent avec beaucoup de courage. L'u et l'autre couvent avec beaucoup de persévérance, et le mâle lui-même prend s part de l'élevage; quand il perd sa femelle, il pourvoit seul à la nourriture d petit. Enlève-t-on l'œuf au couple, il en pond un second; si l'on prend c second, il en pond souvent un troisième, ordinairement dans le trou. Si l'o s'empare des deux vieux à la fois, d'autres couples couvent l'œuf et élèvent l jeune.

« Les habitants de la contrée enlèvent d'ordinaire le premier œuf, mais il laissent le second et vont chercher plus tard le jeune avant qu'il s'envole. Ils l mangent ou le salent pour l'hiver. »

LES PINGOUINS

Caractères. — Bec à peu près de la longueur de la tête, droit, plus élev au niveau de l'angle maxillaire qu'à la base, à mandibule supérieure échancré et fortement recourbée à l'extrémité; mandibule inférieure infléchie à la pointe, dans le sens de la mandibule supérieure; narines marginales, très étroites, linéaires, presque entièrement fermées par une membrane emplumée; ailes suraiguës; queue pointue, tarses un peu plus courts que le doigt interne, l'ongle compris, couverts, en avant, d'une série de scutelles, réticulés en arrière et sur les côtés; ongles médiocrement recourbés.

LE PINGOUIN TORDA (*) (*Alca torda*). — ***Caractères.*** — Le Pingouin torda, appelé aussi *Petit Pingouin* ou *Pingouin macroptère*, ne mesure que $0^m,38$ environ de longueur.

(*) Pl. LIX. — Le Pingouin torda (Planche, p. 405).

Il a la tête, la gorge, la partie supérieure de la face antérieure du cou, la totalité des faces latérales et postérieure d'un noir tirant sur une couleur de suie rougeâtre, avec une ligne d'un blanc pur, qui du haut du bec se rend aux yeux; le dos, les sus-caudales d'un noir profond; les scapulaires d'un noir brunâtre; le bas de la face antérieure du cou, la poitrine, l'abdomen et les sous-caudales d'un blanc pur; la queue noire; le bec noir à l'extérieur, jaune-orange à l'intérieur, avec trois rainures courbes sur la mandibule supérieure, celle du milieu blanche et la plus étendue, deux ou trois rainures également sur l'inférieure, correspondant aux précédentes, la plus longue blanche; les pieds noirs, l'iris brun.

Telle est la livrée d'été pour les deux sexes. En hiver, la teinte blanche se prolonge sur la gorge et les côtés de la tête; dans cette dernière région, elle est entrecoupée de noir. Les rémiges sont noires, les secondaires terminées de blanc, ce qui forme sur l'aile une large bande transversale éclatante.

Habitat. — Le Pingouin torda habite les mers glaciales des deux mondes, et quelques contrées tempérées de l'Europe. Il est de passage en hiver sur nos côtes maritimes du nord. Il se reproduit dans quelques localités de la Bretagne et de la Normandie.

Mœurs. — C'est un Oiseau essentiellement pélasgien, et dont les mœurs diffèrent peu de celles des espèces précédentes.

Il se nourrit principalement de petits Poissons et de Crevettes qu'il pêche dans la pleine mer.

Il ne vient à terre que pour se reproduire.

D'un caractère très sociable, le Pingouin torda niche en véritables colonies sur les rochers escarpés.

Il choisit, pour déposer ses œufs, les fentes et les crevasses des rochers. La ponte est d'un seul œuf de grande taille, allongé et ornementé d'une manière variable : en général, il est d'un blanc grisâtre ou légèrement bleuâtre, avec des points et des taches irrégulières nombreuses vers le gros bout, les unes superficielles, noires, les autres profondes, d'un gris cendré ou vineux.

Le jeune, en naissant, est couvert d'un duvet brun noir. A peine développé, il se jette dans la mer du haut du rocher où il est né et se met à nager et à plonger presque aussi habilement que ses parents.

LE PINGOUIN BRACHYPTÈRE (*Alca impennis*). — Le Pingouin brachyptère ou Grand Pingouin est une espèce récemment disparue de la faune actuelle.

Caractères. — Sa taille était d'environ $0^m,65$. Ses ailes extrêmement courtes, et dont les extrémités n'atteignaient même pas le croupion, étaient absolument impropres au vol.

Le plumage du mâle et de la femelle, en été, est décrit par C. Degland et Gerbe, dans les termes suivants :

« Tête, derrière et côtés du cou, gorge, dessus du corps, d'un noir profond, avec une grande tache blanche, ovalaire, entre l'œil et la mandibule supérieure; devant du cou, poitrine, abdomen et sous-caudales d'un blanc pur; couvertures supérieures des ailes pareilles au manteau; rémiges noires, les secondaires terminées de blanc; queue noire; bec également noir, avec huit sillons à fond blanc sur la mandibule supérieure, et dix ou onze sur l'inférieure ; pieds noirs ; iris brun foncé. »

Habitat. — Le Grand Pingouin habitait les mers septentrionales des deux mondes, les côtes du Groënland, la baie de Baffin, le nord-ouest de l'Islande, les Orcades. D'après M. Preyer, il ne nichait pas sur les côtes mêmes du Groënland, du Labrador, ni même de Terre-Neuve, mais bien sur des îlots disséminés le long de ces côtes.

Il s'égarait accidentellement en France.

Mœurs. — On sait aujourd'hui, par les récits des navigateurs et les documents recueillis à diverses sources, qu'il vivait en sociétés nombreuses comme les Pingouins tordas et les Manchots, et menait le même genre de vie que ces derniers.

Le Pingouin brachyptère ou Grand Pingouin.

Sa nourriture consistait essentiellement en Poissons d'assez forte taille.

Il nichait dans les fentes et les crevasses des rochers escarpés, dans le voisinage des glaces flottantes.

Sa ponte était d'un seul œuf énorme, pyriforme, mesurant $0^m,12$ à $0^m,13$ suivant le grand axe, et $0^m,07$ à $0^m,08$ suivant le petit axe, d'une teinte d'un roux isabelle, avec des taches, des raies irrégulières noduleuses, et des zigzags superficiels noirs, d'autres profonds d'un gris violet ou cendré.

Doué de faibles moyens de défense, cet Oiseau a eu le même sort que le Dronte, dont les ailes étaient impropres au vol, et depuis 1846, aucun navigateur ne l'a plus jamais signalé.

L'intérêt qui s'attache aux espèces récemment disparues de la faune, ne nous permet pas de passer sous silence les détails historiques recueillis jusqu'ici sur le Grand Pingouin ou *Great Auk* des Anglais.

Nous les exposons d'après les extraits de Nilson, reproduits d'autre part dans la *Faune de l'Europe occidentale* par Olphe-Gaillard.

Historique. — « Cet Oiseau paraît avoir été commun surtout le long des côtes de l'Amérique septentrionale, entre les 45ᵉ et 55ᵉ degrés latitude nord, et avoir suivi une ligne oblique vers le nord-est, en s'avançant du côté de l'Islande méridionale, de Saint-Kilda, des Féroë, des Orcades, etc. Dans cette zone, plusieurs îles ont été dénommées d'après la grande quantité de Pingouins qui s'y rencontraient. Les navigateurs qui, au XVIᵉ siècle, se dirigeaient vers le banc de Terre-Neuve, nous apprennent que l'on y trouvait et détruisait à cette époque un grand nombre de ces Oiseaux. Chaque année, ces localités étaient visitées par plusieurs centaines de vaisseaux anglais, français, espagnols, hollandais et portugais; tous s'approvisionnaient plus ou moins abondamment d'Oiseaux et d'œufs qu'ils se procuraient sans peine. Nous lisons dans les relations de ces voyages que, sans compter le nombre prodigieux de Pingouins qui servaient de nourriture à l'équipage, on en salait encore une plus grande quantité, dont on emplissait des tonneaux. On en tuait plusieurs milliers à la fois, de telle sorte qu'en moins d'une heure, on pouvait en charger une trentaine de barques. Il ne fallait que se rendre à terre avec des bâtons pour les assommer... Ces récits pourraient paraître exagérés de prime abord; mais ils ont été confirmés d'une manière inattendue, il y a peu d'années. Un naturaliste distingué de la Norvège, Peder Stuwitz, trop tôt enlevé à la science, visitait en 1841 l'île nommée actuellement Funk Island, qui était considérée avec de justes raisons comme ayant été la véritable *île aux Pingouins* visitée autrefois par les navigateurs. Sur la côte nord-ouest, Stuwitz trouva des amas considérables d'ossements de l'espèce en question...

« Dans le même endroit, l'écueil présentait une petite déclivité du côté de la mer. On y voyait encore des enceintes de pierres, dans lesquelles les Oiseaux étaient chassés et renfermés jusqu'à ce qu'ils fussent tués. On racontait que cette île étant dépourvue de bois, on brûlait les corps des Pingouins « for to boil the Kettle », et pour remplacer le combustible... Il n'est pas difficile de se représenter les suites que durent avoir ces boucheries. L'espèce diminua sensiblement sans que, pendant tout le XVIIᵉ et le XVIIIᵉ siècle, on cessât de lui faire la guerre.

« Le professeur Steenstrup a démontré que le Pingouin brachyptère se trouvait autrefois en Danemark, et que même il s'y reproduisait. Ce savant a découvert plusieurs fragments de squelette dans les *Kjökken-moddigerne*, ou débris de cuisine des anciens insulaires.

« Le Pingouin est devenu ensuite de plus en plus rare, même dans les régions situées à l'occident de la zone qu'il habitait. On l'a cependant vu nicher sur quelques écueils de l'Islande. En 1813, l'équipage d'une embarcation partie des îles Féroë, aborda à Reikenaes Fugleskjaer, où il détruisit une vingtaine d'individus. En 1830 et 1831, vingt-sept Oiseaux furent tués à la fois sur un autre récif voisin de celui-ci. Depuis cette époque jusqu'en 1839 ou 1840, on en captura encore une dizaine. Les derniers que l'on put se procurer, en 1844, sur une petite île des côtes de l'Islande, étaient un mâle et une femelle, qui furent envoyés à Copenhague. »

Pl. LX. — Le Gorfou doré (Texte, p. 411).

Depuis cette époque, on n'a plus jamais rencontré le Grand Pingouin. Il e devenu un spécimen rarissime dans les collections ornithologiques des granc musées. Le Dr W. Blasius, dans un mémoire sur l'*Alca impennis*, signale l'ex stence, dans tout le monde entier, de 77 peaux de Grands Pingouins, d 9 squelettes, de 68 œufs, les préparations anatomiques de deux sujets conservé au musée de Copenhague, et quelques ossements ayant appartenu à cent suje différents.

Captivité. — On a eu parfois l'occasion d'observer les habitudes du Gran Pingouin en captivité. Flemming raconte qu'il lui fut apporté vivant dans l'îl de Glas, un de ces Oiseaux capturé à Saint-Kilda. « Il était amaigri, et parais sait malade; pourtant il se remit au bout de quelques jours, grâce à une abon dante alimentation de Poissons et à une certaine liberté qu'on lui laissa d'alle à l'eau, tout en le maintenant prisonnier au moyen d'une ficelle attachée à l patte. Malgré cet obstacle, il plongeait et nageait sous l'eau avec une si grand agilité, qu'il déjouait toutes les poursuites qu'on lui faisait en barque. Quanc on lui donnait à manger dans sa cage, il renversait la tête en arrière et témoi gnait d'une grande terreur en s'agitant et en poussant de petits cris plaintifs e étouffés. »

Mac-Gillivray en cite deux autres, capturés vivants dans les mêmes régions en 1829 et 1834. L'un d'eux fut d'abord nourri avec des pommes de terre trempées dans du lait, puis avec des Poissons. Il se montrait d'une grande voracité.

Ces différents captifs conservèrent toujours leur naturel craintif et ne vécurent pas bien longtemps.

LES MANCHOTS OU APTÉNODYTIDÉS

Les Manchots sont adaptés à un genre de vie analogue à celui des Pingouins; cependant ils diffèrent de tous les Plongeurs précédents par des caractères particuliers.

Caractères. — Ils ont le corps presque conique, aminci de bas en haut, le cou de longueur moyenne, la tête petite; le bec à peu près égal en longueur à la tête, droit, fort, sillonné, à bords tranchants; des tarses élevés; quatre doigts, les trois premiers réunis par une palmure, le pouce rudimentaire. Mais le caractère le plus important que présentent ces Oiseaux réside dans la structure des ailes.

Celles-ci sont réduites à de courts moignons dépourvus de rémiges, et les plumes qui les revêtent ont la forme d'écailles.

Les Manchots ont encore pour attributs particuliers la présence d'un plumage très riche en duvet, sorte de fourrure épaisse qui, jointe à un développement considérable de la graisse sous-cutanée, leur permet de résister à la température glaciale des régions qu'ils habitent.

Habitat. — Les Manchots sont propres aux mers antarctiques.

Il en existe plusieurs espèces qui se groupent sous les trois genres : Manchots proprement dits, Sphénisques et Gorfous.

LES MANCHOTS

Les Manchots proprement dits sont les plus grands représentants de la famille.

Leur bec est long, mince, droit, recourbé à la pointe, la mandibule supérieure sillonnée longitudinalement, l'inférieure large à la base.

LE MANCHOT DE PATAGONIE (*Aptenodytes patagonica*). — La taille de cet Oiseau est d'environ un mètre; son plumage est, en dessus, d'un gris ardoisé brillant, avec les ailes noirâtres, la tête et la gorge noires; en dessous d'un blanc pur; une tache jaune en arrière de l'œil se prolonge jusque sous la gorge.

Le bec est noir à la base, jaune à l'extrémité et en dessous, les pieds noirs.

Habitat. — Le Manchot de Patagonie habite les côtes de la Terre-de-Feu, les îles Falkland et la Nouvelle-Géorgie. Il se reproduit fréquemment sur les côtes de la Patagonie.

Mœurs. — Ses mœurs ne diffèrent pas sensiblement de celles des Gorfous dont il va être question.

LES GORFOUS

Les Gorfous ont le bec plus robuste que les Manchots, aplati à la base, la mandibule supérieure rayée obliquement et recourbée en crochet à pointe mousse.

Leur tête porte, au-dessus des yeux, des touffes de plumes allongées de couleurs vives.

LE GORFOU DORÉ (*) (*Eudytes chrysocoma*). — ***Caractères.*** — Le Gorfou doré ou *Gorfou sauteur* est de la taille d'un Canard ordinaire.

Il a la tête, le cou, le dos, les ailes noirs; la poitrine, le ventre et le dessous des ailes blancs; les touffes de plumes qui ornent la tête d'un beau jaune d'or; le bec rouge brun, les pieds grisâtres.

Habitat. — Son aire de dispersion est assez étendue et comprend la plupart des régions froides de l'hémisphère austral.

Mœurs. — Les diverses espèces des genres Manchot, Gorfou et Sphénisque, ont sensiblement les mêmes allures et les mêmes mœurs.

Le vol leur est absolument impossible; la marche sur la terre ferme leur est très pénible. Ils rampent plutôt qu'ils ne marchent; pour descendre les pentes des rochers, ils se couchent sur le ventre et se laissent glisser en s'aidant de leurs pattes et de leurs ailes. Au repos, ils se tiennent le corps presque droit, en prenant appui sur la queue.

L'eau est leur véritable élément; ils nagent et plongent avec une remarquable habileté. Quelques-uns, comme le Gorfou sauteur, exécutent même des évolu-

(*) Pl. LX. — Le Gorfou doré (Planche, p. 409).

tions très curieuses : ils s'élancent hors de l'eau par un effort énergique, resten un instant suspendus dans l'air, puis disparaissent dans les vagues en plon geant à une grande profondeur.

Leur nourriture consiste en Poissons, Mollusques et autres petits animaux aquatiques qu'ils vont chercher en plongeant au fond de l'eau.

Lorsque arrive l'époque de la reproduction, c'est-à-dire à la fin de septembre, les Manchots se réunissent en bandes immenses sur certaines îles escarpées et nichent en véritables colonies de 30 000 à 40 000 individus.

Ces petites républiques sont parfaitement organisées, chacun y a sa place et son rôle à remplir.

« Certaines espèces se creusent des trous pour y déposer leurs œufs. Elles choisissent à cet effet un endroit plan et y tracent un espace qui prend la forme de carré. Chaque carré sert à la pose d'un nid et est creusé. Le nid consiste en un trou en forme de fourneau, de deux à trois pieds de profondeur. L'entrée en est large mais très basse, l'excavation est reliée aux souterrains voisins, de sorte que l'on peut pénétrer dans la profondeur par les côtés. Des chemins particuliers circulent autour de la place de couvaison, et ces chemins sont aussi aplanis et aussi unis que ceux de nos villes. Chaque couple qui possède un trou constitue une famille et, en général, tous les Oiseaux qui habitent la même place appartiennent à la même république. Le mâle est assis à côté de la femelle qui couve. Il la remplace quand elle quitte le nid, de sorte que l'œuf n'est jamais abandonné. Mais cette conduite semble dictée aussi par ce fait que les Apténodytidés se volent réciproquement leurs œufs. Quelques espèces poussent même ce penchant au vol si loin, qu'elles s'enlèvent les œufs de vive force. Il peut arriver qu'on trouve des jeunes de tout âge dans un même nid. L'œuf ressemble à celui des Oies domestiques; il est tacheté de vert sur un fond brun. Tous les Apténodytidés couvent avec beaucoup d'ardeur et ils n'abandonnent jamais leur nid. A l'approche de l'homme, ils agitent la tête avec des mouvements très drôles et cherchent à se défendre de leur mieux à grands coups de bec. Les femelles prennent l'œuf, au dire de Bennett, entre la cuisse et le côté du ventre et le serrent si fort qu'elles parviennent quelquefois à le transporter ainsi à de grandes distances. Pendant le temps de l'incubation, les mâles vont du nid à la mer, pour y chercher la nourriture de la femelle et plus tard celle de la petite famille; ils s'acquittent de cette besogne avec tant d'ardeur qu'ils suffisent parfaitement aux besoins de la mère et des petits. »

Captivité. — Les jeunes Manchots sont susceptibles de s'apprivoiser. On a même pu en conserver quelque temps en captivité dans plusieurs grands jardins zoologiques de France.

Les Coureurs

L'ordre des Coureurs renferme deux groupes d'Oiseaux assez différents l'un de l'autre, mais qui présentent des caractères tellement particuliers que l'on est obligé de créer pour eux un groupe spécial.

Ces Oiseaux sont incapables de voler, en raison de leurs ailes rudimentaires, mais ils sont merveilleusement adaptés à la course.

Quelques-uns de leurs caractères anatomiques les rapprochent davantage de la classe des Mammifères que de celle des Oiseaux.

Leurs os lourds et massifs ne sont pas sans analogie avec ceux des Ongulés. Leur sternum est plat, sans bréchet. Ils ne possèdent pas de clavicules et leurs côtes sont dépourvues d'apophyses uncinées.

Leurs plumes ont une structure particulière; chez certaines espèces, elles ressemblent à des poils.

Néanmoins, nous faisons des Coureurs le dernier groupe des Oiseaux, parce qu'ils semblent former une exception et ne pouvoir se rattacher avec certitude à aucun des types étudiés jusqu'ici.

Nous étudierons successivement les familles des *Struthionidés*, des *Casuaridés*, des *Crypturidés* et des *Aptérygidés*.

LES AUTRUCHES OU STRUTHIONIDÉS

Les Oiseaux de cette famille ont une physionomie particulière et un ensemble de caractères qui les distinguent de tous les autres.

Leur grande taille, leur cou long et grêle, plus ou moins dénudé, leurs tarses extrêmement robustes et élevés, terminés seulement par deux ou trois doigts ; leur plumage formé de plumes molles, décomposées, sont autant de particularités qui frappent au premier coup d'œil.

Les uns habitent l'Afrique, d'autres l'Amérique, d'autres enfin l'Australie.

LES AUTRUCHES

Caractères. — L'Autruche a la tête aplatie, dénudée ainsi que la plus grande

---

Pl. LXI. — L'Autruche Chameau, race des Somalis (texte, p. 414).

partie du cou ; le bec droit, de la longueur de la tête, à pointe arrondie e déprimée ; les narines oblongues protégées par une membrane qui se prolong jusqu'au milieu du bec ; les yeux grands et brillants, la paupière supérieur garnie de cils ; les jambes longues, très robustes, nues ; les tarses écailleux ; le doigts au nombre de deux, dont l'un, l'externe, n'a pas d'ongle ; les ailes rudimentaires pourvues d'un double éperon, les rémiges remplacées par des plume longues, molles, flottantes; la queue dépourvue de rectrices, celles-ci remplacée également par des plumes semblables à celles des ailes ; le corps recouvert d'u plumage décomposé, crépu, avec un espace nu et rouge au milieu de la poitrine.

Ce genre n'est représenté que par une seule espèce, mais dans laquelle or distingue quatre races.

L'AUTRUCHE CHAMEAU (*) (*Struthio camelus*). — ***Caractères.*** — La taille de cet Oiseau atteint jusqu'à 2m,60 chez les mâles. Ces derniers ont les plumes du corps d'un noir de charbon, celles des ailes et de la queue d'un blanc éclatant; les pattes dénudées, d'un rouge de chair ; l'iris brun, le bec jaune de corne.

Les femelles ont les plumes du tronc d'un gris brun tirant sur le noir vers la queue et les ailes, les plumes de ces dernières régions étant d'un blanc sale.

Le plumage des jeunes ressemble à celui de la femelle.

Habitat. — L'Autruche habite les déserts de l'Afrique. Très répandue autrefois partout où se trouvaient quelques oasis, elle tend aujourd'hui à devenir de plus en plus rare devant la chasse acharnée qu'on lui a faite.

Sa forte stature, ses tarses robustes, sa démarche expliquent le rapprochement que les Anciens avaient fait entre cet Oiseau et un autre animal non moins caractéristique, le Chameau. De cette comparaison est né le nom de l'espèce, lequel traduit aujourd'hui pour les biologistes, non pas seulement une grossière ressemblance entre ces deux animaux, mais un exemple frappant de l'influence des milieux sur l'organisme. L'Autruche et le Chameau, bien qu'appartenant à deux groupes zoologiques très éloignés, en s'adaptant tous deux au même milieu physiologique, ont pris, de ce fait, des caractères communs.

Mœurs. — L'Autruche est un Oiseau sociable qui vivait jadis en troupes considérables. On ne la rencontre plus maintenant que par petites familles composées généralement d'un mâle et de trois ou quatre femelles.

Grâce à la longueur de ses jambes, elle peut rivaliser de vitesse avec le Cheval de course, mais non avec les Oiseaux bons voiliers.

La vue est de tous ses sens le plus parfait.

Ses facultés intellectuelles paraissent fort peu développées. L'Autruche est un Oiseau très craintif, défiant et irascible.

Sa gloutonnerie est proverbiale ; en captivité, elle avale tout ce qu'elle rencontre sur le sol, chiffons, pierres, morceaux de bois, de fer, etc.

Bien que son régime soit omnivore, elle préfère cependant parmi les aliments végétaux la luzerne, le trèfle, le chou, certaines espèces de cactus, des graines de maïs, d'avoine, de blé. Mais elle mange aussi volontiers des dattes et autres fruits sucrés, des Insectes, des coquillages, des Lézards, etc.

(*) Pl. LXI. — L'Autruche Chameau, race des Somalis (planche, p. 413).

Quoi qu'on en ait dit, elle boit souvent et beaucoup : un individu adulte absorbe de six à huit litres d'eau par jour, en été, et quatre à cinq en hiver.

L'Autruche fait son nid dans le sable. C'est au mâle que sont dévolus les premiers travaux de construction de ce nid, si l'on peut appeler ainsi une énorme excavation de un mètre de diamètre sur $0^{m},30$ de profondeur.

La femelle pond un nombre d'œufs variable, habituellement douze à quinze. A mesure qu'elle pond, elle exhausse les parois du nid en creusant avec son bec un fossé circulaire et rejetant au-dessus d'elle le sable qu'elle en extrait. De sorte que peu à peu le nid prend l'aspect d'un cône tronqué au sommet duquel repose la couveuse.

L'incubation dure de quarante-deux à quarante-huit jours. Le mâle et la femelle se relaient alternativement.

Les œufs de l'Autruche sont les plus gros que l'on connaisse; leur poids moyen est de 1 400 grammes. Ils présentent une coquille épaisse, résistante, luisante, d'un blanc jaunâtre.

Les jeunes Autruchons, aussitôt nés, sont aptes à courir et à chercher leur nourriture. Le mâle se charge spécialement de leur éducation, et les défend courageusement en cas de danger.

Chasse. — L'Autruche a été chassée de tout temps avec la plus grande activité.

Il est fait mention de cet Oiseau dans différents passages de la Bible et dans les hiéroglyphes des monuments égyptiens.

Certains peuples de l'Éthiopie, les *Struthophages* de Strabon, se nourrissaient surtout de la chair des Autruches.

Les Grecs et les Romains en recherchaient les plumes pour faire des parures et divers objets d'ornement.

Aussi les procédés de chasse sont-ils nombreux et variés. L'un des plus anciens et qui est encore en usage chez les Bushmen et les Somalis se pratique de la façon suivante : le chasseur se place à l'affût dans un endroit fréquenté par ces Oiseaux. Il se revêt de la peau desséchée d'une Autruche, engage la main droite dans le cou et la tête, et imite par des mouvements bien combinés les allures et la marche de l'animal vivant. Les Autruches s'approchent sans défiance, croyant avoir affaire à un de leurs semblables, et le chasseur qui de la main gauche tient un arc armé d'une flèche empoisonnée, peut les tirer à bonne portée.

Lorsque les Bushmen découvrent un nid d'Autruche, ils en enlèvent les œufs, s'y cachent en attendant le retour de l'Oiseau; quand celui-ci apparaît, ils le tuent ou le capturent avant qu'il soit revenu de sa surprise.

Les Arabes se livrent aussi passionnément à la chasse de l'Autruche.

Montés sur des Chevaux rapides, les chasseurs se rendent dans le désert, cherchant un troupeau d'Autruches. Quand ils l'ont découvert, ils se dirigent vers lui, font choix du sujet qu'ils désirent capturer et le poursuivent de toute la vitesse de leurs coursiers. Pendant que l'un d'eux s'attache à ses pas et le suit dans tous les détours qu'il fait pour se dérober, un autre cherche à lui couper le chemin, puis reprend le rôle du premier, qui, à son tour, coupe alors au plus court. Ils se relayent ainsi jusqu'à ce que l'Autruche soit épuisée. D'ordinaire, au bout d'un quart d'heure, ils sont bien près de l'atteindre. Un dernier effort qu'ils font faire à leurs coursiers, et ils sont sur elle ; alors ils lui portent un coup violent sur la tête ou sur le cou, qui la fait tomber à terre.

Quelques chasseurs capturent aussi les Autruches au lasso ou dans des pièges.

Captivité. — Domestication. — Les Autruches s'apprivoisent facilement, surtout quand elles sont jeunes. Placées dans des conditions convenables, elles peuvent se reproduire en captivité et être l'objet d'un élevage régulier.

Certaines tribus africaines pratiquaient déjà cet élevage depuis longtemps, lorsqu'il fut entrepris par des colons européens.

Les premiers essais de domestication et d'élevage des Autruches furent faits par des Français ; ils furent d'abord couronnés de succès, puis délaissés pour diverses raisons économiques, tandis que les Anglais de la colonie du Cap, au prix d'importants sacrifices, perfectionnaient les procédés que nous avions employés et créaient une industrie nouvelle qui a pris aujourd'hui une extension considérable.

La première autrucherie africaine fut établie au Transvaal, en 1865 ; un grand nombre d'autres furent fondées successivement. En 1875, on comptait près de 22 000 Autruches apprivoisées dans les possessions anglaises de l'Afrique australe ; on en comptait plus de 400 000 en 1891.

Des entreprises semblables furent faites en Floride, en Californie, et donnèrent d'excellents résultats.

En Algérie, les autrucheries n'ont pas encore pris le même développement que dans la colonie du Cap, et ce fait est d'autant plus regrettable que le sud de l'Algérie présente pour ce genre d'élevage toutes les conditions désirables.

Les Autruches élevées en captivité sont placées dans d'immenses parcs, divisés en autant d'enclos qu'il y a de couples. On les nourrit avec de l'orge, du fourrage vert, des légumes, choux, betteraves, etc. ; un de leurs aliments préférés consiste en feuilles d'*Opuntia vulgaris*, ou *figuier de Barbarie*, que l'on a hachées après en avoir enlevé les épines. Elles mangent volontiers aussi des Sauterelles et de gros Insectes. Elles boivent beaucoup, et aiment à se baigner.

Comme une femelle pond, en moyenne, une soixantaine d'œufs par année, mais qu'elle ne peut en couver que dix à la fois, il est avantageux d'employer dans cet élevage l'incubation artificielle.

Des couveuses d'un modèle spécial ont été construites dans ce but, et c'est à ces appareils habilement employés que les Anglais doivent l'extension rapide de leurs autrucheries.

Utilité. — L'Autruche n'a guère été utilisée comme bête de trait que dans des circonstances accidentelles ou pour l'agrément des promeneurs.

Tout le monde connaît l'Autruche attelée du Jardin d'Acclimatation de Paris. Mais il semble néanmoins que dans certaines régions, elle pourrait rendre dans ce but de réels services.

La chair de l'Autruche est différemment appréciée par ceux qui en ont goûté.

Elle ressemble assez bien à celle du Bœuf, mais possède un goût particulier. D'anciennes peuplades de l'Éthiopie, les Struthophages de Strabon, en faisaient leur nourriture habituelle. La graisse est très appréciée par les Arabes.

Les œufs d'Autruche peuvent être employés dans la préparation des crèmes et des pâtisseries. Un seul œuf représente la valeur de vingt à vingt-cinq œufs de Poule.

Mais ce qui donne à l'élevage de l'Autruche une importance commerciale énorme, c'est la production des plumes, dont la valeur atteint parfois jusqu'à 600 francs le kilogramme.

La récolte des plumes se fait à l'époque de la mue, c'est-à-dire vers le mois de juin ou de juillet. Elle doit être pratiquée avec précaution, pour ne pas faire souffrir inutilement l'Oiseau.

Les plumes sont alors triées et classées en différentes catégories. Celles des mâles sont les plus estimées.

On les blanchit, puis on les teint par des procédés de coloration spéciaux et on les livre au commerce de la mode. Elles servent pour la parure et la fabrication de divers objets de luxe.

LES NANDOUS

Caractères. — Les Nandous ont le bec aussi long que la tête, déprimé, large à la base, arrondi à la pointe; la mandibule supérieure surmontée d'une arête cornée distincte, les tarses longs, robustes, réticulés, trois doigts réunis à la base par une palmure étroite, les ongles comprimés et obtus; les ailes analogues à celles des Autruches, et terminées par un appendice corné ; la tête et le cou emplumés, à l'exception des lorums et de la région qui entoure l'oreille.

LE NANDOU D'AMÉRIQUE (*Rhea americana*). — ***Caractères.*** — Le Nandou d'Amérique a les parties supérieures de la tête et du cou, la partie antérieure de la poitrine, et une ligne naso-oculaire noires; le milieu du cou jaune; la gorge, les joues, les côtés du cou d'un gris de plomb clair; le dos, les côtés de la poitrine et les ailes d'un cendré brunâtre ; la face inférieure du corps d'un blanc sale; l'iris gris-perle; le bec et les pieds d'un gris brun; les parties nues de la face couleur de chair.

La femelle porte à peu près le même plumage que le mâle, mais sa taille est plus faible. Elle ne mesure que $1^{m},35$ environ, tandis que le mâle mesure environ $1^{m},65$.

Habitat. — Les Nandous sont propres à l'Amérique du Sud. Ils représentent sur ce continent les Autruches de l'Afrique. Ils vivent dans les immenses *pampas* et les steppes. « Véritable Oiseau des steppes, dit Brehm, le Nandou ne se trouve ni dans les montagnes, ni dans les forêts vierges; mais dans les pays de collines, il est aussi abondant que dans la plaine ; il aime à visiter les forêts clairsemées d'algarrobes, de même que les bosquets de myrte et de palmiers, isolés, comme autant d'îles, au milieu de hautes herbes. Dans les pampas et dans les steppes, il est peu d'endroits où il fasse complètement défaut, on le voit partout où il trouve de l'herbe à manger, et même sur les bords des lacs salés, où le sol est blanchi par le dépôt du sel.

Le Nandou d'Amérique.

« Un mâle vit avec cinq ou sept femelles, rarement plus ou moins. Une famille, ainsi formée, habite un domaine qu'elle défend contre ses semblables. Après la saison des amours, plusieurs familles se réunissent et l'on peut ainsi rencontrer des bandes où l'on compte soixante individus ou plus. Autant chaque famille est unie, autant sont peu solides les liens qui retiennent ces bandes. A la première occasion, elles se dispersent; les familles qui les composaient allant se joindre à d'autres. »

Le nom de *Nandou*, donné à cet Oiseau par les Indiens, est une onomatopée du cri que pousse le mâle dans la saison des amours. Ce cri appelle les femelles et provoque au combat les autres mâles. Après les amours, le mâle et la femelle font entendre un sifflement qui va d'abord en augmentant de force, puis qui diminue : c'est le signal du rappel de la famille. Les jeunes pépient comme les Dindons. Boecking n'a jamais entendu de cri de douleur ou d'effroi; mais, lorsqu'il est en colère, le Nandou souffle d'une manière singulière et difficile à décrire.

Le goût excepté, tous les sens du Nandou paraissent bien développés, et son intelligence n'est nullement bornée. D'après Boecking, cet Oiseau est un excellent observateur, et il sait comment se conduire suivant les circonstances. Autour des habitations où on le laisse en paix, il devient assez confiant pour circuler au milieu des Chevaux et des Bœufs, et ne s'écarter que du chemin de l'homme ou d'un Chien. Il paît au milieu des troupeaux, sans crainte; il est en quelque sorte à demi domestique. Il évite les cavaliers; mais il ne fuit pas devant le blanc qui n'est pas accompagné de Chiens; c'est tout au plus s'il se détourne d'une centaine de pas, en regardant avec curiosité plutôt qu'avec crainte. Il fuit au contraire avec anxiété le gaucho qui le chasse, et emploie toutes les ruses dont il est capable pour lui échapper. Jamais on ne le voit auprès du rancho d'un indigène, et il ne se mêle à ses troupeaux que loin de sa demeure. On l'aperçoit plus souvent au milieu des bandes de Cerfs des steppes, et l'on voit alors, tantôt un Nandou, tantôt un Cerf lever la tête, et, à l'approche d'un danger, tous fuir dans la même direction.

Pendant les pluies, le Nandou mange surtout du trèfle et des Insectes; plus tard, comme nous l'avons dit, il recherche les lieux où ont pâturé les bestiaux; l'herbe qui y croît est celle qu'il préfère. Il montre pour les plantes alimentaires venues d'Europe une prédilection qui fait honneur à son goût, et si une troupe de Nandous parvient à découvrir les champs d'alfa ou le jardin potager d'un colon, il faut que celui-ci exerce la plus grande surveillance s'il veut conserver une feuille verte. Par contre, le Nandou rend quelques services, en mangeant, tant qu'elles sont encore sur tige, des graines épineuses. Ces graines, très nombreuses en certaines localités, sont un fléau pour les éleveurs de bétail. Elles s'accrochent à la queue et à la crinière des Chevaux, à la toison des Moutons, s'y feutrent, rendent la laine et le crin tout à fait impropres aux usages qu'on en fait; souvent même elles causent la mort de l'animal; l'irritation qu'elles exercent sur sa peau l'affolent et il se blesse; or une blessure, qui ne tarde pas à fourmiller de vermine, amène régulièrement la mort de l'animal.

Au commencement du printemps, c'est-à-dire en octobre, le Nandou mâle qui a deux ans révolus est capable de se reproduire. Il réunit de trois à sept femelles, rarement plus; puis, il chasse à coups de bec et d'ailes les autres mâles de son domaine. Il exécute devant les femelles des danses tout à fait singulières; il va à droite et à gauche, les ailes écartées, pendantes; il se met à courir très rapidement, décrit avec une agilité incroyable trois ou quatre crochets, ralentit sa course, s'avance majestueusement, se baisse et recommence le même manège. En même temps, il fait entendre un cri, une sorte de sourd mugissement, et donne tous les signes de la plus grande excitation. En liberté, il dépense son courage et son ardeur en attaquant ses rivaux; en captivité, il attaque aussi bien son gardien que toute personne qui se présente, et cherche à les frapper avec le bec, avec les pieds.

Dans les pampas, d'après Boecking, la ponte commence au milieu de décembre. Quelque temps auparavant, on trouve déjà des œufs isolés, provenant de femelles précoces, qui ont pondu avant que le mâle eût disposé le nid. Ce nid consiste en une dépression peu profonde; il est situé dans un lieu sec, à l'abri des inondations, caché le plus possible, et protégé, sur les côtés, par des chardons ou de hautes herbes. Le Nandou profite souvent des trous que creusent les Taureaux sauvages, quand, appuyant l'épaule à terre, ils se meuvent en cercle, à l'aide de leurs pattes de derrière, pour se débarrasser des larves qui sont sous leur peau. Si le Nandou ne trouve pas un trou de ce genre, il s'en creuse un lui-même, le tapisse de quelques chaumes, de quelques herbes. La femelle y pond de sept à vingt-trois œufs. D'Azara avance que l'on trouve souvent de soixante-dix à quatre-vingts œufs dans un même nid. Darwin assure que leur nombre ne dépasse jamais quarante à cinquante; Boecking, par contre, dit que, à la vérité, les gauchos croient que l'on trouve parfois cinquante œufs, mais que lui n'en a jamais vu plus de vingt-trois : la moyenne était de treize à dix-sept. Les œufs varient de grosseur; les uns ont le volume d'un œuf d'oie, les autres ont jusqu'à $0^m,14$ dans leur plus grand diamètre. Tout autour du nid, dans un rayon d'une cinquantaine de pas, on trouve des œufs abandonnés, plus récents que ceux déposés dans le nid. L'œuf de Nandou est d'un blanc jaunâtre terne; il est semé de petits points d'un jaune vert, qui entourent les pores. Mais, quand l'œuf est exposé au soleil, il se décolore rapidement, et au bout de huit jours il est d'un blanc de neige. Quand tous les œufs sont pondus, le mâle se charge seul de les couver. Les femelles le quittent, mais elles restent ensemble et n'abandonnent pas leur district. Le mâle couve la nuit et le matin, jusqu'à ce que la rosée soit évaporée; il se lève de temps à autre, suivant la température, pour aller chercher sa nourriture.

Parmi les animaux, le Nandou n'a pas beaucoup d'ennemis. De temps à autre, un adulte devient bien la proie du Couguar; un jeune, celle du Renard ou de l'Aigle; mais ces cas sont rares. Il est rare aussi qu'un nid soit détruit. Ce qui est très singulier, c'est l'aversion que le Vanneau armé témoigne au Nandou, bien que celui-ci soit pour lui bien inoffensif. Un Nandou s'approche-t-il de l'endroit où se tient un couple de ces Vanneaux, ceux-ci fondent sur lui, en poussant des cris, comme les Corneilles qui poursuivent un Faucon. Ce manège divertit quelque temps l'Oiseau géant; par des sauts de côté, des coups d'aile, il évite les coups qui lui sont portés; mais bientôt la persistance de ses tourmenteurs lui devient insupportable et il quitte la place, non toutefois sans être poursuivi à une certaine distance. Des ennemis pour lui plus insupportables

---

Pl. LXII. — Le Casoar unicaronculé (texte, p. 424).

que nuisibles sont encore une espèce de Moustique et un Entozoaire que l'on trouve, en toute saison, entre la peau et les muscles, enroulé sur lui-même.

Enfin, les deux plus redoutables ennemis du Nandou sont le feu et l'homme. A l'époque où se reproduit cet Oiseau, les bergers ont l'habitude d'incendier les chaumes qui couvrent les steppes. L'incendie se propage, attisé par le vent; il effraye tous les animaux, il détruit un grand nombre d'êtres nuisibles, mais il détruit aussi les couvées des Oiseaux qui nichent à terre.

Chasse. — Pour chasser le Nandou avec des armes à feu, il faut être bon tireur. Cet Oiseau a la vie dure, et il va souvent très loin avec une balle dans le corps. Dans cette chasse, et lorsqu'il s'agit d'aborder une bande de Nandous, le chasseur se tient sous le vent, avance en rampant sur les pieds et sur les mains, et agite un morceau d'étoffe dans le but d'attirer l'attention de ces Oiseaux, qui sont fort curieux et ne peuvent résister à la tentation de voir quelque chose de nouveau. Les Nandous, dont l'attention est éveillée par cette manœuvre, gardent d'abord quelque défiance, mais la curiosité l'emporte et bientôt le chasseur voit la bande arriver, le mâle en tête, marchant tous le cou tendu, craignant, dirait-on, de faire du bruit. Ils vont en même temps de côté et d'autre, s'arrêtent, reculent; mais si le chasseur n'a pas perdu toute patience, ils finissent par venir à quelques pas de lui. Lorsqu'on a pu approcher d'un troupeau de ces Oiseaux, que l'un d'eux est tombé, les autres l'entourent aussi longtemps qu'il s'agite, et en exécutant les bonds les plus singuliers : on dirait que leurs pattes et leurs ailes sont atteintes de convulsions. Le chasseur a tout le temps de tirer un second coup. La détonation ne les effraye pas; lorsqu'on les manque, au lieu de s'enfuir, ils s'avancent pour voir la cause du bruit qui les a frappés. Un Nandou blessé suit autant qu'il peut la bande à laquelle il appartenait, puis se détourne et va périr solitaire.

Les Indiens font la chasse au Nandou de la même façon que les Arabes font la chasse à l'Autruche. Montés sur d'excellents Chevaux, ils poursuivent l'Oiseau dont ils veulent s'emparer jusqu'à ce qu'ils en soient à bonne portée; ils le capturent alors en lui lançant autour du cou un lasso formé de deux pierres réunies par une longue lanière. Ils emploient aussi dans cette chasse des Chiens dressés.

Captivité. — Élevage. — Le Nandou se montre, en captivité, d'un caractère doux et familier. Son élevage a d'abord été pratiqué sans aucune difficulté en Amérique, lorsque, par suite de la chasse acharnée qu'on lui faisait, on le vit devenir de moins en moins commun.

En Europe, il s'est acclimaté facilement, et il n'est pas de Jardin zoologique qui ne possède quelques-uns de ces intéressants et utiles Oiseaux. On le voit aussi dans les grands parcs où il vit dans une demi-liberté. Il se nourrit d'herbes, de légumes, d'Insectes, de Mollusques, il faut aussi lui donner de temps en temps un peu de viande.

Utilité. — Les plumes de Nandou sont connues dans le commerce sous le nom de plumes de Vautour; elles servent surtout à confectionner des plumeaux; une certaine quantité est employée pour la parure. Les petites plumes duveteuses servent à faire des boas et des manchons. On fait aussi avec la peau de la région du ventre des tapis de luxe.

Quant à la chair de cet Oiseau, elle est peu appréciée. Mais les œufs peuvent servir dans la pâtisserie comme ceux des Autruches ; un œuf de Nandou équivaut à une quinzaine d'œufs de Poule.

LE NANDOU DE DARWIN (*Rhea Darwini*). — Cette espèce, signalée pour la première fois par Darwin et d'Orbigny, habite la Patagonie.

Sa taille est plus faible que celle du Nandou d'Amérique, mais elle ne s'en distingue pas sensiblement par ses mœurs et son genre de vie.

LES ÉMOUS

Caractères. — Les Émous ou *Émeus*, connus aussi sous le nom de *Dromées* ou *Casoars d'Australie*, ont le port des Autruches, mais leurs formes sont plus ramassées, leurs jambes moins hautes, leur cou moins long.

Ils ont le bec droit, comprimé latéralement, sillonné le long de l'arête, arrondi à l'extrémité ; les narines relativement grandes, médianes, recouvertes d'un opercule membraneux ; les jambes emplumées jusqu'à l'articulation tibio-tarsienne ; les tarses épais, scutellés ; trois doigts armés d'ongles puissants ; les ailes et la queue offrent une structure analogue à celle des Autruches et des Nandous. La tête et la gorge sont les seules parties dénudées. Tout le reste du corps est couvert de plumes dont les tiges dédoublées et flexibles sont pourvues de barbes lâches.

L'ÉMOU DE LA NOUVELLE-HOLLANDE (*Dromaeus Novæ-Hollandiæ*). — ***Caractères.*** — Cet Oiseau a environ 2 mètres de hauteur. Son plumage, assez uniforme, est d'un brun mat, plus foncé à la tête, au milieu du cou et du dos, plus clair sur les parties inférieures ; l'iris est d'un brun vif, le bec couleur de corne foncée ; les pattes brunâtres, la partie légèrement dénudée au-dessus de l'articulation bleuâtre.

Habitat. — Il habite la partie orientale de la Nouvelle-Hollande.

Mœurs. — Les mœurs des Émous à l'état sauvage sont incomplètement connues.

Toutefois, on doit à Ramel les premiers documents précis sur le genre de vie de ces Oiseaux.

« Partout où il y a de l'herbe et de l'eau, dit ce voyageur, on entend, au lever et au coucher du soleil, le cri guttural de l'Émou, qui rappelle le bruit du tambour. Dans les parties vierges du continent, il aime à paître sur les vastes plaines ou sur les collines basaltiques ; mais dans les lieux fréquentés par les troupeaux de Bœufs et de Moutons, les individus en petit nombre qui ont survécu à cette aurore de la civilisation, cherchent les abris des taillis ou des forêts, prennent leur nourriture dans les ravins ou les vallées étroites, donnant toujours la préférence à la végétation luxuriante des terrains où ont campé les Moutons.

« Comme le Chameau, l'Émou peut avaler une grande quantité de liquide, et, par une température moyenne, vivre plusieurs jours sans renouveler sa provision. Même par les fortes chaleurs de l'été, j'en ai rencontré dans les lieux éloignés de l'eau, à des distances de quinze et vingt milles. Quand il veut boire, il s'arrête sur la rive pendant quelque temps et regarde avec le plus grand soin s'il n'y a pas d'ennemis; tout à coup, il se précipite vers l'eau, en prend une bonne provision, remonte avec promptitude, et s'il ne voit aucun danger, il se retire tranquillement. »

L'Émeu ou Casoar de la Nouvelle-Hollande.

Chasse. — On chasse l'Émou soit à l'aide de bons Chiens dressés, soit à l'affût, lorsque l'on a reconnu d'avance une place où cet Oiseau vient se désaltérer.

Captivité. — Élevage. — L'Émou vit très bien en captivité. Originaire d'un pays où le climat est tempéré, il s'acclimate facilement en Europe.

Aussi tous les naturalistes, à l'exemple de Is. Geoffroy Saint-Hilaire, ont-ils depuis longtemps préconisé l'élevage de ce paisible et utile Oiseau.

Les premiers essais de reproduction en captivité furent effectués presque simultanément au Muséum de Paris et à la ménagerie de lord Derby, en Angleterre, vers 1845. Ils furent couronnés d'un plein succès. De nos jours, les Émous se sont répandus dans tous les Jardins zoologiques et un grand nombre de parcs. Leur élevage n'offre aucune difficulté; il peut devenir une source de bénéfices importants; on doit donc souhaiter qu'il se développe de plus en plus.

Utilité. — La dépouille de ces Oiseaux n'a pas la même valeur que celle des

Nandous et des Autruches, car les grandes plumes ornementales des ailes et de la queue font ici défaut. Mais les œufs sont assez estimés, et la chair se rapproche de celle du Bœuf.

« ... Les grands Oiseaux inailés, dit Geoffroy Saint-Hilaire, dans un rapport au ministre de l'Agriculture, pourraient nous offrir de semblables avantages, comme produisant rapidement une viande aussi abondante que saine. Ce seront de véritables *Oiseaux de boucherie*, terme nouveau auquel il faut bien recourir pour désigner des usages nouveaux. »

Les œufs d'Émou pèsent en moyenne 700 à 800 grammes ; chacun d'eux représente la valeur de seize à vingt œufs de Poule.

Leur coquille, résistante, d'une belle couleur verte, peut être utilisée pour la fabrication de divers objets d'ornement.

LES CASUARIDÉS

Les Casoars, bien que très voisins des Autruches par l'ensemble de leurs caractères et leurs mœurs, en doivent être cependant séparés en raison de la forme de leur bec, de la structure de leurs ailes qui portent des baguettes arrondies, pointues, ébarbées, et en raison aussi de l'appendice osseux qui surmonte leur tête.

Leurs formes sont ramassées, leur cou relativement court et épais.

LES CASOARS

Caractères. — Les Casoars ont le bec droit, comprimé latéralement, à arête dorsale convexe; la mandibule supérieure est légèrement infléchie à la pointe, et échancrée ; les narines petites, allongées, s'ouvrant au fond d'un long sillon ; la tête surmontée d'une crête osseuse recouverte d'une masse cornée de forme variable; le cou nu dans sa partie supérieure et présentant en avant quelques appendices charnus ; les ailes courtes, dont les rémiges sont remplacées par des tiges cornées arrondies, sans barbules; les tarses courts et épais; trois doigts, l'ongle du doigt interne deux fois aussi long que les autres ; les plumes de presque tout le corps, courtes et raides, dépourvues de barbules et assez semblables à des poils.

Le mâle et la femelle ne diffèrent l'un de l'autre ni par la taille, ni par le plumage.

LE CASOAR UNICARONCULÉ (*) (*Casuarius uniappendiculatus*). — ***Caractères.*** — Ce Casoar a le plumage entièrement noir, avec la face d'un vert bleu, l'occiput vert, le cou violet en avant, rouge en arrière ; l'iris brun rouge, le bec noir, les pattes d'un gris jaunâtre.

(*) Pl. LXII. — Le Casoar unicaronculé (planche, p. 420).

Habitat. — La patrie des Casoars est l'Inde.

Tous les voyageurs qui parlent du Casoar à l'état de liberté s'accordent à dire qu'il habite les forêts les plus épaisses et s'y tient tellement caché, qu'il est rare de l'apercevoir. Au moindre indice de danger, il fuit et disparaît aux regards de l'homme. Dans les îles presque désertes, il ne doit pas être rare, mais on ne le rencontre jamais qu'isolé. Les faits tendent à prouver combien il est difficile de pouvoir l'observer : ainsi, dans la Nouvelle-Guinée, Müller n'a jamais trouvé l'occasion de voir un Casoar, et cependant il a souvent rencontré la piste de l'Oiseau et l'a souvent entendu dans les buissons ; à Céram, Vallace ne put en capturer un seul, bien qu'il se fût convaincu de la présence de cet Oiseau dans tous les lieux qu'il visita. Ceux que l'on voit en Europe ont été pris tout jeunes et élevés par les indigènes, ce qui explique pourquoi ils sont si généralement privés, doux, confiants, tandis qu'en liberté, ils paraissent posséder les qualités opposées. Bennett dit que les deux premiers Mooruks qu'il put se procurer avaient été apportés par des indigènes de la Nouvelle-Bretagne, à bord de l'*Obéron* et vendus au capitaine Dawlin. Les indigènes assurèrent qu'il était impossible de prendre de vieux Casoars, tant ils sont craintifs et défiants ; ils fuient au moindre bruit, et, grâce à leur rapidité, ils atteignent bien vite des fourrés, qui, pour l'homme, sont complètement impénétrables. Ce n'est que dans les premiers jours qui suivent l'éclosion qu'on parvient à s'emparer des jeunes. Ceux que posséda Bennett étaient très apprivoisés ; ils couraient partout dans la cour et dans la maison, arrivaient sans crainte vers toute personne qui avait l'habitude de leur donner à manger. Avec le temps, ils devinrent si hardis, qu'ils troublaient les domestiques dans leurs travaux ; ils entraient par toutes les portes ouvertes, suivaient les gens pas à pas, fouillaient tous les coins de la cuisine, sautaient sur les tables et les chaises, dérangeaient le cuisinier dans ses travaux. Si l'on essayait de les prendre, ils se sauvaient rapidement, se cachaient sous les meubles, se défendaient à coups de bec et de pattes. Les laissait-on tranquilles, ils retournaient spontanément à leur place accoutumée. Si la servante voulait les chasser, ils la frappaient, lui déchiraient les vêtements. Ils couraient dans l'écurie au milieu des Chevaux, mangeaient avec eux au râtelier. Ils entraient souvent dans le cabinet de travail de Bennett en poussant la porte, s'y promenaient tranquillement, examinaient tout, puis s'en allaient. Chaque chose nouvelle les captivait, tout bruit les attirait

Dans leur démarche, les Casoars diffèrent beaucoup des Autruches. Ils ne courent pas ; ils trottent le corps horizontal, les longues plumes du croupion relevées, ce qui les fait paraître plus hauts du derrière que de l'avant. Les pas ne se succèdent pas très rapidement ; mais quand le Casoar veut fuir, il déploie une vitesse surprenante. Il se détourne très adroitement ; il bondit jusqu'à 1^{m},30 et 1^{m},60 de haut. Sa voix peut se rendre par *houh*, *houh*, *houh*, prononcé faiblement et du fond de la gorge : c'est là son signe de contentement ; car, lorsqu'il est irrité, il souffle comme le Chat et le Hibou.

La vue est le plus parfait de ses sens ; après vient l'ouïe ; enfin, l'odorat paraît assez développé. Quant au goût, il est difficile de se prononcer, et pour le toucher, on peut dire simplement qu'il existe. Son intelligence ne le fait pas différer à son avantage des autres Brévipennes. Il est plus prudent, mais aussi plus méchant que les Struthionidés. Toute chose inaccoutumée, si elle ne l'effraye pas, l'excite, le met même en fureur. Il se précipite alors sur son adversaire, que ce soit un homme ou un animal; il saute sur lui, et cherche à l'atteindre avec son bec ou avec ses pattes. C'est surtout pendant la saison des amours qu'il se comporte de la sorte.

Les gardiens du Jardin zoologique de Londres ont appris par expérience que l'on ne saurait être trop prudent avec les Casoars. Après l'accouplement, la femelle fond quelquefois avec fureur sur le mâle et le tue. Quelques-uns de ces Oiseaux sont excités par tout ce qui les frappe; ils se précipitent sur les gens vêtus d'habits de couleurs voyantes; ils deviennent dangereux pour les enfants, et vont même jusqu'à enlever l'écorce des arbres. Les gardiens de tous les Jardins zoologiques où se trouvent des Casoars les craignent plus que les grands Félins; on peut, chez ceux-ci, reconnaître leurs dispositions à l'expression de leurs traits; avec le Casoar, il faut être toujours sur ses gardes, car l'on est exposé à chaque instant à en recevoir un mauvais coup.

Les Casoars ne dédaignent pas les aliments tirés du règne animal; mais, en somme, ils sont herbivores. On croit que, dans leurs forêts natales, ils se nourrissent surtout de substances végétales molles, de fruits succulents, et qu'ils ne touchent pas aux graines, qui résisteraient à l'action de leurs organes digestifs. On a vu de ces Oiseaux captifs avaler des pommes entières, mais les rendre telles quelles dans leurs excréments. Dans les Jardins zoologiques, on leur donne un mélange de pain, de grains, de pommes coupées en morceaux, et ce régime leur convient parfaitement. On les a vus quelquefois avaler les Poulets et les Canetons qui les avaient approchés de trop près.

Captivité. — Les Casoars furent importés pour la première fois en Europe vers 1597. En 1671, un Casoar à casque fut envoyé à Louis XIV et vécut quatre ans à Versailles.

Depuis cette époque, diverses espèces furent introduites dans les Jardins zoologiques et leur reproduction s'obtient assez facilement.

Malheureusement, l'élevage de ces Oiseaux n'a pas pris une grande extension; ils sont d'ailleurs d'un caractère assez farouche.

LES CRYPTURIDÉS

La famille des Crypturidés a de nombreuses affinités avec certains groupes d'Oiseaux de l'ordre des Gallinacés, notamment avec les Turnicidés. Néanmoins, ses caractères sont assez spéciaux pour qu'on puisse l'en séparer nettement et la ranger dans l'ordre, assez hétérogène d'ailleurs, des Coureurs.

Caractères. — Les Crypturidés sont des Oiseaux de petite taille, aux formes ramassées. Ils ont la tête petite et aplatie; le bec long, mince, arqué; les ailes courtes, arrondies, obtuses, atteignant à peine le bas du dos; la queue dépourvue de rectrices et entièrement cachée par les sus-caudales; les tarses relativement longs et forts, scutellés en avant, les doigts longs, le pouce très développé, mais inséré très haut et ne touchant pas le sol ; les ongles courts et forts.

Habitat. — Les Crypturidés, vulgairement appelés *Tinamous*, habitent l'Amérique méridionale. On en connaît plusieurs espèces groupées d'après certains ornithologistes, dans plusieurs genres différents.

LES TINAMOUS

Les caractères généraux de ce genre ont été énumérés précédemment en même temps que ceux de la famille entière.

L'espèce la plus connue est le Tinamou ou Rhynchote roussâtre.

LE TINAMOU ROUSSATRE (*Rhynchotus rufescens*). — ***Caractères.*** — Le Tinamou roussâtre mesure environ 0m,42 de long. Son plumage est rayé de noir sur un fond roussâtre, avec la gorge blanche ; l'iris brun roussâtre, le bec brun, les pattes couleur de chair.

Le Tinamou roussâtre.

Habitat. — Il habite le Brésil et la République Argentine.

Mœurs. — Son existence se passe presque entièrement sur le sol. Il parcourt les buissons, les hautes herbes, et mène le même genre de vie que les petits Gallinacés de nos pays cultivés. Son vol est lourd, pénible. Par contre, il court avec une remarquable agilité et, en cas de danger, il sait se blottir dans les fourrés les plus épais, avec une grande rapidité. On le rencontre presque toujours solitaire.

C'est un Oiseau très craintif et qui se laisse difficilement approcher, car il est partout activement chassé.

Sa nourriture consiste en graines, fruits, feuilles, Insectes. Il niche sur le sol, dans quelque buisson touffu. Ses œufs, au nombre de sept à neuf par couvée, ont des colorations très vives mais variables ; ils sont en général d'un gris foncé, nuancé de violet ; leur surface est polie, glacée.

Chasse. — Les Tinamous sont considérés en Amérique comme un gibier très délicat : aussi leur fait-on une chasse acharnée. Etant donnés les faibles moyens de défense de cet Oiseau, il est à craindre que l'espèce ne vienne à disparaître.

Captivité. — On a essayé d'acclimater et de domestiquer les Tinamous en Europe, mais les essais tentés jusqu'à ce jour ne paraissent pas devoir donner de brillants résultats.

LES APTÉRYGIDÉS

Les Aptérygidés forment, dans l'ordre des Coureurs, une famille bien spécialisée, et représentée par un seul genre. De même que les Autruches, les Aptérygidés ont des ailes réduites à de courts moignons rudimentaires, le plumage décomposé; les tarses bien adaptés à la marche, mais ils sont pourvus de quatre doigts. Leur bec a aussi une forme qui l'éloigne de celui des Coureurs étudiés précédemment : il est long, mince, arqué, et les narines sont placées plus près de l'extrémité que de la base.

LES APTÉRYX

Les caractères de ce genre singulier et unique de la famille viennent d'être énumérés. Ce sont ceux de la famille.

L'APTÉRYX AUSTRAL (*) (*Apteryx australis*). — ***Caractères.*** — L'Aptéryx austral, ou *Kiwi* des indigènes, est la première espèce du genre qui fut apportée en Europe. Tout son plumage est d'un brun ferrugineux. Sa taille est celle d'une Poule ordinaire.

Habitat. — Il habite les régions montagneuses et boisées de la Nouvelle-Zélande, particulièrement l'île du nord.

Mœurs. — C'est un Oiseau nocturne. Il reste caché tout le jour dans des trous creusés au pied des grands arbres. Le soir, il sort de sa retraite pour rechercher sa nourriture, composée essentiellement d'Insectes, de larves, de Vers, de graines diverses. C'est alors qu'on entend retentir son cri particulier, *Ki-i-wi*, auquel il doit son nom.

Ses allures sont vives et gracieuses; il court et saute avec une rapidité surprenante.

Il vit généralement par paires, mais on rencontre souvent plusieurs couples dans un même canton.

Sa ponte est d'un seul œuf, d'un volume énorme par rapport à la taille de l'Oiseau.

Captivité. — On a pu faire vivre des Aptéryx en captivité dans plusieurs Jardins zoologiques d'Europe, mais il est de plus en plus difficile de se procurer ces Oiseaux qui sont destinés à disparaître prochainement de la faune actuelle, en raison de leurs faibles moyens de défense, et de la chasse qu'on leur fait. Les Chiens et l'homme sont leurs deux plus grands ennemis.

L'*Apteryx d'Owen* est une espèce peu différente de l'Aptéryx austral, mais d'une taille un peu plus forte.

Il habite particulièrement l'île du sud de la Nouvelle-Zélande.

On a décrit aussi une troisième espèce : l'*Apteryx de Mantell.*

(*) Pl. LXIII. — L'Aptéryx austral ou Kiwi.

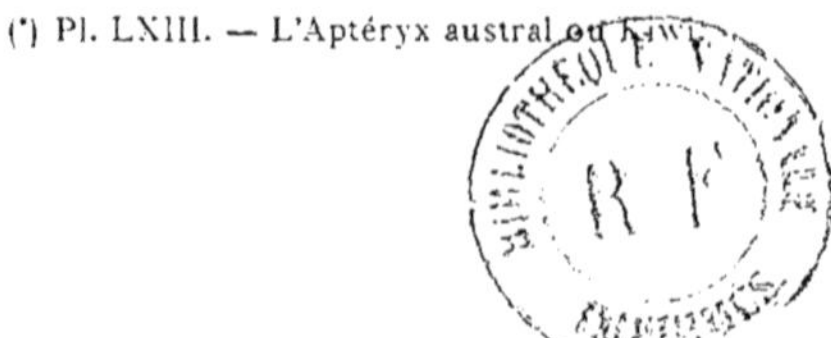

W. Kuhnert

TABLE DES PLANCHES

TABLE DES MATIÈRES

TABLE ALPHABÉTIQUE

1715-04 — CORBEIL. Imprimerie ÉD. CRÉTÉ.

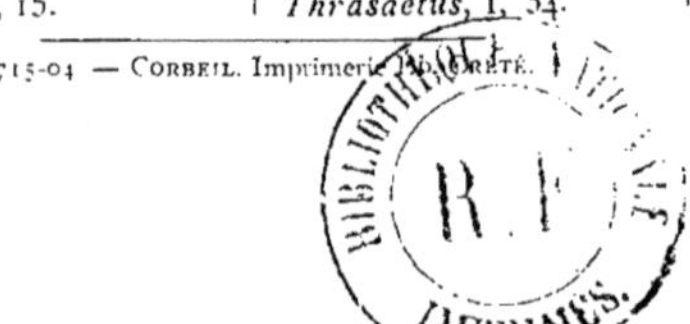

La Vie des Animaux illustrée

Les Oiseaux *formeront 2 volumes, avec 60 planches en couleurs et de nombreuses photogravures, et comprendront :*

Fascicules.	Pages.	Planches coloriées.	Photogravures.	Prix.
1. Perroquets	40	3	4	2 fr. »
2. Aigles, Faucons	64	5	12	3 fr. »
3. Vautours, Hiboux	32	2	11	1 fr. 50
4. Pics, Coucous	40	1	7	1 fr. 50
5. Martins-pêcheurs	32	3	11	1 fr. 50
6. Toucans, Engoulevents, Martinets.	32	1	8	1 fr. »
7. Oiseaux-mouches, Merles, Mésanges	96	4	25	3 fr. 50
8. Gobe-mouches, Alouettes, Serins	104	3	27	3 fr. 50
9. Moineaux, Corbeaux, Oiseaux de Paradis	80	5	18	3 fr. »
10. Pigeons	..	..	..	....
11. Coqs, Poules, Gallinacés	..	..	..	....
12. Pluviers, Vanneaux, Bécasses	..	..	..	....
13. Hérons, Cigognes, Grues	..	..	..	....
14. Râles, Outardes	..	..	..	....
15. Mouettes	..	..	..	....
16. Pélicans	..	..	..	....
17. Cygnes, Oies	..	..	..	....
18. Canards	..	..	..	....
19. Plongeons, Pingouins, Manchots	..	..	..	....
20. Autruches, Apteryx	..	..	..	....

PRIX DE SOUSCRIPTION

Les souscriptions aux deux volumes complets des Oiseaux sont acceptées à raison de 40 francs, quel que doive être le nombre de pages, de planches et de fascicules.

On peut s'inscrire également pour recevoir les fascicules séparés, au fur et à mesure de leur apparition, à raison de 0 fr. 20 par feuille de 8 pages de texte ou par planche coloriée.

En vente : **Les Mammifères,** 2 volumes gr. in-8, avec 80 pl. coloriées et nombreuses photogravures .... 40 fr.

Corbeil. — Imprimerie Éd. Crété.

EDMOND PERRIER
DE L'INSTITUT
LA
Vie des Animaux
ILLUSTRÉE
DÉPOT LÉGAL
XI
Coqs, Poules,
Gallinacés
PAR
J. SALMON
LIBRAIRIE J.-B. BAILLIÈRE ET FILS
19, Rue Hautefeuille, 19

La Vie des Animaux illustrée

Les Oiseaux *formeront 2 volumes, avec 60 planches en couleur et de nombreuses photogravures, et comprendront :*

Fascicules.		Pages.	Planches coloriées.	Photogravures.	Pri[x]
1.	Perroquets	40	3	4	2 fr
2	Aigles, Faucons	64	5	12	3 fr.
3.	Vautours, Hiboux	32	2	11	1 fr.
4.	Pics, Coucous	40	1	7	1 fr.
5.	Martins-pêcheurs	32	3	11	1 fr.
6.	Toucans, Engoulevents, Martinets.	32	1	8	1 fr.
7.	Oiseaux-mouches, Merles, Mésanges	96	4	25	3 fr.
8.	Gobe-mouches, Alouettes, Serins..	104	3	27	3 fr.
9.	Moineaux, Corbeaux, Oiseaux de Paradis	80	5	18	3 fr.
10.	Pigeons	..	..	..	....
11.	Coqs, Poules, Gallinacés	..	..	..	....
12.	Pluviers, Vanneaux, Bécasses	..	..	..	....
13.	Hérons, Cigognes, Grues	..	..	..	....
14.	Râles, Outardes	..	..	..	....
15.	Mouettes	..	..	..	....
16.	Pélicans	..	..	..	....
17.	Cygnes, Oies	..	..	..	....
18.	Canards	..	..	..	....
19.	Plongeons, Pingouins, Manchots..	..	..	..	....
20.	Autruches, Apteryx	..	..	..	....

PRIX DE SOUSCRIPTION

Les souscriptions aux deux volumes complets des Oiseaux so[nt] acceptées à raison de 40 francs, quel que doive être le nombre [de] pages, de planches et de fascicules.

On peut s'inscrire également pour recevoir les fascicules séparé[ment] au fur et à mesure de leur apparition, à raison de 0 fr. 20 par feuil[le] de 8 pages de texte ou par planche coloriée.

En vente : **Les Mammifères,** 2 volumes gr. in-8, avec 80 p[lanches] coloriées et nombreuses photogravures........................ 40 fr.

CORBEIL. — Imprimerie Éd. CRÉTÉ.

EDMOND PERRIER
DE L'INSTITUT

LA Vie des Animaux ILLUSTRÉE

XII

Pluviers, Vanneaux, Bécasses

PAR

J. SALMON

LIBRAIRIE J.-B. BAILLIÈRE ET FILS
19, Rue Hautefeuille, 19

La Vie des Animaux illustrée

Les Oiseaux *formeront 2 volumes, avec 60 planches en couleurs et de nombreuses photogravures, et comprendront :*

Fascicules.	Pages.	Planches coloriées.	Photogravures.	Prix.
1. Perroquets	40	3	4	2 fr.
2. Aigles, Faucons	64	5	12	3 fr.
3. Vautours, Hiboux	32	2	11	1 fr. 5
4. Pics, Coucous	40	1	7	1 fr. 5
5. Martins-pêcheurs	32	3	11	1 fr. 5
6. Toucans, Engoulevents, Martinets	32	1	8	1 fr.
7. Oiseaux-mouches, Merles, Mésanges	96	4	25	3 fr. 50
8. Gobe-mouches, Alouettes, Serins	104	3	27	3 fr. 5
9. Moineaux, Corbeaux, Oiseaux de Paradis	80	5	18	3 fr.
10. Pigeons	..	..	..	....
11. Coqs, Poules, Gallinacés	..	..	..	....
12. Pluviers, Vanneaux, Bécasses	..	..	..	....
13. Hérons, Cigognes, Grues	..	..	..	....
14. Râles, Outardes	..	..	..	....
15. Mouettes	..	..	..	....
16. Pélicans	..	..	..	....
17. Cygnes, Oies	..	..	..	....
18. Canards	..	..	..	....
19. Plongeons, Pingouins, Manchots	..	..	..	....
20. Autruches, Apteryx	..	..	..	....

PRIX DE SOUSCRIPTION

Les souscriptions aux deux volumes complets des Oiseaux sont acceptées à raison de 40 francs, quel que doive être le nombre de pages, de planches et de fascicules.

On peut s'inscrire également pour recevoir les fascicules séparés au fur et à mesure de leur apparition, à raison de 0 fr. 20 par feuill de 8 pages de texte ou par planche coloriée.

En vente : **Les Mammifères,** 2 volumes gr. in-8, avec 80 pl coloriées et nombreuses photogravures........................ 40

CORBEIL. — Imprimerie Éd. CRÉTÉ.

EDMOND PERRIER

DE L'INSTITUT

LA Vie des Animaux ILLUSTRÉE

XIII

Poules d'Eau, Grues

PAR

J. SALMON

LIBRAIRIE J.-B. BAILLIÈRE ET FILS

19, Rue Hautefeuille, 19

La Vie des Animaux illustrée

Les Oiseaux *formeront 2 volumes, avec 60 planches en couleurs et de nombreuses photogravures, et comprendront :*

Fascicules.	Pages.	Planches coloriées.	Photogravures.	Prix.
1. Perroquets	40	3	4	2 fr. »
2 Aigles, Faucons	64	5	12	3 fr. »
3. Vautours, Hiboux	32	2	11	1 fr. 50
4. Pics, Coucous	40	1	7	1 fr. 50
5. Martins-pêcheurs	32	3	11	1 fr. 50
6. Toucans, Engoulevents, Martinets.	32	1	8	1 fr. 50
7. Oiseaux-mouches, Merles, Mésanges	96	4	25	3 fr. 50
8. Gobe-mouches, Alouettes, Serins	104	3	27	3 fr. 50
9. Moineaux, Corbeaux, Oiseaux de Paradis	80	5	18	3 fr. »
10. Pigeons	52	..	..	2 fr. »
11. Coqs, Poules, Gallinacés	112	10	..	5 fr. »
12. Pluviers, Vanneaux, Bécasses	56	2	..	2 fr. »
13. Poules d'Eau, Grues	32	3	..	1 fr. 50
14. Hérons, Cigognes	32	3	..	1 fr. 50
15. Pélicans	..	..	..	....
16. Mouettes	..	..	..	....
17. Cygnes, Oies	..	..	..	....
18. Canards	..	..	..	....
19. Pingouins, Manchots	..	..	..	....
20. Autruches, Apteryx	..	..	..	....

PRIX DE SOUSCRIPTION

Les souscriptions aux deux volumes complets des Oiseaux sont acceptées à raison de 40 francs, quel que doive être le nombre de pages, de planches et de fascicules.

On peut s'inscrire également pour recevoir les fascicules séparés, au fur et à mesure de leur apparition, à raison de 0 fr. 20 par feuille de 8 pages de texte ou par planche coloriée.

En vente : **Les Mammifères,** 2 volumes gr. in-8, avec 80 pl. coloriées et nombreuses photogravures........................ 40 fr.

Corbeil. — Imprimerie Éd. Crété.

EDMOND PERRIER
DE L'INSTITUT
LA
Vie des Animaux
ILLUSTRÉE
XIV
Hérons,
Cigognes
PAR
J. SALMON
LIBRAIRIE J.-B. BAILLIÈRE ET FILS
19, Rue Hautefeuille, 19

La Vie des Animaux illustrée

Les Oiseaux *formeront 2 volumes, avec 60 planches en couleurs et de nombreuses photogravures, et comprendront :*

Fascicules.	Pages.	Planches coloriées.	Photogravures.	Prix.
1. Perroquets	40	3	4	2 fr. »
2 Aigles, Faucons	64	5	12	3 fr. »
3. Vautours, Hiboux	32	2	11	1 fr. 50
4. Pics, Coucous	40	1	7	1 fr. 50
5. Martins-pêcheurs	32	3	11	1 fr. 50
6. Toucans, Engoulevents, Martinets.	32	1	8	1 fr. 50
7. Oiseaux-mouches, Merles, Mésanges	96	4	25	3 fr. 50
8. Gobe-mouches, Alouettes, Serins.	104	3	27	3 fr. 50
9. Moineaux, Corbeaux, Oiseaux de Paradis	80	5	18	3 fr. »
10. Pigeons	52	..	..	2 fr. »
11. Coqs, Poules, Gallinacés	112	10	..	5 fr. »
12. Pluviers, Vanneaux, Bécasses	56	2	..	2 fr. »
13. Poules d'Eau, Grues	32	3	..	1 fr. 50
14. Hérons, Cigognes	32	3	..	1 fr. 50
15. Pélicans	..	..	..	....
16. Mouettes	..	..	..	....
17. Cygnes, Oies	..	..	..	....
18. Canards	..	..	..	....
19. Pingouins, Manchots	..	..	..	....
20. Autruches, Apteryx	..	..	..	....

PRIX DE SOUSCRIPTION

Les souscriptions aux deux volumes complets des Oiseaux sont acceptées à raison de 40 francs, quel que doive être le nombre de pages, de planches et de fascicules.

On peut s'inscrire également pour recevoir les fascicules séparés, au fur et à mesure de leur apparition, à raison de 0 fr. 20 par feuille de 8 pages de texte ou par planche coloriée.

En vente : **Les Mammifères,** 2 volumes gr. in-8, avec 80 pl. coloriées et nombreuses photogravures........................ 40 fr.

Corbeil. — Imprimerie Éd. Crété.

EDMOND PERRIER

DE L'INSTITUT

LA Vie des Animaux ILLUSTRÉE

XV

Pélicans

PAR

J. SALMON

LIBRAIRIE J.-B. BAILLIÈRE ET FILS

19, Rue Hautefeuille, 19

La Vie des Animaux illustrée

Les Oiseaux *formeront 2 volumes, avec 60 planches en couleurs et de nombreuses photogravures, et comprendront :*

Fascicules.	Pages.	Planches coloriées.	Photogravures.	Prix.
1. Perroquets	40	3	4	2 fr. »
2 Aigles, Faucons	64	5	12	3 fr. »
3. Vautours, Hiboux	32	2	11	1 fr. 50
4. Pics, Coucous	40	1	7	1 fr. 50
5. Martins-pêcheurs	32	3	11	1 fr. 50
6. Toucans, Engoulevents, Martinets.	32	1	8	1 fr. 50
7. Oiseaux-mouches, Merles, Mésanges	96	4	25	3 fr. 50
8. Gobe-mouches, Alouettes, Serins..	104	3	27	3 fr. 50
9. Moineaux, Corbeaux, Oiseaux de Paradis	80	5	18	3 fr. »
10. Pigeons	52	..	..	2 fr. »
11. Coqs, Poules, Gallinacés	112	10	..	5 fr. »
12. Pluviers, Vanneaux, Bécasses	56	2	..	2 fr. »
13. Poules d'Eau, Grues	32	3	..	1 fr. 50
14. Hérons, Cigognes	32	3	..	1 fr. 50
15. Pélicans	..	..	..	....
16. Mouettes	..	..	..	....
17. Cygnes, Oies	..	..	..	....
18. Canards	..	..	..	....
19. Pingouins, Manchots	..	..	..	....
20. Autruches, Apteryx	..	..	..	....

PRIX DE SOUSCRIPTION

Les souscriptions aux deux volumes complets des Oiseaux sont acceptées à raison de 40 francs, quel que doive être le nombre de pages, de planches et de fascicules.

On peut s'inscrire également pour recevoir les fascicules séparés, au fur et à mesure de leur apparition, à raison de 0 fr. 20 par feuille de 8 pages de texte ou par planche coloriée.

En vente : **Les Mammifères,** 2 volumes gr. in-8, avec 80 pl. coloriées et nombreuses photogravures........................ 40 fr.

CORBEIL. — Imprimerie Éd. CRÉTÉ.

EDMOND PERRIER
DE L'INSTITUT

LA Vie des Animaux ILLUSTRÉE

XVI

Mouettes

PAR

J. SALMON

LIBRAIRIE J.-B. BAILLIÈRE ET FILS
19, Rue Hautefeuille, 19

La Vie des Animaux illustrée

Les Oiseaux *formeront 2 volumes, avec 60 planches en couleurs et de nombreuses photogravures, et comprendront :*

Fascicules.	Pages.	Planches coloriées.	Photogravures.	Prix.
1. Perroquets	40	3	4	2 fr. »
2. Aigles, Faucons	64	5	12	3 fr. »
3. Vautours, Hiboux	32	2	11	1 fr. 50
4. Pics, Coucous	40	1	7	1 fr. 50
5. Martins-pêcheurs	32	3	11	1 fr. 50
6. Toucans, Engoulevents, Martinets	32	1	8	1 fr. 50
7. Oiseaux-mouches, Merles, Mésanges	96	4	25	3 fr. 50
8. Gobe-mouches, Alouettes, Serins	104	3	27	3 fr. 50
9. Moineaux, Corbeaux, Oiseaux de Paradis	80	5	18	3 fr. »
10. Pigeons	52	..	..	2 fr. »
11. Coqs, Poules, Gallinacés	112	10	..	5 fr. »
12. Pluviers, Vanneaux, Bécasses	56	2	..	2 fr. »
13. Poules d'Eau, Grues	32	3	..	1 fr. 50
14. Hérons, Cigognes	32	3	..	1 fr. 50
15. Pélicans	..	..	..	......
16. Mouettes	..	..	..	......
17. Cygnes, Oies	..	..	..	......
18. Canards	..	..	..	......
19. Pingouins, Manchots	..	..	..	......
20. Autruches, Apteryx	..	..	..	......

PRIX DE SOUSCRIPTION

Les souscriptions aux deux volumes complets des Oiseaux sont acceptées à raison de 40 francs, quel que doive être le nombre de pages, de planches et de fascicules.

On peut s'inscrire également pour recevoir les fascicules séparés, au fur et à mesure de leur apparition, à raison de 0 fr. 20 par feuille de 8 pages de texte ou par planche coloriée.

En vente : **Les Mammifères,** 2 volumes gr. in-8, avec 80 pl. coloriées et nombreuses photogravures.......................... 40 fr.

Corbeil. — Imprimerie Éd. Crété.

EDMOND PERRIER
DE L'INSTITUT
LA
Vie des Animaux
ILLUSTRÉE
XVII
Cygnes, Oies
PAR
J. SALMON
LIBRAIRIE J.-B. BAILLIÈRE ET FILS
19, Rue Hautefeuille, 19

La Vie des Animaux illustrée

La Vie des Animaux *forme 4 volumes, avec 143 planches en couleurs et de nombreuses photogravures, et comprend :*

LES OISEAUX

2 volumes gr. in-8, avec 63 planches coloriées et nombreuses photogravures........................ 40 fr.
Reliés........................ 50 fr.

Fascicules.	Pages.	Planches coloriées.	Photogravures.	Prix.
1. Perroquets........	40	3	4	2 fr. »
2. Aigles, Faucons........	64	5	12	3 fr. »
3. Vautours, Hiboux........	32	2	11	1 fr. 50
4. Pics, Coucous........	40	1	7	1 fr. 50
5. Martins-pêcheurs........	32	3	11	1 fr. 50
6. Toucans, Engoulevents, Martinets.	32	1	8	1 fr. 50
7. Oiseaux-mouches, Merles, Mésanges	96	4	25	3 fr. 50
8. Gobe-mouches, Alouettes, Serins..	104	3	27	3 fr. 50
9. Moineaux, Corbeaux, Oiseaux de Paradis........	80	5	18	3 fr. »
10. Pigeons........	52	3	6	2 fr. »
11. Coqs, Poules, Gallinacés........	112	10	21	5 fr. »
12. Pluviers, Vanneaux, Bécasses......	56	2	20	2 fr. »
13. Poules d'Eau, Grues........	32	3	10	1 fr. 50
14. Hérons, Cigognes........	32	3	7	1 fr. 50
15. Pélicans........	16	1	5	1 fr. 50
16. Mouettes........	24	2	6	1 fr. 50
17. Cygnes, Oies........	24	5	5	2 fr. »
18. Canards........	40	2	5	2 fr. »
19. Pingouins, Manchots........	24	2	6	1 fr. 50
20. Autruches, Aptéryx........	24	3	3	1 fr. 50

LES MAMMIFÈRES

2 volumes gr. in-8, avec 80 planches coloriées et nombreuses photogravures........................ 40 fr.
Reliés........................ 50 fr.

CORBEIL. — Imprimerie Éd. CRÉTÉ.

EDMOND PERRIER
DE L'INSTITUT

LA Vie des Animaux ILLUSTRÉE

XVIII

Canards

PAR

J. SALMON

LIBRAIRIE J.-B. BAILLIÈRE ET FILS
19, Rue Hautefeuille, 19

La Vie des Animaux illustrée

La Vie des Animaux *forme 4 volumes, avec 143 planches en couleurs et de nombreuses photogravures, et comprend :*

LES OISEAUX

2 volumes gr. in-8, avec 63 planches coloriées et nombreuses photogravures........ 40 fr.
Reliés........ 50 fr.

Fascicules.	Pages.	Planches coloriées.	Photogravures.	Prix.
1. Perroquets........	40	3	4	2 fr. »
2. Aigles, Faucons........	64	5	12	3 fr. »
3. Vautours, Hiboux........	32	2	11	1 fr. 50
4. Pics, Coucous........	40	1	7	1 fr. 50
5. Martins-pêcheurs........	32	3	11	1 fr. 50
6. Toucans, Engoulevents, Martinets.	32	1	8	1 fr. 50
7. Oiseaux-mouches, Merles, Mésanges	96	4	25	3 fr. 50
8. Gobe-mouches, Alouettes, Serins..	104	3	27	3 fr. 50
9. Moineaux, Corbeaux, Oiseaux de Paradis........	80	5	18	3 fr. »
10. Pigeons........	52	3	6	2 fr. »
11. Coqs, Poules, Gallinacés........	112	10	21	5 fr. »
12. Pluviers, Vanneaux, Bécasses........	56	2	20	2 fr. »
13. Poules d'Eau, Grues........	32	3	10	1 fr. 50
14. Hérons, Cigognes........	32	3	7	1 fr. 50
15. Pélicans........	16	1	5	1 fr. 50
16. Mouettes........	24	2	6	1 fr. 50
17. Cygnes, Oies........	24	5	5	2 fr. »
18. Canards........	40	2	5	2 fr. »
19. Pingouins, Manchots........	24	2	6	1 fr. 50
20. Autruches, Aptéryx........	24	3	3	1 fr. 50

LES MAMMIFÈRES

2 volumes gr. in-8, avec 80 planches coloriées et nombreuses photogravures........ 40 fr.
Reliés........ 50 fr.

Corbeil. — Imprimerie Éd. Crété.

EDMOND PERRIER
DE L'INSTITUT
LA
Vie des Animaux
ILLUSTRÉE
XIX
Pingouins,
Manchots
PAR
J. SALMON
LIBRAIRIE J.-B. BAILLIÈRE ET FILS
19, Rue Hautefeuille, 19

La Vie des Animaux illustrée

La Vie des Animaux *forme 4 volumes, avec 143 planches [illegible] couleurs et de nombreuses photogravures, et comprend :*

LES OISEAUX

2 volumes gr. in-8, avec 63 planches coloriées et [illegible]
photogravures .... [illegible]
Reliés .... [illegible]

Fascicules.	Pages.	Planches coloriées.	Photogravures.	Prix
1. Perroquets	40	3	4	2 fr.
2. Aigles, Faucons	64	5	12	3 fr.
3. Vautours, Hiboux	32	2	11	[illegible]
4. Pics, Coucous	40	1	7	[illegible]
5. Martins-pêcheurs	32	3	11	[illegible]
6. Toucans, Engoulevents, Martinets	32	1	8	[illegible]
7. Oiseaux-mouches, Merles, Mésanges	96	4	25	3 fr.
8. Gobe-mouches, Alouettes, Serins	104	3	27	3 fr.
9. Moineaux, Corbeaux, Oiseaux de Paradis	80	5	18	[illegible]
10. Pigeons	52	3	6	[illegible]
11. Coqs, Poules, Gallinacés	112	10	21	5 fr.
12. Pluviers, Vanneaux, Bécasses	56	2	20	[illegible]
13. Poules d'Eau, Grues	32	3	16	[illegible]
14. Hérons, Cigognes	32	3	7	[illegible]
15. Pélicans	16	1	5	[illegible]
16. Mouettes	24	2	6	[illegible]
17. Cygnes, Oies	24	5	5	[illegible]
18. Canards	40	2	5	[illegible]
19. Pingouins, Manchots	24	2	6	[illegible]
20. Autruches, Aptéryx	24	3	3	[illegible]

LES MAMMIFÈRES

2 volumes gr. in-8, avec 80 planches coloriées et [illegible]
photogravures .... 40 [illegible]
Reliés .... 50 [illegible]

Corbeil. — Imprimerie Ed. Crété.

EDMOND PERRIER
DE L'INSTITUT
LA
Vie des Animaux
ILLUSTRÉE
XX
Autruches,
Aptéryx
PAR
J. SALMON
LIBRAIRIE J.-B. BAILLIÈRE ET FILS
19, Rue Hautefeuille, 19

La Vie des Animaux illustrée

La Vie des Animaux *forme 4 volumes, avec 143 planches en couleurs et de nombreuses photogravures, et comprend :*

LES OISEAUX

2 volumes gr. in-8, avec 63 planches coloriées et nombreuses photogravures .... 40 fr.
Reliés .... 50 fr.

Fascicules.	Pages.	Planches coloriées.	Photogravures.	Prix.
1. Perroquets	40	3	4	2 fr. »
2. Aigles, Faucons	64	5	12	3 fr. »
3. Vautours, Hiboux	32	2	11	1 fr. 50
4. Pics, Coucous	40	1	7	1 fr. 50
5. Martins-pêcheurs	32	3	11	1 fr. 50
6. Toucans, Engoulevents, Martinets	32	1	8	1 fr. 50
7. Oiseaux-mouches, Merles, Mésanges	96	4	25	3 fr. 50
8. Gobe-mouches, Alouettes, Serins	104	3	27	3 fr. 50
9. Moineaux, Corbeaux, Oiseaux de Paradis	80	5	18	3 fr. »
10. Pigeons	52	3	6	2 fr. »
11. Coqs, Poules, Gallinacés	112	10	21	5 fr. »
12. Pluviers, Vanneaux, Bécasses	56	2	20	2 fr. »
13. Poules d'Eau, Grues	32	3	10	1 fr. 50
14. Hérons, Cigognes	32	3	7	1 fr. 50
15. Pélicans	16	1	5	1 fr. 50
16. Mouettes	24	2	6	1 fr. 50
17. Cygnes, Oies	24	5	5	2 fr. »
18. Canards	40	2	5	2 fr. »
19. Pingouins, Manchots	24	2	6	1 fr. 50
20. Autruches, Aptéryx	24	3	3	1 fr. 50

LES MAMMIFÈRES

2 volumes gr. in-8, avec 80 planches coloriées et nombreuses photogravures .... 40 fr.
Reliés .... 50 fr.

CORBEIL. — Imprimerie ÉD. CRÉTÉ.

La Vie des Animaux illustrée

Les Oiseaux *formeront 2 volumes, avec 60 planches en couleurs et de nombreuses photogravures, et comprendront :*

Fascicules.	Pages.	Planches coloriées.	Photogravures.	Prix.
1. Perroquets	40	3	4	2 fr. »
2 Aigles, Faucons	64	5	12	3 fr. »
3. Vautours, Hiboux	32	2	11	1 fr. 50
4. Pics, Coucous	40	1	7	1 fr. 50
5. Martins-pêcheurs	32	3	11	1 fr. 50
6. Toucans, Engoulevents, Martinets.	32	1	8	1 fr. »
7. Oiseaux-mouches, Merles, Mésanges	96	4	25	3 fr. 50
8. Gobe-mouches, Alouettes, Serins..	104	3	27	3 fr. 50
9. Moineaux, Corbeaux, Oiseaux de Paradis	80	5	18	3 fr. »
10. Pigeons	..	..	..	....
11. Coqs, Poules, Gallinacés	..	..	..	....
12. Pluviers, Vanneaux, Bécasses	..	..	..	....
13. Hérons, Cigognes, Grues	..	..	..	....
14. Râles, Outardes	..	..	..	....
15. Mouettes	..	..	..	....
16. Pélicans	..	..	..	....
17. Cygnes, Oies	..	..	..	....
18. Canards	..	..	..	....
19. Plongeons, Pingouins, Manchots	..	..	..	....
20. Autruches, Apteryx	..	..	..	....

PRIX DE SOUSCRIPTION

Les souscriptions aux deux volumes complets des Oiseaux sont acceptées à raison de 40 francs, quel que doive être le nombre de pages, de planches et de fascicules.

On peut s'inscrire également pour recevoir les fascicules séparés, au fur et à mesure de leur apparition, à raison de 0 fr. 20 par feuille de 8 pages de texte ou par planche coloriée.

En vente : **Les Mammifères,** 2 volumes gr. in-8, avec 80 pl. coloriées et nombreuses photogravures........................ 40 fr.

CORBEIL. — Imprimerie Éd. CRÉTÉ.

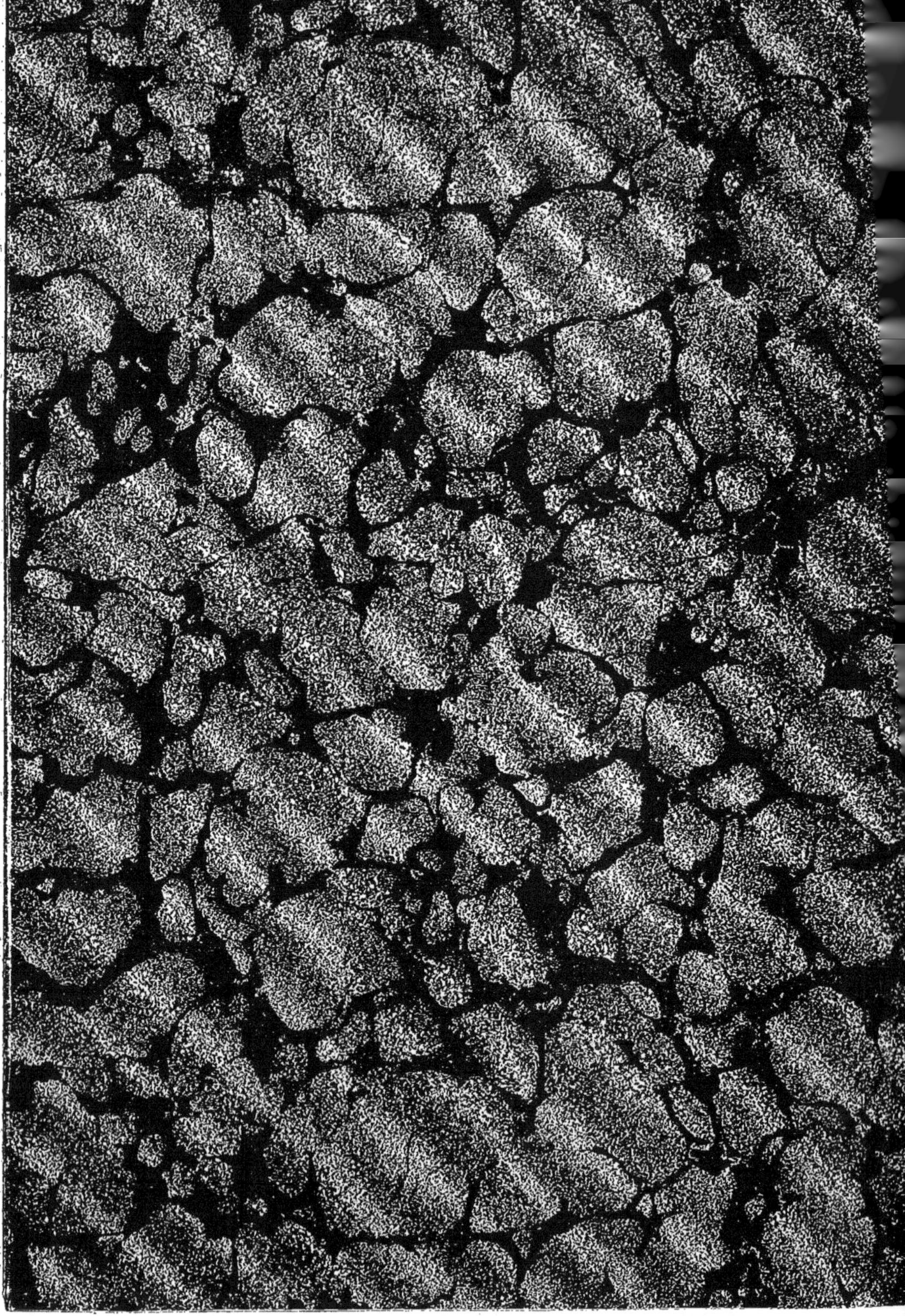

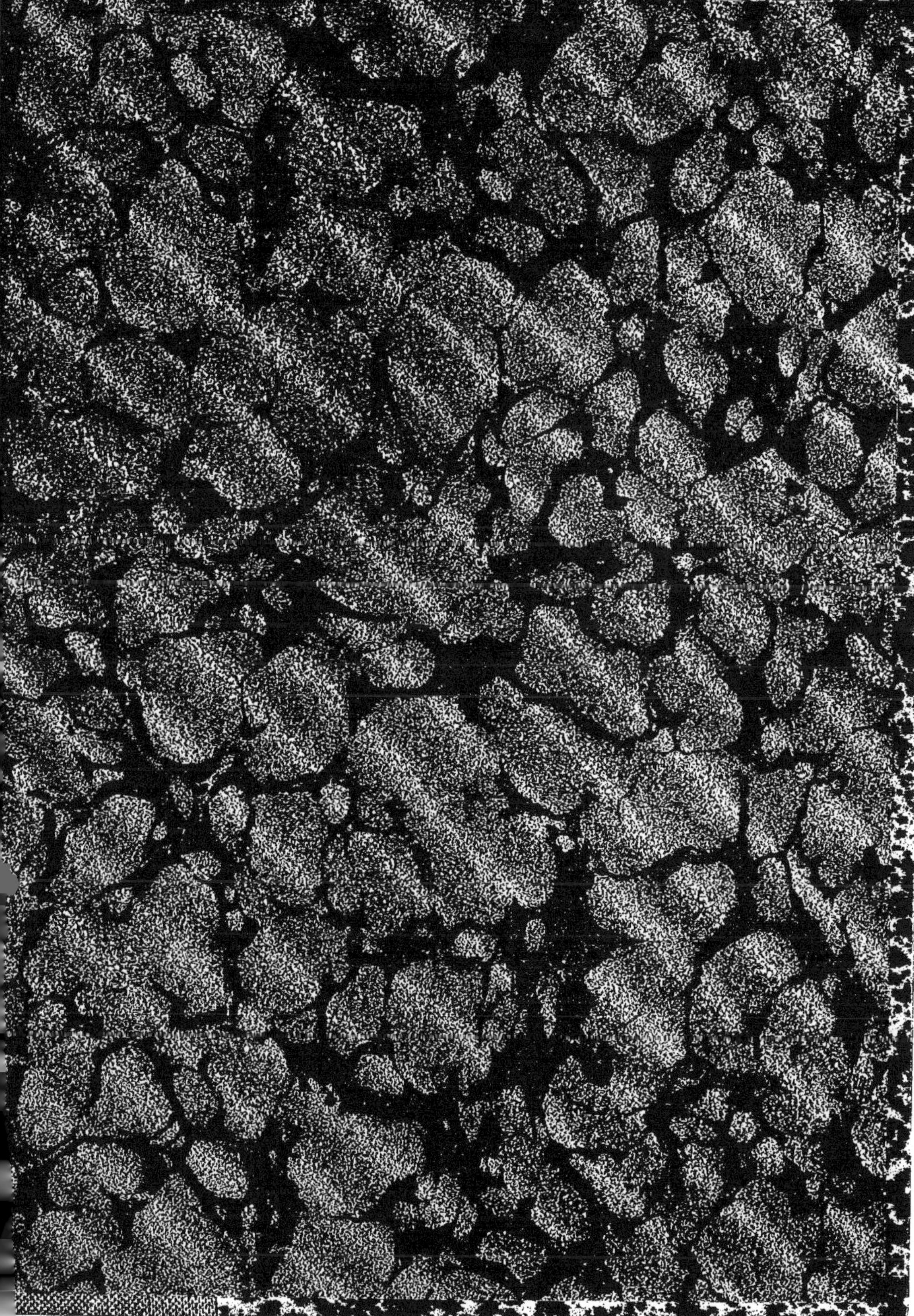

www.ingramcontent.com/pod-product-compliance
Ingram Content Group UK Ltd.
Pitfield, Milton Keynes, MK11 3LW, UK
UKHW022319190726
13856UKWH00001B/103